최신
Electric Railway Engineering
전기철도공학

전기철도기술사 **양병남** 지음

BM (주)도서출판 **성안당**

■ 도서 A/S 안내

Preface

전기철도공학을 쓰면서 지나간 세월을 뒤돌아보는 기회를 갖게 되었다.

1969년 중앙선 경기도 양평에 제1전화(電化)공사 사무소에 발령을 받으면서 나의 인생은 전기철도와 인연을 맺게 되었으며, 유럽의 50C/S 그룹의 차관에 의해 교류 25[kV] BT급전방식으로 산업선 전기철도를 건설하는 역사의 현장에 첫발을 내딛게 되었다. 한때, 도심에 연탄 파동이 일어날 정도로 석탄 수송이 제때 이루어지지 못하여 심각한 물자 수송난을 겪게 되었고, 이러한 수송목적으로 산업선 전철을 시작하게 된 것이다. 이렇게 해서 우리나라의 전기철도는 그 서막이 열렸고 수도권인 서울, 부산, 대전, 인천, 대구, 광주 등에 도시형 전철을 건설하면서 본격적인 전기철도 시대가 열리게 되었다. 전기철도는 매연이 없고, 소음이 적어 도시의 심각한 공해문제를 고려할 때 매우 유리한 장점을 가지며, 짧은 시격의 고밀도 운전으로 대량 고속 수송이 가능하여 높은 품질의 교통 서비스를 제공한다. 또한 도시철도는 인구 및 경제활동의 분산, 도심 도로 혼잡도 완화, 지역주민의 교통편의 제공 등 도심에 집중된 도시기능을 외곽지역으로 적절히 분산 배치하여 도시 전체의 균형적 발전에 기여할 수 있으며, 인접도시 및 지역 간 대량 수송체계를 구축하여 원활한 인적·물적 교류로 도시 및 지역 간의 균형 있는 경제발전에 기여할 수 있다.

전기철도의 건설로 최근에 고속전철 시대를 열어가고 있으며, 도심외곽지역과 도시를 연결하는 경량전철이 건설되는 추세이다. 경량전철은 기존 도시철도에 비하여 건설비가 저렴하고 차량운행의 완전자동화 및 역 업무의 무인자동화 등으로 운영비가 절감되면서 구배가 큰 노선이나 곡선반지름이 작은 노선의 격자형 도시구조에 적합하므로 우리나라도 경량전철을 김해, 용인, 의정부시, 하남시 등을 시작으로 추진 중에 있다.

이번에 개정한 전기철도공학은 열차의 속도향상과 새로운 시스템에 맞도록 정리하였으며, 선로의 등급이 속도등급으로 개정되고, 국제단위계인 [SI]단위를 사용하였다. 전철설비에 사용하는 용어는 외래어를 번역하여 번역자에 따라 표현이 다르게 사용되고 있으므로 한글표준표기법과 외래어표기용례집에 의해 통일을 기하였다.

21세기부터 변경되는 주요단위는 힘의 단위로 [kgf]를 [N], 압력 및 응력의 단위로 [kgf/cm^2]를 [Pa] 또는 [N/cm^2], 열량 및 에너지의 단위로 [cal]를 [J]로 변경하였다.

지금까지 오직 전기철도만을 시공, 감독, 설계하면서 얻은 경험과 외국 및 국내 자료들을 정리하여 전기철도공학을 출간하게 되었고, 앞으로 전기철도를 배우게 되는 후배들을 위하여 새로운 자료가 있으면 계속 보완해 나가도록 할 것이다.

본서는 대학 강의 교재는 물론, 전기철도 분야의 설계·시공·감리에 종사하는 실무기술자와 기술사·기사·산업기사 등 기술자격시험을 준비하는 수험생들의 참고서로서 실무에 직접 활용할 수 있도록 구성하였으며, 전기철도 분야의 대부분을 차지하는 전차선로 분야를 집중적으로 다루었다.

끝으로 전기철도공학을 출간하는 데 도와주신 많은 분들께 깊은 감사를 드린다.

양병남 씀

Contents

차 례

Chapter 02　전철변전설비

Contents

Chapter 03 전차선로

Contents

Contents

Chapter 06   **전기차량**

Contents

Chapter 07　고속철도

Contents

Chapter 08 경량전철

Contents

전기철도공학

전기철도 일반

전기철도 일반

01 전기철도의 개요

  철도의 전기운전방식은 선로상에 거의 같은 높이로 전차선을 가선하여 전동차 또는
전기기관차의 팬터그래프(Pantograph)라고 하는 집전장치가 항상 전차선에 기계적으로
접촉되어 전기차 모터에 전기를 전해주는 동력전달방식이 일반적으로 사용되고 있다.
전기철도는 그림과 같이 한국전력공사 변전소에서 송전선로를 통하여 전철변전소에 수
전되며, 전철변전소에서 전기차에 적당한 전력으로 변성하여 전기차까지 공급하는 전차
선로와 전기차에 동력을 전달한 후 전철변전소에 되돌려 보내는 귀선로로 구성되어 있
다. 즉, 전기차의 전동기는 부하설비로 되며 레일을 귀선으로 사용하고 있다.

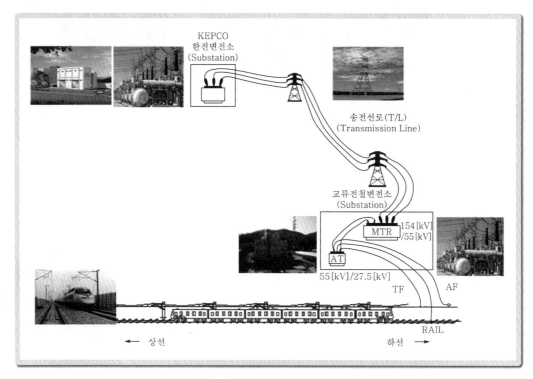

【 한국전력공사에서 전기철도에 전원공급하는 과정 】

02　전기철도의 정의

　철도(鐵道, Railway, Railroad)의 정의를 살펴보면 "철도란 여객 또는 화물을 운송하는데 필요한 철도시설과 철도차량 및 이와 관련된 운영, 지원체계가 유기적으로 구성된 운송체계를 말하며" 고속철도, 광역철도, 일반철도로 분류된다. 즉 철도는 일정한 교통공간을 점유한 특정한 주행로 위를 전용의 차량이 유도되어 주행하는 육상 교통수단의 일종이며 철도를 동력방식에 의하여 분류하면 증기철도(Steam Railway), 내연기관철도(Internal Combustion Railway), 전기철도(Electric Railway)로 분류된다. 여기서 전기철도는 전기를 주동력으로 하여 열차가 운행되는 철도를 말한다.

03　용어의 정의

전기철도에서 사용하는 용어의 정의는 다음과 같다.
① "전기설비"라 함은 발전·송전·변전·전철·배전 또는 전기사용을 위하여 설치하는 기계·기구·전선로·보안 통신선로 기타의 설비를 말한다.
② "전철설비"라 함은 전기철도에서 수전선로·변전설비·전차선로 및 전력설비와 이에 부속되는 설비를 총괄한 것을 말한다.
③ "전철변전소(Sub Station)"라 함은 전기차량 및 전기철도 설비에 전력을 공급하기 위하여 구외로부터 전송된 전기를 구내에 시설한 변압기·전동발전기·회전변류기·정류기 등 기타의 기계기구에 의하여 변성하는 장소로서 변성한 전기를 다시 구외로 전송하는 장소를 말한다.
④ "급전구분소(Sectioning Post)"라 함은 전철변전소 간 전기를 구분 또는 연장급전을 하기 위하여 개폐장치, 단권변압기 등을 설치한 장소를 말한다.
⑤ "보조급전구분소(Sub Sectioning Post)"라 함은 작업, 고장, 장애 또는 사고 시에 정전구간을 한정하거나 연장급전 할 목적으로 개폐장치와 단권변압기를 설치한 장소를 말한다.
⑥ "단말 보조급전구분소(Auto Transformer Post)"라 함은 전차선로의 말단에 가공전차선의 전압강하 보상과 유도장해의 경감을 위하여 단권변압기를 시설한 장소를 말한다.
⑦ "병렬급전소(Parallel Post)"라 함은 전압강하의 보상 및 유도장해 경감을 목적으로 전차선로의 상·하선을 병렬로 연결하기 위하여 개폐장치를 설치한 장소를 말한다.

⑧ "전철변전소 등"이라 함은 전철변전소, 급전구분소, 보조급전구분소, 단말보조급전구분소, 병렬급전소를 말한다.

⑨ "가스절연개폐장치(GIS)"라 함은 SF_6 가스를 절연체로 하여 모선 개폐장치, 계기용변성기, 변류기, 피뢰기 등을 내장한 금속 압력기기로 된 회로군을 말한다.

⑩ "급전구간"이라 함은 차단장치에 의하여 구분할 수 있는 급전회로의 1구간을 말한다.

⑪ "급전점"이라 함은 변전소의 전력을 급전회로에 공급하는 점을 말한다.

⑫ "병렬급전"이라 함은 1급전 구간에 2 이상의 급전점을 가진 급전방식을 말한다.

⑬ "연장급전"이라 함은 2 이상의 급전점에서 급전할 수 있는 급전구간을 1급전점에서 급전하는 방식을 말한다.

⑭ "단권변압기"라 함은 교류전차선로에서 전압강하 및 유도장해 등을 경감시킬 목적으로 전차선로에 설치하는 변압기를 말한다.

⑮ "원격진단장치"라 함은 전기철도용 변전소, 급전구분소, 보조급전구분소, 병렬급전소, 단말 보조급전구분소 등에서 운전 중인 변전설비의 열화 상태를 상시 원격으로 감시 및 진단할 수 있는 장치를 말한다.

⑯ "전선"이라 함은 강전류 전기의 전송에 사용하는 나전선·절연전선·코드선·케이블 등의 전기도체를 말한다. 또한, 부급전선·보호선·비절연보호선 및 가공공동지선·섬락보호지선도 전선으로 본다.

⑰ "수전선로"라 함은 한국전력공사 변전소에서 전철변전소 또는 수전설비 간의 전선로와 이에 부속되는 설비를 말한다.

⑱ "전차선"이라 함은 전기차량의 집전장치에 접촉하여 이에 전기를 공급하는 전선을 말한다.

⑲ "합성전차선"이라 함은 조가선(강체 포함)·전차선·행어·드로퍼 등으로 구성한 가공전선을 말한다.

⑳ "가공전차선"이라 함은 합성전차선과 이에 부속된 곡선당김장치·건넘선장치·장력조정장치·구분장치·급전분기장치·균압장치·흐름방지장치 등을 총괄한 것을 말한다.

㉑ "가공전차선로"라 함은 가공전차선 및 이를 지지하는 설비(전주·빔·하수강·애자·브래킷 등)를 총괄한 것을 말한다.

㉒ "급전선"이라 함은 합성전차선에 전기를 공급하는 전선[AT급전방식의 경우 전차선에 직접 전기를 공급하는 전선(TF), 주변압기와 단권변압기 간을 연결하는 전선(AF)과 BT급전방식에서 주변압기의 2차측 또는 BT에서 전차선에 직접 전기를 공급하는 전선(PF)을 포함한다]을 말한다.

㉓ "급전선로"라 함은 급전선 및 이를 지지 또는 보장하는 설비(전주·완철·문형완철·애자·관로 등)를 총괄한 것을 말한다.

㉔ "부급전선"이라 함은 통신유도장해 경감을 위하여 귀선레일에 병렬로 시설하여 운전용 전기를 변전소로 귀환하게 하는 전선을 말한다.

㉕ "귀선"이라 함은 운전용 전기를 흐르게 하는 귀선레일·보조귀선·부급전선·흡상선·중성선·보호선용접속선 및 변전소 인입귀선을 총괄한 것을 말한다.

㉖ "귀선로"라 함은 귀선 및 이를 지지 또는 보장하는 설비를 총괄한 것을 말한다.

㉗ "전차선로"라 함은 동력차에 전기에너지를 공급하기 위하여 선로를 따라 설치한 시설물로서 전선 지지물 및 관련 부속 설비를 총괄한 것을 말한다.

㉘ "급전회로"라 함은 전기철도에 있어서 급전선·합성전차선·레일(부급전선 또는 보호선) 등으로 구성되는 전기회로를 말한다.

㉙ "제어회로"라 함은 계전기 또는 이와 유사한 기구를 통하여 다른 회로를 제어하는 회로를 말한다.

㉚ "흡상변압기"라 함은 통신유도장해 경감을 위하여 급전회로에 직렬로 연결하여 레일에 흐르는 운전전류를 부급전선으로 흐르게 하는 변압기를 말한다.

㉛ "흡상선"이라 함은 흡상변압기 방식에서 부급전선과 귀선레일을 접속하는 전선을 말한다.

㉜ "중성선(NW)"이라 함은 단권변압기의 중성점과 귀선레일을 접속하는 전선을 말한다.

㉝ "보호선(PW)"이라 함은 단권변압기 방식에서 애자의 부측을 연접하여 귀선레일에 접속하는 가공전선으로서 대지에 대하여 절연한 전선을 말한다.

㉞ "비절연보호선(FPW)"이라 함은 단권변압기 방식의 지하구간 및 공용접지방식구간에서 섬락보호를 위하여 철재·지지물을 연접하여 귀선레일에 접속하는 가공전선으로서 대지에 대하여 절연하지 아니하는 전선을 말한다.

㉟ "섬락보호지선(FPGW)"이라 함은 섬락으로부터 여객 및 기타 전선로를 보호하기 위하여 빔·철주 등 철지지물을 연접하여 접지시키는 가공전선을 말한다.

㊱ "가공지선"이라 함은 가공전선로의 뇌격방지를 위하여 전선로 상부에 설치하는 접지전선을 말한다.

㊲ "지락도선"이라 함은 애자의 부측을 섬락보호지선·부급전선 또는 보호선에 접속하는 전선(애자보호선)과 콘크리트주 등에 설치한 가동브래킷·빔등의 설치밴드와 섬락보호지선·부급전선 또는 보호선에 접속하는 전선(지락 유도선)을 말한다. 또한 섬락보호지선에 연결되지 아니한 인접 철지지물 상호간을 연결하는 연접가공접지선(연접지선)을 포함한다.

㊳ "전차선로용 보안기"라 함은 한쪽은 대지와 접지 또는 섬락보호지선에 연결하여 일정간극을 유지하고, 다른 한쪽은 부급전선 또는 보호선에 접속하여 대지의 정격전압을 제한하기 위하여 삽입하는 방전간격장치를 말한다.

㊴ “인류구간”이라 함은 가공전차선의 한 인류지점에서 맞은편 인류지점까지의 구간(흐름방지장치 제외)을 말한다.

㊵ “장력구간”이라 함은 가공전차선의 한 인류지점에서 장력조정장치의 힘이 미치는 구간을 말한다.

㊶ “장력조정장치”라 함은 합성전차선에 장력을 일정하게 유지하기 위한 장치를 말한다.

㊷ “이행구간”이라 함은 커티너리 가선구간과 강체가선구간의 접속 구간을 말한다.

㊸ “가고”라 함은 합성전차선의 지지점에서 조가선과 전차선과의 수직 중심 간격을 말한다.

㊹ “보호선용 접속선(CPW)”이라 함은 단권변압기 방식에서 보호선과 귀선레일을 접속하는 전선을 말한다.

㊺ “직렬콘덴서”라 함은 인덕턴스에 의한 전압강하의 경감을 위하여 급전선・부급전선 또는 전차선에 직렬로 접속하는 콘덴서 설비를 말한다.

㊻ “영구신장조성(Prestretch)”이라 함은 전차선 및 조가선을 정상적으로 인류하기 전에 영구신장이 생기도록 미리 과장력을 가하여 주는 것을 말한다.

㊼ “건식게이지(Gauge)”라 함은 전주중심과 궤도중심과의 직선 이격거리를 말한다.

㊽ “보조조가선”이라 함은 합성전차선의 지지점에서 조가선의 가고를 조정하기 위하여 보조로 설치한 조가선을 말한다. 또한, 콤파운드 가선방식에서 본 조가선 밑에 설치한 조가선도 이에 포함한다.

㊾ “이중조가선”이라 함은 합성전차선의 지지점(과선교 하부 등)에서 조가선의 손상을 방지하기 위하여 2중으로 설치한 조가선을 말한다.

㊿ “절연조가선”이라 함은 조가선의 보호와 상구분장치 구간에서 단락 사고로부터 조가선을 보호하기 위하여 절연물로 피복한 전선을 말한다.

(51) “곡선당김장치”란 가동브래킷을 사용하지 않고 애자 등으로 절연하여 합성전차선을 지지하는 장치를 말한다.

(52) “절연구분장치(Neutral Section)”라 함은 전차선로에서 서로 다른 전기방식 또는 다른 위상(교류/직류)을 가진 전기를 구분하는 구간에 설치하는 설비를 말한다.

(53) “에어섹션(Air Section)”이라 함은 집전 부분의 전차선에 절연물을 넣지 않고 전차선 상호간의 평행부분을 일정 간격으로 유지시켜 공기의 절연을 이용한 구분장치를 말한다.

(54) “에어조인트(Air Joint)”란 전차선의 신축 때문에 전차선을 일정 길이마다 인류하기 위해 설치한 기계적 구분장치를 말한다.

(55) “이선”이라 함은 전차선과 전기차의 집전장치가 서로 떨어지거나 접촉력이 0(Zero)인 상태를 말한다.

㊶ "진동가고"라 함은 전차선과 가동브래킷의 수평파이프(또는 진동방지파이프) 및 빔하스팬선과의 수직 중심 간격을 말한다.

㊷ "공용접지방식"이라 함은 레일과 병행하여 지중에 매설접지선을 포설하여 변전소로 돌아오는 전류의 귀환을 용이하게 하는 방식으로 모든 전기설비를 등전위 접지망으로 구성하여 레일 및 귀선을 연결시키는 접지방식을 말한다.

㊸ "횡단접속선"이라 함은 상하선 각 궤도에 대한 귀선전류 평형단락 또는 지락사고 발생 시 대지전위의 감소를 목적으로 설치하는 전선을 말한다.

㊹ "매설접지선"이라 함은 공용접지방식에서 레일과 병행하여 양쪽 또는 한쪽에 매설하는 접지용 전선을 말한다.

㊺ "지지물"이라 함은 목주·철주·강관주·콘크리트주·철탑·전주 대용물 및 이의 부속장치를 말한다.

㊻ "전주"라 함은 전선로에 사용하는 목주·철주·강관주 및 콘크리트주를 말한다.

㊼ "지중관로"라 함은 지중 전선로·지중 약전류 전선로·지중 광섬유 케이블선로·지중에 시설하는 수관 및 가스관과 이와 유사한 것 및 이들에 부속되는 지중함 등을 말한다.

㊽ "수전반"이라 함은 특고압 또는 고압 수용가의 수전용 배전반을 말한다.

㊾ "배전반"이라 함은 개폐기·과전류 차단기·계기·보호계전기 등을 설비한 독립된 반으로서 구내 배전설비로 전기를 공급하는 전기설비를 말한다.

㊿ "단락전류"라 함은 전로의 선간이 임피던스가 적은 상태로 접촉되었을 경우에 그 부분을 통하여 흐르는 큰 전류를 말한다.

⑯ "지락전류"라 함은 지락에 의하여 전로가 대지로 유출되어 화재·감전 또는 전로나 기기의 손상 등 사고를 일으킬 우려가 있는 전류를 말한다.

⑰ "누설전류"라 함은 전로 이외를 흐르는 전류로서 전로의 절연체(전선의 피복·애자·부싱·스페이서 및 기타 기기의 부분으로 사용하는 절연체 등)의 내부 및 표면과 공간을 통하여 선간 또는 대지 사이로 흐르는 전류를 말한다.

⑱ "공해지역"이라 함은 아황산가스 오염도가 기준치(0.05[ppm])를 넘는 공해발생 장소를 말한다.

⑲ "염해지역"이라 함은 염수의 침입 및 해풍으로 해안지역의 식물이나 전기시설물의 피해 우려가 있는 지역을 말한다.

⑳ "소규모 원격제어장치"라 함은 변전소 또는 역사에 설치되는 스카다(SCADA) 시스템을 말한다.

㉑ "스카다"라 함은 원방감시제어 시스템으로서 전철변전소, 수전실, 전기실 등 원격지에 설치된 전기설비를 통신망으로 연결하여 전기관제실 및 변전실에서 개폐기 등 각종 기기를 감시, 제어 통제할 수 있도록 설치한 일체의 설비를 말한다.

⑫ "원격소장치"라 함은 전철전력설비(변전소, 구분소, 전기실, 전차선 설비 등)가 설치된 장소에 현장의 상태 및 아날로그 데이터를 수집하여 전기관제실 및 소규모 원격제어장치에 전송하는 장치를 말한다.

⑬ "전기관제실"이라 함은 전력계통 운용 및 전력설비의 유지관리를 위하여 원격 감시제어장치에 의하여 전철변전소, 전기실 등의 원격 감시제어와 설비의 유지관리 및 계통운용, 보호계전기 정정 등에 대하여 지시와 통제를 하는 장소를 말한다.

⑭ "선로"라 함은 차량을 운행하기 위한 궤도와 이를 받치는 노반 또는 인공 구조물로 구성된 시설을 말한다.

⑮ "역소"라 함은 역, 조차장, 신호장, 각 사무소, 기타 이와 유사한 장소를 말한다.

⑯ "구내"라 함은 벽, 울타리, 도랑 등으로 구분된 지역 또는 시설관리자 및 그 관계자 이외의 사람이 자유로이 출입할 수 없거나 사회 통념상 이에 따르는 장소를 말한다.

⑰ "건조물"이라 함은 사람이 거주하거나 근무하며 또는 빈번한 출입이 있고 사람이 모이는 건축물 등을 말한다.

04 전기철도의 역사

1 전기철도의 탄생

전기철도는 1835년 미국의 Tomas Davenport가 전지를 동력원으로 하여 전자석을 사용한 왕복운동의 전동기로 레일을 달리는 모형전차를 만들어 일반인에게 관람시킨 것이 최초이다.

또한, 1840년부터 1842년까지 영국인 Robert Davidson이 스코트랜드 철도에서 유리전지를 만들어 회전형의 정류자 전동기로 중량 5톤의 전기기관차를 시속 6[km]로 시운전하였다.

이어서 1850년 미국 Boston의 Hall이 지상에 설비된 전지를 이용하여 제3궤조방식인 2인승 전기차를 주행시킨 것이 전차선의 최초이며, 1875년 미국 G.F Green이 가공식 전차선 및 궤조귀선방식을 발명하였다.

2 전기철도의 실용화

전기철도의 효시는 1879년 5월 31일 독일의 지멘스 할지스(Siemens Halsice) 회사가 독일 베를린에서 개최된 세계 산업박람회에 제3궤조방식의 직류 150[V], 3마력, 2극, 직권전동기를 사용하여 시속 12[km], 20인승 전기기관차를 출품한 것이라 할 수 있으며, 그 후 1881년 베를린 남부 근교에서 영업을 개시한 것이 전기철도를 최초로 실용화한 것이다. 영국은 독일 지멘스 회사의 기술을 도입하여 1883년 프라이턴에 전차를 개통하였으며, 미국은 1880년 에디슨(Edison)이 소형 전기차를 개발하여 도시 내에 운행을 시작하였다. 일본은 1890년 도쿄 박람회 개최에 맞추어 미국에서 도입한 15마력 500[V]용 전차를 우에노(上野)공원에 처음으로 선보였다.

3 한국의 전기철도 역사

우리나라에서는 1898년 12월에 미국인 H.Collblen과 H.D Hostwick가 왕실의 특별허가를 받아 청량리~서대문 간에 궤도를 부설하여 1899년 5월 4일 직류 600[V]방식으로 노면전차를 처음 등장시켰고, 1931년 경원선 철원~내금강 116.6[km] 구간을 직류 1,500[V]방식으로 개통한 것이 본격적인 전기철도의 시작이라고 할 수 있다. 1937년 경원선 복계~고산 간 53.9[km]를 직류 3,000[V]로 전철화 하였으며, 1944년 중앙선 단양~풍기 간 23[km] 구간을 직류 3,000[V]로 전철화 공사를 착수하였으나 한국전쟁으로 중단되고 말았다.

(1) 산업선 전철화

1970년대 고도 경제성장의 진입을 예상하여, 이에 따른 산업물자의 수송수요 증가에 적절히 대처하기 위하여 중앙선, 태백선, 영동선 등 산업선의 전철화를 1969년 착공하였다.

60~70년대 당시 폭발적으로 늘어나는 수도권의 무연탄과 시멘트의 수요는 주로 태백지구에서 생산되며, 험준한 산악지대에 위치한 중앙, 태백선에 수송을 의존하고 있었으며 이미 수송능력이 한계에 도달한 실정이었다. 따라서 중앙선의 복선화와 단선철도의 전철화를 비교·검토한 결과, 험준한 산악지대의 복선화에는 약 7년의 공사기간과 엄청난 공사비가 소요되는 데 비해 기존 단선철도의 전철화에는 약 3년의 공사기간과 1/10 미만의 건설비로 수송능력을 30[%] 이상 증가시킬 수 있다는 판단으로 전철화를 추진하게 되었다.

산업선 전철화사업은 한국철도가 전후이래 처음으로 시행하는 사업으로 유럽의 50 c/s Group으로부터 자재와 기술을 차관으로 도입 받아 시행하였으며, 전기방식은 단상교류 25[kV] 60[Hz] BT방식으로 선정하였다.

1969년 9월 12일 착공하여 1972년 6월 9일 태백선 증산~고한 간 10.7[km]의 시험선구를 먼저 완공하였고 각종시험과 종사원의 훈련장소로 활용하였다. 1973년 6월 20일 중앙선 청량리~제천 간 155.2[km]를 개통하였고, 1974년 6월 20일 태백선 제천~동백산 간 103.8[km]를 개통하고, 1975년 12월 5일 영동선 철암~북평(현 동해) 간 61.5[km]를 개통시킴에 따라 청량리역에서 출발한 전기차가 동해역까지 직통운전을 할 수 있게 되었다.

(2) 수도권 전철화

수도권 전철화는 수도권 도시교통의 혼잡완화와 도심지 인구분산을 도모하기 위하여 1971년 4월 7일 경인선, 경부선, 경원선, 지하철 1호선구간을 착공하였다. 일본의 OECF (해외경제협력기금) 자금과 기술을 차관으로 도입키로 하고 일본 해외기술협력회(JART)의 기술지원을 받아 1974년 8월 15일 국철구간 98.6[km], 지하철구간 9.5[km]를 국철구간은 단상교류 25[kV] AT방식으로, 지하철구간은 DC 1,500[V]로 개통하여 수도 서울의 중요한 교통망을 형성함으로써 본격적인 전기철도가 활성화되기 시작하였다.

4 고속전철시대

경제규모가 커지고 산업이 고도화되면서 대량 고속운송수단이 필요하게 되고, 쾌적하고 안전하며, 신속성 등이 요구되고 있는 것이 세계적인 추세이다. 이러한 시대적 요구에 부응하기 위하여 고속철도차량이 개발되었으며, 고속전철개통에 제일 먼저 성공한 일본은 1964년 동해도 신간선 동경~대판 간 515.4[km]를 최고속도 268[km/h], 영업운행속도 210[km/h]로 상업운전을 시작하였다.

1980년대 초에는 프랑스에서 TGV 동남선 파리~리용 간을 최고속도 270[km/h]로 운행하게 되었고, 1990년대 초에는 독일의 하노버~피츠버그 간, 만하임~슈투트가르트 간에 최고속도 350[km/h], 영업속도 300[km/h]급인 ICE를 개발하여 운행하기 시작했다.

세계 각국의 시험최고속도는 프랑스 515.3[km/h], 독일 406.9[km/h]이며, 일본은 JR이 2003년 12월 2일 581[km/h]로 최고기록을 달성하였다. 또한 고급 교통수요를 충족시키기 위하여 자기부상열차 및 경전철 등 첨단기술개발에도 전력을 경주하고 있다.

우리나라는 서울~부산 간 412[km]를 최고속도 300[km/h]로 운행할 예정으로 1992년 6월 30일 시험선구간인 천안~대전 간 57.2[km] 구간을 우선 착공하였다. 사업 착공 후 막대한 재원이 추가로 소요되어 우선 1단계 구간인 서울~대구구간은 고속신선으로 건설하고 대구~부산 간, 대전~목포(광주) 간은 기존의 경부선과 호남선을 전철화하는 것으로 계획을 수정하여 단상교류 25[kV] 60[Hz] AT방식으로 2004년 4월 1일 역사적인 경부고속전철이 개통되었다. 호남고속전철은 용산~오송구간은 기존 경부고속철도를 이용하고, 오송~광주송정구간은 고속철도를 신설하고, 광주송정~목포구간은 기존선을 활용하여 2015년 4월 1일 호남고속전철이 개통되었다.

05 전기철도의 필요성

1 물류비 절감

경제발전과 생활수준의 꾸준한 향상으로 자동차의 증가는 막대한 교통수요의 증가를 유발하였고 80년대 이래 자동차 보유대수의 증가는 도로망의 증가를 상회하여 교통정체가 심각한 실정이다.

또한, 철도의 용량은 일부에서 포화상태에 이르고 있으며 이로 인한 과중한 물류비용은 막대한 사회경제적 손실을 유발시켜 국제 경쟁력을 약화시키는 주요인이 되고 있다. 교통난을 획기적으로 개선하기 위해서는 수송능력이나 수송효율이 고속도로나 디젤기관차에 비해 월등히 높은 전기철도가 유리한 교통시설 확충 방안으로 분석된다.

2 수송능력 증강

전기철도의 수송능력은 열차별 편성량 수와 운전속도 등에 의해 크게 향상된다. 이것은 전기차량의 가·감속특성과 견인력이 증대되어 열차운행속도 향상에 따른 선로용량 증대로 수송력이 약 40[%] 증대되기 때문이다.

3 동력비 절감

동력원이 유류에서 전기로 전환되면 석유에 의존하지 않고 수력, 원자력 등 비교적 발전원가가 싼 에너지를 활용할 수 있으며, 원자력 발전비율이 증대되면 유류대체 효과가 있고, 전기차량의 경우 디젤기관차보다 동력비를 25[%] 정도 절감할 수 있어 국가 에너지자원의 효율적 이용에 크게 기여하게 된다.

4 환경 친화적인 대중 교통수단의 확보

매연이 없고 저소음으로 환경오염이 거의 없는 쾌적한 교통수단인 전기철도는 환경 친화적인 대중 교통수단으로서 타 수송수단과 대기오염을 비교해 보면, 전기철도를 기준으로 자동차는 8.3배, 트럭은 30배 정도의 많은 대기오염을 배출하고 있어 환경보존을 위한 최적의 교통수단이다. 또한 대중 교통수단의 확보로 도심에 집중된 도시기능을 외곽으로 분산 배치함으로써 도시 전체의 균형적 발전에 기여할 수 있다.

5 운용효율 향상 및 수송서비스 개선

전기기관차는 급유·급수가 필요 없어 회차율이 높고 유지보수가 간편하므로 속도향상 및 운행시간을 단축할 수 있으며, 선로용량 증대에 따른 짧은 시격의 고밀도 운전으로 대량 고속수송이 가능하여 높은 품질의 교통서비스를 제공한다.

06 전기철도의 효과

1 수송능력 증강

철도의 수송능력은 열차의 편성 차량수와 운전속도 등에 의해서 결정된다. 전기철도는 견인력이 크고, 가·감속특성이 좋으므로 빈번한 운행 및 고속운전이 요구되는 구간과 경사가 심한 구간의 운행에 적합하다. 그러므로 열차의 평균속도가 높아지고, 열차횟수를 증가시킬 수 있으므로 디젤운전보다 10~40[%] 이상 수송력이 증가된다.

2 에너지 이용효율 증대

에너지의 대부분을 석유자원에 의존하는 수송부분의 에너지를 전철화함으로써, 수력, 화력, 원자력 등 비교적 원가가 싼 전기에너지로 대체 활용할 수 있기 때문에 국가차원에서 에너지를 효율적으로 이용할 수 있다.

3 수송원가 절감

차량의 내구연한이 2배가 되며, 차량중량도 감소되어 궤도보수비용 절감과 열차운행의 시간단축으로 회차율이 높아 수송원가를 절감할 수 있다.

4 환경개선 및 서비스 제공

전기철도는 매연이 없고, 소음이 적어 도시의 심각한 공해문제를 고려할 때 무엇보다도 가장 큰 장점이며, 짧은 시격(Headway)의 고밀도 운전으로 대량 고속수송이 가능하여 높은 품질의 교통서비스를 제공한다.

5 지역 균형발전

전기철도 시스템을 주로 적용하는 도시철도는 인구 및 경제활동의 분산, 도심도로 혼잡도 완화, 지역주민의 교통편의 제공 등 도심에 집중된 도시기능을 외곽지역으로 적절히 분산 배치하여 도시전체의 균형적 발전에 기여할 수 있으며, 광역도시철도는 인접도시 및 지역 간 대량수송체계를 구축하여 원활한 인적·물적 교류로 도시 및 지역 간의 균형있는 경제발전에 기여한다.

07 전기철도의 장단점

1 장 점

(1) 국내 에너지 자원의 유효이용

석유에너지에 의존하던 것을 수력자원은 물론 저질탄에 의한 화력발전, 원자력 발전으로 전기차 운전용 에너지 자원을 대체 활용할 수 있으며, 전기운전용 전력은 전력공급자 측면에서 볼 때 대수용가이며 연중무휴 야간 전력을 이용하게 되므로 발전소의 부하율을 증가시키며, 에너지 유효이용으로 국가에너지 정책에 호응하는 것이다.

(2) 동력비 절감

동력차의 입력은 각종 손실을 거쳐 견인력으로 이용되는 비율 즉, 출력 대 입력을 효율이라 하는데 전기차는 증기 및 디젤 기관차보다 훨씬 효율이 높으므로 동력비가 절감된다.

(3) 수송력 증강

철도의 수송능력은 열차당의 편성량 수와 운전속도 등에 의하여 정해진다. 일반적으로 견인력이 크고, 가·감속 특성이 좋고 점착성능이 우수한 전철은 고빈도, 고속운전이 요구되는 구간과 경사구간에서 높은 평균속도를 얻을 수 있어 운전시간을 단축할 수 있으므로 디젤운전보다 약 40[%] 이상 수송력이 증가된다.

(4) 서비스 향상

전기운전은 매연과 소음이 없고, 열차속도가 향상되고, 열차횟수가 증가되므로 철도 이용객에게 높은 품질의 교통서비스를 제공할 뿐만 아니라 대도시의 인구분산과 도시발전을 기할 수 있으며, 전 국민에게 쾌적한 환경을 만들어 준다.

31

(5) 차량 및 설비의 보수비 절감

전기차는 디젤차와 같이 무거운 내연기관이 필요 없으므로 보수 유지비가 절감되며, 축중도 줄어 궤도보수비도 적어진다. 전기차의 보수비는 디젤차의 40[%] 정도이고, 내구 연한도 각각 40년과 20년으로 비교가 안 된다.

(6) 운전과 취급이 간단

전기차는 속도제어를 임의로 할 수 있고, 한 사람의 기관사가 수량의 편성열차를 총괄적으로 제어할 수 있다.

(7) 경영의 합리화

위에서 기술한 전기철도의 이점은 결과적으로 경영의 합리화와 수입을 증대시키는 것이다.

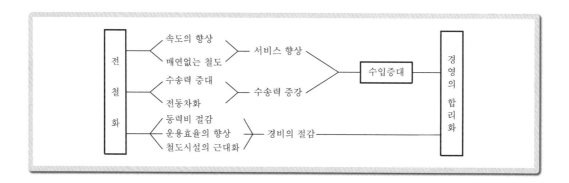

■2 단 점

(1) 초기 투자비의 증가

전기운전에는 급탄, 급수 및 급유 등의 시설과 작업이 불필요하나 송전선로, 변전소, 급전선로 및 전차선로 등의 시설을 필요로 하는 초기 투자비가 소요되며, 시설물의 유지 보수비가 추가된다.

(2) 전식과 유도장해

전기철도에서는 궤조가 전기적인 선로의 일부로 이용되므로 직류방식의 경우 누설전류에 의한 지중 금속관로에 전식을 일으키며, 교류방식에서는 유선 통신선에 대하여 유도장해를 일으키는 경우가 있으나 기술적으로 방지대책이 가능하다.

(3) 지장물의 개량과 수선이 필요

전기운전은 주로 전차선에서 전력을 공급받게 되므로 역사, 터널, 선로횡단 등 여러 가지 시설물의 건축한계 특히 높이의 변경이 필요하며 이들에 대한 개수가 불가피한 경우가 많다. 신호설비도 전철화 방식에 따라 신호기의 위치변경이나 궤도회로 방식을 변경하여야 한다.

08 전기철도의 종류

1 수송목적에 의한 분류

(1) 시가철도(Street Railway)

시가의 도로상에 건설되는 것으로 시내 노면전차라고도 한다. 이것은 대개 소형전차로 운전시격을 짧게 저속으로 운전된다.

(2) 시내 고속도철도(Rapid Transit Railway)

도시 내에 있어 고가철도 및 지하철도를 총칭하는 것으로 타 교통기관에 지장이 없고 고속으로 운전된다. 일반적으로 열차단위가 크며 운전시격이 짧으므로 표정속도를 높일 수 있다. 우리나라 지하철은 시내 고속도 철도에 해당된다.

(3) 교외철도(Suburban Railway)

도시를 중심으로 시가의 외곽을 운행하거나 시가에서 교외에 이르는 철도로서 시내고속도 철도와 대개 규모가 비슷하다.

(4) 시간철도(Interurban Railway)

도시 상호간을 운행하는 철도이며, 전차는 강력한 전동기를 갖추고 교외철도보다 일반적으로 정차간격이 멀어서 표정속도가 크다.

(5) 간선철도(Trunk Line Railway)

국내의 간선을 운행하는 철도로서 성질상 정거장 간격이 길고 열차단위가 크며 전기기관차 또는 전동차로서 고속으로 운전된다.

(6) 등산철도

급경사선을 운행하는 철도로서 차륜의 부착력이 높아야 하므로 치차궤도 등으로 운전되며 견인력이 큰 것이 특징이고 산악 및 등산 등에 이용되므로 보안도가 높아야 한다.

② 전기방식에 의한 분류

(1) 직류식 전기철도

직류식 전기철도는 전압을 직류로 사용하며 3상으로 수전된 교류는 전철용 변전소에서 직류로 변환시킨다.

교류를 직류로 변환시키는 장치는 회전변류기, 수은정류기, 실리콘정류기 방식이 사용되며 최근에는 실리콘정류기를 주로 사용하고 있다.

직류 사용전압으로는 600[V], 750[V], 1,500[V], 3,000[V] 등이 사용되고 있으나 절연문제와 정류문제 등으로 DC 1,500[V]방식이 가장 많이 사용되며 우리나라 지하철에도 DC 1,500[V]방식이 채용되고 있다.

① 직류방식의 장점

　㉠ 직류 직권 전동기의 특성이 전철용으로 가장 적합하다.

　㉡ 철도 연선의 통신선에 대하여 전자유도장해가 없다.

　㉢ 절연이 용이하다.

　㉣ 신호궤도회로에 교류사용이 가능하다.

　㉤ 활선 작업이 용이하다.

② 직류방식의 단점

　㉠ 정류장치가 필요하므로 변전소의 건설비가 높다.

　㉡ 전압이 낮으므로 전류가 커서 급전선, 전차선의 건설비가 높다.

　㉢ 전압강하를 방지하기 위하여 변전소 수를 증가시켜야 한다.

　㉣ 귀선로의 누설전류에 의한 지하 금속관로에 대한 전식의 피해가 크다.

　㉤ 운전전류가 커서 사고전류의 선택차단이 곤란하다.

　㉥ 보호방식이 복잡하다.

(2) 교류식 전기철도

교류식 전기철도방식은 상별, 주파수별, 전압별로 분류된다.

전기방식	주파수	전압종별
단상 교류식	$16\frac{2}{3}$[Hz]	11,000[V], 15,000[V]
	25[Hz]	6,600[V], 11,000[V]
	50[Hz]	6,600[V], 16,000[V] 20,000[V], 25,000[V]
	60[Hz]	25,000[V]
3상 교류식	$16\frac{2}{3}$[Hz]	3,700[V], 6,000[V]
	25[Hz]	6,000[V]

① 단상 교류방식

단상 교류방식에는 전압, 주파수에 따라 여러 방식이 있지만 최근에는 상용 주파수를 채용하는 경우가 많아지고 있다. 이것은 일반 송전선으로부터 수전한 상용 주파수의 전력을 주파수 변환 없이 그대로 전기차에 공급 가능하기 때문이다.

㉠ 교류전기철도의 장점
- 집전이 용이하다.
  교류 전기차는 직류에 비해서 집전 전류가 적고 가벼운 팬터그래프를 사용하므로 집전이 용이하여 고속운전이 가능하다.
- 차내에서 임의로 교류전원을 얻을 수 있다.
- 점착성능이 우수하다.
  변압기의 2차 전압을 직접 주전동기에 가압한 상태에서 기동과 가속을 할 수 있으며 양호한 점착 성능을 가져 실용상 견인력이 높아 소형 기관차로서 대량하중을 견인할 수 있다.
- 사고 시 급전차단이 확실하다.
  교류방식에서는 사고전류가 크므로 회로차단용 계전기의 동작이 확실하다.
- 건설비가 적다.
  변전소 간격을 크게 할 수 있어 송전선로 및 변전소의 수가 적게 되며, 전차선로용 전선의 단면적이 적어 건설비가 감소된다.
- 전식의 피해가 없다.

㉡ 교류전기철도의 단점
- 급전전압이 높아 절연도가 높아야 되므로 절연비가 고가이다.
- 차량이 복잡하다.
  전기차 내에서는 전압을 변압하는 변압기가 탑재되어야 하고, 교류를 직류로 정류하는 장치가 설비되므로 차량이 복잡하다.
- 통신선로에 대한 유도장해가 있다.
  교류전기철도 전차선로는 1선 접지식의 송전선로로 볼 수 있으므로 통신선로에 대하여 전자유도장해를 준다.
- 전원의 불평형이 발생한다.
  3상 송전계통에서 단상부하를 취하게 되므로 급전 전원측에 전압 불평형이 일어나게 된다.

② 3상 교류방식

3상 교류방식은 전차선 설비나 집전장치가 복잡하게 되며, 전선 상호간 절연 때문에 전압을 높이는 데 한계가 있는 등 불리한 면이 많아 보통의 전기철도에서는 사용되지 않고 있다.

(3) 직류식과 교류식의 비교

설비별		구 분	교류식(AC 25[kV])	직류식(DC 1,500[V])
지상설비	전력설비	변전소	• 지상설비비가 적게 든다. • 변전소 간격이 약 30~100[km]로서 변전소 수가 적다. • 직류 변성기기가 필요 없으므로 변전소 내 설비가 단순하다.	• 지상설비비가 높다. • 변전소 간격이 약 5~15[km]로서 변전소 수가 많다. • 직류 변성기기를 필요로 하며 변전소 내 설비가 복잡하다.
		전차선로	고전압을 사용하기 때문에 전류 및 소요동량이 적고 구조도 경량이다.	전류가 크기 때문에 소요동량이 많으며 구조도 중하중으로 된다.
		전압강하	직렬콘덴서에 의해 간단히 보상된다.	급전선과 급전구분소 변전소의 증설을 요한다.
		보호설비	운전전류가 적어 사고전류의 판별이 용이하며 보호설비도 간단하다.	운전전류가 크고 사고전류의 선택차단이 곤란하며 복잡한 보호설비를 요한다.
		통신유도장해	유도장해가 크므로 부급전선, 흡상변압기, 단권변압기, 중성선 등이 필요하며, 통신선의 케이블화 등을 필요로 한다.	유도장해가 적으며 변전소에 필터를 설치하는 것 외에는 특별한 설비가 필요 없다.
		터널, 구름다리의 높이	특고압이므로 절연이격거리가 크기 때문에 터널 단면이 크게 되고 육교높이가 높게 된다.	고압이므로 절연이격거리가 적다.
차량설비		차량비	직류식에 비해 약간 비싸다.	교류식에 비해 싸다.
		급전전압	전기차에 변압기를 이용하여 고전압을 이용할 수 있다.	주전동기, 직류 변성기기의 절연설계상 제약을 받아 고전압을 이용할 수 없다.
		집전장치	집전장치가 소형 경량화 되므로 추수성이 좋다.	집전전류가 크므로 집전장치가 대형화되어 추수성이 나쁘다.
		보호장치	교류 소전류 차단 및 사고전류의 선택차단이 용이하다.	직류 대전류 차단 및 사고전류의 선택차단이 곤란하다.
		속도제어	변압기의 탭 절체에 의해 속도제어가 용이하게 이루어진다.	저항제어, 직·병렬제어로 속도제어가 복잡하다.
		점착특성	점착특성이 우수하며 소형으로서 큰 하중을 견인할 수 있다.	교류전기차에 비해 점착성능이 나쁘므로 대형출력을 필요로 한다.
		부속기기	변압기를 사용하여 간단하게 형광등과 냉난방용의 전원을 얻을 수 있다.	가선전원으로 직류기를 운전하고 있어 형광등과 냉난방용 전원설비가 복잡하다.
공 해		유도장해 및 전식	유도작용에 의해 통신에 잡음을 내게 하며 전선로 부근의 텔레비전, 라디오 등의 무선통신설비에 장해를 준다.	귀선로로부터 나오는 누설전류에 의해 지중관로와 지중전선로에 전식을 일으킨다.

09 전기철도의 급전방식

전기철도에서 운전용 전력은 변전소로부터 전차선로에 급전되고 전기차를 구동시킨 후에 레일 등의 귀선을 경유하여 변전소로 귀환된다.

이 전기회로가 전기철도의 급전회로이다. 그리고 변전소로부터 전기차에 전력을 송전 하는 방식을 일반적으로 급전방식이라 하며 전기방식, 변전소, 전차선로 등의 구성에 따 라서 분류된다.

1 직류급전방식

(1) 병렬급전방식

직류급전방식은 양측 변전소로부터 급전하는 병렬급전방식이 표준이며, 전류용량 증 대 및 전압강하 보상을 위하여 전차선과 병렬로 급전선을 설치하고 레일을 귀선으로 이 용하고 있으며, 그 구성은 다음과 같다.

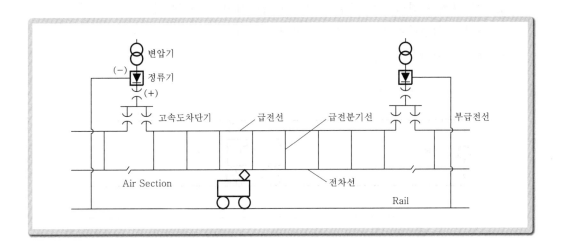

(2) 정류포스트(RP)급전방식

RP(Rectifying Post)급전방식은 그림과 같이 일반의 변전소 설비를 간략화한 방식으로 정류기용 변압기, 정류기 및 급전설비만을 설치하고 부하의 중심에 설치한 주변전소로 부터 교류전원을 급전받으며 계통의 보호도 주변전소에서 수행한다.

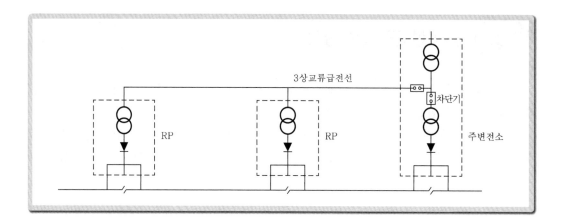

2 교류급전방식

(1) 직접급전방식

가장 간단한 급전회로로 전차선로 구성은 전차선과 레일만으로 된 것과 레일과 병렬로 별도의 귀선을 설치한 2가지 방법이 있으며 그 특징은 다음과 같다.

① 회로구성이 간단하기 때문에 보수가 용이하며 경제적이다.
② 대지 누설전류에 의한 통신유도장해가 크다.
③ 레일의 전위가 크다.

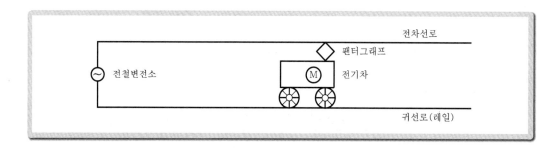

(2) 흡상변압기(BT)급전방식

흡상변압기(Booster Transformer)급전방식은 전차선과 부급전선을 시설하고 약 4[km]마다 흡상변압기를 직렬로 시설하여 레일에 흐르는 귀선전류를 부급전선에 흡상시켜 전차선 전류에 의한 통신선의 유도장해를 감소시켜주는 목적으로 사용된다.

흡상변압기는 교류전차선과 직렬로 설치되며 유도작용을 경감하기 위하여 대지로 흐르는 전류를 경감시키고 이것을 부급전선에 총체적으로 흡상시키기 위하여 사용되는 것으로 전류를 흡상하므로 흡상변압기라 부른다. 흡상변압기는 권선비 1 : 1의 변압기로서 그 1차측을 전차선에 접속하며 2차측은 부급전선 또는 레일에 접속한다.

흡상변압기(BT)방식의 급전계통구성은 다음 그림에 의한다.

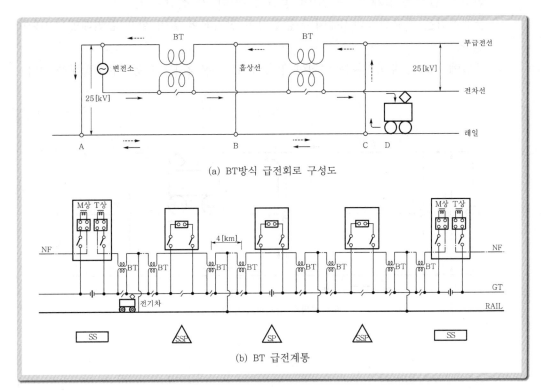

(a) BT방식 급전회로 구성도

(b) BT 급전계통

【 BT급전방식 계통도 】

(3) 단권변압기(AT)급전방식

단권변압기(Auto-Transformer)급전방식에서는 급전선과 전차선과의 사이에 단권변압기를 병렬로 삽입하고 중성점은 레일 및 비절연보호선(FPW)에 접속되어 전기차 부하전류의 귀선회로를 구성한다. 또 통신유도장해를 보다 경감하기 위하여 AT-AT의 중간에서 보호선용접속선(CPW)에 의하여 비절연보호선과 레일을 접속하고 있다.

단권변압기는 전자적인 밀결합으로 설계된 변압기로 약 10[km] 간격으로 배치한다. 권선의 중앙을 레일에 접속하고 양단자의 어느 한편과 레일과의 사이의 전압을 전기운전에 적합한 전압(25[kV])으로 선정하여 전차선에 급전하고 다른 한 단자를 급전선에 접속한다.

단권변압기(AT)방식의 급전계통구성은 아래 그림과 같고 그 특징은 다음과 같다.

① 급전전압이 차량공급 전압의 2배이므로 전압강하율이 적고 대전력 공급측면에서 유리하다.

② 전압강하가 적으므로 변전소 이격거리가 길다.

③ 변전소 간격은 길게 할 수 있어 송전선 건설비가 절감된다.

④ 급전전압은 차량전압의 2배이나 중성점이 접지되어 있어 실제 절연레벨은 1/2이 된다.

⑤ 레일에 흐르는 부하전류는 인접한 양쪽의 AT로 흡상되므로 통신유도장해가 적다.

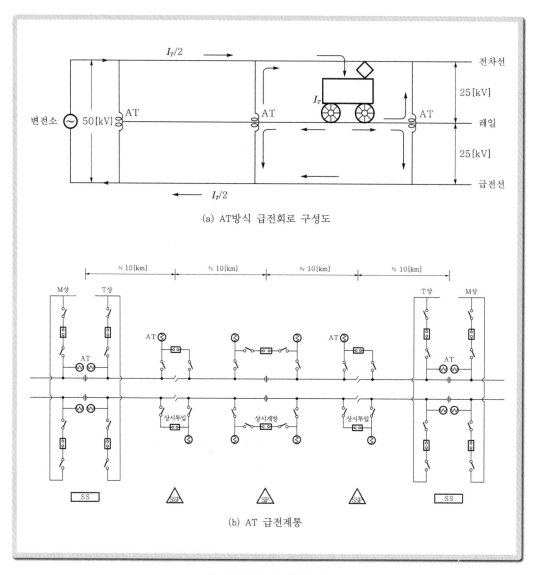

(a) AT방식 급전회로 구성도

(b) AT 급전계통

【 AT급전방식 계통도 】

3 BT급전방식과 AT급전방식의 비교

항 목	BT급전방식	AT급전방식	비 고
급전전압	• AC 25[kV] • 변전소간격 30~40[km] • 전차선 – 레일 간 25[kV]	• AC 50[kV] • 변전소간격 80~100[km] • 급전선 – 전차선 간 50[kV] • 전차선 – 레일 간 25[kV]	급전가능거리는 급전전압의 제곱에 비례하므로 AT방식의 송전선 건설비가 싸다.
부스터섹션	• 필요하다. • 부스터섹션에서 전기차 통과 시 아크발생	• 필요없다. • 고속대용량 집전에 적합	BT방식은 부스터섹션 소호대책으로 아킹혼 설치, 저항섹션 설치
통신유도	AT와 동일	BT와 동일	
전압강하	급전전압이 낮기 때문에 전차선로 전압강하가 크다.	• 전압강하가 적다. • 대용량 장거리 급전에 적합하다.	급전전압이 2배로 되면 전류는 1/2로 되며 전압강하는 1/4로 된다.
회로해석	비교적 단순하다.	회로가 다소 복잡하므로 계산이 어렵다.	
보호회로	급전전압이 낮으므로 고장전류가 적어 보호가 어렵다.	전압이 높으므로 보호가 비교적 용이하다.	
고장점표정	회로가 단순하므로 용이하다.	회로가 복잡하므로 어렵다.	
경제성	송전선로의 건설비가 많다.	송전선로를 고려하면 AT측이 경제적이다.	

전기철도공학

Chapter **02**

전철변전설비

Chapter 02 전철변전설비

01 직류 전철변전소

1 직류 전철변전소의 개요 및 구성

(1) 개 요

변전설비는 전압을 변경하는 설비이지만 전철변전설비는 일반 변전설비와 달리 전기차의 부하 공급을 주된 목적으로 하고 있으며, 직류 전철변전소는 한국전력공사에서 보통 22.9[kV], 154[kV]를 수전하고 직류 600[V], 750[V], 1,500[V], 3,000[V]로 변성하여 전차선로를 통해 전기차에 공급된다.

(2) 전철변전소의 조건

전철변전소는 철도의 종류, 전기방식, 전기차의 출력, 선로조건, 운전상태에 따라 다음의 조건을 만족하여야 한다.
① 변전소의 기기 용량은 전기차 부하에 충분히 견뎌야 한다.
② 전압강하는 열차운전에 지장을 주어서는 안 된다.
③ 최대 전압강하에서도 전기차의 보조기기는 정상적으로 작동하여야 한다.
④ 운전지연 또는 전기기기에 유해한 온도상승이 없어야 한다.
⑤ 전차선로나 차량의 급전회로에서 단락사고가 발생하면 즉시 이를 검출하고 회로를 차단하는 계통이 구성되어야 한다.

(3) 직류 전철변전소의 구성

① 수전설비

송전선로에서 특고압의 전원을 수전하기 위한 설비로서 교류차단기, 단로기, 계기용 변성기, MOF(Metering Out Fit), 수전모선, 보호계전기 등으로 구성되어 있다.

② 변성설비

정류기용 변압기, 실리콘정류기, 교류차단기, 직류 고속도차단기, 변류기, 보호계전기 등으로 구성되며, 특고압을 정류기용 변압기로 3ϕ AC 1,200[V]로 변환하여 정류기에 공급하며 정류기에서 DC 1,500[V]로 변성하여 전차선을 통하여 전기차에 공급한다.

③ 급전설비

변성기 설비에서 변성된 직류 1,500[V]를 전차선을 통하여 전기차에 공급하기 위한 설비이며 직류 고속도차단기, 단로기, 직류변류기, 분류기, 직류모선, Z모선, 보호계전기 등으로 구성되어 있다.

④ 고압배전설비

22.9[kV] 등의 수전전압을 열차의 운전 및 승객수송에 필요한 신호, 조명, 환기, 냉방 등의 설비에 전원을 공급하기 위하여 6.6[kV]로 변압하여 공급하는 설비이다.

⑤ 소내용 전원설비

변전소 내 차단기 등의 투·개방 전원, 각종 계전기 동작전원, 각종 제어전원, 변전소 내의 조명, 환기, 전열기 등의 일반 부하에 전원을 공급하여 주는 설비이다.

⑥ 직류 전철변전소 구성도 및 단선결선도

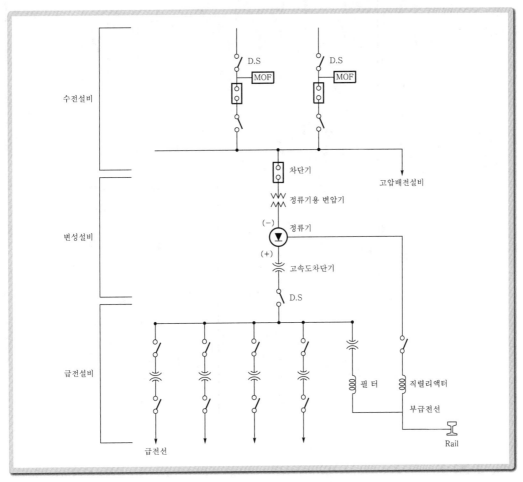

【 직류 전철변전소 구성도 】

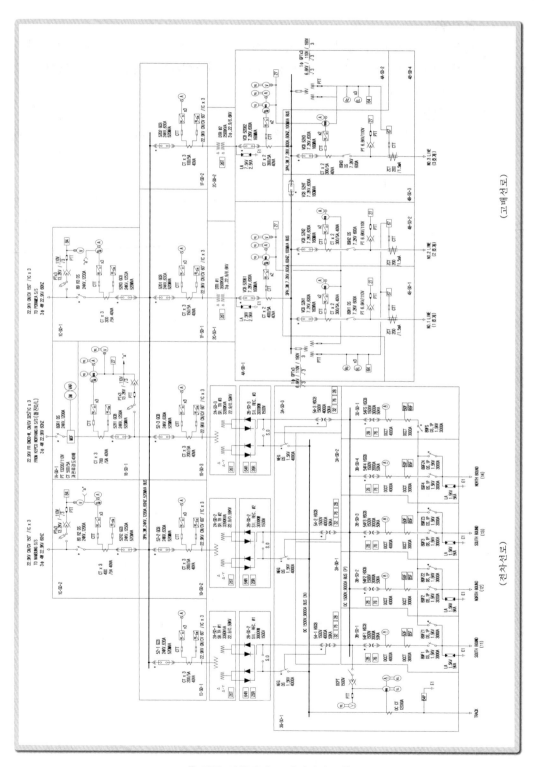

【 직류 전철변전소 단선결선도 】

2 변전소의 용량과 간격

(1) 전철변전소의 부하특성

① 직류 전철변전소의 전기차 부하분담

일반적으로 양측의 2개 변전소로부터 병렬로 급전되고, 그 사이의 선로정수가 동일하다고 보면 각 변전소의 분담전류는 전기차 위치에 따라서 결정된다.

A변전소 분담전류 $i_1 = \dfrac{I(D-x)}{D}$ [A], B변전소 분담전류 $i_2 = \dfrac{I \cdot x}{D}$ [A]

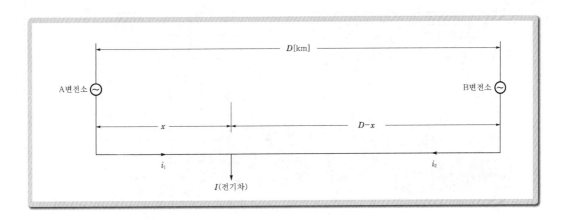

② 전기차의 전류파형

전기차는 기동, 가속, 주전동기 특성곡선에 의한 역행, 타행을 수행하므로 그 전류파형은 다음 그림과 같이 변동이 극심하다.

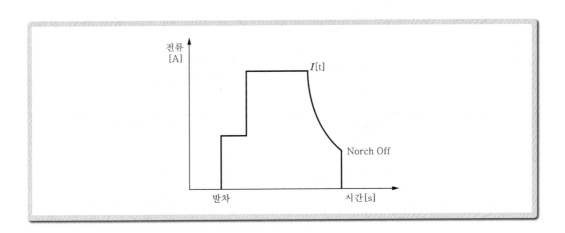

47

③ 전기차 부하

전기차 전류의 크기는 선로상태, 전기차의 출력 및 특성, 운전 다이아그램, 급전 회로의 구성 등에 따라서 변화한다. 변전소 부하는 이동하는 전기차 부하의 합성분이므로 변동이 극심한 것이 특색이며, 출퇴근 시간대에 부하전류가 증가하는 것을 전기차 부하 전류기록표에서 볼 수 있다. 평균전류는 피크전류의 2~3배 정도 적게 되는 것이 전차용 부하전류의 특징이다.

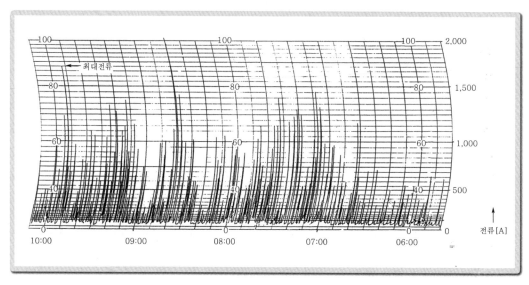

[전기차 부하전류]

④ 변전소의 일부하율

변전소의 일부하율은 다음과 같이 산출하며 노선별 개략치는 아래 표와 같다.

$$일부하율 = \frac{1일\ 중의\ 1시간\ 평균출력}{1일\ 중의\ 1시간\ 최대출력}$$

노선별	일부하율[%]
노면전차	40~70
교외철도	25~50
간선철도	60~80

(2) 직류 전철변전소의 용량

① 개 요

전기철도 부하는 변동이 많고 정류기 용량을 결정하는 것이 어렵다. 전기차의 부하용량은 전동기 특성곡선, 운전곡선에 의해 어느 정도는 정확히 계산되지만, 이동부하이기 때문에 선로손실 계산이 어렵고, 변전소측의 용량을 정확히 구하는 것은 전자계산기에 의한 시뮬레이션에 의하지 않고는 불가능하다.

따라서 변전소 용량의 계산은 전력소비율에 의한 차량 원단위 등의 실적 데이터를 참고하여 구하고 있다. 직류 전철변전소의 용량은 그 예비용량을 제외하고 일반적으로 1시간 최대출력 또는 순시최대출력을 기초로 결정된다.

② 1시간 최대출력의 산출

㉠ 전력, 시간 곡선을 이용하는 방법

운전 다이아그램으로부터 임의의 시간에 있어서 변전소 급전 구간 내에 있는 열차 대수를 구하고, 또한 전기차 전력 시간 곡선으로부터 그 시간에 각 전기차의 소요 전력을 구하며 각 시간의 합계 소요 전력을 산출하여 부하곡선이 구해진다.

이에 의하여 1시간 최대출력과 발생시간 및 1시간 평균출력을 알 수 있다.

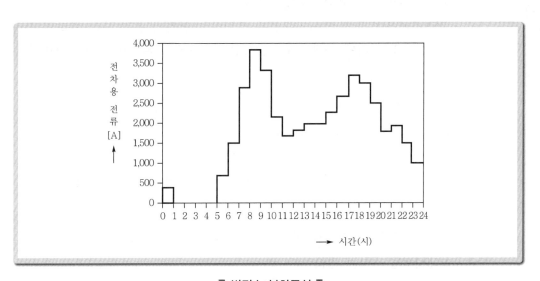

[변전소 부하곡선]

㉡ 전력소비율을 이용하는 방법
• 전력소비율의 개략치
1[t-km], 1[car-km]당의 전력소비량을 전력소비율이라 한다. 전력소비율은

속도, 가속도, 역간거리, 선로조건 등에 의해서 크게 변하며 그 개략치는 다음과 같다.

종 별	전력소비율[Wh/t-km]
노면전차	40~90
고속철도	50~100
교외철도	25~70
전기기관차 운전(여객)	15~35
전기기관차 운전(화물)	10~30
전동열차	25~35

• 전력소비율을 구하는 방법
  - 전기차의 전력, 시간곡선을 열차 종류마다 작성하고 이에 의해 산출한다.
  - 유사선로의 사용실적으로부터 추정한다.
  - 증기운전의 석탄소비량 등 기타의 동력에너지로부터 에너지를 환산한다.
• 최대부하
  열차밀도가 최대로 되는 시간대에 대해서 구한 것이 최대부하가 된다.
• 1시간 최대평균전력을 구하는 방법
  전력소비율에 변전소 급전구간을 주행하는 열차의 중량 또는 차량의 수량을 곱하고, 여기에 주행거리를 곱하면 일정시간 중의 평균전력이 구해진다.

$$Y = \frac{60}{T} \times 2 \times K \times L \times N \times C$$

여기서, Y : 복선구간의 평균전력[kWh]
　　　　T : 출퇴근 시간대의 운전시격[분]
　　　　K : 출퇴근 시간대의 차량단위원[kWh/c・km](보기전력 포함)
　　　　L : 변전소 담당 급전구간[km]
　　　　N : 열차편성수
　　　　C : 열차편성당 차량수

③ 순시최대전력을 구하는 방법
  ㉠ 전철부하는 일반부하와 달리 대단히 변동이 심한 특성을 갖고 있어 가끔은 변전소 급전구간 내에 열차가 동시주행을 개시할 때가 있으므로 이러한 경우는 과부하 취급을 해서 직류 고속도차단기로 차단하는 일이 일반적이다.
  보통 피크부하에 대하여 각 열차의 운전전류를 다이어그램에 의거하여 각 순시마다 집계하고 그 최대치를 취한다.

ⓒ 다음 식을 이용하여 유사선로구간의 실적으로부터 C의 값을 선정하여 구하
며, C의 값은 지하철에 있어서는 70~120 정도의 값이지만 전력회생차가 도
입된 구간에서는 회생전력에 의해 Y가 작고 C가 커지는 경향이 있다.

$$Z = Y + C\sqrt{Y}$$

여기서, Z : 순시최대전력[kW], Y : 1시간 출력[kW], C : 정수

④ 변전소 용량의 결정

이상과 같이하여 구한 1시간 최대출력과 순시최대출력 중에서 기기의 정격과 비
교하여 어느 것이 제한인자로 되는가를 고려하여 변전소 용량이 결정된다.

㉠ 통근수송구간과 같이 열차밀도가 높은 대용량 변전소의 용량은 1시간 최대출
력으로 결정된다.

㉡ 열차밀도가 작으면 순시최대출력으로 결정된다.

㉢ 정류기의 정격에서 순시최대출력이 250[%]를 초과하는 경우에는 순시최대출
력으로 결정된다.

㉣ 정류기의 정격에서 순시최대출력이 250[%] 이하의 경우는 1시간 최대출력으
로 결정된다.

㉤ 향후 부하증가를 고려하여 적합한 증가율을 곱한다.

(3) 변전소의 배치

① 변전소의 배치 조건

변전소의 배치는 철도의 종류, 전기방식, 전기차 출력, 선로조건, 운전상황 등에
따라 서로 다르지만 일반적으로는 다음의 조건을 만족하도록 위치, 간격, 용량을
선정하여야 한다.

㉠ 변전소의 기기 용량이나 전차선로의 전류용량은 전기차 부하에 충분히 견딜 것

㉡ 전압강하가 열차운전에 지장을 주지 않을 것

㉢ 급전회로에 단락사고 등이 발생한 경우는 신속, 확실하게 검출하여 차단할 것

② 변전소의 위치 선정

변전소의 위치를 선정하는 경우에 고려해야 할 필수조건은 다음과 같다.

㉠ 급전구간 내의 부하의 중심에 가능한 한 근접할 것

㉡ 적합한 전원이 가깝게 있을 것

㉢ 소요변전소 간격을 유지 가능하고 전압강하의 지장이 없을 것

㉣ 기기의 운반이 편리할 것

㉤ 지반이 견고하여 수해나 토사 유입 등의 우려가 없을 것

㉥ 필요에 따라서 양질의 기기 냉각수를 얻을 수 있을 것

ⓐ 토지 비용이 저렴하고 향후 증설에 부지의 여유를 취할 수 있을 것

ⓞ 인근 지역에 대해서 소음 등의 영향이 적을 것

ⓩ 화학공장, 배기가스, 염진해 등의 영향이 적을 것

ⓒ 섹션 설치로 인한 전기차 운전에 지장이 없을 것

③ **변전소의 간격**

㉠ 개요

전기차에 전력을 공급하는 변전소의 적정한 간격은 부하의 특징 및 전기회로의 특성을 고려하여 결정된다. 변전소의 간격을 결정하는 요인은 다음과 같다.

• 전식장해의 방지

• 급전회로의 고장검출과 보호

• 열차의 운전에 필요한 전압의 확보

이들 요인에 변전소 용지확보의 조건을 고려하여 적정한 변전소 간격을 결정한다.

변전소의 간격은 짧게 하는 것이 바람직하나, 반면에 변전소 수가 증가한다. 따라서 변전소의 간격과 수는 변전소나 전차선로의 건설비, 변전소의 운전, 보수 등의 유지비, 전력손실 등을 종합적으로 비교 검토하여 가장 경제적으로 선정하여야 한다.

㉡ 변전소 간격을 단축할 때의 장단점

• 장 점

- 전압강하, 전력손실이 작게 된다.

- 동일 전압강하로 하면 전차선로의 전류용량은 작게 되고, 건설비는 감소한다.

- 귀선의 누설전류가 감소한다.

- 급전회로의 보호도 일반적으로 용이하게 된다.

• 단 점

- 변전소의 수가 증가하므로 건설비가 높아진다.

- 기기의 단위용량이 작아진다.

- 효율이 저하하고 손실이 증가한다.

- 보수나 운전 등의 경비가 증가한다.

- 유인식에서는 운전원의 인건비도 증가한다.

㉢ 차량 원단위

1량의 차량이 주행하는 데 필요한 전력량이며 단위는 [kWh/c·km]로 표시한다. 이것은 변전소의 정류기 용량이나 간격 등을 결정할 때 기초가 되는 것이다. 원단위는 차량의 성능이나 노선조건에 의해 달라진다. 그 주된 원인에 대하여 기

술하면 다음과 같고, 지하철의 원단위 값은 약 2.0~3.5[kWh/c·km] 정도이다.

- 차량중량이 무거울수록 커진다.
- 저항제어차가 초퍼제어 및 VVVF제어차보다 커진다.
- 회생차는 작아진다.
- 냉방차는 커진다.
- 승차효율이 좋을수록 커진다.
- 주행과 제동이 반복되는 노선 쪽에 커진다.
- 역사간격이 짧을수록 커진다.
- 평탄노선보다 구배가 반복하는 노선 쪽에 커진다.

ⓔ DC급전회로의 전기회로 정수

명 칭	종 별	형상 및 치수	저항[Ω/km]	고장점 저항	인덕턴스
가공전차선	급전선	Al 510[mm²]	0.0563	• 급전분기간격 250[m] : 0.05[Ω]	1.1[mH/km]
		Cu 325[mm²]	0.0564		
	전차선	Cu 110[mm²]	0.1592	• 급전분기간격 500[m] : 0.1[Ω]	
		Cu 170[mm²]	0.1040		
	조가선	St 90[mm²]	1.653		
		St 135[mm²]	1.057		
강체전차선	T-bar (6063계열)	2,100[mm²]	0.01549	0[Ω]	
	롱이어	271[mm²]	0.06		
제3궤조방식	Side 레일	50[kg]	0.0175		4.6[mH/km]
주행레일 (누설전류 30[%])	50[N]	6,420[mm²]	0.0119		
	60[N]	7,550[mm²]	0.0098		
변전소 내부저항 (전압변동률 6[%])	변압정류기	1,500[V] 3,000[kW]	0.045		
		750[V] 1,500[kW]	0.0225		
		600[V] 1,500[kW]	0.0144		

ⓜ 전식장해방지에 의한 변전소 적정간격

전기철도는 전기차 전류의 귀선으로 주행레일을 이용하고 있으므로 일부의 전차선 전류가 대지에 누설되어 지중매설관에 흘러들어 전식장해를 일으킨다. 전식장해를 방지하기 위해 전기설비기술기준에는 귀선의 궤도근접 부분에 1년간의 평균전류가 통할 때 생기는 전위차는 궤도 1[km]에 대하여 2.5[V]

이하이고, 또한 급전구간 어느 지점에서도 2점간의 사이에서 15[V]이하가 되도록 정하고 있다.

이러한 조건을 만족하기 위한 전위차 계산방법은 다음과 같다.

• 1년간의 평균전류

$$I = \frac{\text{차량운전에 이용되는 변전소의 직류측 1년 사용전력량[kWh]}}{365일 \times 24시간 \times 전차선 \ 전압[kV]}$$

• 궤도의 저항

$$R = \frac{1}{W}[\Omega/km](\text{이음매 저항 포함})$$

여기서, W : 궤도 1[m]당 중량[kg]

  – 복선의 경우 : $\frac{1}{2} \times R$

• 급전구간 내 최대전압강하

$$V_m = \frac{1}{2} \times R \times I \times L^2 \leq 15[V]$$

여기서, L : 거리[km], I : km당 평균전류[A/km], R : km당 레일저항[Ω/km]

• 1[km]당 평균전압강하

$$V_e = \frac{V_m}{L} \leq 2.5[V]$$

• 변전소 간격

각 사업자의 운전계획, 차량 원단위 및 편성수 등에 따라 다르지만 전식장해 방지의 관점에서 본다면 지하철에 있어서의 변전소 허용간격은 DC 1,500[V] 계에 있어서는 대략 4~6[km], DC 600[V], 750[V]계에 있어서는 2.5~3[km] 정도이다. 그러나 초과밀운전 다이아(Dia)나 10량 편성 등 장대편성으로 열차운행을 하고 있는 지하철 노선에서는 변전소 간격을 상기 표기의 간격보다 더 단축하여야 한다.

이러한 노선에 있어서 도시 중심부에서 변전소 용지를 확보하기가 곤란할 경우 보조귀선의 부설이나 50[kg] 이상 단면적이 큰 주행레일을 사용함으로써 귀선전류의 누설 및 귀선 전압강하를 감소시켜 전식장해 방지대책으로 하고 있다.

변전소 간격 계산 예

복선전철의 다음 조건에서 변전소의 최대허용간격을 전식장해 방지차원에서 계산해 보자. (단, 변전소는 병렬급전방식이다.)

1. 조 건
   - 운전횟수 N=450[회/일]
   - 전차선 전압 E=DC 1,500[V]
   - 차량 원단위 C=2.5[kWh/c·km]
   - 차량 편성수 C_S=6[량]
   - 주행레일(50[kg]) 저항 R=0.02[Ω/km]

2. 1년간의 평균전류
$$I=\frac{450\times2.5\times6\times365}{365\times24\times1.5}=187.5[A]$$

3. 급전구간 내 2점 간의 최대전압강하에 의한 변전소 간격

   $V_m=\frac{1}{2}\times R\times I\times L^2$은 15[V] 이내이므로,

$$15=\frac{1}{2}\times0.02\times\frac{1}{2}\times187.5\times L^2$$

   $\therefore\ L=4[km]$

   일개 변전소에서 양측으로 병렬급전하므로,
   변전소 간격 $D=2L=2\times4=8[km]$

4. 1[km]당 평균전압강하에 의한 변전소 간격

$$V_e=\frac{V_m}{L}=\frac{\frac{1}{2}\times0.02\times\frac{1}{2}\times187.5\times L^2}{L}=2.5[V]$$

$$L=\frac{2.5}{0.9375}=2.666[km]$$

   변전소 간격 $D=2L=2.666\times2=5.332[km]$

5. 상기 검토결과 변전소 간격은 5.3[km] 이하로 확보하는 것이 바람직하다.

ⓑ 급전회로의 고장검출과 보호에서 본 변전소의 적정간격
   - 고장검출
     전기철도에 있어서 전차선에 지락, 단락 등의 사고가 발생할 때, 이것을 확실히 검출차단하여 사고의 확대방지와 전기차·지상설비를 보호해야 한다. 전차선에 대하여 직류급전회로의 보호에는 사고전류를 부하전류와 구별하여 선택차단하는 것을 목적으로 직류고속도차단기가 종래에는 사용되어 왔지만, 최근에는 고장전류를 선택하는 장치로서 ΔI형 고장선택장치가 개발되어 병렬급전구간에는 연락차단장치와 조합해서 넓게 사용되고 있다.
   - 병렬급전회로의 고장전류
     급전구분소가 없는 직류보호방식의 ΔI형 고장선택장치 및 연락차단장치를

채용한 구간에는 급전구간의 중앙점에 고장전류가 검출되면 되기 때문에 ΔI형 고장선택장치의 조정치는 이 경우 고장전류로 결정한다.

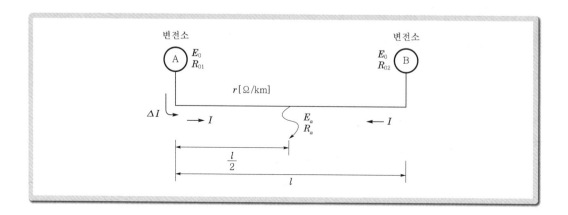

상기 급전회로에서 변전소 A에서 공급되는 고장전류 ΔI는

$$\Delta I = \frac{E_0 - E_a}{R_{01} + \dfrac{1}{2}rl + \left(\dfrac{R_{01} + R_{02} + rl}{R_{02} + \dfrac{1}{2}rl}\right)R_a}[A]$$

$R_{01} = R_{02}$일 경우에는

$$\Delta I = \frac{E_0 - E_a}{R_{01} + \dfrac{1}{2}rl + 2R_a}[A]$$

여기서, E_0 : 정류기 정격전압[V](1,500[V])

R_{01}, R_{02} : 변전소 A 및 B의 직류등가저항[Ω]

E_a : 고장점 아크전압(300[V]를 표준으로 한다)

R_a : 고장점 저항(급전분기간격이 500[m]는 0.1[Ω],

급전분기간격이 250[m]는 0.05[Ω])

r : 급전회로의 단위길이당 저항[Ω/km]

l : 변전소 간격[km]

R_{01}, R_{02}는 다음 식에 의하여 구한다.

$$R_{01} = \frac{\varepsilon(E_0)^2}{P} \times 10^{-5}[\Omega]$$

여기서, ε : 변압기의 전압변동률(6[%]), P : 변전소 변성기 정격용량의 합계[kW]

• 고장전류 특성

고장전류는 다음 그림에서와 같이 시간 t의 경과에 의해서 급격히 커지는 과도전류로서 최종적 $(t=\infty)$에는 $\Delta I = \dfrac{E_0 - E_a}{R}$ 로 된다.

$t=0$일 때의 전류변화 $\dfrac{di}{dt} = \dfrac{E_0 - E_a}{L}$ 를 돌진율이라 한다.

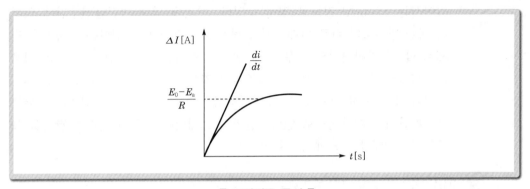

[고장전류 특성]

A 및 B 변전소에서 가장 멀리 떨어진 지점, 즉 변전소 간의 중심에서 단락사고가 발생할 경우 변전소에서의 단락전류 ΔI[A] 및 돌진율 $\dfrac{di}{dt}$는 다음그림과 같이 된다.

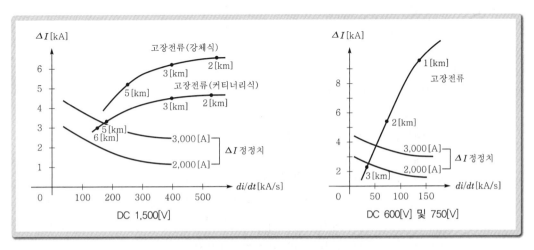

[고장전류분포 및 ΔI형 고장선택장치 특성]

• 고장점 저항과 아크전압

고장계산을 할 경우 고장점 저항은 가공전차선로의 경우 급전선과 전차선을 연결하는 급전분기 간격이 500[m]인 경우 0.1[Ω], 250[m]인 경우는 0.05[Ω]로 하고, 강체가선방식인 경우는 0[Ω]으로 한다.

표준아크전압은 300[V]로 하는 것이 일반적이다.

• 변전소 간격

ΔI 정정치는 1열차의 편성수, 전차선 전압 등에 의해서 다소 차이는 있으나 1,500[V]계에 있어서는 1,500[A]~3,000[A] 정도, 600[V] 및 750[V]계에 있어서는 2,500[A] 정도로 정하고 있다. 이것에 의해 병렬급전구간에 있어서 대향 변전소의 바로 아래까지 단락사고를 검출할 수 있다는 가능성을 전제로 할 때 커티너리의 경우 최대 변전소 간격은 5~6[km], 강체식의 경우 10~12[km] 간격으로 하며 제3궤조식의 경우 2.5~3[km]로 사용되고 있다. 그러나 대향 변전소의 ΔI형 고장선택장치 동작으로 자기 변전소의 직류고속도차단기의 개방신호로 연락차단방식을 채택하면 최대 변전소 간격을 표준간격의 2배까지 크게 할 수 있다.

 고장전류에 의한 변전소 간격 계산 예

지하구간 강체전차선에서 고장전류에 의한 변전소 간격을 계산해 보자.

1. 조 건
   • $E_0 = 1,500[V]$, $\Delta I = 6[kA]$
   • $R_0 = 0.045[Ω]$, $E_a = 300[V]$
   • $R_a = 0[Ω]$, $r = 0.0233[Ω/km]$

2. 고장전류에 의한 변전소 간격

$$\Delta I = \frac{E_0 - E_a}{R_0 + \frac{1}{2}rl + 2R_a}[A], \quad 6,000 = \frac{1,500 - 300}{0.045 + \frac{1}{2} \times 0.0233 \times l}$$

$$n = \frac{1,200}{0.045 + 0.01165l}$$

$$69.9l = 1,200 - 270 \quad \therefore \ l = 13.3[km]$$

ⓧ 전차선 전압에 의한 변전소 간격

• 전기차의 최저전압

전기차 운전에 필요한 전차선 전압이 부족하면 전기차의 전동기에 과부하, 소요 토크 부족 또는 속도가 부족하여 열차의 정상운전 확보가 곤란하다. 1,500[V]계에서는 최저전압이 1,000[V], 750[V]계에서는 500[V], 600[V]계에서는 400[V]가 열차운전에 필요한 최저전압이다.

- 전차선 전압의 계산

  병렬급전구간의 중심에 열차가 있고 최대운전전류로서 주행하고 있을 때
  전차선 전압을 최저전압으로 보고 다음 식에 의하여 계산한다.

$$E = E_0 - \left(R_0 + \frac{1}{2}rl\right) \times \frac{I}{2}$$

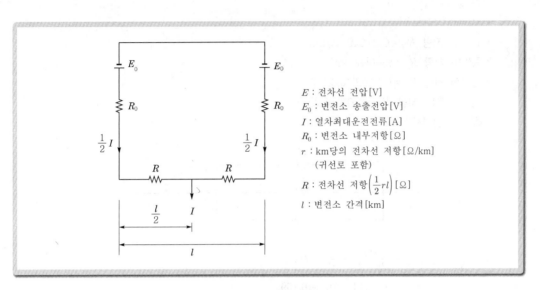

E : 전차선 전압[V]
E_0 : 변전소 송출전압[V]
I : 열차최대운전전류[A]
R_0 : 변전소 내부저항[Ω]
r : km당의 전차선 저항[Ω/km]
  (귀선로 포함)
R : 전차선 저항 $\left(\frac{1}{2}rl\right)$ [Ω]
l : 변전소 간격[km]

[등가회로]

- 변전소 간격

  최저전압을 확보할 수 있는 변전소의 간격은 열차운행조건에 따라 전차선
  의 조건 및 열차운전전류가 급변하는 외에 운전시격이 변하는 것, 동일 급
  전구간에 복수의 열차가 주행할 경우가 있다.

  또, 변전소 고장 시에도 열차의 정상운전을 확보할 필요가 있다. 이러한 조
  건들을 고려해 최저전압을 계산하면 전차선 전압확보의 관점에서 본 지하
  철 직류구간의 허용최대변전소 간격은 대략 다음과 같다.

전차선 방식	전 압	변전소 간격
커티너리 가선방식	DC 1,500[V]	6~8[km]
강체가선방식	DC 1,500[V]	8~9[km]
제3궤조방식	DC 600[V] DC 750[V]	3~4[km]

변전소 간격 계산 예

지하구간의 강체전차선의 최저전압에 의한 변전소의 간격을 T-bar 2,100[mm^2], 전차선 Cu 110[mm^2]을 사용할 경우 계산해 보자.

1. 조 건
   - $E_0 = 1,500[\text{V}]$
   - $E = 1,000[\text{V}]$
   - $I = 2,500[\text{A}]$
   - $R_0 = 0.045[\Omega]$
   - T-bar 저항 $R_B = 0.01549[\Omega/\text{km}]$
   - 롱이어 저항 $R_L = 0.06[\Omega/\text{km}]$
   - 전차선 저항 $R_T = 0.1592[\Omega/\text{km}]$
   - 레일(50[N]) 저항 $R_R = 0.0119[\Omega/\text{km}]$

2. 전차선의 합성저항(r)

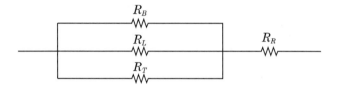

$$r = \frac{R_B \cdot R_L \cdot R_T}{R_B \cdot R_L + R_L \cdot R_T + R_T \cdot R_B} + R_R$$
$$= \frac{0.01549 \times 0.06 \times 0.1592}{(0.01549 \times 0.06) + (0.06 \times 0.1592) + (0.1592 \times 0.01549)} + 0.0119$$
$$= 0.0114 + 0.0119 = 0.0233[\Omega/\text{km}]$$

3. 변전소 간격

$$E = E_0 - \left(R_0 + \frac{1}{2}rl\right) \times \frac{I}{2}$$
$$1,000 = 1,500 - \left(0.045 + \frac{1}{2} \times 0.0233 \times l\right) \times \frac{2,500}{2}$$
$$= 1,500 - 56.25 - 14.56l = 1443.75 - 14.56l$$
$$\therefore l = \frac{443.75}{14.56} = 30[\text{km}]$$

◎ 변전소 간격의 선정

직류 전철변전소를 전식장해의 방지, 급전회로의 보호 및 전차선 전압의 확보관점에서 검토결과 전식방지면에서 변전소 간격이 결정되어지며 적정한 변전소 간격은 다음과 같다.

[변전소 간격] (단위 : [km])

전차선 방식	전 압	전식방지	급전회로보호		전차선 최저전압	적정한 변전소 간격
			고장선택장치	연락차단병용		
커티너리방식	1,500[V]	4~6	5~6	10~12	6~8	4~6
강체가선방식	1,500[V]	4~6	10~12	20~24	8~9	4~6
제3궤조방식	750[V] 600[V]	2.5~3	2.5~3	5~6	3~4	2.5~3

지하철을 포함한 도시근교의 전기철도는 1일당 열차운행횟수가 많고 급변하는 부하를 갖는 것이 특징이므로 변전소 간격을 전식방지면에서 결정할 경우 급전회로의 보호도 확실해지고 중간 변전소 고장 시에도 정상운전을 확보할 수 있다.

3 직류 고속도차단기

(1) 직류 고속도기중차단기(HSACB)

① 개 요

직류 고속도기중차단기는 교류 차단기가 고장검출용 계전기의 동작에 의해 차단 동작하는 것에 비해, 차단기 자체에 검출기능과 직류를 고속도로 차단하는 기능 등을 갖추어 새로이 급격히 상승하는 사고전류에 대하여는 동작 설정치에 도달 하기 전에 차단하는 선택 특성을 가지고 있다.

② 고속도차단기의 종류

㉠ 정방향 고속도차단기

정상전류와 동일방향의 과전류에 대해 자동차단을 수행하는 고속도차단기이다. 적용 용도에 따라서 급전용, 정극용, 부극용, 필터장치용, 인버터용 등이 있으며 급전회로나 기기의 과전류 보호에 사용된다.

㉡ 역방향 고속도차단기

정상전류와 역방향의 전류에 대해 자동차단을 수행하는 고속도차단기이다. 적용 용도에 따라 정극용, 부극용으로 분류되며, 수은정류기의 역점호 시나 회전변류기의 플래시오버 발생 시 등에 직류측으로부터 역류하는 전류를 차 단하는 용도에 사용된다.

㉢ 양방향 고속도차단기

정·역 양방향의 전류에 대해서 자동차단을 수행하는 고속도차단기이다. 주로 급전 타이포스트(Tie Post)의 상·하선 접속용에 사용된다.

③ 고속도차단기의 차단시간

급전회로에 고장발생의 순간부터 차단기가 동작하여 전류가 감소하기까지의 시간은 보통 8/1,000~10/1,000초 정도이며, 차단이 완료되기까지의 시간은 18/1,000초 정도이다.

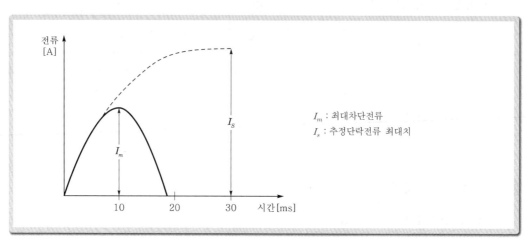

[고속도차단기의 차단성능 곡선]

④ 고속도차단기의 정격

㉠ 정격차단용량

정격전압 및 규정회로 조건에서 규정된 표준 동작 책무와 동작상태에 따라서 차단하는 차단용량의 한도를 말하며, 추정단락전류 최대치로 표시한다.

㉡ 정격차단전류

정격전압 및 규정회로 조건에서 규정된 표준 동작 책무와 동작상태에 따라 차단하는 경우의 차단전류 최대치를 말한다.

㉢ 고속도차단기의 정격

정격차단용량 [kA]	규정회로 조건		최대차단전류 [kA]
	추정최대단락전류[kA]	돌입률[A/s]	
15	15 이상	5×10^5 이상	10
50	50 이상	3×10^6 이상	25

⑤ 고속도차단기의 동작원리와 구조

㉠ 동작원리

• 접극자는 유지코일의 전자력에 의해서 개방스프링의 힘에 대항하여 흡착되고 접촉봉을 끌어당겨 접촉자가 폐로된다.

- 트립코일의 기자력은 유지코일의 기자력을 소멸시키도록 구성되고, 여기에 주회로 전류 또는 그 일부가 흐르며 지정된 정정치를 초과하면 유지코일의 전자력은 소멸되고 개방스프링에 의해서 신속하게 접극자가 개방되며 동시에 접촉자가 개로된다.
- 접촉자 개로 시에 발생하는 아크는 소호코일에 의해서 소호실로 압출되고 아크길이의 연장에 따른 아크전압의 증대와 냉각효과에 의해서 전압강하가 증대하여 차단된다.
- 차단과 동시에 기계적 연동에 의해서 이미 축척된 압축공기를 주접촉자의 전극 사이로 불어 넣는다.

ⓒ 고속도차단기 구조

고속도차단기는 고장전류의 검출부분과 접촉자를 개방하여 전류를 차단하는 차단부분이 조합된 것이다.

트립코일과 병렬로 인덕턴스분이 큰 유도분로를 설치하여 사고전류와 같이 급변하는 전류에 대해서는 트립코일측에 흐르는 전류의 비율이 크게 되어 조정값보다 적은 전류로 차단시키는 구조로 되어 있다.

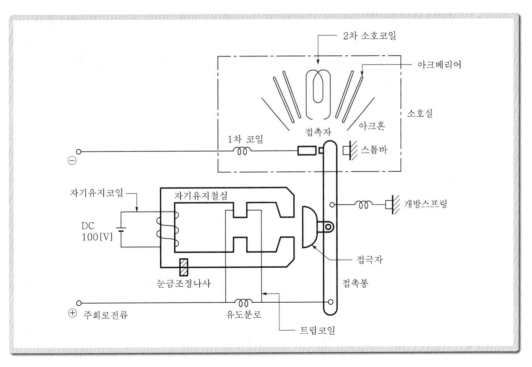

【 고속도차단기 구조 】

⑥ 고속도차단기의 특성

㉠ 선택특성

급전용 고속도차단기는 트립코일과 병렬로 인덕턴스분이 큰 유도분로를 설치하고 사고전류와 같이 급변하는 전류에 대해서는 트립코일측에 흐르는 비율이 크게 되어 조정값보다 적은 전류로 차단시킨다.

이것을 고속도차단기의 선택특성이라 말하고 전류가 0에서 급격하게 증가하는 경우와 서서히 증가하는 경우의 동작값 비율을 선택률이라 한다. 고속도차단기의 동작전류는 유지코일의 자기저항을 눈금나사로 변화시켜 조정한다.

㉡ 트립자유(Trip Free)

고속도차단기의 투입기구는 폐로코일의 여자 또는 투입용 압축공기를 없앤 후에 주접촉자를 폐로하도록 되어 있다. 회로에 고장이 계속되는 경우 또는 폐로되는 순간에 고장이 발생하여 과전류가 흐르는 경우에도 즉시 차단하도록 되어 있으며 이와 같은 기구를 트립자유라 한다.

㉢ 불요 동작

정상전류가 급감하는 경우에 역방향 고속도차단기가 트립동작하는 것을 불요동작이라 한다.

역방향 고속도차단기는 정방향 전류에 의한 자속과 유지코일 자속이 접극자면에 가해지도록 되어 있고, 정방향 대전류에서는 동작하지 않으며 이것이 급격하게 감소하는 경우에 이것에 의한 자속이 유지코일과 쇄교하고 유지코일에 역방향의 전압이 유기되며 유지전류가 감소하여 접극자가 개극하는 경우가 있다. 이의 대책으로 유지코일과 트립코일자속이 쇄교하지 않도록 하고 있다.

㉣ 자기유지

변전소 내에서 단락사고가 발생한 경우 급전용 차단기는 정방향동작 특성이므로 급진한 역방향 대전류가 급전선측으로 유입한 경우, 트립전류는 유지코일 전류와 동일 방향이 되므로 차단기를 개로하기 위하여 자기유지코일의 전류를 영으로 하여도 트립되지 않는 경우가 있다. 따라서, 수동으로 개방하는 경우는 자기유지코일 전류를 역방향으로 하는 방법이 취해진다.

㉤ 소전류 차단

소호코일을 사용하는 고속도차단기는 소전류의 차단이 곤란하므로 공기소호를 병용한 것도 있다.

(2) 직류 고속도 턴오프 사이리스터차단기(GTO)

① 개 요

보통 기중 차단기 방식에서는 주 접촉부의 마모가 심하여 보수에 인력과 시간이 많이 들기 때문에 대용량의 사이리스터 소자를 사용하여 차단부를 정지형으로 한 것을 직류 고속도 턴오프 사이리스터차단기라 한다.

② 회로구성

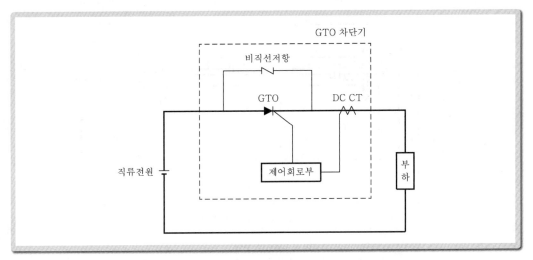

【 직류 고속도 턴오프 사이리스터차단기 회로도 】

③ 특 성

종래 정지형 직류 고속도차단기는 직류회로의 전자에너지를 전류회로의 전류콘덴서로 흡수하고 있었으나, Gate신호로 직접 소자의 Turn On, Turn Off할 수 있는 GTO 사이리스터의 개발이 진보되어 정지형 직류 고속도차단기의 소자로 사용하게 되었으며 그 특성은 다음과 같다.

ⓐ 전류콘덴서 관계의 부속회로가 불필요하므로 신뢰성이 향상되었다.

ⓑ 종래 아크에너지로 처리해 온 차단 시 회로의 전자에너지는 GTO사이리스터와 병렬로 접속한 비직선 저항에 의해 열에너지로 소비된다.

ⓒ 차단동작에 의해 마모되는 부분이 없다.

ⓓ 아크에 의한 트러블이 없으며 아크처리 공간이 필요 없다.

ⓔ 차단동작이 빠르고 사고전류의 피크치가 억제되어 사고점의 손상이 경감된다.

ⓕ 개방 시에 단자 간에 고임피던스로 접속되기 때문에 열이 발생한다.

ⓖ 부하 책무에 응하는 냉각장치가 필요하다.

ⓗ 소형화가 어렵다.

(3) 직류 고속도 진공차단기(HSVCB)

① 개 요

직류 고속도 진공차단기는 직류 고속도 턴오프 사이리스터차단기(GTO)와 같은 생각으로 개발된 직류 고속도차단기로서 차단부에 진공밸브를 사용하고 있다.

② 회로구성

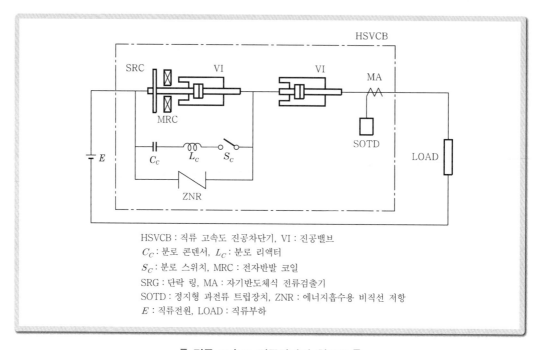

HSVCB : 직류 고속도 진공차단기, VI : 진공밸브
C_C : 분로 콘덴서, L_C : 분로 리액터
S_C : 분로 스위치, MRC : 전자반발 코일
SRG : 단락 링, MA : 자기반도체식 전류검출기
SOTD : 정지형 과전류 트립장치, ZNR : 에너지흡수용 비직선 저항
E : 직류전원, LOAD : 직류부하

【 직류 고속도 진공차단기 회로도 】

③ 동작원리

직류 고속도 진공차단기는 차단 시에 개극(開極) 후, 상시 충전하고 있는 콘덴서 회로에서 분로스위치에 의해 차단부에 흐르는 전류와 역방향의 전류를 투입하는 것으로 전류영점을 만들어 내고, 진공밸브는 전류를 차단하고, 주회로 전류는 분로 콘덴서에 분로되어 전압이 비직선 저항의 동작전압에 달하면 차단기 회로의 전자에너지는 비직선 저항에서 열에너지가 되어 흡수되고 차단동작이 완료된다.

④ 장단점

㉠ 장 점

차단부에 진공밸브를 사용하기 때문에 직류 고속도 턴오프 사이리스터 차단기와 같은 특징외에 반도체의 순방향 전압강하와 같은 손실이 없어 냉각장치가 필요없으므로 소형화가 가능해진다.

㉡ 단 점

사이리스터 차단방식과 같은 대용량의 분로 콘덴서가 필요하다.

(4) 직류 고속도차단기 특성 비교

비교항목		HSACB	HSVCB	GTO
경제성	자재비	저 가	고 가	고 가
특 징	일반적인 특징	자연공기 내에서 Arc를 소호실 내로 유도하여 전류를 차단, 최근에는 배전반 내부에 수납되며 Arc발생이 적음	진공 안에서 직류회로를 고속한류 차단하는 것으로, 기중 Arc를 발생하지 않고 차단기의 가동부분이 극히 작으므로 인출이 용이함	기계적 접점의 개폐를 동반하지 않고 반도체에 의해 전기적으로 충전전류를 차단
유지보수 및 관리	잡음	약간 있음	없 음	없 음
	보수기술	쉬 움	쉬 움	어려움
	배전반 수납 여백	가 능	가 능	가 능
	보수횟수	많 음	적 음	적 음
전기적 특성	동작시간	짧 음	짧 음	극히 짧음 (1[ms] 이내)
	조작방식	전자투입	Spring 투입	Gate 점호
	Trip 방식	Spring(Holding Coil 또는 Latch)	전자반발 코일	Reverse Current
	Arc Energy 처리	Arc 열	Arrester	Arrester
	내전류 특성	강	강	약
	절연 특성	강	강	약(단로장치필요)
	전류 방향성	정, 역 가능	정, 역 가능	정, 역 불가
	발생열량(Loss)	소(접촉저항)	소(접촉저항)	대(Radiator)
	냉각장치	불필요	불필요	필요(Radiator)
실용성	상품화 추세	현재 운행 중인 대부분의 지하철에서 사용	최근 일본에서 일부 사용	개발적용 단계로 극히 일부분 적용 상품화 안 됨

4 직류 변성기기

(1) 개 요

교류를 직류로 변환하는 직류 전철변전소의 변성기는 회전변류기, 수은정류기, 실리콘정류기, 게르마늄정류기 등이 사용되고 있으며 최근에는 반도체 기술의 발달에 의해 실리콘정류기가 널리 사용되고 있다. 변성기의 구비조건은 다음과 같다.

① 단시간의 과부하 내량을 가지는 것이어야 한다.

② 전압강하로 인한 열차운전에 지장을 주지 않아야 한다.

③ 전원전압, 주파수 등의 변동에 대해서도 열차운전에 지장을 주지 않아야 한다.

④ 운전 시 취급이 간단하여야 한다.

(2) 회전변류기

① 구 조

회전변류기는 직류발전기와 교류 동기발전기를 전기적으로 조합한 것으로 회전수는 동기전동기와 동일하고 극수와 주파수에 의해서 결정된다.

회전변류기에는 분권계자와 복권계자가 있으며 역률은 분권기에서는 100[%] 부하, 복권기에서는 75[%] 부하 시에 각각 100[%]로 되도록 조정된다. 또한 상수가 많은 만큼 전기자의 열 분포가 양호하고 동손도 작게 되어 유리하지만 너무 상수가 많으면 슬립링(Slip Ring)의 수가 많게 되어 복잡하므로 6상이 많이 채용되고 있다.

② 전압조정

회전변류기의 표준직류전압은 600[V]와 750[V]이며, 1,500[V]용으로는 750[V]의 것을 2대 직렬로 사용한다. 부하의 급변에 대해서 정류 악화를 피할 수 없으므로 아주 고압의 것은 설계가 곤란하다.

㉠ 교류전압

회전변류기의 직류전압과 교류전압 사이에는 다음과 같은 관계가 있다.

$$E_a = \frac{E_d}{\sqrt{2}} \times \sin\left(\frac{\pi}{m}\right)$$

여기서, E_a : 교류전압[V], E_d : 직류전압[V], m : 상수

㉡ 전압조정방식

회전변류기 직류전압의 대폭적인 조정은 곤란하며 직류발전기와 같이 계자를 변화시켜도 교류전류가 진행 또는 지연되기 때문에 직류 전압조정에는 보통 다음과 같은 방법을 사용한다.

• 변압기 탭변환

부하 시 전압조정 변압기의 탭변환에 의해서 교류전압 E를 변환시키는 방법

• 교류측에 리액턴스 삽입

교류측에 적합한 리액턴스를 삽입하고 계자전류의 변화에 의해서 E를 변화시키는 방법

㉢ 전압 변동률

회전변류기의 전압 변동률은 분권계자의 경우에 변압기의 변동률도 포함하여 전부하에 대해서 4~5[%] 정도이다.

③ 기동법

회전변류기의 기동법은 교류기동, 직류기동 및 기동전동기에 의한 기동이 있으며 일반적으로 교류에 의한 자기기동이 수행된다.

㉠ 전압 탭에 의한 방법

변압기의 탭을 운전 시의 1/2~1/3 정도로 절환하여 유도전동기로 기동하고 극성이 확립된 후에 운전탭으로 절환하는 방법이다.

㉡ 기동 리액터에 의한 전전압기동

기동 시부터 전전압을 가하고 리액터에 의해서 기동전류를 억제하면서 기동하는 방법이다.

④ 회전변류기용 변압기 결선

회전변류기용 변압기의 결선은 1차측에 성형 또는 삼각형, 2차측은 6각 대각형 접속이 많이 사용되며 2중 성형방식도 사용되고 있다.

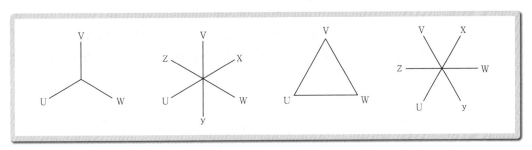

【 6각 대각형 결선 】

⑤ 플래시 오버(Flash Over)

회전변류기의 과부하 한도는 권선의 온도상승과 정류에 의해서 제한되며 전철용에서는 부하변동이 격심하므로, 특히 정류가 악화되어 플래시 오버를 발생한다.

㉠ 플래시 오버 발생원인

• 직류 단락이 일어나면 직류전류는 회전에너지에 의해서 공급되고 교류전류는 급격히 커지지 않으므로 전기자 반작용이 증대한다.

• 단락 또는 과부하에 의해 난조로 되어 전기자는 동기 위치로부터 이탈되어 정류 기자력이 악화되며 불꽃이 발생한다.

㉡ 플래시 오버 방지대책

• 고속도차단기에 의해 단락전류가 증대하기 직전에 차단한다.

• 고자기 저항 보극을 설치하여 단락발생 시에 전기자 반작용의 영향을 작게 한다.

• 브러시(Brush) 간에 격벽을 설치한다.

• 제동권선을 설치하여 난조를 방지한다.

⑥ 회전변류기 보호

회전변류기의 보호는 정류악화의 원인으로 되는 과부하의 제거와 플래시 오버시의 피해를 경감하는 것이 중점으로 된다. 이 때문에 직류 주회로에는 과전류 차단용과 역류 차단용의 고속도차단기가 2조 설치된다. 이 경우, 급격한 부하차단은 반대로 정류악화를 유발하므로 과전류 고속도차단기를 개방한 후에 한류(限流)저항으로 절리차단을 수행하고 있다.

⑦ **역변환용 회전변류기**

회전변류기는 거의 그대로의 회로로 전력 회생용의 역변환기로 사용 가능하기 때문에 이 경우는 역변환용 회전분류기로 불린다. 분권계자에서는 순변환용, 역변환용이 동일 결선으로 사용되고 있으나 복권계자에서는 직권계자가 역방향으로 되므로 절환할 필요가 있다.

(3) 수은정류기

① 개 요

수은정류기는 전력변환용으로 반도체 정류소자에는 필적할 수 없지만 단시간 과부하에 견디고, 격자제어에 의하여 대전력을 억제할 수 있는 능력이 있으므로 현재에도 전력 변환용의 가치를 보유하고 있다.

② 특 징

㉠ 효율은 저부하에서도 낮지 않으며, 출력전압이 높은 만큼 좋다.

㉡ 순시 과부하 내량이 크다.

㉢ 격자제어에 의한 직류전압의 조정이나 사고전류 차단이 가능하다.

㉣ 주파수에 관계가 없다.

㉤ 회전변류기에 비해서 경량이고 설치면적도 작다.

㉥ 기동 정지의 운전조작이 간단하여 자동화가 가능하다.

㉦ 직류 고압의 것도 제작 가능하다.

㉧ 역점호 현상이 발생한다.

㉨ 직류전압의 맥동분에 의해서 통신선에 잡음장해를 발생한다.

③ 종 류

㉠ 다극형

1개의 음극에 대해서 다수의 양극을 병렬로 사용하는 것으로 본체 및 제어장치와 점호 여기장치가 간단하여 여기점호 손실이 적다.

㉡ 단극형

• 이그나이트론(Ignitron)

점호자를 가지고 이것이 수은 중에 상시 합침되어 있고 점호자 전류에 의해서 매 사이클 음극점을 발생시키는 구조이다.

- 익사이트론(Excitron)

  수은 분사 등의 방법으로 초기에 음극점을 발생시키고 그 후는 상시 여기점 호극에 의해서 음극점을 유지하는 구조이다.

© 봉입절체형

배기장치가 불필요하고 기기의 설치나 운전조작, 보수도 간단하며 진공펌프 등의 전력손실이 없고 무인화가 가능한 설비이다.

② 풍냉식

- 냉각수에 의한 철조의 부식이 없고, 수명이 길다.
- 냉각수장치를 필요로 하지 않고 보수도 간단하여 설치장소의 제한이 없다.

④ **격자제어**

수은정류기는 제어격자에 가하는 전압의 위상과 양극전압의 위상과의 상차각을 조정하여 직류 출력전압을 제어할 수 있다. 또는 격자전압을 부극성으로 하여 전류를 차단하는 것이 가능하다. 즉, 한 번 전류가 흐르기 시작한 양극의 전류는 차단 불가능하게 되며, 부극성으로 하면 다음의 양극에는 전류가 흐르지 않게 되고 곧 전류는 완전히 차단된다. 여기에 필요한 시간은 15/1,000초 정도의 고속도이므로 사고전류의 차단에 이용된다. 격자제어는 이외에 역변환장치, 주파수 변환장치 및 직류전압 등에 이용된다.

⑤ **수은정류기용 변압기의 결선**

전철용 수은정류기는 보통 6상이 사용되며 변압기의 결선은 일반적으로 2중 성형 결선이 많이 사용된다.

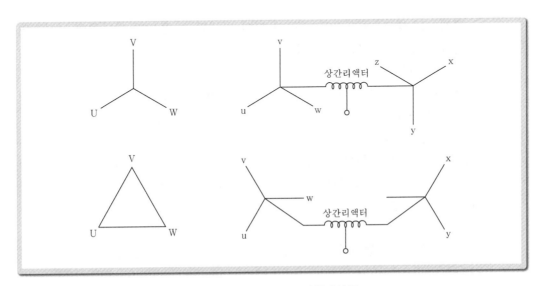

【 상간 리액터부 2중 성형결선 】

71

2중 성형결선에는 양극전류를 평형시킴과 동시에 2개의 양극에 전류를 통하여 2조의 3상 정류기를 흡사 병렬처럼 운전하도록 동작시키기 위하여 중성점 간에 상간리액터를 설치한다. 상간리액터는 정류에서 위상을 달리하는 맥동전압을 가지는 2개 이상의 전류군 간의 병렬운전을 수행하는 전자결합장치로 위상차에 기인하는 전압의 차를 그 단자 간에서 흡수하여 평형시키는 작용을 한다.

⑥ 역점호

㉠ 개 요

수은정류기의 양극에 음극점을 발생시키고 이것이 음극과 같이 작용하여 다른 양극 또는 음극과의 사이에 아크를 발생하는 현상을 역점호라 한다.

㉡ 역점호의 영향

역점호가 발생하면 정류작용을 실효시킴과 동시에 전류는 각 양극으로부터 역점호를 발생한 양극을 향하여 흐르고, 변압기의 2차측이 상간단락상태로 되어 대전류를 발생하며, 또한 다른 직류전압과 병렬운전의 경우에는 직류측으로부터 전류가 역류하여 변압기로 유입한다. 이 결과, 운전은 일시 정지되고 극단의 경우에는 정류기나 변압기에 큰 손상을 주게 된다.

㉢ 역점호의 원인

역점호의 원인은 복잡한 요소를 가지고 있으나 일반적으로 탱크 내의 온도가 높게 되어 수은증기 밀도가 과대하게 되면 발생하기 쉽다. 또한 양극전류 정지 후의 역전압이 크게 될수록 발생하기 쉽다.

㉣ 역점호의 대책

역점호는 탱크 내의 온도가 높게 되어 발생되고, 온도가 지나치게 낮아지면 아크의 유통에 필요한 수은증기밀도가 얻어지지 않게 되고 실효를 야기한다. 이러한 원인을 방지하기 위해서는 변압기 탱크의 음극 온도를 적합한 범위로 제어할 필요가 있다. 수은정류기의 과부하 한도는 일반적으로 역점호의 발생 빈도에 의해 결정된다.

⑦ 수은정류기의 정격

수은정류기의 표준정격은 A, B, C, D, E종으로 분류되며 전기철도용은 부하의 변동이 격심하여 큰 순시과부하 내량과 고신뢰도가 요구되므로 C, D, E종 정격이 적용되고 있다.

㉠ C종 정격

연속 정격출력 전류의 150[%]에서 2시간, 200[%]에서 1분간으로 한 정격

㉡ D종 정격

연속 정격출력 전류의 150[%]에서 2시간, 300[%]에서 1분간으로 한 정격

ⓒ E종 정격

정격출력 전류의 120[%]에서 2시간, 정격출력 전류에서 9분간, 정격출력 전류의 300[%]에서 1분간을 반복하여 10회로 한 정격

⑧ 수은정류기의 보호

수은정류기의 보호는 온도제어 등에 의한 역점호의 방지와 역점호 발생 시의 피해를 경감하는 것이 중점으로 된다. 이 때문에 동절기, 하절기의 외기온도에 대응하여 충분한 온도제어를 할 필요가 있다. 역점호 발생 시에는 병렬기기로부터 음극을 통하여 양극으로 역류하는 전류는 역류 고속도차단기에 의해서 자동차단함과 동시에 격자제어에 의해 양극전류를 차단하여 피해 확대를 방지하고 있다.

⑨ 역변환장치

수은정류기를 역변환장치로 사용하기 위하여는 정류기의 음극을 급전회로의 부극, 변압기의 중성점은 정극으로 접속을 전환함과 동시에 변압기 2차 전압을 내리고 격자전압의 위상을 약 150° 지연시키는 것이 필요하다.

한 대의 정류기를 순변환용과 역변환용으로 전환하여 사용하는 경우에 제어장치나 결선이 복잡하여, 회생으로부터 급전 또는 급전으로부터 회생으로 전기차 운전사항에 대응하여 수시로 절환이 곤란하다. 이 때문에 수은정류기는 순변환용과 역변환용이 병행 설치된다.

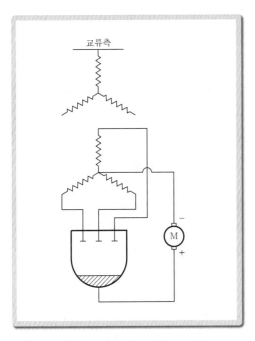

【 순변환장치 】

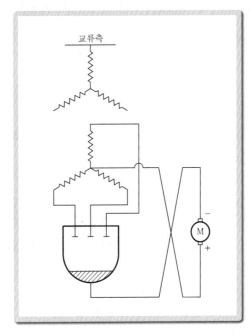

【 역변환장치 】

(4) 실리콘정류기

① 원 리

실리콘정류기는 반도체 정류기의 일종으로 정류작용을 이용한 기기이다. 정류작용이란 그림과 같이 인가한 전압의 방향에 대하여 한쪽으로는 전류가 흐르지만 반대방향에는 거의 흐르지 않는 작용을 말한다.

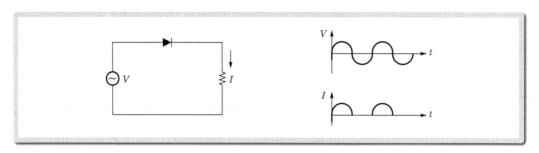

【 정류작용 】

실리콘정류기의 소자는 P형 반도체와 N형 반도체를 결합한 반도체이다. P형 반도체는 구멍이 압도적으로 많고 자유전자가 적은 반도체이고, N형 반도체는 자유전자의 수가 구멍수보다 압도적으로 많은 반도체를 말하며 구멍과 자유전자를 총칭하여 캐리어(Carrier)라고 한다.

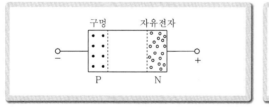

【 역방향 】   【 순방향 】

역방향은 전압을 인가하면 구멍은 좌측에, 자유전자는 우측에 당겨져 장벽전압 공핍층 모두가 자꾸만 커지고 캐리어의 양소자 간의 이동이 곤란해지는 경우이며, 순방향은 전압을 인가하면 캐리어는 상대의 경계를 넘어 자유로운 이동이 행하여진다.

② 실리콘정류기의 특성

직류 전기철도에서 교류를 직류로 변환하는 장치로서 당초에는 회전변류기, 수은정류기를 사용하였으나, 1960년대에 반도체 기술의 진보에 따라 실리콘정류기가 사용되고 있으며, 실리콘정류기는 회로가 간단하고 고효율인 3상 브리지 결선의 6펄스(Pluse) 정류기가 많이 사용되고 있으나, 최근에는 정류기의 고조파 억제로서 정류기 상수의 다양화에 의한 고조파 저감이 고려되어 12펄스 정류기 가 채용되고 있다.

냉각방식도 당초에는 건식풍냉에서 유입자냉, 송유자냉으로 그 후에는 건식자 냉, 비등(沸騰)냉각으로 진보되고 있으며 소자의 대용량화에 의한 장치의 소형화 가 도모되고 있다. 실리콘정류기의 특성은 다음과 같다.

㉠ 구조, 취급이 간단하며 보수나 운전이 용이하다.

㉡ 냉각을 충분히 수행하면 수은정류기와 같은 온도제어나 진공유지의 필요가 없다.

㉢ 효율이 높고, 소형 경량으로 설치면적도 작고 가격도 저렴하다.

㉣ 순방향의 전압강하가 작고(0.8~1.5[V]), 역내전압이 높으며 역전류도 대단히 작다.

㉤ 허용온도가 높다.

㉥ 단시간 과부하 및 과전압 내량이 작다.

㉦ 내수성이 풍부하다.

③ 실리콘정류기의 구비조건

㉠ 단시간 과부하 내량을 가지는 것이어야 한다.

㉡ 고신뢰도가 요구된다.

㉢ 취급이 간단하여야 한다.

㉣ 반복 피크부하에 견딜 수 있어야 한다.

㉤ 역전압 분담을 평형시킬 수 있어야 한다.

㉥ 이상전압에 대응할 수 있어야 한다.

㉦ 과부하에 대하여 협조할 수 있어야 한다.

④ 실리콘정류기의 정격

실리콘정류기의 표준정격은 D종 및 E종 정격이 적용되고 있다.

㉠ D종 정격

정격전류에서 연속사용하고 그 후 정격전류의 150[%]에서 2시간, 300[%]에서 1분간 이상 없이 사용 가능할 것

㉡ E종 정격

정격전류에서 연속사용하고 그 후 정격전류의 120[%]에서 2시간, 300[%]에서 1분간 이상 없이 사용 가능할 것

⑤ 실리콘 정류소자

㉠ 스터드(Stud)형

접속용 리드선이 붙어있고, 전류용량은 300[A] 정도이다.

ⓛ 평판(Flat)형

원형형상을 하고 있고 양면이 전극으로 되어 있으므로 제품(Stock)의 구성을 소형화할 수 있다.

전류용량은 1,600[A] 정도이며 전철변전소용 정류기의 소자로서 최근에 많이 사용되고 있다.

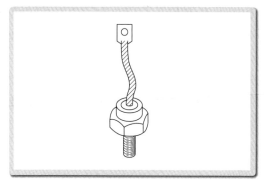

[스터드형]

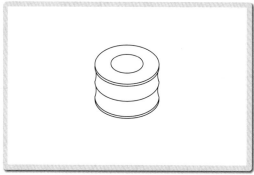

[평판형]

⑥ 실리콘정류기의 소자구성

실리콘정류기의 소자는 과전압에 대해서는 다수 개를 직렬로 구성하고, 과전류에 대해서는 병렬구성을 수행하여 과전압 및 과전류에 대해 충분히 협조함과 동시에 전압, 전류분담을 평행시킬 필요가 있다.

정류기의 다이오드 소요수량을 결정하는 주요요인은 정류용량, 회로전압, 결선방식과 단위 다이오드의 최대역내전압, 통전전류 및 2차측 단락 시의 최대허용전류에 따라서 변화하며, 일반적인 정류회로에는 다이오드 손상 시 계속적인 운전을 위하여 대부분 급전용 정류기에는 예비 다이오드를 직렬 또는 병렬로 사용하고 있다.

㉠ 직렬구성

정류기의 다이오드 직렬구성은 다음 그림과 같고 보통은 소자 1개가 고장이 나도 지장이 없도록 1개의 예비소자를 둔다.

[소자의 직렬구성]

ⓛ 병렬구성

정류기의 다이오드 병렬구성은 다음 그림과 같고 병렬구성에도 예비소자를 둔다.

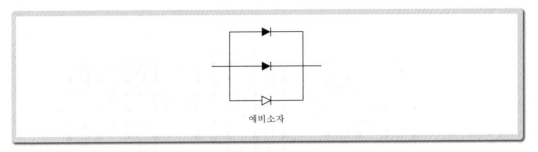

【 소자의 병렬구성 】

ⓒ 직·병렬 구성

지하철에 사용하는 정류기의 다이오드 구성은 직·병렬로 구성하며 예비소자를 둔다.

1,500[V]계에 있어서는 직렬구성수는 2개가 필요하지만 예비소자를 포함해서 필요 직렬수는 3개가 된다.

병렬구성수는 직류측이 단락하였을 때 단락전류에 견디는 구성수로 하여야 하며, 필요 병렬수는 2개이나 예비소자를 포함해서 3개가 필요하다.

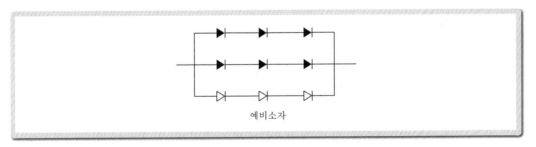

【 소자의 직·병렬 구성 】

ⓓ 1정류상(Arm) 구성수 및 전체 구성수

실리콘정류기의 결선도에는 통상 1상(Arm)에 소자 1개를 기호로만 표시하지만 전철변전소용은 대용량 정류기로서 다수의 정류소자를 직렬(S ; Series), 병렬(P ; Parallel)로 접속하여 한 개의 상(A ; Arm)을 구성한다.

3상 브리지(Bridge) 결선일 때는 6상분이 필요하므로 다음 그림에서 3S-4P-6A라고 한 것은 1정류상(Arm)의 소자수가 직렬 3개, 병렬 4열이고, 상(Arm)의 수가 6개인 것을 표시한 것으로 전체소자의 수는 3×4×6=72개임을 표시한다.

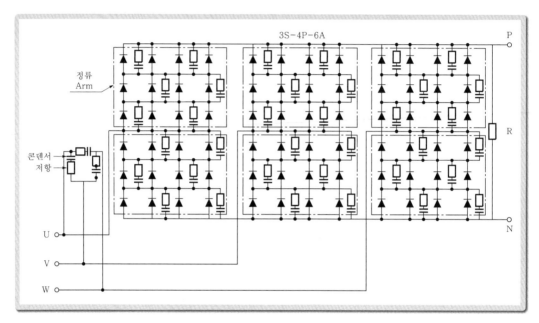

[정류소자의 구성수]

⑦ 실리콘정류기의 결선
  ㉠ 브리지(Bridge) 결선
    실리콘정류기의 브리지 결선은 3상 브리지 결선으로 6펄스 정류기와 3상 브리지 정류회로 2조를 병렬 또는 직렬로 조합하여 사용하는 6상 12펄스 정류기가 사용되고 있다.
    3상 브리지 결선은 상시 동작상태에서 다음과 같은 특성이 있다.
    • 역전압이 2중 성형의 1/2로 된다.
    • 정류소자의 직렬수량이 적게 된다.
    • 전압이 높은 경우에 유리하여 고전압의 1,500[V]계에 사용된다.
    • 전류는 2배로 되어 병렬수량이 많아진다.

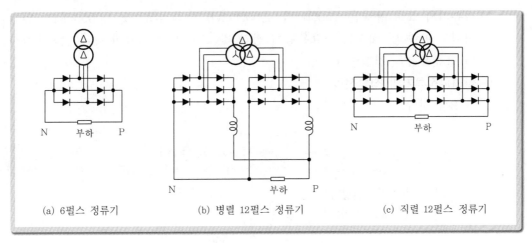

(a) 6펄스 정류기   (b) 병렬 12펄스 정류기   (c) 직렬 12펄스 정류기

【 브리지 결선도 】

ⓛ 상간리액터부 2중 성형결선도

2중 성형결선은 브리지 결선의 2배의 직렬소자수가 필요하나 병렬수량은 적게 된다. 상간리액터부 2중 성형결선방식은 600[V], 750[V]계에 사용되고 있다.

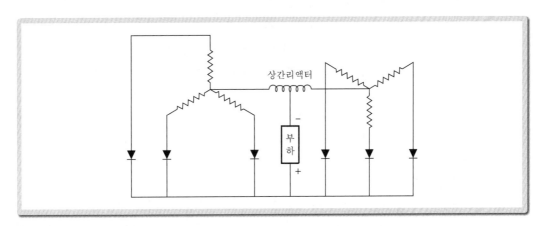

【 2중 성형결선도 】

⑧ 실리콘정류기 용량

변전소의 용량을 결정할 때 1시간 평균최대전력을 기준으로 하지만 실제는 부하 변동이 많아 피크(Peak)치는 이보다 커지므로 변전소 간의 부하분담의 변동을 고려하여야 하며, 정류기의 소요용량은 이것보다 10~20[%] 정도의 여유가 필요하다. 또한 시간대에 격심한 부하밀도의 변동을 고려하여 정류기의 정격은 D종 정격 및 E종 정격과 같은 특수정격의 용량기종이 선정된다.

정류기의 표준 용량은 1,500[kW], 2,000[kW], 3,000[kW] 및 4,000[kW]가 일반적이고 용량 및 대수는 소요용량에 점검 및 고장일 때 필요한 예비기를 생각하여 표준용량을 결정한다.

⑨ **실리콘정류기의 직류전압**

㉠ 3상 전파브리지 정류방식

$$E = \frac{3\sqrt{2}}{\pi} \times V = 1.35 \times V[\text{V}]$$

여기서, E : 직류전압[V]
V : 교류전압[V]

직류 1,500[V]의 교류측 전압은 $V = \dfrac{1,500}{1.35} = 1,111$[V]이다.

실제로 정류기에 부하가 걸리면 전압강하가 발생하므로 전압강하는 D종 정격의 경우 약 6[%], E종 정격의 경우 약 8[%]이므로 E종 정격으로 계산하면 $V = 1,111 \times 1.08 ≒ 1,200$[V]

교류 1,200[V] 시 직류측 무부하 전압은

$E = 1.35 \times 1,200 = 1,620$[V]가 된다.

㉡ 2중 3상 전파 브리지 직렬접속 정류방식

정류기의 정격을 D종을 적용하면 $V = 1,111 \times 1.06 = 1,178$[V]이고,

2중 3상 브리지 직렬접속이므로 변압기 1권선의 2차 전압은 $1,178 \div 2 = 589$[V]이다.

그러므로 변압기 2차측 단자전압은 590[V]로 한다.

직류측 무부하 전압은 $E = 1.35 \times 590 \times 2 = 1,593$[V]가 된다.

⑩ **정류기용 변압기**

㉠ 변압기 용량

정류기의 용량은 직류전력으로 표시되고 단위는 [kW]를 사용하지만, 정류기용 변압기의 용량은 교류 3상 피상전력으로 표시하므로 단위는 [kVA]를 사용한다.

교류전압과 전류는 실효치로 표시하고 직류는 평균값이다.

정류기 3상 브리지(Bridge)결선에서 변압기 용량은 다음과 같다.

$$P = \sqrt{3} \cdot E \cdot I \times 10^{-3} = \sqrt{3} \cdot E \cdot I_D \times 0.8165 \times 10^{-3}[\text{kVA}]$$

여기서, P : 변압기 용량, E : 정류기 1차측 전압[V]
I : 교류실효전류[A], I_D : 직류평균전류[A]

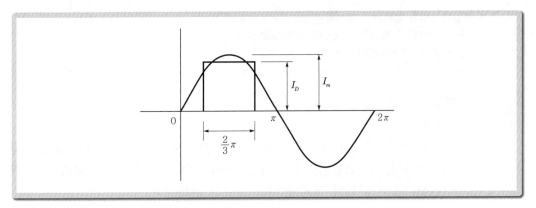

[교류와 직류의 전류파형]

앞의 그림에서 $I = \dfrac{1}{\sqrt{2}} \cdot I_m$인 실효값으로 표시되며 직류의 전류값은

평균치이므로

$$I = \sqrt{\frac{I_D{}^2 \times \frac{2}{3}\pi}{\pi}} = \sqrt{\frac{2}{3}} \times I_D = 0.8165 \times I_D 의 \ 관계가 \ 있다.$$

 변전소 간격 계산 예

1. 정격출력 4,000[kW] 정류기를 사용할 때 DC 1,500[V]의 3상 전파브리지 정류기용 변압기 용량을 구해 보자. (단, 변압기 2차 전압은 1,200[V]이다.)

   $$I_D = \frac{4,000}{1,500} \times 10^3 = 2,666[\text{A}]$$

   $$P = \sqrt{3} \times 1,200 \times 2,666 \times 0.8165 \times 10^{-3} = 4,524[\text{kVA}]$$

   변압기의 용량은 4,520[kVA]를 선정한다.

2. 정격출력 3,000[kW], 직류 정격출력전압 1,500[V], 정류기 효율 99[%]의 2중 3상 브리지 직렬접속에서 정류기용 변압기 용량을 계산해 본다. (단, 정류기의 내부전압강하는 6[%]이다.)
   - 변압기 2차 출력전압

     $$E_s = \frac{E_d + e}{1.35 \times 2} = \frac{1,500 + (1,500 \times 0.06)}{1.35 \times 2} \fallingdotseq 589[\text{V}]$$

     여기서, E_d : 직류 정격출력전압[V]

     e : 정류장치의 내부전압강하

     변압기 2차 출력전압은 590[V]를 적용
   - 변압기 2차측 1권선의 용량

     $$P = \sqrt{3} \times E_s \times I_d \times 0.8165 \times 10^{-3}$$

     $$I_d = \frac{3,000 \times 10^3}{1,500 \times 0.99} = 2,020[\text{A}]$$

     여기서, I_d : 정격출력전류[A]

     $$P = \sqrt{3} \times 590 \times 2,020 \times 0.8165 \times 10^{-3} = 1,685[\text{kVA}]$$

- 변압기 1차측 양권선의 합성용량

  2중 3상 브리지 결선은 3권선 변압기이므로

  $$P_0 = 1,685 \times 2 = 3,370 \text{[kVA]}$$

ⓛ 변압기 결선

- 개 요

  일반적으로 전차선 급전전류 특성은 변압기 설계에 따라 상당히 많은 영향을 받는다. 즉, 교류입력측의 전압변동률, 최대단락전류, 고조파와 직류 맥동전류 등은 변압기 설계에 따라 상당히 변화한다.

  전압변동률이 너무 심하면 과부하 시에 충분한 전압이 차량에 공급되지 못해서 차량특성이 보장되지 못한다.

  과부하 시를 고려하여 전압을 올려서 공급하면 무부하 시 높은 전압이 공급되어 차량관련 부품의 절연이 약화되는 원인이 되므로 해결책이 될 수 없다. 또 낮은 전압변동률은 변압기 임피던스를 줄이면 가능하나 이는 단락전류가 커지고 정류기나 직류차단기의 단락용량이 커지므로 바람직하지 못하다.

  최근의 변압기 설계는 2차측을 결합시켜서 단락전류를 제한하면서 과부하 시 낮은 전압변동률을 유지하도록 하고 있다.

- 변압기 결선방법

  변압기 결선방법은 3상 6펄스 정류기에 사용되는 변압기 결선과 6상 12펄스 정류기에 사용되는 결선방법이 있으며, 지하철 초기에는 2권선 3상 6펄스 정류기가 사용되었으나 변압기 제작기술의 발전과 정류기의 고조파 억제 대책으로 6상 12펄스 정류기가 사용되어 최근에는 3권선 변압기를 사용하고 있다.

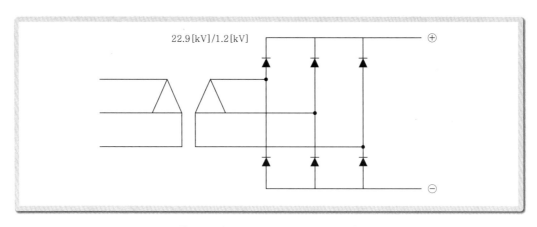

【 2권선 3상 6펄스 변압기 결선도 】

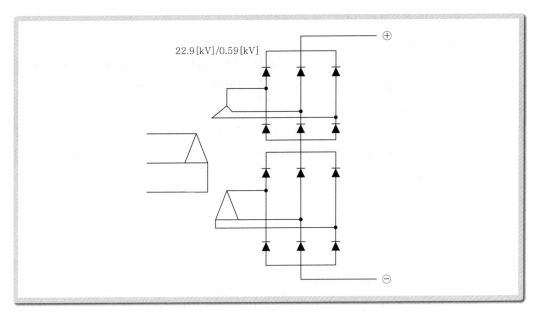

22.9[kV]/0.59[kV]

【 3권선 6상 12펄스 변압기 결선도 】

⑪ 과부하 한도

실리콘정류기의 과부하 한도는 소자의 온도상승에 의해서 결정된다. 즉, 온도가 높으면 과전류가 증대하고 더불어 온도상승이 커지며 어느 한도에 도달하면 파괴되어 재사용이 불가능하게 된다. 실리콘 정류소자의 온도상승 시정수는 극히 작으며 그 과부하 한도는 1분간 정도의 단시간 과부하에 의한 소자의 온도상승에 의해서 결정된다.

⑫ 실리콘정류기의 냉각방식

실리콘정류소자는 그 허용온도가 약 150[℃]로 되어 있어 주위온도를 40[℃]라 하면 허용 온도상승은 110[℃]이다. 이 때문에 소자를 유효하게 사용하려면 소자 내에서 발생하는 열을 효과적으로 발산할 필요가 있다. 실리콘정류기의 냉각방식 중에서 유입식은 화재위험 때문에 사용하지 않으며, 풍냉식과 액냉식이 주로 사용되고 있다. 최근에 미국, 유럽 등지에서는 건식자냉식이 사용되고 있고, 일본의 경우 건식자냉식과 비등냉각형 자냉식을 주로 사용하고 있다.

⑬ 실리콘정류기의 보호

㉠ 개 요

실리콘정류기 보호의 기본은 소자를 규정온도(약 150[℃]) 이상으로 상승시키지 않는 것이다. 그러기 위하여 과부하, 단락 등을 신속히 검지하여 관계 차단기 등의 개방조치를 취해야 한다. 또 이상전압에 대하여는 소자의 파괴를 막기 위하여 피뢰기, 서지 압서버(Surge Absorber) 등에서 소자에 걸리는 전압을 파괴치보다 낮게 해 주어야 한다.
ⓛ 과전류 보호
　단락, 지락 등에 대하여는 54P(직류 고속도차단기)의 자동차단 및 과전류 계전기, 단락계전기에 의한 차단기의 개방에 의해 보호한다.
ⓒ 직류역류보호
　정류기의 주회로에는 역류계전기를 설치하여 정류기 내에서 정모선 지락 등이 생겼을 때 즉시 검출하여 교류차단기나 직류 고속도차단기를 개방하여 사고 확대를 방지한다.
ⓔ 이상전압의 보호
　• 외뢰 서지(Surge)
　　교류측의 외뢰 서지에 대하여는 수전측에 피뢰기를 설치하고 서지 전압을 피뢰기의 제한전압 이하로 억제하는 것으로 정류기를 보호한다. 직류측에서는 피뢰기 및 정극-부극 간에 접속한 서지 압서버에 의해서 보호한다.
　• 캐리어 축척효과에 의한 이상전압
　　각 주파수마다 캐리어 축척효과에 의한 이상전압에 대하여는 실리콘 정류소자에 병렬로 접속하는 소용량 콘덴서(Condenser)와 저항에 의해 흡수된다.
ⓜ 실리콘정류기 보호장치 회로도

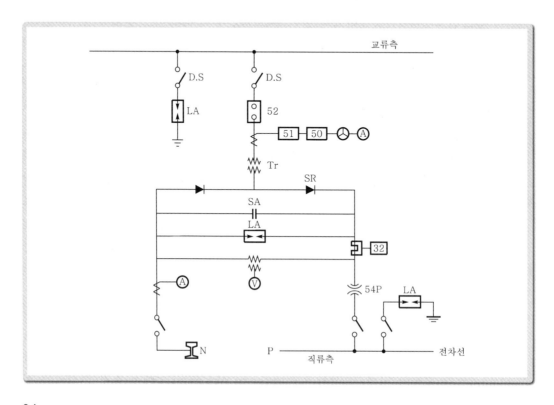

- 주회로 보호
  - 교류측 LA : 서지 흡수
  - 교류차단기(52) : 32, 51, 50에 의한 Trip
  - 고속도차단기(54P) : 단락, 과부하 보호
  - 직류측 LA : 서지 흡수
  - 과전류 계전기(51) : 과부하 보호
  - 단락계전기(50) : 단락 보호
  - 역류계전기(32) : 역류 보호
- 내부보호장치
  - 직류측 서지 압서버(SA) : 서지 흡수
  - 직류 LA : 서지 흡수
  - 온도계전기(26) : 온도상승 보호

(5) 사이리스터 정류기

① 개 요

직류 전기철도 변전소에는 다이오드를 이용한 실리콘정류기가 채용되고 있다. 그러나 사이리스터 정류기를 도입하는 것은 전압변동률을 적게 하고 경부하 시에 차량 팬터점 전압의 상승을 억제하여 회생전력을 원거리의 역행차량에 공급하여 차량의 회생률 향상을 꾀하고 있다. 이러한 이유 때문에 근래에 각 선구에 투입하는 신형 차량은 회생제동을 갖춘 성에너지를 목적으로 하는 회생차량을 사용한다.

② 사이리스터 정류기의 구성

사이리스터 정류기의 대표적인 구성은 다음 그림과 같다.

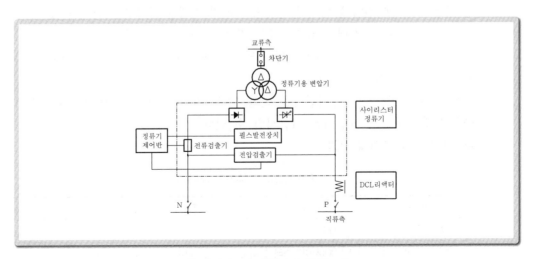

【 사이리스터 정류기의 구성도 】

변환회로는 사이리스터와 정류 다이오드의 3상 브리지를 직렬로 접속한 하이브리드(Hybrid)의 12펄스 방식이다. 그 외에 전부 사이리스터 방식을 적용하는 예가 있다. 그림의 예에서는 정류기의 출력측에 리액터를 설비하여 경부하 시의 전류속류를 억제하고 전압제어특성 향상을 도모하고 있다.

③ 사이리스터 정류기의 특성

사이리스터 정류기에는 일반적으로 다음 그림에 표시한 것과 같이 100[%] 부하까지는 출력전압을 일정하게 하도록 제어된다. 100[%] 부하 이상에서는 과부하를 방지하기 위하여 사이리스터 정류기용 변압기의 임피던스로 결정된 전압변동률로 전압이 내려가는 특성이 있다.

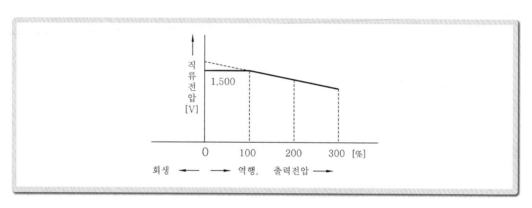

[사이리스터 정류기의 출력전압 특성]

그 외에 전력회생 인버터를 갖춘 변전소에는 출력전압을 낮게 유지하는 만큼 회생률이 좋게 되지만, 종래의 실리콘정류기에는 무부하 전압이 높으므로 전력회생 인버터의 제어전압을 높게 설정하여야 하며 회생률 향상에는 한계가 있다. 그것에 대하여 사이리스터 정류기는 제어각을 변환시킴으로 출력전압을 자유로이 제어할 수 있다. 변전소의 출력전압을 낮게 설정함에 따라 전력회생 인버터의 회생률 향상을 꾀할 수가 있다.

또한 부하에 대응하여 출력전압을 변화시키는 제어를 하여 각 변전소의 전력의 균형을 유지하고 피크전력을 저감시킬 수 있다.

④ 사이리스터 정류기의 사양

[사이리스터 정류기의 사양 예]

구 분	정 격
정격출력[kW]	6,000
정격직류전압[V]	1,500(사이리스터 브리지 : 750, 다이오드 브리지 : 750)

구 분	정 격
정격직류전류[A]	4,000
정격의 종류	E종
구 성	3상 브리지 결선 Cascade접속(12펄스)
	사이리스터 : 1,500[A], 4,000[V], 1S×5P×6A
	다이오드 : 2,500[A], 3,000[V], 1S×3P×6A
냉각방식	비등냉각 풍냉식

【 사이리스터 및 정류 다이오드의 비교 】

구 분	사이리스터	정류 다이오드
반복 첨두 역전압[V] 피크치	3,000	3,000
비반복 첨두 역전압[V] 피크치	3,000	3,300
평균 순전류[A]	1,500	2,500
비반복 서지전류[A], 10[ms] 정현파	28,000	43,000
사용최고온도[℃]	125	150

⑤ 사이리스터 정류기의 냉각방식

전기철도용 변전소에 설치되는 사이리스터 정류기에는 높은 신뢰성과 장수명이 요구되며 그것은 냉각방식에 의해서도 좌우된다. 사이리스터 냉각방식은 비등냉 각식과 히트파이프 냉각방식이 주로 사용된다.

⑥ 보호방식

사이리스터 정류기에서 뇌서지, 개폐서지 등의 외래서지 전압에 대한 보호와 직 류측 단락사고, 과부하, 주위 온도상승 등의 외적 요인에 대한 보호 및 냉각기의 이상, 사이리스터의 이상 등의 내부고장에 대한 보호로 분류되며 일반적 보호는 다음과 같다.

【 사이리스터 정류기의 일반적 보호 】

보호대상	보호내용
교류측 뇌서지 직류측 뇌서지	피뢰기에 의하여 전압을 제한하고, 소자의 허용전압을 초과하지 않도록 한다.
교류측 개폐서지	서지 압서버를 시설하고 소자의 허용전압 이하에서 서지전압을 억제한다.
직류측 단락사고	사이리스터 정류기에 의한 단락전류를 제한시킴과 동시에 교류측을 차단한다.
과부하, 주위온도상승, 냉각 이상	소자 또는 냉각기의 온도를 검출하고 고장 전에 보호정지한다.
소자의 사고	고장전류를 검출하여 교류측, 직류측을 차단한다.

⑦ 사이리스터 정류기의 효과

사이리스터 정류기를 사용하여 변전소 송출전압을 제어함으로써 다음의 효과를 얻을 수 있다.

㉠ 경부하 시의 변전소 송출전압을 낮게 억제하여 회생차량의 회생전력을 원방의 역행차량에서도 소비할 수 있도록 회생효율을 향상시킬 수 있다.

㉡ 중부하 시에는 변전소 송출전압의 저하를 억제하여 열차의 가속성을 유지할 수 있다.

㉢ 변전소 송출전압을 일정하게 제어하여 역행차의 팬터점 전압을 제어할 수 있어 소비전력을 억제하는 것이 가능하고 성에너지의 효과가 있다.

㉣ 변전소 간의 부하균형을 조정하여 각 변전소의 피크전력을 저감시킬 수 있으며 동시에 최대설비용량을 축소할 수 있다.

㉤ 부하측의 사고전류는 사이리스터의 게이트를 제어하는 게이트 블록에 의해 억제할 수 있다.

5 회생전력 흡수장치

(1) 개 요

전력회생능력을 가진 초퍼 제어차 및 VVVF 인버터 제어차는 회생차량의 회생제동에 의해 발생한 전력을 직류 전차선에 반환한다.

출·퇴근 시 회생전력은 다른 역행차에 흡수되는 기회가 많아지지만 열차운행횟수가 적은 시간대에는 회생전력은 어디에도 흡수되지 않아 전차선의 전압을 상승시켜 회생차량의 회생실효로 이어진다.

이 잉여 회생전력을 흡수하기 위하여 전력반환을 생각하지 않을 때는 저항으로 회생전력을 흡수하는 방법도 있지만, 지하철과 같은 부대용 전력이 클 때는 회생 인버터장치에 의해 교류측에 전력을 반환하여 에너지 절약에 도움이 되는 방법이 바람직하다.

(2) 회생 인버터(Inverter)장치

① 회생 인버터의 원리

회생전력을 교류측에 반환함으로써 차량의 회생실효를 방지하고 전력을 절감하는 장치가 회생 인버터장치이다.

지하철에서는 부대용 전력의 부하가 많으므로 일반전철에 비해서 효과적으로 전력의 반환이 가능하다.

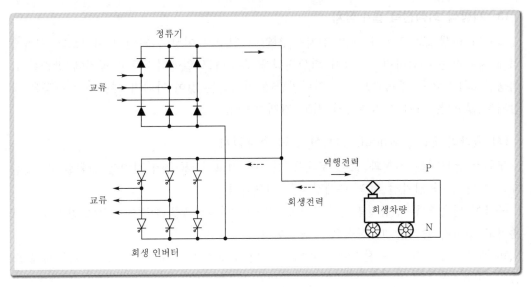

[회생 인버터장치의 개념도]

위의 그림에서 차량이 주행할 때는 정류기에서 전력이 공급된다. 차량이 회생을 시작하면 차량자체가 발전기로 되어 전원 공급원이 되고, 전압이 높은 쪽에서 낮은 쪽으로 전력이 이동하려고 한다.

정류기뿐일 때는 그 전력을 저지하기 때문에 가선전압이 상승하여 회생실효로 이어진다.

이 전력을 정류기와 역방향의 스위치 소자(사이리스터)를 이용하여 전원측의 위상과 같은 상으로 차량에서 전원측으로 이동이 가능해진다.

다만, 회생 인버터장치에 있어서는 직류측의 전압발생원이 차량의 회생에 의한 것인지, 정류기의 출력 그 자체인지를 구별하기 어렵다.

그래서 회생 인버터 동작개시 전압을 정류기의 무부하 전압보다 수십 볼트 높게 할 필요가 있으며 인버터의 직류 출력전압을 낮출 수는 없다.

또한, 회생 인버터장치는 유입하는 회생전력이 연속적이 아니므로 연속정격보다도 순간의 피크부하에 견디는 용량의 것이 필요하다.

② 회생 인버터장치의 효과
  ㉠ 회생전력 유효이용에 의한 에너지 절약효과
  ㉡ 구배구간에서 연속제동에 의한 안전성의 확보
  ㉢ ATO 운전 시의 열차 정차위치 벗어남의 방지
  ㉣ 터널 안의 온도상승 억제

(3) 저항식 회생전력 흡수장치

차량의 회생으로 잉여가 생겨 전차선 전압이 일정치 이상이 되면 사이리스터 초퍼에 의해 저항기를 투입하여 그 잉여 회생전력을 흡수하고 열에너지로서 공기에 방출한다. 회생실효의 방지를 주목적으로서 전력반환에 기여하는 것이 아니기 때문에 전력량은 경감되지 않으나, 초기 설비투자가 적고 경제적이다.

(4) 플라이 휠(Fly Wheel) 전차선 전력 축세장치

교외를 운행하는 전철과 같이 부대용 전력이 적고, 교류측에 전력을 반환할 수 없을 때는 플라이 휠 전차선 전력 축세장치를 이용한다.

플라이 휠은 직류 전동발전기를 결합한 것으로 회생전력을 회전에너지로 변환하여 보존하고 부하가 증가할 때 전력으로 공급한다.

회생할 부하가 없는 변전소에 설치하여 말단 변전소의 순시전압강하 등의 구제에 도움이 된다.

6 역률개선장치

(1) 개 요

전철용 변전소의 역률은 그 주요기기인 정류기의 역률이 95[%] 정도로 비교적 양호하다.

역률을 개선하는 것은 변전설비, 전선로 등에 있어 전력손실을 저감하고 전력설비를 유효하게 이용하는 동시에 전기요금을 절감할 수 있는 장점이 있다.

역률개선장치에는 사이리스터를 사용한 액티브 필터(Active Filter) 등도 있으나, 일반적으로 경제적인 진상용 콘덴서를 삽입하는 경우가 많다.

(2) 역률개선의 원리

일반적으로 전력부하는 저항(R)과 유도성 리액턴스분(X_L)을 조합하여 표시할 수 있다.

이 부하에 전압(E)를 인가하면 부하전류 I_0(피상전류)는 저항(R)에 흐르는 전류 I_R (유효전류)와 유도성 리액턴스분(X_L)에 흐르는 I_L(무효전류)의 벡터의 합으로 표시된다. 역률이란 이 유효전류와 피상전류와의 위상각 θ_0의 여현 $\cos\theta_0$로서 정의되며 이 $\cos\theta_0$를 1에 가깝게 하는 것을 역률개선이라 한다.

전원과 병렬로 콘덴서를 설치하면 콘덴서에 흐르는 전류 I_C는 전압위상으로부터 90° 빠른 전류이고 부하의 무효전류 I_L과 역위상 때문에 무효전류는 상쇄하여 전원에서 공급되는 전류는 I_0에서 I_1으로 감소하며 위상각도 θ_0에서 θ_1으로 되어 역률이 개선된다.

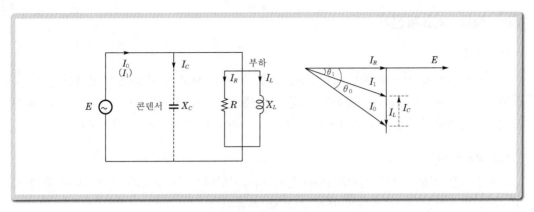

【 역률개선의 원리 】

(3) 진상용 콘덴서(Condenser)

진상용 콘덴서는 지금까지 유입식이 대부분이었고 신뢰성이나 특성이 충분히 만족할 수 있었으나 만일 콘덴서 내부에 고장이 생겨 최종적으로 상간 단상단락사고에 이르면 그 에너지에 용기가 견디지 못하여 용기파괴, 누유, 화재 등 큰 사고로 파급되는 경우가 있다.

이러한 문제 때문에 종래 절연유 대신에 절연성이 뛰어나고 과학적으로 안정된 불연성이며 비폭발성인 SF_6 가스를 충전한 콘덴서가 개발되어 지하철에서도 방재상의 이유로 사용하는 예가 많아지고 있다.

SF_6 가스의 봉입압력은 대기압보다 약간 높을 정도의 압력으로 봉입되어 있고, 만일 가스압력 저하가 있어도 즉시 성능적인 문제가 일어나지 않도록 설계되어 있으며 유전체는 자기회복 기능을 갖춘 금속증착 폴리프로필렌 필름(Polypropylene Film) 등이 사용되고 있다.

(4) 직렬리액터(Reactor)

콘덴서 사용 시 회로에 포함된 고조파가 증폭되며 전압파형에 뒤틀림이 생길 때가 있어 이것을 방지하기 위하여 리액터를 콘덴서에 직렬로 삽입한다.

이것은 파형 일그러짐을 방지하는 것뿐만 아니라 공진에 의한 고조파 전류의 유입방지를 위하여 콘덴서 투입 시 과대한 돌입전류의 억제 등에 장점이 있다.

일반적으로 3상 회로에서는 제5차 고조파 이상이 문제가 되고 직렬리액터의 리액턴스는 콘덴서 용량의 6[%]가 표준이지만, 전철용 부하인 정류기 등은 제3차 고조파의 영향을 받는 경우가 있으므로 신중한 검토가 필요하다.

또한 직렬리액터를 삽입함으로써 콘덴서의 단자에 걸리는 전압이 리액턴스 6[%]의 경우 약 6[%], 13[%]의 경우는 약 15[%] 정도가 상승하기 때문에 주의할 필요가 있다.

91

7 직류 보호계전기

(1) 개 요

전기철도설비에 자연재해나 설비열화, 과실 등으로 사고나 고장이 발생하였을 때 사람과 설비의 보전을 위하여 정확히 고장을 검출하고 신속히 고장개소를 분리 차단하여 건전한 계통에는 영향을 최소한으로 적게 하기 위하여 보호설비를 설치한다.

(2) 보호방식

보호방식은 기본적으로 서지(Surge) 등의 이상전압에 대한 보호와 단락, 지락 등의 사고 시에 발생하는 이상 전류에 대한 보호로 분류된다.

① 이상전압의 보호

변전소에 있어서 이상전압은 외부에서 침입하는 외래 서지와 변전소 내에서 발생하는 내부 이상전압이 있다.

㉠ 외래 서지

가공 송전계통이나 급전계통에는 직격뢰 또는 유도뢰 등이 발생할 우려가 있으며 외래 서지가 침입할 위험이 있는 개소에는 피뢰기를 설치하여 기기를 보호한다.

㉡ 내부 이상전압

차단기류의 조작 시에 생기는 개폐 서지나 실리콘 정류소자의 전하축적 효과에 의한 서지 등이 발생할 수 있다. 내부 이상전압의 보호에는 서지 압서버를 설치하여 기기를 보호한다.

② 이상전류의 보호

직류 전기철도에 있어서 전차선에 단락사고 등이 발생하여 사고전류가 흐를 때 급전회로의 보호에는 종래부터 직류 고속도차단기가 사용되어 왔다.

이것은 차단기 본체의 특성에서 사고전류가 선택 차단되며 고속으로 대전류를 차단할 수 있기 때문이다. 최근에는 열차밀도의 증가로 운전전류와 사고전류의 판별이 어려워져 ΔI형 고장선택 장치가 개발되어 병렬 급전구간에는 연락차단 장치와 조합하여 사용되고 있다.

(3) 보호계전기

① 직류 과전류계전기(76)

직류 과전류계전기는 정류기의 정극측에서 정극모선 사이와 정극모선에서 분기된 각 피더측에 설치한다.

직류회로에 과대전류가 흐를 때에 차단기를 차단하여 정류기 및 급전회로를 보호할 목적으로 사용한다.

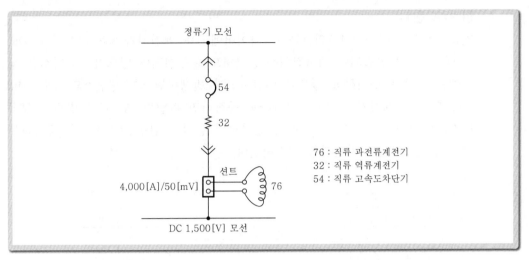

[직류 보호계전기 회로도]

② **직류 역류계전기(32)**

　　이 계전기의 사용목적은 정류기 1련의 소자가 어떤 원인으로 단락상태가 되면 역류현상을 나타내고 또한 정류기용 변압기 2차 권선은 단락상태로 되어 권선이 소손된다. 그러므로 정류기에 유입되는 전류를 감지하여 동작하고 차단기를 차단하여 기기 및 계통을 보호한다.

③ **직류 부족전압계전기(80)**

　　직류 부족전압계전기는 급전차단기 선로측 양단에 80F, 전차선의 중간지점(Mid Point)에 80A를 설치하여 전차선의 전압이 900[V] 이하로 되면 사고로 판단하여 동작하도록 되어 있다. 이 계전기의 사용목적은 전차선의 단락사고 시 발생하는 전압강하를 감지하여 회로를 보호하고 사고가 파급되는 것을 방지하는 데 있다.

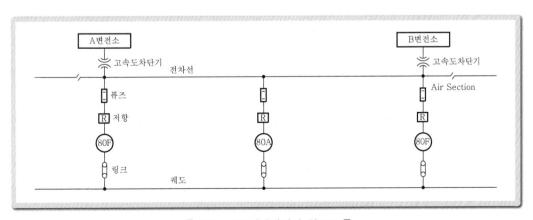

[직류 부족전압계전기 회로도]

④ 연락차단장치

인근변전소 간에 2선 1조의 파일럿 와이어에 94F 계전기가 85F 계전기와 80F, 80A와 직렬로 연결되어 제어전원을 공급하도록 구성되어 있으며, 이 방식은 상시에는 회로를 구성하고 있으나 일단사고가 발생하면 양쪽변전소의 80F, Mid Point의 80A 계전기 중 어느 하나라도 동작하면 파일럿 회로가 개방되어 양쪽 변전소의 94F 계전기가 동작하고, 전차선의 동일 급전구간에 전원을 공급하는 양쪽 변전소의 급전차단기를 개방시킨다.

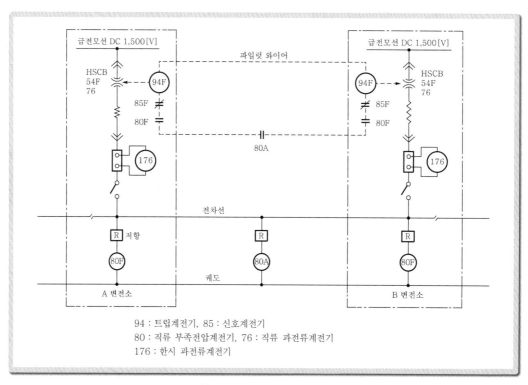

[연락차단장치 회로도]

⑤ ΔI형 고장검출장치

㉠ 개 요

ΔI형 고장검출방식은 부하전류의 대소에 관계없이 전류증가분 ΔI만을 검출하고 이것이 조정치를 초과한 경우에 동작하여 차단기를 개방하는 것이다. 즉, 운전전류는 일반적으로 전기차의 노치(Notch) 취급과 더불어 단계적으로 증가하며 사고전류는 순시에 큰 전류증가를 나타내게 되는 원리를 이용한 것이다.

ⓛ ΔI형 결선도

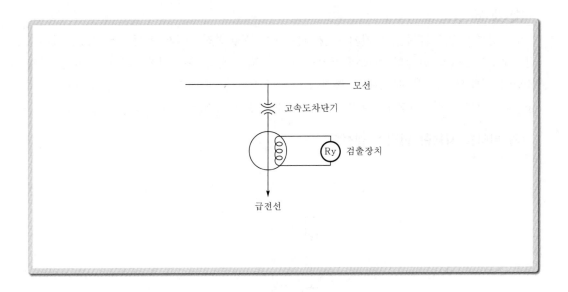

ⓒ ΔI형 고장선택장치 특성

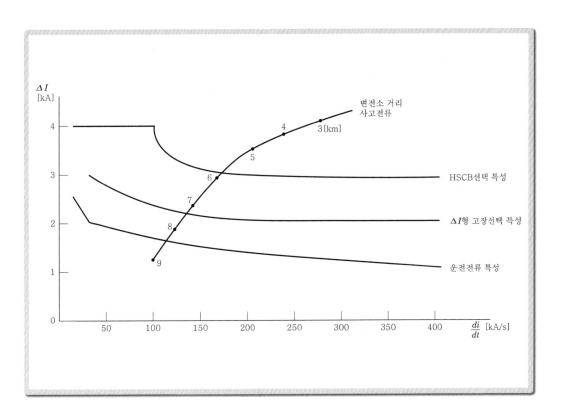

8 필터(Filter)

(1) 개 요

수은정류기 및 실리콘정류기가 사용되는 직류 전철변전소에서 맥동하는 전압, 전류가 전차선로에 공급되면 전차선로에 첨가하여 가선되어 있는 통신선에 정전유도 또는 전자유도에 의해서 전압을 유기하고 통화장해를 유발한다. 따라서 정류기로부터 발생된 맥동전압, 전류를 감소시키는 장치가 필요하며 이것을 필터라 한다.

(2) 필터를 사용한 변전소 결선도

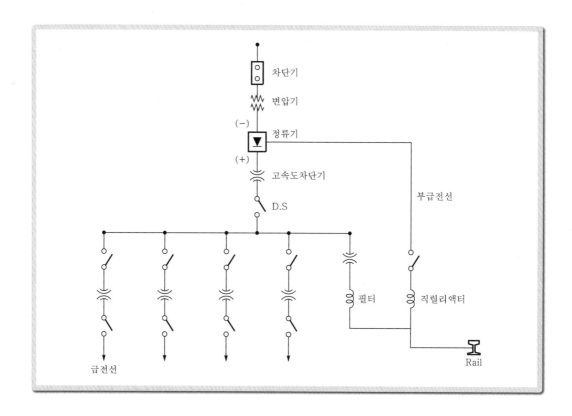

(3) 필터의 구비조건

필터는 변전소의 운전에 직접관계가 없으나 잡음 장해를 최소화하기 위해서는 다음 사항을 고려할 필요가 있다.

① 정극모선 및 레일에 접속하는 리드선이 최대한 짧게 되도록 기기를 배치할 것
② 공진분로의 동조를 완전하게 할 것
③ 각 접촉부의 점검보수를 면밀하게 수행하고 접촉저항을 극소치로 유지할 것

(4) 필터의 구성

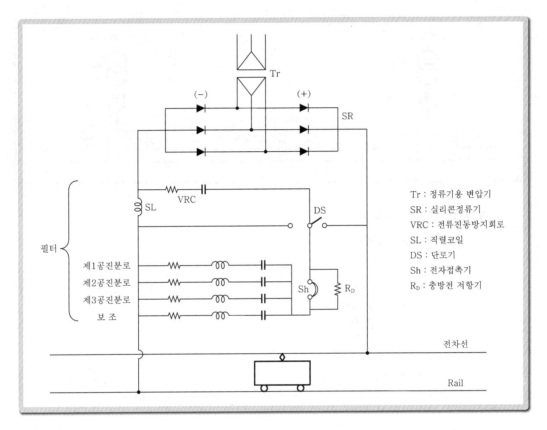

필터는 위 그림과 같이 1개의 직렬코일과 다수 개의 공진분로에 의해 구성되어 있다.

① 직렬코일

분로에 흐르는 전류를 제한하여 분로의 전류 용량을 결정한다.

② 공진분로

콘덴서와 공진코일로 되어있고 각 주파수 별로 구분되어 공진하고 고조파 전압을 단락하여 외선으로 인출되는 것을 방지한다.

9 급전구분소 및 급전타이포스트

(1) 개 요

급전구분소(SP)와 급전타이포스트(Tie Post)는 직류 복선구간에서 전차선의 전압강하를 경감하기 위하여 설치하는 것으로, 급전구분소는 변전소 중간에 설치하고, 급전타이포스트는 전차선을 병렬 급전할 수 없는 말단부분과 변전소 중간에 설치하며, 상선과 하선을 차단기를 통하여 접속할 수 있도록 한 설비이다.

(2) 급전구분소 계통도

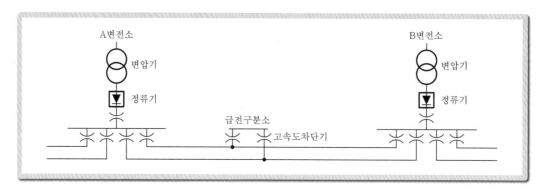

(3) 급전타이포스트 계통도

① 말단에 설치하는 경우

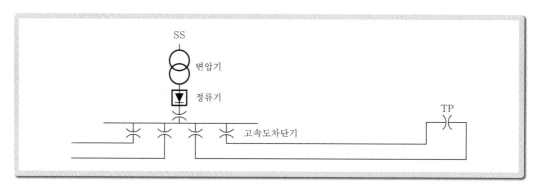

② 변전소 중간에 설치하는 경우

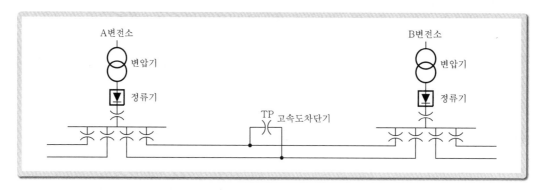

(4) 급전구분소 및 타이포스트의 기능

급전구분소(SP)와 급전타이포스트(TP)는 평상시 전압강하를 방지하기 위해 본선에 차
단기를 설치하여 상·하선을 연결하고 투입되어 있다가 상선과 하선의 어느쪽 방향이든

정정값 이상의 과전류가 흐르면 자동차단하여 사고 구간을 구분할 수 있도록 양방향성 고속도차단기를 사용하고 있다.

02 교류 전철변전소

1 교류 전철변전소의 개요 및 구성

(1) 개 요

교류 전철용 변전소는 전력회사에서 공급되는 전력을 변성하여 2차측인 전차선로에 급전하는 역할을 한다. 급전된 전압은 단권변압기를 거쳐 급전선, 전차선을 통하여 부하 설비인 전기차에 전력을 공급한다. 변전소는 일반적으로 그 형태에 따라 옥외 철구형, 옥내 및 옥외 GIS형, 철구형과 GIS를 혼합한 혼합형(Hybrid) 변전소로 분류한다. 변전설비는 급전계통에 따라 전철변전소, 급전구분소, 보조급전구분소, 병렬급전소, 단말보조 급전구분소로 구성한다.

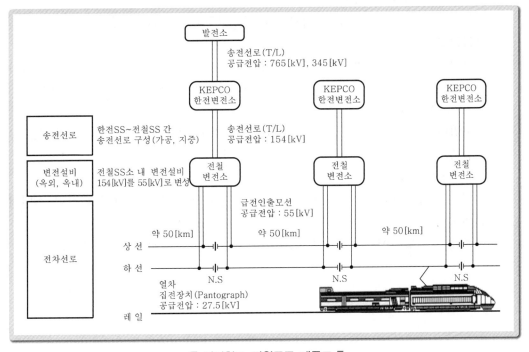

[전기철도 전원공급 계통도]

(2) 교류 전철변전소의 구성

교류 전철변전소의 구성은 다음과 같다.

① 수전설비

수전설비는 송전선로에서 3ϕ 154[kV] 특고압의 전원을 수전하기 위한 설비로서 상용, 예비 2회선을 수전 받아 무정전을 확보하고 있다.

차단기, 단로기, 계기용 변성기, MOF, 수전모선, 피뢰기, 보호계전기 등으로 구성되어 있다.

② 변압기 설비

전차선로에 알맞은 전압을 공급하기 위하여 구성된 급전용 주변압기는 수전전압인 154[kV] 3상 교류전압을 55[kV] 단상 2조의 교류전압으로 변압하기 위하여 사용된다.

단상부하에 따른 3상 전원에 대한 불평형을 경감하기 위해서는 스코트결선 변압기를 사용한다.

③ 콘덴서 설비

전철변전소에서는 양질의 전기를 유지하기 위하여 인덕턴스에 의한 전압강하를 보상하고 전기차 운행 시 분수조파 발생을 억제하기 위하여 주변압기 2차측 M상, T상 급전선에 직렬콘덴서를 설치한다.

무효전력을 경감하기 하여 병렬콘덴서를 설치하고 있다.

④ 급전설비

급전설비는 주변압기 2차측의 급전용 모선으로부터 급전 인출설비까지를 말하며 차단기, 단로기, 피뢰기, 보호설비 및 단권변압기 등으로 구성되어 있다.

⑤ 고압배전설비

고압배전설비는 열차운전을 하기 위한 신호전원, 역사의 조명, 동력용 전원을 공급하기 위하여 6,600[V], 22,900[V]로 배전한다.

⑥ 소내전원설비

변전소 내 제어전원과 조명, 전열, 동력 등에 전원을 공급하기 위하여 소내전원이 필요하다.

소내용 변압기에 의해서 저압 220[V], 110[V] 등의 전원을 얻고 있다.

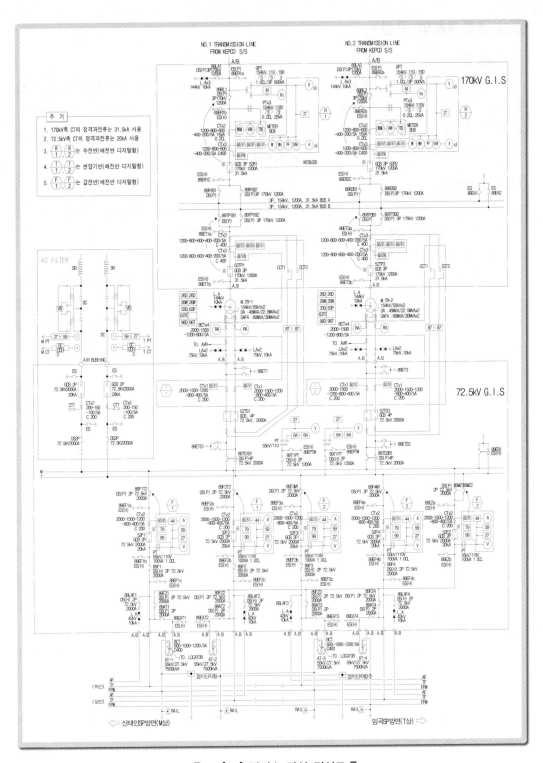

【 154[kV] 변전소 단선 결선도 】

2 급전계통의 구성

(1) 개 요

급전계통은 급전방식과 변전소의 위치에 따라 그 골격이 형성되고 여기에 필요한 섹션의 위치선정, 급전범위의 설정 등에 따라 계통이 구성된다. 또한 열차의 운전계통, 사고 시의 급전방법 및 정전시간의 확보 등을 미리 예상하여 사고발생 시에도 전기운전에 미치는 영향을 최소화할 수 있도록 급전계통을 분리 구성할 필요가 있다.

(2) 급전방식

교류 전기철도에서는 전압이 높고 전류가 작으며 인접변전소 상호간의 전압위상이 서로 다르므로 일반적으로 병렬급전을 하지 않고 단독급전을 수행하고 있다.

① 방면별 이상 급전방식

송전계통의 3상을 단상으로 변환하는 데 있어서 전원측에 불평형 부하의 영향을 가능한 한 작게 되도록 90°의 위상차를 갖는 2상으로 변환하고, 이 두 개의 상을 변전소를 중심으로 양방향으로 급전하는 것을 방면별 이상 급전방식이라고 하며, 변전소 위치의 전차선에 이상 구분용 절연구분장치가 설치된다.

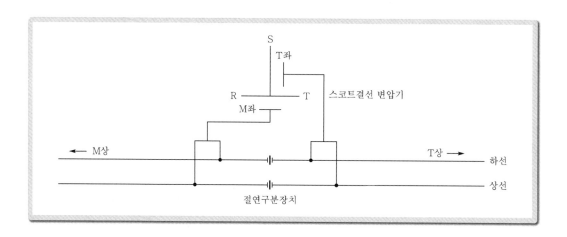

② 상·하선별 이상 급전방식

변전소를 중심으로 2개의 상을 상·하선으로 나누어 급전하는 방식을 상·하선별 이상 급전방식이라 한다.

이 방식은 변전소 앞에 동상용 에어섹션을 설치하고, 절연구분장치를 설치하지 않기 때문에 고속운전에 적합하지만, 역구내의 건넘선에 이상 구분용 절연구분장치를 설치하는 결점이 있다.

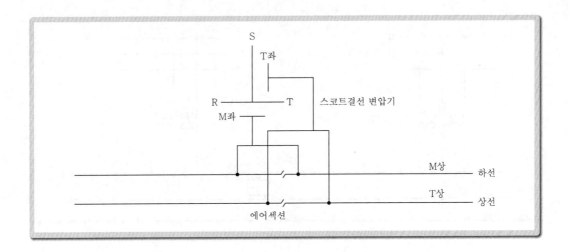

(3) 변전소의 전원공급 방식

① 단상변압기에 의한 방식

발·변전소에서 발생한 교류전력을 전용 송전선로로 철도선로를 따라 시설하며, 적당한 간격을 두어 단상변압기를 설치하고 전기차 운전에 적당한 전압으로 변성하여 전차선 등에 급전하는 방식이다.

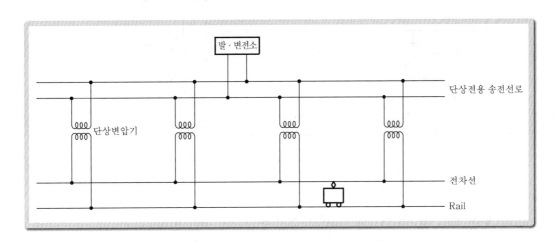

② V결선 변압기에 의한 방식

2개의 단상변압기를 사용하여 3상 전력 계통에서 2개의 단상전력을 얻어 전차선로에 급전하는 방식으로 2개의 단상부하가 같을 경우에도 50[%]의 전압 불평형이 발생한다.

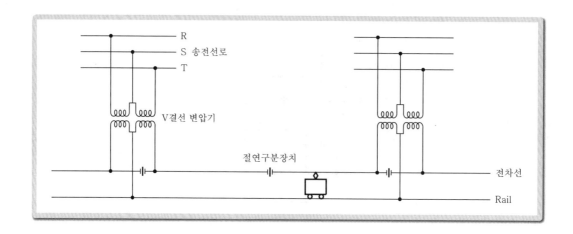

③ 스코트(Scott)결선 변압기에 의한 방식

3상에서 2상으로 변환하는 스코트결선 변압기를 3상 전력 계통에 접속하여 단상 전력 2조를 얻어 전차선로에 급전하는 방식으로 2조의 단상부하가 같을 경우에는 3상 전원측에 평형부하가 된다.

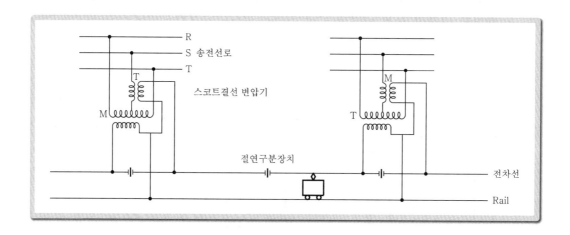

④ 변형 우드 브리지(Wood Bridge) 결선 변압기에 의한 방식

중성점 직접접지 계통의 초고압 3상 전력 계통에서 직접 수전하여 AT방식 급전 회로의 단상 2조의 전철부하에 급전하는 방식으로, 단상불평등 부하 시에 초고 압측 중성점 전류를 일반 3상변압기 결선과 같이 적게 하고, 전원전압변동 및 불평형을 줄일 수 있다.

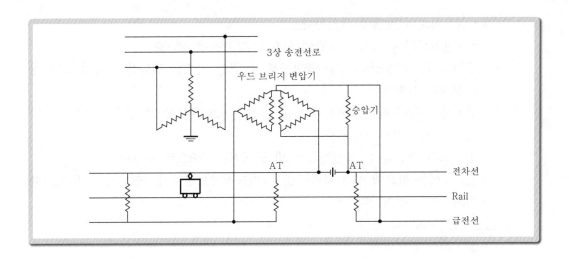

(4) 급전계통 구성

① 개 요

교류전철화 구간에는 방면별로 급전하며, 각 변전소의 중간에 급전구분소를 시설하여 차단기 등의 보호장치와 함께 절연구분장치를 설치한다. 절연구분장치는 각 변전소의 급전전압의 위상이 다른 경우 계통을 구분하기 위하여 설치한다.

보통의 급전상태는 양단 변전소에서 급전구분소의 절연구분장치까지 단독으로 급전하지만 변전소의 사고와 작업 등의 경우에는 급전구분소에서 인접 변전소까지 급전을 연장한다.

변전소의 간격이 비교적 긴 경우 보수작업이나 사고 시에 급전구간을 구분하는 목적으로 보조급전구분소를 시설한다.

② 급전계통의 구성

종래의 급전방식은 BT급전방식을 사용하였으나 부하용량의 증가로 최근에는 AT방식으로 전환하고 있으며 신설 설비는 AT급전방식을 표준으로 하며 급전계통은 일반적으로 다음과 같이 구성하고 있다.

ⓐ 변전소 간에는 급전구분소(SP)를 설치하고 급전은 변전소~급전구분소 간으로 한다.

ⓑ 급전회로에 이상이 발생하였을 때는 연장급전이 가능하도록 하고, 방면별 상은 인접변전소와 동상이 되도록 구성한다.

ⓒ 변전소와 SP 중간에는 계통의 한정구분 또는 전압 보상 등을 위하여 보조급전구분소(SSP) 또는 병렬급전소(PP)를 설치한다.

ⓓ 단권변압기의 설치기준은 다음에 의한다.

  • 표준설치 간격은 10[km]로 하되 최소간격은 6[km]로 한다.

105

- 급전회로의 말단에 설치한다.
- 약전회로의 유도장해 저감에 필요한 장소에 설치한다.

ⓜ 변전소 및 급전구분소에는 급전구분 및 급전 전원의 전환을 위하여 전환 개폐장치를 설치한다.

ⓗ 상·하선 타이(Tie) 급전을 위하여 급전구분소에는 상·하선을 결합할 수 있는 단로기, 차단기를 설치한다.

ⓢ 변전소의 수전설비, 급전변압기 및 급전계는 2중으로 구성한다.

ⓞ 변전소에는 필요에 따라 직렬콘덴서, 자동전압보상장치, 역률 개선 및 고조파 여과장치를 설치한다.

③ 급전계통 구성방식

㉠ 상·하선 분리방식

상선과 하선을 전기적으로 분리하여 급전하고 비상 시에 급전구분소(SP)에서 상선과 하선을 Tie로 연결하며, 그 특징은 다음과 같다.

- 선로 임피던스가 크다.
- 전압강하가 크다.
- 상대적으로 고조파 공진차수가 높고 확대율이 크다.
- 회생전력 이용률이 낮다.
- 급전구분소(SP)의 단권변압기 대수가 많다(4대).
- 급전구분소(SP)에 GIS설비가 적다(GIS 4-Bay).
- SSP 개소에 상·하선 Tie 차단설비가 필요 없다.
- 계통보호에 용이(고장위치 파악용이)하다.
- 역간이 짧고 저속운행구간에 적합하다.
- 장애 및 정전 작업 시 정전구간을 최소화할 수 있다.

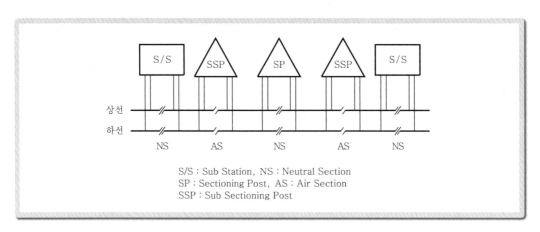

S/S : Sub Station, NS : Neutral Section
SP : Sectioning Post, AS : Air Section
SSP : Sub Sectioning Post

【 상·하선 분리방식 급전계통도 】

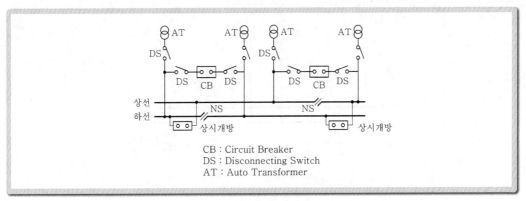

【 SP 결선도 】

ⓛ 상·하선 연결방식

- 타이(Tie) 급전

급전시스템 구성은 상·하선 분리방식과 동일하나, 급전구분소(SP)에서 상선과 하선을 상시 Tie로 연결하여 운용하는 방식으로 특징은 다음과 같다.

- 선로 임피던스가 작다.
- 전압강하가 작다.
- 상대적으로 고조파 공진주파수가 낮고 확대율이 작다.
- 회생전력 이용률이 비교적 높다.
- 급전구분소(SP)의 단권변압기 대수가 많다(4대).
- 급전구분소(SP)에 GIS설비가 적다(GIS 4-Bay).
- SSP 개소에 상·하선 Tie 차단설비가 필요 없다.
- 계통보호에 용이(고장위치 파악이 용이)하다.
- 역간이 짧고 저속운행구간에 적합하다.
- 장애 및 정전작업 시 정전구간을 최소화할 수 있다.

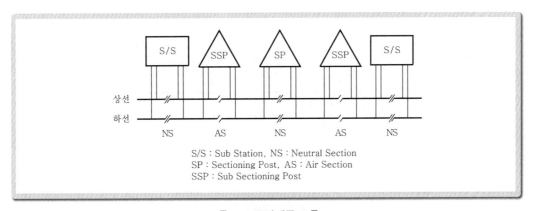

【 Tie 급전계통도 】

107

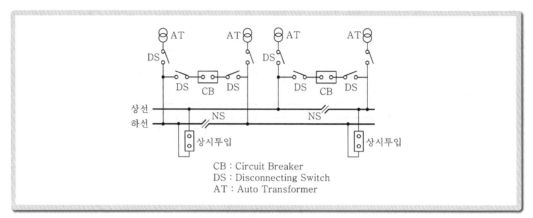

【 SP Tie 결선도 】

• PP(Parallel Post)급전

상선과 하선을 각 PP 개소 및 SP 개소에서 전기적으로 연결하고, 선로장애 발생 시 상·하선을 구분하여 건전선로만 운용하는 방식으로 경부고속전철에 적용하고 있으며 그 특징은 다음과 같다.

– 선로 임피던스가 가장 작다.
– 전압강하가 작다.
– 상대적으로 고조파 공진주파수가 낮고 확대율이 작다.
– 회생전력 이용률이 높다.
– 급전구분소(SP)의 단권변압기 대수를 줄일 수 있다(2대).
– 급전구분소(SP)의 GIS설비가 많다(GIS 5-Bay).
– PP에 상·하선 Tie 차단설비가 필요하다.
– 역간이 길고 고속운행구간에 적합하다.
– 장애 및 정전 작업 시 변전소 급전구간 모두가 정전된다.

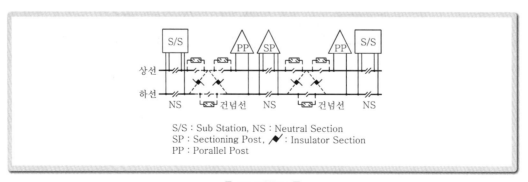

【 PP 계통도 】

108

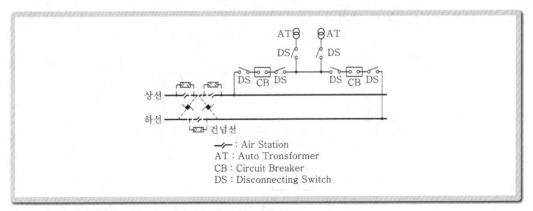

【 PP 결선도 】

(5) 차량기지의 급전방식

차량기지의 수전은 2계통 이상으로 하고 전원공급방식은 다음과 같이 한다.

① 전철변전소에서 단독수전

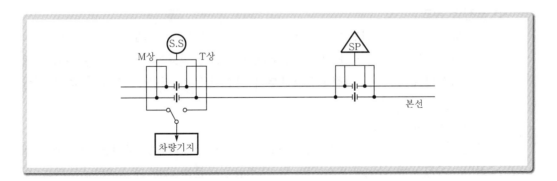

② 전력회사 변전소에서 공급

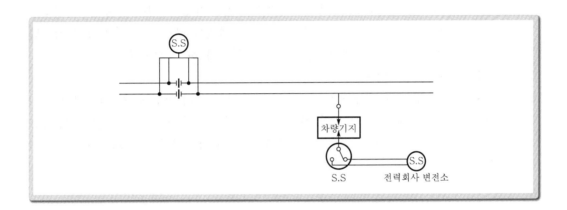

③ 본선 급전선로에서 분기

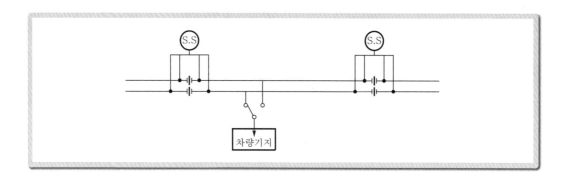

(6) 급전계통의 분리

전철 급전회로는 전차선 전압이 차량의 운전에 영향을 주지 않는 일정한 범위를 유지하여야 하며, 보수작업 및 사고발생 시 신속하게 사고개소를 구분하고, 필요한 조치를 취할 수 있도록 하여 열차에 주는 영향을 최소화하도록 계통을 분리하여야 한다.

① 급전별 분리

급전별 분리는 인접변전소와 상호계통 운전을 원칙으로 하고 각 변전소별로 전압위상별, 방면별, 상·하선별로 구분하여 급전할 필요가 있다. 이는 사고 시에 상·하선의 분리운전, 인접변전소로부터 연장 급전을 받을 수 있도록 하기 위한 것이다.

② 본선 간의 분리

본선 간의 분리는 동일 계통 급전구간에 사고발생 시 해당 구간을 분리하고 급전할 수 있도록 급전구분소(SP) 및 보조급전구분소(SSP)를 두어 구분하는 것이다.

③ 본선과 측선의 분리

주요역 구내에서는 사고 시 사고구간의 단선운전 또는 타절운전 등을 할 필요가 있기 때문에 주요역 구내의 전차선을 상·하선별로 분리하고, 측선에서 사고발생 시 본선과 분리하여 열차운행을 할 수 있도록 하는 것이다.

④ 차량기지와 본선과의 분리

차량기지는 수많은 열차가 대기 및 정비를 하고 있기 때문에 차량의 고장에 의한 급전회로의 차단 등이 많아 본선 운행 중인 열차에 지장을 주거나 본선 계통의 사고에 의한 구내의 검수 등에 영향을 받기 때문에 본선으로부터 분리하여 별도의 급전을 할 필요가 있다.

③ 수전설비

(1) 수전선로의 계획

① 수전선로의 건설계획은 초기투자비보다 국토이용의 극대화와 설비의 기능성, 유지보수성, 보안성, 설비의 내구성, 민원해소 등을 감안하여 선정한다.

② 수전계통의 구성에는 3상 단락전류, 3상 단락용량, 전압강하, 전압불평형률 및 전압왜형률을 고려하여야 하며 보호계전기는 전기사업자와 협의하여 적절한 값으로 하여야 한다.

③ 수전계통의 고조파 허용기준은 전철변전소 수전점에서 전압왜형률이 규정치 이하이어야 한다.

④ 수전선로는 안정적인 전철 전원급전을 위하여 예비선로를 구성하여야 한다.

⑤ 수전선로 방식은 지형적 여건, 시설조건, 지역적 특성(도심, 전원, 산간 등) 및 민원발생 요인 등을 감안하여 선정한다.

⑥ 수전계통의 구성은 부하의 크기 및 특성, 지리적 조건, 전력조류, 전압강하, 수전 안정도, 회로의 공진, 운용의 합리성 등을 고려하여 결정하여야 한다.

⑦ 수전선로는 부근의 약전류 전선에 대한 유도장해를 방지하기 위한 대책을 수립하여야 한다.

(2) 수전선로의 구성

수전선로는 가공 수전선로와 지중 수전선로로 구성한다.

① 가공 수전선로

ㄱ 경제적이고 환경보존을 위하여 수전선로 경과지의 주위환경 및 조건, 개발전망, 국토 이용계획 등을 감안한다.

ㄴ 수전선로 사용기간 중 지상고 부족으로 인하여 이설 또는 설비의 변경 등이 발생하지 않도록 적정한 지상고가 유지될 수 있도록 한다.

ㄷ 수전선로 등 지지물 경간은 철주 및 콘크리트주의 경우 경간 150[m]를 초과하여 사용할 수 없고, 경간이 150[m]를 초과하는 경우에는 철탑을 사용하되 부득이한 경우를 제외하고 400[m] 이하로 한다.

ㄹ 가공 수전선로는 가공지선을 설치하며, 지지물과 함께 접지하여야 한다.

② 지중 수전선로

ㄱ 도시계획 협의가 곤란하고 주택가 등으로 민원발생 요소가 많은 개소 또는 전기사업자 인출설비에서 지중인출이 유리할 경우 등에 적용한다.

ㄴ 지중 수전선로가 하천을 횡단할 경우에는 개착식으로 시공하며, 부득이한 경우 별도의 공법을 검토하고, 매설깊이는 선로유실, 하천 정비계획 등을 고려하여 정한다.

(3) 수전전압

교류 전철변전소의 수전전압은 일반적으로 3상 60[Hz] 154[kV]로 한다. 수전전압은 열차부하에 의한 영향이 가급적 적어야 하며, 안정되고 신뢰도가 높은 계통으로 수전설비가 간결하여야 한다.

(4) 전원용량

① 전선의 허용온도

수전선로에 사용하는 전선의 온도는 다음 표에 표시한 최고허용온도 이하를 유지하여야 한다.

전선 종별	최고허용온도[℃]		
	연 속	단시간	순 시
가공나전선	90	100	180
지중케이블(CV)	90	105	230

② 고조파 허용기준(한국전력공사 고급규정)

구 분	지중선로 변전소에서 공급하는 수용가		가공선로 변전소에서 공급하는 수용가	
	전압왜형률[%]	등가방해전류[A]	전압왜형률[%]	등가방해전류[A]
66[kV] 이하	3		3	
154[kV] 이상	1.5	3.8	1.5	

③ 전압불평형률

전압불평형률은 수전점에서 2시간 평균부하에 대하여 3[%] 이하가 되도록 하며 설비별 계산식은 다음과 같다.

㉠ 단상변압기

$$K = Z \cdot P \times 10^{-4} [\%]$$

여기서, K : 전압불평형률[%]

Z : 수전점에서 3상 전원 계통의 10,000[kVA]를 기준으로 하는 %임피던스

P : 급전구간에서의 연속 2시간 평균전력[kVA]

㉡ V결선 변압기

$$K = Z \cdot \sqrt{P_A{}^2 - P_A{}^2 P_B{}^2 + P_B{}^2} \times 10^{-4} [\%]$$

여기서, $P_A{}^2$, $P_B{}^2$: 각각의 급전구간에서의 연속 2시간 평균전력[kVA]

ⓒ 스코트결선 변압기

$$K = Z \cdot (P_A{}^2 - P_B{}^2) \times 10^{-4} [\%]$$

④ 3상 단락전류

차단기의 차단용량 결정, 계전기의 정정, 단락전류의 전자력에 의한 기계적 충격력의 추정 등에 필요한 3상 단락전류의 계산은 다음에 의한다.

㉠ 계통의 %임피던스 계산

단락지점에서 전원측으로 본 계통의 %임피던스를 계산하며, 기준 용량을 동일하게 하면 일반적으로 사용하는 정수는 다음과 같다.

• 송전선로의 정수

154[kV] 가공선로의 $\%Z$는 0.02로 하며 지중선로의 경우는 케이블의 종류에 따라 선정한다.

• 변압기의 정수

공칭전압	스코트결선 변압기	배전용 특고변압기	단권변압기
154[kV]	11.5±10[%] (10.5±10[%])	11.0±7.5[%] (10.3±7.5[%])	
55[kV]			0.45[Ω] 이하

※ 단권변압기의 임피던스는 2차측에서 본 [Ω]치로 표시, ( ) 내는 저감 임피던스

㉡ 3상 단락용량의 계산

$$P_S = \frac{100}{\%Z} \times 10{,}000 [\text{kVA}]$$

여기서, P_S : 3상 단락용량[kVA]

$\%Z$: 단락지점에서 전원측으로 본 계통의 %임피던스

㉢ 3상 단락전류의 계산

$$I_S = \frac{P_S}{\sqrt{3}\, V_n} [\text{A}]$$

여기서, V_n : 공칭전압[kV]

I_S : 3상 단락전류[A]

4 변전소의 간격

변전소의 간격은 전차선 전압의 최소한도를 유지할 수 있고 또한 급전회로에 발생하는 고장전류를 신속 정확하게 검출하여 차단할 수 있는 간격으로 하여야 한다.

(1) 급전회로의 전압강하

전차선 전압의 최소한도 및 변동범위는 다음과 같다(전압강하계산은 급전선로의 전압강하 항목 참조).

범 위	전압치[kV]	비 고
표 준	25	100[%]
최 고	27.5	110[%]
최 저	20	80[%]

(2) 급전회로의 고장전류

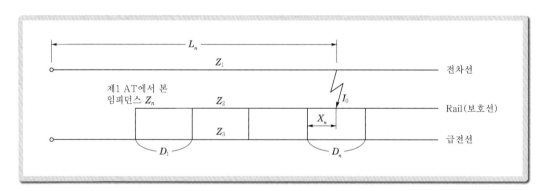

$$I_0 = \frac{V}{Z_0 + Z_t + Z_n} [\text{A}]$$

$$Z_0 = \frac{V^2}{10,000} \times 10 \times (\% Z) \times 2$$

$$Z_t = \frac{V^2}{P_t} \times 10 \times (\% Z_t)$$

$$Z_n = Z_L + L_n + Z_L' \left(1 - \frac{X_n}{D_n}\right) X_n$$

$$Z_L = Z_1 + \frac{Z_2 \cdot Z_3}{Z_2 + Z_3}$$

$$Z_L' = \frac{Z_2^2}{Z_2 + Z_3}$$

114

여기서, V : 기준공급전압(27.5[kV])

P_t : 변압기 한쪽 상의 용량[kVA]

$\%Z$: 전원의 %임피던스(10,000[kVA] 기준)

L_n : 고장점의 거리[km]

Z_1 : 급전전압기준 전차선 임피던스[Ω]

Z_2 : 급전전압기준 레일 임피던스[Ω]

Z_3 : 급전전압기준 급전선 임피던스[Ω]

I_0 : 고장전류[A]

Z_0 : 전원계통 임피던스를 단상 급전전압으로 환산한 수치[Ω]

Z_t : 변압기 임피던스를 단상 급전전압으로 환산한 수치[Ω]

Z_n : 급전회로 임피던스[Ω]

(3) 변전소 등의 위치선정

변전소 등의 위치는 계획된 간격에 따라 지도상에서 선정한 후, 다음에 유의하여 현장조사를 하고 관계기관과 협의하에 결정한다.

① 급전구분, 궤도회로 등의 설비와 협조가 된 곳

② 수해, 산사태 등 자연재해와 인적재해나 공해의 염려가 없는 곳

③ 풍치지구, 사적보존지역 등은 피하고 환경보호에 유의할 것

④ 도로 또는 하천 개량 계획 등 장래계획에 지장이 없을 것

⑤ 보수 순회가 편리하고 기동검측차의 출입이 가능할 것

⑥ 수전전원이 가깝고 송전선로의 인출이 용이할 것

⑦ 철도선로 부근으로 급전선 등의 인출이 용이할 것

⑧ 변전설비의 소음에 의한 영향이 적은 곳

⑨ 중량물의 반입로가 확보되는 장소일 것

⑩ 변전소 앞 절연구분장치 구간에서 열차의 타행운전이 가능한 곳

참고 | 절연구분장치 장소 선정 시 참고사항

1. 선로의 구배는 5/1,000 이하, 곡선반경은 800[m] 이상으로 선정하되, 현장 여건에 따라 차량의 성능 등을 고려하여 열차 타력운행이 가능한 위치 중 운영자 등 관계부서 관련자와 협의 후 선정할 것
2. 장내신호기 외방 300[m] 이상, 출발신호기 외방 1,000[m] 이상, 폐색신호기 내·외방 300[m] 이상, 건널목부근, 시야가 나쁜 지점 등으로 일시정지의 우려가 없을 것
3. 터널 내부, 교량 위, 강풍개소 등 전차선로의 유지보수가 곤란한 곳은 피할 것

---

5 변전소의 형태

변전소 등의 건설형태는 다음의 경우를 감안하여 결정한다.

(1) 옥내형

① 무인으로 운용하는 경우
② 주택 등과 가까운 지역
③ 장래 공해, 염해, 민원발생 등이 우려되는 지역
④ 주변환경이 중요시되는 지역
⑤ 용지확보가 어렵고 고가인 지역

(2) 옥외형

① 여건상 옥내형 건설이 곤란한 경우
② 주택 등과 멀리 떨어진 지역
③ 장래, 공해, 염해, 민원발생 등의 우려가 없는 지역
④ 주변환경이 중요시되지 않는 지역
⑤ 용지확보가 용이하고 저가인 지역

【 옥외형 】

【 옥내형 】

6 변전소의 용량

(1) 변전소 용량의 결정

변전소 간격 및 위치가 결정되면 열차운행표에 따라 변전소 부하를 산정하고 변전소 등의 용량은 장래의 수송수요를 감안하여 다음에 의하여 결정한다.

① 급전구간별의 정상열차 부하조건에서 1시간 최대출력 또는 순시최대출력을 기준으로 한다.
② 변전소 용량은 기기의 점검이나 고장 등으로 사용정지가 되는 경우에도 열차 부하에 중대한 지장을 주지 않도록 적절한 예비 능력을 보유하여야 한다.
③ 인근 변전소의 운전정지의 경우에도 연장급전에 의한 부하의 증가에 대처할 수

있도록 변전소 용량을 결정한다.

④ 변전소의 용량은 향후 열차운전계획 및 열차운행의 난조에 의한 영향에도 대응할 수 있는 용량이어야 한다.

⑤ 주변압기의 표준용량과 최대부하

(자냉식 기준)

변압기 종별	표준용량 [MVA]	정격전압[kV]		1시간 최대출력 (정격치에 대하여)	순시최대전력 (정격치에 대하여)
		1차	2차		
스코트결선 변압기	30, 45, 60, 90	154	55	한쪽 상에 대하여 100[%] : 연속 150[%] : 2시간	한쪽 상에 대하여 300[%] : 2분간
단권변압기	7.5, 10, 15	55	27.5	100[%] : 연속 150[%] : 2시간	300[%] : 2분간

(2) 급전변압기의 용량 산정

① 전력 소비율의 산출

열차종별의 실적이나 운전곡선에서 일정시간의 전류를 구하여 이것으로부터 1시간 평균전류를 산출하여 전력 소비율을 계산한다.

$$P_m = \frac{1,000\,V \times I_m \times \cos\phi}{D \times W_t} [\text{kWh}/1,000\text{t-km}]$$

여기서, P_m : 평균전력 소비율, V : 급전전압[kV], I_m : 1시간 평균전류[A]

D : 급전거리[km], W_t : 1열차의 중량[t], $\cos\phi$: 역률

② 1시간 최대출력

열차운전표에서 최대부하가 걸리는 시간을 선택, 전력 소비율을 적용하여 계산한다.

$$P = P_m \times W_t \times D \times n [\text{kW}]$$

여기서, P : 1시간 최대출력[kW], P_m : 평균전력 소비율[kWh/1,000t-km]

W_t : 1열차의 중량[t], D : 급전거리[km]

n : 1시간 동안의 열차회수[회수/시간]

③ 순시최대출력의 산출

ⓐ 열차의 위치와 열차전류를 구하는 계산

열차운행표에서 변전소에 최대부하가 걸리는 시점을 선정, 이때의 열차위치와 열차전류로부터 변전소의 순시최대전류를 구한다. 이와 같이 동일시각에 변전소의 각 급전회로의 전류의 합계를 산출하여 계산한다. 순간최대의 시점

117

이 몇 개 있다고 추정되면 각각 계산하여 그중 최대의 것으로 한다.

ⓒ 시험식에서 산출

1시간 출력 Y[kW]와 그 시간대의 순간최대출력 Z[kW] 간에 다음 식과 같은 관계가 있는 것을 활용한다.

$$Z = Y + C\sqrt{Y}\,[\text{kW}]$$

여기서, Y : 1시간 최대출력[kW], C : $6.21\sqrt{I_{tm}}$ (I_{tm} : 1열차의 최대전류[A])

이 식은 열차횟수가 많을수록 정확도가 크다.

(3) 급전시뮬레이션

① 시스템 해석

전철차량의 부하 및 전력사용량은 컴퓨터시뮬레이션에 의해 구한다. 열차는 급전계통에서 보면 계속 이동하는 집중부하이므로 그 변화가 매우 심하고 다른 열차와의 간격에 따른 영향도 시시각각 다르게 나타난다. 따라서 급전계통에 나타나는 현상을 정확히 파악하기 위해서는 급전계통 자체의 전기적인 특성 이외에도 열차의 주행특성 및 전력 소비패턴, 열차운행 계획에 따른 열차의 공간적 분포, 궤도의 구배 및 곡선반경 등 종합적인 시스템에 대한 해석이 필요하다.

② 변전소 부하 산출

열차운행 시 변전소에서 공급하는 부하를 산출하기 위해 종래에는 한 대의 열차에 대한 평균전력에 변전소 공급거리와 열차 밀도를 곱하는 근사적인 방법을 사용해왔으나 프랑스, 영국 등의 철도가 발달된 나라에서는 이미 오래전부터 시뮬레이션소프트웨어를 개발하여 실무에 적용하고 있는 상태이다. 시뮬레이션은 급전설비의 용량 결정뿐만 아니라 기존 시스템에서 열차의 운행 계획을 변경할 때에 그에 따른 전체 전력소비량의 변화를 예측하고 급전계통 측면에서 공급이 가능한지를 검토하는 데에도 사용된다.

③ 전압강하 검토

급전 계통의 설계에 있어서 열차의 주행성능과 관련하여 상세히 검토해야 할 사항은 급전계통의 전압강하이다. 열차가 주행하는 데 충분한 성능을 보장하기 위하여 전차선의 전압이 적정하게 유지되어야 하지만 여러 대의 열차가 운행하는 상황에서는 전압의 변동이 심하게 나타나기 때문에 시뮬레이션을 통하여 변전소의 위치 및 용량, 급전선로의 용량 등의 설계 시에 이를 반영하여야 한다. 또한 열차운행 계획의 변경 시에도 급전계통 측면에서 전력 수요가 용량 범위 내에 있는지, 전압 유지가 가능한지 검토해 보아야 한다.

④ 급전시뮬레이션 흐름도

다음 그림은 급전계통 시뮬레이션 과정을 설명하고 있다. 우선 검토 대상 선로에 투입될 열차의 종류 및 그 운행 패턴을 설정하여 각각에 대한 열차주행 시뮬레이션을 수행하면 운행 구간 내에서 시각별 위치, 속도, 전력소비량 등이 계산된다. 이렇게 계산된 열차 운전곡선을 열차운행 계획에 따라 배열하면 매 순간마다 모든 열차의 위치 및 소비전력이 결정되므로 이를 추출하여 각 변전소마다 공급 구간 내에 있는 열차의 소비전력을 합산하여 변전소 부하를 계산할 수 있고 각 열차 위치에서의 전압을 계산할 수 있다.

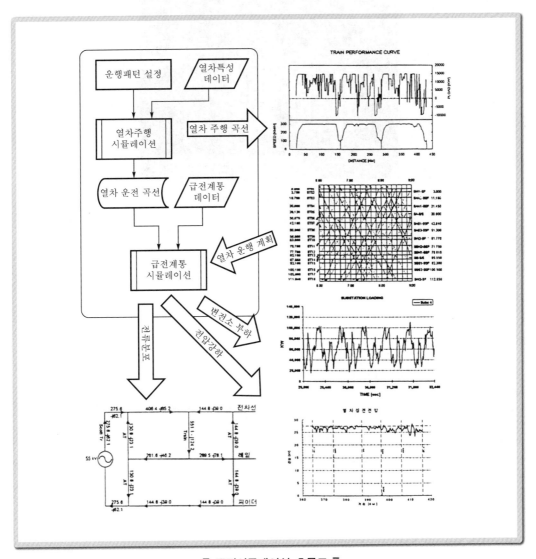

【 급전시뮬레이션 흐름도 】

119

7 교류 급전용 변압기

(1) 개 요

일반적으로 교류 전기철도는 상용주파 단상교류방식이다. 변전소의 3상 전원에서 용량이 큰 단상부하에만 전원을 공급하게 되면 단상부하에 의한 전원 불평형이 발생하므로 이를 경감하기 위하여 스코트(Scott)결선 변압기를 사용하고 있다.

【 스코트결선 주변압기 】

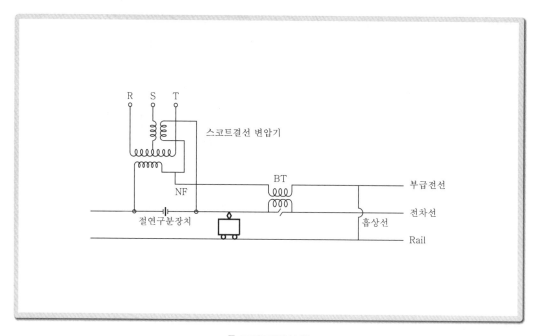

【 BT급전방식 】

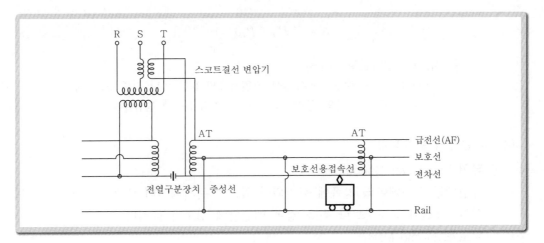

【 AT급전방식 】

(2) 스코트결선 변압기의 원리

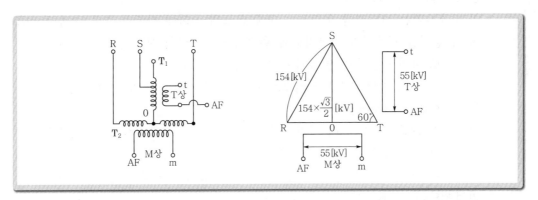

　전철변전소의 스코트결선 변압기는 3상 전력계통에 접속하여 단상전력 2조를 얻어 전차선에 급전하는 방식으로 2조의 단상전력이 같을 경우에는 3상 전원측에 대하여 평형 3상 부하가 된다.

　위 그림에서 2개의 T_1, T_2 단상변압기 중에서 T_1의 1차권선(T좌변압기)의 $\dfrac{\sqrt{3}}{2}$ 되는 점에서 탭 S를 내고, 다른 쪽 단자는 T_2(M좌변압기) 1차측 권선의 중심점에 접속하여 1차측 R, S, T단자에 평형 3상 전압을 공급하면 2차측 t-AF, m-AF 간에 평형 2상전압이 나온다. 여기서 2차측의 M좌측과 T좌측의 위상은 각각 90도의 위상차를 가지고 있다.

(3) 스코트결선의 전압불평형률

　스코트결선 변압기의 전압불평형률은 2시간 부하에 대하여 3[%] 이내로 억제하도록 하고 있으며, 그 계산은 다음에 의한다.

$$K = Z(P_A - P_B) \times 10^{-4} [\%]$$

여기서, K : 전압불평형률[%]

Z : 변전소 수전점에서 3상 전원계통의 10[MVA] 기준 %임피던스

P_A, P_B : 각각의 급전구간 내에서 연속 2시간 평균부하[kVA]

(4) 주 변압기 보호장치

① 유면계(Oil Lever Gauge)

유면계는 콘서베이터 양쪽에 설치되어 있으며 콘서베이터 내부의 유면을 볼 수 있다. 유면이 규정치보다 적을 경우 배전반에 경보가 울린다.

② 온도계(Thermo Meter)

변압기의 온도를 측정하기 위하여 변압기의 전면에 취부되어 있다. 변압기 온도가 규정치 이상일 때는 경보가 울린다.

③ 공기 호흡기(Air Respirator)

공기 호흡기는 변압기를 운전하는 도중 온도의 변화에 따라서 호흡 수축 작용을 할 때 공기를 건조시키는 장치로서 흡습제(Silicagel)를 사용한다. 호흡기는 콘서베이터로 파이프를 통해 연결되어 있고 흡습제(Silicagel)의 성분은 많은 습기가 흡수되었을 때 청색에서 핑크색으로 변하면 새 것으로 교체하여야 한다.

④ 트라포스코프(Trafoscope)

트라포스코프는 절연유 내 전기절연 기구들의 고장을 방지하기 위한 일종의 보호장치이다. 이것은 경미한 고장 시에는 경보기에 의해 알려주고 연속적인 장애로 내부기기의 위험을 줄 경우에는 스위치가 열리며 고장을 방지해 준다.

⑤ 안전변(Safety Valve)

안전변은 콘서베이터 1실 상부에 취부되어 있으며 변압기의 내부가 손상이나 단락이 되어 기체의 압력이 갑자기 팽창되었을 때 즉시 변이 개방되어 압력을 배출시키는 장치이다.

⑥ 콘서베이터(Conservator)

콘서베이터는 대기 중의 산소가 변압기 탱크 속에 들어 있는 기름에 미치는 영향(열화)을 방지하기 위하여 설치되었고 이 콘서베이터 내에 질소가스를 봉압해서 대기와 차폐시킨 것이다.

8 단권변압기(Auto Transformer)

(1) 개 요

AT급전방식에서는 급전선과 전차선과의 사이에 단권변압기를 병렬로 삽입하고 중성

점은 Rail(Impedance Bond) 및 AT보호선에 접속되어 전기차의 부하전류의 귀선회로를 구성한다. 또 통신유도장해를 경감하기 위하여 AT–AT의 중간에서 보호선용 접속선에 의하여 보호선과 레일을 접속하고 있다.

【 단권변압기 】

(2) AT급전방식 급전회로

단권변압기는 전자적인 밀결합으로 설계된 변압기로 이것을 약 10[km] 간격으로 배치한다.

다음 그림에서와 같이 권선의 중앙을 레일에 접속하고 양단자의 어느 한편과 레일과의 사이의 전압을 전기운전에 적합한 전압으로 선정하여 전차선에 급전하고 다른 한 단을 급전선에 접속한다.

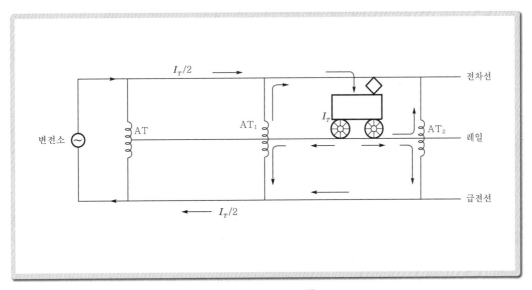

【 AT급전회로도 】

(3) 단권변압기의 용량

다음 그림에서와 같이 권선의 일부를 전원측과 부하측에서 공용하는 변압기를 AT (Auto-Transformer)라 부르는데, 권선 간의 자속 흐름이 없는, 즉 누설임피던스(Z_g)를 무시한 이상 변압기로 생각하면 우선 전기차 부하가 없을 경우, a-c전원단자에 V_1인 전압을 가하면 i_m인 여자전류가 흘러 $i_m(n_1+n_2)$에 비례하는 자속 ϕ_m가 철심 내에 발생하여 a-b, b-c 간에는 n_1, n_2에 비례하여

$$\frac{n_1+n_2}{n_2}=\frac{E_1+E_2}{E_2}=\frac{V_1}{E_2}$$의 관계를 가지는 전압 E_1, E_2가 유기된다.

다음에 a-b 간에 I인 전기차 부하를 접속하면, 이에 대한 $I_1(n_1+n_2)=I_2n_2$ 암페어턴의 관계를 만족하는 전류 I_1이 전원에서 유기된다. 따라서 i_m을 무시하면

전류도 $\dfrac{n_2}{n_1+n_2}=\dfrac{I_1}{I_2}$인 관계를 가지고 있으므로

a-b부분의 변압기 권선에는 전원측과 부하측의 전류차(I_1-I_2)가 흐른다.

이와 같이, 변압기 권선을 제외한 전원측과 부하측의 전압, 전류관계는 일반의 2권선 변압기와 같은 원리이나, 구조적으로 권선을 공용하기 때문에, 같은 부하용량(E_2I_2)의 2권선 변압기에 비해 사용재료가 적고 소형이 되며, 전기적으로 손실이 적으면서, 효율이 좋고 또한 누설임피던스(Z_g)가 적다는 등의 이점을 가지고 있다.

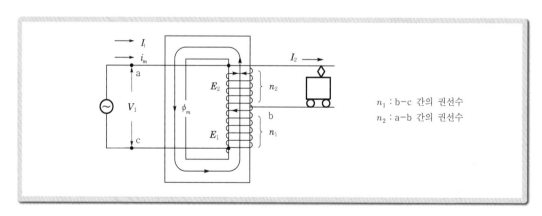

[단권변압기의 기본도]

다만, 전원측과 부하측이 절연되어 있지 않으므로 고압측에 발생한 서지는 그대로 저압측으로 이행하므로, 일반적으로 절연협조의 면에서 사용법에 대해서는 주의를 요한다. 그러나 AT급전회로로 사용할 경우는, 권선 중앙부를 레일에 접속한다. 이른바 중성점 저항접지로 되어 있으므로, 절연협조상은 가장 안정된 사용방법으로 되어 있다.

한편, AT의 용량표시에는 V_1I_1 : 선로용량, $E_2(I_2 - I_1)$: 자기용량의 2종류가 있는데 AT급전방식에 있어서는 자기용량표시를 채용하였다.

다음에 AT구간에 전기차가 존재할 경우의 부하는 전기차 부하 흐름도와 같이 거의 부하를 사이에 둔 AT에 의해, 각 AT에서 부하까지 거리의 역비로 분담된다. 따라서 AT부근에서 전기차가 기동할 경우에는 순시에 큰 기동전류를 분담하게 되므로, AT는 연속정격 외에 국부온도상승에 의한 수명을 고려한 단시간 정격을 규정하고 있다.

또한 AT는 일반적으로 8~10[km] 간격으로 설치되며, 전기차에 병렬로 전력을 공급한다. 따라서 일반적으로 AT부하는 부하율이 나쁘다. 즉 평균출력에 비해서 순시최대출력이 매우 크므로 AT의 자기용량을 산출할 경우, 국부온도 상승에 의한 수명을 고려한 단시간 정격을 기준으로 하는 것이 합리적이다.

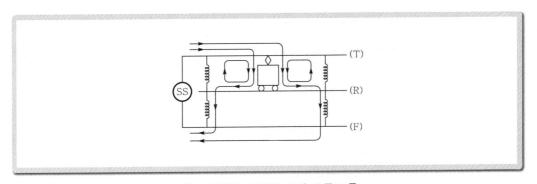

【 AT구간의 전기차 부하 흐름도 】

또한 단시간 출력의 값은 AT직하에서 그 선구에서 운전되는 최대출력의 전기차가 기동했을 때의 출력으로 하고, AT의 단시간 정격은 연속정격의 300[%]이나, 경년 열화 등의 약간의 여유를 보아 250[%]로 하여 자기용량을 산출하는 것이다.

AT의 소요용량은 전기차 운전에 필요한 용량이어야만 하는 것은 당연하나, 용량 선정상 특히 주의해야 할 것은 AT급전방식에서는 전차선로의 전압강하율이 적고 장거리 급전이 가능한 이점을 살리기 위해 이에 협조한 강력한 전원을 필요로 한다.

따라서 전차선로 사고 시 등의 경우는 전원 단락용량이 크고 Z_g가 적은 것이 전기운전에 필요하며, AT에서는 권선에 규정단락전류(정격전류의 25배의 전류) 이상의 과대전류가 흐른다. 이것은 전원 강도와 급전회로 부하의 상호관련에 있어서의 실태 조사결과 AT급전방식의 일반적인 경향이다. 따라서 특히 변전소 근방에 설치하는 AT용량은 물론 전기차 운전에 필요한 용량에 있어서도 동시에 전원의 강도에 협조한 단락강도를 가지는 것이 필요하다.

① 일반개소

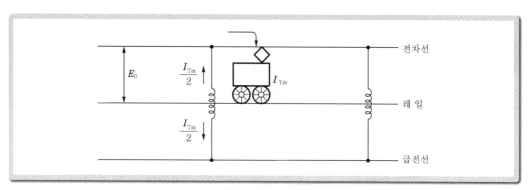

[AT급전회로도]

선구에 운전되는 최대 1편성 전기차 전류의 $\dfrac{I_{Tm}}{2} \times \dfrac{1}{2.5}$ 을 변압기 권선전류로 하고, 자기용량을 산출한다.

$$W \geq E_0 \times \frac{I_{Tm}}{2} \times \frac{1}{2.5} = \frac{1}{5} E_0 \cdot I_{Tm}$$

여기서, W : 단권변압기 자기용량[kVA]

$\quad\quad\quad E_0$: 정격단자전압[kV]

$\quad\quad\quad I_{Tm}$: 선구의 최대 1편성 전기차 전류[A]

$\quad\quad\quad \dfrac{I_{Tm}}{2}$: AT권선 순시최대전류

② 변전소 부근

전차선 단락사고 시의 단권변압기 권선전류를 산출하여 그 1/25을 단권변압기 권선의 연속정격전류로 하고 자기용량을 산출한다.

$$W \geq \frac{E_0 \cdot I_S}{2 \times 25} = \frac{1}{50} E_0 \cdot I_S$$

여기서, W : 단권변압기 자기용량[kVA]

$\quad\quad\quad E_0$: AT정격 단자전압[kV]

$\quad\quad\quad I_S$: 사고점 전류(전차선 전압환산)[A]

$$I_S = \frac{E_0}{Z_S + Z_T + Z_l}$$

여기서, Z_S : 전차선 전압환산, 단상 환산 전원측 임피던스

$$Z_S = 2 \times \frac{(E_0)^2 \times 10 \times \% Z_S}{10,000} \ [\Omega]$$

여기서, $\% Z_S$: 전원 %임피던스(10,000[kVA] 기준/상[%])

$$Z_T = 2 \times \frac{(E_0)^2 \times 10 \times \% Z_T}{P_r} [\Omega]$$

여기서, P_r : 급전용 변압기 용량[kVA]

Z_1 : 변전소에서 사고점까지의 전차선로 임피던스[Ω /km]

Z_T : 전차선 전압환산, 급전용 변압기 임피던스

참고 단권변압기 용량 계산 예

1. 일반개소

$E_0 = 27.5[\text{kV}], \ I_{Tm} = 300[\text{A}]$

$W = \dfrac{1}{5} \times 27.5 \times 300 = 1,650[\text{kVA}], \ 1,650[\text{kVA}] + \alpha = 2,000[\text{kVA}]$

2. 변전소 근방(변전소에서 2[km]의 부근)

$E_0 = 27.5[\text{kV}]$

$I_s = \dfrac{27,500}{Z_s + Z_T + Z_l} = \dfrac{27,500}{0.2176 + j9.954} = 2,762[\text{A}]$

$Z_s = 2 \times \dfrac{E_0^{\ 2} \times 10 \times \% Z_s}{10,000}$

여기서, $\% Z_s$: 전원 %임피던스(10,000[kVA] 기준)/상

$Z_T = \dfrac{E_0^{\ 2} \times 10 \times \% Z_T}{P_r}$

여기서, $\% Z_T$: 변압기 %임피던스(P_r[kVA] 기준)

P_r : 급전용 변압기 용량[kVA]

Z_l : 변전소로부터 사고점까지의 전차선로 임피던스

$Z_S = j2 \times \dfrac{(27.5)^2 \times 10 \times 1.3}{10,000} = j1.966$

$Z_T = j\dfrac{(27.5)^2 \times 10 \times 10}{10,000} = j7.562$

$Z_l = 2[\text{km}] \times (0.1088 + j0.2130) = 0.2176 + j0.4260$

$W = \dfrac{1}{50} \times 27.5 \times 2,762 = 1,519[\text{kVA}]$

$1,519[\text{kVA}] + \alpha = 2,000[\text{kVA}]$

(4) 단권변압기의 설치간격

AT의 설치간격은 통신유도 경감 대책면에서 정해져야 하며, 전철화계획 당시는 종래의 경험 등에서 미리 타당한 설치간격을 산정해 두어, 계획 전체의 구상을 파악할 필요가 있다. 그래서 전자계산기에 의한 정밀한 회로해석과 운행선에 있어서의 시험결과에 의한 종합검토 결과에 근거한 유도예측 계산법과 과거의 실적 등에 의해 급전구간에서 발생하는 전 Amp-km에 대해서 통신유도 경감효과를 얻는 AT의 설치간격은 10[km]를 표준으로 하였다.

9 가스절연 개폐장치(GIS)

(1) 개 요

전력 수요증가에 따라 최근의 변전소는 점차 고전압화 되고 있는 추세이며 대도시 주변이나 도심지에 위치하게 되므로 변전소의 용지 구입이 점차 곤란해지고 있다.

또한 염해, 먼지 등에 의한 절연물의 오손, 소음공해, 안정성 등의 문제를 해소하기 위해 충전부를 접지된 탱크 내에 내장하고 절연내력이 우수한 SF_6가스를 이용하여 절연이격거리를 대폭 축소시킨 개폐장치를 가스절연 개폐장치(Gas Insulated Switch Gear)라 한다.

【 가스절연 개폐장치 】

(2) GIS에 내장되는 기기

GIS의 탱크 내에 내장되는 기기는 차단기, 모선, 단로기, 접지개폐기, 피뢰기, 계기용 변압기, 계기용 변류기 등이며 지중 케이블인 경우 Cable Sealing End, 가공선로인 경우 Air Bushing 등이 GIS에 내장된다.

(3) GIS에 사용되는 SF₆가스의 특징

① 물리적·화학적 특성

㉠ 열전달성이 뛰어나다(공기의 약 1.6배).

㉡ 화학적으로 불활성이므로 매우 안정된 가스이다.

㉢ 무색, 무취, 무해, 불연성의 가스이다.

㉣ 열적 안정성이 뛰어나다(500[℃]까지 분해되지 않음).

② 전기적 특성

㉠ 절연내력이 뛰어나다(공기의 약 2.5~3배).

㉡ 소호성능이 뛰어나다.

㉢ 아크가 안정되어 있다.

㉣ 절연회복이 빠르다.

(4) GIS 차단기의 동작책무 및 차단시간

정격전압[kV]	종 류	정 격	
		표준 동작책무	차단시간
72.5	가스차단기(GIS)	O-0.3초-CO-3분-CO	3 또는 5 사이클
170	가스차단기(GIS)	O-0.3초-CO-3분-CO	3 사이클

* O는 보호계전기와 차단기의 동작시간을 합한 것이며 60사이클을 기준으로 하고 고속도 재폐로 미적용 차단기의 표준 동작책무는 CO-15초-CO로 한다.

(5) GIS의 특징

① 설치면적의 축소

절연내력이 우수한 SF₆가스로 개폐장치를 대폭 축소하였으므로 종전의 변전설비에 비해 설치면적이 약 1/4 정도 축소된다.

② 높은 안정성

모든 충전부는 접지된 탱크 내에 내장되고 SF₆가스로 절연되어 있으므로 감전 및 화재의 위험이 없고 안정성이 대폭 향상된다.

③ 고도의 신뢰성

도전부, 접속부, 절연부 등의 충전부가 전부 가스로 충전된 용기 속에 완전 밀폐되어 있으므로 염해, 먼지 등에 의한 오손이나 강풍, 뇌 등의 외부환경에 영향을 받지 않으므로 신뢰성이 높다.

④ 보수점검의 성력화

절연물, 접촉자 등이 안정성이 높은 SF₆가스 중에 설치되어 있으므로 열화나 마모가 적어 모선이나 단로기 등의 보수가 필요없다.

⑤ 설치기간의 단축

수송 및 포장을 고려하여 가능한 한 각 유니트별로 완전 조립된 상태로 공급하므로 설치가 간편하고 설치기간이 단축된다.

⑥ 저소음

차단기를 포함한 개폐장치 모두가 탱크 속에 완전 밀폐되어 있으므로 조작 중의 소음이 적고 라디오, TV 방해전파를 줄일 수 있다.

10 변전설비의 보호

(1) 보호방식

변전소 등의 설비는 계통 내에서 발생한 사고전류를 확실히 검출하고 차단장치에 의해서 안전 신속하게 차단하기 위해서는 다음에 의하여 보호장치 등을 설비하고, 설비전반의 보호협조를 도모한다.

① 수전설비, 모선 및 주변압기 보호

㉠ 주보호

수전설비, 모선 및 급전 주변압기 1차와 2차 간의 기기 및 주회로의 보호는 과전류, 단락 계전방식으로 한다.

㉡ 후비보호

지락, 단락 및 급전 주변압기 과부하는 과전류 계전방식으로 한다.

② 급전모선보호

㉠ 단락보호

급전측 거리 계전기와의 협조를 도모하는 과전류 계전방식으로 한다.

㉡ 이상 간 혼촉보호

고장 시 이상 간의 전압을 검출하는 방식으로 한다.

③ 급전 회로보호

㉠ 주보호

급전회로의 단락, 지락은 거리 계전방식으로 하고, 부하의 영향을 고려한 계전기를 설비한다.

㉡ 후비보호

단락을 대상으로 주보호와 동일 특성의 계전기를 변전소에 설비한다.

㉢ 케이블 구간의 보호

급전회로의 케이블 보호는 과전류 계전방식 또는 비율차동 계전방식으로 한다.

㉣ 재폐로

급전회로에 발생하는 고장에 대해서 재폐로를 실행한다. 단, 케이블 고장의 경우는 재폐로는 실행하지 않는다.

④ 계통의 보호범위

각 계통의 보호범위는 다음 그림과 같이 겹치게 한다.

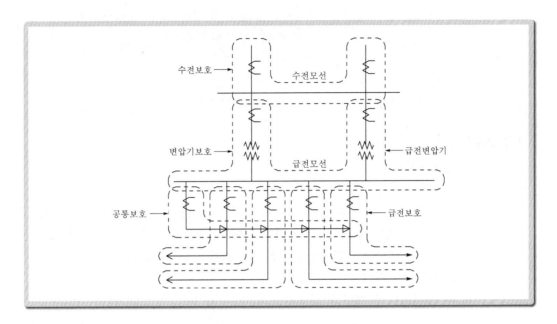

⑤ 변압기 내부고장 보호방식

㉠ 개 요

변압기의 내부고장을 검출하는 방법으로 비율차동계전기(87T)가 사용되며, 87T의 원리는 다음 그림과 같다.

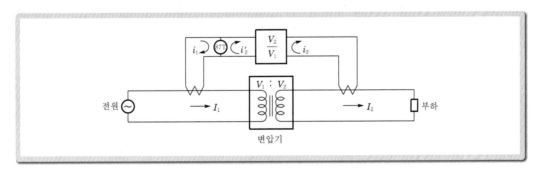

[전류비 차동형 계전방식의 원리]

㉡ 동작원리

보호할 변압기의 전원측과 부하측에 CT를 삽입하여 양자의 전류가 대략 같은 경우는 정상 또는 외부고장이고, 전원측의 전류가 크고 부하측의 전류가 적

131

으면 내부고장으로 판단하여 내부고장일 때만 고속검출하여 전로에서 차단하는 보호방식이다.

$$I_2 = I_1 \cdot \frac{V_1}{V_2}\,[\mathrm{A}]$$

여기서, I_1 : 전원측 전류[A], I_2 : 부하측 전류[A]
V_1 : 전원측 전압[V], V_2 : 부하측 전압[V]

(2) 보호계전기

① 거리계전기(44F)

㉠ 개 요

거리계전기는 고장점의 거리를 그때의 전압, 전류를 계측하여 정정값 이내일 때 동작하여 차단기를 개방하는 계전기이다. 교류 급전회로는 일반적으로 단독급전을 수행하며, 선로 임피던스는 선로길이에 비례한다.

㉡ 거리계전기의 원리

교류 급전회로의 저항과 리액턴스의 비는 약 1 : 3 정도로 리액턴스분이 크다. 거리계전기가 설치되어 있는 변전소에서 급전구분소, 인접변전소까지의 각각의 임피던스는 그림의 B점(r_1, x_1), C점($r_1 + r_2$, $x_1 + x_2$)으로 나타내어진다. 고장이 발생하였을 경우는 고장점 저항이 합해지므로 그림의 A′(r_0, 0), B′($r_1 + r_0$, x_1), C′($r_1 + r_2 + r_0$, $x_1 + x_2$)로 표현된다.

고장점을 포함하여 거리계전기의 정정을 점선과 같이 설정하면 고장영역과 부하영역을 명확히 구분할 수 있고 고장과 부하의 영역을 임피던스 곱으로 선택하기 때문에 임피던스 계전기라고도 한다.

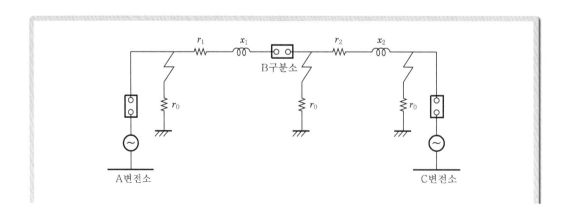

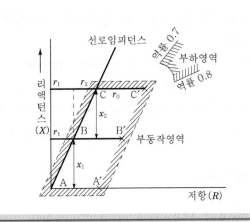

ⓒ 거리계전기의 정정

거리계전기의 탭 정정개소는 리액턴스분의 정정(X탭)과 부하분의 정정(R탭)의 두 가지가 있다.

· X탭 정정

$$\text{보호대상구간의 리액턴스분} \times \frac{\text{CT비}}{\text{PT비}}$$

오차를 고려하여 상기의 120[%]를 계전기 동작구역으로 고려하여 그 치(X탭 정정치의 20%)에 가까운 정정치를 선택한다.

· R탭 정정

$$\frac{\text{계통전압} \times 80[\%]}{\text{최대부하전류}} \times \frac{\text{CT비}}{\text{PT비}}$$

· 계전기에서 보는 옴(Ω)치

$$\text{계통의 옴치} \times \frac{\text{CT비}}{\text{PT비}}$$

② **고장선택 계전기(50F)**

부하전류 변화분과 고장전류 변화분의 차이에 의해 장애를 검출하는 계전기로 거리계전기의 후비보호용으로 사용된다. 교류 급전회로에서 거리계전기로 선택이 곤란한 고저항의 접지고장이나 연장급전 시 거리계전기로서 보호되지 않는 접지고장 등을 검출하기 위해 거리계전기의 후비보호로 사용된다.

③ **과전류 계전기(51F)**

과전류에 의해 동작하는 일반적인 계전기로서 저항이 큰 장애 검출을 위한 경우와 급전거리가 비교적 짧은 선로(역구내, 차량기지 등)의 후비보호로서 사용되고 있다.

④ 재폐로 계전기(79F)

교류 전차선로에 수목이나 조류 등의 외부 접촉이나 애자섬락 등에 의해 순간 지락 또는 단락고장이 발생하면 차단기가 회로를 자동으로 차단한다. 재폐로 계전기는 지락, 단락 등의 사고에 의하여 차단기가 자동 차단되면 동시에 동작을 개시하여 일정시간 후 차단기를 재투입하며 재폐로 시간은 보통 0.4~0.5초로 설정하고 있다.

⑤ 고장점 표정장치(Locator)

㉠ 개 요

급전회로에 고장이 발생하였을 때 고장점을 찾는 것은 장애의 조기복구를 위하여 중요하다. 고장점 표정장치는 전차선로에 단락 또는 지락고장이 발생하게 되면 곧 동작하여 고장점까지의 거리를 나타내는 장치이다. 고장점 표정장치는 급전회로 보호계전기인 거리계전기(44F)나 고장 선택계전기(50F)와 조합하여 사용되며 리액턴스 검출방식과 AT흡상전류비 방식이 있다.

㉡ 리액턴스 검출방식

리액턴스 검출방식의 고장점 표정은 변전소에서 고장점까지의 선로 임피던스를 측정하여 고장위치를 파악하는 방법으로 급전회로의 변전소에서 본 단락 임피던스는 거리에 대하여 직선이므로 고장점까지의 임피던스를 계산하여 이미 알고있는 선로 임피던스의 리액턴스분과 비교함으로써 변전소로부터 고장점까지의 거리를 구할 수 있다.

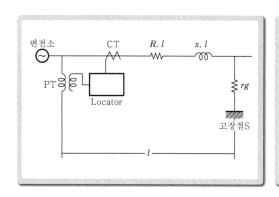
[리액턴스 검출방식 회로 구성도]

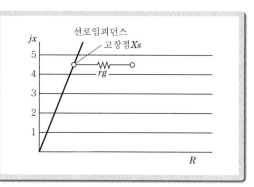
[리액턴스의 검출]

• BT급전방식 임피던스 특성

교류 BT급전방식의 전차선과 부급전선 간 임피던스 특성은 직선으로 나타나고, 전차선과 레일 간 임피던스 특성은 계단상으로 된다.

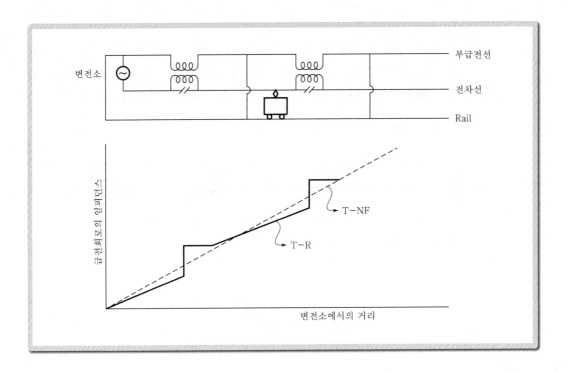

• AT급전방식 임피던스 특성

　교류 AT방식의 전차선과 급전선(AF) 간 임피던스 특성은 직선으로 나타나고 전차선과 레일 간 임피던스는 파형으로 나타난다.

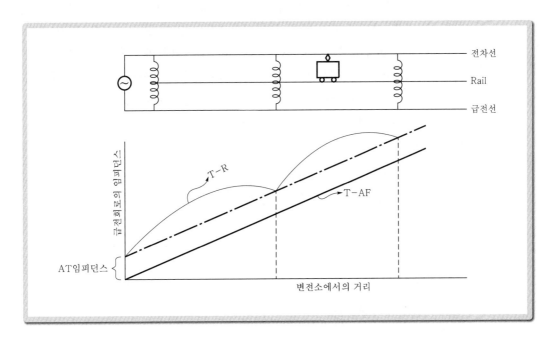

ⓒ 흡상전류비 방식

흡상전류비 고장점 표정방식은 전차선로 사고 시 고장점 양측의 AT중성점 전류가 상승하게 되며, 이 때 양측 AT중성점에 흐르는 전류는 고장점으로 부터의 거리에 반비례하여 상승한다는 점을 이용하여 고장 위치를 찾는다.

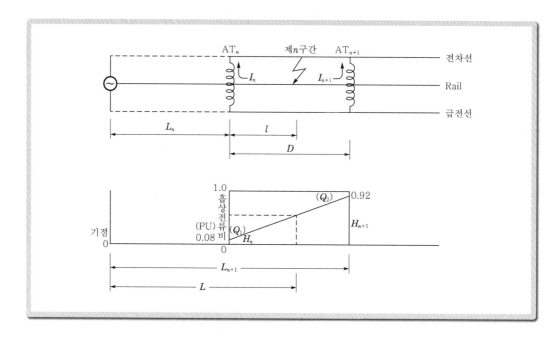

위의 그림과 같이 급전회로 중 제n구간에서 사고가 발생 시 해당회선 전체의 AT흡상전류를 자동적으로 계측하고 이는 Locator 전용 통신선을 통해 중앙제어소(CC)로 전송된다. 이때, AT흡상전류 중 최고치와 다음 최고치인 I_n과 I_{n+1}의 전류비(H_i)를 이용하여 고장 위치를 찾을 수 있으며, 흡상전류비와 고장지점 거리와의 관계는 직선으로 나타나고 이는 선로 임피던스에 영향을 받지 않으므로 고장점 위치가 정확하다.

앞의 그림에서 흡상전류비

$$H_i = \frac{I_{n+1}}{I_n + I_{n+1}}$$

$$100 \times H_i = Q_1 + (100 - Q_1 - Q_2) \times \frac{l}{D}\,[\%] \quad \text{·····················} ⓐ$$

$$l = \frac{D}{100 - Q_1 - Q_2} \times (100 \times H_i - Q_1) \quad \text{·····················} ⓑ$$

따라서, 원점으로부터의 고장거리 L은

$$L = L_n + \frac{L_{n+1} - L_n}{100 - Q_1 - Q_2} \times (100 \times H_i - Q_1) \quad \text{………………} ⓒ$$

여기서, Q_1, Q_2는 AT변압기 누설 임피던스에 대한 상수로 5~15 정도이고 일본 신간선의 경우 6~10[%]를 적용하며 사고 시 오차가 발생 시는 조정한다. 또한 상기 식을 다음과 같이 간략식으로 표현할 수 있다.

$$L = L_n + \frac{H_i - 0.08}{0.84} \times D[km] \quad \text{………………} ⓓ$$

여기서, L : 기점으로부터 고장점까지의 거리[km]

L_n : 기점으로부터 n번째 AT까지의 거리[km]

D : AT_n과 AT_{n+1} 간의 거리[km]

l : AT_n으로부터 고장점까지의 거리[km]

 고장점거리 계산 예

1. 조 건
   - $L_n = 0[km]$
   - Q_1, $Q_2 = 8[\%]$
   - $I_n = 6[kA]$
   - $I_{n+1} = 4[kA]$
2. 고장점거리

   $D = L_{n+1} - L_n = 12[km]$

   $$L = \frac{12}{100 - 8 - 8}\left(100 \times \frac{4}{6+4} - 8\right) = \frac{12}{84}\left(\frac{400}{10} - 8\right) = 4.57[km]$$

ⓔ 흡상전류비 방식과 임피던스 방식의 비교

구 분	흡상전류비 방식	임피던스 방식
동작원리	인접AT 간 중성점 전류를 계산하여 고장지점 파악	변전소에서 고장점까지의 선로 리액턴스를 측정하여 고장지점 계산
설치개소	AT 설치위치	변전소
적용개소	AT급전선로	BT급전선로
경제성	고 가	저 가
장단점	• 고장점 위치 정확히 파악 • 선로 임피던스와 무관 • 시설비가 고가	• 역구내 측선, 상하타이운전, 선형변경 등에 따라 선로 리액턴스값이 변화하므로 고장거리가 부정확 • 시설비가 저가 • BT방식에 유리

137

　　㉤ 고장점 표정장치의 경향 및 운용상의 유의사항
　　　• 최근경향
　　　　고장점 표정장치는 종래 AT급전방식 및 BT급전방식에서 임피던스 계전방식을 사용하고 있으나, 선로의 증설 등으로 인하여 리액턴스 값이 변화되고 선형변경의 여건에 따라 고장거리가 부정확하게 나타난다. 이를 보완하기 위하여 AT급전방식에서 개발된 것이 흡상전류비 방식이며 AT가 설치된 변전소, 구분소 및 보조 구분소의 중성선 전류를 측정 비교하여 고장점까지의 거리를 정확하게 파악할 수 있는 원리를 이용한 것으로 최근에는 AT급전방식에서 흡상전류비 방식을 채택하고 있다.

　　　• 운용상의 유의사항
　　　　– 상·하선의 판별
　　　　　AT급전회로는 복잡한 구성이므로 흡상전류비는 상·하 AT의 흡상전류를 합성한 비를 구하고 있다.
　　　　　그러므로 상·하선 고장회선의 결정은 상·하 AT의 흡상전류의 크기를 비교하는 것이 아니고, 당해 구간의 보호계전기의 동작에 의하여 판단함이 정확하다.
　　　　– 전차선–급전선의 단락
　　　　　전차선–급전선 또는 조가선이 단락될 경우 흡상전류비 방식으로는 단락 지점을 표정할 수 없으며 이때는 고장점 표정부 거리계전기(44)로 단락 위치를 확인하여야 한다.
　　　　– AT 중성점 CT의 오차범위는 1,000/5[A]에서 0.5[%] 10,000/5에서는 5[%] 이내로 하여야 한다.

⑥ 비율차동계전기
　　㉠ 개 요
　　　비율차동계전기는 변압기의 내부고장 검출용으로 정상적으로 운전 중인 변압기는 1차 전류와 2차 전류를 변압기 권선비로 나눈 전류의 값이 같아야 하는데 변압기 1차 및 2차 전류의 비가 권선비와 다르면 변압기 내부고장이므로 이들 1차와 2차의 전류차에 비례하여 동작하는 계전기를 비율차동계전기라 한다.
　　㉡ 비율차동계전기의 보호
　　　비율차동계전기는 변압기에 대하여 주보호계전기가 되며 이 계전기는 상간의 단락 또는 지락사고를 보호한다. 그러나 같은 상의 권선 간 사고, 즉 과부하 등은 보호되지 않는다. 전철변전소의 주변압기는 스코트(Scott)결선 변압기이므로 M상과 T상을 따로따로 단상 차동보호계전기로 보호하여야 한다.

ⓒ 스코트결선 변압기 비율차동 보호 결선도

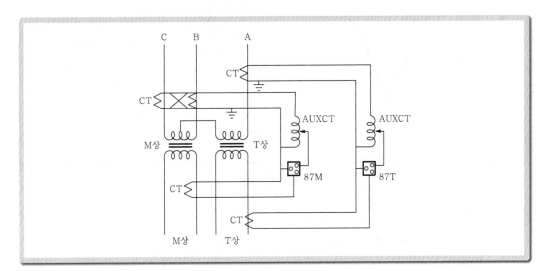

11 차단기

(1) 개 요

교류차단기는 전력의 송전차단을 위한 개폐기로서 사용되고 또한 송·배전 선로나 변전소 기기 등의 고장 시에 그 사고전류를 차단하기 위하여 사용되는 기기로서 회로를 선택하여 개폐하는 것이므로 동작횟수 등이 한정된다.

즉, 차단기는 보통의 부하전류를 개폐함과 동시에 이상상태 발생 시에 신속히 회로를 차단하고, 회로에 접속된 전기기기, 전선류를 보호하고 안전하게 유지하는 목적으로 사용된다.

(2) 차단기의 원리

교류회로의 전류차단은 전압 전류가 반사이클마다 반드시 영점을 통과하기 때문에 직류차단기의 전류차단에 비하여 용이하다. 차단기의 차단이 개시되어 차단기의 양극간에 아크가 발생하지만 개극 중에 전류가 영점을 통과할 때 일순 아크가 소멸된다.

차단의 성패는 그때 극간의 절연내력이 극간에 가해지고 있는 전압에 견디느냐 그렇지 않느냐에 달려 있다.

역률이 "1"일 때는 전류와 전압이 동상이고 아크가 소멸한 순간에 극간에 전압은 "0"이 되며 비교적 차단은 용이하지만 통상적으로 전력은 늦은 역률이 되며 차단의 조건은 까다로워진다.

또한 빠른 역률회로에서는 아크가 소멸한 순간이 극간에 상용주파수의 전압이 가장 높이 올라가며 차단기의 책무는 대단히 어렵게 된다.

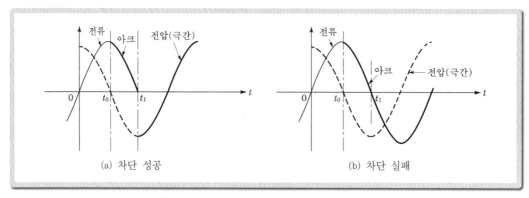

(a) 차단 성공   (b) 차단 실패

【 교류차단기의 차단원리 】

위 그림에서 차단원리를 설명하면 다음과 같다.
① 시간 t_0에서 차단기의 접점이 개극하기 시작하여 극간에 아크전류가 흐르기 시작한다.
② 아크는 시간 $t_0 \sim t_1$ 간에 발생하고 있지만 t_1에서 전류가 "0"이 되기 때문에 일순 소멸된다.
③ 극간의 절연내력이 상용주파의 전압보다 좋으면 차단은 성공하여 그림 (a)와 같이 되고 그 이하의 전류는 흐르지 않는다.
④ 극간의 절연회복이 불충분하고 상용주파의 전압쪽이 극간의 절연내력보다 좋으면 아크는 재차 흐르기 시작하여 그림 (b)와 같이 차단은 실패한 것으로 된다.

(3) 차단의 재점호

차단기의 실제의 차단현상은 1사이클의 전류 영점에서 차단의 극간거리가 충분히 열려있지 않고 절연이 파괴되어 재차 아크가 발생하는 현상을 재점호라 한다.

이것을 수사이클 반복해 극간거리가 충분해지고 절연내력이 극간에 걸리는 전압에 충분히 견디게 되면 재점호는 하지 않고 차단은 성공한다.

교류차단기의 차단시간은 5사이클 정도이다.

(4) 차단기의 종류

차단기의 종류는 아크의 소호재 소호방법에 의해 분류되며 교류 전철변전소에 사용되는 차단기는 유입차단기, 진공차단기, 가스차단기 등이 사용된다.
① 유입차단기(OCB)
유입차단기는 절연유를 소호매질로 사용하는 것으로 탱크형 유입차단기와 소유량형 유입차단기(MOCB)의 두종류가 있다.
탱크형이라 함은 철제 탱크 내부의 절연유 중에서 소호를 시키는 것이며, 소유량형은 탱크 대신에 자기의 애관을 사용한 것이다.

② 진공차단기(VCB)

진공차단기는 진공에서의 높은 절연내력과 소호작용을 이용한 차단기이다. 고진공에 있어 아크에 의한 전극의 금속증기의 방전을 고속으로 확산하여 소호하기 때문에 전류의 차단 및 절연의 회복이 급속히 이루어진다.

진공차단기는 차단부에 끼워진 진공밸브와 그것을 지지하는 절연물 및 조작기구로서 구성되어 있다.

진공밸브는 유리 또는 세라믹으로 제작되어 있는 진공도가 높은 $(10^{-6} \sim 10^{-7}[\text{mmHg}])$ 밸브에 전극을 삽입하고 한쪽은 외부에서 금속 벨로스(Bellows)를 넣어 구동할 수 있도록 하였다.

③ 가스차단기(GCB)

가스차단기는 절연성 및 아크소호력이 뛰어난 6불화유황가스(SF_6가스)가 단일압력 소호실에 5[kg/cm^2] 정도의 압력이 봉인되어 차단동작 시 파워 실린더의 동작에 의해 압축된 SF_6가스를 파워 노즐(Nozzle)로부터 아크에 불어 넣어 소호한다. 차단 후에는 고절연의 SF_6가스에 의해 극간의 절연이 유지된다.

(5) 차단기의 특성비교

구 분	MOCB	GCB	VCB
구 조	소형이며 간단	보 통	극소형이며 간단
소 호	OCB와 같은 냉각소호효과 외에 가동 접촉자와의 동작에 의한 소호실 내 체적 변화분 만큼의 절연유를 강제적으로 소호실 내에 유입시킴으로써 아크의 소호능력을 높인다.	불활성 가스인 SF_6 가스는 3기압으로 압축하면 절연유 정도의 절연내력을 가지며 400~5,000[K]에서 전기전도가 급격히 증가함에 따라 SF_6 중에서 차단하면 아크의 바깥쪽은 온도가 낮아지고 전류는 아크중심에 집중하여 전류는 영점부근에서 극히 적어서 절연내력을 회복차단 완료한다.	진공에서의 높은 절연내력과 아크 생성물을 진공 중으로 급속한 확산을 이용하여 소호한다.
장 점	OCB에 비해 절연유가 적게 들고 화재 위험성이 적고, 보수가 간단하고 설치면적이 적다.	• 차단용량이 크고 개폐수명이 길다. • 소음공해가 없다. • 개폐서지가 거의 없다. • 화재위험이 없다. • 설치공간이 적다.	• 차단용량이 크고, 개폐수명이 길다. • 소음공해가 없다. • 화재위험성이 적다. • 보수가 용이하다. • 국산제품이 많이 생산된다. • 설치공간이 적다.
단 점	• 차단소음이 약간 있다. • 화재위험성이 약간 있다.	고가이다.	개폐서지가 발생되나 Surge Absorber로 간단히 제거된다.

(6) 차단기의 최근 경향

차단기는 회로의 사고 시에 고장전류를 개방하여 주요기기 등을 보호하는 중요한 역할을 담당하며, 전철개통 초기에 유입차단기를 사용하였으나 현재는 거의 사용되지 않고 있다. 가스차단기는 SF_6가스가 물리적, 화학적, 전기적으로 매우 우수한 성질을 가지고 있어 교류 급전계통에서는 가스차단기를 대부분 사용하고 있는 추세이다. 진공차단기는 소형 경량이고 구조가 간단하며, 보수 등이 용이한 장점을 가지고 있으나 동작 시 높은 서지전압을 발생시키는 결점이 있다. 최근에는 GIS탱크 내에 차단기를 내장하여 사용하고 있다.

12 R-C 뱅크 및 AC 필터

(1) 개 요

전력용 반도체 소자의 고압화, 대용량화에 따라 전력변환기 용량이 커지고 효율도 높아 그 적용 범위가 전력계통과 산업분야에서 상당한 증가 추세를 보이고 있으나 반도체 전력변환기의 보급으로 인한 고조파 전류의 발생량이 증가하여 이 고조파 전류로 인하여 발생되는 전력계통의 전압 왜형(歪形)이 동일계통에 연결된 기기에 심각한 영향을 미치고 있으며 이로 인한 전력기기의 경년 열화와 사고 발생이 예상되므로 전철급전선로에서 발생되는 고조파 대책이 요구된다.

차량 자체에서 고조파를 최대한 억제하고 있으나 실제 차량운행 시 고조파가 규제치(154[kV]에서는 1.5[%] 이하)를 초과할 경우 지상설비로서 고조파를 규제치 이하로 저감시킬 목적으로 R-C 뱅크나 AC 필터를 설치한다.

(2) R-C 뱅크

교류구간에서는 전원을 포함한 선로의 유도성 리액턴스와 선간의 용량성 리액턴스에 의해 공진특성을 갖고 있으며 이 공진주파수는 급전선로의 길이가 길어지면 저조파에서 공진한다. 차량에서 발생한 고조파량은 공진현상에 의해 확대되어 고조파 전류가 커져 통신선 유도장해를 일으키며 고조파 함유량을 증가시킨다. R-C뱅크는 이와 같이 급전회로의 길이가 긴 선로에서 선로의 공진현상을 억제하는 장치이다.

(3) AC 필터

① 수동필터(Passive Filter)

전기차에서 발생한 고조파 전류는 계통의 각 회로 임피던스에 반비례하여 나뉘어 흐른다. 따라서 차량부하에 되도록 가까이 작은 임피던스를 구성하는 필터를 설치하여 고조파가 흡수되도록 할 수 있다. 종전부터 널리 사용되는 것이 L-C형 교류필터이다.

㉠ 동조필터(Band-pass Filter)

동조필터는 특정한 주파수 영역에서의 고조파를 제거하기 위한 장치로 커패시터와 리액터를 직렬로 구성한다. 넓은 영역을 필요로 할 경우 직렬로 저항을 연결하여 사용하며 그 구성회로는 다음 그림과 같다. 동조필터는 국내에는 비교적 최근에 건설된 전철변전소에 3, 5, 7차 고조파 제거용으로 사용되고 있다.

그 임피던스는 $Z = R + j\left(\omega L - \dfrac{1}{\omega C}\right)$로 표시되고, 제거하기 위한 주파수(공진주파수)에서는 $Z = R$이 된다.

이 경우 $\omega_n L - \dfrac{1}{\omega_n C} = 0$이 되고

공진주파수(ω_n)는 $\omega_n = \dfrac{1}{\sqrt{LC}}$이 된다.

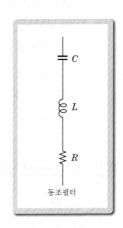

[동조필터]

㉡ 고역필터(High-pass Filter)

고역필터는 저주파수 대역에서의 고조파를 제거시키고 고주파수 대역에서의 고조파를 통과시키기 위하여 사용된다. 고역필터는 보통 다음 그림과 같이 1차, 2차, 3차 및 C형으로 나뉘며, 온도의 변화 및 주파수의 변화에 민감하지 않고, 넓은 주파수 영역에서 작은 임피던스를 제공한다. 1차형 고역필터는 대용량의 커패시터를 필요로 하며 기본주파수에서 과다한 손실이 일어나기 때문에 자주 사용되지 않지만 일본 전기철도에서 주로 사용되는 필터이고 국내는 초창기 산업선에 설치하였다. 2차형 고역필터는 필터 성능은 아주 우수하나 3차형에 비해 저주파 영역에서 필터의 손실이 큰 단점이 있다.

3차형 고역필터는 C_2를 저항과 직렬로 삽입하여 2차형 고역필터의 단점을 보완하였다. C형 고역필터는 C_2와 L이 기본 주파수에서 직렬공진하기 때문에 기본주파수 손실이 매우 낮다.

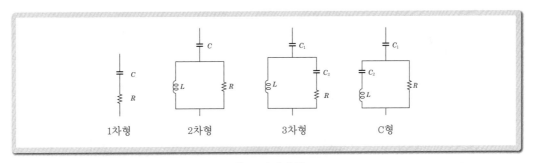

[고역필터]

143

② 능동필터(Active Filter)

능동필터는 발생된 고조파 전류를 측정하여 고조파가 포함되어 있지 않은 전류로 만들기 위한 전력변환장치로 구성된 고조파 보상장치이다. 이 전력보상장치는 IGBT(Insulated Gate Bipolar Transistor) 등의 자기 소호형 전력용 소자를 사용하여 PWM(Pulse Width Modulation) 제어를 수행하는 것으로 고조파 장해를 억제하는 수단으로 가장 주목받고 있다.

13 교류전철 급전구분소(SP)

(1) 개 요

급전구분소(Sectioning Post)는 전철급전 계통의 구분, 연장급전을 하기 위하여 변전소간의 중간에 구분소를 설치하고 차단기, 단로기 및 단권변압기 등을 시설한다.

(2) SP의 설치목적

교류전철변전소에서 전기차에 공급하는 교류전기는 위상차와 전위차 등의 문제점이 있어 동일 급전구간에 인접한 변전소로부터 병렬급전은 수행하지 않고 있다. 따라서 변전소와 변전소 중간에 SP를 설치하고 평상시에는 SP의 차단기는 개방해 두고 2개소의 변전소에서 SP차단기까지 양방향으로 급전하고 있다. 작업 또는 고장으로 인하여 1개소의 변전소가 급전을 정지하는 경우에는 SP의 차단기를 투입하여 다른 변전소로부터 연장급전을 하여 열차 운전에 지장을 주지 않는 목적으로 사용한다.

(3) SP의 급전계통도

SP의 앞에는 전차선에 절연구분장치(Neutral Section)를 설치하며 SP에는 단로기, 차단기 및 단권변압기, 피뢰기를 설치하고 있다. SP의 차단기는 상시 개방되어 있고, 연장급전 시 차단기를 투입하는 기능을 수행하며 급전계통도는 다음과 같다.

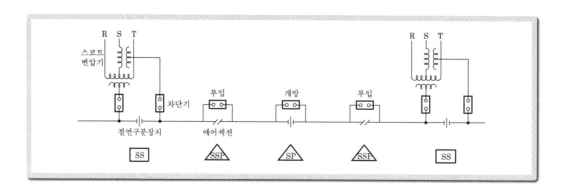

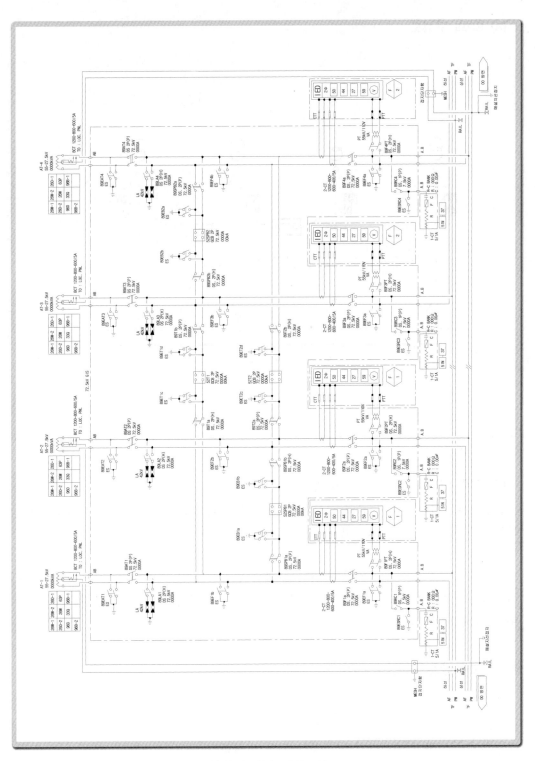

【 급전구분소 결선도 】

(4) SP의 구성도

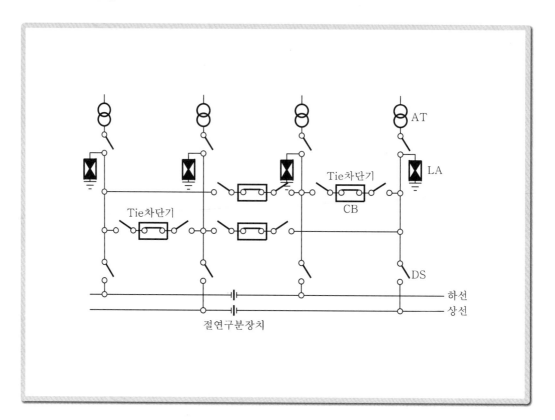

(5) 직류 SP와 교류 SP의 차이점

급전구분소의 역할은 직류와 교류가 다르며 직류 급전구분소는 평상시 전압강하 보상 목적으로 병렬급전을 시행하고 사고 시 회로를 구분하여 사고구간을 단축하는 역할을 한다.

교류 급전구분소는 위상차와 전위차 문제로 병렬 급전은 시행하지 않고 양 변전소에서 급전구분소까지 양방향 급전을 시행하고 있으므로 1개 변전소 고장 시 인근 변전소로부터 연장급전을 목적으로 한다.

14 보조급전구분소(SSP)

(1) 개 요

보조급전구분소(Sub Sectioning Post)라 함은 작업 시 또는 사고 시에 정전구간을 한정구분하기 위하여 개폐장치를 설치한 곳을 말한다.

(2) SSP의 설치목적

교류전철구간에서는 변전소 간격이 비교적 크기 때문에 중간에 SP를 설치하여도 변전소와 SP 간에 거리가 멀어 전차선 보수작업 시 또는 사고 시 정전구간이 길게 되어 변전소와 SP 간에 구분개소를 더 설치하여 정전구간을 축소하고 작업 및 열차운행에 효과를 기할 수 있는 목적으로 보조급전구분소를 설치한다.

(3) SSP 급전계통도

SSP 앞에는 전차선에 에어섹션을 설치하고 SSP에는 단로기와 차단기, 단권변압기, 피뢰기를 설치하며 이 차단기는 상시 투입되어 있고 사고발생 시나 작업할 경우에 개방한다.

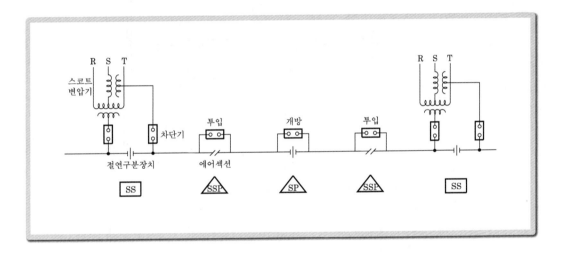

(4) SSP 구성도

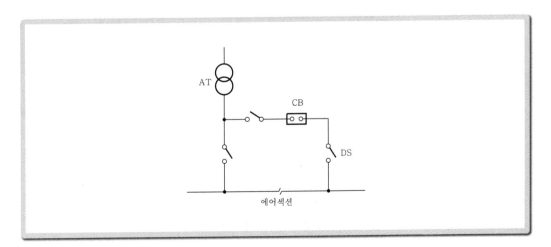

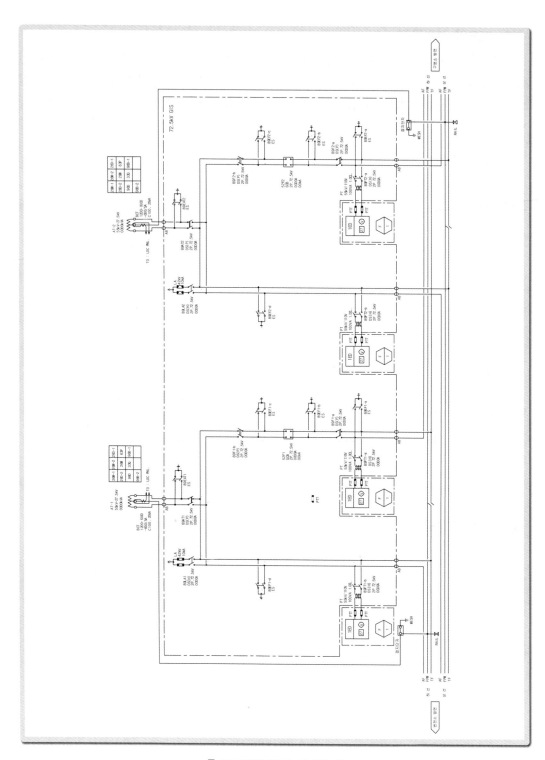

【 보조급전구분소 결선도 】

15 단말보조급전구분소(ATP)

(1) 개 요

① 교류 AT급전방식에서 전차선로의 전압강하 보상과 통신유도장해 감소를 위하여 급전구간 말단에 단권변압기를 설치하는 곳을 ATP(Auto Transformer Post)라 한다.

② ATP는 상·하선 타이(Tie) 차단기를 설치한다.

(2) ATP 구성도

ATP의 구성은 단권변압기, 단로기, 차단기, 피뢰기를 시설하며 그 구성도는 다음과 같다.

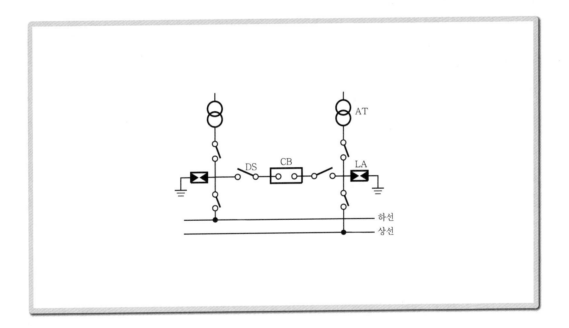

149

(3) ATP 결선도

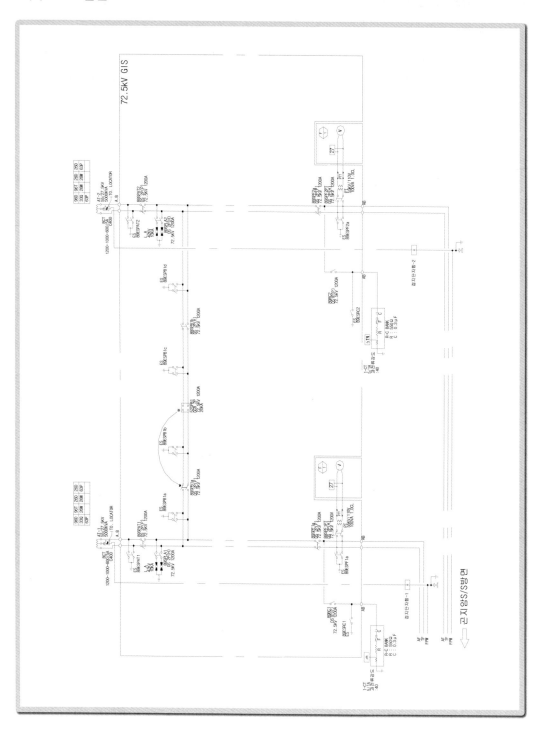

16 병렬급전소(PP)

(1) 개 요

① 병렬급전소(PP ; Parall Post)는 전압강하의 보상대책으로 전차선 상·하선을 병렬로 연결하기 위하여 개폐설비를 설치한 장소이며 전차선에 구분장치를 설치하지 않고 단권변압기와 상·하선 타이(Tie) 차단기를 설치한다.

② 병렬급전의 특징은 역간 거리가 길어지므로 고속운전에 적합한 급전방식이다.

(2) PP의 구성도

PP의 구성은 단권변압기, 단로기, 차단기, 피뢰기 등을 시설하며 그 구성도는 다음과 같다.

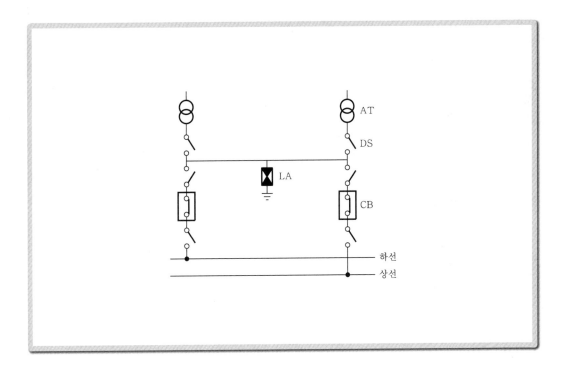

(3) PP의 결선도

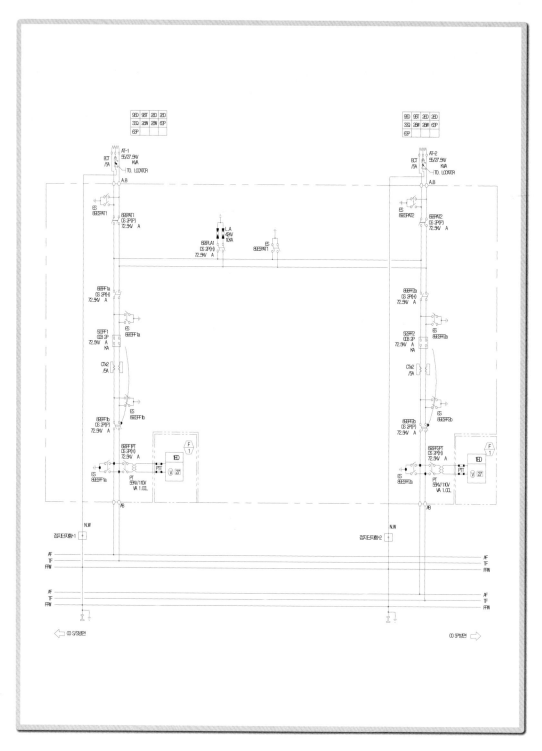

MEMO

전기철도공학

전차선로

Chapter 03 전차선로

01 전차선로의 개요

1 전차선로의 특징

전차선로는 수송용 동력을 전달하는 전기설비로 신뢰도가 높고 공공성이 강한 설비로서 일반 전력용 전선로와는 그 구조, 기능면에서 다르며 그 주요특징은 다음과 같다.

① 전기차의 운전에 의해 부하점이 이동하며 또한 그 부하는 급격한 변동을 수반한다.
② 전기차의 집전장치와 전차선은 전기적으로 불완전한 접촉상태이다.
③ 선로의 일부이므로 철도선로 구조물(터널, 교량, 역사 등)에 의하여 설비상의 제한을 받는다.
④ 레일을 귀선으로 하고 있는 일선접지의 전기회로이다.
⑤ 예비선로를 갖기 힘들다.

2 전차선로의 구비조건

전차선로 설비의 기능을 다하기 위한 요건은 경제적이며 시설물의 신뢰도가 높고 보전상 사람의 손이 자주가지 않도록 할 것이며 이를 위해서는 다음 사항이 시행되어야 한다.

① 전기차의 운전속도, 수송량, 시간간격, 편성 등 운전조건에 적합하고 충분한 전류용량에 견디며, 전압강하나 누설전류에 대하여도 충분한 전기적 강도를 가질 것
② 예상되는 천재지변 등의 외력에 대하여 충분한 기계적 강도를 가질 것
③ 설비가 체계화되어 기능적이고 경제적으로 작용하도록 각 부재의 수명협조, 강도협조, 절연협조가 이루어질 것
④ 사고가 다른 구간에 파급되지 않고 또한 유지보수 작업이 용이하게 이루어질 수 있도록 모든 설비가 합리화되어 있을 것
⑤ 여객, 공중에게 피해를 주지 않도록 할 것
⑥ 열차로부터의 전방투시에 지장이 되지 않는 설비구조일 것

3 전차선로의 구성

전차선로의 구성은 다음과 같다.

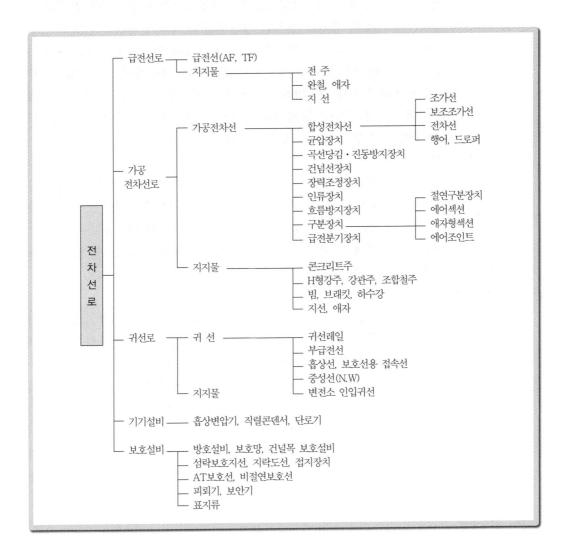

4 전차선로 가선방식

전기차에 전기를 공급하는 전차선의 가선방식에는 전기를 급전하는 방식에 따라 분류하고 있으며, 가선하고자 하는 선로의 조건 등에 따라 전차선을 여러 가지로 조가하는 방식이 있으나 가공전차선의 가선방식은 가공 단선식을 표준으로 하며, 지하구간은 지형조건 및 철도시스템에 따라 적합한 강체방식으로 한다.

157

(1) 가공식

① 가공 단선식

궤도상부에 1조의 가공전차선을 설치하고 전철변전소로부터 전차선에 전원을 급전하며, 전기차는 차량의 상부에 설치된 집전장치에 의해 전차선과 접촉하여 전기차 모터에 전원을 공급하고, 주행레일을 귀로로 하여 전력을 변전소로 귀환하는 방식이다. 가공 단선식은 가장 대표적인 전차선로 가선방식으로 직류, 교류 모두에 널리 사용되고 있다. 이 방식은 귀선로로 레일을 사용하므로 1선 접지의 회로로 되며 대지 누설전류에 의해 직류식에서는 전식을 야기하며, 교류식에서는 통신유도장해를 발생시키므로 대책이 필요하다.

② 가공 복선식

궤도상부에 대지와 전선 상호간에 절연된 2조의 가공전차선을 설치하고 전기차는 2조의 집전장치에 의해서 집전하는 방식이다. 이 방식은 전차선로의 구조가 복잡하며 건설비가 높고 전선 상호간의 절연이 곤란하여 전압을 높일 수가 없으나, 주행레일을 귀선으로 사용하지 않으므로 전식의 발생이 없다. 이 방식은 노면전차 및 무궤조 전차인 트롤리 버스(Trolley Bus) 등에 사용되고 있다.

③ 강체식

전차선로의 가선방식에 있어 지하구간에 적합하도록 개발된 가선방식으로 도시 지하철 구간의 대표적인 방식이다. 일반적으로 커티너리 가공 전차선을 지하구간에 채용하는 것은 협소한 공간에서의 전차선 단선에 따른 안전상 문제와 보수작업이 곤란하고 터널단면이 확대되기 때문에 건설비가 높은 문제점이 있다. 이러한 문제를 해결하기 위하여 도시 지하철 구간에 적합하고 단선의 우려가 없는 새로운 지하구간용 가공식 전차선로 방식으로 개발된 것이 강체식이다. 강체전차선은 전차선을 강체에 완전하게 일체화시켜서 고정한 것으로 터널 등의 천정에 애자를 취부하거나 측면에 브래킷을 취부하고 여기에 강체전차선을 조가하는 방식이다.

(2) 제3궤조식

주행용 레일 외에 궤도 측면에 설치된 급전용 제3레일로부터 전기차에 전기를 공급하고 귀선으로 주행레일을 사용하는 방식이다. 이 방식은 지지구조가 간단하고, 가공설비가 필요하지 않기 때문에 터널단면을 작게 할 수 있는 이점이 있고, 종래의 지하철에 일반적으로 사용하는 방식이지만 감전의 위험 때문에 전압은 높게 할 수 없어 DC 600[V] 또는 750[V]를 사용하고 있다.

5 가공전차선의 조가방식

전차선을 궤도상부에 일정한 높이로 매달아서 설치하는 방식을 조가방식이라 하며, 대표적인 조가방식은 다음과 같다.

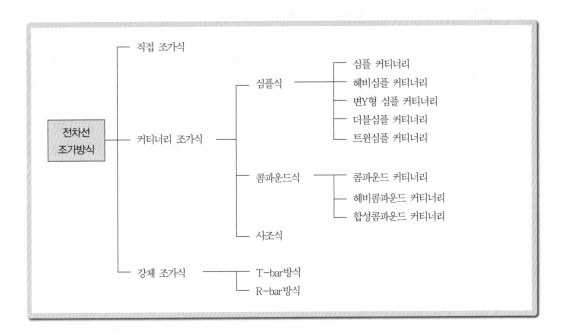

(1) 직접 조가식

가장 간단한 구조로서 전차선 1조만으로 구성되며, 설치비가 가장 적다. 전차선의 장력이나 높이를 일정하게 유지하기가 곤란하므로 철도에서는 저속의 구내측선, 유치선 등에 드물게 사용하는 정도이며, 노면전차나 트로리버스에 주로 사용된다.

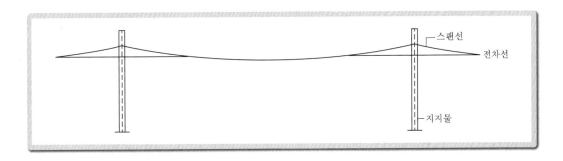

(2) 커티너리(Catenary) 조가식

전기차의 속도향상을 위하여 전차선의 이도에 의한 이선율을 작게 하고 동시에 지지

159

물의 경간을 크게하기 위하여 조가선을 전차선 위에 기계적으로 가선하고 일정한 간격으로 행어나 드로퍼로 전차선을 매달아 두 지지점 사이에서 궤도면에 대하여 전차선은 일정한 높이를 유지하도록 하는 방식이다. 이 경우 조가선이 커티너리 곡선을 이루기 때문에 이 방식을 커티너리 조가방식이라고 부른다.

① 심플 커티너리(Simple Catenary) 조가방식

조가선과 전차선의 2조로 구성되어 있고 조가선에서 행어 또는 드로퍼에 의하여 전차선이 궤도면에 평행하게 조가된 구조의 가선방식이다. 커티너리 조가식의 가장 기본이며, 대표적인 것으로 일반적으로 110[km/h] 정도의 중속도용으로 우리나라 지상 전철구간 전차선 방식으로 채택하였으나 최근 이 방식은 드로퍼의 간격을 조정하고, 장력을 크게 하고 설비를 일부 개량하여 300[km/h] 이상 고속 운전에 사용되고 있다. 또한 심플 커리너리 조가식의 장력과 전선의 단면적을 크게 한 것을 헤비심플 커티너리(Heavy Simple Catenary)라 한다.

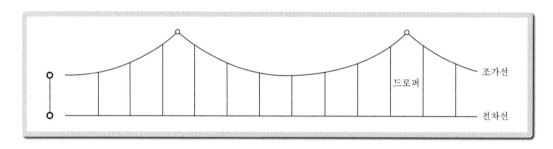

② 변 Y형 심플 커티너리 조가방식

이 방식은 심플 커티너리 조가방식의 속도성능의 향상을 위하여 심플 커티너리식의 지지점 부근에 조가선과 나란히 15[m] 정도의 가는 전선(Y선)을 가선하여 이 선에도 드로퍼에 의하여 전차선을 조가한 구조이다. 이 Y선(Bz 25~35[mm^2])은 지지점 부근의 압상량을 크게 하여 지지점 밑의 팬터그래프 통과에 대한 경점을 경감시켜, 경간 중앙부와의 압상량의 차이를 적게 하고 이선 및 아크를 적게하여 가선 특성을 향상시킨 가선방식이다.

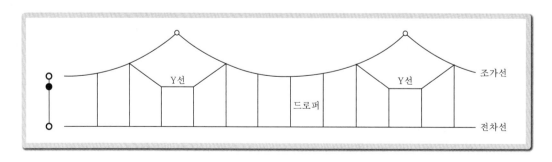

Y선의 장력조정이 어렵고, 가선의 압상량이 큰 것 등이 결점이나 독일에서는 가
선의 장력을 증가시키고 결점을 보완하여 ICE고속철도에 사용하고 있다.

③ 더블심플 커티너리(Double Simple Catenary) 조가방식

㉠ 더블 전차선식

1조의 조가선에 전차선 2조를 행어 또는 드로퍼로 지지한 구조로서 전차선의
전류용량을 증가시키는 것을 목적으로 한 대전류 집전용 방식이다.

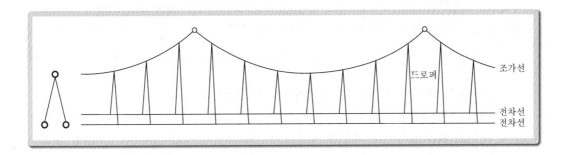

㉡ 더블 조가선식

2조의 조가선에 1조의 전차선을 V자형으로 매달은 방식으로 교량 등으로 지
지물 경간이 커지거나, 풍압에 의한 전차선의 편위를 적게 할 필요가 있는 경
우에 사용하는 장경간용 내풍 구조방식이다.

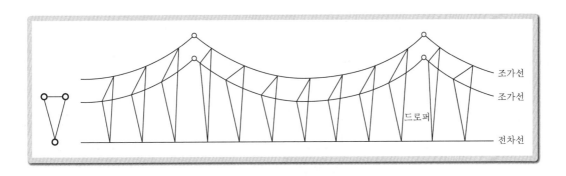

④ 트윈심플 커티너리(Twin Simple Catenary) 조가방식

기존의 심플 커티너리식에서 가고를 변경하지 않고 고속화와 집전성능을 향상시
킨 방법으로 고안된 방식이며 심플 커티너리 2조를 일정한 간격(약 10[cm])으로
평행가선한 구조이다. 심플 커티너리식에 비하여 건설비가 높고, 가선구조가 복
잡하나 4조의 가선으로 구성되어 있기 때문에 팬터그래프의 압상력에 의한 가선
의 상하변위가 적다. 또한 전차선이 2조이므로 집전전류가 커서 중부하 구간에

161

많이 사용된다. 우리나라에서는 터널입구에서 지상구간과 지하구간이 연결되는 이행구간에 팬터그래프의 압상력을 억제하기 위하여 사용되고 있다.

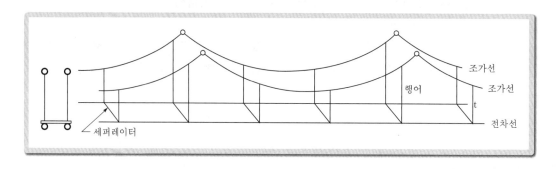

⑤ 콤파운드 커티너리(Compound Catenary) 조가방식

심플 커티너리식의 조가선과 전차선 간에 보조조가선을 가설하여 조가선에서 드로퍼로 보조조가선을 매달고 보조조가선에서는 행어로 전차선을 조가한 구조의 방식이다. 이 방식은 보조조가선으로 경동연선($100[\text{mm}^2]$)을 사용하기 때문에 가선의 집전전류 용량이 크며, 팬터그래프에 의한 가선의 압상량이 비교적 균일하므로 속도성능도 높아 고속운전구간이나 중부하 구간에 적합하다. 그러나 가선공간이 커져서 지지물의 높이가 증가하여 심플 커티너리 방식에 비하여 건설비가 높아진다.

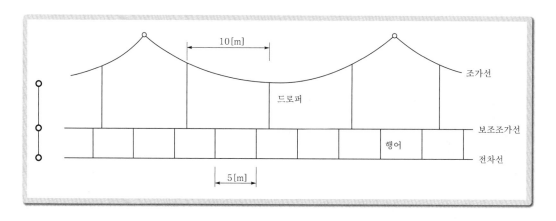

⑥ 합성콤파운드 커티너리 조가방식

콤파운드 커티너리식의 드로퍼에 스프링과 공기 댐퍼를 조합한 합성소자를 사용한 방식으로, 합성소자에 의하여 지지점 부근의 경점을 경감시켜 전차선의 압상 특성을 균일하게 하고 이선과 아크의 발생을 방지하여 속도성능을 높인 방식이다.

162

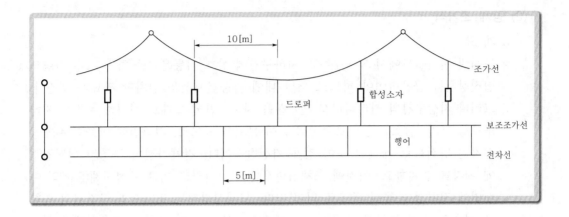

⑦ 사조식

일반 커티너리식은 조가선과 전차선이 수직 배열되어 있으나 이 방식은 조가선과 전차선이 수직면에 대하여 경사되어 있는 방식이다. 이 방식은 특수 행어에 의하여 조가선에서 전차선을 경사지게 조가하고 있다. 구조상 내풍가선 구조이나 특수한 행어이어가 필요하며 가선조정이 매우 어려운 단점이 있으나 곡선당김장치 및 진동방지장치가 불필요하다.

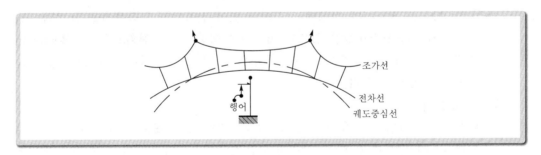

【 사조식 커티너리(곡선) 】

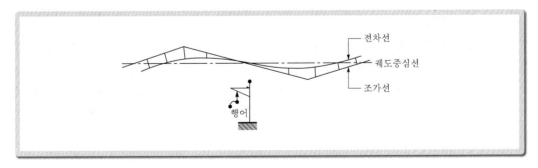

【 사조식 커티너리(직선) 】

(3) 강체 조가식

① 개 요

도심권 전기철도에서 지상구간과 지하구간에 상호 직통운전을 하는 경우 차량의 집전장치를 공용하여야 하므로 터널 내에 가공전차선을 설치할 필요가 생긴다. 그러나 지상구간의 커티너리식 전차선을 지하구간에 그대로 설치하는 것은 지하 구조물 크기, 협소공간의 보수작업 등이 문제가 되므로, 지하철에 어울리는 가공 전차선 방식으로 개발된 것이 강체 가선방식이다. 강체가선의 구조는 터널천정 에 애자를 설치하고, 이것에 도체성형재를 고정시키고 이 도체성형재(Bar)의 아 랫면에 전차선을 물린 구조로 되어 있다. 도체성형재는 조가선과 급전선의 역할 을 겸하고 있어 충분한 전류용량이 필요하므로 알루미늄 합금 압출형재가 많이 사용된다.

② 강체가선의 특징

㉠ 전차선이 도체성형재와 일체로 되어 있어 커티너리 가선과 같이 단선사고의 위험이 없다.

㉡ 건넘선 등 교차개소에서 팬터그래프가 가선에 끼어들지 않는다.

㉢ 전차선의 압상이 거의 없으며 터널의 단면도 비교적 적게 할 수 있다.

㉣ 곡선당김이나 진동방지장치가 필요 없다.

㉤ 이 방식은 전차선이 강체에 지지되어 있어 전기차가 고속운전을 할 경우, 팬 터그래프가 도약현상을 일으켜 이선이 발생하므로 운전최고속도는 80[km/h] 정도로 제한되고 있으나 강체가선의 압상특성을 개발하여 200[km/h]급 고속 에도 운행되고 있다.

③ T-bar방식

우리나라 지하철에 사용되는 T-bar방식은 T-bar의 표준길이를 10[m]로 하여 2,100[mm^2] 알루미늄 합금 압출형재를 사용하고, 이 Bar의 아랫면에 롱이어 (Long Ear)에 의해 전차선을 볼트로 지지하는 방식이며, 5[m] 간격으로 지지금 구에 의해 고정되어 있다.

④ R-bar방식

교류 및 직류방식의 지하구간에 사용되고 있는 R-bar방식은 R-bar의 표준길이 는 12[m]이고, 단면적은 2,214[mm^2]로 가선도르래를 이용하여 자동으로 R-bar 에 전차선을 삽입하는 가선방식으로, 시공이 간단하고 가선시간을 단축할 수 있 다. R-bar의 지지간격은 10[m]로 가동브래킷에 의해 지지되며 분당선 등 AC 25[kV] 지하구간에 주로 사용되고 있다.

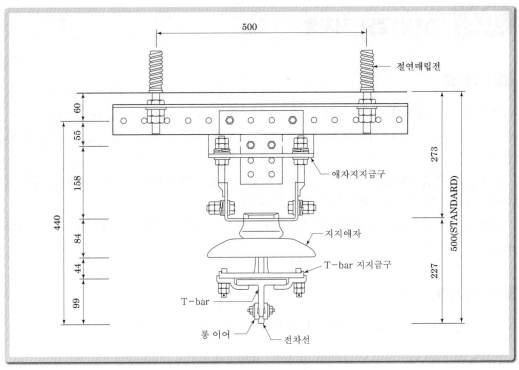

【 DC 1,500[V] T-bar방식 】

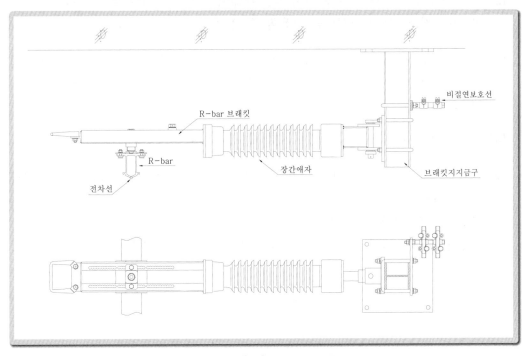

【 AC 25[kV] R-bar방식 】

02 전차선로의 지지물

1 개 요

가공전차선, 급전선, 귀선, 보호선 및 그 부속물을 지지하고 있는 설비 전반을 전차선로의 지지물이라 한다. 지지물을 구성하고 있는 주된 재료는 전주, 빔, 브래킷, 지선, 완철 등이다.

지지물은 가공전차선과 강도협조, 수명협조가 이루어져야 하며, 내부식성이 우수하고 수명이 길며 열차의 진동에 따른 풀림 등이 없어야 한다.

또한 경제성이 있고 시공의 편의성과 향후 유지보수의 측면에서 지지물의 간소화와 표준화가 필요하다.

2 지지물의 형식

전차선로 지지물의 형식은 다음에 의하며 터널벽 등을 이용할 경우도 이에 준한다.

(1) 정거장 간 및 정거장 구내의 본선은 가동브래킷식을 사용한다.

(2) 조차장(操車場), 선로수가 많은 정거장 구내에서 빔의 길이가 특히 길게 설치하여야 하는 장소에는 스팬선빔을 사용할 수 있다.

(3) 조차장, 차량기지, 정거장 구내 등 합성전차선이 밀집하는 장소, 건넘선장치 설치개소 등 브래킷 설치가 곤란한 곳에는 빔하스팬선식 또는 가압빔식을 사용할 수 있다.

(4) 터널 내에는 터널브래킷, 가동브래킷식 또는 강체가선 방식으로 할 수 있다.

(5) 고정빔은 4각빔을 사용한다. 다만, 필요한 경우에는 스팬선빔, 강관빔 등을 사용할 수 있다.
　① 5선용 이하 : 4각트러스빔
　② 6선용 이상 : 4각트러스 라멘빔(하수강 설치개소 5선용 이상)

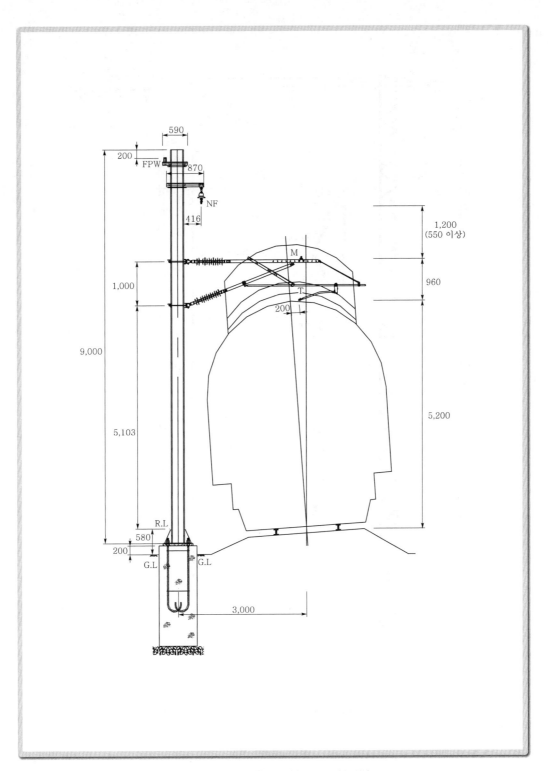

【 정거장 간 표준장주도(BT방식) 】

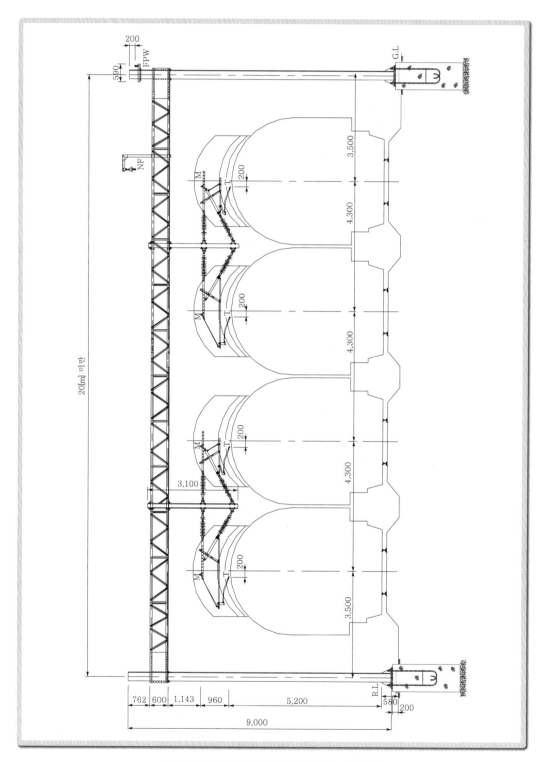

【 정거장 표준장주도(가동브래킷 BT방식) 】

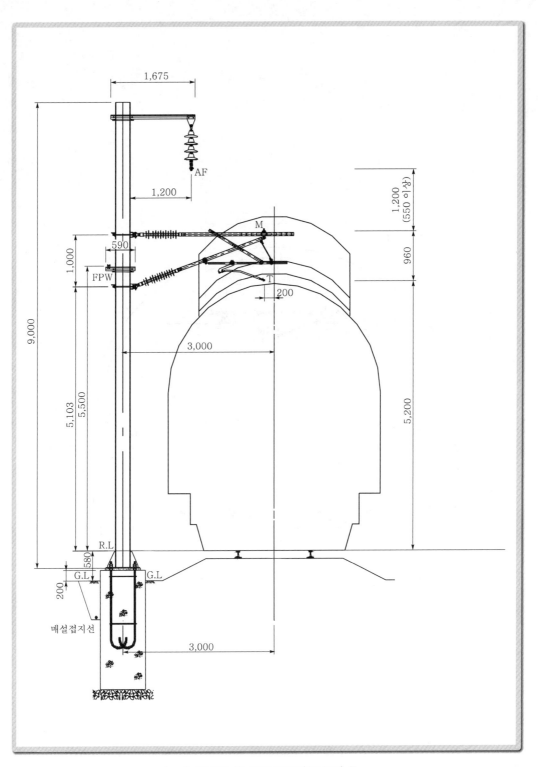

【 정거장 간 표준장주도(AT방식) 】

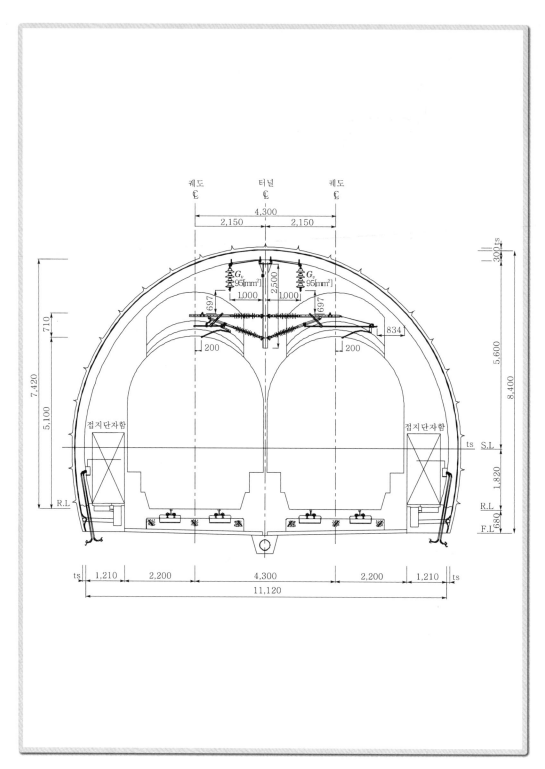

【 터널 표준장주도(AT방식) 】

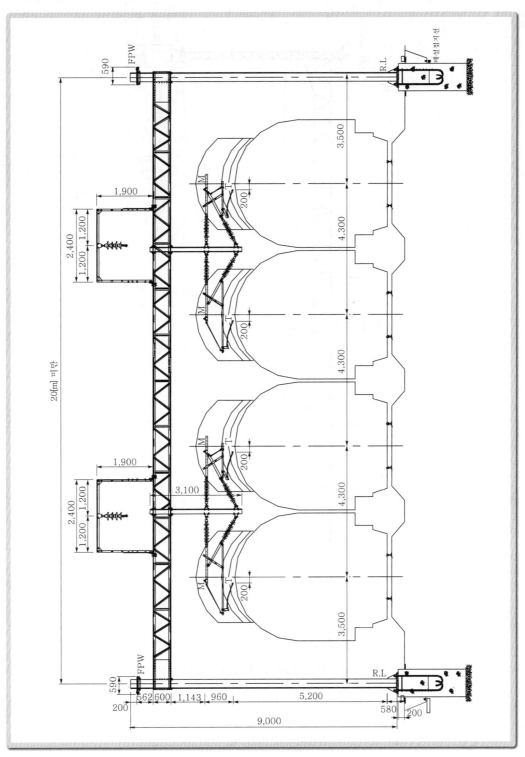

【 정거장 표준장주도(가동브래킷 AT방식) 】

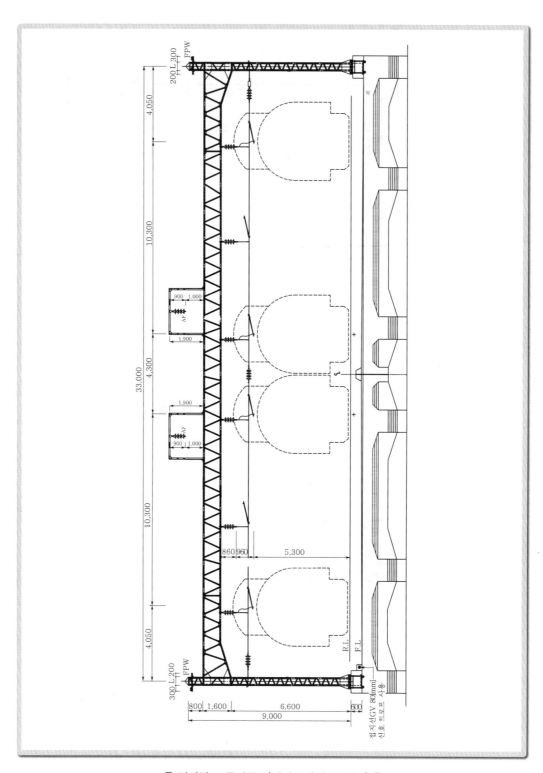

【 정거장 표준장주도(빔하스팬선 AT방식) 】

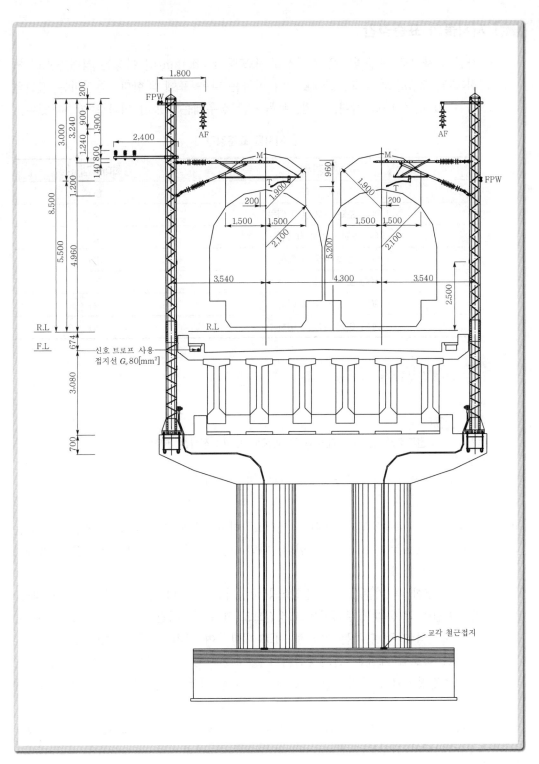

【 교량개소 표준장주도(AT방식) 】

3 지지물의 표준경간

① 가공 전차선로 전주경간은 전차선로 속도등급 300[km/h] 이상은 최대 65[m] 이하(터널 50[m])로 하고, 250[km/h] 이하는 다음 표에 의한다. 인접하는 경간의 차는 10[m] 이하로 한다. 다만, 부득이한 경우에는 20[m] 이하로 할 수 있다.

【 지지물 표준경간 】

곡선반경[m]	최대경간[m]
2,000 초과	60
1,000 초과 ~ 2,000 이하	50
700 초과 ~ 1,000 이하	45
500 초과 ~ 700 이하	40
400 초과 ~ 500 이하	35
300 초과 ~ 400 이하	30
200 이상 ~ 300 이하	20

 참고 전주경간 산출방식

1. 전주경간
   $$S = \sqrt{16Rd}$$
   여기서, S : 전주경간[m], R : 레일의 곡선반경[m], d : 전차선 편위[m]
2. 계산 예
   $R = 600$[m], $d = 0.2$[m]일 경우 $S = \sqrt{16 \times 600 \times 0.2} = 43$[m]

② 터널브래킷 표준경간은 20[m] 이하로 하고 강체 가선방식의 경우 R-bar는 10[m], T-bar는 5[m] 이하로 한다. 다만, 선로조건이나 가선방식 등을 고려하여 조정할 수 있다.

③ 경간을 정할 때 기준점은 분기개소의 중심지점, 구름다리, 터널입구, 건넘선의 중앙, 변전소 앞 등의 전주위치를 고정점으로 하여 전주경간을 정하도록 하여야 한다.

④ 상·하선의 전주 위치는 가급적 서로 대향하여 일치하도록 하여야 한다.

⑤ 경간을 축소할 때에는 완화곡선이나 장애물이 있는 지역에서 조정하여야 한다.

⑥ 장력조정장치와 흐름방지장치 전주는 건축물 하부나 건넘선 설치위치는 피해야 한다.

⑦ 교량 위의 전주기초는 가급적 교각에 가까운 곳에 설치하고 교량 상판의 연결개소는 피해야 한다.

⑧ 구름다리 및 짧은 교량은 가급적 경간 중앙에 오도록 전주경간을 정해야 한다.

4 전철용 전주

(1) 콘크리트주(PC)

전차선로에 사용하는 콘크리트주는 원심력을 이용한 철근콘크리트주를 사용하고 있으며, 이 방법은 콘크리트주를 제작할 때 형틀에 철근을 조립해 넣고 PC강선을 큰 힘으로 당기고 그 주위에 콘크리트를 채워 원심력 공법에 의해 제작한다.

콘크리트가 굳은 다음에 인장력이 걸린 강선을 절단하면 콘크리트에 압축력이 작용하며 인장력에도 견딜 수 있다. 이를 원심력을 응용한 프리스트레스트 콘크리트(Pre-stressed Concrete) 공법이라 한다.

(2) 목 주

현재 목주는 전차선로 지지물로서 사용하지 않으나 전차선로의 개량공사 등의 가설비로서 임시 사용한다.

(3) 철 주

전철용 전주는 철주 사용을 원칙으로 하며 철주는 H형강주, 조립철주 및 강관주를 사용한다.

① 조립철주

조립철주에는 주재를 ㄱ형강을 사용하고, 사재는 ㄱ형강 또는 평강을 사용하는 4각철주와 인류개소 등에 주재를 ㄷ형강을 사용하고, 사재는 ㄱ형강 또는 평강을 사용하는 인류용 찬넬주 등이 있다.

② 강관주

강관주는 중량이 가볍고, 미관이 좋으므로 콘크리트주 대용으로 최근에 많이 사용되고 있다.

③ H형강주

H형강주는 단일재를 사용하기 때문에 제작이 용이하고 시공이 간편하여 최근에 전철주로 가장 많이 사용되고 있다. 그러나 H형강주는 비틀림 현상이 있으므로 설계 시 주의가 필요하다.

H형강주의 비틀림 현상이란 한쪽 축 방향의 단면 2차 모멘트가 다른 쪽 방향의 단면 2차 모멘트에 비해서 작은 부재를 사용하고 있기 때문에 H형강의 단면 2차 모멘트의 큰 쪽의 축에 대해 하중을 더해 가면 H형강주가 돌연 하중방향과 직각 방향으로 꼬이면서 비틀리는 현상을 말한다.

(4) 전철주의 비교

구 분	콘크리트주	철 주	목 주
장 점	• 수명이 반영구적이다. • 전주의 형상이 일정하고 공장 제작 품질관리가 용이하다. • 강도선택이 자유롭다. • 보수가 필요없다. • 가격이 비교적 싸다.	• 소요강도는 자유롭게 설계가 가능하다. • 강도에 비하여 경량이다. • 내구성이 비교적 높다. • 특수한 형상도 가능하고 건식 장소의 제약이 비교적 적다. • 전주 길이에 제약이 없다. • 분할 운반이 가능하다.	• 경량으로 건식이 비교적 용이 하다. • 일반적으로 가격이 싸다.
단 점	• 중량이 무겁다. • 운반 취급이 불편하다. • 시중에서 구입하기가 어렵다.	• 비교적 고가이다. • 초기도금 후 방청도장이 필요 하다.	• 가연성이 있다. • 강도를 자유롭게 선택하기가 불가능하다. • 강도가 고르지 못하다. • 노후, 부식으로 교체가 필요 하다. • 딱따구리 등 새의 피해를 입 는다.

5 전철주의 설치위치

(1) 전주의 건식위치

① 전주의 설치위치는 궤도 중심으로부터 전주 중심까지 거리는 3[m]를 표준으로 하되, 현장여건 및 시스템에 따라 가감하여 설치할 수 있다. 단, 건축한계에 저 촉 되어서는 아니 된다.

② 정거장 구내는 3.5[m] 위치에 설치한다. 다만 현장 여건에 따라 가감하여 설치할 수 있다.

③ 승강장 또는 화물 적·하장에 설치하는 경우에는 그 연단으로부터 1.5[m] 이상 가급적 멀리 이격한다.

④ 캔트(Cant)가 100[mm] 이상구간의 건식게이지는 내측인 경우 100~200[mm] 증 가하고 외측인 경우 100~200[mm] 감할 수 있다.

⑤ 전주는 차막이의 바로 뒤에 설치하여서는 아니 된다. 다만, 부득이한 경우로서 10[m] 이상 이격하거나 특수한 설비를 하는 경우에는 예외로 한다.

⑥ 자동차 등이 통행하는 건널목에 인접하는 전주는 건널목 양측단으로부터 5[m] 이상 이격하여 설치한다.

⑦ 신호기 부근에 설치하는 경우에는 신호기 투시에 지장이 없도록 고려하여야 한다.

⑧ 낙석의 우려가 있는 장소에 설치하는 전주는 방호책을 설치하거나 선로를 건너 서 설치하여야 한다.

(2) 교차개소 지지물설치 금지구역

일반적으로 팬터그래프에 의한 전차선의 압상력과 차량동요 등에서 팬터그래프와 이어가 부딪칠 가능성이 있는 범위에 곡선당김금구의 설치를 금지하고 있다.

즉, 건넘선 장치에서 곡선당김금구를 설치할 개소에는 각 선의 궤도중심과 전차선과의 간격이 300[mm]부터 1,200[mm]까지의 범위에는 지지물을 설치하지 않는다. 그리고 고정빔하부에 곡선당김금구를 설치할 경우는 각각의 궤도중심과 전차선과의 간격이 300[mm]부터 1,000[mm]까지의 범위에는 설치하지 않는다.

이를 분기기의 교차점 기준으로 지지물 설치금지구간의 거리를 계산하면 다음과 같다.

① #10 분기기(분기각도 5°43′49″)

  ㉠ 고정빔하부 : $\tan\theta = \dfrac{1,000}{X_1}$, $X_1 = \dfrac{1,000}{0.1003} = 9.97[\text{m}]$

  ㉡ 기타 : $\tan\theta = \dfrac{1,200}{X_2}$, $X_2 = \dfrac{1,200}{0.1003} = 11.96[\text{m}]$

② #12 분기기(분기각도 4°46′18″)

  ㉠ 고정빔하부 : $\tan\theta = \dfrac{1,000}{X_1}$, $X_1 = \dfrac{1,000}{0.08347} = 11.98[\text{m}]$

  ㉡ 기타 : $\tan\theta = \dfrac{1,200}{X_2}$, $X_2 = \dfrac{1,200}{0.08347} = 14.376[\text{m}]$

③ #15 분기기(분기각도 3°49′05″)

  ㉠ 고정빔하부 : $\tan\theta = \dfrac{1,000}{X_1}$, $X_1 = \dfrac{1,000}{0.0667} = 14.99[\text{m}]$

  ㉡ 기타 : $\tan\theta = \dfrac{1,200}{X_2}$, $X_2 = \dfrac{1,200}{0.0667} = 17.99[\text{m}]$

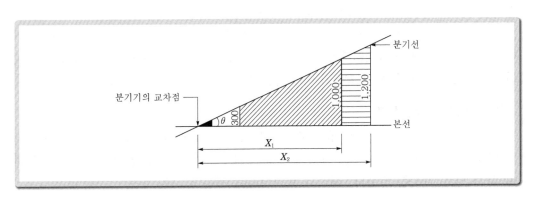

【 교차개소 지지물 설치금지구역 】

177

그러므로 분기기의 교차점에서 분기기의 번호별로 상기 계산결과와 같이 X_1, X_2의 범위 내에는 지지물을 설치하지 않아야 한다. 그리고 특히 교량상의 건넘선 위치는 전주의 건식위치가 교각에 설치하는 경우 상기 금지구간에 지지물이 설치되는 경우가 있으므로 건넘선의 위치를 재검토하여야 한다.

6 전차선로 설비의 안전율

① 철근콘크리트주는 파괴하중에 대하여 2.0 이상, 철주는 소재 허용응력에 대하여 1.0 이상으로 한다.
② 지지물 기초의 안전율은 2.0 이상으로 한다.
③ 지선의 안전율은 강연선일 경우 2.5 이상, 강봉일 경우 소재 허용응력에 대하여 1.0 이상으로 한다.
④ 빔 및 가동브래킷은 소재 허용응력에 대하여 1.0 이상으로 한다.
⑤ 가동브래킷의 애자 안전율은 최대 만곡하중에 대하여 2.5 이상으로 한다.
⑥ 경동선의 경우 2.2 이상, 다만 동합금(주석, 마그네슘 등) 전차선의 경우 2.0 이상으로 할 수 있다.
⑦ 조가선 및 조가선 장력을 지탱하는 부품에 대하여 2.5 이상으로 한다.
⑧ 복합체 자재에 대하여는 2.5 이상으로 한다.
⑨ 장력조정장치는 2.0 이상으로 한다.

7 전주기초

전주의 기초는 그 기초가 부담해야 하는 하중의 크기와 방향, 사용목적, 지형, 토질 등을 충분히 고려하여 기초의 형상 및 크기를 결정하여야 한다. 전차선로용 전주기초는 일반적으로 쇄석기초, 콘크리트기초 및 앵커볼트기초 등이 사용된다. 일반형 콘크리트기초는 보통지질과 암반개소의 경우 원형 콘크리트기초로 하고, 하중이 크고 지반이 연약한 개소에는 4각형 콘크리트기초를 사용한다. 터널, 교량 등에는 앵커볼트기초로 하며, 터널 내에는 C찬넬 또는 매립전기초로 시공한다.

(1) 쇄석기초(碎石基礎)

쇄석기초는 안정된 기설지반에서 굴착기 등으로 소요직경과 깊이 만큼 파낸 다음 전주 밑부분에 콘크리트제 깔판을 깔고 전주를 세워 그 공극를 파낸 흙과 깬자갈을 혼합하여 다져 넣은 기초를 말한다. 쇄석과 토사의 혼합비는 5 : 1을 표준으로 하고 있다.

(2) 콘크리트기초

전철주기초로서 가장 많이 사용되며 그 형태에 따라 I형, T형 기초가 있다.

① I형 기초

기초의 형태가 상하직선으로 되어진 기초를 말하며, 그 형태는 원형과 4각형이
주로 많이 사용된다.

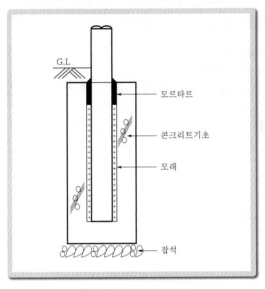

[콘크리트주 기초]

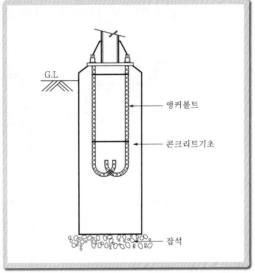

[H형강주 기초]

② T형 기초

기초의 형태가 T형으로 되어 있으며 성토개소이거나 선로의 경사면의 토압이 약한
개소에 사용하여 침하와 전도가 되지 않도록 기초의 상부를 넓게 하는 구조이다.

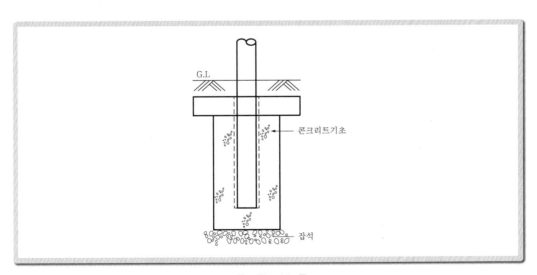

[T형 기초]

③ 콘크리트기초의 강도계산

㉠ 기초의 강도계산에 필요한 계수

• 지형계수(K)

지형을 평지 또는 절취개소와 성토개소로 구분하여 이런 지형에 대해서 하중방향을 고려하는데, 이때 고려해야 할 조건의 계수를 지형계수라 한다.

【 지형계수(K)의 값 】

지 형	하중의 방향	K값	비 고
평지 및 절취 개소	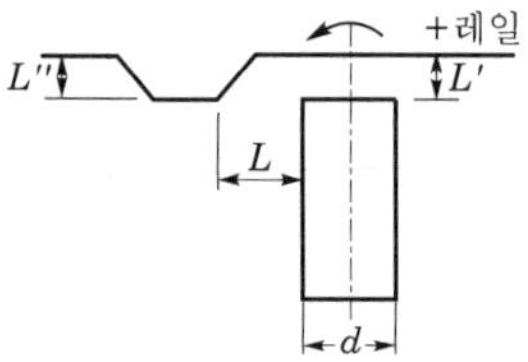	1.0	측구가 약한 구조로 $L < d$의 경우로 $L^{'} = L^{''}$로 한다.
		1.2	
성토 개소	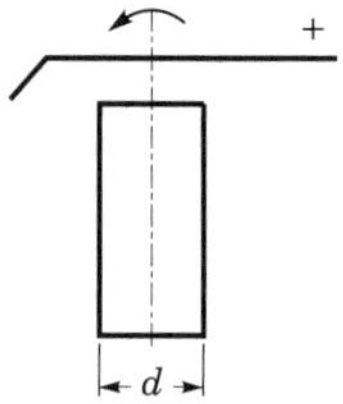	0.6	
		1.0	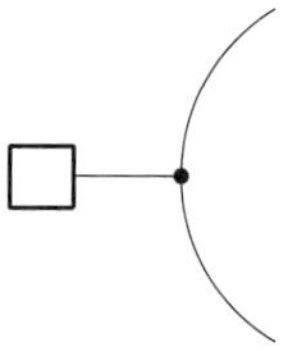

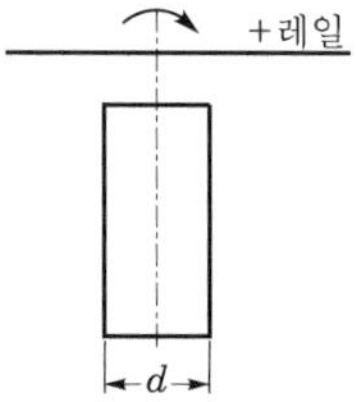

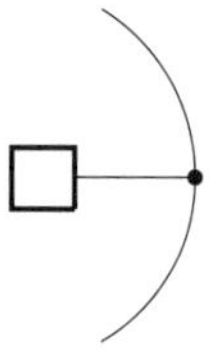

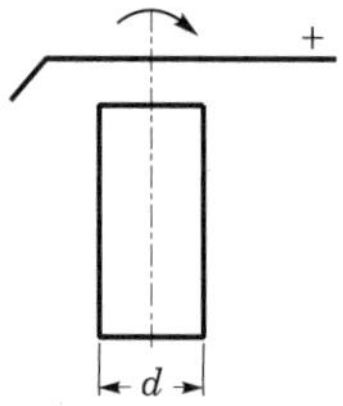

• 형상계수(f)

기초에는 각종 형태가 있고, 또 기초 터파기를 할 때 토질 등에 따라 흙막이 틀을 사용하는 공법과 사용하지 않는 공법이 있다. 이 경우 토양과 기초 재의 접촉면에서 강도의 차가 발생하기 때문에 강도차를 보정하여야 하는데 이 계수를 형상계수라 한다.

【 형상계수(f)의 값 】

종 별	쇄 석		원주형 콘크리트		각주형 콘크리트		T붙이
형 상	흙막이 없음	흙막이 있음	흙막이 없음	흙막이 있음	흙막이 없음	흙막이 있음	
계 수	0.6	0.75	1.0	0.9	1.1	1.0	1.4

• 강도계수(S_0)

지반에는 기설지반과 같은 안정된 지반과 신설성토와 같은 불안정한 지반
이 있어 기초 강도에 영향을 미치므로 이것을 보정할 필요가 있다. 이 보정
계수를 강도계수라 한다.

【 강도계수(S_0)의 값 】

폭풍 시 최대하중에 대해서	운전 시 최대하중에 대해서	
	안정된 기설지반	변형이 쉬운 불안정한 지반
1.2	1.0	0.75

• 안전율(F_s)

페네트로미터(Penetrometer) 등으로 지반을 측정한 값을 기초로 하여 계산
하는 경우 다음의 안전율을 고려한다.

【 안전율(F_s)의 값 】

폭풍 시 최대하중에 대해서	운전 시 최대하중에 대해서	
	안정된 기설지반	변형이 쉬운 불안정한 지반
2.0	3.0	4.0

ⓛ 지내력(지지력)의 측정을 필요로 하지 않는 양호한 지반의 기초 계산

지반이 양호하여 잘 무너지지 않는 경우의 기초 저항 모멘트의 계산은 다음
식으로 계산한다.

$$M_a = K \cdot f \cdot S_0 \cdot L^2 \sqrt[3]{d^2\left(1 + 0.57\frac{b^2}{L^2} + 0.45\frac{b}{d}\right)^2} \times 9.8 [\text{kN} \cdot \text{m}]$$

여기서, M_a : 허용모멘트(지표면에 대하여)[kN·m]

K : 지형계수

f : 형상계수

S_0 : 강도계수

181

L : 지표면에서 기초하부까지의 깊이[m]
d : 기초의 하중방향에 직각의 폭[m]
b : 기초의 하중방향에 폭[m]

단, 표상(상토)의 깊이 $L' > 0.1L$의 경우에는 $M_a' = \left(1.12 - 1.2\dfrac{L'}{L}\right)M_a$로 한다.

지반이 양호하고 모래나 그밖에 무너지기 쉬운 흙이 아닌 경우에 한하며 I형 기초의 허용 모멘트를 구하는 실용적인 계산공식이다. 건식하는 전주의 기초는 지지력을 측정하여 기초의 크기를 정해야 하지만 이미 전주가 건식되어 있고 지반이 양호하다고 판단되는 개소는 지내력의 측정을 생략하고 위 식에 따라 허용 저항모멘트를 구할 수 있다.

 전주기초 계산 예

1. 설계조건
   - 갑종 풍압하중
   - 지면 경계 모멘트 : 48,000[N·m](선로 반대측의 모멘트)
   - 콘크리트기초의 지름 : 700[mm]
   - 기초의 표토 : 100[mm]
2. 기초강도계산에 필요한 계수 선정
   - 설계조건에 따라 기초강도의 계산에 필요한 계수를 선정한다.
   - 지형계수(평지, 선로와 반대측의 모멘트) $K = 1.0$
   - 형상계수(원형주, 흙막이 없음) $f = 1.0$
   - 강도계수(폭풍 시 최대하중) $S_0 = 1.2$
3. 콘크리트기초의 허용 저항모멘트 계산
   - 콘크리트기초의 폭은 설계조건에 주어져 있으므로
     기초의 폭 : $d = b = 0.7$[m]
   - 콘크리트기초의 길이(l)를 임시로 1.6[m]로 할 경우
     콘크리트기초 매설깊이 : $L = l + 0.1$(기초의 표토) $= 1.6 + 0.1 = 1.7$[m]
     콘크리트기초의 허용 저항모멘트를 계산해 보면

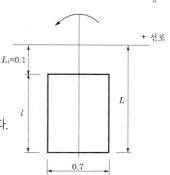

$$M_a = K \cdot f \cdot S_0 \cdot L^2 \sqrt[3]{d^2\left(1 + 0.57\frac{b^2}{L^2} + 0.45\frac{b}{d}\right)^2} \times 9.8$$

$$= 1.0 \times 1.0 \times 1.2 \times 1.7^2 \times \sqrt[3]{0.7^2 \times \left(1 + 0.57 \times \frac{0.7^2}{1.7^2} + 0.45 \times \frac{0.7}{0.7}\right)^2} \times 9.8$$

$$= 35.83[\text{kN·m}]$$

여기서, 계산된 콘크리트기초의 허용 저항모멘트(M_a)와 설계조건에 주어진 지면 경계 모멘트를 비교해 보면 35.83[kN·m] < 48[kN·m]가 되므로 콘크리트기초의 길이(l)를 1.6[m]로 하면 불안전하다.
   - 콘크리트기초의 길이(l)를 1.9[m]로 할 경우
     콘크리트기초 매설깊이 $L = l + 0.1$(기초의 표토) $= 1.9 + 0.1 = 2.0$[m]
     콘크리트기초의 허용 저항모멘트를 계산해 보면

$$M_a = K \cdot f \cdot S_0 \cdot L^2 \sqrt[3]{d^2 \left(1 + 0.57 \frac{b^2}{L^2} + 0.45 \frac{b}{d}\right)^2} \times 9.8$$

$$= 1.0 \times 1.0 \times 1.2 \times 2.0^2 \times \sqrt[3]{0.7^2 \times \left(1 + 0.57 \times \frac{0.7^2}{2.0^2} + 0.45 \times \frac{0.7}{0.7}\right)^2} \times 9.8$$

$$= 49.02 [\text{kN} \cdot \text{m}]$$

여기서, 계산된 콘크리트기초의 허용 저항모멘트(M_a)와 설계조건에 주어진 지면 경계 모멘트를 비교해 보면 $49.02[\text{kN} \cdot \text{m}] > 48[\text{kN} \cdot \text{m}]$가 되므로 콘크리트기초의 길이($l$)를 $1.9[\text{m}]$로 하면 안전하다.

(3) 푸팅(Footing)기초

푸팅기초란 하중의 일부를 측면 흙의 압력으로 지지하도록 한 것으로 빔을 지지하는 철주 및 인류주에 지선을 설치하지 않기 위하여 사용하는 기초를 말한다.

① 기초바닥면의 저항모멘트

$$M_B = \sigma_1 \cdot Z [\text{N} \cdot \text{m}], \quad \sigma_1 = \frac{q}{F} - \frac{W}{A}, \quad Z = \frac{ab^2}{6}$$

여기서, σ_1 : 기초바닥면의 유효지지력$[\text{N}/\text{cm}^2]$
  W : 기초바닥면에 가해지는 전 수직하중$[\text{N}]$
  q : 지내력$[\text{N}/\text{cm}^2]$
  A : 기초의 바닥면적$[\text{m}^2]$
  Z : 기초바닥면의 단면계수$[\text{m}^3]$
  F : 안전율
  a, b : 기초바닥면의 가로, 세로$[\text{m}]$

② 발생하는 측압
  ㉠ 최대측압

$$\sigma_m = \frac{t_m}{l \cdot t^3}(12M_E + H \cdot t), \quad M_E = M - M_B, \quad t_m = \frac{t}{3} + \frac{H \cdot t^2}{36 M_E}$$

여기서, M : 기초상부에 발생하는 전 모멘트$[\text{N} \cdot \text{m}]$
  l : 하중방향 기초의 평균 폭$[\text{m}]$
  t : 근입의 깊이$[\text{m}]$
  t_m : 최대측압 발생 깊이$[\text{m}]$
  H : 수평력$[\text{N}]$

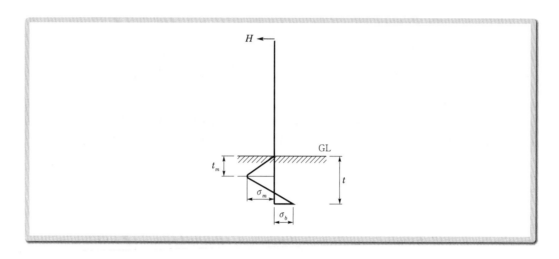

ⓛ 밑부분의 측압

$$\sigma_b = \frac{12M_E - 2H \cdot t}{l \times t^2}$$

③ **수동토압**

㉠ 최대측압이 발생하는 깊이에서의 수동토압

$$P_m = W_E \cdot t_m \frac{1+\sin\varPhi}{1-\sin\varPhi}$$

여기서, W_E : 기초상부에서의 단위중량[N/m^3]

$\varPhi$: 흙의 안식각

㉡ 기초바닥부분에서의 수동토압

$$P_b = W_E \cdot t \frac{1+\sin\varPhi}{1-\sin\varPhi}$$

④ **응력의 검정**

㉠ 최대측압 발생점

$$\frac{P_m}{\sigma_1} > 1$$

㉡ 기초바닥부분

$$\frac{P_b}{\sigma_1} > 1$$

푸팅기초의 강도 계산 예

1. 설계조건
   - 수직하중 : 14,700[N]
   - 수평하중 : 14,700[N]
   - 기초지면에 작용하는 모멘트 : 132,300[N·m]
   - 흙의 지내력 : 294,000[N/m^2]
   - 흙의 안식각 : 30°

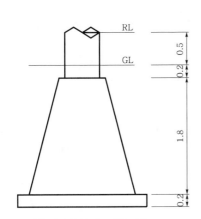

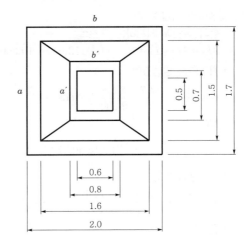

2. 기초바닥부분의 저항모멘트
   - 철주, 빔, 가선 등의 중량 : 14,700[N]
   - 콘크리트 용적
     바닥부분 : $2.0 \times 1.7 \times 0.2 = 0.68[\text{m}^3]$

     본체 : $\dfrac{1.8}{6}\{(2 \times 1.6 + 0.8) \times 1.5 + (2 \times 0.8 + 1.6) \times 0.7\} = \dfrac{1.8}{6}(6 + 2.24) = 2.472[\text{m}^3]$

     상부 : $0.6 \times 0.5 \times 0.7 = 0.21[\text{m}^3]$

     합계 : $0.68 + 2.472 + 0.21 = 3.362[\text{m}^3]$
   - 콘크리트의 단위중량을 23,520[N/m^3]로 하면
     콘크리트 중량 : $W_C = 3.362 \times 23,520 = 79,074[\text{N}]$
   - 흙의 용적
     $V_G = (2.0 \times 1.7 \times 2.0) - \{2.4717 + (0.6 \times 0.5 \times 0.2)\} = 6.8 - (2.4717 + 0.06) = 4.2683[\text{m}^3]$
   - 흙의 단위중량을 15,680[N/m^3]으로 하면 흙의 중량은
     $4.2683 \times 15,680 = 66,926[\text{N}]$
   - 기초바닥부분에 가해지는 전체의 수직하중
     $W = 14,700 + 79,074 + 66,926 = 160,700[\text{N}]$
   - 기초바닥부분의 단위면적당 수직하중
     $\dfrac{W}{A} = \dfrac{160,700}{2 \times 1.7} = 47,264[\text{N/m}^2]$
   - 지내력을 294,000[N/m^2], 안전율을 2로 하면
     $\dfrac{q}{F} = \dfrac{294,000}{2} = 147,000[\text{N/m}^2]$

- 기초바닥면의 유효 지지력

$$\sigma_1 = \frac{q}{F} - \frac{W}{A} = 147,00 - 47,264 = 99,736[\text{N/m}^2]$$

- 기초바닥면의 단면계수

$$Z = \frac{ab^2}{6} = \frac{1.7 \times 2.0^2}{6} = 1.133[\text{m}^3]$$

- 기초바닥면의 저항모멘트

$$M_B = 99,736 \times 1.133 = 113,000[\text{N} \cdot \text{m}]$$

3. 발생하는 측압(側壓)

- 흙의 측면에 지지하는 모멘트

$$M_E = M - M_B = 132,300 - 113,000 = 19,300[\text{N} \cdot \text{m}]$$

- 최대측압 발생깊이

$$t_m = \frac{1.8}{3} + \frac{14,700 \times 1.8^2}{36 \times 19,300} = 0.668[\text{m}]$$

- 최대측압

$$\sigma_m = \frac{0.668}{1.1 \times 1.8^3} \times (12 \times 19,300 + 14,700 \times 1.8) = 26,871[\text{N/m}^2]$$

- 밑부분의 측압

$$\sigma_b = \frac{12 \times 19,300 - 2 \times 14,700 \times 1.8}{1.1 \times 1.8^2} = 50,134[\text{N/m}^2]$$

4. 수동측압

- 흙의 단위중량

$$W_E = 15,680[\text{N/m}^3]$$

- 안식각 $\Phi = 30°$

- 최대측압이 발생하는 깊이에서 수동토압

$$P_m = 15,680 \times 0.668 \times 3 = 31,422[\text{N/m}^3]$$

- 기초바닥에서의 수동토압

$$P_b = 15,680 \times 1.8 \times 3 = 84,672[\text{N/m}^3]$$

5. 응력의 검정

- 최대측압 발생점 : $\dfrac{P_m}{\sigma_m} = \dfrac{31,422}{26,871} = 1.17 > 1$

- 기초바닥부분 : $\dfrac{P_b}{\sigma_b} = \dfrac{84,672}{50,134} = 1.69 > 1$

∴ 이 기초는 측면, 바닥면에 가해진 측압에 대해서 1 이상이 되어 안전하다.

---

(4) 앵커볼트기초

교량 및 고가구간의 전철 지지물은 교각을 이용하여 설치하므로 교각에 앵커볼트를 설치하여 철주를 건식한다. 또한 H형강주도 앵커볼트기초를 사용하고 있다.

기초용 앵커볼트의 강도는 철주, 콘크리트주의 최대응력을 기초에 완전히 전하도록 설계한다. 기초용 앵커볼트는 매입되는 볼트의 앞단을 구부려서 시공할 경우 그 구부러

진 부분이 전체하중의 1/3 정도를 부담한다고 보고 있다. 나사부분을 절삭 가공한 볼트를 앵커볼트로서 사용하는 경우에는 볼트의 유효 단면적에 대한 인장강도의 저하에 주의를 하지 않으면 안 된다. 볼트에 대한 인장력이 큰 기초는 콘크리트에 대한 압축력도 크게 되므로 콘크리트 응력검토가 필요하다. 아연도금을 한 철근은 콘크리트와 부착강도가 완전하지 못하므로 아연도금은 기초 콘크리트에서 노출된 부분만 한다. 볼트를 나중에 매설할 때는 모르타르의 양생에 대하여 충분한 관리가 필요하다.

① 앵커볼트의 소요개수

$$n \geqq \frac{M}{f_t \cdot \frac{\pi}{4} d^2 \cdot L}$$

여기서, M : 지면경계에서 전주의 굽힘 모멘트[N·cm]
f_t : 볼트의 허용인장응력도[N/cm^2]
d : 볼트의 유효지름[cm]
L : 상대하는 볼트의 간격[cm]
n : 인장측 소요볼트 개수

② 앵커볼트의 매입길이

$$l \geqq \frac{M}{\mu \cdot \pi \cdot d \cdot n \cdot L}$$

여기서, μ : 앵커볼트와 콘크리트와의 허용부착강도(49[N/cm^2])
l : 앵커볼트의 매입길이[cm]

소요볼트 개수를 구하는 계산식은 회전중심을 양 볼트 간의 중앙에 있는 것으로 하여 볼트의 개수를 구하고 있다.

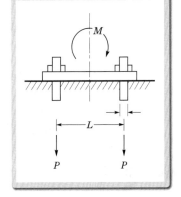

$$M = P \cdot L = n \cdot A \cdot f_t \cdot L = n \cdot \frac{\pi}{4} d^2 \cdot f_t \cdot L$$

$$n \geqq \frac{M}{f_t \cdot \frac{\pi}{4} d^2 \cdot L}$$

여기서, A : 볼트의 유효 단면적[cm^2]

또한, 앵커볼트 매입길이 계산식을 기초볼트와 콘크리트의 부착력만으로 응력을 부담되도록 하고 인장력에 대해서 허용응력이 충분한 볼트를 사용하려면 보통

40~50d(d는 볼트의 지름)의 매입길이가 필요하다. 또한, 볼트의 강도검토는 생략하고 있다.

③ 콘크리트의 허용부착강도

토목 구조물 공사에 위탁하여 앵커볼트 매입을 콘크리트 구조물과 병행 시공하는 경우 허용부착강도를 78$[N/cm^2]$로 하고 이미 만들어진 구조물에 앵커볼트를 매입하는 경우는 49$[N/cm^2]$로 하고 있다.

【 철근콘크리트와 철근의 부착강도 】

(단위 : $[N/cm^2]$)

콘크리트의 압축강도		1,764	2,352	2,940	3,920
허용압축강도	철근 있음	686	882	1,078	1,372
	철근 없음	콘크리트 압축강도×1/4이면서 539 이하			
콘크리트철근의 부착강도	환 강	68	78	88	98
	이형 철근	137	156	176	196

④ 앵커볼트 강도계산(기존 콘크리트 구조물)

㉠ 설계조건
- 앵커볼트 SS400 : 22[mm]
- 볼트의 허용인장응력도 : 16,170$[N/cm^2]$
- 지면 경계의 굽힘 모멘트 : 117,600[N·m]
- 상대하는 볼트의 간격 : 60[cm]

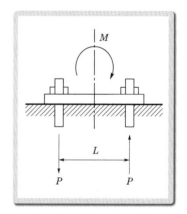

㉡ 볼트의 개수

$$n \geq \frac{M}{f_t \cdot \frac{\pi}{4}d^2 \cdot L} \geq \frac{11,760,000}{16,170 \times \frac{\pi}{4} \times 2.2^2 \times 60}$$

$\geq 3.190 \fallingdotseq 4$가 되어 인장측 볼트개수는 4개로 된다.

㉢ 앵커볼트의 소요 매입길이

$$l \geq \frac{M}{\mu \cdot \pi \cdot d \cdot n \cdot L} \geq \frac{11,760,000}{49 \times \pi \times 2.2 \times 4 \times 60} \geq 145[cm]$$

즉, 145[cm]의 매입길이가 필요하다.

8 지 선

가공전차선, 급전선, 보호선 등의 인류장치를 설치하는 전주 또는 스팬선식 빔, 곡선당김장치, 흐름방지장치 등의 횡장력이 가해지는 전주에 인장력, 수평장력에 의해 전주가 경사 또는 만곡되지 않도록 하기 위한 설비를 "지선"이라 한다.

(1) 지선의 종류

① 보통지선

일반적으로 강봉이나 아연도강연선 90[mm^2] 1조를 사용하며 지선기초는 콘크리트기초, 콘크리트 근가를 사용한다.

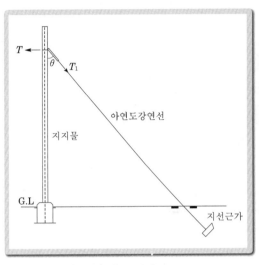

【 아연도강연선 단지선 】

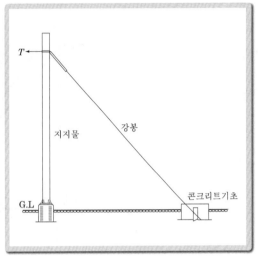

【 강봉지선 】

② V형지선

지선기초는 1개소로 하고 상부의 형상을 V형으로 시설한 지선으로 전차선 인류용으로 많이 사용되고 있으며 일반적으로 심플 커티너리 전차선에는 아연도강연선 90[mm^2] 2조를 사용하고, 헤비심플 커티너리 전차선에는 아연도 강연선 135[mm^2] 2조를 사용한다.

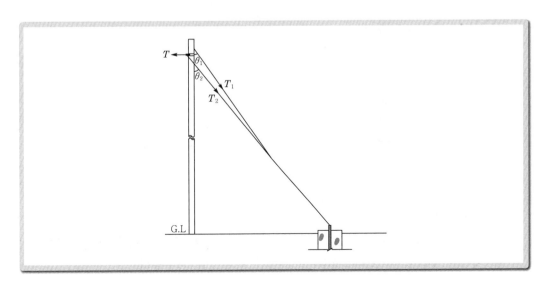

③ 2단지선

보통지선 또는 V형지선을 상·하방향으로 2개 시설하는 지선을 말하며 큰 장력이나 수평장력이 가해지는 헤비심플 커티너리 가선방식의 인류용으로 사용한다.

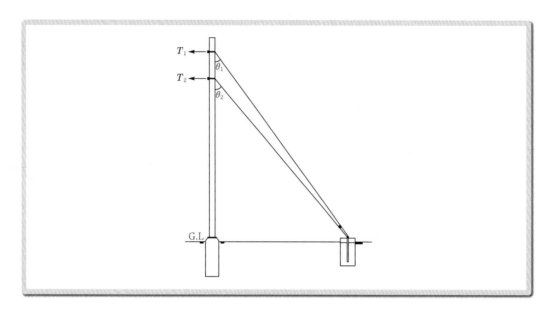

④ 수평지선

지선을 시설하기가 불가능한 경우 별도로 적당한 위치에 전용의 지선주를 세우거나 인접전주에 수평으로 전주 간에 지선을 설치한 것을 말한다.

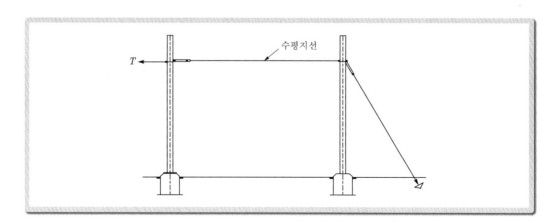

⑤ 궁형지선

전주의 근원부근에 근가를 시설해서 궁형으로 취부 하는 특수한 지선을 말하며, 지선을 취부할 수 없는 경우 등 특별한 경우에만 사용된다.

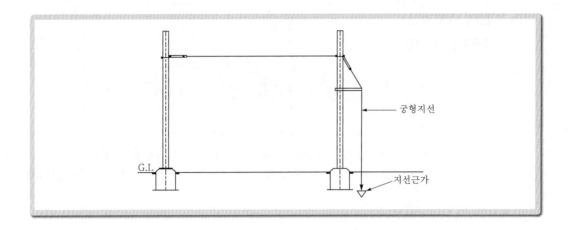

(2) 지선의 각도

지선과 전주와의 이루는 각도는 45°를 표준으로 한다. 다만, 부득이한 경우에는 30°까지 줄일 수 있다.

(3) 지선의 설비

① 지선의 안전율은 선형일 경우 2.5 이상, 강봉형일 경우 소재 허용응력에 대하여 1.0 이상으로 한다.

② 지선은 135[mm²], 90[mm²] 및 55[mm²]의 아연도강연선과 아연도강봉을 사용한다.

③ 가공전차선, 급전선 및 부급전선의 인류용 밴드와 지선용 전주밴드는 분리하여 시설한다.

④ 아연도강연선을 사용하는 지선은 2단형 또는 V형지선으로 하고, 아연도강봉을 사용하는 지선은 보통지선으로 한다.

⑤ 지선은 콘크리트기초 또는 지선용 블록을 사용한다.

⑥ 지선을 시설할 수 없는 경우에는 지주를 설치하거나 수평지선으로 한다.

(4) 지선의 절연

직류 전차선로의 콘크리트 및 목주의 지선에는 전주의 취부점에서 약 1.5[m] 위치에 애자를 삽입한다. 이는 직류 전류가 누설됨에 따라 지선에 전식의 피해가 발생하기 때문이며 철주에는 접지설비가 되어 있으므로 지선의 절연은 생략한다. 또한 교류 전차선로에는 여객이 근접하기 쉬운 승강장이나 일반 공중의 안전을 기하기 위해 특히 필요한 경우 외에는 애자 삽입을 하지 않는다. 지선용 애자는 인장력에 적합한 것으로 하며 일반적으로 180[mm] 현수애자를 사용하고 특히 장력이 큰 경우에는 250[mm] 현수애자를 사용한다.

(5) 지선의 강도계산

① 보통지선의 경우

$$P \geqq T \times \frac{1}{\sin\theta} \times F, \quad T_1 = \frac{T}{\sin\theta}, \quad \sin\theta = \frac{L}{t}$$

여기서, T : 수평외력[N], T_1 : 지선에 작용하는 장력[N]

θ : 지선이 전주와 이루는 각도, P : 지선용 재료의 항장력[N]

F : 지선의 안전율(2.5), L : 전주에서 지선까지 거리[m], t : 지선의 길이[m]

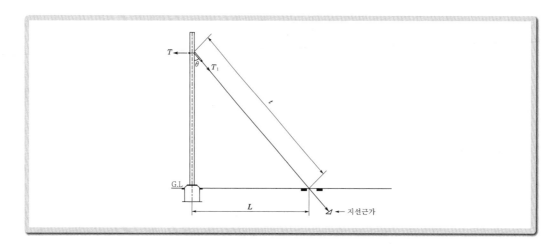

② 2단지선의 경우

$$P_1 \geqq T_1 \times \frac{1}{\sin\theta_1} \times F, \quad P_2 \geqq T_2 \times \frac{1}{\sin\theta_2} \times F$$

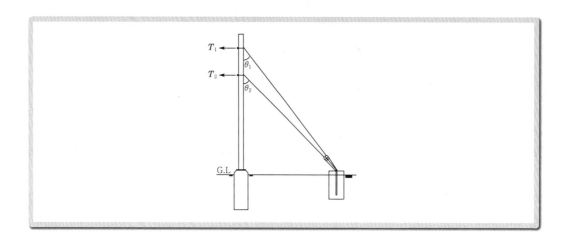

③ 자동장력 설치개소

　㉠ 지선에 걸리는 장력

　　2톤 자동장력조정장치의 경우

　　$T = 19,600[\text{N}]$, 지선각도 45°일 때

　　$P = \dfrac{19,600}{\sin 45} \times 2.5 = 69,296[\text{N}]$

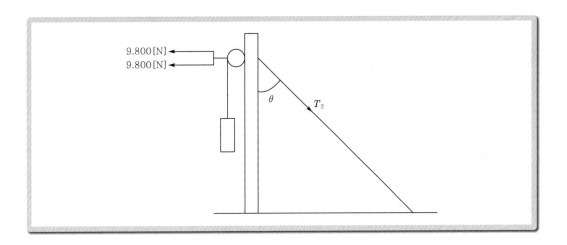

　㉡ 지선재료의 파괴강도 검증

　　• 아연도 강연선 ST 90$[\text{mm}^2]$의 파괴강도는 55,468[N]

　　• 아연도 강연선 ST 135$[\text{mm}^2]$의 파괴강도는 86,730[N]

　　• 2톤 자동장력 지선의 재료는 V형 지선의 경우 ST 90$[\text{mm}^2]$ 2조를 사용할 경우 55,468×2=110,936[N]이므로 $T_2 = 69,296[\text{N}]$에 대해서 안전하다.

④ 인류장치 설치 개소

　V형지선 3톤의 경우

　$T = T_1 \dfrac{h_1}{h} + T_2 \dfrac{h_2}{h} = 14,700 \times \dfrac{7}{7} + 14,700 \dfrac{6.4}{7} = 28,140[\text{N}]$

　$P = \dfrac{28,140}{\sin 45} \times 2.5 = 99,490[\text{N}]$

　ST 135$[\text{mm}^2]$ 2조를 사용할 경우 86,730×2=173,460[N]이므로 $T_3 = 99,490[\text{N}]$에 대하여 안전하다.

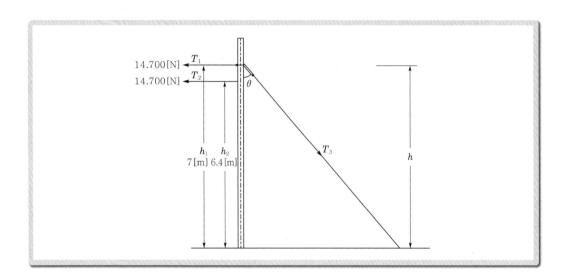

⑤ 보호선 인류(Cu 75[mm^2])

　　㉠ 조 건

　　　• 경간(S) : 40[m]

　　　• 기온(T) : −20[℃]의 전선의 장력

　　　• 단면적(A) : 75[mm^2]×1조

　　　• 외경 : 11.1[mm]

　　　• 탄성계수(E) : 11.76×10^4[N/mm^2]

　　　• 선팽창계수(α) : 1.7×10^{-5}

　　　• 전선의 무풍 시 단위중량(W_0) : 6.634[N/m]

　　　• 표준장력(T_0) : 4,900[N]

　　　• 병종 풍압하중 : 0.0111×745÷2＝4.134[N/m]

　　　• 전선의 단위중량 $W = \sqrt{6.634^2 + 4.134^2} = 7.816$[N/m]

　　㉡ 보호선의 표준이도

$$D_0 = \frac{W_0 S^2}{8 T_0} = \frac{6.634 \times 40^2}{8 \times 4,900} = 0.27[\text{m}]$$

　　㉢ 전선의 장력

$$T^3 - \left(T_0 - \frac{8AED_0^2}{3S^2} - AE\alpha(t-t_0) \right) T^2 - \frac{AEW^2 S^2}{24} = 0$$

$$T^3 - \left\{ 4,900 - \frac{8 \times 75 \times 11.76 \times 10^4 \times 0.27^2}{3 \times 40^2} - 75 \times 11.76 \times 10^4 \times 1.7 \times 10^{-5}(-20-10) \right\} T^2$$

$$-\frac{75 \times 11.76 \times 10^4 \times 7.816^2 \times 40^2}{24} = 0$$

$$T^3 - (4,900 - 1,071 + 4,498)T^2 - 35,920,835,330 = 0$$

(컴퓨터 프로그램에 의해서 계산)

$$T^3 - 8,327\,T^2 - 35,920,835,330 = 0$$

$$T = 8,791\,[\text{N}]$$

  ⓔ 지선의 장력

$$T = \frac{8,791}{\sin 45} \times 2.5 = 31,080\,[\text{N}]$$

⑥ 급전선 인류(Cu 150[mm²])

  ㉠ 조 건

- 경간(S) : 40[m]
- 기온(T) : −20[℃]의 전선의 장력
- 단면적(A) : 150[mm²]×1조
- 외경 : 16[mm]
- 탄성계수(E) : 11.76×10^4[N/mm²]
- 선팽창계수(α) : 1.7×10^{-5}
- 전선의 무풍 시 단위중량(W_0) : 13.475[N/m]
- 표준장력(T_0) : 8,820[N]
- 병종 풍압하중 : $0.016 \times 745 \div 2 = 5.96$[N/m]
- 전선의 단위중량 $W = \sqrt{13.475^2 + 5.96^2} = 14.734$[N/m]

  ㉡ 급전선의 표준이도

$$D_0 = \frac{W_0\,S^2}{8\,T_0} = \frac{13.475 \times 40^2}{8 \times 8,820} = 0.305\,[\text{m}]$$

  ㉢ 전선의 장력

$$T^3 - \left\{ T_0 - \frac{8AED_0^{\,2}}{3S^2} - AE\alpha(t - t_0) \right\}T^2 - \frac{AEW^2S^2}{24} = 0$$

$$T^3 - \left\{ 8,820 - \frac{8 \times 150 \times 11.76 \times 10^4 \times 0.305^2}{3 \times 40^2} - 150 \times 11.76 \times 10^4 \times 1.7 \times 10^{-5}(-20 - 10) \right\}T_2$$

$$- \frac{150 \times 11.76 \times 10^4 \times 14.734^2 \times 40^2}{24} = 0$$

$$T^3 - \{8,820 - 2,734 + ,8996\}T^2 - 255,298,729,100 = 0$$

$$T^3 - 15,082\,T^2 - 255,298,729,100 = 0 (컴퓨터 프로그램에 의해서 계산)$$

$$T = 16,070\,[\text{N}]$$

ⓔ 지선의 장력

$$T = \frac{16,070}{\sin 45°} \times 2.5 = 56,816[\text{N}]$$

⑦ 지선재료의 파괴강도

종 별	규 격	파괴강도[N]
아연도강연선	St 135[mm^2]	86,730
아연도강연선	St 90[mm^2]	55,468
강 봉	Φ24	70,932
강 봉	Φ25	83,241
강 봉	Φ28	102,194
강 봉	Φ30	110,838

⑧ 지선재료의 선정

상기 검토결과 지선재료의 선정은 지선에 걸리는 장력이 지선재료의 파괴강도보다 적도록 선정하여야 한다.

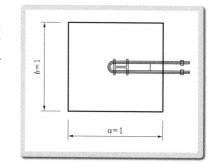

(6) 지선기초 계산

① 기본공식

ⓐ 지선에 작용하는 장력

$$T_m = P \div \sin\theta = 19,600 \div \sin 45° = 27,718[\text{N}]$$

여기서, P : 가선장력 19,600[N]

θ : 지선각도 45°

ⓑ 인발장력

$$T_{mv} = T_m \times \cos\theta = 27,718 \times \cos 45°$$
$$= 19,600[\text{N}]$$

ⓒ 전도장력

$$T_{mh} = T_m \times \sin\theta = 27,718 \times \sin 45°$$
$$= 19,600[\text{N}]$$

ⓓ 기초의 안전율 : 2

② 기초의 체적(가로×세로×높이)

$$V = 1 \times 1 \times 2.5 = 2.5[\text{m}^3]$$

③ 기초의 중량(W)

ⓐ 콘크리트 중량 : $2.5[\text{m}^3] \times 21,560[\text{N/m}^3] = 53,900[\text{N}]$

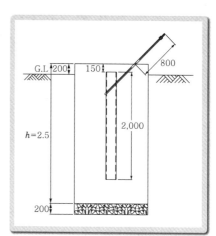

ㄴ H형강 중량(H200×200×12t) : 2[m]×489[N/m]=978[N]

ㄷ 합계 중량 : 54,878[N]

④ 기초저항모멘트(M_r)

$$M_r = K \cdot f \cdot S_0 \cdot L^2 \cdot \sqrt[3]{d^2\left(1 + 0.57\frac{b^2}{L^2} + 0.45\frac{b}{d}\right)^2} \times 9.8$$

$$= 1 \times 1 \times 1 \times 2.3^2 \times \sqrt[3]{1^2\left(1 + 0.57\frac{1^2}{2.5^2} + 0.45\frac{1}{1}\right)^2} \times 9.8 = 69.17[\text{kN} \cdot \text{m}]$$

⑤ 전도모멘트(M_0)

$M_0 = T_{mh} \times L[\text{kN·m}]$(여기서, L : 기초의 땅에 묻히는 길이[m])

$\quad = 19,600 \times 2.3 = 45,080[\text{N} \cdot \text{m}]$

$L = 2.5 - 0.2 = 2.3[\text{m}]$

⑥ 기초 검증

ㄱ 인발 검토

$$W \div (T_{mv} \times 2) \geqq 1.0$$

ㄴ 전도 검토

$$\frac{M_r}{M_0} \geqq 1.0$$

ㄷ 장력장치 2톤

• 인발 검토

$54,878 \div (19,600 \times 2) = 1.4 \geqq 1.0$

• 전도 검토

$\dfrac{69,170}{45,080} = 1.53 \geqq 1.0$

• 상기 검토결과 2톤용 장력의 경우 1[m]×1[m]×2.5[m]의 콘크리트 4각 기초에 안전하게 사용할 수 있다.

(7) 지선용 근가의 강도계산

지선을 인발하는 힘에 대항하는 근가의 내력은 근가를 흙속에 수평으로 설치했을 때의 근가 자체의 중량 및 유효각도를 고려한 토양의 중량의 합으로 표시한다.

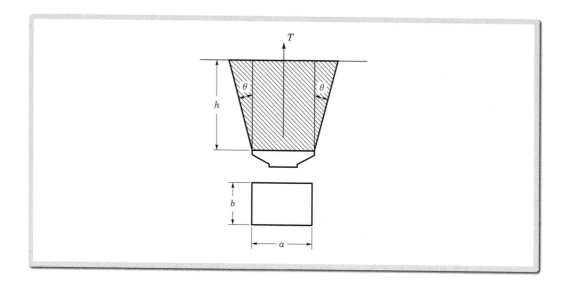

토양을 정형의 사다리꼴로 해서 그 체적을 구하면 다음 식이 된다.

$$a \cdot b \cdot h \cdot (a+b)h^2 \cdot \tan\theta + \frac{4}{3} \cdot h^3 \cdot \tan^2\theta = h \cdot \left\{ a \cdot b + (a+b)h \cdot \tan\theta + \frac{4}{3}h^2 \cdot \tan^2\theta \right\}$$

이 토양체적에 단위중량 w를 곱하고, 또한 근가중량 W를 더하여 다음 식이 된다.

$$T = W + w \cdot h \left\{ a \cdot b + (a+b) \cdot h \cdot \tan\theta + \frac{4}{3}h^2 \cdot \tan^2\theta \right\}$$

그러므로 지선근가의 허용인장내력 P는 안전율 $F = 2$라 하면 $P \leq \dfrac{T}{F} = \dfrac{T}{2}$가 된다.

지선용 근가에 대해서는 상기의 지지물 기초의 인상력에 대한 안전율을 채택하여 안전율을 2 이상으로 하고 있다.

참고 지선용 근가 강도계산 예

자동장력조정된 심플 가선의 인류주 지선 근가에 5호 블록을 사용한 경우, 토양등급 1(유효각도 30°, 토양중량 15,680[N/m^3]), 매입깊이 1.7[m]를 표준으로 하므로, 근가블록의 인발저항력 T를 계산해 본다. (단, 5호 블록은 0.45×0.9[m], 중량은 843[N]이다.)

$$T = W + w \cdot h \left\{ a \cdot b + (a+b) \cdot h \cdot \tan\theta + \frac{4}{3}h^2 \cdot \tan^2\theta \right\}$$

$$= 843 + 15,680 \times 1.7 \times \left\{ 0.9 \times 0.45 + (0.9 + 0.45) \times 1.7 \times \tan30° + \frac{4}{3} \times (1.7)^2 \times (\tan30°)^2 \right\}$$

$$\fallingdotseq 81,242[N]$$

장력 2톤(19,600[N])에서 지선에 가해지는 장력 T'는 지선과 전주의 설치각도를 45°로 해서

$$T' = \frac{19,600}{\sin45} = 27,718[N]$$

안전율 F는

$$F = \frac{T}{T'} = \frac{81,196}{27,718} \fallingdotseq 2.9 > 2$$ 가 되고, 2 이상의 안전율이 된다.

또한, 지선설비개소의 토양상태에 따라 인발력이 작은 경우는 사용하는 근가블록을 크게 함으로써 안전율 2 이상을 확보한다.

---

(8) 지선설치용 볼트의 강도계산

지선설치용 볼트의 강도계산은 지선뿐만 아니라 전선의 연결금구, 애자의 코터볼트 등에도 적용된다.

① 휨강도

$$R_A = R_B = \frac{T}{2}$$

발생하는 최대 모멘트는 $\frac{t}{2}$점이므로

$$M_{\max} = \frac{t}{2} \cdot \frac{T}{2} - \frac{l}{4} \cdot \frac{T}{2} = \frac{T}{4}\left(t - \frac{l}{2}\right)$$

그러므로 볼트의 허용 휨 모멘트는 볼트의 단면계수 $\times$ 휨응력도 $= \frac{\pi}{32}d^3 \cdot f_m$

따라서, $\frac{\pi}{32}d^3 \cdot f_m \geq \frac{T}{4} \cdot \left(t - \frac{l}{2}\right)$

그러므로 볼트에 허용되는 지선장력 T_m은 $T_m = \dfrac{\pi d^3}{8\left(t - \dfrac{l}{2}\right)} \cdot f_m$

또한 환봉과 같은 것이 삽입된 경우는 볼트와의 접촉면은 점접촉이 된다. 이 경우는 위의 식에 $l = 0$을 대입하면 된다.

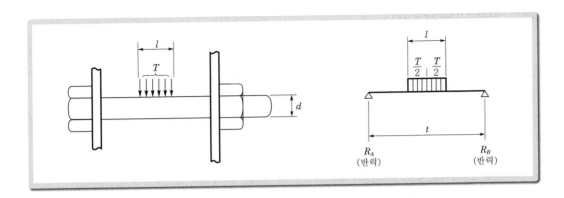

② 전단강도

볼트에 허용되는 지선장력은 다음 식에 의한 값 이하가 된다.

> 지선장력 < 볼트의 유효단면적 × 볼트의 허용전단응력도

(9) 지선용 로드

근가블록용 로드는, 종래까지는 콘크리트 블록과의 연결부에 벌림방지판을 설치하여 로드의 U자 부분이 늘어나 벌어지는 것을 방지하고 있다. 그러나 때때로 땅 속에 매설할 때에 벌림방지판이 빠지기도 하고 또한 빠질 것 같은 상태로 매설하여, 하중을 걸기 때문에 로드가 늘어져 지선이 빠지는 예도 있다.

따라서, 벌림방지판은 절대로 로드에서 벗어나서는 안 되며, 만일 로드가 늘어나기 시작하면 자동으로 빠지는 것을 방지하기 위하여 U자부의 선단에 벌림방지판을 끼워넣고 쇄정 의미로 너트를 끼워 넣는다.

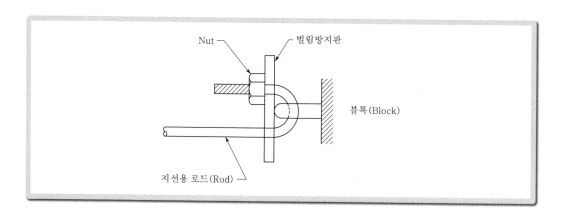

9 브래킷(Bracket)

커티너리 가선방식에서 전차선과 조가선을 지지하기 위하여 전주 또는 하수강에 설치한 외팔보를 브래킷이라 한다. 이들은 사용 목적과 구조에 따라 고정브래킷, 가동브래킷 등으로 구분한다.

(1) 고정브래킷

① 개 요

일반적으로 등변 ㄱ형강으로 외팔보를 만들어 사용하며 지지물에 고정되어 있어 고정브래킷이라 한다.

② 구성도

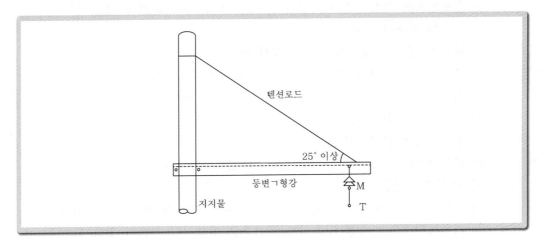

(2) 가동브래킷

① 개 요

가동브래킷은 브래킷 본체와 전주의 접합부를 회전축으로 하여 자유로이 좌우로 회전하며, 조가선과 전차선이 온도변화에 의해 신축함으로써 생기는 전선의 이동에 따라 동시에 그 방향으로 이동할 수 있는 구조로 되어 있으며 이 브래킷은 장간애자에 의해 전주와 절연되어 있다.

② 가동브래킷의 종류

가동브래킷의 종류는 I형, O형, F형으로 분류하며 각 전주의 선로 조건에 따라 현장에서 제작하여 설치하는 방식과 표준화하여 공장에서 제작하여 설치하는 방식이 있다.

㉠ I형(In Type)

곡선로에서 선로의 외측에 지지물을 설치하고 가동브래킷의 곡선당김금구를 지지물측에 설치하는 방법을 I형이라 한다.

㉡ O형(Out Type)

곡선로에서 선로의 내측에 지지물을 설치하고 가동브래킷의 곡선당김금구를 지지물의 반대측에 설치하는 방법을 O형이라 한다.

㉢ F형(Flat Type)

에어섹션, 에어조인트 등 전차선의 평행개소에서 전차선의 무효부분에 곡선당김금구를 사용하지 않고 곡선당김금구를 로드로 사용하는 방법을 F형이라 한다.

③ 가동브래킷의 장점

　　㉠ 온도변화에 가선구조가 흐트러지지 않으므로, 고속운전에 적합하다.

　　㉡ 장력의 변동이 적다.

　　㉢ 하중에 의한 전차선의 경점을 적게 할 수 있다.

　　㉣ 조가선을 절연하지 않으므로 지지물 높이가 감소한다.

　　㉤ 지지점에서 풍압에 의한 편위의 변화가 적게 된다.

　　㉥ 가선이 경량화 된다.

　　㉦ 활선작업의 안전도가 높다.

　　㉧ 장간애자를 설치하므로서 보호설비 배선이 용이하다.

④ 가동브래킷의 단점

　　㉠ 허용편위를 초과하면 전차선으로부터 팬터그래프의 이탈이 우려된다.

　　㉡ 가동브래킷은 단주를 사용하므로 기초를 강화시킬 필요가 있다.

　　㉢ 복잡한 역구내에서는 사용 곤란하다.

⑤ 가동브래킷의 구성도

　　가동브래킷의 구성은 수평 주파이프, 경사 파이프, 곡선당김금구 및 전철주와 전기적으로 절연을 위해 삽입하는 장간애자 등으로 구성되어 있다.

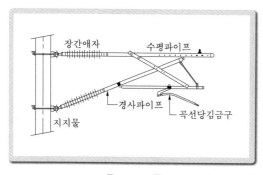

【 I-type 】　　　　　【 O-type 】

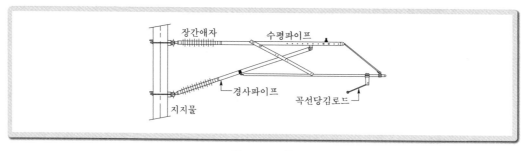

【 F-type 】

⑥ 가동브래킷의 취부
　㉠ 가동브래킷은 취부철물로 전주, 하수강, 벽체 등에 취부한다. 다만, 정거장 구내 등 사람의 접촉이 우려되는 장소에는 절연브래킷을 설치한다.
　㉡ 가동브래킷의 지지재는 필요에 따라 압축에 견디는 구조로 한다.
　㉢ 평행개소에는 2본의 브래킷을 평행틀 또는 2본의 전주(복주방식)에 설치한다.

⑦ 가동브래킷 회전에 따른 전차선 기울기
전차선은 온도변화와 장력변화에 따라서 이동하기 때문에 가동브래킷의 회전에 의하여 기울기가 발생될 수 있다. 가동브래킷의 회전에 따른 기울기는 각각의 전차선 인류길이와 가동브래킷 길이에 대해서 구하며 보통 전차선의 마모 영향이 없는 것으로 보고 온도변화에 따른 전차선의 신축에 대해서만 구한다.
　㉠ 전차선의 기울기

$$\sigma = M - \sqrt{M^2 - \Delta l^2}$$

　　여기서, σ : 가동브래킷 회전에 따른 전차선의 기울기[mm]
　　　　　　M : 가동브래킷 회전반지름(게이지)[mm]
　　　　　　Δl : 전차선의 이동량[mm]

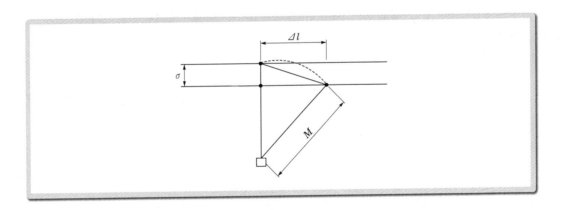

　㉡ 전차선의 이동량

$$\Delta l = \alpha(t - t_0)L \times 10^3 [\text{mm}]$$

　　여기서, α : 전차선의 선팽창계수(1.7×10^{-5})
　　　　　　t : 현재온도[℃]
　　　　　　t_0 : 표준온도(10[℃])
　　　　　　L : 전차선 장력 조정 길이[m]

203

전차선의 기울기 계산 예

전주의 건식 게이지가 3.0[m]이고 전주지름이 300[mm]일 때, 전차선 편위를 지지물 내측 150[mm]로 하였다면 가동브래킷의 회전에 따른 기울기를 계산해 보자. (단, 전차선 장력 조정길이는 750[m], 현재온도는 40[℃], 전차선의 선팽창계수는 1.7×10^{-5}으로 한다.)

$$M = 3,000 - \frac{300}{2} - 150 = 2,700[\text{mm}]$$

$$\Delta l = 1.7 \times 10^{-5} \times (40 - 10) \times 750 \times 10^3 = 382.5[\text{mm}]$$

$$\sigma = 2,700 - \sqrt{(2,700)^2 - (382.5)^2} \fallingdotseq 27[\text{mm}]$$

⑧ 온도변화에 따른 가동브래킷 설치 방법

전차선은 온도변화에 따라 신축하므로 인류개소와 흐름방지장치의 지지점을 기준으로 자동장력조정장치까지 전차선 신축에 의해 전주번호별로 가동브래킷 설치 각도가 각각 다르게 나타난다.

전차선의 신장길이는 표준온도 10[℃]를 기준으로 온도변화와 전차선 길이에 따라 다음과 같이 계산하여 현장여건에 따라 설치한다.

 온도변화에 따른 가동브래킷 설치위치 계산 예

아래 평면도에서 각 전주별로 20[℃]에서 가동브래킷 설치위치를 표시해 보자. (단, 전차선의 선팽창계수는 1.7×10^{-5})

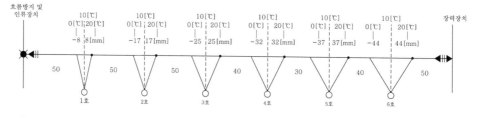

1. ㉠ 표준온도(10[℃])에서 가동브래킷은 선로와 직각으로 설치한다.
2. 온도 20[℃]의 경우 각 전주별로 장력장치방향으로 설치한다.
3. 온도 0[℃]의 경우 각 전주별로 전차선 수축길이만큼 흐름방지 방향으로 설치한다.
4. 전차선 신축길이

$$\Delta l = \alpha(t - t_o)L \times 10^3[\text{mm}]$$

온도 20[℃]의 경우
• 1호주 전차선 신장길이

$$\Delta l_1 = 1.7 \times 10^{-5}(20 - 10) \times 50 \times 10^3 = 8.5[\text{mm}]$$

• 2호주 전차선 신장길이

$$\Delta l_2 = 1.7 \times 10^{-5}(20 - 10) \times 100 \times 10^3 = 17[\text{mm}]$$

• 3호주 전차선 신장길이

$$\Delta l_3 = 1.7 \times 10^{-5}(20 - 10) \times 150 \times 10^3 = 25.5[\text{mm}]$$

- 4호주 전차선 신장길이

$$\Delta l_4 = 1.7 \times 10^{-5}(20-10) \times 190 \times 10^3 = 32.3[\text{mm}]$$

- 5호주 전차선 신장길이

$$\Delta l_5 = 1.7 \times 10^{-5}(20-10) \times 220 \times 10^3 = 37.4[\text{mm}]$$

- 6호주 전차선 신장길이

$$\Delta l_6 = 1.7 \times 10^{-5}(20-10) \times 260 \times 10^3 = 44.2[\text{mm}]$$

10 빔(Beam)

전차선 및 조가선 또는 빔하스펜션 등을 지지하기 위하여 두 전주 사이를 건너지른 보를 "빔"이라고 하며, 이들을 사용목적과 구조에 따라 크로스빔, 문형 고정빔, 스팬선빔, 가압빔 등으로 분류할 수 있다.

(1) 크로스빔

주재를 등변ㄱ형강으로 사용하여 1본 또는 2본을 전주간에 취부하고 이것을 텐션와이어 또는 로드(Rod)로 걸거나 등변ㄱ형강을 받침대로서 지지하는 간단한 구조로 되어 있다.

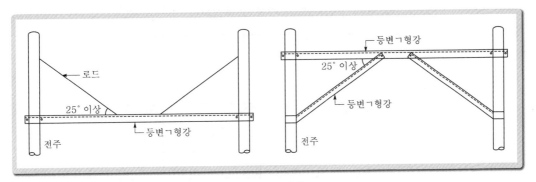

[크로스빔]

(2) 문형 고정빔

문형 고정빔은 전주와 결합된 형태가 문형으로 되어 있다고 해서 붙여진 빔을 말하며, 복선 이상의 전차선을 가선하는 개소에 사용되며 평면 트러스빔, V형 트러스빔, V형 트러스라멘빔, 4각 트러스빔, 4각 트러스라멘빔 등이 사용되고 있다.

① 평면 트러스빔

평면 트러스빔은 ㄱ형강과 평강을 조합한 평면의 형태를 가진 빔으로 빔의 길이가 비교적 짧고 하중이 작은 개소에 사용되고 있다.

205

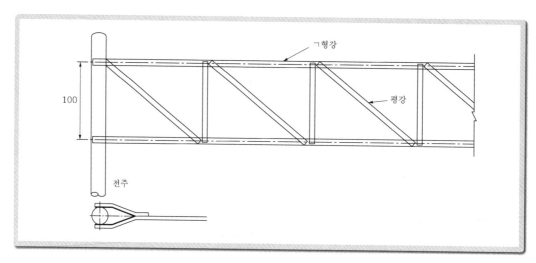

【 평면트러스빔 】

② V형 트러스빔

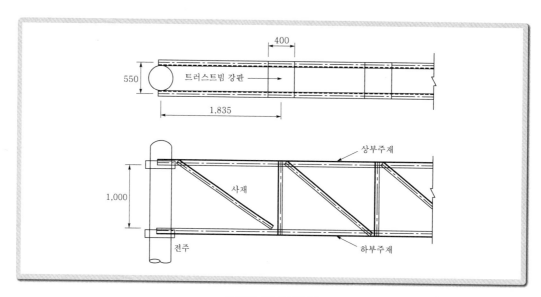

【 V형 트러스빔 】

평면빔의 수평하중에 대한 응력을 보완하기 위하여 개발된 빔으로 압축력을 받는 상부주재(ㄱ형강)를 2본으로 하고 인장력을 받는 하부주재는 1본으로 하여 V자 형태로 전주에 취부하는 구조의 빔이다.

③ V형 트러스라멘빔

V형 트러스라멘빔은 V형 트러스빔에 수재를 취부해서 전주와 빔을 거싯 플레이트(Gusset Plate)로 접합한 라멘구조로 된 빔을 말하며, 전주에 빔을 설치할 때 전주에 설치하는 지지점의 폭이 크면 전주에 넘어지려고 하는 힘이 작용할 때에 그 하중을 전주의 지표면 부분과 빔 설치점에 분산시킬 수 있는 구조이다.

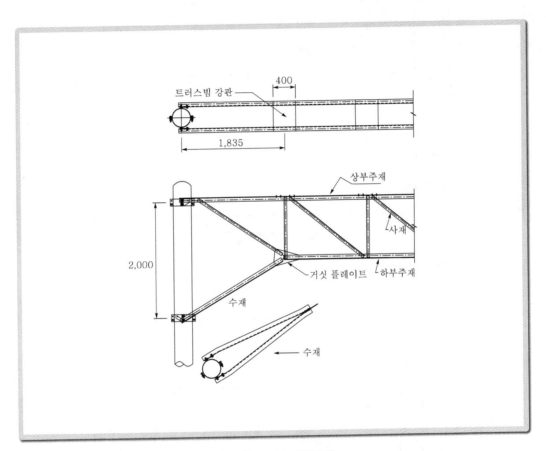

【 V형 트러스라멘빔 】

④ 4각 트러스빔

측면과 상하면을 4각 트러스형으로 조합한 빔을 4각 트러스빔이라 한다. 변전소 앞 인출용 및 U-Type구간 등 20[m] 이하에 사용되고 있다.

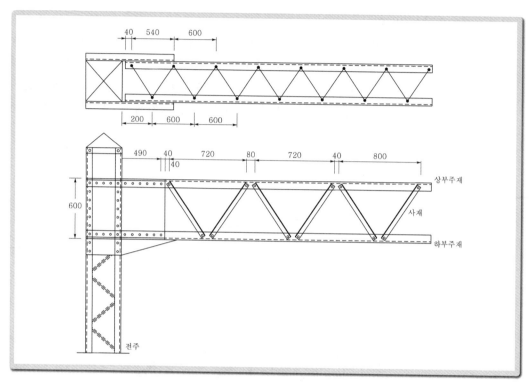

【 4각 트러스빔 】

⑤ 4각 트러스라멘빔

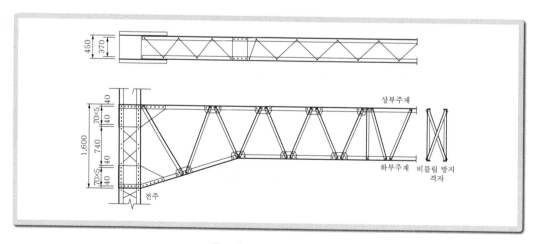

【 4각 트러스라멘빔 】

4각 트러스형을 라멘구조로 한 빔이며 빔의 길이가 길거나 수평하중이 큰 개소
에 적합하며 20[m]~40[m] 장경간에 사용되고 있다.

208

(3) 스팬선빔

역구내에서 선로의 배선이 많아 전주를 건식할 위치가 적합하지 않고 빔 길이가 길게 되어 문형 빔으로는 강도상으로 무리한 개소에 시설한다.

스팬선빔 방식은 전선을 스팬선으로 가선하여 이것에 전차선을 조가하는 방식으로 역구내 측선이 많은 개소와 차량기지, 화물기지 등에 사용되고 있다. 이 방식은 주스팬선, 보조스팬선, 빔하스팬선으로 구성되어 있다.

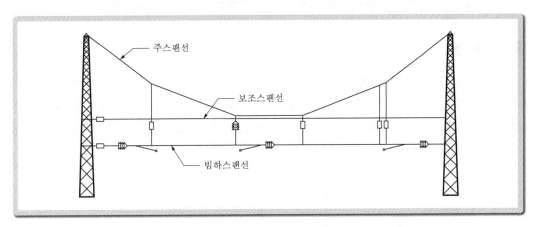

【 스팬선빔 】

(4) 가압빔

교류전철구간의 애자의 보전관리상 가급적이면 애자의 수를 적게 하고 설비를 간소화하기 위한 설비이며, 애자에 의해 고정빔과 절연 지지되고 가선전압이 그대로 가압되므로 가압빔이라고 부르며 주로 측선, 차고선 등에 사용된다.

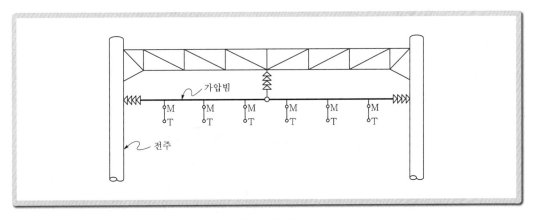

【 가압빔 】

(5) 호칭별 빔 길이

호 칭	길 이	호 칭	길 이
1선용	6[m] 이하	6선용	22[m] 초과 26[m] 이하
2선용	6[m] 초과 10[m] 이하	7선용	26[m] 초과 30[m] 이하
3선용	10[m] 초과 14[m] 이하	8선용	30[m] 초과 34[m] 이하
4선용	14[m] 초과 18[m] 이하	9선용	34[m] 초과 38[m] 이하
5선용	18[m] 초과 22[m] 이하	10선용	38[m] 초과 42[m] 이하

11 완 철

전주 또는 고정빔 등에 취부하여 급전선, 부급전선, 보호선 등을 지지 또는 인류하기 위한 구조물을 완철이라 한다. 완철은 용융아연도금을 한 ㄱ형강 등의 강재를 단독 또는 조합하여 사용하고 있으며 고정빔에 취부하여 급전선, 보호선 등을 지지하는 완철을 전주대용물이라 한다.

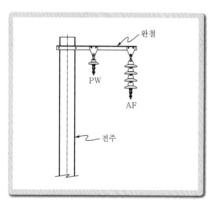

[완 철]

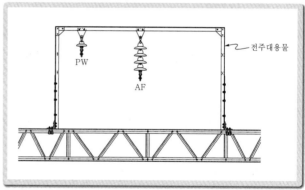

[전주대용물]

 강도계산 예

1. 완철
(1) 현수용 완철
   ① 조 건

종 별	규 격		단위중량[N]	단면적 [m²]	갑종풍압 [Pa]	표준장력 [N]	설치거리 [m]
급전선	ACSR 288	[m]	10.74	0.022	745	8,820	1.255
급전선	Cu 150	[m]	13.47	0.016	745	8,820	1.255
비절연보호선	ACSR 93.3	[m]	4.27	0.0125	745	3,920	0.15
비절연보호선	Cu 75	[m]	6.63	0.0111	745	3,920	0.15

종 별	규 격		단위중량[N]	단면적 [m²]	갑종풍압 [Pa]	표준장력 [N]	설치거리 [m]
완 철	L75×75×9	[m]	97.61	12.69			
완 철	L90×90×10	[m]	130.34	17			
현수애자	250Φ	개	52.92	0.0185	1,039		1.255

② 설계조건
  ㉠ 풍압하중 : 갑종풍압하중
  ㉡ 전주경간 : 50[m]
  ㉢ 급전선 : ACSR 288[mm²]
  ㉣ 완철 : L75×75×9
  ㉤ 현수애자 : 250Φ×4개
  ㉥ 비절연보호선 : ACSR 93.3[mm²]

③ 완철의 강도계산

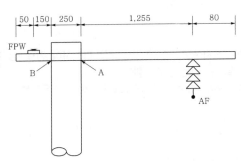

A점의 강도 계산결과 양호하면 B점도 양호하므로 강도계산은 생략한다.

④ 급전선측 강도계산
  ㉠ 급전선의 수직하중(ACSR 288[mm²])
$$W_1 = 10.74[\text{N/m}] \times 50[\text{m}] = 537[\text{N}]$$
  ㉡ 급전선의 수평하중(풍압하중)
$$W_2 = 0.022[\text{m}^2] \times 50 \times 745[\text{N/m}^2] = 819.5[\text{N}]$$
  ㉢ 급전선의 하중
$$W_3 = \sqrt{W_1{}^2 + W_2{}^2} = \sqrt{537^2 + 819.5^2} = 980[\text{N}]$$
  ㉣ 완철재의 단위중량
$$w = 97.61[\text{N/m}]$$
  ㉤ 현수애자의 중량
$$W_4 = 52.92 \times 4 = 212[\text{N}]$$
  ㉥ A점에 생기는 최대 굽힘응력

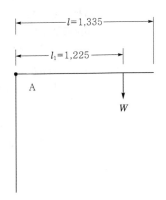

$$M_m = W \cdot l_1 + \frac{wl^2}{2}$$
$$W = W_3 + W_4 = 980 + 212 = 1,192[\text{N}]$$
$$M_m = 1,192 \times 1.255 + \frac{97.61 \times 1.335^2}{2}$$
$$= 1,583[\text{N}\cdot\text{m}] = 158,300[\text{N}\cdot\text{cm}]$$

211

$$\sigma_m = \frac{M_m}{Z} = \frac{158,300}{12.1} = 13,082[\text{N/cm}^2]$$

여기서, Z : 단면계수

$\sigma_m \leq f_m$의 조건을 만족하여야 한다.

$f_m = 16,170[\text{N/cm}^2]$(허용굽힘응력도)

$13,082 \leq 16,170$ ········ 적합

    ⓢ A점에 생기는 최대전단응력

$$F_S = W + wl = 1,192 + 97.61 \times 1.33 = 1,322[\text{N}]$$

$\sigma_s \leq f_s$의 조건을 만족하여야 한다.

$$\sigma_s = \frac{F_S}{A} = \frac{1,322}{12.69} \fallingdotseq 104[\text{N/cm}^2]$$

여기서, A : 완철단면적

$f_s = 9,310[\text{N/cm}^2]$(허용전단응력도)

$104 \leq 9,310$ ·········· 적합

(2) 인류용 완철

  ① 급전선의 장력검토

    ㉠ 급전선의 장력을 최저온도 $-20[℃]$일 때를 검토하여 인류개소의 급전선 장력이 완철의 굽힘 응력에 견딜 수 있는지 검토한다.

    ㉡ 표준온도 10[℃]에서 $-20[℃]$로 변화하였을 때 최저온도를 적용 시 병종풍압하중을 적용한다.

$$T^3 - \left\{ T_0 - \frac{8AED_0^2}{3S^2} - AE\alpha(t - t_0) \right\} T^2 - \frac{AEW^2S^2}{24} = 0$$

여기서, S : 전주경간(50[m])

         T : $-20[℃]$의 전선의 장력[N]

         A : 전선의 단면적 ACSR $288[\text{mm}^2]$

         E : 탄성계수($82,320[\text{N/mm}^2]$)

         α : 선팽창계수(1.9×10^{-5})

         T_0 : 전선의 표준장력($8,820[\text{N}]$)

         W : 전선의 단위중량[N/m]

         W_0 : 전선의 무풍 시 단위중량 : $10.74[\text{N/m}]$

         D_0 : 급전선의 표준이도

• 전선의 단면적(ACSR $288[\text{mm}^2]$) : $0.022[\text{m}^2]$

• 병종풍압하중

$0.022 \times 745 \div 2 = 8.195[\text{N/m}]$

$W = \sqrt{10.74^2 + 8.195^2} = 13.51[\text{N/m}]$

$$D_0 = \frac{W_0 S^2}{8T_0} = \frac{10.74 \times 50^2}{8 \times 8,820} = 0.381[\text{m}]$$

$$T^3 - \left\{ T_0 - \frac{8AED_0^2}{3S^2} - AE\alpha(t - t_0) \right\} T^2 - \frac{AEW^2S^2}{24} = 0$$

$$T^3 - \left\{ 8,820 - \frac{8 \times 288 \times 82,320 \times 0.381^2}{3 \times 50^2} - 288 \times 82,320 \times 1.9 \times 10^{-5}(-20 - 10) \right\} T^2$$

$$- \frac{288 \times 82,320 \times 13.51^2 \times 50^2}{24} = 0$$

$$T^3 - \{8,820 - 3,671 + 13,514\}\,T^2 - 450,751,639,000 = 0$$

$$T^3 - 18,663\,T^2 - 450,751,639,000 = 0\,(\text{컴퓨터 프로그램에 의한 계산})$$

$$T = 19,811[\text{N}]$$

② 완철강도 검토(L75×75×9)

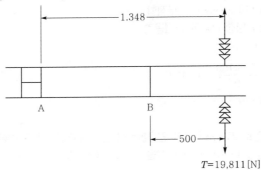

㉠ B점에 인류볼트가 없을 경우 A점에 생기는 굽힘응력

$$M_A = Tl = 19,811 \times 1.348 = 26,705[\text{N/m}] = 2,670,500[\text{N/cm}]$$

$$\sigma_A = \frac{M_A}{Z} = \frac{2,670,500}{12.1} = 220,702[\text{N/cm}^2]$$

$\sigma_A \leq f_s$의 조건을 만족하여야 하므로

$$220,702 > 16,170 \,\cdots\cdots\cdots\, \text{부적합}$$

㉡ B점에 생기는 굽힘응력

$$M_B = 19,811 \times 0.5 = 9,905[\text{N/m}] = 990,500[\text{N/cm}]$$

$$\sigma_B = \frac{M_B}{Z} = \frac{990,500}{12.1} = 81,859[\text{N/cm}^2]$$

$\sigma_B \leq f_s$이므로

$$81,859 > 16,170 \,\cdots\cdots\cdots\, \text{부적합}$$

㉢ 완철의 규격을 L90×90×10으로 높여서 시설할 경우
   B점에 생기는 굽힘응력

$$M_B = 19,811 \times 0.5 = 9,905[\text{N/m}] = 990,500[\text{N/cm}]$$

$$\sigma_B = \frac{M_B}{Z} = \frac{990,500}{19.5} = 50,795[\text{N/cm}^2]$$

$$50,795 > 16,170 \,\cdots\cdots\cdots\, \text{부적합}$$

③ 완철 인류볼트를 C점에 설치할 경우 강도 검토

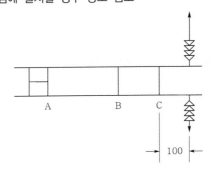

㉠ L75×75×9 완철 C점의 굽힘응력

$$M_C = 19,811 \times 0.1 = 1,981[\text{N/m}] = 198,100[\text{N/cm}]$$

$$\sigma_C = \frac{M_C}{Z} = \frac{198,100}{12.1} = 16,372[\text{N/cm}^2]$$

16,372 > 16,170 ·········· 부적합

㉡ L90×90×10 완철 C점의 굽힘응력

$$M_C = 198,100[\text{N/cm}]$$

$$\sigma_C = \frac{M_C}{Z} = \frac{198,100}{19.5} = 10,159[\text{N/cm}^2]$$

10,159 < 16,170 ·········· 적합

④ 검토결과

인류용 완철의 검토결과 포완철의 인류볼트를 인류애자 지지점으로부터 10[cm] 이내 설치하여 등변ㄱ형강 L90×90×10 이상을 사용하여야 한다.

2. 전주밴드

전주밴드에는 여러 종류가 있으나 여기서는 인장력이 가해지는 당김용 전주밴드에 대하여 밴드 본체와 볼트부분의 강도를 검토한다.

(1) 전주밴드 본체

여기서, t : 두께[cm]

l : 폭[cm]

R : 연단과 볼트구멍 중심 간의 거리[cm]

d : 볼트구멍 직경[cm]

d_b : 볼트직경[cm]

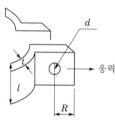

① 인장파괴

인장하중에 대해 오른쪽 그림과 같이 파괴가 생긴다고 하면

㉠ 허용인장하중 : $P_a[\text{N}]$

㉡ 허용인장응력도 : $f_b[\text{N/cm}^2]$

$$P_a = 2 \times (l-d) \times t \times f_b$$

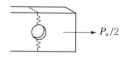

② 지압파괴

오른쪽 그림과 같이 인장하중에 대해 지압능력 부족에 의해 볼트 후방에서 파괴가 생긴다고 하면

㉠ 허용지압하중 : $P_b[\text{N}]$

㉡ 허용지압응력도 : $f_c[\text{N/cm}^2]$

$$P_b = 2 \times f_c \times d_b \times t$$

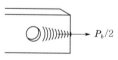

③ 휨파괴

오른쪽 그림과 같이 볼트의 후방이 휨모멘트에 의해 파괴가 생긴다고 하면

㉠ 허용휨응력 : $P_c[\text{N}]$

㉡ 허용휨응력도 : $f_M[\text{N/cm}^2]$

$$P_c = 2 \times \frac{8}{d} \times f_M \times \frac{t\left(R - \dfrac{d}{2}\right)^2}{6}$$

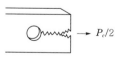

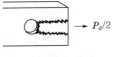

④ 전단파괴

오른쪽 그림과 같이 볼트의 후방에서 전단력에 의해 파괴가 발생
한다고 하면

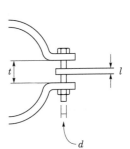

ⓐ 허용전단하중 : P_d[N]

ⓑ 허용전단응력도 : f_s[N/cm^2]

$$P_d = 4\left\{ R - \sqrt{\left(\frac{d}{2}\right)^2 - \left(\frac{d_b}{2}\right)^2} \right\} \times t \times f_s$$

이상 4개의 파괴가 예상되는데 다음 계산에서도 허용휨응력 P_c가 가장 작고 인류용 전주밴드
본체의 치수는 이 값에 의해 결정된다.

[전주밴드 응력도]

SS400 강판	두께 16[mm] 이하	허용인장응력도 f_b	16,170[N/cm^2]
		허용지압응력도 f_c	26,950[N/cm^2]
		허용휨응력도 f_M	16,170[N/cm^2]
		허용전단응력도 f_s	9,310[N/cm^2]
SS400 볼트	16[mm] 이하	허용전단응력도 f_s	11,760[N/cm^2]
	16[mm]를 넘고 40[mm] 이하	허용전단응력도 f_s	11,270[N/cm^2]

⑤ 계산 예

ⓐ 조 건

- 폭 : $l = 6.5$[cm]
- 두께 : $t = 0.9$[cm]
- 연단과 볼트구멍 중심 간의 거리 : $R = 3.0$[cm]
- 볼트구멍 직경 : $d = 2.15$[cm]
- 볼트직경 : $d_b = 2.0$[cm]

ⓑ 허용인장응력 : $P_a = 2 \times (6.5 - 2.15) \times 0.9 \times 16,170 = 126,611$[N]

ⓒ 허용지압응력 : $P_b = 2 \times 26,950 \times 2.0 \times 0.9 = 97,020$[N]

ⓓ 허용휨응력 : $P_c = 2 \times \dfrac{8}{2.15} \times 16,170 \times \dfrac{0.9 \times \left(3.0 - \dfrac{2.15}{2}\right)^2}{6} = 66,887$[N]

ⓔ 허용전단응력 : $P_d = 4\left\{ 3.0 - \sqrt{\left(\dfrac{2.15}{2}\right)^2 - \left(\dfrac{2.0}{2}\right)^2} \right\} \times 0.9 \times 9,310 = 95,334$[N]

(2) 볼트의 강도계산

볼트의 강도계산은 다음에 의한다.

① 허용휨응력 P_m은

$$P_m = \frac{\pi d^3 f_m}{8\left(t - \dfrac{l}{2}\right)}$$

여기서, f_m : 허용휨응력도

② 허용전단응력 P_s는

$$P_s = f_s \times \frac{\pi d^2}{4}$$

여기서, f_s : 허용전단응력도

이상 지압파괴식에 의해 검토하고, 다음의 계산 예로부터도 허용 휨응력 P_m쪽이 작고, 볼트의 강도는 이 값에 의해 결정된다.

③ 계산 예

f_m : 15,680[N/cm^2], f_s : 11,270[N/cm^2], d : 2.0[cm], t : 2.5[cm], l : 1.2[cm]라 하면 허용휨응력 P_m은

$$P_m = \frac{3.14 \times (2.0)^3 \times 15,680}{8 \times \left(2.5 - \frac{1.2}{2}\right)} = 25,911[\text{N}]$$

허용전단응력 P_s는

$$P_s = 11,270 \times \frac{3.14 \times (2.0)^2}{4} = 35,387[\text{N}]$$

이상 당김용 전주밴드 강도계산 결과(두께 9[mm], 폭 65[mm]일 때) 전주밴드 본체에는 66,887[N], 볼트부분은 25,911[N]이 되어, 이 전주밴드에서는 25,000[N]의 인장하중까지 사용가능하다. 다만, 볼트 조임부의 간격 "t"는 표준의 2.5[cm]로 계산하였으나 2.5[cm] 이상이 되면 허용휨응력 25,000[N] 이하가 되므로 주의하고, 그때마다 계산하지 않으면 안 된다.

12 평행틀

전차선 평행개소(Over Lap) 등에서 1본의 전주에 2개의 가동브래킷을 지지하기 위한 구조의 지지물을 평행틀이라 한다.

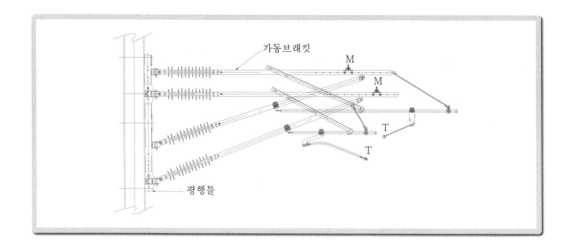

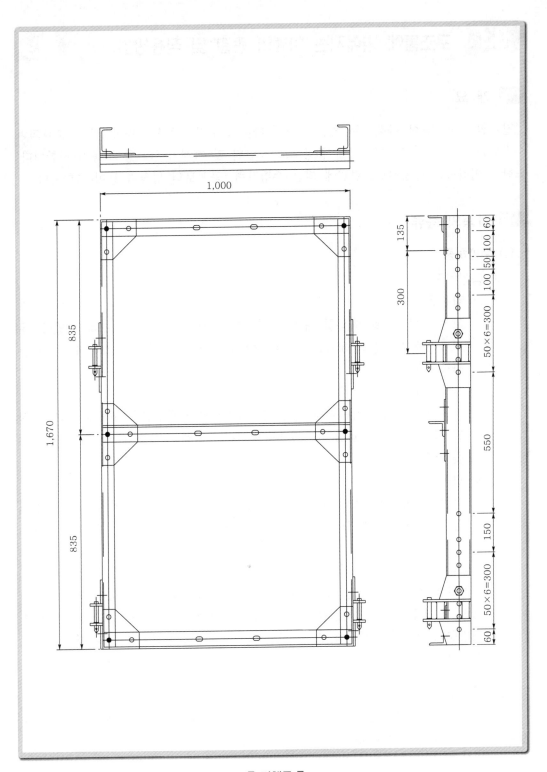

【 평행틀 】

217

03 구조물에 가해지는 하중의 종별 및 적용방법

1 개 요

전기철도 구조물에 가해지는 하중은 크게 나누어 수직하중과 수평하중으로 분류되며 수직하중은 전선 및 지지물 자체 중량으로 작업원 및 기계기구의 중량 등이 포함된다. 또한 수평하중은 풍압하중, 편위에 의한 수평장력, 곡선로의 횡장력 등이 포함된다.

2 하중의 종류

(1) 수평하중

① 풍압하중

㉠ 갑종풍압하중

고온계 하중으로 여름철 태풍을 기준으로 하여 설계조건을 정하고 있다. 우리나라에서는 풍속 35[m/s]의 바람이 있는 것으로 가정한 경우에 발생하는 하중이다.

㉡ 을종풍압하중

저온계 하중으로 겨울철의 계절풍을 기준하여 설계조건을 정하고 있다. 가선된 전선에 두께 6[mm] 비중 0.9의 빙설이 부착한 상태로 갑종풍압하중의 1/2을 적용한다.

㉢ 병종풍압하중

갑종풍압하중의 1/2의 풍압에 의해 발생하는 하중으로 인가가 많이 밀집된 장소 및 저온계에 있어서 강풍이 없이 빙설이 많지 않은 지역을 대상으로 한다.

② 수평장력

곡선로의 지지물에는 전선의 장력에 의해서 곡선 안쪽 방향으로 수평장력이 발생하고, 인류개소는 전차선을 인류할 때 그 분력에 의하여 1경간 앞 지지점에 수평방향의 하중이 가해진다. 또한 직선로의 지그재그 편위에 따른 수평장력도 발생한다.

(2) 수직하중

전선 및 지지물 자체 중량과 눈에 의한 침강력, 경사면 적설의 이동에 따른 작용력, 보수요원의 중량 등이 적용된다.

3 하중의 적용방법

전차선로 지지물의 강도계산에 적용하는 하중은 크게 수평하중과 수직하중으로 분리하며 그 적용방법은 다음과 같다.

(1) 수평하중

① 풍압하중은 갑종, 을종, 병종 중에서 하중이 큰 쪽을 선택한다.

② 지지물은 선로와 직각방향의 풍압하중을 적용하고 선로와 평행방향은 전선 자체가 지선의 역할을 하므로 풍압하중은 적용하지 않는다.

③ 곡선로 등의 수평장력

㉠ 표준온도에서 수평장력은 갑종풍압하중을 적용한다.

㉡ -5[℃]에서 수평장력은 을종풍압하중을 적용한다.

㉢ 최저온도에서 수평장력은 병종풍압하중을 적용한다.

(2) 수직하중

① 수직하중은 전선, 빔, 전주, 완철, 애자 및 전선부속물의 중량을 적용한다.

② 작업원의 중량은 600[N] 기준 2인을 적용한다.

③ 전차선의 피빙중량은 제외한다.

(3) 하중의 산출기준

① 수직하중

단위중량[N/m]×전주경간[m]×수량

② 갑종풍압하중

단위면적[m^2/m]×적용풍압하중[Pa]×전주경간[m]

③ 을종풍압하중

$(d \times 12) \times 10^{-3}$[$m^3$/m]×갑종적용풍압하중[Pa]×전주경간[m]×수량×$\dfrac{1}{2}$

④ 병종풍압하중

단위면적[m^2/m]×갑종적용풍압하중[Pa]×전주경간[m]×수량×$\dfrac{1}{2}$

⑤ 가섭선의 단위피빙 수직하중

$W_t = 1.696(d+6) \times 10^{-2} + W_0$

여기서, W_t : 가섭선에 6[mm] 빙설이 부착한 경우 수직하중[N/m]

W_0 : 가섭선의 단위중량[N/m]

d : 가섭선의 직경[mm]

⑥ 수평장력

　㉠ 곡선로에서의 수평장력

　　곡선로에서는 전선의 장력에 따라 지지점에서 곡선 안쪽 방향으로 수평장력
　　이 발생한다.

$$P = \frac{S \cdot T}{R}[\text{N}]$$

여기서, P : 수평장력[N], S : 전주경간[m], T : 전신의 장력[N], R : 곡선반경[m]

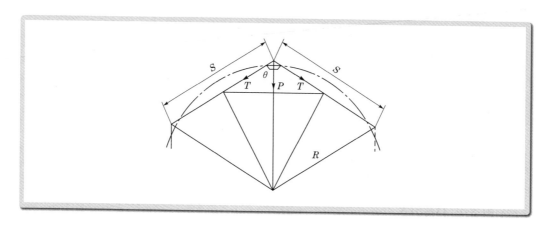

　㉡ 곡선로의 인류개소에서의 수평장력

　　곡선로에서 전차선을 인류하는 경우에는 그 분력에 따라 인류점의 1경간 앞
　　B점의 지지점에 수평방향의 하중이 가해진다.

　　$P = P_1 + P_2[\text{N}]$ (단, + : 인류가 선로의 안쪽인 경우, - : 인류가 선로의 바깥
　　쪽인 경우)

$$P_1 = \frac{S \cdot T}{R}[\text{N}] \ \text{또는} \ P_1 = \frac{(S_1 + S_2)T}{2R}[\text{N}]$$

$$P_2 = \frac{(d \pm g)T}{S}[\text{N}] \ \text{또는} \ P_2 = \frac{(d \pm g)T}{S_2}[\text{N}]$$

여기서, P : 합성수평장력[N], S : 전주경간[m]

　　　　P_1 : A-B 사이의 곡선에 의한 수평장력[N]

　　　　S_1 : A-B 사이의 전주경간[m]

　　　　P_2 : B-C 사이의 곡선에 의한 수평장력[N]

　　　　S_2 : B-C 사이의 전주경간[m]

　　　　T : 전선의 장력[N], R : 곡선반경[m]

　　　　g : 궤도중심에서 전주중심까지의 거리[m], d : 전차선의 편위[m]

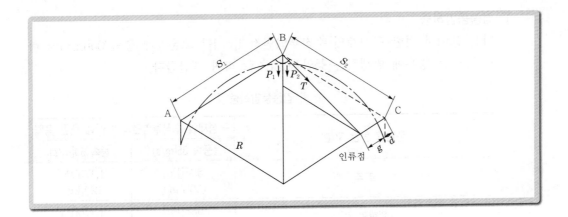

ⓒ 직선로의 지그재그 편위에 의한 수평장력

지그재그 편위에 의한 수평장력은 다음과 같이 계산한다.

$$P = 2T\sin\theta = 2T \cdot \frac{2d}{\sqrt{S^2 + (2d)^2}}\,[\text{N}]$$

여기서, P : 수평장력[N]

S : 전주경간[m]

T : 전선의 장력[N]

d : 전차선의 편위[m]

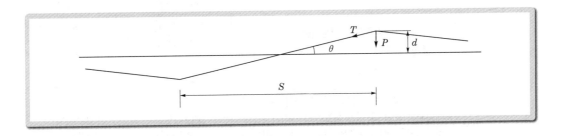

⑦ **전차선, 조가선**

전차선, 조가선은 자동장력조정장치를 설치하므로 온도변화에 의한 장력변동은 없는 것으로 한다.

(4) 풍압하중

가공전선로 및 지지물의 강도계산에 적용하는 일반개소의 풍압하중은 다음에 의한다.

① 갑종풍압하중

다음 표에서 정한 구성재의 수직투영면적 1[m²]당 고온계에 풍속 35[m/s]의 바람을 받는 경우에 발생하는 풍압을 기초로 하여 계산한다.

【 갑종풍압하중 】

풍압을 받는 구분				구성재의 수직투영면적 1[m²]에 대한 풍압	
				풍속 35[m/s]	풍속 50[m/s]
목 주				588[Pa] (60[kgf])	1,176[Pa] (120[kgf])
지지물	철 주	원형의 것		588[Pa] (60[kgf])	1,176[Pa] (120[kgf])
		삼각형 또는 능형의 것		1,411[Pa] (144 [kgf])	2,822[Pa] (288[kgf])
		강관에 의하여 구성되는 4각형의 것		1,117[Pa] (114[kgf])	2,234[Pa] (228[kgf])
		기타의 것	복재가 전·후면에 겹치는 경우	1,627[Pa] (166[kgf])	3,254[Pa] (332[kgf])
			기 타	1,784[Pa] (182[kgf])	3,568[Pa] (364[kgf])
	철근 콘크리트주	원형의 것		588[Pa] (60[kgf])	1,176[Pa] (120[kgf])
		기타의 것		882[Pa] (90[kgf])	1,764[Pa] (180[kgf])
	철 탑	강관으로 구성되는 것		1,254[Pa] (128[kgf])	2,508[Pa] (256[kgf])
		기타의 것		2,156[Pa] (220[kgf])	4,312[Pa] (440[kgf])
전선 기타 가섭선	다도체(구성하는 전선이 2가닥마다 수평으로 배열되고 또한 그 전선 상호간의 거리가 전선의 바깥지름의 20배 이하인 것에 한한다. 이하 같다)를 구성하는 전선			666[Pa] (68[kgf])	1,323[Pa] (136[kgf])
	기타의 것			745[Pa] (76[kgf])	1,470[Pa] (152[kgf])
애자장치(특고압전선로용의 것에 한한다)				1,039[Pa] (106[kgf])	2,078[Pa] (212[kgf])
완금속 (특고압전선로용의 것에 한한다.)	단일재			1,196[Pa] (122[kgf])	2,392[Pa] (244[kgf])
	기 타			1,627[Pa] (166[kgf])	3,254[Pa] (332[kgf])

② 을종풍압하중

전선 기타의 가섭선(架涉線) 주위에 두께 6[mm], 비중 0.9의 빙설이 부착된 상태에서 수직투영면적 1[m²]당 372[Pa](다도체를 구성하는 전선은 333[Pa]), 그 이외의 것은 갑종풍압의 2분의 1을 기초로 하여 계산한다.

③ 병종풍압하중

갑종풍압하중의 2분의 1을 기초로 하여 계산한다.

(5) 풍속에 의한 풍압계산

어느 정지한 물체에 바람이 부딪치면 그 물체는 바람방향으로 풍압력을 받는다. 서로 비슷한 형상의 물체라면 면적에는 관계없이 일정하고 또한 어떤 흐름 상태에서는 거의 일정치이다.

$$P = A \cdot C \cdot Q [\text{Pa}]$$

여기서, P : 풍압력[Pa]
A : 수평면적[m²]
Q : 설계용 속도압[Pa]
C : 풍력계수(저항계수)

그런데, 공기가 압력 P_1, 속도 V_1으로 흐를 때, 어떤 물체로 차단하는 압력 P_2, 속도 V_2로 변화했다고 하면 베르누이(Bernoulli) 정리에 따라

$$P_1 + \frac{1}{2}\rho \cdot V_1{}^2 = P_2 + \frac{1}{2}\rho \cdot V_2{}^2 (\text{단}, \rho\text{는 밀도})$$

압력변화를 Q라 하면

$$Q = P_2 - P_1 = \frac{1}{2}\rho(V_1{}^2 - V_2{}^2)$$

무한히 넓은 평판으로 완전히 막아서, $V_2 = 0$라 하면 $Q = \frac{1}{2}\rho V_1{}^2$이 된다.

여기서, 공기의 밀도는 $\rho = \frac{1}{8}[\text{kg/m}^3]$이므로

$$P = A \cdot C \cdot Q = A \cdot C \cdot \frac{V_1{}^2}{16} \times 9.8 [\text{Pa}]$$

이 식에서 밝힌 바와 같이 풍압은 풍속의 2승에 비례하고 있으므로 임의의 풍속 V_x 시의 풍압은

$$P = A \cdot C \cdot \frac{V_x{}^2}{16} \times 9.8 [\text{Pa}]$$의 식이 구해진다.

223

> **참고   풍압하중 계산 예**
>
> 1. 전선의 풍압하중(단도체)
>   풍동실험 결과에서 전선의 공기 저항계수 C를 1로 하고, 풍속 35[m/s]의 수평면적 1[m²]에 대한 풍압은
>
> $$P = A \cdot C \cdot \frac{V_x^2}{16} = 1 \times 1 \times \frac{35^2}{16} = 76[\text{kgf/m}^2] \times 9.8 = 745[\text{Pa}]$$
>
>   우리나라는 풍속 35[m/s]를 기준하여 갑종풍압으로 정하였다.
> 2. 다도체 전선의 풍압하중
>   다도체의 풍압하중은 병렬로 가설되는 경우 풍동실험 결과 전선상호 간섭에 의한 절감효과를 고려하여 단도체의 90[%]로 하였다.

04 애 자

1 애자의 사용목적

전차선로의 애자는 전선 및 진동방지, 곡선당김장치 등의 부속설비를 전주, 빔, 완금 등에 지지하는 경우와 전차선을 전기적으로 구분하는 경우, 또 가동브래킷 등에 직접 지지물과의 절연을 목적으로 사용한다.

전차선로용 애자는 대기 중의 습도, 분진, 매연, 염해 등에 의하여 애자표면이 오손되어 그 표면저항이 저하되므로 누설전류의 증대에 따라 전기적 파괴를 발생시킬 우려가 있다. 이 애자의 파손은 즉시 전기차 운전에 지장을 초래하므로 그 형상은 가능하면 표면 누설거리가 큰 것이 적합하지만 합리적인 절연강도가 되도록 애자를 선정할 필요가 있다.

2 애자의 종별과 사용구분

(1) 애자의 종별

전차선로에 사용하는 애자는 전선의 지지·인류의 목적으로 사용되며, 곡선당김장치에 현수애자가 사용되고, 가동브래킷 및 곡선당감장치에도 장간애자가 사용된다. 과선교 하부 등 특수한 개소와 기기의 지지에는 지지애자가 사용되고 있다.

애자에는 절연부의 재질에 따라 자기제, 유리제, 수지제가 사용되고 있다.

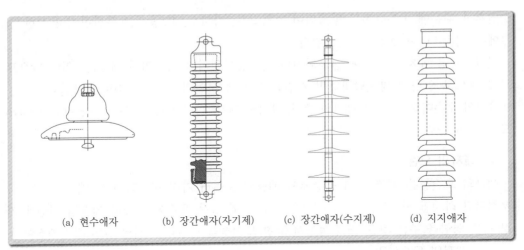

| (a) 현수애자 | (b) 장간애자(자기제) | (c) 장간애자(수지제) | (d) 지지애자 |

【 애자의 종류 】

(2) 애자의 사용구분

직류전차선로용 애자의 사용구분은 오손에 의한 섬락보다 누설전류에 의한 전식, 편열(偏熱)파괴 및 유도뢰에 대한 절연강도에 따라 정하여 진다.

또 교류전차선로용 애자에서는 오손으로 인한 애자섬락 등을 중점을 두어 절연강도를 정하고 있으며 그 사용구분은 다음과 같다.

종 별		직류구간	교류구간
현수 애자	100[mm]	행어의 절연	
	180[mm]	급전선, 조가선, 전차선, 곡선당김, 구분장치, 가압빔의 지지 또는 인류용	부급전선, AT보호선의 지지 또는 인류용, 2중 절연보호방식의 저압부분
	250[mm]	전차선, 급전선의 인류용으로 장력이 특히 크게 되는 경우	전차선, 급전선의 지지 또는 인류용
장간 애자	항압용	가동브래킷 경사 파이프용	가동브래킷 경사 파이프용
	인장용	급전선, 가공전차선, 곡선당김장치 인류 및 현수, 가동브래킷 수평파이프용	급전선, 가공전차선, 곡선당김장치 인류 및 현수, 가동브래킷 수평 파이프용
지지 애자	SP10		교량, 터널, 구름다리 밑 보호선 지지용
	SP60		교량, 터널, 구름다리 밑 급전선 지지용

▌3 애자의 오손

(1) 개 요

애자가 오손되어 비나 안개에 의하여 습윤을 받으면 애자 연면의 절연이 떨어진다. 이

절연저하 때문에 국부방전이 발생되어 가청잡음, 라디오, TV장해를 유발하거나 심한 경우에는 섬락(Flash Over)을 일으킨다.

전차선로용 애자는 인가에 접근되거나 운전승무원이나 여객의 눈에 띄는 일이 많으므로 오손으로 인하여 방전발광하면 사람의 마음에 불안감을 주는 일이 많아진다.

애자의 오손대책으로서는 애자의 증결, 애자의 세척, 실리콘 콤파운드(Silicone Compound) 도포 등이 있다.

(2) 애자의 오손

애자의 오손물은 해염 외에 공장에서 배출되는 여러 가지 화학합성물, 매연, 분진, 국부적이긴 하지만 시멘트(Cement) 등이 있다. 이와 같은 오손물 중에서 애자의 절연에 가장 나쁜 영향을 주는 것은 물에 녹아서 강한 도전성을 나타내는 해염 등의 강전해질이다.

① 애자의 오손요인

애자 오손에 영향을 미치는 주인자는 오손원에서의 거리, 지형, 풍향, 풍속, 기후, 강우량, 애자의 형상, 표면상태, 취부위치, 조가방법, 과전전압, 사용기간 등 많은 요인이 있으며 이와 같은 것의 총합이 애자의 오손실태로 나타난다.

② 애자표면이 오손되었을 때 일어나는 섬락 발생과정

㉠ 애자의 표면은 사용환경에 따라 해염 등의 오손물이 부착되어 오손된다. 이와 같은 부착물은 건조상태에서는 절연에 대하여 악영향을 미치는 일은 없으며 안개, 비, 눈 등에 의하여 습해졌을 때 오손물 중의 염분, 그 외 가용성분이 물에 용해되어 표면 누설저항이 저하되면서 상당한 누설전류가 표면을 흐르게 된다.

㉡ 이 누설전류의 가열효과에 따라 특히, 전류밀도가 높은 곳, 현수애자에서 핀(Pin), 갭(Cap) 주변에 소위 건조대를 형성한다. 그 결과 국부적으로 저항이 증대되어 부담전압이 높아진다.

㉢ 오손의 정도가 가벼우며 건조대에 걸리는 전압이 낮으면, 그 부분에는 방전이 일어나지 않으며 누설전류는 점차 감소되어 절연성은 회복된다. 그러나 오손의 정도가 높은 경우에는 최초 흐르는 전류는 크며, 건조작용이 강하므로 건조대에 걸리는 전압은 높아져서 국부 아크(Arc)의 발생이 일어난다.

㉣ 국부 아크의 발생에 의하여 건조부분은 단락되게 되므로 아크방전의 전류를 제한하는 것은 남은 습윤(濕潤)부분의 저항이므로 아크발생과 동시에 누설전류는 급격하게 증대한다.

㉤ 한편, 가열건조 효과도 증대되므로 곧 전류는 감소되고 국부 아크도 소멸된다. 그리고 재차 표면이 습윤하게 된다.

㉥ 이와 같이 하여 누설전류 서지(Surge)를 반복하며, 그 결과 애자표면의 전압 분포는 점점 불균등하게 되어 전압의 대부분은 건조부분에 걸리게 된다. 아

크는 방전의 강도를 더하여 드디어는 습윤부분의 저항이 전류를 억제할 수 없게되어 어느 치에 도달하면 섬락으로 진전된다.

(3) 염진오손 구분

① 지역별 염진오손 구분

㉠ 일반지역

해안에서 떨어진 산간, 평야 등에서 특히 염해에 대하여 고려할 필요가 없는 선구

㉡ 오손지역

해안으로부터의 거리, 지형, 풍향, 태풍 등으로 습래 정도 및 송전선의 염해 사고 등으로 보아 상당량의 염해가 예상되는 선구

② 염진오손 구분 및 애자의 표준사용 구분

| 종 별 | 직 류
(DC 1,500[V]) | 교류(AC 25[kV]) | |
		일반지역	오손지역
현수애자	180[mm] 2개	250[mm] 4개	250[mm] 5개
장간애자	직류용	교류일반용	교류오손용

③ 화학공장의 매연 등에 의하여 오손을 받는 개소는 실정에 따라 오손지역을 준용한다.

④ 해수의 물보라 거품 등의 영향을 받는 개소 또는 염분을 포함한 눈이 부착되는 개소 등 특히, 오손이 심하며 또 급속하게 오손이 예상되는 개소에 대해서는 필요한 염해방지 대책을 강구하여야 한다.

(4) 급속오손

태풍이나 계절풍에 실어서 바다로부터 해염입자가 날아와 단시간에 애자가 오손되는 현상을 급속오손이라 부르고 있다. 태풍에 의한 것은 바다로부터 수 10[km]까지 미치는 것도 있으며 5[km] 이내에서 많이 발생하고 있다.

(5) 애자의 오손대책

① 과절연 설계

매연이나 분진, 염분의 오손을 고려하여 사전에 애자의 연면 절연을 강화하여 두고, 오손상태에서의 섬락사고를 방지하는 것이 과절연 설계이다.

과절연 설계에는 애자의 증결, 표면누설거리가 긴 특수한 애자를 사용하는 경우가 있으나 오손애자의 섬락전압은 애자의 표면누설거리에 거의 비례하여 상승한다고 생각되므로 애자의 연결개수를 증가시키는 방법이 일반적으로 채용되고 있다.

㉠ 현수애자의 과절연 설계

【 교류 25[kV]용 현수애자 250[mm]의 경우 】

오손 구분	일반지구	오손지구	중오손지구
설계 내 전압[kV/개]	10.3	8.9~7.8	6.7
애자의 개수	3개	3~4	4개
현재시설 개수	4개	4개	5개

㉡ 장간애자의 과절연 설계

【 교류 25[kV]용 장간애자의 경우 】

오손 구분	일반지구	오손지구	중오손지구
kV당 소요누설거리[mm/kV]	26	30~33.5	43.5
소요누설거리[mm]	780	900~1,005	1,305
현재 시설물 적용 누설거리[mm]	1,480 (1,250)	1,480 (1,250)	1,480
적용 오손 내 전압[kV]	30	30	30

＊ (　)는 이중절연방식이다.

② 애자청소

오손 섬락사고방지를 위하여 애자를 정기적, 응급적으로 청소하는 방법으로 사람이 손으로 하는 청소, 활선애자 청소기로 하는 청소, 활선 청소장치에 의한 청소 등이 있으며 일반적으로는 전차선로를 정전시키고 사람의 손으로 하는 청소를 하고 있다.

③ 발수성 물질의 도포

애자가 오손되어도 습윤에 의하여 표면의 절연이 저하되지 않도록 애자의 표면에 발수성 물질을 도포하여 절연을 유지하는 방법이다. 이 발수성 물질에는 실리콘 콤파운드가 널리 사용되고 있다.

4 애자의 절연열화(劣化)

(1) 절연열화의 원인

전철용 애자의 절연열화는 전기적 절연내력의 저하를 가져오는 것과 기계적 강도가 저하되는 것으로 분류할 수 있다.

① 자기재의 손상

자기의 제조공정에서 내부결함은 냉각시험과 내전압시험에 의해서 충분히 제거되지만 이와 같은 시험에서 검출하기 어려운 자기의 미소균열은 냉각을 반복함에 따라 진전하고 자기균열이 발생한다.

애자는 자기표면과 내부 미소균열 혹은 취급 작업 중 손상이 일어나는데 그 상태에 따라서는 자기열화의 원인이 된다.

② 시멘트의 경년(經年)팽창

애자의 자기부분과 금구의 접속은 시멘트에 의해서 이루어지며, 이곳의 시멘트가 수축할 때에는 자기와 금구의 접속부 극간에 공극을 생기게 하는 원인이 된다. 이러한 원인에 의해서 외기 중에 노출되어 있는 시멘트는 그 후 수분 등을 흡수하여 그 체적과 경화(硬化)가 증가하고 점차적으로 응력(하중)에 원력이 걸리게 된다. 자기의 내측에 사용되고 있는 시멘트는 이와 같은 팽창을 일으키게 되면 그 크기에 따라 외측자기를 압박하여 자기의 균열이 발생하는 원인이 된다.

③ 애자 각 부의 열팽창 차이

자기의 열팽창계수는 $4{\sim}5{\times}10^6$, 시멘트는 $10{\times}10^6$, 철은 $11{\times}10^6$으로, 철과 시멘트는 자기보다 약 2배의 열팽창계수를 갖고 있으며 애자가 냉열변화를 받게 되면 각 부의 열팽창의 차이로 인하여 자기에 과대한 응력을 미치게 된다.

④ 내아크에 의한 자기재 파괴

애자가 뇌충격 등의 이상전압의 충격을 받거나, 태풍 시 해안지역에 설치되어 있는 애자에 이상 염분의 부착과 매연 등에 의해서 애자표면의 절연성이 떨어져 플래시 오버를 일으키면 속류아크에 의해 자기부가 용용되거나 편열파괴되는 것이 많다.

애자 표면에서 플래시 오버를 일으키는 것으로 염분과 분진 등에 의해 극도의 오손과 특수한 흡윤조건에서는 그 표면에 국부 아크가 발생하고 자기부에 편열파괴를 일으킨다.

⑤ 자기의 흡습성

자기의 흡습성은 원료조합의 부적합, 구울 때 열부족 등에 의해 생기며 그 성질은 굽기가 끝난 동시에 결정되어 사용 기간 중에 진전하는 것이 아니므로 엄밀한 의미로는 열화가 아니다.

⑥ 응력에 의한 균열

자기에 결함이 있고 각종 응력이 가해지면 균열로 진전하는 경우가 많다. 자기재와 같이 깨질 위험성이 있는 재료에서는 완제품에서 발생한 미소균열은 임계파괴응력을 초과하면 급속하게 진전하여 파괴가 일어난다.

(2) 열화에 의한 영향

① 누설전류의 증가

전철용 애자의 열화에 의한 특성 변화는 오래된 애자일수록 대체적으로 누설전류가 증가한다.

② 고주파 잡음의 발생

애자가 열화하면 고주파 잡음이 발생한다. 이 잡음전파는 여러 가지 주파수 성분을 포함하고 있으며 주파수가 높아지면 감소하는 경향이 있고 습도에 크게 영향을 받는다.

③ 온도 상승

애자가 열화하면 누설전류에 의해 애자의 온도가 상승한다. 애자의 절연저항치와 누설전류 및 애자 온도의 관계는 한국철도기술연구원 성능시험결과 다음과 같다.

애자상태	절연저항[MΩ]	누설전류[mA]	애자온도[℃]
불 량	0.0	29.5~19.2	25~42
불 량	0.0	25.4~18.9	25~42
양 호	2,000 이상	0.0~0.0	25~26
불 량	0.5	15~5.2	25~55
불 량	0.5	28.2~4.6	25~53

(3) 애자의 오염원인

① 오염요인

애자의 오염에 영향을 미치는 주요인은 오염물질의 원인이 되는 공장이나 차량으로부터의 거리, 지형, 기후, 강우량에 따라 다르며, 사용되고 있는 애자의 형상과 취부위치, 사용전압, 사용기간 등에 따라 달라지게 된다.

철도연변에서 발생하는 분진은 대부분 열차의 운행으로 인한 먼지 및 디젤기관차에서 배출되는 화학합성물, 매연, 레일의 마모에 따른 철분, 전차선 마모에 의한 구리분, 화물운반 시 발생되는 석탄 및 시멘트 분진 등은 절연애자의 표면에서 장시간 부착되어 대기 중의 습기에 의해 견고해지고 시간이 경과함에 따라 고착된 스케일(Scale)을 형성하여 애자표면의 절연을 파괴시켜 섬락을 일으키게 되어 절연애자의 절손 등을 일으키는 요인으로 작용할 수 있다.

② 애자표면 오염물질 분석

한국철도기술연구원의 "전철용 애자 성능시험 및 소손 원인분석"(1997. 5) 결과 수도권 전철 구간에서 24년이 경과 후 절손된 절연애자의 표면에서 시료를 채취하여 오염성분을 분석한 결과는 다음과 같다.

성 분	Fe	Cu	Cr	Mn	Zn	Mg	W	Ni	Mo
함량[%]	96.3	0.62	0.43	0.27	0.83	1.34	0.09	0.07	0.06

③ 분석결과

애자표면 오염물질 분석결과에서 오염물질 중 철(Fe) 성분이 96[%] 이상을 차지하였으며, 대부분 철도시설물의 주된 재질은 철(Fe)로 되어있어 대기부식으로 산화된 부식 생성물, 차륜과 레일의 마모에 의해서 발생되는 철분, 자갈, 각종 분진 및 시멘트분진, 자연발생적으로 대기 중에 떠다니는 분진성분 중에서 철분이 많아 애자표면의 오염물질 중 철성분의 함량이 높게 나타난 것으로 생각된다.

(4) 절연열화 측정

① 초음파 검사

전기설비의 아킹(Arcing), 트래킹(Tracking), 코로나(Corona) 방전은 방출현장에서 초음파를 발생하며, 이 전기방전을 초음파 검사기를 통해 주변을 스캐닝 함으로써 빨리 찾아낼 수 있다.

초음파 탐상은 1~5[MHz]의 초음파 펄스를 탐독자로부터 시험하고자 하는 애자에 투사하여 내부에 결함이 있으면 결함부분에서 초음파의 일부분이 반사되어 탐독자에 수신되는 현상을 이용하여 결함의 존재위치 및 결함의 크기를 알아내는 방법이다.

이 방법은 전철설비의 운전 중에 전기적 방전 그리고 누설에 의해 발생되는 초음파 방출감지장치로서 헤드폰을 통해 이 소리를 들을 수 있고, 계기상에서 상승강도를 볼 수 있으며 열차운행 등 시끄러운 환경에서도 측정이 가능하다.

② 초음파 검사 기준설정

전기가 고전압선에서 새어나올 때 또는 전기적 연결부 안의 결함을 건너뛸 때, 그 주변의 공기분자들을 교란하며 초음파를 발생한다. 흔히 이 소리는 우지직 하는 소리나 톡톡 튀는 소리로써 감지되며, 또한 부저를 울리는 소리로 들린다. 전철설비의 애자는 인근개소에 여러 개를 설치하므로 소리의 상태는 합성되어 나오는 소리가 많아 판별하기가 어렵고 계기상에서 소리의 상승강도로 구분하여 추정결과를 다음과 같이 분류하여 기준치를 설정할 수 있다.

측정결과	불량 여부	비 고
5[dB] 미만	양 호	
5~50[dB] 미만	불 량	애자 청소 후 초음파 검사
50~100[dB] 이상	불 량	애자 청소 후 절연저항 측정

(5) 애자의 절연열화 진단결과

애자류 절연열화 진단 시범구간인 경부선 영등포~시흥 간은 수도권 건설당시의 애자로 약 26년간 사용하였으며 경인선 구로~부천 간은 경인복복선 사업으로 애자류를 신품으로 신설하였으며 기간은 약 3년 정도 경과하였다.

구로~영등포 간은 구로 3복선 사업으로 경부선을 제외한 일부선로를 개량하여 약 10년간 전철이 운행되고 있는 실정이었다. 애자류 절연 진단결과 기존 경부선에서 불량애자가 약 8.7[%] 정도 검출되었으며, 구로 3복선 구간은 약 2[%], 경인복복선구간은 약 0.3[%] 정도인 것으로 나타났다.

이를 도표로 나타내면 다음과 같다.

구 간	설치 기간	불량률[%]	비 고
경부선 영등포~시흥 간	약 26년	8.7	개통당시 시설물
경부선 영등포 구내	약 10년	2	구로 3복선사업
경인선 구로~부천	약 3년	0.3	경인복복선사업

위 도표에서 나타낸 것과 같이 설치기간이 오래된 애자일수록 대체적으로 누설전류가 증가되어 불량률이 높아지는 것으로 분석된다.

애자의 수명은 사용조건에 따라 다르게 결정되는데 일반적인 조건하에서 애자청소를 주기적으로 실시하거나 외부충격 등 기계적인 영향이 없는 경우에는 각종 문헌에 최대 50년간 사용이 가능한 것으로 나타났다.

"전철용 애자 성능시험 및 소손원인 분석"(1997. 5 한국철도기술연구원) 결과에 의하면 설치된 애자의 기계적 시험에서는 기준치를 충분히 만족하였고, 전기적 시험에서는 애자 표면에 부착된 오염물질을 제거 전에는 주수 섬락시험에 문제가 있으나 제거 후 다시 시험한 결과 전기적 성능이 향상되었음을 알 수 있었다.

초음파 검사결과 애자의 불량개소는 오염물질을 제거 후 절연저항을 1,000[V] 메가로 측정하여 2,000[MΩ] 미만일 경우 교체하도록 권고한다.

특히, 경인선에서 약 3년 정도 시설 개소에서도 불량 애자가 검출된 것은 고가교 등 자동차 통행이 빈번한 개소이다.

이러한 전기적 스트레스는 애자의 균열을 초래하거나 열화를 진전시키기 때문에 애자 표면에 부착된 오염물질은 대체주기의 연장을 위해서 반드시 청소가 필요하다.

특히 자동차 매연, 분진 등이 많이 발생되는 개소는 청소주기를 단축하여야 한다.

05 급전선로

1 개 요

전철용 변전소에서 전차선 또는 도전 레일 등의 집전용 도체를 통하여 전기차에 전력을 공급하기 위한 도체를 "급전선"이라 하며 이것을 지지 또는 보장하는 공작물을 총괄한 것을 "급전선로"라 한다.

(1) 직류 급전선

직류 급전방식에서는 전차선과 병렬로 급전선을 설치하여 전차선의 전류용량 및 급전회로의 전압강하를 구제하는 목적으로 사용한다.

(2) 교류 BT급전선

교류 BT급전방식의 급전선은 전철용 변전소와 급전 인출구 근처의 절연구분장치(Neutral Section) 전후의 전차선을 연결하여 변전소에서 전차선에 전력을 공급하기 위한 목적으로 사용한다.

(3) 교류 AT급전선

교류 AT급전방식의 급전선은 전철용 변전소와 전차선로에 분산 설치되어 있는 단권변압기(AT)에 전력을 공급하기 위한 목적으로 사용한다.

2 급전선로에 요구되는 성능

급전선로는 소요의 전기용량을 가지고 전압강하가 적은 안정된 양질의 전력을 공급할 수 있도록 설비하는 것이 필요하며 기본적으로 요구되는 사항은 다음과 같다.
① 전기차 용량에 대응되는 전기용량을 가지며 전압강하가 적을 것
② 전선은 소요의 기계적 강도, 내식성 등을 가져야 하며 타 공작물 등에 대하여 항상 소정의 이격거리를 확보할 것
③ 급전용 변전소 및 전차선 등과 절연의 협조를 도모할 것
④ 급전계통은 가능한 한 간소화하고 개폐기 등은 필요 최소한으로 할 것

3 급전선의 지지와 배열

교류 급전선은 전차선로 지지물에 병가하고, 고압 배전선이나 통신선의 관계로부터 그 배열은 지지물의 내측(선로측)으로 하고 있다. 그 주요 이유는 BT급전방식의 부급전선은 고압 배전선 등의 관계가 없는 한 특히 구별은 하고 있지 않으나, 일반적으로 내측

233

의 장주로 하고 있으며 AT급전방식의 급전선은, 그 특징에서 전차선과 급전선 상호 전자유도 경감효과를 보다 크게 할 목적에서 전차선과 동일한 내측으로 하고 있다.

급전선의 인류장치는, 그 지역에서의 급전선의 최대장력을 고려하여 장치의 각 부재가 안전율 2.5 이상인 것이 아니면 안 된다.

급전선의 인류는 전차선의 장력장치나 인류장치와 동일 지지물에 시설하여서는 안 된다. 또한 급전선의 접속을 압축접속으로 하므로 장력이 작용하지 않는 개소에서 접속을 시행하여야 한다. 이는 접속개소에서 급전선이 이탈되는 사고를 방지하기 위함이다.

4 급전선의 이도와 장력

① 급전선에 사용하는 전선은 전기차의 부하 특성 등 운전조건과 공해, 기후, 구조물 및 기타조건을 고려하여 채택하고 그 사용온도가 허용최고 온도범위 이내를 유지하여야 한다.

② 염해 등 공해지역과 강풍구간에는 경동연선 또는 이와 동등 이상의 선종을 사용한다.

③ 전차선로에 사용할 전선의 특성 및 장력, 이도표는 부록에 '전선특성표'와 '전선의 장력 이도표'가 첨부되어 있다.

④ 이도와 장력의 관계식

설비개소에서의 최저기온 시에 급전선 장력이 그 선종의 허용하중(허용항장력) 이하가 되도록 한다.

㉠ 장력

$$T = T_0 - \frac{8AE}{3S^2}(D_0{}^2 - D^2) - AE\alpha(t - t_0)$$

$$T^3 - \left\{ T_0 - \frac{8AED_0{}^2}{3S^2} - AE\alpha(t - t_0) \right\} T^2 - \frac{AEW^2S^2}{24} = 0$$

여기서, T : 전선의 온도 $t[℃]$에서의 장력[N]

T_0 : 전선의 표준온도 $t_0[℃]$에서의 장력[N] $\leqq$ 허용하중

D : 전선의 장력 T에서의 이도[m]

D_0 : 전선의 표준장력 T_0에서의 이도[m]

A : 전선의 단면적[mm^2], E : 전선의 탄성계수[N/mm^2]

α : 전선의 선팽창계수, S : 경간[m]

㉡ 이도

$$D_0 = \frac{W_0 S^2}{8 T_0} [\text{m}]$$

여기서, W_0 : 전선의 무풍 시 단위중량[N/m]

W : 풍압하중을 가미한 전선의 단위중량[N/m]

급전선 이도와 장력 계산 예

급전선 인류개소의 최저온도 시 전선의 장력을 Cu $150[\text{mm}^2]$를 기준으로 계산해 보자.

1. 조 건
   - 경간(S) : $40[\text{m}]$
   - 기온(T) : $-20[℃]$의 전선의 장력
   - 단면적(A) : $150[\text{mm}^2] \times 1$조
   - 외경 : $16.0[\text{mm}]$
   - 탄성계수(E) : $117,600[\text{N/mm}^2]$
   - 선팽창계수(α) : 1.7×10^{-5}
   - 전선의 무풍 시 단위질량 : $13.475[\text{kg/m}]$
   - 표준장력(T_0) : $8,820[\text{N}]$
   - 병종풍압하중 : $0.016 \times 745 \div 2 = 5.96[\text{N/m}]$
   - 전선의 단위중량 : $W = \sqrt{13.475^2 + 5.96^2} = 14.734[\text{N/m}]$

2. 급전선의 표준이도

$$D_0 = \frac{W_0 S^2}{8 T_0} = \frac{13.475 \times 40^2}{8 \times 8,820} = 0.305[\text{m}]$$

3. 전선의 장력

$$T^3 - \left\{ T_0 - \frac{8AED_0^2}{3S^2} - AE\alpha(t-t_0) \right\} T^2 - \frac{AEW^2 S^2}{24} = 0$$

$$T^3 - \left\{ 8,820 - \frac{8 \times 150 \times 117,600 \times 0.305^2}{3 \times 40^2} - 150 \times 117,600 \times 1.7 \times 10^{-5}(-20-10) \right\} T_2$$

$$- \frac{150 \times 117,600 \times 14.734^2 \times 40^2}{24} = 0$$

$$T^3 - \{8,820 - 2,735 + 8,996\} T^2 - 255,298,729,100 = 0$$

$$T^3 - 15,081 T^2 - 255,298,729,100 = 0 (\text{본 계산은 컴퓨터프로그램에 의한다})$$

$$T ≒ 16,069[\text{N}]$$

5 급전선의 높이

급전선의 지표상 높이는 최대이도의 경우 다음 표와 같다.

종 별	높 이
도로횡단(도로면상)	6[m] 이상
철도횡단(궤도면상)	6.5[m] 이상
기타장소(지표상)	6[m] 이상
건널목(지표상)	전차선 높이 이상(최소 5[m])
터널, 구름다리, 교량 등	부득이한 경우 3.5[m] 이상

6 급전선의 접속

① 급전선의 접속은 직선압축접속으로 한다.
② 급전선의 접속위치는 전주경간 내에서 접속하지 않는 것을 원칙으로 한다.
③ 급전선의 접속은 포완철을 사용하여 장력을 받지 않는 인류개소에서 시행하는 것이 바람직하다.

7 급전선의 안전율

가공전선은 예상되는 풍압하중, 전선장력 등에 대하여 안전율을 확보하여야 한다.

$$안전율 = \frac{인장하중}{최대사용장력}$$

가공전선은 케이블인 경우를 제외하고 상정하중이 가해졌을 때 전선의 인장하중에 대하여 안전율은 경동선에서는 2.2 이상, 기타의 전선에서는 2.5 이상이 되는 장력으로 시설하지 않으면 안 된다.

기타 전선의 안전율이 2.5 이상으로 되어 있는 것은 경동선에 비하여 내구성이나 신뢰성이 뒤떨어지기 때문이다.

8 절연이격거리

① 급전계통이 다른 급전선의 가압부분 상호간은 1,200[mm] 이상 이격한다.
② 급전선과 전차선 간의 전기적 이격거리는 EN50 119에 다음과 같이 정하고 있다.

정격전압	위상차(도)	상대전압	추천이격[mm]	
			정 적	동 적
15[kV]	120	26[kV]	260	175
15[kV]	180	30[kV]	300	200
25[kV]	120	43.3[kV]	400	230
25[kV]	180	50[kV]	540	300

* 이상간(M상-T상) 전차선은 90도의 위상차로 $27.5[kV] \times \sqrt{2} = 38.9[kV]$이므로 정적이격거리는 400[mm]로 한다.

9 바람으로 인한 전선의 횡진과 선간 이격거리

(1) 바람으로 인한 전선의 횡진

전선이 2조 이상 수평으로 배열되어 가설되는 경우 전선 상호간에 풍압 등에 의하여 전선이 접근되어 선간단락 등이 발생되지 않도록 항상 소요의 수평선간 이격거리를 확보할 필요가 있다. 특히, 전선이 받는 풍압에는 시시각각으로 변화하는 바람에 의한 것이 있으며, 이와 같은 바람의 상황에 따라 수평으로 배치된 전선에는 각각 다른 풍압을 받으므로 전선 상호간의 흔들림은 다음 그림과 같이 다르게 접근된다는 것을 생각할 수 있다.

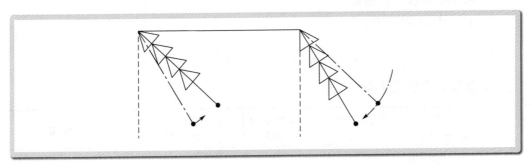

[**바람으로 인한 전선의 횡진**]

(2) 수평선간 이격거리

풍압으로 인한 수평선간 이격거리는 양쪽의 전선이 반대방향의 바람을 받은 것으로 생각하고 다음과 같은 식이 이용된다. 다만, 풍압에 의한 등가풍속은 13[m/s]로 한다.

$$C_K \geq 2 \times (L_i + d)\sin\theta + \varepsilon$$

여기서, C_K : 전선의 수평선간 이격거리[m]

L_i : 애자의 연결길이(부속금구 포함)[m]

d : 전선의 이도[m]

ε : 최소허용 접근거리[m]($0.003 \times V$, V : 선간전압[kV])

θ : 풍압에 의한 횡진동 각도[°] $\left(단, \tan^{-1}\dfrac{W'}{W}, W : 전선의 단위중량\right.$

$[N/m]$, W' : 풍압의 등가풍속에 의한 전선에 받는 풍압$[N/m]\Big)$

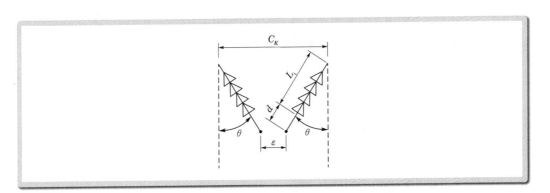

(3) 급전선의 선간 이격거리의 계산

① 애자의 길이

$L = 애자(\Phi250) + 지지금구 = 560[\text{mm}] + 295[\text{mm}] = 855[\text{mm}] = 0.855[\text{m}]$

② 풍속에 대응하는 풍압

급전선 1조의 경우

$$P = 745 \times \left(\frac{V_X}{35}\right)^2 = 745 \times \left(\frac{13}{35}\right)^2 = 102[\text{N/m}^2]$$

③ 풍압에 의한 진동각

항 목 \ 급전선 선종	Cu 100[mm²] 1조	Cu 150[mm²] 1조	비 고
단위중량 W[N/m]	8.894	13.475	
단위풍압하중 W'[N/m]	1.345	1.666	
진동각 $\theta = \tan^{-1}\dfrac{W'}{W}$	8°59′	7°04′	
$\sin\theta$	0.149	0.122	

∗ Cu 100[mm²]×1조에서 최대의 진동각이 된다.

④ 전선의 이도(Cu 100[mm²]×1조의 경우)

$$D_0 = \frac{W_0 S^2}{8 T_0}, \quad T^3 - \left\{ T_0 - \frac{8AED_0^2}{3S^2} - AE\alpha(t - t_0) \right\} T^2 - \frac{AEW^2 S^2}{24} = 0$$

여기서, T : 전선의 t에서의 장력[N]

T_0 : 전선의 표준온도 t_0에서의 표준장력 5,880[N]

D : 장력 T에서의 이도[m]

D_0 : 표준장력 T_0에서의 이도[m]

A : 전선의 단면적 100.9[mm²]

E : 전선의 탄성계수 11.76×10^4[N/mm²]

α : 전선의 선팽창계수 1.7×10^{-5}

W : 전선의 단위중량[N/m]

W_0 : 전선의 무풍 시 단위중량 8.894[N/m]

S : 경간 50[m]

t : 최고온도 40[℃]

t_0 : 표준온도 10[℃]

$$D_0 = \frac{8.894 \times 2,500}{8 \times 5,880} = 0.4727[\text{m}]$$

$$W = \sqrt{{W_0}^2 + {W'}^2} = \sqrt{(8.894)^2 + (1.345)^2} = 8.995\,[\text{N/m}]$$

이상의 값을 상기 식에 대입하여 40[℃]일 때의 장력 $T = 3,356[\text{N}]$이다.

$$d = D = \frac{W\,S^2}{8\,T} = \frac{8.995 \times 2,500}{8 \times 3,356} = 0.84\,[\text{m}]$$

⑤ 최소허용 접근거리

$$\varepsilon = 0.003\,V = 0.003 \times 25 = 0.075\,[\text{m}]$$

⑥ 전선의 수평선 간 이격거리

$$C_K \geq 2 \times (L_i + d)\sin\theta + \varepsilon$$

$$C_K \geq 2 \times (0.855 + 0.84) \times 0.149 + 0.075 \geq 0.58\,[\text{m}]$$

이상의 결과에 의하여 급전선(Cu 100[mm^2]) 2선의 선간 이격거리는 유지보수를 감안하여 1[m]로 하여야 안전하다.

10 급전선과 지지물과의 절연이격거리

(1) 전선과 지지물과의 이격거리

전선의 지지점이 풍압 또는 횡장력 등에 의하여 동요 또는 경사되었을 경우에도 소요의 절연이격거리를 유지할 수 있도록 가설하는 것이 필요하며 다음 식을 인용하여 계산한다.

$$C_h = L\sin\theta + D$$

여기서, C_h : 전선과 지지물과의 이격거리[m]
　　　　L : 애자의 연결길이(부속금구 포함)[m]
　　　　D : 최소 절연이격거리[m]
　　　　θ : 풍압 및 횡장력에 의한 경사각[°]

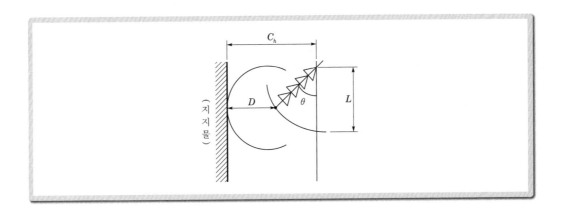

(2) 급전선 Cu 100[mm²]와 지지물의 이격거리 계산

먼저 경사각 θ를 구하면,

$$(W_1X_1 + W_2X_2)\sin\theta - (P_1X_1 + P_2X_2)\cos\theta = 0$$

$$\tan\theta = \frac{\sin\theta}{\cos\theta} = \frac{P_1X_1 + P_2X_2}{W_1X_1 + W_2X_2}$$

여기서, $X_1 = 0.855[\text{m}]$: 지지점에서 급전선까지의 거리, $X_2 = 0.295[\text{m}]$: 애자의 중심거리

항 목	곡선반경 경간	$R=\infty$ $S=60[\text{m}]$	$R=800[\text{m}]$ $S=50[\text{m}]$	$R=500[\text{m}]$ $S=40[\text{m}]$	$R=300[\text{m}]$ $S=30[\text{m}]$
W_1	Cu 100[mm²]의 중량[N]	533	444	355	266
W_2	애자의 중량[N]	213	213	213	213
P_1	Cu 100[mm²]의 풍압하중[N]	1,760	1,467	1,173	880
	Cu 100[mm²]의 횡장력[N]	88	152	196	245
P_2	애자의 풍압하중[N]	134	134	134	134
θ	경사각	72°24′	72°73′	73°23′	73°83′

(3) 급전선과 지지물과의 이격거리(전주경간 30[m]의 경우)

$$C_h \geq \text{전주반경} + \text{최소이격거리} + L\sin\theta$$

$$\geq \frac{0.350}{2} + 0.25 + 0.855 \times 0.96 \geq 1.245 \fallingdotseq 1.3[\text{m}]$$

절연이격거리는 급전선이 지지물 한쪽으로 2조가 가설되는 경우 급전선 상호간 이격 거리는 유지보수를 감안하여 1[m] 이상으로 하고 급전선과 지지물 간의 이격거리는 1.3[m] 이상 이격하여야 한다.

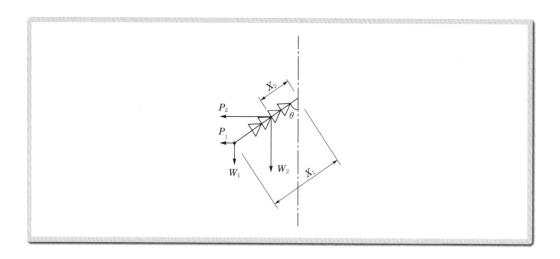

11 지지점에서 인상력

(1) 지지점 높이가 다른 경우에 작용하는 인상력(또는 인하력)

다음 그림 (a)과 같이, 경간(S)의 전선이 BC 양쪽에 지지될 때에 그 고저차(H)가 커지면 종국적으로는 B점에서 인상력이 작용하게 된다. 그림 (b)와 같이 하·동절기에 전선장력의 변동에 따라서 이도의 변화가 생기고, 그것이 전술한 바와 같이 결과적으로 동절기(최대장력일 때)에 인상력으로 작용하게 된다.

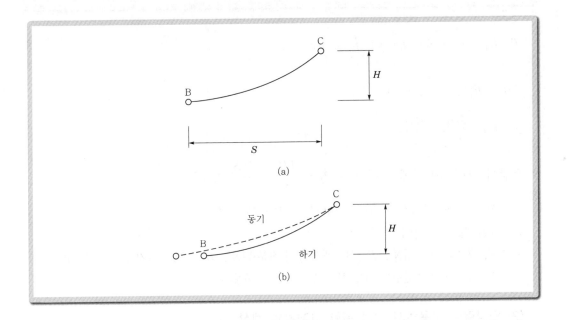

다음 그림에서 가선장력은 BC 양지지점에서 근사적으로 동일하다고 하고,

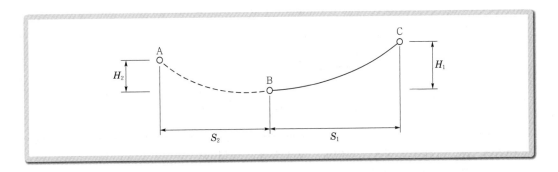

그림에서 BC 간의 인장력은 원점(0점)의 주변 회전력의 평형조건에 의해 다음 식이 생긴다.

241

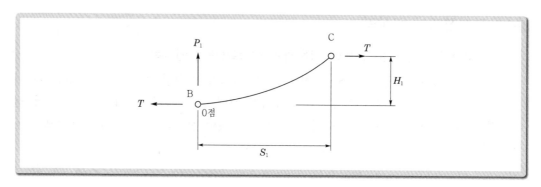

$$T\times H_1 = P_1 \times S_1 + T\times 0 + \int_0^{x_1} w_x dx$$

$$TH_1 - P_1 S_1 - \frac{WS_1^{\,2}}{2} = 0$$

$$\therefore \ P_1 = \frac{TH_1}{S_1} - \frac{WS_1}{2}$$

똑같이 하여 AB 간에 대해서는 $P_2 = \dfrac{TH_2}{S_2} - \dfrac{WS_2}{2}$ 가 된다.

따라서, B점에 있어서의 수직분력(P)는 $P = P_1 + P_2$

$P > 0$일 때 인상력이 된다.

여기서, T : 가선장력[N], P : B점에서의 수직분력[N], H_1, H_2 : 지지점의 고저차[m]
S_1, S_2 : 경간길이[m], W : 전선의 단위중량[N/m]

(2) 인상력이 작용하지 않기 위한 고저차의 계산

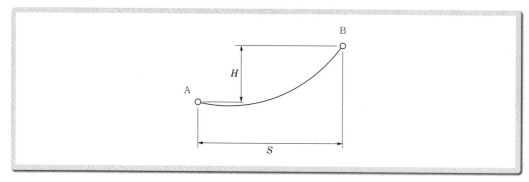

여기서, H : 지지점의 허용고저차[m], T : 전선의 장력[N]
W : 전선의 단위중량[N/m], S : 경간장[m]

고저차(H)가 AB 양지지점 간의 이도보다도 작으면 인상력으로 작용하지 않는다.

즉, 다음 식과 같아진다.

$$H \leqq \frac{WS^2}{2T}$$

12 급전선의 인류장치

급전선의 인류는 다음과 같은 개소에 필요에 따라 인류장치를 설치하고 있다.

① 역구내의 전후
② 교량개소 등에서 이격조건이 어려운 개소
③ 연속되는 구배의 정상부근
④ 급전선, 부급전선, 보호선의 인류장치는 1000[m]마다 설치
⑤ 선로횡단 및 터널입구 등의 취약지점이나 보수상 필요한 곳
⑥ 횡장력이 극히 심한 구간(곡선반경 300[m] 이하)의 장력을 분할할 필요가 있는 개소
⑦ 급전선 상호접속개소 및 단말개소

13 전압강하

(1) 개 요

전차선로의 전압강하는 열차운전조건(열차단위, 열차간격, 구배, 정거장 간격 등), 급전계통(급전방식, 급전선의 종류) 및 변전소 간격 등에 의해 정해진다.

전철화 계획 때에는 일반적으로 종래의 경험과 예상되는 여러 가지 부하조건에 따라 전압강하를 예측하고, 이러한 결과에서 우선 변전소 위치 및 필요한 간격의 기준을 정하고, 거기에 전원사정, 경제성 등도 감안하여 합리적인 변전소 위치를 선정하고 있다.

또한, 열차다이어가 정해지면 최종적인 부하조건에 대응하는 전압강하를 검토하고 필요하면 전압강하 보상대책을 강구하여야 한다.

(2) 전압강하 영향

① 전기차 속도특성 감소

전기차의 전동기 특성은 같은 견인력에 대하여 속도는 전압에 거의 비례하여 저하되므로 전차선 전압이 내려가면 같은 표정속도를 유지하기 위해서는 역행시간이 길어지거나 혹은 규정의 운전시분이 유지될 수 없게 된다.

② 전기차 보기 기능 상실

전기차에서는 주제어기나 주회로의 개폐기 등을 조작하기 위하여 제어회로 전원용의 전동발전기나 공기압축기 등의 보기를 사용한다. 보기로 사용하는 전동기의 특성은 전차선 전압이 어느 정도 떨어져도 출력측의 제어전원전압은 그다지 떨어지지 않는 특성을 가지고 있으나 이 제어전원은 어느 한도를 넘어가면 급격히 출력이 떨어져서 운전불능으로 된다.

(3) 전차선 전압의 변동범위

공칭전압	최 고	표 준	최 저	비 고
직류 1,500[V]	1,800[V]	1,500[V]	900[V]	지하철
교류 25[kV]	27.5[kV]	25[kV]	20[kV]	전차선-레일 간
교류 50[kV]	55[kV]	50[kV]	40[kV]	급전선-전차선 간

(4) 전압강하의 경감대책

① 직류방식의 경우

㉠ 급전선을 설치하여 선로저항을 경감한다.

㉡ 전압강하가 크게 되는 구간에는 변전소를 증설하여 급전거리를 단축한다.

㉢ 복선구간에서는 급전구분소(SP) 또는 급전타이포스트(Tie Post)를 설치하고 상·하선의 급전선을 균압하여 병렬로 사용한다.

㉣ 승압기를 삽입하여 전압강하를 보상한다.

② 교류방식의 경우

교류방식의 선로임피던스는 저항분에 비해서 리액턴스(Reactance)분이 크기 때문에 도체의 단면적을 증가시켜 저항분을 감소시켜도 선로임피던스의 경감효과가 작기 때문에 다음과 같은 보상대책을 강구하고 있다.

㉠ 직렬콘덴서를 사용하여 리액턴스분을 보상한다.

㉡ 단권변압기의 승압효과를 이용한다.

㉢ 자동전압 보상장치를 사용하여 부하전류의 변화에 대응하여 전압을 조정한다.

㉣ 전기차의 역률을 개선한다.

㉤ 변전소에서 병렬콘덴서를 부하와 병렬로 접속하고 무효전력을 공급하여 부하의 역률을 개선한다.

㉥ 동기조상기를 설치한다.

㉦ 동축케이블을 급전선으로 사용한다.

(5) 전압강하 계산을 위한 부하상정

① 일반적으로 최대의 선로전압강하가 발생하는 조건은 직류구간에서는 병렬급전방식이 표준이기 때문에 변전소의 중간부분이 되며, 교류구간에서는 편송급전방식이 표준이기 때문에 급전 최원단 등에서 전기차가 기동최대전류로 운전될 때이다. 이 경우의 부하상정은 각 전기차의 선로조건을 가미한 전류-시간특성과 열차 다이아(Dia)에서의 위치상태를 파악하여 가장 전압강하가 많다고 예상되는 조건을 선택한다.

② 부하상정의 예

편송급전인 교류급전방식은 전기차 부하를 일정하게 하면, 변전소에서 먼 위치에 있을수록 전압강하가 커진다. 부하상정에 있어서는 부하전류와 부하점까지의 거리(Amp-km)가 멀수록 전압강하가 커지므로 이와 같은 부하의 시간을 열차 다이아에 의해서 추출한다.

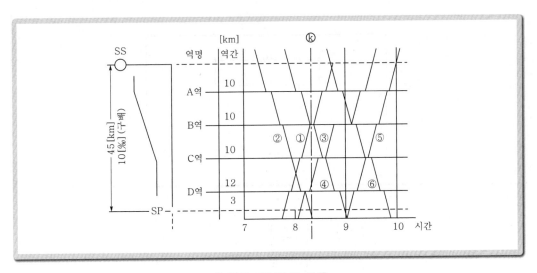

【 열차 다이아의 예 】

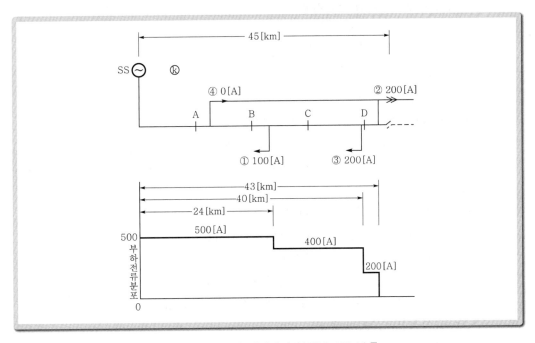

【 최대전압강하 시간대의 부하분포의 예 】

245

(6) 직류 전차선로의 전압강하

① 직류 전차선로의 합성저항

직류 전차선로의 전압강하 계산에 필요한 도체저항은 도체온도 20[℃]로 하며 레일에 누설전류는 30[%]로 하고 있다.

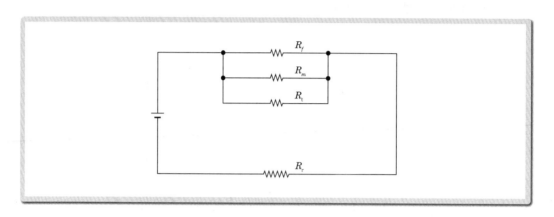

$$R = \cfrac{1}{\cfrac{1}{R_f} + \cfrac{1}{R_m} + \cfrac{1}{R_t}} + R_r \,[\Omega/\text{km}]$$

여기서, R : 전차선로의 저항

R_f : 급전선의 저항

R_m : 조가선의 저항

R_t : 전차선의 저항

R_r : 레일의 저항

② 직류 전차선로의 전압강하계산(병렬급전의 경우)

일반적으로 병렬급전되는 변전소는 그 무부하 급전전압 및 전압변동률이 거의 같도록 계획되므로 동일용량의 변전소의 경우는 내부저항이 거의 같다고 생각 된다.

　㉠ A변전소에서 임의의 전기차 부하(K의 경우)

- 급전선 : Al 510[mm^2], 2조(0.0282[Ω/km])
- 조가선 : St 90[mm^2], 1조(1.653[Ω/km])
- 전차선 : Gt 110[mm^2], 1조(0.1592[Ω/km])
- Rail : 50[N](누설전류 30[%]), 2조(0.0119[Ω/km])
- 합성저항 : $R = 0.0355[\Omega$/km]
- $R_0 = R_A = R_B$(변전소 내부저항)

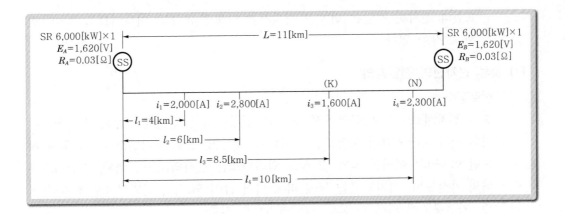

ⓛ A변전소의 분담전류(I_A)

$$I_A = \left\{ (R_0 + RL) \sum_{j=1}^{4} i_j - R \sum_{j=1}^{4} i_j l_j \right\} / R_{SL}$$

$$= \{ (0.03 + 0.0355 \times 11) \times (2,000 + 2,800 + 1,600 + 2,300)$$
$$- 0.0355 \times (4 \times 2,000 + 6 \times 2,800 + 8.5 \times 1,600 + 10 \times 2,300) \} / R_{SL}$$

$$R_{SL} = 2 \times R_0 + RL = 2 \times 0.03 + 0.0355 \times 11 = 0.4505 [\Omega]$$

$$\therefore \ I_A = \frac{3,658.4 - 2,179.7}{0.4505} \fallingdotseq 3,282 [A]$$

ⓒ A변전소의 내부전압강하(e_{AS})

$$e_{AS} = R_0 \cdot I_A = 0.03 \times 3,282 \fallingdotseq 98 [V]$$

ⓔ A변전소에서 임의의 전기차(K)까지의 전차선로전압강하(e_{AK})

$$e_{AK} = R \left(\sum_{j=1}^{2} i_j l_j + I_K l_K \right)$$

$$= 0.0355 (4 \times 2,000 + 6 \times 2,800 - 1,518 \times 8.5) \fallingdotseq 422 [V]$$

다만, $I_K = \left\{ (R_0 + RL) \sum_{j=3}^{4} i_j - R_0 \sum_{j=1}^{2} i_j - R \sum_{j=1}^{4} i_j l_j \right\} / R_{SL}$

$$= \{ (0.03 + 0.0355 \times 11)(1,600 + 2,300) - 0.03(2,000 + 2,800)$$
$$- 0.0355(4 \times 2,000 + 6 \times 2,800 + 8.5 \times 1,600 + 10 \times 2,300) \} / 0.4505$$

$$= -1,518$$

또는 $I_K = I_A - I_1 - I_2 = 3,282 - 2,000 - 2,800 = -1,518 [A]$

ⓜ K점에서의 전차선 전압(E_K)

$$E_K = E_A - (e_{AS} + e_{AK})$$

$$= 1,620 - (98 + 422) = 1,100 [V] > 900 [V]$$

K점의 전차선 전압은 전차선 최저전압 한도인 900[V] 이상이므로 열차운전에 지장이 없다.

(7) 교류 전차선의 전압강하

① 선로정수

교류 전차선로(BT, AT급전방식 모두)의 전압강하를 계산할 경우의 선로정수는 직류 전차선로와 같이 저항분만이 아니라 자기 및 상호 임피던스를 고려하지 않으면 안 된다. 이러한 자기 및 상호 임피던스는 전선의 선종, 배치, 지상으로부터의 가설높이, 대지도전율 등에 의해 여러 값이 되므로, 일반적으로 전차선 선종, 가선구조에 의해 다음과 같은 방법으로 산출한다.

또한, 교류전철회로의 임피던스는 일반의 3상 송전선과는 달리 1선은 레일에 의하여 대지에 접속된 1선접지의 불평형 회로이다.

㉠ 자기임피던스(Z)

가공전선의 대지귀로 자기임피던스는 다음과 같이 표시한다.

$$Z = Z_s + Z_i [\Omega/km]$$

• 대지귀로 외부임피던스(Z_s)

일반적으로 다음 그림과 같이 지표에서 h[m]의 높이에 가설된 도체반경 r[m]의 대지귀로 외부임피던스(Z_s)는 Carson-Pallaczek의 외부임피던스 산출공식에서 다음과 같이 표시된다.

$$Z_s = \left\{ \omega\left(\frac{\pi}{2} - \frac{4x}{3\sqrt{2}} \right) + j\omega\left(4.605 \log_{10} \frac{4h}{\gamma \cdot x} + \frac{4x}{3\sqrt{2}} - 0.1544 \right) \right\} \times 10^{-4}$$

$$= R_s + jX_s [\Omega/km]$$

$$x = 4\pi h \sqrt{20\sigma f} \times 10^{-4} [\mho/km]$$

여기서, h_1 : 급전선의 지표에서 평균높이[m]

　　　　h_2 : 전차선의 지표에서 등가평균높이[m]

　　　　b : 급전선과 전차선의 수평
　　　　　　 거리[m]

　　　　r_n : 급전선, 전차선의 반경[m]

　　　　σ : 대지유전율($1 \times 10^{-2}[\mho/km]$)

　　　　f : 주파수[Hz]

　　　　μ_s : 전선의 비투자율
　　　　　　 (Cu, Al=1, St=140)

　　　　R_i : 전선고유저항[Ω]

　　　　L_i : 전선내부유도계수[H]

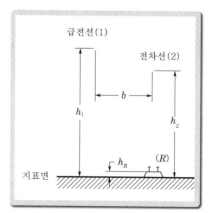

• 전선의 내부임피던스(Z_i)

전선의 내부임피던스(Z_i)는 다음과 같이 표시된다.

$$Z_i = R_i + j\omega L_i [\Omega/\text{km}]$$

단, $L_i = \dfrac{\mu_s}{2} \times 10^{-4} [\text{H/km}]$

ⓛ 전선 간의 상호임피던스(Z_M)

지표상에서 높이 h_1, h_2[m], 그 수평거리 b[m]에 가설된 2도체 간의 상호임피던스는 Carson–Pallaczek의 상호임피던스 산출공식에 의해 다음과 같이 표시된다.

$$Z_M = \left[\omega \left\{ \frac{\pi}{2} - \frac{4x'}{3\sqrt{2}}(h_1 + h_2) \right\} + j\omega \left\{ 4.605 \log_{10} \frac{2}{x'\sqrt{b^2 + (h_1 - h_2)^2}} \right. \right.$$
$$\left. \left. - 0.1544 + \frac{4x'}{3\sqrt{2}}(h_1 + h_2) \right\} \right] \times 10^{-4}$$
$$= R_M + jX_M [\Omega/\text{km}]$$
$$x' = 2\pi\sqrt{20\sigma f} \times 10^{-4} [\mho/\text{km}]$$

ⓒ '전차선의 등가반경과 등가고' 구하는 방법(심플 커터너리의 경우)

• 전차선 등가반경(r_e)

$$r_e = \sqrt{\sqrt{r_m r_t s^2}} = (r_m \cdot r_t \cdot s^2)^{\frac{1}{4}} [\text{m}]$$

• 전차선 등가높이(h)

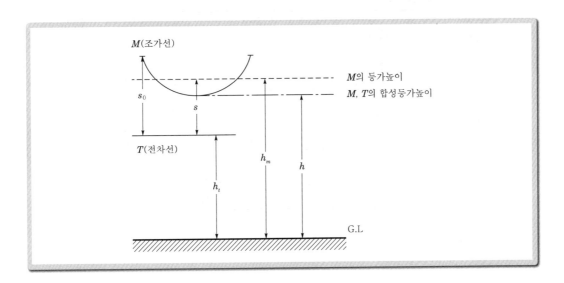

$$h = h_t + \frac{h_m}{h_m + h_t} \cdot s\,[\text{m}]$$

여기서, r_m : 조가선의 등가반경[m]

  r_t : 전차선의 등가반경[m]

  h_m : 조가선의 지상에서의 높이[m]

  h_t : 전차선의 지상에서의 높이[m]

  s : 조가선과 전차선과의 평균거리[m]

• 조가선과 전차선의 평균거리(s)

$$s = s_0 - \frac{2}{3}d\,[\text{m}]$$

여기서, s_0 : 가고[m]

  d : 조가선의 이도[m]

• 조가선의 이도(d)

$$d = \frac{WL^2}{8T}\,[\text{m}]$$

여기서, W : 합성전차선(조가선, 전차선, 드로퍼)의 단위중량[N/m]

  L : 전주경간[m]

  T : 장력[N]

 선로정수 계산 예

1. 기본조건(AT비절연방식)

구 분	사 양	규 격	단 위	입력값	장주이격거리	수량[m]
전차선	Cu	110[mm^2]	N	9,800	레일높이	0.68
조가선	Bz	65[mm^2]	N	9,800	레일−전차선의 높이	5.2
급전선	Cu 2종	150[mm^2]	N	8,820	전차선−레일의 수평거리	0.2
보호선	Cu 2종	75[mm^2]	N	4,900	레일 사이 거리	1.5
레 일	누설전류	60[N]	%	10	보호선 높이	6.283
경 간			m	50	레일−보호선의 수평거리	3.14
가 고			m	0.96	급전선 높이	7.975
대지도전율			Ω/km	0.01	급전선−레일의 수평거리	1.54
주파수			Hz	60	급전선−전차선 수평거리	1.34

2. 표준장주도

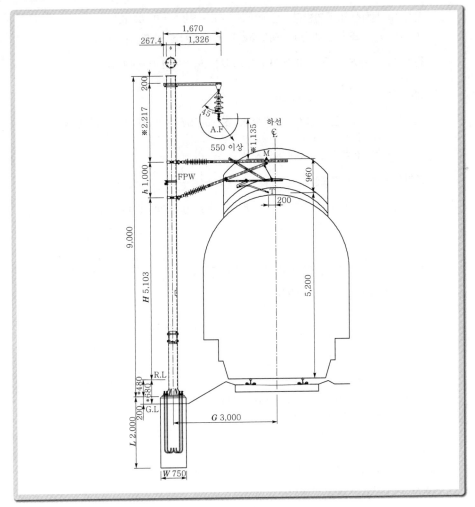

3. 합성전차선의 대지 귀로 자기임피던스 계산

(1) 조가선과 전차선의 자기임피던스(Z_{SMT})

　　조가선과 전차선은 드로퍼에 의한 합성전차선이므로 1개의 도체로 간주하여 등가 도체의 임피던스를 계산한다.

　　㉠ 조가선과 전차선의 내부임피던스(Z_{imt})

　　　　전차선의 합성저항 : $R_{imt} = \dfrac{R_t \cdot R_m}{R_t + R_m} = \dfrac{0.1592 \times 0.4474}{0.1592 + 0.4474} = 0.1174[\Omega/\text{km}]$

　　　　전차선의 합성리액턴스 : $\omega L_i = 2\pi f \cdot \dfrac{\mu_s}{2} \times 10^{-4} = 0.0189[\Omega/\text{km}]$

　　　　　　　　　　　　$\omega = 2\pi f = 377$

　　　　∴ $Z_{imt} = R_{imt} + j\omega L = 0.1174 + j0.0189[\Omega/\text{km}]$

　　　　μ_s = 비투자율(Cu = 1, Al = 1, St = 140)

ⓛ 조가선 및 전차선의 외부임피던스(Z_{smt})

가선 및 전차선의 등가반경 r은 $r = (r_m \cdot r_t \cdot S^2)^{\frac{1}{4}} = 0.067[\text{m}]$

여기서, r_m : 조가선 반경[m](0.00525), r_t : 전차선 반경[m](0.00617)

등가가고 $S = S_0 - \dfrac{2}{3}d = 0.7879[\text{m}]$(여기서, S_0 : 가고 0.960[m])

합성이도 $d = \dfrac{wL^2}{8T} = 0.2582[\text{m}]$

여기서, w : 합성전차선의 단위중량[N/m], $0.9877 + 0.605 + 0.06) \times 9.8$
L : 경간[m](50)
T : 장력[N], $2,000 \times 9.8$

조가선 전차선의 지표상의 등가높이 $h = h_t + \left(\dfrac{h_m}{h_t + h_m}\right) \cdot S = 6.2987[\text{m}]$

여기서, $h_t = 5.2 + 0.68 = 5.88[\text{m}]$, $h_m = 5.88 + 0.7879 = 6.6679[\text{m}]$,

$S = S_0 - \dfrac{2}{3}d = 0.7879[\text{m}]$

$$Z_{smt} = \left[\omega\left\{\frac{\pi}{2} - \frac{4x}{3\sqrt{2}}\right\} + j\omega\left\{4.605 \times \log_{10}\frac{4h}{r \cdot x} + \frac{4x}{3\sqrt{2}} - 0.1544\right\}\right] \times 10^{-4}$$

$$= \left[377\left\{\frac{3.14}{2} - \frac{4 \times 0.0274}{3\sqrt{2}}\right\}\right.$$

$$\left. + j377\left\{4.605 \times \log_{10}\frac{4 \times 6.2987}{0.067 \times 0.0274} + \frac{4 \times 0.0274}{3\sqrt{2}} - 0.1544\right\}\right] \times 10^{-4}$$

$$= 0.0582 + j0.7135[\Omega/\text{km}]$$

$x = 4\pi h\sqrt{20\sigma f} \times 10^{-4} = 4 \times \pi \times 6.2987 \times \sqrt{20 \times 10^{-2} \times 60} \times 10^{-4} = 0.0274[\mho/\text{km}]$

여기서, $\sigma = 1 \times 10^{-2}[\mho/\text{km}]$: 대지도전율

따라서 합성전차선의 대지귀로 자기임피던스는

$Z_{SMT} = Z_{imt} + Z_{smt} = 0.1174 + j0.0189 + 0.0582 + j0.7135 = 0.1756 + j0.7324[\Omega/\text{km}]$

(2) 전차선과 레일과의 상호임피던스(Z_{MTR})

지표상에서 합성전차선의 등가높이 : $h_1 = 6.2987[\text{m}]$

레일의 등가높이 : $h_2 = 0.68[\text{m}]$

$\therefore h_1 + h_2 = 6.9787[\text{m}]$, $h_1 - h_2 = 5.6187[\text{m}]$

레일과 전차선의 수평거리 : $b = 0.20[\text{m}]$

$x' = 2\pi\sqrt{20\sigma f} \times 10^{-4} = 2 \times \pi \times \sqrt{20 \times 10^{-2} \times 60} \times 10^{-4} = 21.7545 \times 10^{-4} = 0.0022$

여기서, $\sigma = 1 \times 10^{-2}[\mho/\text{km}]$: 대지도전율

$$Z_{MTR} = \left[\omega\left\{\frac{\pi}{2} - \frac{4x'(h_1 + h_2)}{3\sqrt{2}}\right\} + j\omega\left\{4.605 \times \log_{10}\frac{2}{x'\sqrt{b^2 + (h_1 - h_2)^2}}\right.\right.$$

$$\left.\left. - 0.1544 + \frac{4x'(h_1 + h_2)}{3\sqrt{2}}\right\}\right] \times 10^{-4}[\Omega/\text{km}]$$

$$= \left[377 \times \left\{\frac{3.14}{2} - \frac{4 \times 0.0022 \times 6.9787}{3\sqrt{2}}\right\} + j377\right.$$

$$\left. \times \left\{4.605 \times \log_{10}\frac{2}{0.0022\sqrt{0.2^2 + 5.6187^2}} - 0.1544 + \frac{4 \times 0.0022}{3\sqrt{2}} \times 6.9787\right\}\right] \times 10^{-4}$$

$$= 0.0587 + j0.3782[\Omega/\text{km}]$$

ⓓ 레일의 대지귀로 임피던스(60[kg] 레일)

• 레일의 자기임피던스(Z_{SR})

  – 조 건

    ◦ 원주의 면적(S) : $S = \pi r^2 = 7,550[\text{mm}^2]$

    ◦ 원주의 등가반경(r) : $r = \sqrt{\dfrac{S}{\pi}} = 49.02[\text{mm}] = 0.0490[\text{m}]$

  – 레일의 내부임피던스(Z_{ir})

    레일의 저항 : $R = 0.0126[\Omega/\text{km}]$(누설전류 10[%]일 때)

$$Z_{ir} = R + j\omega L \times 10^{-4} = 0.0126 + j2.639[\Omega/\text{km}]$$

    단, $L = \dfrac{\mu_s}{2} = \dfrac{140}{2} = 70$, $\mu_s = 140$(철)

  – 레일의 외부임피던스(60[kg])(Z_{sr})

$$x = 4\pi h_2 \sqrt{20\sigma f} \times 10^{-4}$$
$$= 4 \times 3.14 \times 0.68 \times \sqrt{20 \times 10^{-2} \times 60} \times 10^{-4} = 0.00296[\text{℧}/\text{km}]$$

    레일 2본을 1본으로 환산한 등가반경(레일 상호간격 1.5[m])

$$r = \sqrt{r_r \cdot S} = \sqrt{0.0490 \times 1.5} = 0.271[\text{m}]$$이므로

    레일의 외부임피던스는

$$Z_{sr} = \left[\omega\left\{ \frac{\pi}{2} - \frac{4x}{3\sqrt{2}} \right\} + j\omega\left\{ 4.605 \times \log_{10} \frac{4h_2}{r \cdot x} + \frac{4x}{3\sqrt{2}} - 0.1544 \right\} \right] \times 10^{-4}$$

$$= \left[377 \times \left\{ \frac{3.14}{2} - \frac{4 \times 0.00296}{3\sqrt{2}} \right\} + j377 \times \left\{ 4.605 \times \log_{10} \frac{4 \times 0.68}{0.271 \times 0.00296} \right.\right.$$
$$\left.\left. + \frac{4 \times 0.00296}{3\sqrt{2}} - 0.1544 \right\} \right] \times 10^{-4}$$

$$= 0.0591 + j0.6072[\Omega/\text{km}]$$

    따라서 레일의 대지귀로 자기임피던스는

$$Z_{SR} = Z_{ir} + Z_{sr} = 0.0126 + j2.639 + 0.0591 + j0.6072$$
$$= 0.0717 + j3.2462[\Omega/\text{km}]$$

• 레일 2본의 상호임피던스(Z_{MR})

$$x' = 2\pi\sqrt{20\sigma f} \times 10^{-4} = 2 \times \pi \times \sqrt{20 \times 10^{-2} \times 60} \times 10^{-4} = 0.0022$$

$$Z_{MR} = \left[\omega\left\{ \frac{\pi}{2} - \frac{4x'(h_1 + h_2)}{3\sqrt{2}} \right\} \right.$$
$$\left. + j\omega\left\{ 4.605 \times \log_{10} \frac{2}{x'S} - 0.1544 + \frac{4x'(h_1 + h_2)}{3\sqrt{2}} \right\} \right] \times 10^{-4}[\Omega/\text{km}]$$

$$= \left[377 \times \left\{ \frac{3.14}{2} - \frac{4 \times 0.0022 \times 1.36}{3\sqrt{2}} \right\} + j377 \right.$$

$$\left. \times \left\{ 4.605 \times \log_{10} \frac{2}{0.0022 \times 1.5} - 0.1544 + \frac{4 \times 0.0022 \times 1.36}{3\sqrt{2}} \right\} \right] \times 10^{-4}$$

$$= 0.0591 + j0.4774 [\Omega/km]$$

여기서, $S = 1.5[m]$는 2레일 사이의 거리이다.

- 레일 2본의 등가임피던스(Z_R)

$$Z_R = \frac{Z_{SR} + Z_{MR}}{2} = 0.0654 + j1.8618 [\Omega/km]$$

ⓜ 보호선의 대지귀로 임피던스(Cu 75[mm^2])

- 보호선의 자기임피던스(Z_{SP})
  - 조 건
    - 직경 : $D = 0.0111[m]$
    - 저항 : $R = 0.239[\Omega/km]$
    - 중량 : $W = 0.677[kg/m] = 6.6346[N]$
    - 인장력 : $T = 500 \times 9.8 = 4,900[N]$
  - 보호선의 내부임피던스(Z_{ip})

  $$Z_{ip} = R + j\omega L_i \times 10^{-4}$$

  $$= 0.2390 + j377 \times \frac{1}{2} \times 10^{-4} = 0.2390 + j0.0189 [\Omega/km]$$

  $$\omega Li = 2\pi f \cdot \frac{\mu_s}{2} \times 10^{-4}, \quad \mu_s = 1$$

  - 보호선의 외부임피던스(Z_{op})

  지표상에서 보호선까지의 높이(h_0) : $6.283[m]$

  등가높이 : $h = h_0 - \frac{2}{3} \times \frac{WL^2}{8T}$

  $$= 6.283 - \frac{2}{3} \times \frac{6.6346 \times 50^2}{8 \times 4,900} = 6.0009[m]$$

  $$x = 4\pi h \sqrt{20\sigma f} \times 10^{-4}$$

  $$= 4 \times 3.14 \times 6.0009 \times \sqrt{20 \times 10^{-2} \times 60} \times 10^{-4} = 0.0261 [\mho/km]$$

  $$Z_{op} = \left[\omega \left\{ \frac{\pi}{2} - \frac{4x}{3\sqrt{2}} \right\} + j\omega \left\{ 4.605 \times \log_{10} \frac{4h}{r \cdot x} + \frac{4x}{3\sqrt{2}} - 0.1544 \right\} \right] \times 10^{-4}$$

  $$= \left[377 \times \left\{ \frac{3.14}{2} - \frac{4 \times 0.0261}{3\sqrt{2}} \right\} + j377 \right.$$

$$\times \left\{4.605 \times \log_{10} \frac{4 \times 6.0009}{0.00555 \times 0.0261} + \frac{4 \times 0.0261}{3\sqrt{2}} - 0.1544\right\}\right] \times 10^{-4}$$

$$= 0.0583 + j0.9012[\Omega/\text{km}]$$

따라서, 보호선의 대지귀로 자기임피던스는

$$Z_{SP} = Z_{ip} + Z_{op} = 0.239 + j0.0189 + 0.0583 + j0.9012$$

$$= 0.2973 + j0.9201[\Omega/\text{km}]$$

- 레일과 보호선의 상호임피던스(Z_{MPR})

보호선의 등가높이 : $h_1 = 6.0009[\text{m}]$

레일의 등가높이 : $h_2 = 0.68[\text{m}]$

$h_1 + h_2 = 6.0009 + 0.68 = 6.6809[\text{m}]$, $h_1 - h_2 = 5.3209[\text{m}]$

레일과 보호선의 수평거리 $b = 3.14[\text{m}]$

$x' = 2\pi\sqrt{20\sigma f} \times 10^{-4} = 2 \times \pi \times \sqrt{20 \times 10^{-2} \times 60} \times 10^{-4} = 0.0022$

단, $\sigma = 1 \times 10^{-2}[\mho/\text{km}]$: 대지도전율

$$Z_{MPR} = \left[\omega\left\{\frac{\pi}{2} - \frac{4x'(h_1 + h_2)}{3\sqrt{2}}\right\} + j\omega\left\{4.605 \times \log_{10} \frac{2}{x'\sqrt{b^2 + (h_1 - h_2)^2}}\right.\right.$$

$$\left.\left. - 0.1544 + \frac{4x'(h_1 + h_2)}{3\sqrt{2}}\right\}\right] \times 10^{-4}[\Omega/\text{km}]$$

$$= \left[377 \times \left\{\frac{3.14}{2} - \frac{4 \times 0.0022 \times 6.6809}{3\sqrt{2}}\right\}\right.$$

$$+ j377 \times \left\{4.605 \times \log_{10} \frac{2}{0.0022\sqrt{3.14^2 + 5.3209^2}}\right.$$

$$\left.\left. - 0.1544 + \frac{4 \times 0.0022}{3\sqrt{2}} \times 6.6809\right\}\right] \times 10^{-4}$$

$$= 0.0587 + j0.371[\Omega/\text{km}]$$

- 보호선과 레일의 합성 대지귀로 자기임피던스(Z_{SRP})

$Z_R = 0.0654 + j1.8618[\Omega/\text{km}]$

$Z_{SP} = 0.2973 + j0.9201[\Omega/\text{km}]$

$Z_{MPR} = 0.0587 + j0.371[\Omega/\text{km}]$

이므로 합성임피던스는

$$Z_{SRP} = \frac{Z_R \cdot Z_{SP} - Z_{MPR}^2}{Z_R + Z_{SP} - 2Z_{MPR}}$$

$$= \frac{(0.0654 + j1.8618) \times (0.2973 + j0.9201) - (0.0587 + j0.371)^2}{(0.0654 + j1.8618) + (0.2973 + j0.9201) - 2(0.0587 + j0.371)}$$

$$= 0.1849 + j0.7867[\Omega/\text{km}]$$

255

직각좌표를 극좌표로 변환하는 방법

1. 직각좌표 → 극좌표

$$\dot{A} = a + jb$$

$$|\dot{A}| = A = \sqrt{a^2 + b^2}$$

$$\theta = \tan^{-1}\frac{b}{a}$$

$$\dot{A} = A\angle\theta$$

2. 극좌표 → 직각좌표

$$\dot{A} = A\angle\theta$$

$$A\angle\theta = A(\cos\theta + j\sin\theta)$$

$$Z_1 = A\angle\theta_1, \ Z_2 = B\angle\theta_2$$

$$Z_1 \times Z_2 = A \times B\angle\theta_1 + \theta_2$$

$$\frac{Z_1}{Z_2} = \frac{A}{B}\angle\theta_1 - \theta_2$$

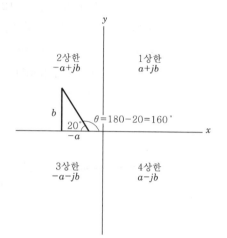

[좌표계]

3. 합성임피던스 계산 예

$$Z_{SRP} = \frac{Z_R \cdot Z_{SP} - Z_{MPR}^2}{Z_R + Z_{SP} - 2Z_{MPR}}$$

$$= \frac{(0.0654 + j1.8618) \times (0.2973 + j0.9201) - (0.0587 + j0.371)^2}{(0.0654 + j1.8618) + (0.2973 + j0.9201) - 2(0.0587 + j0.371)}$$

$$= \frac{-1.5594 + j0.57}{0.2453 + j2.0392} \quad \text{극좌표로 변환하면}$$

$$= \frac{\sqrt{-1.5594^2 + 0.57^2}\angle\tan^{-1}\dfrac{0.57}{-1.5594}}{\sqrt{0.2453^2 + 2.0392^2}\angle\tan^{-1}\dfrac{2.0392}{0.2453}}$$

$$= \frac{1.6603\angle -20.08°}{2.054\angle 83.14°} = \frac{1.6603\angle 180° - 20.08°}{2.054\angle 83.14°} \quad \text{분자는 2상환이므로}$$

$$= \frac{1.6603\angle 159.92°}{2.054\angle 83.14°} = 0.8083\angle 159.92° - 83.14°$$

$$= 0.8083\angle 76.78°$$

직각으로 변환하면

$$0.8083\angle 76.78° = 0.8083(\cos 76.78 + j\sin 76.78) = 0.1849 + j0.7867$$

ⓗ 전선의 대지귀로 임피던스(Cu 150[mm^2])

  • 급전선의 자기임피던스(Z_{SF})

    – 조 건

      ◦ 직경 : $D = 0.0160$[m]

      ◦ 저항 : $R = 0.118[\Omega/\text{m}]$

      ◦ 높이 : $h_0 = 7.975$[m]

∘ 중량 : $W = 1.375[\text{kg/m}] = 13.475[\text{N}]$

∘ 인장력 : $T = 900 \times 9.8 = 8,820[\text{N}]$

∘ 경간 : $L = 50[\text{m}]$

– 급전선의 등가높이(h)

$$h = h_0 - \frac{2}{3} \times \frac{WL^2}{8T} = 7.975 - \frac{2}{3} \times \frac{13.475 \times 50^2}{8 \times 8,820} = 7.6567[\text{m}]$$

– 급전선의 내부임피던스(Z_{if})

$$Z_{if} = R + j\omega L_i \times 10^{-4}$$

$$= 0.1180 + j377 \times \frac{1}{2} \times 10^{-4} = 0.1180 + j0.0189[\Omega/\text{km}]$$

– 급전선 외부임피던스(Z_{sf})

$$x = 4\pi h \sqrt{20\sigma f} \times 10^{-4} = 4 \times 3.14 \times 7.6567 \times \sqrt{20 \times 10^{-2} \times 60} \times 10^{-4}$$

$$= 0.0333[\text{℧/km}]$$

$$Z_{sf} = \left[\omega\left\{ \frac{\pi}{2} - \frac{4x}{3\sqrt{2}} \right\} + j\omega\left\{ 4.605 \times \log_{10}\frac{4h}{r \cdot x} + \frac{4x}{3\sqrt{2}} - 0.1544 \right\} \right] \times 10^{-4}$$

$$= \left[377 \times \left\{ \frac{3.14}{2} - \frac{4 \times 0.0333}{3\sqrt{2}} \right\} + j377 \right.$$

$$\left. \times \left\{ 4.605 \times \log_{10}\frac{4 \times 7.6567}{0.0080 \times 0.0333} + \frac{4 \times 0.0333}{3\sqrt{2}} - 0.1544 \right\} \right] \times 10^{-4}$$

$$= 0.0580 + j0.8739[\Omega/\text{km}]$$

따라서, 보호선의 대지귀로 자기임피던스는

$$Z_{SF} = Z_{if} + Z_{sf} = 0.118 + j0.0189 + 0.0580 + j0.8739$$

$$= 0.1760 + j0.8928[\Omega/\text{km}]$$

• 급전선과 레일과의 상호임피던스(Z_{MFR})

$$h_1 + h_2 = 7.975 + 0.68 = 8.655[\text{m}]$$

$$h_1 - h_2 = 7.975 - 0.68 = 7.295[\text{m}]$$

$$b = 1.54[\text{m}]$$

$$x' = 2\pi \sqrt{20\sigma f} \times 10^{-4} = 2 \times \pi \times \sqrt{20 \times 10^{-2} \times 60} \times 10^{-4}$$

$$= 21.7545 \times 10^{-4} = 0.0022$$

$$Z_{MFR} = \left[\omega\left\{ \frac{\pi}{2} - \frac{4x'(h_1 + h_2)}{3\sqrt{2}} \right\} + j\omega\left\{ 4.605 \times \log_{10}\frac{2}{x'\sqrt{b^2 + (h_1 - h_2)^2}} \right. \right.$$

$$\left. \left. - 0.1544 + \frac{4x'(h_1 + h_2)}{3\sqrt{2}} \right\} \right] \times 10^{-4}[\Omega/\text{km}]$$

$$= \left[377 \times \left\{\frac{3.14}{2} - \frac{4 \times 0.0022 \times 8.655}{3\sqrt{2}}\right\} + j377 \times \left\{4.605 \times \log_{10} \frac{2}{0.0022\sqrt{1.54^2 + 7.295^2}} - 0.1544 + \frac{4 \times 0.0022}{3\sqrt{2}} \times 8.655\right\}\right] \times 10^{-4}$$

$$= 0.0585 + j0.357$$

- 급전선과 합성전차선과의 상호임피던스(Z_{MFT})

  $h_1 + h_2 = 7.975 + 6.2987 = 14.2737[\text{m}]$

  $h_1 - h_2 = 7.975 - 6.2987 = 1.6763[\text{m}]$

  $b = 1.34[\text{m}]$

  $$x' = 2\pi\sqrt{20\sigma f} \times 10^{-4} = 2 \times \pi \times \sqrt{20 \times 10^{-2} \times 60} \times 10^{-4}$$

  $$= 21.7545 \times 10^{-4} = 0.0022$$

  $$Z_{MFT} = \left[\omega\left\{\frac{\pi}{2} - \frac{4x'(h_1 + h_2)}{3\sqrt{2}}\right\} + j\omega\left\{4.605 \times \log_{10} \frac{2}{x'\sqrt{b^2 + (h_1 - h_2)^2}} - 0.1544 + \frac{4x'(h_1 + h_2)}{3\sqrt{2}}\right\}\right] \times 10^{-4}[\Omega/\text{km}]$$

  $$= \left[377 \times \left\{\frac{3.14}{2} - \frac{4 \times 0.0022 \times 14.2737}{3\sqrt{2}}\right\} + j377 \times \left\{4.605 \times \log_{10} \frac{2}{0.0022\sqrt{1.34^2 + 1.6763^2}} - 0.1544 + \frac{4 \times 0.0022}{3\sqrt{2}} \times 14.2737\right\}\right] \times 10^{-4}$$

  $$= 0.0581 + j0.4514[\Omega/\text{km}]$$

㉦ 전차선로의 선로정수

- 실회로 임피던스
  - 자기임피던스
    - ◦ 전차선 : $Z_{aa} = Z_{SMT} = 0.1756 + j0.7324[\Omega/\text{km}]$
    - ◦ 보호선과 레일 : $Z_{bb} = Z_{SRP} = 0.1849 + j0.7867[\Omega/\text{km}]$
    - ◦ 급전선 : $Z_{cc} = Z_{SF} = 0.1760 + j0.8928[\Omega/\text{km}]$

- 상호임피던스
  ◦ 전차선과 레일 간 : $Z_{ab} = Z_{MTR} = 0.0587 + j0.3782 [\Omega/\text{km}]$
  ◦ 급전선과 전차선 간 : $Z_{ca} = Z_{MFT} = 0.0581 + j0.4514 [\Omega/\text{km}]$
  ◦ 레일과 급전선 간 : $Z_{bc} = Z_{MFR} = 0.0585 + j0.357 [\Omega/\text{km}]$
- 원회로도

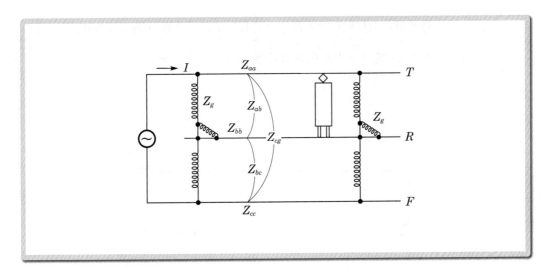

- 등가회로도

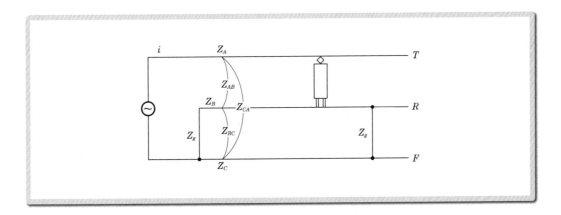

• 등가회로로 변환시킨 임피던스
  - 자기임피던스
    ◦ 전차선 : $Z_A = Z_{aa} = 0.1756 + j0.7324 [\Omega/\text{km}]$
    ◦ 레일 : $Z_B = Z_{bb} = 0.1849 + j0.7867 [\Omega/\text{km}]$

259

◦ 급전선 : $Z_C = \dfrac{1}{4}(Z_{cc} + 2Z_{ca} + Z_{aa}) = 0.1170 + j0.6320\,[\Omega/\mathrm{km}]$

− 상호임피던스

◦ 전차선과 레일 간 : $Z_{AB} = Z_{ab} = 0.0587 + j0.3782\,[\Omega/\mathrm{km}]$

◦ 레일과 급전선 간 : $Z_{BC} = \dfrac{Z_{bc} + Z_{ab}}{2} = 0.0586 + j0.3676\,[\Omega/\mathrm{km}]$

◦ 급전선과 전차선 간 : $Z_{CA} = \dfrac{1}{2}(Z_{ca} + Z_{aa}) = 0.1169 + j0.5919\,[\Omega/\mathrm{km}]$

$I_c{}' = 2I_c$ 에서 AT의 여자임피던스 Z_g 는 무시한다.

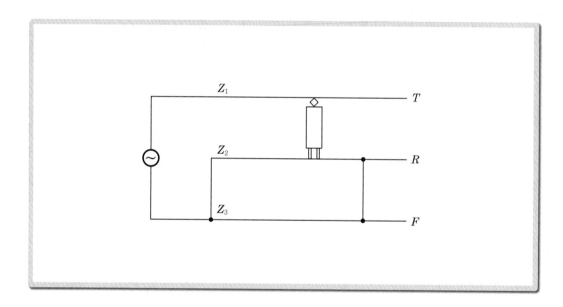

− 상호임피던스를 소거한 임피던스

◦ 전차선 : $Z_1 = Z_A + Z_{BC} - Z_{AB} - Z_{CA} = 0.0587 + j0.1299\,[\Omega/\mathrm{km}]$

◦ 레일 : $Z_2 = Z_B + Z_{CA} - Z_{AB} - Z_{BC} = 0.1844 + j0.6328\,[\Omega/\mathrm{km}]$

◦ 급전선 : $Z_3 = Z_C + Z_{AB} - Z_{BC} - Z_{CA} = 0.0002 + j0.0507\,[\Omega/\mathrm{km}]$

− 선로정수

◦ $Z = Z_1 + \dfrac{Z_2 Z_3}{Z_2 + Z_3} = 0.0598 + j0.1771\,[\Omega/\mathrm{km}]$

◦ $Z' = \dfrac{Z_2{}^2}{Z_2 + Z_3} = 0.1833 + j0.5856\,[\Omega/\mathrm{km}]$

• 전차선로 선로정수 계산서
  – AT비절연보호방식

급전선 (AF)	비절연 보호선 (FPW)	조가선 (M)	전차선 (T)	레 일	장력(N)			선로정수[Ω/km]	
					합성 전차선	급전선	보호선	Z	Z'
Cu 150	Cu 75	Bz 65	Cu 110	60[N], 10[%]	9,800×2	8,820	4,900	$0.0598+j0.1771$	$0.1833+j0.5856$
				50[N], 10[%]				$0.0598+j0.1771$	$0.1835+j0.5856$
ACSR 288	ACSR 93	Bz 65	Cu 110	60[N], 10[%]	9,800×2	8,820	4,900	$0.0605+j0.1722$	$0.3015+j0.6279$
				50[N], 10[%]				$0.0605+j0.1722$	$0.3017+j0.6279$
				60[N], 10[%]	11,760×2	8,820	4,900	$0.0605+j0.1715$	$0.3015+j0.6274$
				50[N], 10[%]				$0.0605+j0.1715$	$0.3017+j0.6274$
Cu 150	Cu 75	CdCu 70	Cu 110	60[N], 10[%]	9,800×2	8,820	4,900	$0.0570+j0.1770$	$0.1763+j0.5857$
				50[N], 10[%]				$0.0570+j0.1770$	$0.1765+j0.5857$
Cu 150	Cu 75	Bz 65	Cu 150	60[N], 10[%]	11,760×2	8,820	4,900	$0.0528+j0.1765$	$0.1658+j0.5844$
				50[N], 10[%]				$0.0528+j0.1765$	$0.1660+j0.5845$
				60[N], 10[%]	13,720×2	8,820	4,900	$0.0528+j0.1759$	$0.1658+j0.5842$
				50[N], 10[%]				$0.0528+j0.1759$	$0.1660+j0.5842$
Cu 150	Cu 75	CdCu 80	Cu 170	60[N], 10[%]	14,700×2	8,820	4,900	$0.0478+j0.1749$	$0.1534+j0.5813$
				50[N], 10[%]				$0.0478+j0.1748$	$0.1536+j0.5813$
ACSR 288	ACSR 93	Bz 65	Cu 150	60[N], 10[%]	11,760×2	8,820	4,900	$0.0537+j0.1715$	$0.2838+j0.6268$
				50[N], 10[%]				$0.0537+j0.1714$	$0.2840+j0.6267$
				60[N], 10[%]	13,720×2	8,820	4,900	$0.0537+j0.1710$	$0.2838+j0.6265$
				50[N], 10[%]				$0.0537+j0.1710$	$0.2840+j0.6265$
ACSR 288	ACSR 93	CdCu 80	Cu 170	60[N], 10[%]	14,700×2	8,820	4,900	$0.0488+j0.1698$	$0.2712+j0.6236$
				50[N], 10[%]				$0.0488+j0.1698$	$0.2715+j0.6236$

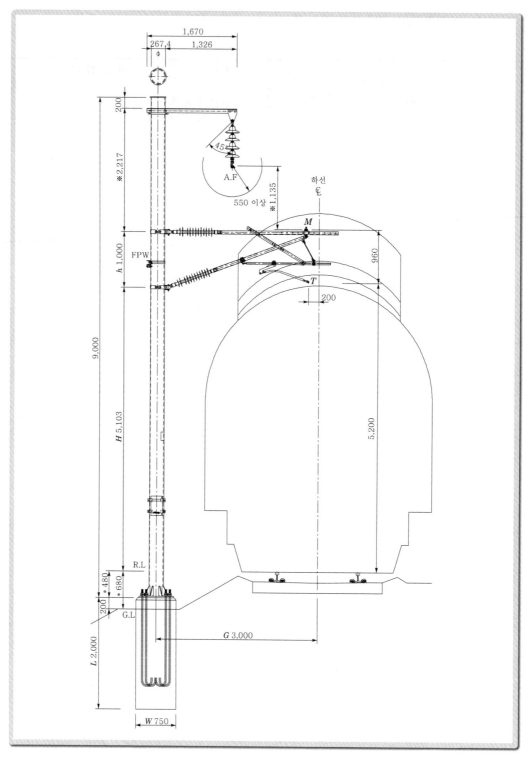

【 표준장주도 】

– AT절연보호방식

급전선 (AF)	비절연 보호선 (FPW)	조가선 (M)	전차선 (T)	레일	장력(N) 합성 전차선	급전선	보호선	선로정수[Ω/km] Z	Z'
Cu 150	Cu 75	Bz 65	Cu 110	60[N], 10[%]	9,800×2	8,820	4,900	$0.0597+j0.1706$	$0.1827+j0.5891$
				50[N], 10[%]				$0.0597+j0.1706$	$0.1829+j0.5892$
ACSR 288	ACSR 93	Bz 65	Cu 110	60[N], 10[%]	9,800×2	8,820	4,900	$0.0604+j0.1656$	$0.3004+j0.6312$
				50[N], 10[%]				$0.0604+j0.1656$	$0.3007+j0.6312$
				60[N], 10[%]	11,760×2	8,820	4,900	$0.0604+j0.1649$	$0.3004+j0.6308$
				50[N], 10[%]				$0.0604+j0.1649$	$0.3007+j0.6307$
Cu 150	Cu 75	CdCu 70	Cu 110	60[N], 10[%]	9,800×2	8,820	4,900	$0.0570+j0.1705$	$0.1757+j0.5892$
				50[N], 10[%]				$0.0570+j0.1705$	$0.1758+j0.5893$
Cu 150	Cu 75	Bz 65	Cu 150	60[N], 10[%]	11,760×2	8,820	4,900	$0.0528+j0.1699$	$0.1652+j0.5880$
				50[N], 10[%]				$0.0528+j0.1700$	$0.1653+j0.5880$
				60[N], 10[%]	13,720×2	8,820	4,900	$0.0528+j0.1694$	$0.1652+j0.5878$
				50[N], 10[%]				$0.0528+j0.1694$	$0.1653+j0.5878$
Cu 150	Cu 75	CdCu 80	Cu 170	60[N], 10[%]	14,700×2	8,820	4,900	$0.0478+j0.1683$	$0.1528+j0.5848$
				50[N], 10[%]				$0.0478+j0.1683$	$0.1529+j0.5849$
ACSR 288	ACSR 93	Bz 65	Cu 150	60[N], 10[%]	11,760×2	8,820	4,900	$0.0537+j0.1649$	$0.2827+j0.6301$
				50[N], 10[%]				$0.0537+j0.1649$	$0.2830+j0.6300$
				60[N], 10[%]	13,720×2	8,820	4,900	$0.0537+j0.1643$	$0.2827+j0.6299$
				50[N], 10[%]				$0.0537+j0.1643$	$0.2830+j0.6298$
ACSR 288	ACSR 93	CdCu 80	Cu 170	60[N], 10[%]	14,700×2	8,820	4,900	$0.0488+j0.1632$	$0.2702+j0.6269$
				50[N], 10[%]				$0.0488+j0.1632$	$0.2704+j0.6269$
Cu 150	Cu 95	CdCu 70	Cu 150	60[N], 10[%]	11,760×2	8,820	4,900		
				50[N], 10[%]					
				60[N], 10[%]	13,720×2	8,820	4,900		
				50[N], 10[%]					

263

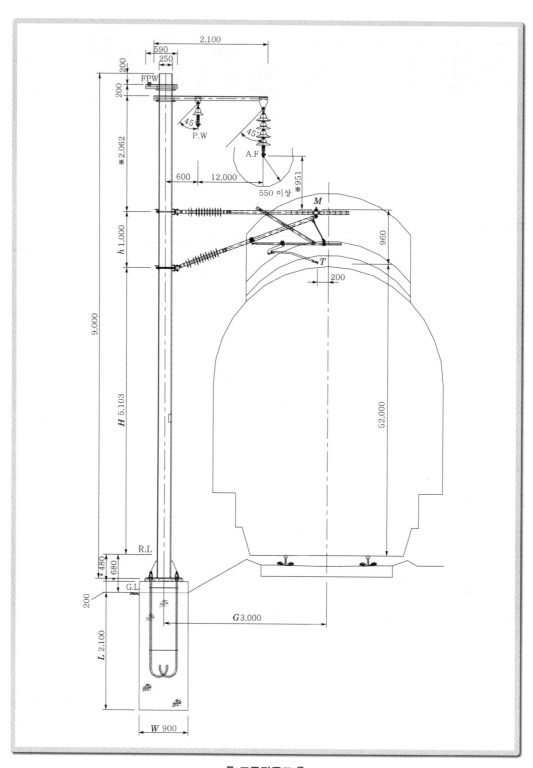

【 표준장주도 】

– BT방식

부급전선 (NF)	조가선 (M)	전차선 (T)	레 일	장력(N)		보호선	적용선구	선로정수[Ω/km]	
				합성 전차선	부급 전선			Z	Z'
Al 200	CdCu 70	Cu 110	60[N]	$9,800 \times 2$	8,820			$0.2476 + j0.7519$	0.0000

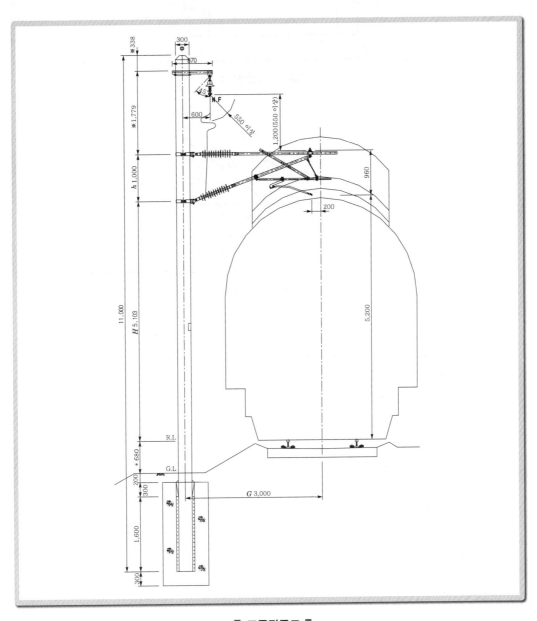

【 표준장주도 】

② 단상교류회로에서 전압강하의 간이계산

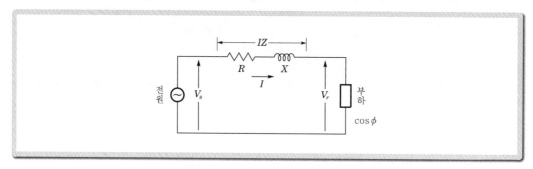

【 전압강하계산 모델 】

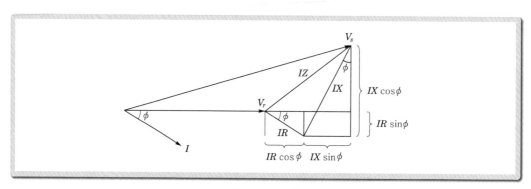

【 Vector도 】

$$V_s = \sqrt{\{V_r + I(R\cos\phi + X\sin\phi)\}^2 + I^2(X\cos\phi - R\sin\phi)^2} \, [V]$$

상기 식의 2항은 1항에 비하여 극히 작으므로 무시하면

$$V_S = V_r + I(R\cos\phi + X\sin\phi)[V]$$

여기서, V_S : 송전단전압[V]

I : 부하전류[A]

V_r : 수전단전압[V]

$\cos\phi$: 전기차 부하역률

R, X : 저항 및 리액턴스

선로 전압강하

$$V = V_S - V_r = I(R\cos\phi + X\sin\phi)[V]$$

따라서, 전차선로의 전압강하

$$V_L = Z_L \sum_{j=1}^{n} I_j \cdot L_j [V]$$

$$Z_L = R\cos\phi + X\sin\phi$$

여기서, Z_L : 전차선로 1[A-km]당의 전압강하[V/A-km]

$I_j \cdot L_j$: 변전소에서 1~n개의 열차까지의 (부하전류)×(거리)의 누계

$\cos\phi$: 전기차 부하역률

전기차 부하역률은 정류기식의 경우 실측결과에서 정격치 부근 0.75~0.85 정도를 지시하고 있으며 전압강하계산에는 보통 0.8을 인용하고 있다.

③ BT방식의 전압강하계산

교류 단상급전회로는 일반 3상 송전망에서 단상으로 급전하므로 전압강하는 전원계의 전압강하와 변전소의 변압기 및 전차선로의 화(和)로서 다음과 같이 구한다.

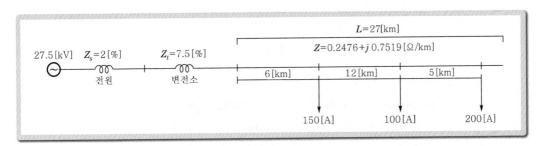

㉠ 조 건

- 조가선 : CdCu 70[mm^2]
- 전차선 : GT 110[mm^2]
- 부급전선 : Al 200[mm^2]
- 변전소 무부하전압 : 27.5[kV]
- 전원의 %Impedance : 2.0[%](10,000[kVA] 기준)
- 변전소 용량(Scott결선변압기) : 10,000[kVA](5,000[kVA]×2)
- %Z(M좌, T좌) : 7.5[%](10,000[kVA] 기준)
- 부하역률 : $\cos\phi = 0.8$
- 선로임피던스 : $Z = 0.2476 + j0.7519$[Ω/km]

㉡ 전원측 전압강하(V_S)

전원의 %임피던스를 전차선측의 실 옴(Ohm)으로 환산하면

$$Z_S = \frac{\%Z \cdot 10 \cdot E_o^2}{P} \times 2 = \frac{2.0 \times 10 \times 27.5^2}{10,000} \times 2 = 3.025[\Omega]$$

여기서, Z_S : 전원임피던스[Ω], P : 전원 3상 단락용량[kVA]

$$\therefore \ V_S = Z_S \times \sum I \times \sin\phi = 3.025 \times (150 + 100 + 200) \times \sqrt{1 - 0.8^2} = 817[V]$$

㉢ 변전소 내부전압강하(V_T)

%Z를 실 옴(Ohm)으로 환산하면

$$Z_T = \frac{7.5 \times 10 \times 27.5^2}{\text{(kVA)}} = \frac{7.5 \times 10 \times 27.5^2}{10,000/2} = 11.34[\Omega]$$

여기서, (kVA) : 급전용 변압기 정격용량(편좌)[kVA]

$$\therefore\ V_T = Z_T \times \sum I \times \sin\phi = 11.34 \times 450 \times 0.6 = 3,062[\text{V}]$$

ⓔ 변압기의 누설임피던스를 직렬콘덴서로 80[%] 보상하였을 경우

$$V_T = \{Z_T(1-X)\} \times \sum I \times \sin\phi$$
$$= \{11.34 \times (1-0.8)\} \times 450 \times 0.6 = 613[\text{V}]$$

ⓜ 전차선로 전압강하(V_L)

$$V_L = Z_L \sum_{j=1}^{n} I_j \cdot L_j[\text{V}]$$

여기서, Z_L : 1[A-km]당의 전압강하[V/A-km]

$$Z_L = R\cos\phi + X\sin\phi$$
$$= (0.2476 \times 0.8 + 0.7519 \times 0.6) = 0.6492[\text{V/A-km}]$$
$$V_L = 0.6492(450 \times 6 + 300 \times 12 + 200 \times 5) = 4,739[\text{V}]$$

ⓗ 전원을 포함한 말단 부하점의 최저전차선 전압(V)

$$V = V_O - (V_S + V_T + V_L)$$
$$= 27,500 - (817 + 3,063 + 4,739) = 18,881[\text{V}] < 20,000[\text{V}] \ \cdots\cdots\cdots\cdots 부적합$$

ⓢ 콘덴서로 보상하였을 경우

$$V = 27,500 - (817 + 613 + 4,739) = 21,331[\text{V}]$$

위의 검토결과 교류전차선 전압은 최저 20,000[V]이므로 직렬콘덴서로 보상하면 정상적으로 운전이 가능하다.

④ 단권변압기 급전방식의 전압강하계산

AT방식 급전회로의 전압강하를 수계산으로 검토하는 경우에는 AT 및 레일의 누설임피던스를 무시하고 한다.

㉠ 원회로

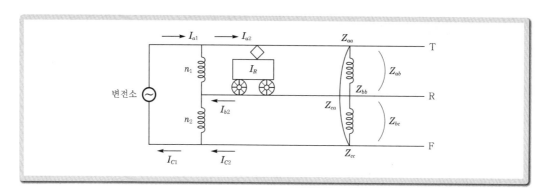

여기서, Z_{aa}, Z_{bb}, Z_{cc} : T, R, F의 단위길이당의 자기임피던스

Z_{ab}, Z_{ca}, Z_{bc} : T-R, T-F, R-F 간의 단위길이당의 상호임피던스

n_1 : T-R 간의 AT권수

n_2 : F-R 간의 AT권수

Z_g : AT의 누설임피던스(전차선 전압측 환산)

ⓛ 등가회로(전차선 전압측 환산)

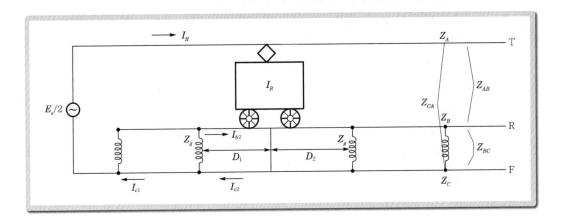

($n_1 = n_2$의 경우)

$Z_A = Z_{aa}$, $Z_B = Z_{bb}$, $Z_C = (Z_{cc} + 2Z_{ca} + Z_{aa})/4$, $Z_{AB} = Zab$,

$Z_{BC} = (Z_{bc} + Z_{ab})/2$, $Z_{CA} = (Z_{ca} + Z_{aa})/2$

ⓒ 등가회로의 상호임피던스를 소거한 등가회로

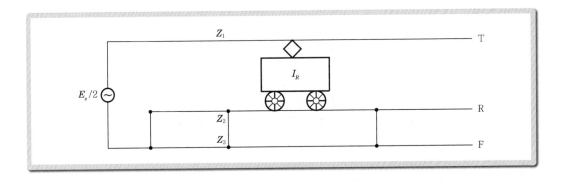

$$Z_1 = Z_A - Z_{AB} + Z_{BC} - Z_{AC}$$

$$Z_2 = Z_B - Z_{AB} - Z_{BC} + Z_{AC}$$

$$Z_3 = Z_C + Z_{AB} - Z_{BC} - Z_{AC}$$

ⓔ 전차선 1[A-km]당의 전압강하

$$Z_L = R_L \cdot \cos\phi + X_L \cdot \sin\phi$$

$$Z_L' = R_L' \cdot \cos\phi + X_L' \cdot \sin\phi$$

여기서, $\cos\phi$: 전기차 부하역률

$\quad\quad Z_L'$: 전압강하계산에 필요한 정수[V/A-km]

$\quad\quad Z_L$: 전차선로 1[A-km]당의 전압강하[V/A-km]

ⓜ AT방식 전압강하계산(비절연보호방식)

- 급전선 : Cu 150[mm^2]
- 비절연보호선 : Cu 75[mm^2]
- 조가선 : Bz 65[mm^2]
- 전차선 : GT 110[mm^2]
- 레일 : 60N
- 주파수 : 60[Hz]
- $\cos\phi$: 0.8
- 선로정수

$\quad Z = 0.0598 + j0.1771[\Omega/\text{km}]$

$\quad Z' = 0.1833 + j0.5856[\Omega/\text{km}]$

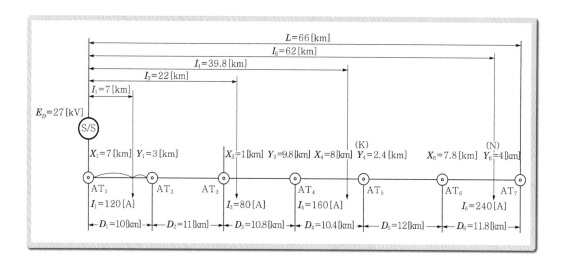

- 임의의 전기차 부하(K)의 경우
  - 전차선 1[A-km]당의 전압강하

$$Z_L = R_L\cos\phi + X_L\sin\phi = 0.0598\times0.8 + 0.1771\times0.6 = 0.1541[\text{V/A-km}]$$

$$Z_L' = 0.1833\times0.8 + 0.5856\times0.6 = 0.498[\text{V/A-km}]$$

– 전차선로 전압강하(e_k)

$$e_k = \left\{ Z_L \left(\sum_{j=1}^{4} i_j l_j + l_k \sum_{j=6}^{6} i_6 \right) + Z_L' \left(1 - \frac{X_4}{D_4} \right) X_4 i_4 \right\} / 1,000$$

$$= \{0.1541(7 \times 120 + 22 \times 80 + 39.8 \times 160 + 39.8 \times 240)$$

$$+ 0.498 \left(1 - \frac{8}{10.4} \right) \times 8 \times 160 \} / 1,000 = 3[\text{kV}]$$

– K점에서의 전차선전압(E_K)

$$E_K = 27.5 - e_k = 27.5 - 3 = 24.5[\text{kV}] > 20[\text{kV}] \quad \cdots\cdots\cdots\cdots\cdots\cdots\cdots 적합$$

• 최원단 전기차부하(N)의 경우

– 전차선로 전압강하(e_n)

$$e_n = \left\{ Z_L \sum_{j=1}^{n} i_j l_j + Z_L' \left(l - \frac{X_6}{D_6} \right) X_6 i_6 \right\} / 1,000[\text{kV}]$$

$$= \{0.1541(7 \times 120 + 22 \times 80 + 39.8 \times 160 + 62 \times 240)$$

$$+ 0.498 \left(1 - \frac{7.8}{11.8} \right) \times 7.8 \times 240 \} / 1,000 = 3.99[\text{kV}]$$

– N점에서의 전차선 전압(E_N)

$$E_N = 27.5 - e_n = 27.5 - 3.99 = 23.51[\text{kV}] > 20[\text{kV}] \quad \cdots\cdots\cdots\cdots\cdots 적합$$

06 가공전차선

1 조가선(弔架線)

(1) 조가선의 목적

조가선이란 가공전차선에서 최상부의 커티너리곡선을 그리며 가설된 전선으로 행어 또는 드로퍼를 매개로 해서 전차선을 조가하고, 전차선을 같은 높이로 수평하게 유지하기 위한 목적으로 사용된다.

(2) 조가선에 요구되는 성능

일반적으로 조가선은 부식,. 기계적 진동, 마찰 등에 의해서 항장력이 저하(低下)되기 때문에 내식성, 내마모성, 내진동성에 강해야 한다.

① 기계적 강도가 클 것

조가선은 전차선을 단순히 지지하는 것만이 아니라, 이선을 방지하고, 고속운전을 하기 위해서는 장력을 크게 할 필요가 있으므로 인장강도가 커야 한다.

② 내식성이 클 것

전차선로는 시가지, 공장지대, 해안지대를 통과하기 때문에 아황산가스, 염수 등에 강한 내식성의 조가선이 요구된다.

③ 내마모성이 클 것

조가선은 행어 및 드로퍼 등으로 기계적 진동을 받기 때문에 내마모성이 커야 한다.

④ 도전성이 좋을 것

부하전류의 일부를 흐르게 하기 위해 도전성을 갖추어야 한다.

⑤ 선팽창계수가 적을 것

조가선의 열신축에 의해서 전차선이 수평으로 유지되지 않으면 고속집전에 지장을 가져오기 때문에 선팽창계수가 적은 재료가 필요하다.

(3) 조가선 선종 특성 비교

구 분	Bz 65[mm^2]	CdCu 80[mm^2]	CdCu 70mm^2
단면적[mm^2]	65.38	78.95	65.81
재질[%]	• Cd : 0.9~1.3 • Sn : 0.4~0.6 • Cu : 98.5 • 기타 : 0.03	• Cu : 98.75 • Cd : 0.5~1.2 • 기타 : 0.05	• Cu : 98.75 • Cd : 0.5~1.2 • 기타 : 0.05
조가선질량[kg/m]	0.605	0.710	0.597
파괴강도[N]	42,198	43,904	36,015
도전율[%]	60	80	80
전기저항 (20[℃], [Ω/km])	0.4474	0.276	0.3315
허용전류[A]	261	351	297
선팽창계수	1.7×10^{-5}	1.7×10^{-5}	1.7×10^{-5}
비 고	• 파괴강도가 크다. • 염해 및 공해물질에 강하다. • 공해를 유발하는 카드뮴을 1[%] 함유하고 있다. • 고비용이다.	• 허용전류가 크다. • 염해 및 공해물질에 강하다. • 공해를 유발하는 카드뮴을 1[%] 함유하고 있다.	• 허용전류가 크다. • 염해 및 공해물질에 강하다. • 공해를 유발하는 카드뮴을 1[%] 함유하고 있다.
구 분	CWSR 65[mm^2]	MgSnCu 70[mm^2]	MgSnCu 80[mm^2]
단면적[mm^2]	65.4	65.81	78.95
재질[%]	• CWSR : 13조 • CU : 6조	• Mg : 0.3~0.5 • Sn : 0.05~0.15 • Cu : 99.3	• Mg : 0.3~0.5 • Sn : 0.05~0.15 • Cu : 99.3

조가선질량[kg/m]	0.605	0.592	0.710
파괴강도[N]	42,238	37,720	44,590
도전율[%]	60	65	65
전기저항 (20[℃], [Ω/km])	0.462	0.419	0.340
허용전류[A]	216	259	306
선팽창계수		1.7×10^{-5}	1.7×10^{-5}
비 고	• 염해 및 공해물질에 강하다. • 공해를 유발하는 카드뮴이 없다. • 가닥 소손 시 풀림현상이 없다. • 파괴강도가크다. • 가격이 저렴하다.	• 염해 및 공해물질에 강하다. • 공해를 유발하는 카드뮴이 없다.	• 염해 및 공해물질에 강하다. • 공해를 유발하는 카드뮴이 없다.

＊Bz : 청동연선, MgSnCu : 마그네슘주석동연선, CdCu : 카드뮴동연선, CWSR : 강심동연선

(4) 조가선 장력

전차선 조가선의 일괄 장력조정의 경우 전차선의 단선사고 시 조가선의 장력부담이 너무 커지게 되고 조가선도 단선하게 된다. 이러한 문제를 방지하기 위하여 전차선로 설계시 조가선에는 "여유율"이란 일종의 안전율 개념을 적용하며, 외국의 사례를 보면 다음과 같이 계산원칙을 적용하고 있다.

① 일본의 경우

㉠ 조가선 최소파단하중 ≥ 상시작용하중×안전율×여유율

• 조가선 안전율 2.5 이상 적용

• 여유율 1.2 이상 적용

㉡ 조가선 최소파단하중 검증

• Bz 65[mm^2], 장력 14[kN]의 경우

$42,198[N] \geq 14,000[N]\times2.5\times1.2=42,000[N]$ ·············· 적합

• Bz 65[mm^2], 장력 15[kN]의 경우

$42,198[N] < 15,000[N]\times2.5\times1.2=45,000[N]$ ·············· 부적합

• CdCu 80[mm^2], 장력 14[kN]의 경우

$43,904[N] \geq 14,000[N]\times2.5\times1.2=42,000[N]$ ·············· 적합

• MgSnCu 80[mm^2], 장력 14[kN]의 경우

$44,590[N] \geq 14,000[N]\times2.5\times1.2=42,000[N]$ ·············· 적합

- CdCu 70[mm^2], 장력 12[kN]의 경우

  36,015[N] ≥ 12,000[N]×2.5×1.2＝36,000[N] ······································· 적합
- MgSnCu 70[mm^2], 장력 12,000[kN]의 경우

  37,720[N] ≥ 12,000[N]×2.5×1.2＝36,000[N] ······································· 적합
- CdCu 70[mm^2], 장력 10[kN]의 경우

  36,015[N] ≥ 10,000[N]×2.5×1.2＝30,000[N] ······································· 적합
- MgSnCu 70[mm^2], 장력 10[kN]의 경우

  37,720[N] ≥ 10,000[N]×2.5×1.2＝30,000[N] ······································· 적합

② 프랑스의 경우

    ㉠ 조가선 최소파단하중 ≥ 상시작용하중×안전율

- 조가선 안전율 2.5 이상 적용
- 전차선 파단 시 안전율은 3.0을 적용

    ㉡ 안전율 3.0을 적용하면 일본의 경우와 동일한 결과치를 얻을 수 있다.

- 14[kN]×3.0＝42[kN]
- 10[kN]×3.0＝30[kN]
- 12[kN]×3.0＝36[kN]

③ 조가선 파괴강도 및 허용장력

조가선 종별	파괴강도 [N]	허용장력 [N]	적용장력 [kN]
Bz 65[mm^2]	42,198	42,000	14
CdCu 70[mm^2]	36,015	36,000	12
CdCu 80[mm^2]	43,904	42,000	14
MgSnCu 70[mm^2]	37,720	36,000	12
MgSnCu 80[mm^2]	44,590	42,000	14
CWSR 65[mm^2]	42,238	42,000	14

(5) 조가선의 보호

조가선은 외부의 요인으로 인해 지락사고 등이 발생하며, 행어의 마찰에 의해 소손을 일으킬 위험이 있어 터널입구, 과선교, 행어 설치개소 등에는 조가선 보호커버를 설치한다.

    ① 과선교, 선상역사 등에 시설된 직류구간의 조가선은 소정의 이격거리가 확보되지 않을 경우 무가압으로 한다.

    ② 조가선의 보호커버

        ㉠ 조가선, 보조조가선의 행어개소 등에서 소선을 손상시킬 위험이 있는 경우에 보호커버를 설치한다.

ⓛ 보호커버의 설치범위

조 건	부착범위	기 사
직선 및 $R \geq 1,600$[m]	조가선 지지개소에서 양측 첫 번째까지의 행어	조가선은 아연도 강연선을 사용할 경우
$1,600$[m] $\geq R \geq 800$[m]	조가선 지지개소에서 양측 두 번째까지의 행어	조가선은 아연도 강연선을 사용할 경우
$R \leq 800$[m], 건넘선 개소	전 행어	조가선은 아연도 강연선을 사용할 경우
평행부분	전 행어	조가선은 아연도 강연선을 사용할 경우
급전분기개소	양측의 행어	조가선은 아연도 강연선을 사용할 경우

ⓒ 동연선(CdCu 등)을 사용하는 조가선에는 전행어에 보호커버를 설치한다.

③ 진동피로에 의한 조가선 지지점 보강

㉠ 가동브래킷 개소

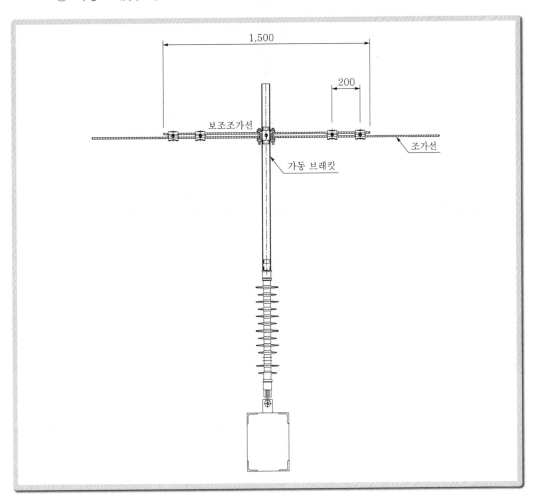

지지점을 2중화하여 인장하중을 줄이는 방법으로 그림과 같이 지지점을 2중
화해서 각각의 선로에 장력을 걸면 개략 1/2로 된다.

따라서, 조가선에 보조조가선을 첨가하여 조가선의 본체가 지지점에서 단선
된 경우에도 열차운행이 가능하도록 보강하고 지지점에는 보호스리브로 보강
하여 굽힘하중을 줄이는 방법을 사용한다.

ⓒ 빔하스팬선 개소

흐름방지장치로부터 200[m]를 초과하는 지지점에는 조가선을 보호하기 위하
여 보조조가장치를 설치하고 빔하스팬선과 조가선 간에 설치하는 드로퍼의
조가선 쪽에는 슬라이딩 드로퍼 클램프를 설치한다.

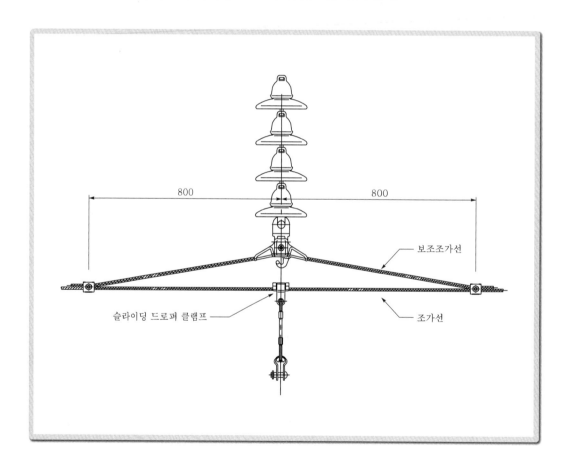

ⓒ 지지점의 라인가드

지지점에 라인가드를 감아서 선조의 굽힘강성을 크게 하고 소선의 굽힘응력
을 줄이는 방법이다.

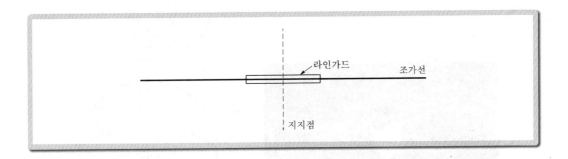

(6) 조가선의 편위

① 재래선의 직선구간에서 조가선의 편위는 궤도측 상부에 수직으로 배열하고 곡선구간에서는 전차선과 수직으로 배열한다.

② 고속선의 조가선은 곡선에서 뿐만 아니라 직선에서도 전차선의 편위에 따라 수직으로 배열한다.

2 전차선

(1) 개 요

전차선은 레일면상에 정해진 높이로 시설되어 전기차의 팬터그래프와 직접 접촉하여 전기차 모터에 전기를 공급하기 위한 전선으로서 전차선로 설비에서 가장 중요한 설비이며, 다음과 같은 성능이 요구된다.

① 가선의 장력에 대하여 충분히 견딜 수 있도록 인장강도가 클 것

② 팬터그래프의 통과 및 집전에 지장이 없도록 도전율이 높고, 전류용량이 크며 내열성이 우수할 것

③ 내마모성 및 내식성이 우수하고 피로강도에도 충분할 것

④ 접속개소의 통전상태가 양호할 것

(2) 전차선의 종류와 표준장력

일반적으로 전선의 두께는 허용전류, 전압강하, 기계적 강도, 작업성 및 경제성 등을 고려하여 정해지지만, 전차선은 일반 가공전선과는 달리 장력도 크고, 팬터그래프의 충격을 받는 외에도 차량의 사고로 연결되는 과대전류에 의한 단선의 위험을 동반하기 때문에 송배전 전선보다 두꺼울 필요가 있다.

① 전차선의 단면형상

전차선의 단면형상에는 원형, 제형, 이형 등으로 분류되며 직류구간의 지하구간에는 제형을 사용하고 지상구간은 원형을 사용하고 있으며, 경부고속전철에는 이형전차선을 사용하였다.

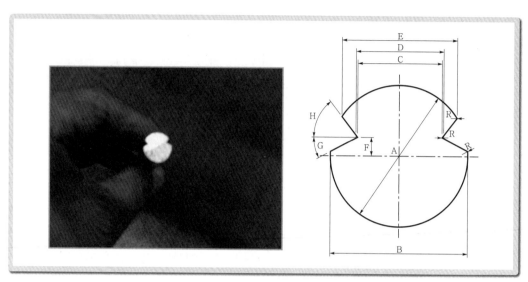

[원형 전차선]

[원형 전차선 치수]

구 분	A [mm]	B [mm]	C [mm]	D [mm]	E [mm]	F [mm]	R [mm]	G [°]	H [°]	단위질량 [kg/m]
170[mm²]	ϕ15.49	15.49	7.32	7.74	11.43	2.4	R0.38	27°	51°	1.511
110[mm²]	ϕ12.34	12.34	6.85	7.27	9.75	1.7	R0.38	27°	51°	0.987

＊허용차 A : ±1[%]
B, D, E : ±2[%]

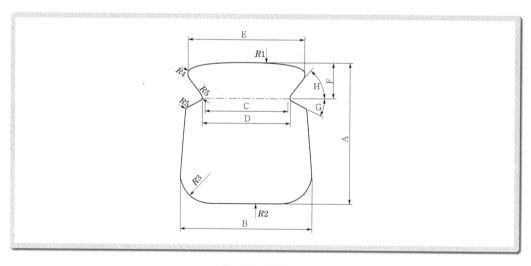

[제형 전차선]

【 제형 전차선 치수 】

구 분	A [mm]	B [mm]	C [mm]	D [mm]	E [mm]	F [mm]	R1 [mm]	R2 [mm]	R3 [mm]	R4 [mm]	R5 [mm]	G [°]	H [°]	단위 질량 [kg/m]
110[mm²]	11.7	10.9	6.85	7.27	9.6	3.0	30	20	2.5	0.75	0.38	27	51	0.987
170[mm²]	14.8	13.0	6.85	7.27	9.6	3.0	30	35	2.5	0.75	0.38	27	51	1.511

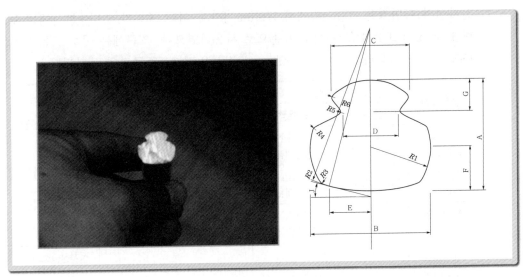

【 이형 전차선 】

【 이형 전차선 치수 】

구 분	A [mm]	B [mm]	C [mm]	D [mm]	E [mm]	F [mm]	G [mm]	H [°]	I [°]	J [°]	단위질량 [kg/m]
150[mm²]	13.60 ±0.2	15.10 ±0.2	9.852	6.92 ±0.2	5.18	5.36	3.90	51	27	15	1.334

구 분	R1[mm]	R2[mm]	R3[mm]	R4[mm]	R5[mm]	R6[mm]
150[mm²]	7.55 ±0.1	20.00 ±0.15	1.00	0.45	0.38	0.38

② 전차선 선종 특성 비교

구 분 \ 선 종	Cu 110[mm²]	Cu 150[mm²]	Cu 170[mm²]
외경[mm]	12.34	13.6	15.49
질량[kg/m]	0.987	1.334	1.511
전기저항[Ω/km]	0.1592	0.1173	0.104

구 분 \ 선 종	Cu 110[mm^2]	Cu 150[mm^2]	Cu 170[mm^2]
파단하중[N]	38,220	52,097	57,820
선팽창계수	1.7×10^{-5}	1.7×10^{-5}	1.7×10^{-5}
도전율[%]	97.5	98	97.5

③ 전차선의 표준장력

전차선의 단면적은 70[mm^2]에서 170[mm^2]까지 여러 종류가 있다. 본선에는 원형 170[mm^2] 또는 110[mm^2]를 표준으로 사용하였으나, 최근에는 이형 또는 원형 150[mm^2]를 사용하고 있으며 150[mm^2] 전선은 IEC표준규격에 해당된다.

가선방식	전차선		조가선		비 고
	선 종	표준장력	선 종	표준장력	
심플 커티너리	Cu 110[mm^2]	10[kN] (1,000[kgf])	CdCu 70[m^2] St 90[m^2]	10[kN] (1,000[kgf])	전차선 조가선 일괄장력 (표준온도 적용)
해비심플 커티너리	Cu 170[mm^2]	15[kN] (1,500[kgf])	St 135[m^2]	15[kN] (1,500[kgf])	
해비심플 커티너리	Cu 170[mm^2]	14[kN] (1,400[kgf])	CdCu 80[m^2]	14[kN] (1,400[kgf])	
해비심플 커티너리	Cu 150[mm^2]	20[kN] (2,000[kgf])	BZ 65[m^2]	14[kN]] (1,400[kgf])	전차선, 조가선 개별장력 (고속전철)

가공전차선은 자동장력조정장치에 의해 전차선과 조가선을 일괄자동조정하는 경우 일반적으로 가동브래킷 방식을 사용하므로 가선의 이동에 의한 억제저항이 발생한다. 억제저항에 의한 전차선 장력변화를 표준장력의 5[%] 이내로 계산하여 표준장력을 결정한다.

㉠ 전차선 Cu 110[mm^2] 표준장력(10[kN]의 경우)

전차선의 잔존 단면적 67.6[mm^2], 잔존직경 7.5[mm]를 기준하여 전차선의 허용인장력을 계산하면

$$T = \frac{\sigma \cdot A}{S_t} = \frac{(38,220/111.1) \times 67.6}{2.2} = 10,570[\text{N}]$$

여기서, T : 전차선의 표준장력[kN], σ : 전차선의 파괴강도[kN/mm^2]
A : 전차선의 잔존단면적[mm^2], S_t : 전차선의 안전율

억제저항 5[%]를 적용한 표준장력은
$$T_0 = T(1 - 0.05) = 10,570(1 - 0.05) = 10,041[\text{N}] \fallingdotseq 10[\text{kN}]$$

   ⓛ 전차선 Cu 150[mm^2] 표준장력(14[kN]의 경우)

     Cu 150[mm^2] 전차선은 원형이 아닌 이형이기 때문에 단면적 계산 및 잔존직경의 계산이 곤란하므로 표준장력을 정한 상태에서 잔존단면적을 계산하고 잔존직경은 CAD 프로그램을 이용하여 계산한다.

     $T_0 = 14[\text{kN}]$일 때, 억제저항 5[%]를 가산하면

     $T = 14,000 \times 1.05 = 14,700[\text{N}]$

     전차선 마모 시 단면적

     $14,700 = \dfrac{(52,097/150) \times A}{2.2}$

     $A = \dfrac{14,700 \times 2.2}{347} = 93.20[\text{mm}^2]$

   ⓒ 전차선 Cu 170[mm^2] 표준장력(14[kN]의 경우)

     전차선의 잔존단면적 95.14[mm^2], 잔존직경 9[mm]를 기준하여 허용인장력을 계산하면

     $T = \dfrac{(57,820/170) \times 95.14}{2.2} = 14,708[\text{N}]$

     $T_0 = 14,708 \times 0.95 = 13,972[\text{N}] \fallingdotseq 14[\text{kN}]$

(3) 전차선의 높이

가공전차선의 높이는 레일면에서 전차선까지의 높이를 말한다.

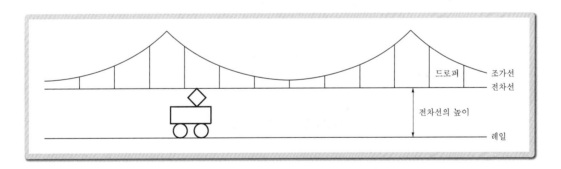

가선방식	표준높이[mm]		최고높이[mm]		최저높이[mm]	
	AC	DC	AC	DC	AC	DC
커티너리	5,200	5,000	5,400	5,200	5,000	
강 체	4,750	4,250		4,750		
기존터널 등 부득이한 경우					4,850	

(4) 전차선의 편위

전차선의 궤도 중심면에서의 수평거리를 편위라고 한다. 전차선의 편위가 지나치게 크면 팬터그래프가 전차선에서 벗어나 사고를 일으키기 때문에 궤도 중심에서의 편위는 일정한계를 정하고 있다.

① 전차선의 편위를 정하는 요소

ㄱ 차량동요에 의한 팬터그래프의 편위

ㄴ 풍압에 의한 전차선의 편위

ㄷ 곡선로에서 전차선의 편위

ㄹ 가동브래킷, 진동방지금구의 회전에 의한 전차선의 편위

ㅁ 지지물의 경사에 의한 전차선의 편위

② 전차선의 편위 시설기준

ㄱ 전차선의 편위는 레일면에 수직인 궤도 중심선에서 좌우 200[mm]를 표준으로 하며, 오버랩이나 분기구간, 강풍구간, 터널 등 특수 구간에서는 좌우 200[mm] 이내로 시설할 수 있다.

ㄴ 본선의 직선로 및 곡선반경 1,600[m] 이상의 곡선로에서는 좌우 각각 200[mm], 곡선반경 1,600[m] 미만의 곡선로에서는 선로 외측으로 200[mm]의 편위를 둔다.

ㄷ 강풍구간 및 승강장 구간은 100[mm] 이하로 하고 터널 브래킷 취부구간의 편위점 경간은 곡선반경에 따른 지지물 경간기준에 의해서 설정한다.

ㄹ 곡선로의 경간 중앙에서 편위는 150[mm] 이하로 한다.

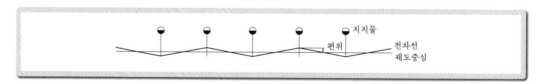

[직선구간의 지그재그 편위]

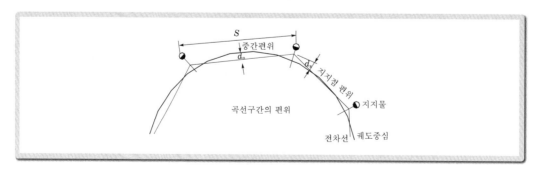

[곡선구간의 편위]

ㅁ 중간편위 계산방법

$$d_o = \frac{S^2}{8R} - d_s\,[\text{m}]$$

여기서, d_o : 경간중앙의 전차선 편위[m]
R : 곡선반지름[m]
S : 전주경간[m]
d_s : 지지점에서의 전차선 편위[m]

③ 전차선의 높이 및 편위 측정방법

전차선 가선 후 정적인 상태에서 전차선 높이, 편위의 측정은 전차선 가선측정기에 의해 레일면 위에서 측정하며, 곡선구간에서 측정은 가선측정기를 곡선 외측레일에 밀착시켜 바깥궤도를 기준으로 하여 측정한다.

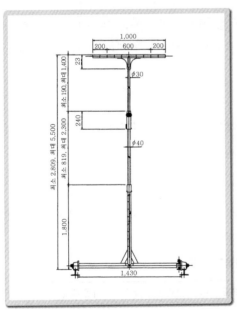

[전차선 가선측정기]

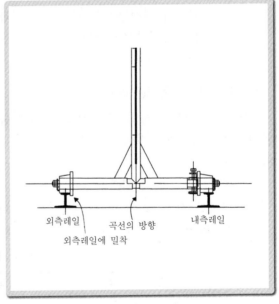

[곡선구간에서 가선측정기의 고정방법]

④ 편위 250[mm]의 근거

전동차에 대하여 경사시험을 실시한 결과, 궤도면상 585[mm]인 점을 중심으로 좌우 610[mm]인 점(자동연결기 설치 전에 있어서의 완충기의 위치)이 수평에서 상하최대 32[mm]만큼 이동하는 시험결과에 따라 차량의 경사를 궤도면위 585[mm]의 점을 중심으로 해서 좌우 610[mm]의 수평점으로 상하 각 최대

32[mm]로 하면 가공전차선의 표준높이 5,200[mm]에서의 집전장치의 편위는 $(5,200-585)\times\dfrac{32}{610}=242$[mm]이다.

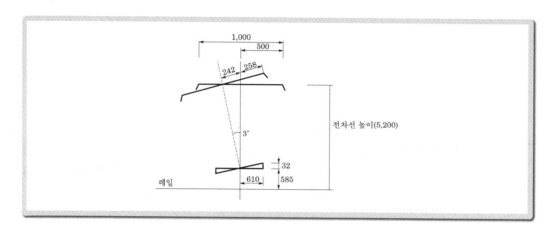

위 그림에서 집전장치가 가공 전차선과 접촉하는 유효폭은 약 1,000[mm]이기 때문에 가공전차선의 허용 수평거리는 1,000/2−242＝258[mm]이므로 이것을 250[mm]로 정한 것이다.

(5) 전차선의 기울기(구배)

전차선은 그 집전성능상 항상 레일면 위에 동일한 높이로 가설하는 것이 이상적이지만 과선교, 터널 등에 의해서 그 높이를 변화시킬 필요가 있는 경우에는 전차선에 기울기가 발생한다.

① 전차선의 기울기 기준

전차선 기울기는 해당구간의 설계속도에 따라 다음과 같이 한다. 다만, 에어섹션, 에어조인트, 분기구간에는 기울기를 주지 않는다.

【 전차선의 기울기 기준 】

설계속도 V[km/h]	속도등급	기울기[‰]
$300 < V \le 350$	350킬로급	0
$250 < V \le 300$	300킬로급	0
$200 < V \le 250$	250킬로급	1
$150 < V \le 200$	200킬로급	2
$120 < V \le 150$	150키로급	3
$70 < V \le 120$	120킬로급	4
$V \le 70$	70킬로급	10

※ 지하 강체구간은 1[‰]

【 EN 50 119에 의한 전차선 높이 감소에 대한 기울기 】

속도[km/h]	최대 기울기		최대 기울기 변화	
	–	[%]	–	[%]
50 이하	1/40	2.50	1/40	2.50
60	1/50	2.00	1/100	1.00
100	1/167	0.60	1/333	0.30
120	1/250	0.40	1/500	0.20
160	1/300	0.33	1/600	0.17
200	1/500	0.20	1/1,000	0.10
250	1/1,000	0.10	1/2,000	0.05
> 250	0	0.00	0	0.00

② 전차선의 기울기 산출

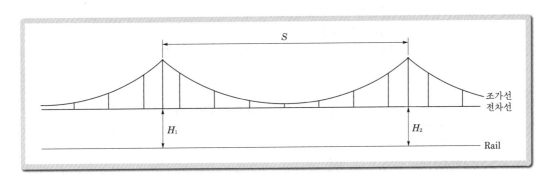

전차선의 기울기 3/1,000이란, 1,000[m]의 거리에서 3[m] 높이가 변화하는 것이다. 보통 1경간의 전차선의 높이의 변화를 그 경간길이로 나눈 것을 나타낸다.

$$기울기 = \frac{H_2 - H_1}{S}$$

여기서, S : 전주경간[m]
H_1 : 낮은 쪽 전차선 높이[m]
H_2 : 높은 쪽 전차선 높이[m]

기울기에 따른 전차선 높이 계산 예

경간 50[m], 기울기 3/1,000으로 전차선이 낮아진다면 전차선 높이가 5.2[m]인 경우 다음 전주의 전차선 높이를 구해 보자.

$$H_1 = 5.2 - \frac{3 \times 50}{1,000} = 5.05[\text{m}]$$

③ 전차선의 기울기 변화점에서 이선하지 않고 집전할 수 있는 한도

팬터그래프가 전차선 기울기 변화점에서 이선하지 않고 집전할 수 있는 한도를 생각해 보면, 팬터그래프는 어느 점에 도약해서 착점이 다음의 행어 이내이면 일단은 이선하지 않고 집전할 수 있다고 생각되며 다음과 같이 정의할 수 있다.

$$2mbv^2 = FH$$

여기서, m : 팬터그래프의 질량(4.3[kg])

b : 가공전차선의 기울기[‰]

v : 열차속도[km/h]

F : 팬터그래프의 상승압력(5.5[kgf]$=5.5 \times 9.8 = 53.9$[N])

H : 도약거리(5[m])

【 전차선의 기울기에 따른 적용속도 】

기울기[‰]	3	5	10	15
속도[km/h]	103	80	57	46

위의 계산 결과에 따라 도시전철의 최고 운전속도를 약 100[km/h]로 볼 때, 본선 전차선의 기울기는 3/1,000으로 규정하게 된 것이다. 또한 측선의 운전속도를 45[km/h]로 보고 측선 전차선 기울기는 15/1,000로 하고 있으며 고속전철은 1/1,000로 정하고 있다.

 기울기에 따른 열차속도 계산 예

상기 조건에서 기울기 3/1,000에서 열차속도를 계산해 보자.

$$V = \sqrt{\frac{5.5 \times 9.8 \times 5}{2 \times 4.3 \times 3 \times 10^{-3}}} = 102.3[\text{km/h}]$$

(6) 전차선 이선

① 개 요

팬터그래프는 전차선에 접촉해서 전력을 공급받고 있으며 팬터그래프가 전차선에서 이탈하여 접촉력이 0이 되는 현상을 이선이라 한다.

전차선으로부터 팬터그래프의 이선은 작은 것이 바람직하지만 이선에는 여러 가지의 원인에 의해 임의적으로 적게 되지 않으며 열차속도, 노선현황, 가선상태에 따라 차이가 난다.

② 이선율

이선율은 열차가 일정구간을 주행할 때 팬터그래프가 전차선에서 이탈하는 비율을 말하며 다음 식으로 표시된다.

$$이선율 = \frac{일정구간의\ 이선시간의\ 합}{일정구간의\ 전체\ 주행시간} \times 100[\%]$$

$$= \frac{일정구간의\ 주행\ 시\ 이선하여\ 주행한\ 거리의\ 합}{일정구간의\ 주행거리} \times 100[\%]$$

이선율은 일반 전철구간에서는 3[%] 이하로, 고속전철에서는 1[%] 이하로 제한하고 있다.

③ 전차선에서 미치는 이선의 영향

이선이 전차선에 미치는 영향은 열차속도와 집전전류에 의해서 변화하며, 이선이 발생하는 개소는 전차선의 마모를 촉진하는 원인이 된다.

㉠ 이선 시에 발생하는 불꽃에 의해서 전차선의 미소 부분에 용손이 발생한다.

㉡ 이선개소의 시점부 및 종단부는 아크 및 충격에 의해 국부적으로 전차선의 마모가 촉진된다.

㉢ 이선이 격심하게 되면 팬터그래프의 집전판이나 전차선이 아크열에 의해서 용단된다.

㉣ 전차선의 구분장치개소, 건넘선, 지지점 부근, 더블이어 접속개소 등에서 이선이 발생하며 이러한 개소는 전차선의 마모가 빨리 진행된다.

㉤ 기타, 이선이 격심하게 되면 전기차의 주전동기나 보기류가 섬락을 야기하고, 집전전류를 차단하게 되어 이상전압이 발생하고 무선잡음장애를 발생할 우려가 있다.

④ 전차선의 이선 저감 대책

㉠ 압상력을 균일하게 하기 위하여 프리새그(Pre-sag) 가선을 시행한다.

㉡ 전차선의 구배 변화를 적게 한다.

㉢ 가급적 전차선의 접속개소를 줄이고 가선금구를 경량화하여 전차선의 경점을 줄인다.

ㄹ 전차선, 조가선의 장력을 항상 일정하게 유지한다.

ㅁ 팬터그래프의 경량화로 추수성이 우수한 것을 사용한다.

ㅂ 열차속도는 전차선의 파동전파속도의 70[%] 이하로 운영한다.

⑤ 공진 및 이선속도

이선에 영향을 주는 요소는 파동전파속도, 전차선 장력, 압상량 및 열차속도 등 복합적으로 이루어진다.

㉠ 고유진동수

전차선의 경간 중앙에서 상하로 진동시킬 때 최소의 힘으로 큰 진동을 가져 오는 진동수를 고유진동이라 한다. 고유진동수는 파동전파속도와 경간과의 관계가 있으며 다음과 같이 표시된다.

$$f = \frac{C}{2S}$$

여기서, f : 고유진동수, S : 경간[m]

C : 파동전파속도[m/s] $\rightarrow \sqrt{\dfrac{T}{\rho}}$

T : 전차선 장력[N], ρ : 가선단위 질량[kg/m]

고유진동수는 경간이 짧고 파동전파속도가 크면 높아진다.

㉡ 공진 및 이선속도

1개의 팬터그래프로 주행 시 가선을 스프링으로 대체하고 팬터그래프를 등가 질량으로 환산취급하여 모델(Model) 해석한 경우의 공진속도는

$$V_C = \frac{S}{2\pi} \sqrt{\frac{K'}{m}\left(1 - \frac{\varepsilon^2}{2}\right)} \, [\text{km/h}]$$

여기서, m : 등가질량(가선과 팬터그래프 등가질량의 합)

V_C : 공진속도[km/h]

K : 스프링계수

K' : 스프링계수의 평균치 $K' = \dfrac{K_{\max} + K_{\min}}{2}$

ε : 스프링계수의 부등률$\left(\dfrac{K_{\max} - K_{\min}}{2}\right)$

여기에서 K는 실제 가선에서 지지물 바로 밑에서는 크고, 지지물 간의 중 앙에서는 작으므로 그 평균을 K'로 하면 이선속도는 다음과 같다.

$$V_r = \frac{S}{2\pi} \sqrt{\frac{K'}{m}\left(\frac{1 - \varepsilon^2/2}{1 + \varepsilon}\right)} = \frac{V_C}{\sqrt{1 + \varepsilon}} \, [\text{km/h}]$$

팬터그래프 이선속도 계산 예

아래와 같은 조건에서 팬터그래프의 공진속도 및 이선속도를 구해 보자.

1. 조 건
   - 가선방식 : 심플 커티너리
   - 경간(S) : 50[m]
   - 스프링계수 평균치(K') : 2,000[N/m]
   - 스프링계수 부등률(ε) : 0.4
   - 등가질량(m) : 80[kg]

2. 공진속도

$$V_C = \frac{50}{2\pi} \sqrt{\frac{2,000}{80}\left(1 - \frac{0.4^2}{2}\right)} = 38.18[\text{m/s}]$$

$$= 38.18 \times \frac{3,600}{1,000} = 137[\text{km/h}]$$

3. 이선속도

$$V_r = \frac{137}{\sqrt{1+0.4}} = 116[\text{km/h}]$$

(7) 파동전파속도

전차선에 좌우로 발생한 진동이 열차 진행방향으로 이동 전파하는 속도를 파동전파속도라 하며, 전차선의 질량과 전차선 장력의 크기로서 결정된다.

$$C = \sqrt{\frac{T}{\rho}}\,[\text{m/s}]$$

여기서, C : 파동전파속도[m/s]
　　　　T : 전차선의 장력[N]
　　　　ρ : 가선 단위질량[kg/m]

열차속도가 가선의 파동전파속도에 가까워지면 팬터그래프의 이선, 전차선의 압상량, 응력 등이 급격히 증대하여 전차선의 압상점이 꺾어져 휘어지며 열차 통과 후 진동 진폭이 크게 되므로 파동전파속도의 70[%] 정도가 바람직한 집전속도로 보고 있다.

 전차선의 최대집전속도 계산 예

전차선 Cu 170[mm^2], 가선장력 14[kN]을 사용하는 헤비심플가선의 최대집전속도를 구해 보자.

$C = \sqrt{\dfrac{T}{\rho}}\,[\text{m/s}]$이므로 [km/h]로 환산하면

$C = \sqrt{\dfrac{T}{\rho}} \times \dfrac{3,600}{1,000}\,[\text{km/h}]$

전차선 $170[\text{mm}^2]$의 단위질량은 $1.511[\text{kg/m}]$이므로

$$C = \sqrt{\frac{14,000}{1.511}} \times \frac{3,600}{1,000} = 346[\text{km/h}]$$

최대집전속도는 파동전파속도의 $70[\%]$가 바람직하므로

$$V = 346 \times 0.7 = 242[\text{km/h}]$$

【 파동전파속도 비교표 】

구 분 〰️ 설 비	프랑스 TGV Cu 150[mm²]	일본 신간선 Cu 170[mm²]	한국 KTX Cu 150[mm²]	한국 헤비심플 Cu 150[mm²]
전차선 질량[kg/m]	1.334	1.511	1.334	1.334
전차선 장력[kN]	20.0	19.7	20.0	13.72
파동전파속도[km/h]	440	411	440	365
최대집전속도[km/h]	308	287	308	255

(8) 무차원화비 및 도플러계수

① 무차원화비

무차원화비란 파동전파속도와 열차속도의 비를 말하며 다음과 같이 표시된다.

$$\text{무차원화비 } \beta = \frac{\text{열차속도}[\text{km/h}]}{\text{파동전파속도}[\text{km/h}]}$$

여기서, 무차원화비가 작을 때, 즉 열차속도가 낮을 때에는 팬터그래프의 접촉점의 압상량은 적어지게 되고 무차원화비가 1에 가까우면(열차속도가 파동전파속도에 가까우면) 팬터그래프의 이선, 전차선의 압상량 및 응력이 급격히 증대하여 전차선이 휘어져 꺾이게 되며, 팬터그래프가 통과한 뒤에는 진폭이 크게 되어 이선 현상이 심해진다.

또한 과도한 압상량은 가선금구의 접촉과 파괴를 야기시키기도 하고 전차선의 변형과 단선을 유발시키기도 한다.

따라서 가선의 영업속도에 알맞는 무차원화비는 대략 $70[\%]$를 기준으로 하고 있다.

구 분 〰️ 설 비	프랑스 TGV	일본 신간선	한국 KTX	한국 헤비심플	한국 심플
열차영업운행속도[km/h]	300	275	300	150	150
파동전파속도[km/h]	440	411	440	365	358
무차원화비	0.68	0.66	0.68	0.41	0.42

앞의 비교표에서와 같이 고속전철일수록 무차원화비가 1에 가까워짐을 알 수 있으며 약 70[%]에 가까운 수치를 나타내고 있다.

② 도플러계수(Doppler Factor)

열차의 속도에 대한 전차선의 적합성은 도플러계수로부터 얻을 수 있다.

$$a = \frac{C - V}{C + V}$$

여기서, C : 파동전파속도
V : 주행속도

위 식에서 도플러계수 a는 0.15 이상이거나 0.2이면 바람직하다.

(9) 전차선의 마모

전차선은 팬터그래프 집전판과 직접 접촉해서 전기를 공급하고 있기 때문에 전기적 마모와 기계적 마모로 분류할 수 있다.

① 전기적 마모

전기적 마모는 팬터그래프와 전차선의 불완전 접촉 또는 이선 등에 기인해서 발생하는 불꽃, 아크의 전기적 원인에 의한 것이며, 전차선의 구배변화점, 경점개소, 장력 불균형개소, 접동(接動)면의 요철 등이 문제가 된다.

② 기계적 마모

기계적 마모는 팬터그래프 집전판과 전차선 간의 기계적 마찰 및 충격에 의해 일어나는 것이다.

③ 전차선의 마모한도

현재 우리철도에서는 전차선 Cu 110[mm^2]와 조가선 CdCu 70[mm^2]를 사용하여 각각 10[kN]의 장력으로 인장하고 있으며 고장력 구간에는 전차선 Cu 170[mm^2], 조가선 CdCu 80[mm^2]를 사용하여 각각 14[kN]의 장력으로 인장하는 시설로 구성되어 있다.

이들의 항장력을 검토함에 있어 조가선은 내식성이 강한 동합금선이므로 항장력의 큰 변동은 없으나 전차선은 항상 팬터그래프의 접동으로 기계적, 전기적 마모를 수반하게 되어 경년(經年)에 따라 어느 시기에 가면 장력장치의 인장력에 견디지 못하고 단선에 이르게 된다.

따라서 전차선은 마모한도를 정하여 그 마모한도의 단면적을 기준으로 하여 전차선 수명을 결정하고 있다.

【 전차선의 마모한도 및 표준장력 】

전차선 선종[mm²]	신품직경 [mm]	잔존직경 [mm]	잔존단면적 [mm²]	잔존항장력 [kN]	허용하중 [kN]	표준장력 [kN]	신품항장력 [kN]
110	12.34	7.5	67.6	23.25	10.56	10 (1,000[kgf])	38,220[N]
		8.5	79.38	27.30	12.40	12 (1,200[kgf])	38,220[N]
150	13.60	7.85	79.89	27.74	12.60	12 (1,200[kgf])	52,097[N]
		8.85	94.97	32.98	14.99	14 (1,400[kgf])	52,097[N]
		9.10	98.78	34.30	15.59	15 (1,500[kgf])	52,097[N]
170	15.49	9	95.14	32.35	14.70	14 (1,500[kgf])	57,820[N]
		9.5	102.73	34.94	15.88	15 (1,600[kgf])	57,820[N]

④ 마모에 의한 잔존단면적, 항장력 및 중량
　㉠ 잔존단면적

$$A = S - a$$

$$a = \left(\pi R^2 \times \frac{\theta}{180}\right) - (R - x) \cdot R\sin\theta$$

$$\theta = \cos^{-1}\left(1 - \frac{x}{R}\right)$$

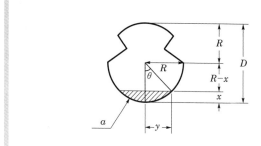

R : 전차선 반지름[mm]
A : 전차선 잔존면적[mm²]
S : 신품 전차선 단면적[mm²]
a : 전차선 마모부분의 단면적[mm²]
D : 신품 전차선의 직경[mm]
x : 전차선 마모길이[mm]
θ : 전차선이 마모되었을 때 수직면과의 각

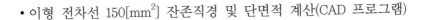

• 이형 전차선 150[mm^2] 잔존직경 및 단면적 계산(CAD 프로그램)

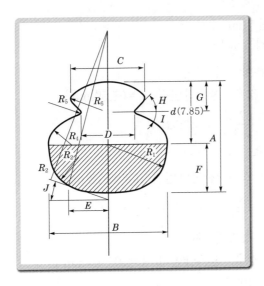

【 잔존단면적 】

d [mm]	단면적[mm^2]
13.60	156.15
10.60	120.89
10.10	113.60
9.60	106.22
9.10	98.78
8.85	94.97
8.10	83.66
7.85	79.89

• 전차선 Cu 170[mm^2]의 잔존단면적 계산

　기본규격 $D=15.49$[mm], $R=7.745$[mm]

　잔존직경 $d=9.5$[mm]일 경우 $x=5.99$[mm]

$$\theta = \cos^{-1}\left(1 - \frac{5.99}{7.745}\right) = 76.90°$$

$$a = \pi \times 7.745^2 \times \frac{76.9}{180} - (7.745 - 5.99) \times 7.745 \times \sin 76.90°$$

$$= 67.27[\text{mm}^2]$$

　∴ 잔존단면적 $A = S - a = 170 - 67.27 = 102.73[\text{mm}^2]$

• 전차선 Cu 110[mm^2]의 잔존단면적 계산

　기본규격 $D=12.34$[mm], $R=6.17$[mm]

　잔존직경 $d=7.5$[mm]일 경우 $x=4.84$[mm]

$$\theta = \cos^{-1}\left(1 - \frac{4.84}{6.17}\right) = 77.55°$$

$$a = \pi \times 6.17^2 \times \frac{77.55}{180} - (6.17 - 4.84) \times 6.17 \times \sin 77.55°$$

$$= 43.51[\text{mm}^2]$$

　∴ 잔존단면적 $A = S - a = 111.1 - 43.51 = 67.59[\text{mm}^2]$

ⓒ 전차선 잔존항장력

$$P = P_o \cdot \frac{A}{S}\,[\text{N}]$$

여기서, P : 잔존항장력[N]

P_o : 신품전차선 항장력[N]

S : 신품전차선 단면적[mm^2]

A : 전차선 잔존면적[mm^2]

- 전차선 Cu 110[mm^2] 잔존항장력 계산

  잔존직경 $d=7.5$[mm]일 경우, 잔존단면적 $A=67.59$[mm^2]

  잔존항장력 $P=38,220 \times \dfrac{67.59}{111.1}=23,252$[N]

- 전차선 Cu 150[mm^2] 잔존항장력 계산

  잔존직경 $d=9.10$[mm]일 경우, 잔존단면적 $A=98.78$[mm^2]

  잔존항장력 $P=52,097 \times \dfrac{98.78}{150}=34,307$[N]

- 전차선 Cu 170[mm^2] 잔존항장력 계산

  잔존직경 $d=9.5$[mm]일 경우, 잔존단면적 $A=102.73$[mm^2]

  잔존항장력 $P=57,820 \times \dfrac{102.73}{170}=34,940$[N]

ⓒ 전차선 잔존중량

$$W = A \cdot \rho \times 10^{-3} [\text{kg/m}]$$

여기서, A : 전차선 단면적[mm^2]

ρ : 전차선 비중(8.89)

 참고 **전차선 마모한도 계산 예**

헤비심플 커티너리 가선에서 전차선의 단면적 170[mm^2] 가선장력 15[kN]일 경우 전차선의 마모한도인 단면적을 구해 보자. (단, 170[mm^2] 전차선의 파괴강도는 57.82[kN]이다.)

전차선의 표준장력

$T = \dfrac{\sigma_o \cdot A}{S_t}$ 이므로

$A = \dfrac{T \cdot S_t}{\sigma_o} = \dfrac{15 \times 2.2}{57.82 \div 170} ≒ 97$[mm^2]

여기서, T : 전차선의 표준장력[kN]

σ_o : 전차선의 파괴강도[kN/mm^2]

A : 전차선의 잔존단면적[mm^2]

S_t : 전차선의 안전율(2.2)

⑤ 전차선의 국부 마모발생 개소

전차선의 국부 마모는 다음과 같은 개소에서 발생하므로 유지보수 시 집중적으로 관리하여야 한다.

㉠ 에어섹션, 부스터 섹션, 에어조인트 개소

㉡ 역행개소의 급전분기개소 및 더블이어 등의 경점개소

㉢ 전차선의 킹크 개소

⑥ 전차선의 마모 경감대책

㉠ 내마모성 전차선 사용

• Sn합금 전차선(주석 동합금)

Sn합금 전차선은 내마모성을 향상시킨 것으로 동에 주석을 0.3[%] 정도 넣은 합금으로 도전율은 저하하지만, 내마모성은 동에 비해서 약 20[%] 향상된다.

• 철 알루미늄 전차선(TA 전차선)

철 알루미늄 전차선은 철과 알루미늄의 복합체로 구성되어 표면을 알루미늄으로 하고 심부에 연강을 사용해서 전류용량은 알루미늄 부분에서 감당하고 인장, 진동, 마모성 등의 기계적 강도는 연강이 부담하는 것이다.

• 수직형 전차선

표준전차선의 단면형상을 변경해서 마모색이 짙은 변형단면으로 한 것으로 특히 초기마모를 저감하도록 의도된 것이다.

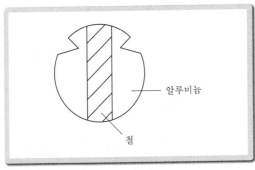

[철 알루미늄 전차선]

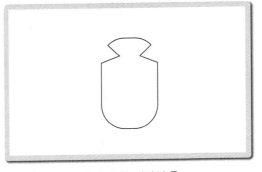

[수직형 전차선]

㉡ 전차선 가로(횡)드럼 감기

전차선이 평균적으로 마모가 진행되지 않고 국부적인 굴곡이 있는 개소는 전차선의 수명을 단축할 수 있다. 전차선을 드럼에 감을 때 세로(종)방향으로 감을 경우 전차선에 상하방향으로 굴곡이 생길 수 있고, 이것이 국부 마모의 원인이 되므로 전차선을 가로(횡)방향으로 감으면 마모를 유발하는 원인은 제거된다.

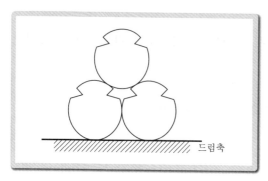

【 세로감기 】

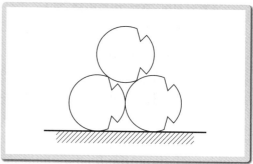

【 가로감기 】

⑦ 전차선 마모에 대한 수명 검토

  ㉠ 개 요

    1974년 수도권 전철 개통 이후 철도공사에서는 꾸준한 마모관리를 하여 왔
    다. 경원선 청량리~성북 간 AC 25[kV] 커티너리 가선구간을 표본으로 1974
    년부터 1989년까지 마모측정 결과 전동차 운행횟수와 팬터그래프 통과횟수에
    의한 전차선의 평균 마모율은 "0.0064[mm/1만 panto]"로 측정되었다.

  ㉡ 전동차 운행현황

【 청량리~성북 간 전동차 운행횟수 】

(하행기준)

연 도	전동차 운행횟수	열차편성	Panto 수량	Panto 통과횟수	비 고
1974	29	6량	2개	21,170	29×2×365일
1975	29	6량	2개	21,170	29×2×365일
1976	29	6량	2개	21,170	29×2×365일
1977	99	6량	2개	72,270	99×2×365일
1978	126	8량	3개	137,970	126×3×365일
1979	180	8량	3개	197,100	180×3×365일
1980	180	8량	3개	197,100	180×3×365일
1981	180	8량	3개	197,100	180×3×365일
1982	180	8량	3개	197,100	180×3×365일
1983	180	8량	3개	197,100	180×3×365일
1984	180	8량	3개	197,100	180×3×365일
1985	141	10량	3개	154,395	141×3×365일
1986	135	10량	3개	147,825	135×3×365일
1987	138	10량	3개	151,110	138×3×365일

연 도	전동차 운행횟수	열차편성	Panto 수량	Panto 통과횟수	비 고
1988	142	10량	3개	155,490	142×3×365일
1989	143	10량	3개	156,585	143×3×365일
계	2,091			2,221,755	

* 본 자료는 철도공사에서 입수하였으며 저항제어 차량운행을 기준으로 하였음

ⓒ 마모측정결과

구 간	선 별	전주번호	선 종	측정치	마모치	Panto 통과횟수	측정일시
청량리 ~ 성북	경원하선	8-9호	Cu 110[mm^2]	11.00[mm]	1.34[mm]	2,221,755	1989. 3. 18
	경원상선	24-25호	Cu 110[mm^2]	10.85[mm]	1.49[mm]	2,221,755	1989. 5. 21
	경원하선	24-25호	Cu 110[mm^2]	10.70[mm]	1.64[mm]	2,221,755	1989. 3. 18
	경원상선	41-42호	Cu 110[mm^2]	10.80[mm]	1.54[mm]	2,221,755	1989. 5. 21
	경원하선	38-39호	Cu 110[mm^2]	11.60[mm]	0.74[mm]	2,221,755	1989. 3. 18
성북구내	경원상선	9-10호	Cu 110[mm^2]	10.5[mm]	1.84[mm]	2,221,755	1988. 11. 3

* 본 자료는 철도공사에서 입수하였음

ⓔ 전차선 마모율

전차선 Cu 110[mm^2]의 1만 팬터그래프의 마모율은 다음과 같다.

- 1989년도 평균마모 : 1.43[mm]
- 1989년까지 Panto 통과횟수 : 222.1755[회/1만 Panto]
- 평균마모율＝1.43[mm]÷222.1755≒0.0064[mm/1만 Panto]
- 최대마모율＝1.84[mm]÷222.1755≒0.0083[mm/1만 Panto]

ⓜ 경원선 청량리~성북 간 전차선 수명 검토

- 경원선 차량운전조건
  - 차량편성 : 10량
  - 운전시격 : 10분
  - 운전시간 : 05:00~24:00(19시간)
  - 팬터그래프 수량 : 6대(VVVF 차량)
  - 1일 운행횟수 : 114회
  - 연간 운행횟수 : 41,610회
  - 연간 팬터그래프 통과횟수 : 249,660회
- 전차선 연간 마모율
  - 평균마모율＝0.0064×24.96＝0.1597[mm]

- 최대마모율＝0.0083×24.96＝0.2071[mm]
- 전차선 사용연수
  - Cu 110[mm^2]
    - 최대마모량 4.84[mm]
    - 평균사용연수 4.84÷0.1597≒30년
    - 최소사용연수 4.84÷0.2071≒23년
  - Cu 170[mm^2]
    - 최대마모량 6.49[mm]
    - 평균사용연수 6.49÷0.1597≒40년
    - 최소사용연수 6.49÷0.2071≒31년
ⓑ 전차선 수명예측 계산 예(중앙선 복선전철 건설의 경우)
- 중앙선 청량리~원주 간 차량운행 조건
  - 차량편성
    - 전동차 10량 편성에 팬터그래프 6개(VVVF 차량)
    - 화물열차 전기기관차 팬터그래프 2개(중련운전)
    - 여객열차 전기기관차 팬터그래프 1개
  - 1일 열차운행횟수
    - 전동차 : 89회
    - 화물열차 : 39회
    - 여객열차 : 17회
- 연간 팬터그래프 통과횟수
  - 전동차 : 89회×6개×365일＝194,910회
  - 화물열차 : 39회×2개×365일＝28,470회
  - 여객열차 : 17회×1개×365일＝6,205회

  계 229,585회
- 전차선 연간 마모율
  - 평균마모율 : 0.0064[mm]×22.9585[회/1만 Panto]＝0.147[mm]
  - 최대마모율 : 0.0083[mm]×22.9585[회/1만 Panto]＝0.19[mm]
- 전차선 사용연수
  - Cu 110[mm^2]
    - 최대마모한도 4.84[mm]
    - 평균사용연수 4.84[mm]÷0.147[mm/년]≒33년
    - 최소사용연수 4.84[mm]÷0.19[mm/년]≒25년

- Cu 170[mm^2]
  - 최대마모한도 6.49[mm]
  - 평균사용연수 6.49[mm]÷0.147[mm/년]≒44년
  - 최소사용연수 6.49[mm]÷0.19[mm/년]≒34년

⑧ 전차선 수명검토 결과

구 분	경원선	중앙선	비 고
운행열차	전동차(VVVF)	전동차(VVVF), 전기기관차	
열차운행횟수	114회/일	145회/일	
연간 팬터그래프 통과수	249,660회	229,585회	
전차선 마모율	0.0064[mm/1만 Pan]	0.0064[mm/1만 Pan]	평 균
연간 전차선 마모율	0.1597[mm]	0.147[mm]	평 균
Cu 110[mm^2] 전차선 사용연수	30년	33년	평 균
Cu 170[mm^2] 전차선 사용연수	40년	44년	평 균

위 검토 결과 경원선의 경우 열차운행횟수는 적으나 전동차의 VVVF차량은 팬터그래프가 6개 부착되고 중앙선의 경우 열차운행횟수는 많아도 전기기관차의 팬터그래프 수량이 적으므로 팬터그래프 수량에 의하여 전차선의 수명이 단축되는 것을 증명하였다.

(10) 전차선의 온도상승

전차선의 온도는 대기온도에 의한 온도상승, 일사에 의한 온도상승 및 전차선을 흐르는 전기차 전류에 의한 온도상승, 팬터그래프의 접촉에 의한 저항손에 의해 온도상승이 발생된다.

교류구간은 급전전압이 높기 때문에 전류가 작아 심한 정도는 아니지만 직류 및 고속전철 구간에서는 전기차 부하전류가 크기 때문에 온도상승이 심하다.

① 전차선의 허용온도

전차선은 경동선이 널리 사용되며, 경동선의 온도가 200[℃] 상승하면 경화되고 기계적인 강도가 반감된다.

일반철도에서 전차선의 허용온도는 90[℃]로 정하고 있으며, 이는 대기온도를 40[℃]로 하고 전차선 자체온도는 50[℃]까지 온도상승을 허용할 수 있기 때문이다.

전차선의 기계적 특성으로 인한 EN 50 119의 전차선 온도상승 범위는 다음과 같다.

299

【 EN 50 119에 의한 전차선 온도상승 】

전차선 선종	최고온도[℃]		
	고장전류 1초까지	30분(정차 시 팬터그래프)	영 구
고장력 경동선	170	120	80
동-은 합금	200	150	100
동-주석 합금	170	130	100
동-마그네슘 합금(0.2[%]Mg)	170	130	100
동-마그네슘 합금(0.5[%]Mg)	200	150	100
알루미늄 합금	130	-	80

② 온도상승 방지대책

㉠ 부하용량에 충분한 단면적의 전차선을 사용한다.

㉡ 팬터그래프의 집전판은 가능한 한 전차선과의 접촉저항이 적은 것을 사용한다.

㉢ 전차선 접속개소의 접촉저항을 감소시킨다.

(11) 전차선의 연속 허용전류

전선에 전류가 흐르면 그 전선의 저항손(Joule열)에 의해서 전선의 온도가 상승하게 된다. 온도가 너무 높게 되면 전선이 설담금으로 연화되어 기계적 강도가 저하되므로 일반의 나전선에 서는 연속 사용온도(허용온도)는 90~100[℃]로 한도를 정하여 이것 이하의 통전전류, 즉 허용전류를 구해야 한다.

허용전류는 전선 표면의 열평형을 고려하여 전선의 저항손에 의한 발생열량과 햇빛에 의해 흡수되는 열량과의 합이 전선표면에서 복사 및 대류에 의해 공기 중으로 발산되는 총열량과 같다는 Luke의 식에 의해 전선의 허용전류를 구한다.

전차선의 연속 허용전류를 구하는 계산식은 다음과 같다.

$$I = \sqrt{\frac{K \cdot \pi \cdot d \cdot \theta}{\beta \cdot R_t}} \,[A]$$

여기서, I : 연속 허용전류[A]

K : 총열방산계수[W/℃ · cm^2]

d : 전선의 외경[cm]

θ : 주위온도에 대한 전선의 온도상승분[℃]

R_t : 희망온도에 있어서의 전기저항[Ω/km]

β : 교류, 직류 저항비(교류 저항과 직류 저항의 비≒1)이다.

총열방산계수 K는

$$K = h_w + \left(h_r - \frac{W_s}{\pi\theta}\right)\eta$$ 로 구하는데,

여기서, h_w : 대류에 의한 열방산계수

h_r : 복사에 의한 열방산계수

θ : 주위온도에 대한 전선의 온도상승분[℃]

W_s : 일사량[W/℃ · cm^2]

대류에 의한 열방산계수 h_w를 구하면

$$h_w = \frac{0.00572}{\left(273 + T + \dfrac{\theta}{2}\right)^{0.123}} \times \sqrt{\frac{V}{d}}$$

여기서, θ : 주위온도에 대한 전선의 온도상승분[℃]

d : 전선의 외경[cm]

V : 풍속[m/s]

또, 복사에 의한 열방산계수 h_r을 구하면(스테판–볼츠만의 법칙)

$$h_r = 0.000567 \times \frac{\left(\dfrac{273 + T + \theta}{100}\right)^4 - \left(\dfrac{273 + T}{100}\right)^4}{\theta}$$

여기서, θ : 주위온도에 대한 전선의 온도 상승분[℃]

T : 주위온도[℃]

전기저항 $R_t = R_{20}\{1 + \alpha(t - 20)\}$

여기서, R_t : 희망온도에 있어서의 전기저항[Ω/km]

α : 전선의 정질량 저항 온도계수(20[℃]의 경우)

t : 주위온도에 대한 전선의 온도상승분[℃]

R_{20} : 20[℃]의 전기저항[Ω/km]

전차선의 순시허용전류의 계산식은

$$I = 152.1 \times \frac{A}{\sqrt{t}}$$

여기서, A : 전선의 단면적[mm^2], t : 시간[s]

① 전차선 Cu 170[mm^2] 허용전류

㉠ 조 건

• 신선 : 170[mm^2](외경 $D = 1.549$[cm])

• 마모 시 : 102.73[mm^2](잔존직경 $d = 0.95$[cm])

- 저항
  - 신선 : 0.1040[Ω/km], 20[℃]
  - 마모 시 : 0.1721[Ω/km], 20[℃]

  마모 시 저항은 단면적에 비례하므로, $\left(\dfrac{102.73}{170}\right)^{-1} \times 0.1040 = 0.1721\,[Ω/km]$

  가 된다.
- 저항온도계수 : 0.00383(20[℃])
- 주위온도 : 40[℃]
- 온도상승분(θ) : 50[℃]
- 일사량(W_s) : 0.1[W/℃ · cm^2]
- 풍속(V) : 0.5[m/s]
- 전선의 표면방사 $\eta = 0.9$로 가정하고 계산하기로 한다.

ⓒ 대류에 의한 계수(h_w)

- 신선의 경우

$$h_w = \frac{0.00572}{\left(273 + T + \dfrac{\theta}{2}\right)^{0.123}} \times \sqrt{\frac{V}{d}}$$

$$= \frac{0.00572}{\left(273 + 40 + \dfrac{50}{2}\right)^{0.123}} \times \sqrt{\frac{0.5}{1.549}} = 1.588 \times 10^{-3}[\text{W/℃} \cdot \text{cm}^2]$$

- 마모의 경우

$$h_w = \frac{0.00572}{\left(273 + 40 + \dfrac{50}{2}\right)^{0.123}} \times \sqrt{\frac{0.5}{0.95}} = 2.028 \times 10^{-3}[\text{W/℃} \cdot \text{cm}^2]$$

- 복사에 의한 열방산계수(h_r)
  - 마모와 상관없다.
  - 신선의 경우 = 마모 후의 경우

$$h_r = 0.000567 \times \frac{\left(\dfrac{273 + 40 + 50}{100}\right)^4 - \left(\dfrac{273 + 40}{100}\right)^4}{50}$$

$$= 8.8057 \times 10^{-4}[\text{W/℃} \cdot \text{cm}^2]$$

- 일사가 있는 경우 총열방산계수(K)
  - 신선의 경우

$$K = h_w + \left(h_r - \frac{W_s}{\pi\theta}\right)\eta = 1.588 \times 10^{-3} + \left(8.8057 \times 10^{-4} - \frac{0.1}{\pi \times 50}\right) \times 0.9$$

$$= 1.8076 \times 10^{-3}[\text{W/℃} \cdot \text{cm}^2]$$

- 마모의 경우

$$K = 2.028 \times 10^{-3} + \left(8.8057 \times 10^{-4} - \frac{0.1}{\pi \times 50}\right) \times 0.9$$

$$= 2.248 \times 10^{-3} [\text{W/℃·cm}^2]$$

- 전기저항(R_t)

  - 신선의 경우

  $$R_t = R_{20}\{1 + \alpha(t - 20)\}$$

  $$= 0.1040\{1 + 0.00383(90 - 20)\}$$

  $$= 0.1319[\Omega/\text{km}] = 0.1319 \times 10^{-5}[\Omega/\text{cm}]$$

  - 마모의 경우

  $$R_t = 0.1721\{1 + 0.00383(90 - 20)\}$$

  $$= 0.2182[\Omega/\text{km}]$$

  $$= 0.2182 \times 10^{-5}[\Omega/\text{cm}]$$

- 연속허용전류(I)

  - 신선의 경우

  $$I = \sqrt{\frac{K \cdot \pi \cdot d \cdot \theta}{\beta \cdot R_t}} = \sqrt{\frac{1.8076 \times 10^{-3} \times \pi \times 1.549 \times 50}{1 \times 0.1319 \times 10^{-5}}} = 577.45[\text{A}]$$

  - 마모의 경우

  $$I = \sqrt{\frac{2.248 \times 10^{-3} \times \pi \times 0.95 \times 50}{1 \times 0.2182 \times 10^{-5}}} = 392.10[\text{A}]$$

- 전차선 순시허용전류(I)

  - 신선의 경우

  $$I = 152.1 \times \frac{170}{\sqrt{3}} = 14.929[\text{A}] \fallingdotseq 15[\text{kA}]$$

  - 마모의 경우

  $$I = 152.1 \times \frac{102.73}{\sqrt{3}} = 9.021[\text{A}] \fallingdotseq 9[\text{kA}]$$

② 전차선 Cu 110[mm^2] 허용전류

  ㉠ 조 건

   - 신선 : 111.1[mm^2](외경 $D = 1.234$[cm])
   - 마모 시 : 67.59[mm^2](잔존직경 $d = 0.75$[cm])
   - 저항 : 신선－0.1592[Ω/km], 20[℃]

     마모 시－0.2617[Ω/km], 20[℃]

$$\left(\frac{67.59}{111.1}\right)^{-1} \times 0.1592 = 0.2617 [\Omega/km]$$

- 저항온도계수 : 0.00383(20[℃])
- 주위온도 : 40[℃]
- 온도상승분(θ) : 50[℃]
- 일사량(W_s) : 0.1[W/℃·cm²]
- 풍속(V) : 0.5[m/s]
- 전선의 표면방사 $\eta = 0.9$로 가정하고 계산하기로 한다.

ⓛ 대류에 의한 계수(h_w)
  - 신선의 경우

$$h_w = \frac{0.00572}{\left(273 + 40 + \frac{50}{2}\right)^{0.123}} \times \sqrt{\frac{0.5}{1.234}} = 1.779 \times 10^{-3} [\text{W/℃·cm}^2]$$

  - 마모의 경우

$$h_w = \frac{0.00572}{\left(273 + 40 + \frac{50}{2}\right)^{0.123}} \times \sqrt{\frac{0.5}{0.75}} = 2.282 \times 10^{-3} [\text{W/℃·cm}^2]$$

- 복사에 의한 열방산계수(h_r)
  - 마모와 상관없다.
  - 신선의 경우=마모 후의 경우

$$h_r = 0.000567 \times \frac{\left(\frac{273 + 40 + 50}{100}\right)^4 - \left(\frac{273 + 40}{100}\right)^4}{50}$$

$$= 8.8057 \times 10^{-4} [\text{W/℃·cm}^2]$$

- 일사가 있는 경우 총열방산계수(K)
  - 신선의 경우

$$K = h_w + \left(h_r - \frac{W_s}{\pi\theta}\right)\eta$$

$$= 1.779 \times 10^{-3} + \left(8.8057 \times 10^{-4} - \frac{0.1}{\pi \times 50}\right) \times 0.9$$

$$= 1.999 \times 10^{-3} [\text{W/℃·cm}^2]$$

  - 마모의 경우

$$K = 2.282 \times 10^{-3} + \left(8.8057 \times 10^{-4} - \frac{0.1}{\pi \times 50}\right) \times 0.9$$

$$= 2.502 \times 10^{-3} [\text{W/℃·cm}^2]$$

- 전기저항(R_t)
  - 신선의 경우
    $$R_t = R_{20}\{1+\alpha(t-20)\}$$
    $$= 0.1040\{1+0.00383(90-20)\}$$
    $$= 0.1319[\Omega/km] = 0.1319 \times 10^{-5}[\Omega/cm]$$
  - 마모의 경우
    $$R_t = 0.2617\{1+0.00383(90-20)\}$$
    $$= 0.3319[\Omega/km] = 0.3319 \times 10^{-5}[\Omega/cm]$$
- 연속허용전류(I)
  - 신선의 경우
    $$I = \sqrt{\frac{1.999 \times 10^{-3} \times \pi \times 1.234 \times 50}{1 \times 0.2019 \times 10^{-5}}} = 438.08[A]$$
  - 마모의 경우
    $$I = \sqrt{\frac{2.502 \times 10^{-3} \times \pi \times 0.75 \times 50}{1 \times 0.3319 \times 10^{-5}}} = 298[A]$$
- 순시허용전류(I)
  - 신선의 경우
    $$I = 152.1 \times \frac{111.1}{\sqrt{3}} = 9.756[A] \fallingdotseq 9.8[kA]$$
  - 마모의 경우
    $$I = 152.1 \times \frac{67.59}{\sqrt{3}} = 5.935[A] \fallingdotseq 5.9[kA]$$

(12) 전차선 압상량

① 개 요

커티너리 가선의 전차선을 어떤 힘으로 서서히 밀어 올리면 그 압상량은 일반적으로 경간 내의 위치에 따라 각기 다른 값을 나타낸다. 경간 중앙부근은 많이 올라가고 지지점 부근에서는 그 값이 상당히 적다. 이것을 정압상량이라 하며 이 정압상 특성은 가선구성, 전선의 장력, 경간 등에 따라 다르다. 전차선의 동압상량은 정량적으로 설명하는 것은 불가능하나 컴퓨터 시뮬레이션 등으로 100[km/h] 이하에서의 동압상량은 정압상량의 약 3배 이상으로 추정된다.

EN 50 119에 따르면 곡선당김금구는 압상량 제한이 없는 경우 예상치의 2배, 압상량 제한이 있을 경우 예상치의 1.5배에 상응하는 동적 상승을 허용하도록 되어 있다.

② 전차선 정압상량의 비교

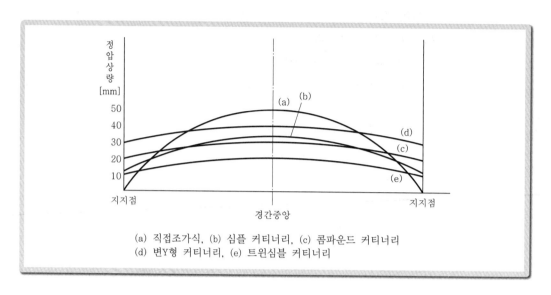

(a) 직접조가식, (b) 심플 커티너리, (c) 콤파운드 커티너리
(d) 변Y형 커티너리, (e) 트윈심블 커티너리

③ 전차선 압상량의 계산식

㉠ 지지점의 압상량

$$Y = \frac{P_o S}{T_t} \times \frac{1 + \dfrac{T_m}{T_t}}{2\left(1 + 2n\dfrac{T_m}{T_t}\right)} \times 1{,}000\,[\text{mm}]$$

여기서, Y : 압상량[mm], S : 경간[m]
T_t : 전차선의 장력[N], P_o : Panto 압상력[N]
T_m : 조가선 장력[N], n : 경간 내의 드로퍼 수량[개]

㉡ 지지점을 제외한 위치의 압상량

• 직조식 : $Y = \dfrac{X(S-X)}{ST_t} \times P_o \times 1{,}000\,[\text{mm}]$

• 심플 커티너리식 : $Y = \dfrac{X(S-X)}{S(T_t + T_m)} \times P_o \times 1{,}000\,[\text{mm}]$

• 콤파운드 커티너리식 : $Y = \dfrac{X(S-X)}{S(T_t + T_m + T_A)} \times P_o \times 1{,}000\,[\text{mm}]$

여기서, T_A : 보조조가선 장력[N]
X : 지지점에서 압상점까지 거리[m]

㉢ 조가선의 압상량은 ㉡항에 의한다.

압상량 계산 예

심플 커티너리 가선방식에서 경간 50[m]의 지지점과 경간중앙에서의 전차선 압상량을 구해 보자.
(단, 전차선, 조가선은 일괄조정으로 19,600[N]이며, 팬터그래프의 압상력은 58.8[N]이다.)

1. 경간중앙에서의 전차선 압상량

$$Y = \frac{X(S-X)}{S(T_m+T_t)} \times P_o \times 1,000 [mm]$$
$$= \frac{25(50-25)}{50 \times 19,600} \times 58.8 \times 1,000 = 37.5[mm]$$

2. 지지점하에서의 전차선 압상량

$$Y = \frac{P_o S}{T_t} \times \frac{1+\dfrac{T_m}{T_t}}{2\left(1+2n\dfrac{T_m}{T_t}\right)} \times 1,000 [mm] = \frac{58.8 \times 50}{9,800} \times \frac{1+\dfrac{9,800}{9,800}}{2\left(1+2 \times 10 \times \dfrac{9,800}{9,800}\right)} \times 1,000$$
$$= 0.3 \times 47.62 = 14.3[mm]$$

ㄹ 전차선 압상량 비교

구 분	종 별	경간별 압상량[mm]			
		20[m]	30[m]	40[m]	50[m]
경간중앙	Cu 110[mm^2]	15	22.5	30	37.5
	Cu 170[mm^2]	10	15	20	25
	Cu 150[mm^2]	10.7	16	21.4	26.8
지지점하	Cu 110[mm^2]	13.3	13.8	14.1	14.3
	Cu 170[mm^2]	8.9	9.2	9.4	9.5
	Cu 150[mm^2]	9.5	9.9	10.1	10.2

＊ 동적 압상량은 시속 100[km/h] 미만에서 정적 팬터그래프 압상량의 3배로 계산하며, 시속 100[km/h]
이상에서는 시속에 따라 3배 이상의 값을 고려한다.

ㅁ 전차선 압상량 개선방안

전차선이 수평으로 가선된 보통의 심플 커티너리 가선(현재의 방식)에서는
팬터그래프의 압상력으로 인하여 같은 압상력에 대하여 지지점 부근보다 경
간 중앙 부근이 압상량이 커지게 된다. 이와 같은 현상은 팬터그래프의 상하
반복운동에 의해 100[km/h] 이상의 고속운전이 되면 전차선과 팬터그래프의
이선율이 현저히 높아진다.

전차선에 미리 이도를 주는, 즉 새그(Sag)를 주어 가선을 하면 팬터그래프는
수평으로 주행하게 되므로 집전특성이 좋아진다. 고속으로 운전하기 위하여

압상량을 개선하여 전차선의 장력을 크게 하고 프리새그가선을 시행하며, 유럽 및 우리나라 경부고속전철에 적용하고 있다.

ⓑ 프리새그(Pre-sag) 가선

• 개 요

전차선을 수평가선할 경우 사용할수록 마모가 되어 전차선 압상이 호그(Hog)상태가 된다. 마모로 인한 호그상태는 팬터그래프의 상하운동을 가중시켜 대이선을 초래하게 되며, 프리새그 가선은 전차선을 미리 처지게 가선하는 것으로 전차선이나 조가선의 장력을 감소시키는 것과는 완전히 다르다. 전차선을 가선할 때 경간 각 위치의 압상량을 감안하여 압상 시에 전차선이 수평이 되게 하면 팬터그래프의 궤적은 직선에 매우 가깝게 된다. 이러한 가선을 프리새그 가선이라 한다.

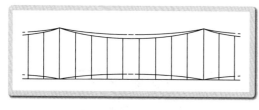

【 전차선 수평가선 】　　　　　　　　【 전차선 프리새그 가선 】

• 프리새그량

수평가선에 대하여 처진량을 프리새그량이라 하며 가선의 사용조건에 따라 차이가 있으나 경간의 1/1,000~1/2,000로 하고 있다.

(13) 전차선의 가고, 경사

① 가고(架高)

커티너리식 전차선에서 지지점에 대한 조가선과 전차선과의 수직중심 간격을 가고라 한다. 가고는 전차선의 선종, 경간, 장력과 지지점에 있어서 진동방지, 곡선당김장치의 설비공간 등을 고려해서 정해지는 것이다. 심플, 헤비심플 커티너리의 표준가고는 960[mm]로 하며 고정빔, 교량, 터널, 구름다리 밑 등 부득이한 경우는 710[mm], 500[mm], 180[mm] 등으로 단축할 수 있다. 열차 속도향상에 따라 전차선의 압상량이 증대됨으로써 가고를 1,100[mm], 1,200[mm]로 증대하고 있으며 고속전철에서는 가고를 1,400[mm] 이상으로 크게 하고 있다.

[합성전차선의 표준가고]

속도등급[km/h]	표준가고[mm]
70~200킬로급	960
250킬로급	1,200
300, 350킬로급	1,400

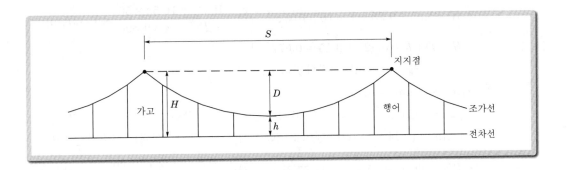

전차선의 가고를 결정하는 요소는 행어나 드로퍼의 최소길이와 전주경간 및 열차속도에 의하여 결정된다.

행어의 최소길이는 150[mm]이며 일본의 경우 행어의 최소길이에 의해 가고를 960[mm], 710[mm]로 표준가고를 결정하고 있으며, 독일의 경우 드로퍼의 길이에 의해 열차속도를 결정하며 가고도 이에 의해서 결정된다. 드로퍼는 전차선과 조가선을 탄력있게 연결하여야 하며, 500[mm]보다 작은 드로퍼는 고속에서 굽혀지지 않는다. 드로퍼의 최소길이는 속도에 따라 규정되며 독일에서는 다음과 같이 규정하고 있다.

$$V \leq 120[\text{km/h}] : 300[\text{mm}]$$
$$120[\text{km/h}] < V < 250[\text{km/h}] : 500[\text{mm}]$$
$$V \geq 250[\text{km/h}] : 600[\text{mm}]$$

최소 드로퍼 길이를 규정하는 것은 동특성 측면에서 중요하다. 짧은 드로퍼는 높은 속도에서 큰 전차선 압상량이 발생할 경우 드로퍼의 파손문제가 발생한다. 따라서, 독일에서는 고속 전차선 시스템에서 가고는 1.4[m] 이하로 할 수 없도록 규정하고 있다.

② 표준가고의 계산(행어 사용 시)

$$H = D + h\,[\text{m}], \quad D = \frac{WS^2}{8T}$$

여기서, H : 가고[m], T : 조가선 장력[N]

S : 전주경간[m], D : 조가선의 최대이도[m]

h : 행어의 최소길이(0.15[m]), W : 합성전차선 중량[N/m]

㉠ 가고 710[mm]의 경우

- 조가선 CdCu 70[mm^2] : 5.85[N/m], 조가선 장력 : 9,800[N], 전차선 Cu 110[mm^2] : 9.68[N/m], 행어 : 1[N/m](전차선 단위길이당), 전주경간 : 50[m]

- $W = 5.85 + 9.68 + 1 = 16.53$[N/m], $D = \dfrac{WS^2}{8T} = \dfrac{16.53 \times 50^2}{8 \times 9,800} = 0.527$[m],

$H = D + h = 0.527 + 0.15 = 0.677$[m]

∴ 가고를 710[mm]로 정하였다.

㉡ 가고 960[mm]의 경우

- 조가선 CdCu 80[mm^2] : 6.96[N/m], 조가선 장력 : 14,700[N], 전차선 Cu 170[mm^2] : 14.81[N/m], 행어 : 1[N/m](전차선 단위길이당), 전주경간 : 60[m]

- $W = 6.96 + 14.81 + 1 = 22.77$[N/m], $D = \dfrac{WS^2}{8T} = \dfrac{22.77 \times 60^2}{8 \times 14,700} = 0.697$[m],

$H = D + h = 0.697 + 0.15 = 0.847$[m]

∴ 가고를 960[mm]로 정하였다.

㉢ 300[mm] 드로퍼의 표준가고

- 조가선 CdCu 70[mm^2] : 5.85[N/m], 전차선 Cu 110[mm^2] : 9.68[N/m], 드로퍼 : 1[N/m](전차선 단위길이당), 전주경간 : 50[m]

- $W = 5.85 + 9.68 + 1 = 16.53$[N/m], $D = \dfrac{WS^2}{8T} = \dfrac{16.53 \times 50^2}{8 \times 9,800} = 0.527$[m]

드로퍼의 최소길이 300[mm]의 경우

$H = D + h = 0.527 + 0.3 = 0.827$[m]

∴ 가고 960[mm]는 속도 120[km/h] 이하에서 사용 가능하다.

㉣ 500[mm] 드로퍼의 표준가고

앞의 ㉢의 조건에서 속도 120[km/h]가 넘고 250[km/h] 이하에서 가고를 검토하면 $D = 0.527$[m]

드로퍼의 최소길이 500[mm]의 경우

$H = D + h = 0.527 + 0.5 = 1.027$[m]

∴ 드로퍼의 사용구간에서는 열차속도가 증가하면 가고를 960[mm]보다 크게 하여야 하므로 1,100[mm], 1,200[mm]로 사용하고 있다.

③ 가동브래킷 가고

가동브래킷의 가고를 960[mm]로 사용하고 있으나 열차의 속도향상에 따라 전차선의 가고를 재검토하여야 한다. 또한 최근 전차선 평행개소를 2경간으로 시설함으로써 기존의 가고 960[mm] 가동브래킷을 사용하면 에어섹션 및 에어조인트 개소의 중간 등고 부분에 절연이격거리가 확보되지 않고 조가선이 가동브래킷에 접촉되어 마찰에 의한 단선우려가 있다. 이러한 문제점들을 해결하기 위하여 가동브래킷의 가고를 증대하고 가고조절이 가능하도록 검토하여야 한다.

㉠ 전차선 압상량 검토

- 조 건
  - 경부선 동대구~부산 간 설계속도 160[km/h] 기준 시뮬레이션 결과
  - 가고 960[mm] 기준
  - 곡선당김 스토퍼(Stopper)에 의해 100[mm]까지만 압상
  - 조가선 Bz 65[mm^2] 12[kN]
  - 전차선 Cu 110[mm^2] 12[kN]
- 동적 압상량(정상 운전조건)

시뮬레이션 조건	곡선당김 압상량	경간중앙 압상량
속도 160[km/h]	19[mm]	65[mm]
차량운동에 의한 동적 수직변위	50[mm]	
보수여유	30[mm]	
계	99[mm]	

- 동적 압상량(최악 운전조건)

  열차속도 160[km/h]의 동적 압상량에 풍속 30[m/s]를 적용할 경우

  팬터그래프가 받는 공기의 흐름＝열차속도＋풍속

  $$풍속\ 30[m/s] = \frac{3,600}{1,000} \times 30 = 108[km/h]$$

  최악조건 운전속도＝160[km/h]＋108[km/h]＝268[km/h]

시뮬레이션 조건	곡선당김 압상량	경간중앙 압상량
속도 268[km/h]	74[mm]	119[mm]
차량운동에 의한 동적 수직변위	50[mm]	
보수여유	30[mm]	
계	154[mm]	

- 풍속 30[m/s]에 의한 압상량

  74[mm]－19[mm]＝55[mm]

㉡ 설계속도에 따른 압상량 검토

- 조 건
  - 경부선 커티너리 시스템 Speed-up에 대한 연구 시뮬레이션 결과(한국철도기술연구원)

311

- 조가선 CdCu 80[mm²] 장력 1.5톤
- 전차선 Cu 170[mm²] 장력 1.5톤
- 경간 50[m] 기준 지지점 압상량
• 설계속도별 지지점 압상량(정상 운전조건)

설계속도	곡선당김 압상량	동적 수직변위	보수여유	계
150[km/h]	13.3[mm]	50[mm]	30[mm]	93.3[mm]
160[km/h]	15.6[mm]	50[mm]	30[mm]	95.6[mm]
170[km/h]	17.8[mm]	50[mm]	30[mm]	97.8[mm]
180[km/h]	19.7[mm]	50[mm]	30[mm]	99.7[mm]
200[km/h][	33.1[mm]	50[mm]	30[mm]	113.1[mm]

• 설계속도별 지지점 압상량(최악 운전조건)

설계속도	곡선당김 압상량	풍속에 의한 압상량	동적 수직변위	보수여유	계
150[km/h]	13.3[mm]	55[mm]	50[mm]	30[mm]	148.3[mm]
160[km/h]	15.6[mm]	55[mm]	50[mm]	30[mm]	150.6[mm]
170[km/h]	17.8[mm]	55[mm]	50[mm]	30[mm]	152.8[mm]
180[km/h]	19.7[mm]	55[mm]	50[mm]	30[mm]	154.7[mm]
200[km/h]	33.1[mm]	55[mm]	50[mm]	30[mm]	168.1[mm]

ⓒ 기존설비의 가동브래킷
• 가동브래킷 O형

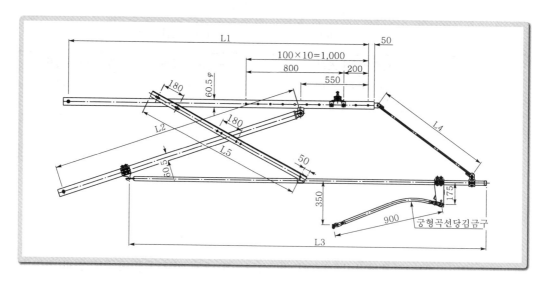

• 가동브래킷 I형

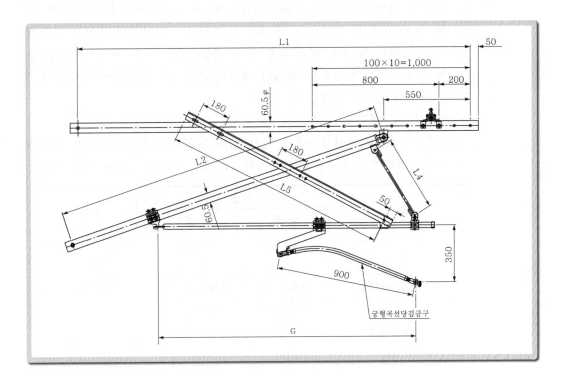

• 기존설비 현황

종 별	기 준	비 고
가 고	960[mm]	
곡선당김설치 각도	11°	궁 형
곡선당김설치 길이	900[mm]	궁 형
최대허용압상량	100[mm]	Stopper 설치

• 속도향상에 따른 기존설비의 문제점
  - 곡선당김금구 압상량
    기존선로에서 열차속도를 200[km/h]까지 향상시킬 경우 곡선당김금구
    의 경우 최악 운전조건에서 168.1[mm]까지 압상하게 된다. 이는 기존 가
    동브래킷의 최대허용압상량 100[mm]를 초과하여 고속에서 곡선당김금
    구가 경점으로 작용할 수 있는 위험이 있다. 또한 곡선이 작은 선로에서
    곡선당김지지금구와 팬터그래프의 간섭이 생길 수 있다.
  - 전차선 높이
    전차선은 레일로부터 일정한 높이를 유지하도록 되어 있으며 높이가 일정치 않을 경우 고속에서 경점으로 작용한다. 전차선로 시설 당시 정밀 시공이 이루어지지 않을 경우 가동브래킷을 철거하여 재조정하여야 하며, 또한 선로의 유지보수 시 궤도가 부상되어 전차선의 높이가 일정하게 유지되지 않는다. 이런 경우 또한 가동브래킷을 철거하여 전차선 높이를 조정하여야 하므로 막대한 예산이 소요되는 문제점이 발생한다.

ㄹ 속도향상에 따른 가동브래킷 개선방안

• 곡선당김금구 개량

속도향상에 따라 곡선개소에서 곡선당김지지금구와 팬터그래프의 간섭을 해소하기 위하여 곡선당김금구 길이를 1,200[mm]로 하는 것이 바람직하다.

종 별	기 준		비 고
	당 초	변 경	
수평파이프 이격거리	350[mm]	500[mm]	전차선 – 파이프 간
곡선당김 설치각도	11°	11°	궁 형
곡선당김 설치길이	900[mm]	1,200[mm]	궁 형
최대허용압상량	100[mm]	390[mm]	
Stopper 설치	유	유	
가 고	960[mm]	1,200[mm]	

• 가동브래킷 가고 증대

열차를 200[km/h] 이상 고속화하기 위하여 전차선의 가고를 크게 하면 지지점에 있어서 진동방지금구, 곡선당김장치의 설치가 용이하고, 가선구성이 좋게 되어 가선특성이 좋아지므로 전차선의 진동이 작아 고속운전에 적합하다.

외국의 경우 기존선을 200[km/h] 이상 속도를 향상할 경우 가동브래킷의 가고를 1,250[mm]로 높여 사용하고 있다.

300[km/h] 이상인 경부고속전철의 경우 가고를 1,400[mm]로 시공하고 있으며 100[km/h] 이상의 저속용과 300[km/h] 이상 초고속용의 중간단계인 200[km/h] 이상의 속도에는 위의 압상량 검토결과 가동브래킷의 가고를 1,200[mm]로 사용하는 것이 경제적으로 적합하며 현재 설계되고 있는 전차선로는 설계속도 160[km/h]에 대비하여 설계되었다. 향후 선로개량 및 틸팅차량 도입에 따라 속도가 200[km/h] 이상으로 계획될 경우 가동브래킷을 개량하여야 하는 문제점이 발생하게 된다. 이의 대비책으로 전차선로 시공 시 가동브래킷의 가고를 960[mm]에서 1,250[mm]로 시공할 경우 200[km/h] 이상의 고속운전에 따른 선로개량 및 틸팅차량 도입 시 전차선로의 개량비가 절감

되고 전차선로 개량공사 시 열차운행축소 및 차단에 의한 손실을 절감할 수 있다.

- 가동브래킷 가고조절

전차선의 높이는 레일로부터 일정하게 유지하여야하나 선로 궤도부상 등으로 유지보수 시 전차선 높이를 조정할 경우 조가선, 전차선을 가동브래킷에서 분리하여 가동브래킷을 조정한 후 조가선, 전차선을 조정하여야 하는 보수상에 어려움과 터널, 과선교, 평행개소 등 특수 구간에서의 전차선 높이를 정밀하게 조정하는 것은 가고가 일정한 가동브래킷에서는 어려운 실정이다.

이러한 문제점을 개선하기 위하여 가동브래킷에 턴버클을 사용하여 가고를 조정해 전차선 높이를 정밀하게 조정할 수 있고, 또한 가고 조절 후 드로퍼를 조정함으로써 전차선의 가선특성을 좋게 할 수 있다. 가고조절용 가동브래킷은 다음 그림과 같으며 가고 조절 범위는 다음과 같다.

종 별	표준가고	최소가고	최고가고	밴드간격
가동브래킷 G3.0	1,250[mm]	1,146[mm] (−104)	1,400[mm] (+150)	1,200[mm]
가동브래킷 G3.0	960[mm]	904[mm]	1,055[mm]	1,000[mm]

- 가동브래킷(가고조절용 I형)

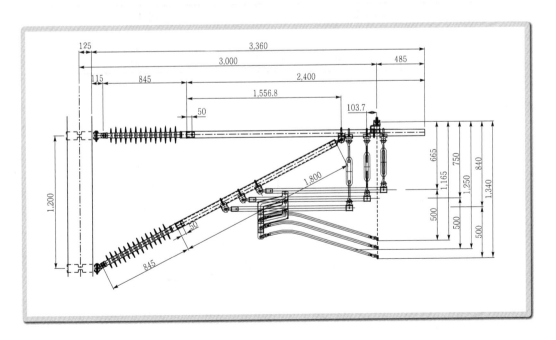

- 가동브래킷(가고조절용 O형)

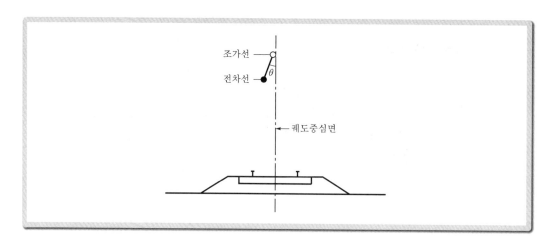

④ 합성 전차선의 경사

전차선 지지점에서 조가선과 전차선이 만드는 면과 조가선 지지점에서 궤도면으로 내린 수직선과의 간격은 다음과 같다.

속도등급	최대간격[mm]
250킬로급 이상	10
200킬로급 이하	50

(14) 전차선로 절연이격거리

① 25[kV] 또는 50[kV] 공칭전압이 인가되는 부분에 적용하는 최소절연이격거리는 철도 설계지침에 다음과 같이 정하고 있다. 다만, 속도등급 250[km/h]급 이상의 전차선로의 이격거리는 열차풍의 영향을 고려하여 시설하여야 한다.

구 분	표준이격거리[mm]		최소이격거리	
	25[kV]	50[kV]	25[kV]	50[kV]
일반지구	300	550	250	500
오염지구	350	600	300	550

＊ 오염지구 : 염해의 영향이 예상되는 해안지역 및 분진 농도가 높은 터널지역 또는 산업화 등으로 인해 오염이 심한 지역을 말한다.

② 차고 등 상시 팬터그래프(Pantograph)가 승강하는 장소에서는 전차선과 팬터그래프의 접은 높이와의 거리가 커티너리 가선구간은 500[mm], 강체가선 구간은 250[mm] 이상되어야 한다.

③ 가공전차선로의 급전계통이 다른 가압부분 상호간은 작업상의 안전을 고려하여 2[m] 이상 이격한다.

④ 직류 가공전차선로에 있어서 급전계통이 다른 가압부분 상호간은 작업상의 안전을 위해 가능한 0.6[m] 이상 이격한다.

⑤ EN50 119에 의한 전차선의 가압부와 접지 사이의 전기적 이격거리는 다음과 같다.

전 압	이격 추천치[mm]	
	정 적	동 적
DC 600[V]	100	50
DC 750[V]	100	50
DC 1,500[V]	100	50
DC 3,000[V]	150	50
AC 15[kV]	150	100
AC 25[kV]	270	150

3 행어 및 드로퍼

(1) 개 요

전차선을 조가선 또는 보조조가선에 조가하기 위한 금구로서 행어 및 드로퍼를 사용하며 행어는 행어바와 이어, 드로퍼는 드로퍼선과 드로퍼 크램프로 구성되어 있고, 설치 간격은 다음 표와 같으며, 행어 및 드로퍼의 최소길이는 150[mm]로 하고 있다.

속도등급	설치간격[m]	비 고
300~350킬로급	4.5~6.75	
250킬로급	3~4.5 또는 3~5	
150~200킬로급	2.5~5	
70~120킬로급	2.5~5	행어이어 사용 가능

(2) 행 어

행어에는 판상과 봉의 형태가 있는데 철판, 강판, 스테인레스 강봉, 인청강봉 등이 사용되고 있으며, 이어에는 전차선을 지지하는 방법에 따라 고리체부형, 레버체부형, 볼트체부형 등이 있고, 재질로는 알루미늄 청강이 사용되고 있다.

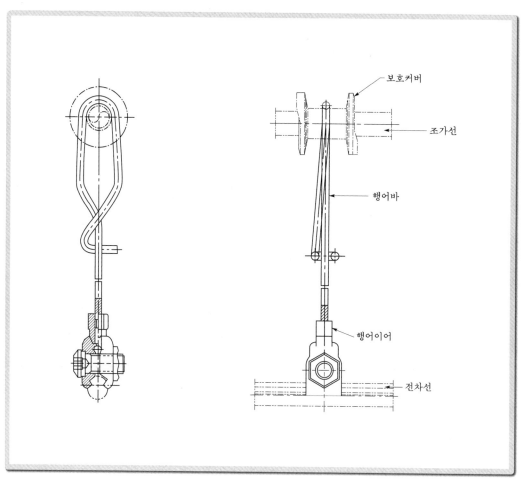

[표준 행어]

(3) 드로퍼

① 개 요

심플 커티너리식 전차선로에서 전차선을 조가선에 조가하기 위한 금구를 드로퍼라고 하며, 드로퍼선과 드로퍼 클램프로 구성된다. 드로퍼선의 재질은 카드미늄동연선 및 청동연선 12[mm^2], 10[mm^2]를 사용하며 드로퍼 클램프는 동, 닉켈, 주석 합금 및 인청동이 사용되고 있으며, 최근에는 순환전류방지를 위하여 균압용 드로퍼를 설치하고 있다.

② 드로퍼의 기계적 요구 사항

드로퍼 조합에 대한 하중용량은 수직작용하중의 2.5배, 수평하중의 1.5배이어야 하며 드로퍼 설계에 다음 하중을 고려하여야 한다.

ㄱ 전차선 중량에 의한 수직하중

ㄴ 피빙하중

ㄷ 풍압하중

ㄹ 30°까지 드로퍼 경사로 인한 수평하중

ㅁ 공사기간 중의 하중

ㅂ 이웃 드로퍼의 파단으로 인한 임시하중

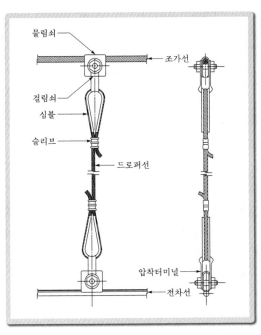

【 산업선 드로퍼 】

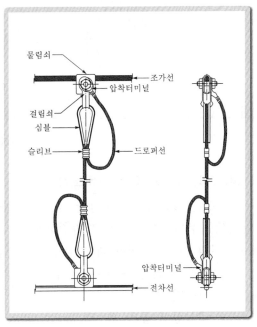

【 산업선 개량형 드로퍼 】

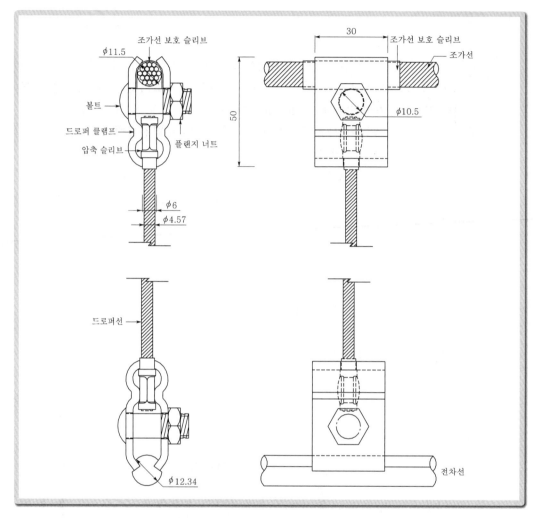

【 균압용 드로퍼 】

(4) 행어 및 드로퍼의 구비조건

전차선은 일반적으로 동일한 가요성을 가져야하며 전차선의 경점은 팬터그래프의 도약현상을 유발하여 이선으로 발전하게 된다. 따라서 경점제거의 입장에서 행어, 드로퍼는 가급적 경량화되어야 하고 다음의 조건을 만족하여야 한다.

① 진동에 견딜 수 있는 기계적 강도가 클 것
② 경량일 것
③ 내식성이 좋을 것
④ 점검이 용이할 것

320

(5) 행어 및 드로퍼 길이 산출

① 양단의 가고가 같고 전차선을 수평으로 유지할 경우는 다음 공식에 의하여 계산한다.

$$L = H - D + R = H - \frac{WS^2}{8T} + \frac{WX^2}{2T}$$

여기서, L : 구하는 드로퍼의 길이[m]

H : 가고[m]

T : 표준온도에서의 조가선의 장력[N]

W : 합성 전차선(조가선, 전차선, 드로퍼 포함)의 단위중량[N/m]

S : 전주경간[m]

X : 경간중앙에서 드로퍼까지의 거리[m]

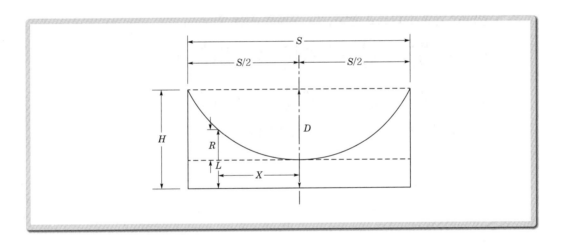

② 양단의 가고가 다르고 전차선을 수평으로 유지할 경우는 다음 공식에 의하여 계산한다.

$$L_1 = H - \frac{WS^2}{8T} + \frac{WX_1^2}{2T} - \frac{H-h}{S}\left(\frac{S}{2} - X_1\right)$$

$$L_2 = H - \frac{WS^2}{8T} + \frac{WX_2^2}{2T} - \frac{H-h}{S}\left(\frac{S}{2} + X_2\right)$$

여기서, L_1 : 경간 중심에서 가고 H측 드로퍼 길이[m]

L_2 : 경간 중심에서 가고 h측 드로퍼 길이[m]

W : 전차선(조가선, 전차선, 드로퍼 포함)의 단위중량[N/m]

T : 조가선 장력[N]

S : 전주경간[m]

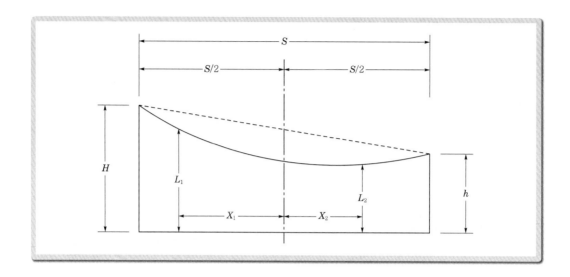

③ 양단의 가고가 다르고 전차선이 구배를 갖는 경우

$$L_1 = H - \frac{WS^2}{8T} + \frac{WX_1^2}{2T} - \frac{H-h}{S}\left(\frac{S}{2} - X_1\right) - \frac{G}{S}\left(\frac{S}{2} + X_1\right)$$

$$L_2 = H - \frac{WS^2}{8T} + \frac{WX_2^2}{2T} - \frac{H-h}{S}\left(\frac{S}{2} + X_2\right) - \frac{G}{S}\left(\frac{S}{2} - X_2\right)$$

여기서, G : H측과 h측의 전차선 높이차[m]

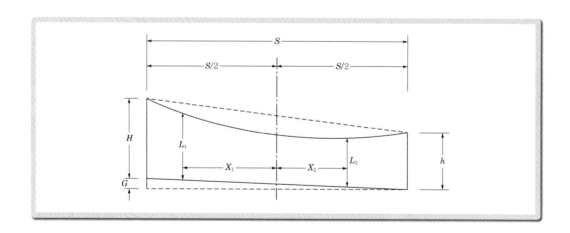

참고   드로퍼 계산 예

1. 조 건
   - 조가선 Bz 65[mm²] : 5.93[N/m]
   - 전차선 Cu 150[mm²] : 13.13[N/m]

- 평균중량 : $0.59[\text{N/m}]$
- 가고(H) : $960[\text{mm}] = 0.96[\text{m}]$
- 조가선의 장력(T) : $13,720[\text{N}]$
- 드로퍼 간격 : $5[\text{m}]$
- 합성 전차선의 단위중량(W) $150[\text{mm}^2]$: $19.65[\text{N/m}]$

2. 드로퍼 설치간격(경간 $50[\text{m}]$)

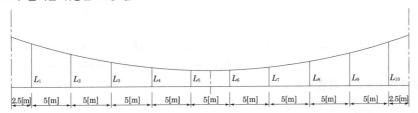

3. 양단의 가고가 같은 경우
   - 경간중앙에서의 이도

   $$D = \frac{WS^2}{8T} = \frac{19.65 \times 50^2}{8 \times 13,720} = 0.448[\text{m}]$$

   - 드로퍼 위치의 이도

   $$R_1 = R_{10} = \frac{WX_1^2}{2T} = \frac{19.65 \times 22.5^2}{2 \times 13,720} = 0.363[\text{m}]$$

   $$R_2 = R_9 = \frac{WX_2^2}{2T} = \frac{19.65 \times 17.5^2}{2 \times 13,720} = 0.219[\text{m}]$$

   $$R_3 = R_8 = \frac{WX_3^2}{2T} = \frac{19.65 \times 12.5^2}{2 \times 13,720} = 0.112[\text{m}]$$

   $$R_4 = R_7 = \frac{WX_4^2}{2T} = \frac{19.65 \times 7.5^2}{2 \times 13,720} = 0.040[\text{m}]$$

   $$R_5 = R_6 = \frac{WX_5^2}{2T} = \frac{19.65 \times 2.5^2}{2 \times 13,720} = 0.004[\text{m}]$$

   - 드로퍼의 길이

   $$L_1 = L_{10} = 0.96 - 0.448 + 0.363 = 0.875[\text{m}]$$
   $$L_2 = L_9 = 0.96 - 0.448 + 0.219 = 0.731[\text{m}]$$
   $$L_3 = L_8 = 0.96 - 0.448 + 0.112 = 0.624[\text{m}]$$
   $$L_4 = L_7 = 0.96 - 0.448 + 0.04 = 0.552[\text{m}]$$
   $$L_5 = L_6 = 0.96 - 0.448 + 0.004 = 0.516[\text{m}]$$

4. 양단의 가고가 다르고 전차선이 구배를 갖는 경우(터널 입구)
   - 조 건
   구배 $4/1,000[‰]$
   가고 $960,\ 710,\ 500,\ 250[\text{mm}]$
   일반 구간 전차선 높이 $5,200[\text{mm}]$
   터널 전차선 높이 $4,850[\text{mm}]$

• 구배에 따른 전차선 높이

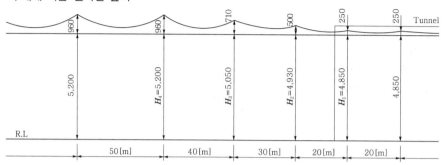

• 구배 4/1,000에 따른 전주경간

$$구배 = \frac{H_2 - H_1}{S} = \frac{5.2 - 4.85}{S} = \frac{4}{1,000}$$

$$\therefore \ S = \frac{0.35 \times 1,000}{4} = 87.5[\text{m}]$$

• 각 위치별 전차선 높이

$$H_1 = 4,850$$

$$H_2 = \frac{20 \times 4}{1,000} + 4.85 = 0.08 + 4.85 = 4.93[\text{m}]$$

$$H_3 = \frac{30 \times 4}{1,000} + 4.93 = 0.12 + 4.93 = 5.05[\text{m}]$$

$$H_4 = \frac{40 \times 4}{1,000} + 5.05 = 0.16 + 5.05 = 5.21[\text{m}] = 5.20[\text{m}]$$

• 경간 40[m](가고 960~710[mm])

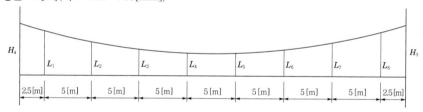

$$G = H_4 - H_3 = 5.2 - 5.05 = 0.15[\text{m}]$$

$$L_1 = H - \frac{WS^2}{8T} + \frac{WX_1^2}{2T} - \frac{H-h}{S}\left(\frac{S}{2} - X_1\right) - \frac{G}{S}\left(\frac{S}{2} + X_1\right)$$

$$= 0.96 - \frac{19.65 \times 40^2}{8 \times 13,720} + \frac{19.65 \times 17.5^2}{2 \times 13,720} - \frac{0.96 - 0.71}{40}\left(\frac{40}{2} - 17.5\right) - \frac{0.15}{40}\left(\frac{40}{2} + 17.5\right)$$

$$= 0.96 - 0.286 + 0.219 + 0.016 - 0.141 = 0.736[\text{m}]$$

$$L_2 = 0.96 - \frac{19.65 \times 40^2}{8 \times 13,720} + \frac{19.65 \times 12.5^2}{2 \times 13,720} - \frac{0.96 - 0.71}{40}\left(\frac{40}{2} - 12.5\right) - \frac{0.15}{40}\left(\frac{40}{2} + 12.5\right)$$

$$= 0.96 - 0.286 + 0.112 - 0.047 - 0.122 = 0.617[\text{m}]$$

$$L_3 = 0.96 - \frac{19.65 \times 40^2}{8 \times 13,720} + \frac{19.65 \times 7.5^2}{2 \times 13,720} - \frac{0.96 - 0.71}{40}\left(\frac{40}{2} - 7.5\right) - \frac{0.15}{40}\left(\frac{40}{2} + 7.5\right)$$

$$= 0.96 - 0.286 + 0.040 - 0.078 - 0.103 = 0.533[\text{m}]$$

$$L_4 = 0.96 - \frac{19.65 \times 40^2}{8 \times 13,720} + \frac{19.65 \times 2.5^2}{2 \times 13,720} - \frac{0.96 - 0.71}{40}\left(\frac{40}{2} - 2.5\right) - \frac{0.15}{40}\left(\frac{40}{2} + 2.5\right)$$
$$= 0.96 - 0.286 + 0.004 - 0.109 - 0.084 = 0.485[\text{m}]$$

$$L_5 = H - \frac{WS^2}{8T} + \frac{WX_5^2}{2T} - \frac{H-h}{S}\left(\frac{S}{2} + X_5\right) - \frac{G}{S}\left(\frac{S}{2} - X_5\right)$$
$$= 0.96 - \frac{19.65 \times 40^2}{8 \times 13,720} + \frac{19.65 \times 2.5^2}{2 \times 13,720} - \frac{0.96 - 0.71}{40}\left(\frac{40}{2} + 2.5\right) - \frac{0.15}{40}\left(\frac{40}{2} - 2.5\right)$$
$$= 0.96 - 0.286 + 0.004 - 0.141 - 0.065 = 0.472[\text{m}]$$

$$L_6 = 0.96 - \frac{19.65 \times 40^2}{8 \times 13,720} + \frac{19.65 \times 7.5^2}{2 \times 13,720} - \frac{0.96 - 0.71}{40}\left(\frac{40}{2} + 7.5\right) - \frac{0.15}{40}\left(\frac{40}{2} - 7.5\right)$$
$$= 0.96 - 0.286 + 0.040 - 0.172 - 0.047 = 0.495[\text{m}]$$

$$L_7 = 0.96 - \frac{19.65 \times 40^2}{8 \times 13,720} + \frac{19.65 \times 12.5^2}{2 \times 13,720} - \frac{0.96 - 0.71}{40}\left(\frac{40}{2} + 12.5\right) - \frac{0.15}{40}\left(\frac{40}{2} - 12.5\right)$$
$$= 0.96 - 0.286 + 0.112 - 0.203 - 0.028 = 0.555[\text{m}]$$

$$L_8 = 0.96 - \frac{19.65 \times 40^2}{8 \times 13,720} + \frac{19.65 \times 17.5^2}{2 \times 13,720} - \frac{0.96 - 0.71}{40}\left(\frac{40}{2} + 17.5\right) - \frac{0.15}{40}\left(\frac{40}{2} - 17.5\right)$$
$$= 0.96 - 0.286 + 0.219 - 0.234 - 0.009 = 0.650[\text{m}]$$

(6) Pre-Sag 가선 드로퍼 길이 계산

① 조 건

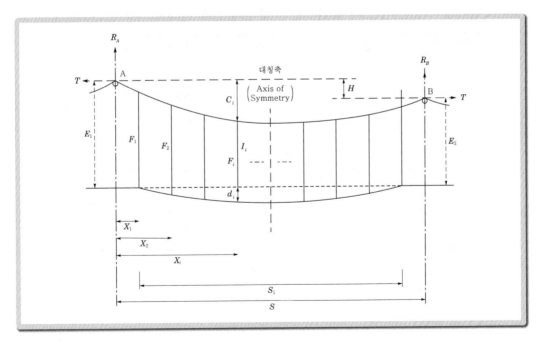

여기서, S : 경간길이[m]

n : 드로퍼 수

325

E_1, E_2 : 가고(Encumbrance)[m]

W_m : 조가선 단위길이당 무게[N]

W_c : 전차선 단위길이당 무게[N]

T_m : 조가선 장력[N]

T_c : 전차선 장력[N]

H : 두 현수점 높이차(+/−)(좌측 현수점 높이 − 우측 현수점 높이)[m]

F_i : i 드로퍼의 지지하중[N]

X_i : i 드로퍼까지의 수평거리[m]

C_i : i 드로퍼에서의 조가선 이도[m]

d_i : i 드로퍼에서의 전차선 새그량(Pre−sag)[m]

I_i : i 드로퍼 길이[m]

R_A : A 지지점에서의 반력[N]

R_B : B 지지점에서의 반력[N]

X_1 : 첫 번째 드로퍼까지 거리(프리새그가 주어지지 않는 구간)[m]

D_c : 경간중앙의 전차선 Sag, 즉 $S/2,000$[m]

S_1 : 전차선 Sag가 주어지는 구간만의 길이[m]

드로퍼 길이 계산은 프리새그량 경간/2,000을 적용하며 계산 시 단위는 통일성을 유지하기 위하여 길이는 [m]를 기준으로 하고, 중량, 하중 및 장력은 Newton 단위를 사용하며, 프리새그는 본선 및 부본선에 한하여 적용하도록 한다.

기 호	종 별	규 격	입력값	비 고
T_m	조가선 장력	CdCu 80[mm²]	14,700[N]	
W_m	조가선 단위중량	CdCu 80[mm²]	6.96[N/m]	
T_c	전차선 장력	Cu 170[mm²]	14,700[N]	
W_c	전차선 단위중량	Cu 170[mm²]	14.8[N/m]	
W_d	드로퍼 평균중량	CdCu 10[mm²]	2.9[N/개]	가고 0.96[m] 기준
D_c	전차선 프리새그량		경간/2,000[m]	
S_1	전차선 프리새그 거리		경간−5[m]	
E	가 고		0.96[m]	

② 드로퍼 길이 계산(양 지지점의 가고가 같은 경우)

㉠ 기본공식

$$l = E - C + d$$

여기서, l : 드로퍼 길이[m]

C : 조가선의 이도[m]

d : 전차선의 사전이도(Pre-sag)[m]

E : 가고[m]

$$C_i = \frac{1}{T_m}\left\{R_A X_i - \frac{W_m X_1^2}{2} - \sum_{K=1}^{i-1} F_K(X_i - X_K)\right\}$$

$$d_i = \frac{4D_c(X_i - X_1)(S_1 - X_i + X_1)}{S_1^2}$$

위의 공식에 의하여 드로퍼 길이를 구하는 공식은 다음과 같다.

$$l_i = E - \frac{1}{T_m}\left\{R_A X_i - \frac{W_m X_i^2}{2} - \sum_{K=1}^{i-1} F_K(X_i - X_K)\right\}$$
$$+ \frac{4D_c(X_i - X_1)(S_1 - X_i + X_1)}{S_1^2}$$

ⓛ 전차선의 처짐량(경간 50[m]의 경우 : 50/2,000)

$$d_2 = d_9 = \frac{4D_c}{S_1^2}(X_2 - X_1)(S_1 - X_2 + X_1)$$

$$= \frac{4 \times \dfrac{50}{2,000}}{45^2}(7.5 - 2.5)(45 - 7.5 + 2.5) = 0.01[m]$$

$$d_3 = d_8 = \frac{4 \times \dfrac{50}{2,000}}{45^2}(12.5 - 2.5)(45 - 12.5 + 2.5) = 0.017[m]$$

$$d_4 = d_7 = \frac{4 \times \dfrac{50}{2,000}}{45^2}(17.5 - 2.5)(45 - 17.5 + 2.5) = 0.022[m]$$

$$d_5 = d_6 = \frac{4 \times \dfrac{50}{2,000}}{45^2}(22.5 - 2.5)(45 - 22.5 + 2.5) = 0.025[m]$$

ⓒ 드로퍼 지지하중

Pre-sag에 의한 전차선 높이차가 있기 때문에 전차선 장력에 의한 드로퍼 하중의 편중을 고려하여야 한다.

• 첫번째 드로퍼 하중

$$F_1 = \left\{X_1 + \frac{X_2 - X_1}{2} + \frac{T_c(d_2 - d_1)}{(X_2 - X_1)W_c}\right\}W_c + W_d$$

여기서, F_1 : 드로퍼의 지지하중[N]

X : 드로퍼까지의 수평거리[m]

d : 전차선 Pre-sag량[m]

T_c : 전차선의 장력[N]

W_c : 전차선 단위길이당 무게[N/m]

W_d : 드로퍼의 평균중량[N/개]

- $2 \leq i \leq n-1$번째 드로퍼 하중

$$F_i = \left\{ \frac{X_{i+1} - X_{i-1}}{2} - \frac{T_c(d_i - d_{i-1})}{(X_i - X_{i-1})W_c} + \frac{T_c(d_{i+1} - d_i)}{(X_{i+1} - X_i)W_c} \right\} W_c + W_d$$

- 마지막 드로퍼 하중($i = n$일 때)

$$F_n = \left\{ \frac{X_n - X_{n-1}}{2} - \frac{T_c(d_n - d_{n-1})}{(X_n - X_{n-1})W_c} + (S - X_n) \right\} W_c + W_d$$

- 경간 50[m]의 경우

  - 첫번째 드로퍼 하중

$$F_1 = \left\{ 2.5 + \frac{7.5 - 2.5}{2} - \frac{14,700(0.01 - 0)}{(7.5 - 2.5)14.8} \right\} \times 14.8 + 2.9$$
$$= (2.5 + 2.5 - 1.986) \times 14.8 + 2.9 = 106.29[\text{N}]$$

  - 2~9번째 드로퍼 하중

$$F_2 = \left\{ \frac{12.5 - 2.5}{2} - \frac{14,700(0.01 - 0)}{(7.5 - 2.5)14.8} + \frac{14,700(0.017 - 0.01)}{(12.5 - 7.5)14.8} \right\} \times 14.8 + 2.9$$
$$= (5 - 1.986 + 1.391) \times 14.8 + 2.9 = 68.1[\text{N}]$$

$$F_3 = \left\{ \frac{17.5 - 7.5}{2} - \frac{14,700(0.017 - 0.01)}{(12.5 - 7.5)14.8} + \frac{14,700(0.022 - 0.017)}{(17.5 - 12.5)14.8} \right\} \times 14.8 + 2.9$$
$$= (5 - 1.391 + 0.993) \times 14.8 + 2.9 = 71.01[\text{N}]$$

$$F_4 = \left\{ \frac{22.5 - 12.5}{2} - \frac{14,700(0.022 - 0.017)}{(17.5 - 12.5)14.8} + \frac{14,700(0.025 - 0.022)}{(22.5 - 17.5)14.8} \right\} \times 14.8 + 2.9$$
$$= (5 - 0.993 + 0.596) \times 14.8 + 2.9 = 71.02[\text{N}]$$

$$F_5 = \left\{ \frac{27.5 - 17.5}{2} - \frac{14,700(0.025 - 0.022)}{(22.5 - 17.5)14.8} + \frac{14,700(0.025 - 0.025)}{(27.5 - 22.5)14.8} \right\} \times 14.8 + 2.9$$
$$= (5 - 0.596 + 0) \times 14.8 + 2.9 = 68.1[\text{N}]$$

$$F_6 = \left\{ \frac{32.5 - 22.5}{2} - \frac{14,700(0.025 - 0.025)}{(27.5 - 22.5)14.8} + \frac{14,700(0.022 - 0.025)}{(32.5 - 27.5)14.8} \right\} \times 14.8 + 2.9$$
$$= (5 + 0 - 0.596) \times 14.8 + 2.9 = 68.1[\text{N}]$$

$$F_7 = \left\{ \frac{37.5 - 27.5}{2} - \frac{14,700(0.022 - 0.025)}{(32.5 - 27.5)14.8} + \frac{14,700(0.017 - 0.022)}{(37.5 - 32.5)14.8} \right\} \times 14.8 + 2.9$$
$$= (5 + 0.596 - 0.993) \times 14.8 + 2.9 = 71.02[\text{N}]$$

$$F_8 = \left\{ \frac{42.5 - 32.5}{2} - \frac{14,700(0.017 - 0.022)}{(37.5 - 32.5)14.8} + \frac{14,700(0.01 - 0.017)}{(42.5 - 37.5)14.8} \right\} \times 14.8 + 2.9$$

$$= (5 + 0.993 - 1.391) \times 14.8 + 2.9 = 71.01[\text{N}]$$

$$F_9 = \left\{ \frac{47.5 - 37.5}{2} - \frac{14,700(0.01 - 0.017)}{(42.5 - 37.5)14.8} + \frac{14,700(0 - 0.01)}{(47.5 - 42.5)14.8} \right\} \times 14.8 + 2.9$$

$$= (5 + 1.391 - 1.986) \times 14.8 + 2.9 = 68.1[\text{N}]$$

- 마지막 드로퍼 하중

$$F_{10} = \left\{ \frac{47.5 - 42.5}{2} - \frac{14,700(0 - 0.01)}{(47.5 - 42.5)14.8} + (50 - 47.5) \right\} \times 14.8 + 2.9$$

$$= (2.5 + 1.986 + 2.5) \times 14.8 + 2.9 = 106.29[\text{N}]$$

ⓔ 커티너리(Catenary) 현수점의 반력

A, B 두 지지점에서 받치고 있는 경간 내 전체하중은 조가선 자중과 드로퍼를 통해 걸리는 하중 및 지지점의 높이차 만큼의 장력에 의한 모멘트 작용하중이 된다.

• A지점의 반력은

$$R_A = \frac{W_m S}{2} + \sum_{K=1}^{n} F_K \frac{S - X_K}{S} + \frac{T_m H}{S}$$

• B지점의 반력은

$$R_B = W_m S + \sum_{K=1}^{n} F_K - R_A$$

여기서, R_A, R_B : A, B지점의 반력[N]

H : A, B지점 간의 높이차[m]

F : 드로퍼의 지지하중[N]

S : 전주경간[m]

X : 드로퍼까지의 수평거리[m]

W_m : 조가선 단위길이당 무게[N]

T_m : 조가선 장력[N]

참고 커티너리 현수점의 반력 계산 예

현수점의 높이가 같고, 경간 50[m]의 경우

$$\frac{T_m H}{S} = 0$$

$$R_{50} = \frac{6.96 \times 50}{2} + \left(106.29 \times \frac{50 - 2.5}{50} + 68.1 \times \frac{50 - 7.5}{50} + 71.01 \times \frac{50 - 12.5}{50} + 71.02 \times \frac{50 - 17.5}{50} \right.$$

$$+ 68.1 \times \frac{50 - 22.5}{50} + 68.1 \times \frac{50 - 27.5}{50} + 71.02 \times \frac{50 - 32.5}{50} + 71.01 \times \frac{50 - 37.5}{50}$$

$$\left. + 68.1 \times \frac{50 - 42.5}{50} + 106.29 \times \frac{50 - 47.5}{50} \right)$$

$$= 174 + 100.9755 + 57.885 + 53.2575 + 46.163 + 37.455 + 30.645 + 24.857 + 17.7525 + 10.215$$
$$+ 5.3145$$
$$= 559[\text{N}]$$

ⓜ 각 드로퍼에서 조가선 이도(처짐량)

$$C_i = \left\{ \frac{1}{T_m} \left(R_A X_i - \frac{W_m X_i^2}{2} \right) - \sum_{K=1}^{i-1} F_K (X_i - X_K) \right\} [\text{m}]$$

참고 드로퍼에서 조가선 이도 계산 예

경간 50[m]의 경우

$$C_1 = C_{10} = \frac{1}{14,700} \left(559 \times 2.5 - \frac{6.96 \times 2.5^2}{2} \right)$$
$$= 0.094[\text{m}]$$

$$C_2 = C_9 = \frac{1}{14,700} \left\{ 559 \times 7.5 - \frac{6.96 \times 7.5^2}{2} - 106.29(7.5 - 2.5) \right\}$$
$$= \frac{1}{14,700} (4,192.5 - 195.75 - 531.45)$$
$$= 0.236[\text{m}]$$

$$C_3 = C_8 = \frac{1}{14,700} \left[\left(559 \times 12.5 - \frac{6.96 \times 12.5^2}{2} \right) - \left\{ 106.29(12.5 - 2.5) + 68.1(12.5 - 7.5) \right\} \right]$$
$$= 0.343[\text{m}]$$

$$C_4 = C_7 = \frac{1}{14,700} \left[\left(559 \times 17.5 - \frac{6.96 \times 17.5^2}{2} \right) - \left\{ 106.29(17.5 - 2.5) + 68.1(17.5 - 7.5) \right. \right.$$
$$\left. \left. + 71.01(17.5 - 12.5) \right\} \right]$$
$$= 0.414[\text{m}]$$

$$C_5 = C_6 = \frac{1}{14,700} \left[\left(559 \times 22.5 - \frac{6.96 \times 22.5^2}{2} \right) - \left\{ 106.29(22.5 - 2.5) + 68.1(22.5 - 7.5) \right. \right.$$
$$\left. \left. + 71.01(22.5 - 12.5) + 71.02(22.5 - 17.5) \right\} \right]$$
$$= 0.449[\text{m}]$$

ⓗ 가고 0.96[m]의 드로퍼 길이(경간 50[m]의 경우)

$$l = E - C + d$$
$$l_1 = l_{10} = 0.96 - 0.094 + 0 = 0.866[\text{m}]$$
$$l_2 = l_9 = 0.96 - 0.236 + 0.01 = 0.734[\text{m}]$$
$$l_3 = l_8 = 0.96 - 0.343 + 0.017 = 0.634[\text{m}]$$
$$l_4 = l_7 = 0.96 - 0.414 + 0.022 = 0.568[\text{m}]$$
$$l_5 = l_6 = 0.96 - 0.449 + 0.025 = 0.536[\text{m}]$$

4 균압장치

(1) 균압장치의 목적

균압장치는 두 개의 전선 간에 전류를 흐르도록 하며 전선 상호간에 전위차가 생기지 않도록 전압을 등전위로 하는 목적이 있으며, 이어 및 클램프와 이것을 연결하는 도선에 의해서 구성된다.

(2) 균압장치에 요구되는 성능

① 접속개소의 통전상태가 양호할 것
② 진동에 의한 느슨함이 없을 것
③ 가벼울 것
④ 내식성이 좋을 것
⑤ 전차선, 조가선을 개신할 때 단시간에 취부할 수 있을 것

(3) 균압장치의 종류

① M-T, T-M-T
   조가선과 전차선을 접속시켜 균압한 것
② M-M
   건넘선 및 전선교차개소 등에서 조가선끼리 접속시켜 균압한 것
③ T-T
   전차선끼리 접속시켜 균압한 것
④ T-M-M-T
   에어조인트 개소에서 2조의 전차선과 조가선을 전차선-조가선-조가선-전차선 순으로 연결하여 균압한 것
⑤ M-S-T
   빔하스팬선 개소에서 조가선과 빔하스팬선 및 전차선을 연결하여 균압한 것
⑥ T-M-M-M
   전차선을 조가선으로 대용한 무효부분에서 전차선-조가선-조가선-조가선 순으로 연결하여 균압한 것

(4) 균압장치의 사용구분

① 속도등급 250킬로급 이상 철도의 균압장치
   ㉠ 경간 중앙 드로퍼에 설치되는 M-T 균압선의 설치간격은 최대 200[m]이며, 균압선의 선종은 26[mm^2]의 연동연선으로 경간 중간 부근의 드로퍼선에 크램프로 지지한다. 단, 균압용 드로퍼 설치구간은 그러하지 아니한다.
   ㉡ 구분장치(에어섹션, 절연구분장치, 에어조인트)개소의 균압장치는 팬터그래

프 통과 시 닿지 않는 지점에 평행구간 전차선과 조가선을 연접하여 접속하는 연속균압선을 설치한다.

ⓒ 인류개소의 가압부분과 절연된 인류단말개소에는 전차선과 조가선을 전기적으로 균압하여야 한다.

ⓔ 분기개소에는 서로 분기하는 전차선과 조가선을 연접하여 접속하는 연속균압선을 설치한다.

② 속도등급 200킬로급 이하 철도의 균압장치

㉠ 조가선 동선 사용 시

사용구분	종 별	사용전선[mm^2]	비 고
일반설비	T–M–T형	Cu 70, CdCu 70, Bz 65, CWSR 65	장력, 인류, 구분장치 양단 및 일정거리 균압(장력, 인류는 M–T형으로 가능)
	M–T형	Cu 70, CdCu 70, Bz 65, CWSR 65	
	M–M–M형	Cu 50, CdCu 70, Bz 65, CWSR 65	전차선을 조가선으로 대용한 무효부분
평행설비 및 교차장치	T–M–M–T형	Cu 95(가요연동연선)	에어조인트, 에어섹션, 교차개소
	T–M–M–M형	Cu 95(가요연동연선)	전차선을 조가선으로 대용한 무효부분
빔하스팬선	M–S–T형	Cu 50, CdCu 70, Bz 65, CWSR 65	대운전전류 구간 하스팬선 각 지지점
터널, 구름다리	T–M형	CdCu 70, Bz 65, CWSR 65	조가선 단선 시 이탈방지용

㉡ 조가선 아연도강연선 사용 시

사용구분	종 별	사용전선[mm^2]	길이[mm] (장력조정장치 유무별)		
			유-유	유-무	무-무
평행설비	T–T형	Cu 100	800~1,200		
	M–M형	St 55	1,200	1,000	800
교차장치	T–T형	Cu 100	800	600	600
	M–M형	St 55	800	600	600
	M–T형	Cu 50	800	600	600
일반구간	M–T형	Cu 50	800~1,000		
	M–M형	St 55	1,200		

③ 균압 겸용 드로퍼를 사용하는 구간을 제외하고는 전차선과 조가선은 250~300[m]마다 T–M–T형으로 균압하고, 교차장치, 흐름방지장치도 균압장치로 간주한다.

다만, 운전전류가 큰 구간(수도권 등)은 균압구간을 1/2 이하로 단축한다.

④ 전기차가 상시 정차 출발하는 곳에는 균압장치를 설치하여야 한다.

⑤ 터널 입·출구 및 구름다리 양쪽에는 T-M형의 균압장치를 한다.

⑥ 평행구간 양단에서 조가선 상호간, 전차선 상호간 및 조가선과 전차선 간을 일괄 균압한다.

⑦ 직류구간은 125[m]마다 T-M-T형 균압선을 설치한다.

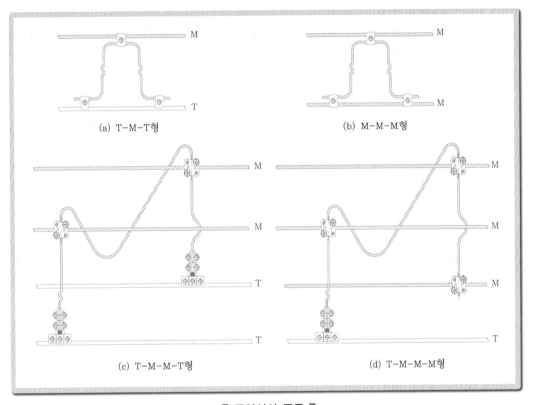

[균압선의 종류]

5 진동방지·곡선당김장치

(1) 진동방지장치의 목적

전차선, 보조조가선이 횡으로 진동하는 것을 방지하는 장치를 진동방지장치라고 한다. 진동방지장치는 직선로 및 곡선반경 1,600[m] 이상의 곡선로의 전차선을 항상 일정한 곳에 유지하는 것이지만, 팬터그래프의 집전판 중앙에만 마모하지 않도록 지그재그 편위로 궤도 중심면에서 수평거리를 유지하기 위한 2차적인 의미도 포함되어 있다.

(2) 곡선당김장치의 목적

곡선로에 있어서 전차선은 곡선횡장력에 의해 곡선의 내측으로 장력이 작용한다. 이 때문에 전차선을 외측으로 끌어당겨서 전차선의 궤도중심면에서의 수평거리를 정해진 편위 이내로 유지하는 장치를 곡선당김장치라 한다.

(3) 곡선당김장치 설치방법

① 합성 전차선의 가동브래킷·고정브래킷 등 각 지지점에는 다음에 의해 곡선당김 장치를 시설한다.
- ㉠ 속도등급 200킬로급 이하 가동브래킷 곡선당김금구의 설치각도는 레일에 대 하여 궁형은 11°, 직선형은 15°를 표준으로 하고, 순간풍속 30[m/s] 이하에서 팬터그래프의 통과에 지장을 주지 않도록 시설한다.
- ㉡ 궁형 곡선당김철물의 설치는 궤도 중심면에서 1[m] 이상 이격한다.
- ㉢ 자동장력조정장치를 설치한 합성 전차선은 장력조정에 대한 곡선당김장치의 억제 저항이 될 수 있는 한 적게 되도록 시설한다.
- ㉣ 각 선로별로 전차선로 지지물에 설치한다. 다만, 부득이한 경우에는 전용주 또는 전용 스팬선에 붙일 수 있다.
- ㉤ 곡선로에서 조가선의 가선위치는 될 수 있는 한 전차선과 수직이 되도록 지 지한다.
- ㉥ 빔하스팬선에 취부하는 경우 이종금속의 접촉 등에 의한 부식, 소손, 단선이 없도록 설치하고 동일 스팬선에 2조 이상 병설하는 경우는 순환전류에 의한 손상이 없도록 설비한다.

② 분기기 부근 등에서 주 곡선당김장치만으로 중간 편위의 규정치 확보가 곤란한 지점에는 합성전차선 또는 조가선에 별도의 보조 곡선당김장치를 시설한다.

③ 곡선당김장치를 취부할 수 없는 경우는 직접조가방식 등 적당한 방법으로 합성 전차선을 지지할 수 있다.

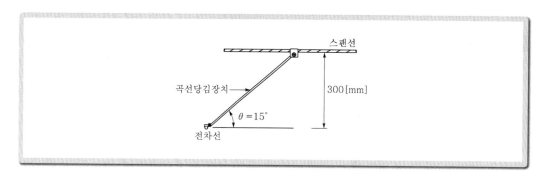

【 직선형 곡선당김장치 】

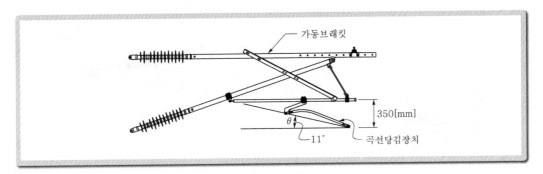

【 궁형 곡선당김장치 】

(4) 곡선당김 · 진동방지금구의 종별

종 별	적용 구분
궁형($L=900$[mm], $L=1,200$[mm])	가동브래킷, 빔하스팬선
직선형($L=425$[mm])	정차장구내 설비가 많아 여유가 없는 개소

(5) 곡선당김 · 진동방지금구의 진동가고

전차선과 가동브래킷 수평파이프의 수직 중심간격인 진동가고는 다음과 같고, 교차개소와 분기개소 등의 특수개소에서는 예외로 한다.

빔하스팬선 개소의 전차선과 빔하스팬선과의 진동가고는 300[mm]를 표준으로 한다.

속도등급	진동가고(표준)[mm]
200킬로급 이하	350
250킬로급	420
300킬로급 이상	600

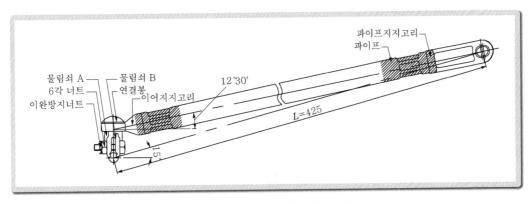

【 직선형 곡선당김장치 상세도 】

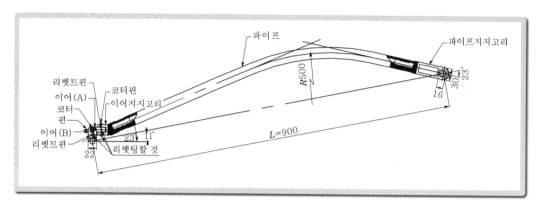

【 궁형 곡선당김장치 상세도 】

6 건넘선 장치

(1) 건넘선 장치의 목적

건넘선 장치는 선로가 교차하는 분기장소에 있어서 각 선로에 전기차를 운전할 수 있도록 전차선을 교차시켜 팬터그래프의 집전을 가능하게 하는 설비이며, 교차하는 양 전차선의 레일면상 높이를 같게 유지해서 팬터그래프의 통과에 지장이 없도록 하기 위한 설비이다.

(2) 건넘선 장치의 종류

① 교차장치

교차장치는 선로의 분기개소에서 전기차가 운전 가능하도록 상호 전차선을 교차시켜 팬터그래프의 집전이 가능하도록 교차금구는 1호와 2호가 사용된다.

교차금구 1호는 중, 저속용에 사용되며 교차금구 2호는 고속용에 사용된다.

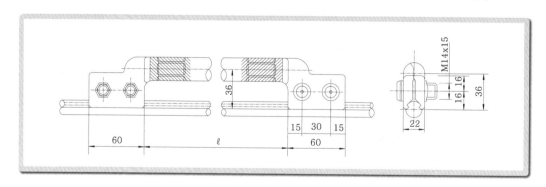

【 교차금구 1호 】

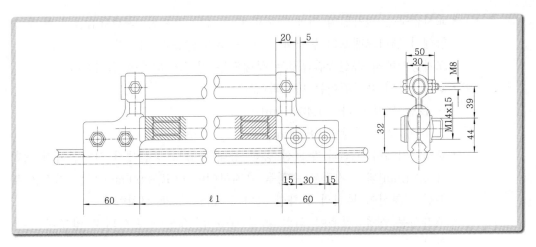

【 교차금구 2호 】

㉠ 교차장치의 구성

역구내의 본선 및 측선상에 가설된 전차선은 선로의 분기장소에 있어서 서로 교차하므로 2조의 커티너리 가선이 1개의 교차금구로 기계적으로 연결되고 또한 균압선에 의해 전기적으로 연결된 특수한 가선구조를 형성한다.

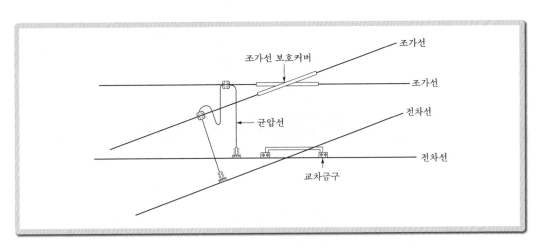

【 교차장치 설치도 】

㉡ 교차장치의 시설방법

• 교차금구에 의한 교차장치는 속도등급 120[km/h]급 이하에서 시설한다.

• 교차장치는 운전빈도가 높은 주요선을 하부로 시설한다.

• 전차선이 교차하는 위치에는 교차금구를 설치하고 조가선 상호간 및 전차선 상호간 또는 조가선과 전차선 간을 일괄 균압한다.

- 교차금구는 전차선의 이동에 따라서 교차한 전차선, 곡선당김금구 등과 경합해서 팬터그래프의 통과에 지장을 주지 않도록 시설한다.
- 교차장치에서 곡선당김금구는 상대되는 전선의 외측에 설치한다.
- 교차금구의 표준길이는 다음과 같다.
  - 12번 분기 이하 : 1,400[mm]
  - 15번 분기 이상 : 1,800[mm]
- 교차장치에서 본선과 부본선 공히 상대측 궤도 중심에서 전차선까지 거리가 300[mm]되는 지점은 수평을 유지하여야 하고, 900[mm]되는 지점은 부본선 전차선이 본선의 전차선 보다 30[mm] 높게 설치한다.
- 조가선은 상호 접촉에 의한 마찰 등으로 소선이 손상되지 않도록 분리한다.
- 교차장치 교차점에서 본선측 궤도중심과 측선측 전차선 간의 간격이 1,200[mm]가 되는 지점까지는 곡선당김금구 등 일체의 클램프를 설치해서는 안 된다.

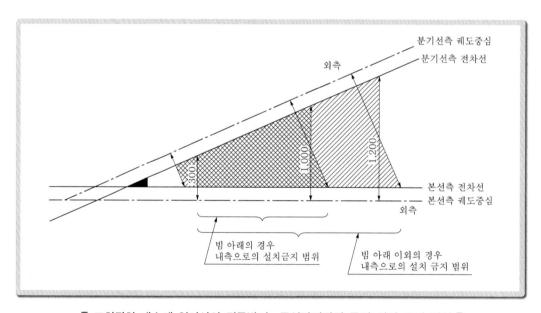

【 교차장치 개소에 있어서의 진동방지·곡선당김장치 등의 설치 금지 범위 】

② 평면교차방식

선로의 분기개소에 전차선을 교차하지 않고 평행(Overlap)개소처럼 평행구간을 만들어 전차선을 무교차로 하는 건넘선 장치를 말하며, 선로의 분기점 부근에 지지물을 설치하여야 하고, 설치기준은 다음에 의한다.

㉠ 열차속도 120[km/h] 이상 220[km/h] 미만에는 2커티너리 방식, 220[km/h] 이상은 3커티너리(보조전차선 추가가선) 방식으로 시설한다.

㉡ 건넘선 장치에서 곡선당김금구는 상대되는 전선의 외측에 설치한다.

㉢ 전철기 부근에서 분기선로 전차선은 본선 전차선보다 50[mm]를 높게 설치한다.

㉣ 12번 분기 이하의 전철기에서는 전주의 위치를 전철기 중심 근처에 설치한다.

㉤ 15번 분기 이상의 전철기에서는 전주의 위치를 팬터그래프 가이드가 접촉하는 지점(Attack Point)에 설치하며, 지지점에서 본선과 분기선로의 간격은 0.64±0.1[m] 이내이어야 한다.

$$0.64[\text{m}] = d_1 + d_2 + d_3$$

여기서, d_1 : 본선의 최대 편위

d_2 : 두 전차선 간의 거리

d_3 : 분기선로의 최대 편위

㉥ 본선과 분기선로 전차선은 팬터그래프 가이드가 접촉하는 지점에서 분기선로 전차선을 높게 설치한다.

㉦ 평행개소의 인류측에서 양선의 조가선과 전차선간을 균압선으로 일괄 균압한다.

㉧ 평행개소의 인류측 지지점에 있어서 전차선의 상호 인상 높이는 500[mm]로 한다.

㉨ 평행개소의 경간은 2경간을 표준으로 한다.

㉩ 전철기의 중심을 포함하고 있는 지지물 경간은 45[m] 이내이어야 한다.

㉪ 평행개소의 전차선 상호간격은 200[mm]를 표준으로 한다.

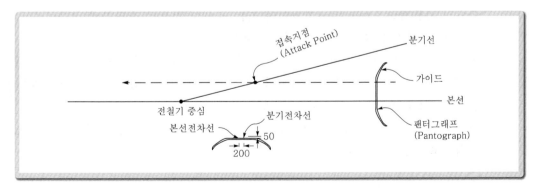

[팬터그래프 가이드 접촉지점(Attack Point)]

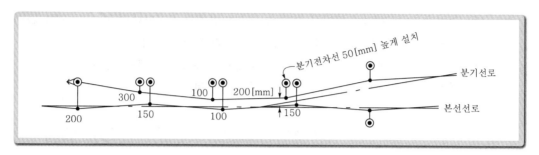

[평면교차방식 설치도]

7 장력조정장치

(1) 개 요

전선류는 온도변화에 의하여 신축하며 외기온도가 상승하면 전차선이 늘어나 장력이 감소하고 전차선의 처짐현상이 발생한다. 이와 같은 개소에 팬터그래프가 진입하게 되면 가선진동이 증대하여 이선과 아크가 발생하고, 전차선이나 팬터그래프에 마모를 촉진하여 전차선의 단선사고를 유발한다.

이 때문에 전차선의 장력을 일정한 크기로 유지하기 위하여 조정식 인류장치를 설비하는데 이러한 장치를 일반적으로 "장력조정장치"라고 한다.

(2) 장력조정장치의 종류

장력조정장치는 온도변화에 따라 전차선의 장력을 자동적으로 조정하는 자동식과 사람의 손으로 조정하는 수동식으로 대별된다.

자동식 장력조정장치는 활차식, 도르래식 또는 스프링식이 사용되고 있고, 수동식 장력조정장치는 와이어턴버클 또는 조정스트랩이 사용되고 있다.

① 활차식

활차식 자동장력조정장치는 활차의 원리를 응용한 것으로 소활차에 전차선을 인류하고, 대활차에 중추를 걸어 내린 것이다.

온도변화에 수반되는 전차선의 이도 및 장력이 변화하면 활차가 회전하고, 동시에 중추가 상·하 운동하여 전차선이 신축하고 이도를 조정하며 전차선의 장력을 항상 표준장력으로 유지하는 구조로 되어 있다.

활차비는 3 : 1, 4 : 1 등이 사용되고 있으며, 전차선과 조가선을 일괄 조정하는 방식으로 2톤, 3톤용이 사용되고 있다.

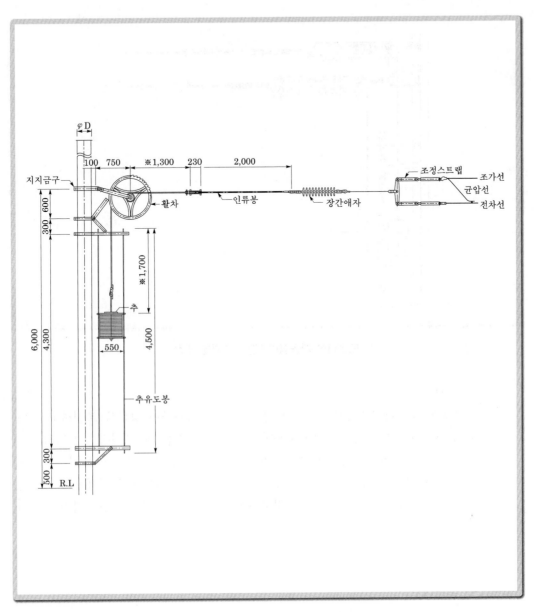

【 활차식 자동장력조정장치(일괄 조정) 】

② 도르래식

　도르래식 자동장력조정장치는 고속전철에서 전차선과 조가선의 장력이 서로 다르기 때문에 전차선과 조가선은 별도로 장력이 조정되는 개별 장력조정장치를 사용하며 도르래의 원리를 이용하여 활차비는 5 : 1로 사용된다.

341

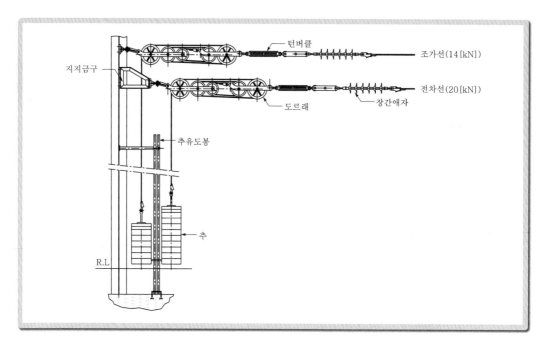

【 도르래식 자동장력조정장치(개별 조정) 】

③ 스프링식

스프링식 자동장력조정장치는 스프링의 탄성을 이용하여 장력을 조정하고, 역구내의 상·하 건넘선 및 측선에 사용하는 스프링식 자동장력조정장치와 터널에 사용되고 있는 터널용 자동장력조정장치가 사용되고 있으나, 최근에 활차식과 동일한 성능을 갖는 신형 스프링식 자동장력조정장치가 개발되어 본선에 사용되고 있다. 스프링식은 활차식에 비해 유지보수비가 대폭 절감되는 장점을 가지고 있다.

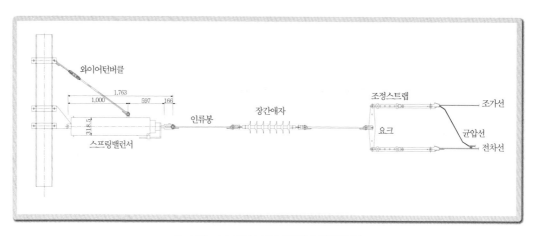

【 신형 스프링식 자동장력조정장치 】

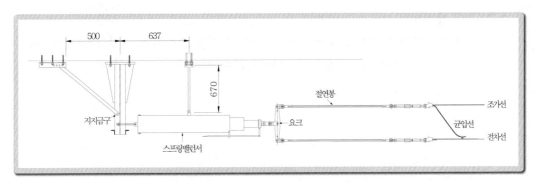

【 터널용 스프링식 자동장력조정장치 】

④ 레버식

레버식 자동장력조정장치는 지렛대의 원리를 응용한 것으로 온도변화로 전차선의 장력이 변화하면 레버가 작용하고 이와 동시에 중추가 상·하로 움직이는 데 따라 전차선의 장력을 적정하게 유지하도록 되어있으며 현재는 사용되지 않고 있다.

⑤ 유압식

유압식 자동장력조정장치는 원통용기에 밀봉된 기름이 외기 온도의 변화에 따라 기름의 열팽창, 수축작용에 의해 체적의 변화가 발생되는 것을 이용하며 이것을 피스톤 운동으로 전환하여 전차선의 장력을 조정하는 것이다.

⑥ 수동장력조정장치

㉠ 와이어턴버클

와이어턴버클은 나사의 원리를 응용한 것으로 외부통이 너트, 내부통이 볼트에 상당하여 인위적으로 내부통을 신축시키는 데에 따라 조가선 및 전차선의 장력을 수동으로 조정한다.

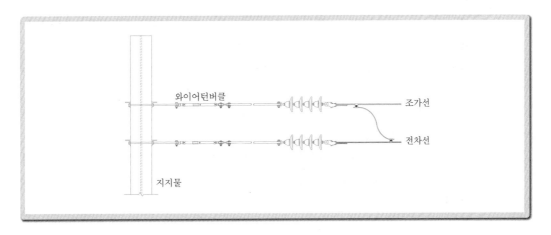

343

ⓛ 조정스트랩

조정스트랩은 평강에 구멍을 뚫어 가공한 것을 조합시켜 중첩위치를 변경하는 방식으로 장선기를 이용하여 장력이 없는 상태에서 조정하도록 되어 있다.

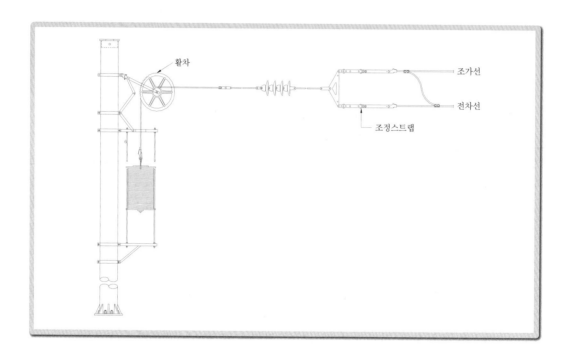

(3) 장력조정장치 시설기준

① 전차선, 조가선 및 빔하스팬선의 온도변화에 따른 장력변화는 자동장력조정장치에 의하여 조정한다.

② 자동장력조정장치는 온도변화, 조정거리, 설치장소 등을 고려하여 선정한다.

③ 자동장력조정장치의 사용구분은 다음에 의한다.

ㄱ 활차식 및 스프링식은 인류구간의 길이가 800[m] 이하인 경우는 한쪽에, 800[m]를 넘는 경우는 양쪽에 설치한다.

ㄴ 도르래식은 인류구간의 길이가 750[m] 이하인 경우는 한쪽에, 750[m]를 넘는 경우는 양쪽에 설치한다.

ㄷ 빔하스팬선용 스프링밸런스는 빔하스팬선의 한쪽에 설치하며 스트로크가 스팬선쪽으로 향하도록 설치한다.

ㄹ 빔하스팬선을 2본 이상 연속하여 시설할 때는 스프링밸런스의 설치위치는 지그재그로 설치하고, 차고, 차량기지 등에서 4선 이하인 경우는 턴버클로 할 수 있다.

④ 자동장력조정장치의 설치는 다음에 의한다.

　㉠ 인류구간의 한쪽에 자동장력조정장치를 설치하는 경우는 그 인류구간의 구배
　　 가 낮은 쪽에 설치한다.

　㉡ 자동장력조정장치를 설치하는 조가선 및 전차선은 억제저항이 적게 되도록
　　 시설한다.

　㉢ 활차식과 도르래식은 표준장력에 맞는 활차비와 종류를 선택하고, 스프링식
　　 은 표준장력 및 표준장력거리에 맞는 종류를 선택한다.

⑤ 수동장력조정장치의 사용구분은 다음에 의한다.

　㉠ 턴버클식

　　 자동장력조정장치를 필요로 하지 아니하는 합성전차선 또는 전차선에 사용한다.

　㉡ 조정스트랩식

　　 활차식에 보조로 사용한다.

(4) 자동장력조정장치의 조정거리 계산

자동장력조정장치의 조정거리(유효동작거리)는 전차선의 억제저항, 전차선 편위의 변화량, 중추의 동작범위 및 장력조정장치의 효율 등으로 제약된다.

곡선로에 있어서의 억제저항을 산출하여 보면 가동브래킷이 기온 등의 변화에 의해 다음 그림과 같이 A에서 B로 회전했다고 하고, 가선편위의 증가를 무시하면

$$\tan\theta = \frac{x}{g-\delta}$$

여기서, g : 게이지, δ : 편위, x : 가선이동량

$$P = T \times \frac{S}{G}$$

여기서, P : 가선 횡장력, T : 장력, G : 곡선반경, S : 경간

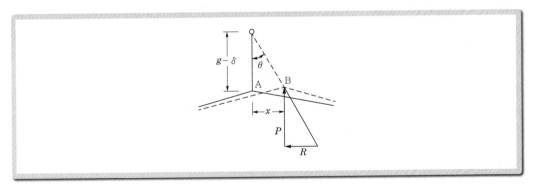

따라서, 가동브래킷의 이동에 따라 발생하는 억제저항 R은

$$R = P \times \tan\theta = T \times \frac{S}{G} \times \frac{x}{g-\delta}$$

$\delta \ll g$라 하면, $R = T \times \frac{S}{G} \times \frac{x}{g}$가 된다.

온도변화에 의한 가선이동량은

$$x = C \cdot \Delta t \cdot X_1$$

여기서, C : 선팽창계수

X_1 : 고정단 또는 중성점에서 구하려는 지지점까지의 거리

Δt : 온도차

그러므로

$$R = T \times \frac{S}{G} \times \frac{C \cdot \Delta t \cdot X_1}{g}$$

따라서 곡선로 길이를 D라 하고, 경간 S에 n개의 지지점이 있고 고정단 또는 중성점으로부터 구하려는 곡선중앙까지의 거리를 X라 하면 그 억제저항의 합 $\sum R$은

$$\sum R = T \times \frac{S}{G} \times \frac{C \cdot \Delta t \cdot X}{g} \times n$$

$n_S = D$이므로

$$\sum R = T \times \frac{D}{G} \times \frac{C \cdot \Delta t \cdot X}{g}$$가 된다.

지금 $g = 2.4[\text{m}]$, $\Delta t = 20[℃]$, $C = 1.7 \times 10^{-5}$, $T = 19,600[\text{N}]$라 하면

$$\sum R = 6.664 \times \frac{D \cdot X}{G \cdot 2.4}$$

또는 $T = 8,820[\text{N}]$라 하면 $\sum R = 2.998 \times \dfrac{D \cdot X}{G \cdot 2.4}$가 구해진다.

또한 조정장치의 조정거리는 L, 표준경간은 S, 가동브래킷은 1본당의 억제저항은 f, 가선장력은 F, 장력변동은 α, 장력조정장치 내부저항은 r, 억제저항은 $\sum R$이라 하고 표준온도에 대해 최고온도, 최저온도로의 온도차가 같다고 하면

$$\alpha F \geq \sum R + \frac{L}{S} \times f + r \pm R_0$$에서 산출한다.

일반적으로 $f = 29[\text{N}]$, $r = 196[\text{N}]$이고, α는 전차선 일괄 조정일 때 $5[\%]$, 전차선만 조정 시 $10[\%]$로 한다. 또한 R_0는 선로구배, 풍압, 팬터그래프의 접동, 곡-O형 가동브래킷 등에 의한 가선제한을 나타낸다.

또한 조정거리 L은 가동브래킷의 회전에 의한 편위 및 활차식 장력조정장치의 추유도봉 간격에서 $800[\text{m}]$를 한도로 한다.

자동장력조정장치 조정거리 계산 예

1. 직선로만의 경우

자동장력조정장치의 동작에 따라 가선의 이동량이 가장 큰 오버랩구간의 가동브래킷의 회전에 의한 가선편위에서 조정거리를 검토하여 보면, 다음 그림에 표시한 바와 같이 가선 상호간격을 300[mm]로 하고, 가선의 이동에 의해 B인 가동브래킷이 회전할 수 있는 여유 l' 는 편위를 200[mm]로 하므로 $l' = 200[mm] - 150[mm] = 50[mm]$이다.

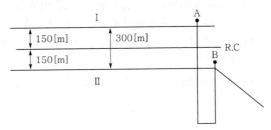

따라서, 다음 그림에 의해

$l = g - 50$(여기서, g : 게이지)

가선의 신장 x는 $x = \sqrt{g^2 - l^2}$

$g = 2.8[m]$의 경우는 $l = 2.8 - 0.05 = 2.75[m]$

$x = \sqrt{(2.8)^2 - (2.75)^2} \fallingdotseq 0.53[m]$

가선연장 $L[m]$인 경우 가선의 신장 x는

전차선의 선팽창계수 $C = 1.7 \times 10^{-5}$

온도변화(표준온도에 대해)$\Delta t = 30[℃]$

$x = C \cdot L \cdot \Delta t$

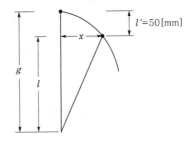

$\therefore L = \dfrac{x}{C \cdot \Delta t} = \dfrac{0.53}{1.7 \times 10^{-5} \times 30}$

$\qquad = 1.039 \times 10^3 = 1,039[m]$

$g = 1.9[m]$의 경우는 마찬가지로

$l = 1.9 - 0.05 = 1.85[m]$

$x = \sqrt{(1.9)^2 - (1.85)^2} \fallingdotseq 0.42[m]$

$\therefore L = \dfrac{x}{C \cdot \Delta t} = \dfrac{0.42}{1.7 \times 10^{-5} \times 30} \fallingdotseq 823[m]$

즉, 가선편위에서 생각한 조정거리는 $g = 2.8[m]$의 경우 1,040[m], $g = 1.9[m]$의 경우에 820[m]로 구해진다. 또한 활차식 장력조정장치에 있어서는 중추의 상부, 하부 추유도봉의 높이에 의해 중추의 동작범위가 결정되고 가선길이가 제한된다.

활차식 장력조정장치의 추유도봉 높이를 5,000[mm]로 하고 중추의 길이를 l''라 하면, 콘크리트 추 두께는 100[mm]이고 12개이므로

$l'' = 100 \times 12 = 1,200[mm]$

중추의 유효동작범위는

$l_1 = 5,000 - 1,200 = 3,800[mm]$

347

활차비를 1 : 4라 하면, 가선의 신축허용범위 l_2는

$$l_2 = \frac{3,800}{4} \fallingdotseq 950[\text{mm}]$$

따라서, $l_2 \geqq C \cdot L \cdot \Delta t$(여기서, L : 가선연장)

$$\therefore \ L \leqq \frac{l_2}{C \cdot \Delta t} = \frac{950 \times 10^{-3}}{1.7 \times 10^{-5} \times 60} \fallingdotseq 881[\text{m}]$$

단, $\Delta t = 60[℃]$: 최고, 최저의 온도차

그러므로 추유도봉 높이에 따라 허용되는 가선길이는 $881[\text{m}]$ 이하이다.

따라서, 게이지 $2.8[\text{m}]$의 경우는 추유도봉 높이에 의해 또는 게이지 $1.9[\text{m}]$인 경우에는 가선 편위면에서 유효동작범위는 제한되지만 일반적으로는 조정거리 $800[\text{m}]$로 설비하면 된다.

2. 곡선로를 포함한 경우의 조정거리 계산

그림에 나타낸 선로상태에서 전차선을 일괄 조정하여 양장력으로 하였을 경우

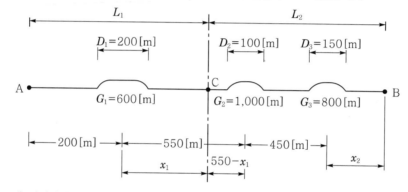

점 A에 장력장치를 설치한다고 가정하고 타단의 장력장치 설치점 B를 구한다.

우선, 점 A의 장력장치 조정거리 L_1을 구하는 임의의 점 C에 있어서

$$\alpha F \geqq \sum R_1 + \frac{L_1}{S}f + r$$

$$\left\{ \begin{array}{l} \alpha = 0.05, \ F = 19,600[\text{N}], \ S = 50[\text{m}], \ f = 29.4[\text{N}], \ r = 196[\text{N}], \ g = 2.4[\text{m}] \\ \sum R_1 = 6.664 \times \dfrac{Dx_1}{G \cdot g} = 6.664 \times \dfrac{200x_1}{600 \times 2.4} = 0.9255x_1 \end{array} \right\}$$

$$\therefore \ 980 \geqq 0.9255x_1 + \frac{200 + x_1}{50} \times 29.4 + 196$$

$$\therefore \ x_1 \leqq \frac{33,320}{76.675} \fallingdotseq 440[\text{m}]$$

$$\therefore \ L_1 = 200 + x_1 = 200 + 440 = 640[\text{m}] < 800[\text{m}]로 \ 되는 \ 점 \ C가 \ 구해진다.$$

다음에 C점에서 B점의 장력장치 조정범위가 되는 L_2를 구한다.

$$\alpha F \geqq \sum R_2 + \sum R_3 + \frac{L_2}{S} \times f + r$$

여기에서

$$\left\{\begin{array}{l} \alpha = 0.05, \quad F = 19{,}600[\text{N}], \quad S = 50[\text{m}], \quad f = 29.4[\text{N}], \quad r = 196[\text{N}], \quad g = 2.4[\text{m}] \\[2mm] \Sigma R_2 + \Sigma R_3 = 6.664 \times \left\{ \dfrac{100 \times (550 - x_1)}{1{,}000 \times 2.4} + \dfrac{150 \times (550 - x_1 + 450)}{800 \times 2.4} \right\} \\[3mm] \qquad\qquad\quad = 6.664 \times \left(\dfrac{100 \times 110}{1{,}000 \times 2.4} + \dfrac{150 \times 560}{800 \times 2.4} \right) = 322[\text{N}] \end{array}\right.$$

으로부터

$$980 \geq 322 + \frac{550 - x_1 + 450 + x_2}{50} \times 29.4 + 196$$

$$980 \geq 322 + 329 + 0.588 x_2 + 196$$

$$x_2 \leq \frac{133}{0.588} \fallingdotseq 226[\text{m}]$$

$$L_2 = 550 - 440 + 450 + 226 = 786[\text{m}] < 800[\text{m}]\text{가 되어 밸런서 설치점 B가 구해진다.}$$

(5) 온도변화에 따른 중추 이동량

① 개 요

장력조정장치의 전차선쪽의 와이어로프 길이를 A, 중추쪽의 추유도봉 상부금구와 중추상단까지를 X길이로 정하고 현장에서 시공 및 유지보수 시 점검을 용이하게 하기 위해서 A길이와 X길이를 표준온도($10[\text{℃}]$)에 의해 표준길이를 정해놓고, 온도변화에 따라 A길이와 X길이를 측정하는 방법을 중추하부와 추유도봉 하부금구의 길이로 측정하면 순회 점검 시 용이하게 점검이 가능하므로 중추하부와 추유도봉 하부금구까지의 길이를 Y길이라 정하여 온도변화에 따른 A길이, X길이, Y길이를 장력조정장치의 종류별로 산정한다.

② 전차선 신장 길이

$$X = C \cdot L \cdot \Delta t[\text{m}]$$

여기서, X : 전차선 신축량[m]

C : 전차선 선팽창계수 1.7×10^{-5}

L : 전차선 길이[m]

Δt : 표준온도($10[\text{℃}]$)에 대한 온도변화[℃]

$(t - t_0,\ t$: 현재온도, t_0 : 표준온도)

③ 표준온도에 대한 와이어로프 길이

표준온도 $10[\text{℃}]$에 대하여 다음과 같이 정하고 있다.

㉠ A길이 : $1{,}300[\text{mm}]$

㉡ X길이 : $1{,}700[\text{mm}]$

④ 장력조정장치 추 설치기준
　㉠ 철추 설치기준

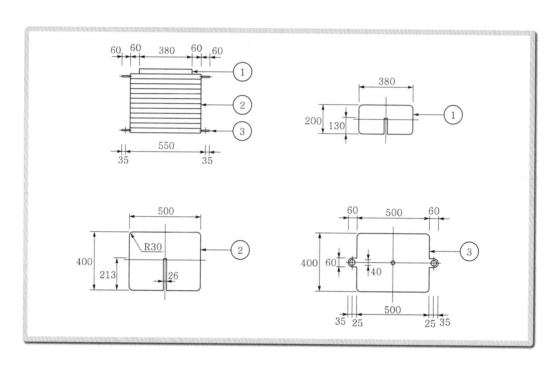

【 철추 규격 】

번 호	형상치수	중량[N]	비 고
1	1호 200×380×19t	105.64	
2	2호 400×500×19t	283.12	
3	3호 400×500×19t	293.31	유도환붙이

【 철추의 중량 】

구 분	1호(105.64[N])		2호(283.12[N])		3호(293.31[N])		총중량 [N]	비 고
	중량[N]	수 량	중량[N]	수 량	중량[N]	수 량		
19.6[kN]	105.64	1	4,246.8	15	586.62	2	4,939	2톤용
23.52[kN]	211.28	2	5,096.16	18	586.62	2	5,894	2.4톤용
27.44[kN]	105.64	1	6,228.64	22	586.62	2	6,921	2.8톤용
29.4[kN]	211.28	2	6,511.76	23	586.62	2	7,310	3톤용

ⓛ 콘크리트추 설치기준

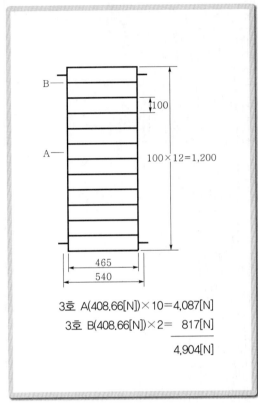

【 콘크리트추(2톤용) 】

3호 A(408.66[N])×10=4,087[N]
3호 B(408.66[N])×2= 817[N]
                    4,904[N]

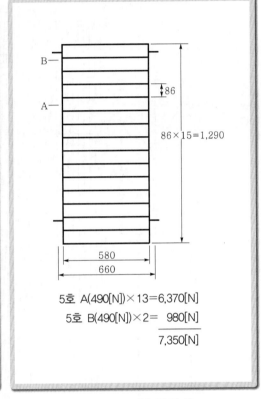

【 콘크리트추(3톤용) 】

5호 A(490[N])×13=6,370[N]
5호 B(490[N])×2= 980[N]
                  7,350[N]

⑤ Y길이 산출근거(2톤 CdCu 70[mm^2] 조가선 기준)

추유도봉의 상부지지금구와 하부지지금구의 길이는 4,950[mm]이므로 표준온도에서 Y길이는 $Y = 4,950 - 1,700(X$길이$) - 342($철추길이$) = 2,908$[mm]로 Y길이를 정하였다.

 장력조정장치 A길이 및 X길이 계산 예

전차선 길이 800[m]의 경우 온도 15[℃]에서 전차선 신축량 A길이 및 X길이에 대하여 구해 보자. (단, 활차비는 4 : 1이다.)

1. A길이 신축량

$A = 1.7 \times 10^{-5} \times 800 \times (15 - 10) = 0.068$[m]

2. X길이 신축량

$X = 0.068 \times 4 = 0.272$[m]

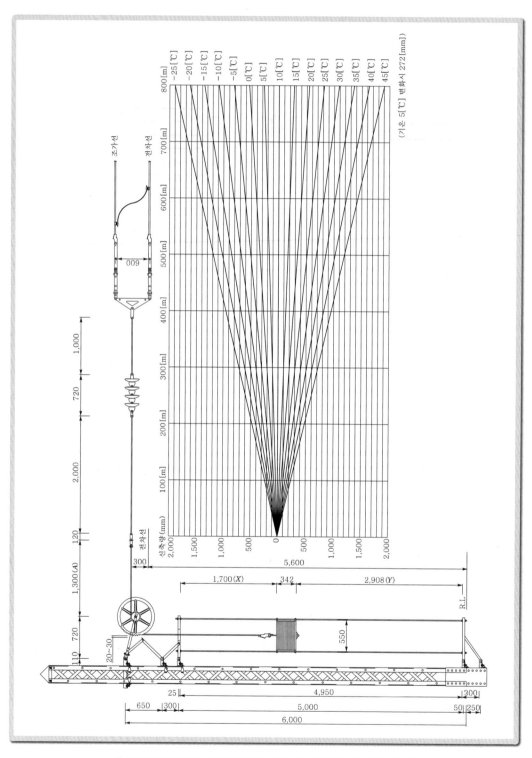

【 장력조정장치의 온도변화에 의한 추 이동량(2톤 철추용) 】

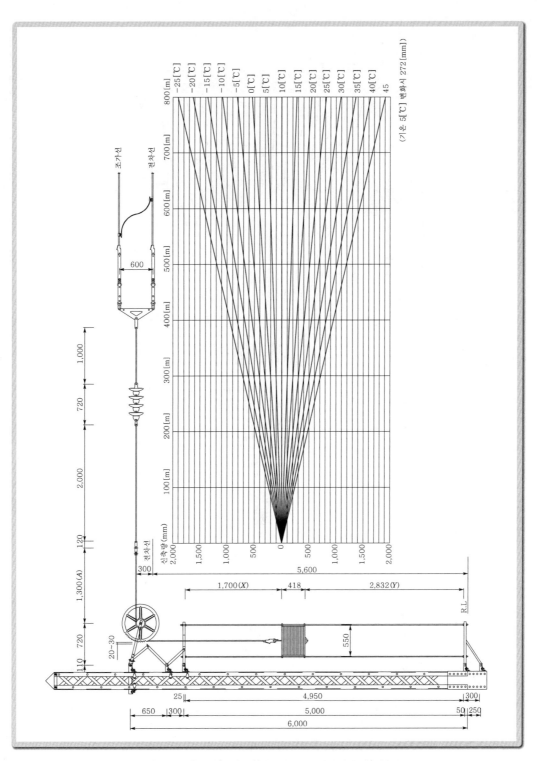

【 장력조정장치의 온도변화에 의한 추 이동량(2.4톤 철추용) 】

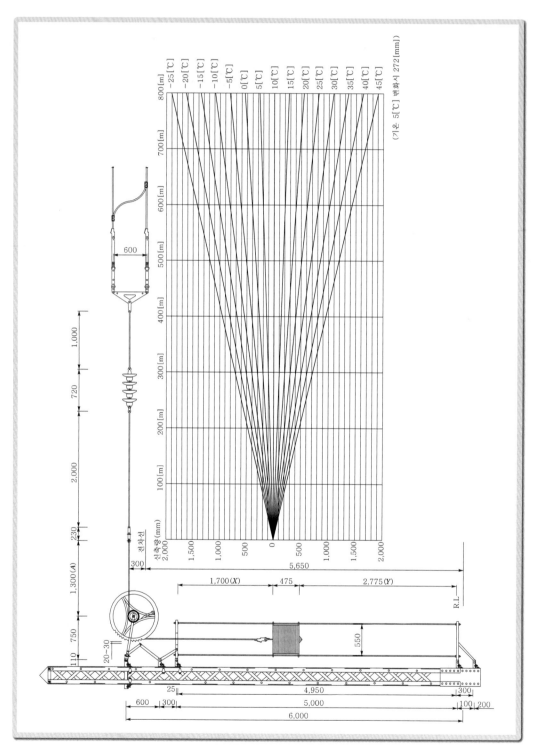

【 장력조정장치의 온도변화에 의한 추 이동량(2.8톤 철추용) 】

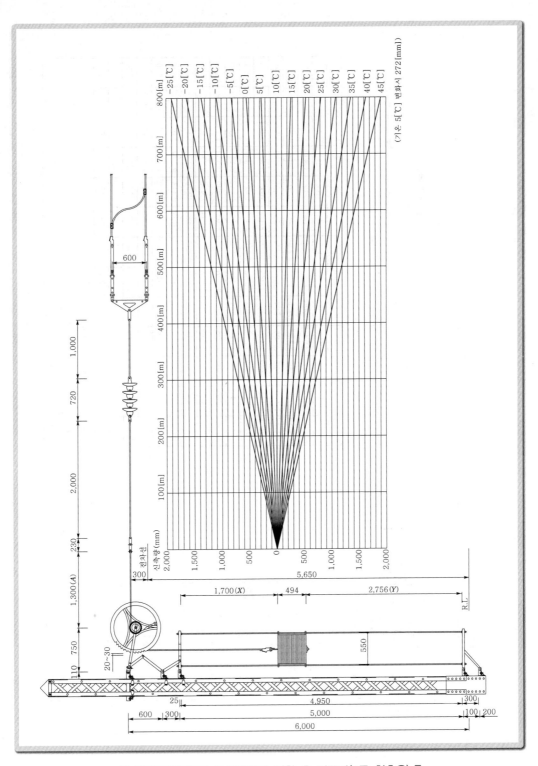

【 장력조정장치의 온도변화에 의한 추 이동량(3톤 철추용) 】

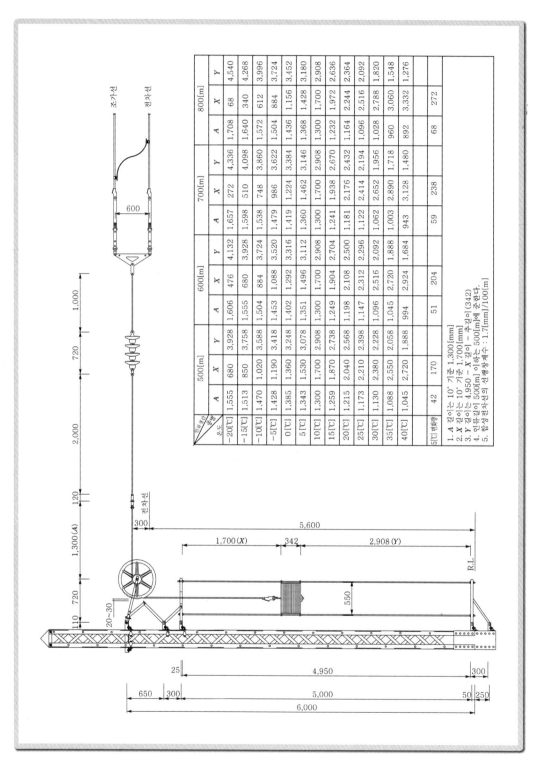

인류경간	500[m]			600[m]			700[m]			800[m]		
온도	A	X	Y	A	X	Y	A	X	Y	A	X	Y
−20[℃]	1,555	680	3,928	1,606	476	4,132	1,657	272	4,336	1,708	68	4,540
−15[℃]	1,513	850	3,758	1,555	680	3,928	1,598	510	4,098	1,640	340	4,268
−10[℃]	1,470	1,020	3,588	1,504	884	3,724	1,538	748	3,860	1,572	612	3,996
−5[℃]	1,428	1,190	3,418	1,453	1,088	3,520	1,479	986	3,622	1,504	884	3,724
0[℃]	1,385	1,360	3,248	1,402	1,292	3,316	1,419	1,224	3,384	1,436	1,156	3,452
5[℃]	1,343	1,530	3,078	1,351	1,496	3,112	1,360	1,462	3,146	1,368	1,428	3,180
10[℃]	1,300	1,700	2,908	1,300	1,700	2,908	1,300	1,700	2,908	1,300	1,700	2,908
15[℃]	1,259	1,870	2,738	1,249	1,904	2,704	1,241	1,938	2,670	1,232	1,972	2,636
20[℃]	1,215	2,040	2,568	1,198	2,108	2,500	1,181	2,176	2,432	1,164	2,244	2,364
25[℃]	1,173	2,210	2,398	1,147	2,312	2,296	1,122	2,414	2,194	1,096	2,516	2,092
30[℃]	1,130	2,380	2,228	1,096	2,516	2,092	1,062	2,652	1,956	1,028	2,788	1,820
35[℃]	1,088	2,550	2,058	1,045	2,720	1,888	1,003	2,890	1,718	960	3,060	1,548
40[℃]	1,045	2,720	1,888	994	2,924	1,684	943	3,128	1,480	892	3,332	1,276
5[℃] 변화량	42	170		51	204		59	238		68	272	

1. A 길이는 10° 기준 1,300[mm]
2. X 길이는 10° 기준 1,700[mm]
3. Y 길이는 4,950 − X 길이 − 추길이(342)
4. 인류길이 500[m] 이하는 500[m]에 준한다.
5. 합성전차선의 선팽창계수 : 1.7[mm]/100[m]

【 장력조정장치의 온도변화에 의한 추 이동량(2톤 철추용) 】

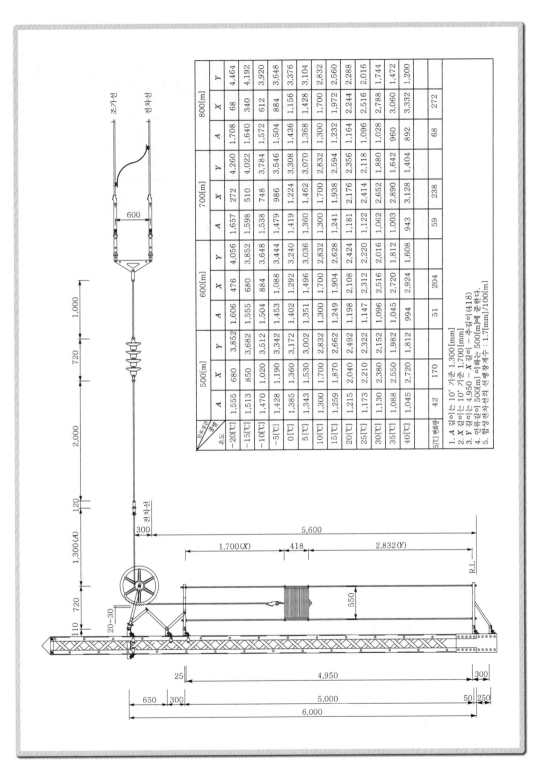

【 장력조정장치의 온도변화에 의한 추 이동량(2.4톤 철추용) 】

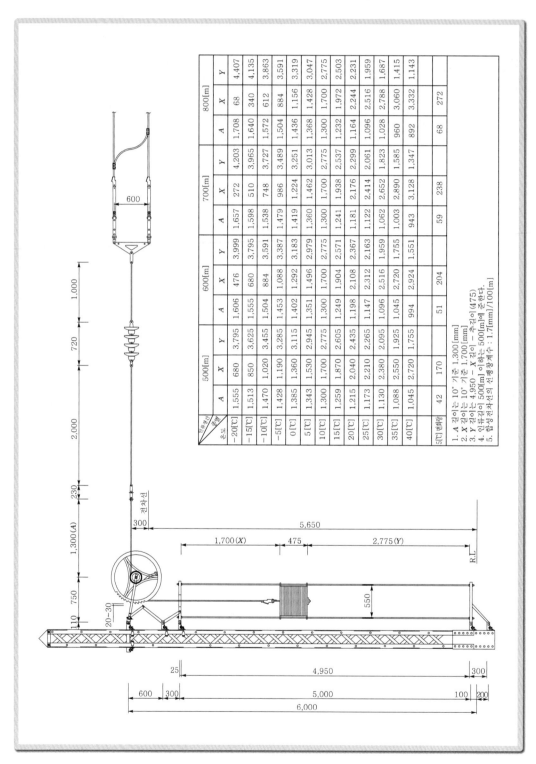

장력구간 온도	500[m]			600[m]			700[m]			800[m]		
	A	X	Y	A	X	Y	A	X	Y	A	X	Y
−20[℃]	1,555	680	3,795	1,606	476	3,999	1,657	272	4,203	1,708	68	4,407
−15[℃]	1,513	850	3,625	1,555	680	3,795	1,598	510	3,965	1,640	340	4,135
−10[℃]	1,470	1,020	3,455	1,504	884	3,591	1,538	748	3,727	1,572	612	3,863
−5[℃]	1,428	1,190	3,285	1,453	1,088	3,387	1,479	986	3,489	1,504	884	3,591
0[℃]	1,385	1,360	3,115	1,402	1,292	3,183	1,419	1,224	3,251	1,436	1,156	3,319
5[℃]	1,343	1,530	2,945	1,351	1,496	2,979	1,360	1,462	3,013	1,368	1,428	3,047
10[℃]	1,300	1,700	2,775	1,300	1,700	2,775	1,300	1,700	2,775	1,300	1,700	2,775
15[℃]	1,259	1,870	2,605	1,249	1,904	2,571	1,241	1,938	2,537	1,232	1,972	2,503
20[℃]	1,215	2,040	2,435	1,198	2,108	2,367	1,181	2,176	2,299	1,164	2,244	2,231
25[℃]	1,173	2,210	2,265	1,147	2,312	2,163	1,122	2,414	2,061	1,096	2,516	1,959
30[℃]	1,130	2,380	2,095	1,096	2,516	1,959	1,062	2,652	1,823	1,028	2,788	1,687
35[℃]	1,088	2,550	1,925	1,045	2,720	1,755	1,003	2,890	1,585	960	3,060	1,415
40[℃]	1,045	2,720	1,755	994	2,924	1,551	943	3,128	1,347	892	3,332	1,143
5[℃] 변화량	42	170		51	204		59	238		68	272	

1. A 길이는 10˚ 기준 1,300[mm]
2. X 길이는 10˚ 기준 1,700[mm]
3. Y 길이는 4,950 − X 길이 − 추길이(475)
4. 인류장이 500[m]이하는 500[m]에 준한다.
5. 합성전차선의 선팽창계수 : 1.7[mm]/100[m]

【 장력조정장치의 온도변화에 의한 추 이동량(2.8톤 철추용) 】

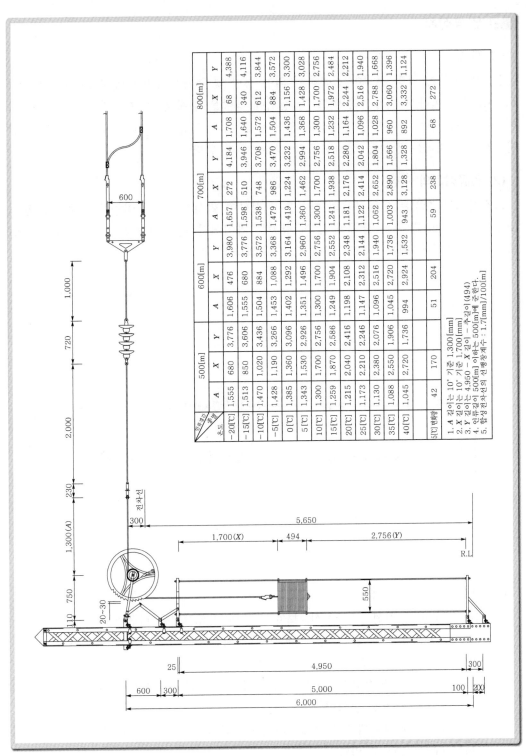

경간거리 종별	500[m]			600[m]			700[m]			800[m]		
온도	A	X	Y	A	X	Y	A	X	Y	A	X	Y
-20[℃]	1,555	680	3,776	1,606	476	3,980	1,657	272	4,184	1,708	68	4,388
-15[℃]	1,513	850	3,606	1,555	680	3,776	1,598	510	3,946	1,640	340	4,116
-10[℃]	1,470	1,020	3,436	1,504	884	3,572	1,538	748	3,708	1,572	612	3,844
-5[℃]	1,428	1,190	3,266	1,453	1,088	3,368	1,479	986	3,470	1,504	884	3,572
0[℃]	1,385	1,360	3,096	1,402	1,292	3,164	1,419	1,224	3,232	1,436	1,156	3,300
5[℃]	1,343	1,530	2,926	1,351	1,496	2,960	1,360	1,462	2,994	1,368	1,428	3,028
10[℃]	1,300	1,700	2,756	1,300	1,700	2,756	1,300	1,700	2,756	1,300	1,700	2,756
15[℃]	1,259	1,870	2,586	1,249	1,904	2,552	1,241	1,938	2,518	1,232	1,972	2,484
20[℃]	1,215	2,040	2,416	1,198	2,108	2,348	1,181	2,176	2,280	1,164	2,244	2,212
25[℃]	1,173	2,210	2,246	1,147	2,312	2,144	1,122	2,414	2,042	1,096	2,516	1,940
30[℃]	1,130	2,380	2,076	1,096	2,516	1,940	1,062	2,652	1,804	1,028	2,788	1,668
35[℃]	1,088	2,550	1,906	1,045	2,720	1,736	1,003	2,890	1,566	960	3,060	1,396
40[℃]	1,045	2,720	1,736	994	2,924	1,532	943	3,128	1,328	892	3,332	1,124
5[℃]변화량	42	170		51	204		59	238		68	272	

1. A 길이는 10° 기준 1,300[mm]
2. X 길이는 10° 기준 1,700[mm]
3. Y 길이는 4,950 − X 길이 (494)
4. 인류길이 500[m] 이하는 500[m]에 준한다.
5. 합성 전차선의 선팽창계수 : 1.7[mm]/100[m]

【 장력조정장치의 온도변화에 의한 추 이동량(3톤 철추용) 】

8 인류장치

(1) 개 요

온도변화 등에 따라 전선이 신축하는 외에 경년 및 전차선의 마모에 따른 탄성 신장으로 선조가 늘어나서 전차선의 이도 및 장력에 영향을 주게 된다. 이것을 방지하기 위하여 전차선을 일정 길이마다 인류하고 있으며, 이렇게 인류한 조가선, 전차선의 양측 말단전선을 지지하는 장치를 전차선로의 인류장치라 한다.

(2) 인류장치의 구성

고정식 인류장치는 인류구간의 한쪽을 고정하여 합성전차선의 이동을 억제하고 장력조정이 원활하도록 하는 장치이며, 이 장치는 와이어턴버클, 연결봉과 대지로부터 절연하기 위한 인류용 애자, 지지금구 등으로 구성되어 있다.

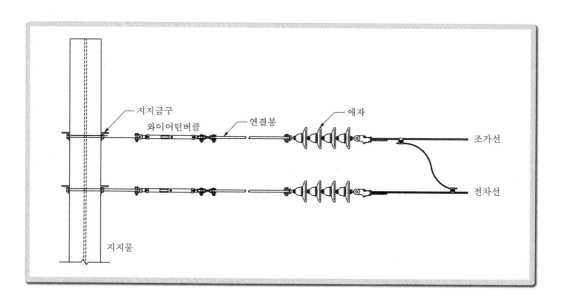

(3) 인류장치의 시설기준

전차선, 조가선, 급전선, 부급전선, 보호선 등의 인류장치는 다음에 의한다.
　① 전차선·조가선 및 합성 전차선의 인류장치는 직선구간의 선로에서 인류구간이 800[m] 이하일 때에는 일단에 설치한다.
　② 터널 내에서 자동장력조정장치를 설치하지 아니한 경우에는 전차선 인류구간의 양단에 인류장치를 설치할 수 있다.
　③ 인류장치는 지지물에 견고하게 설치한다. 다만, 부득이한 경우에는 콘크리트 옹벽 등에 시설할 수 있다.

④ 인류전용주는 가선종단주 이외에는 별도로 시설하지 아니한다.

⑤ 급전선·부급전선 및 보호선은 직선접속을 하며 인류장치는 선로횡단 및 터널입구 등의 취약지점이나 보수상 필요한 곳, 횡장력이 극히 심한 구간(곡선반경 300[m] 이하)의 장력을 분할 필요가 있는 곳에 설치한다.

9 흐름방지장치

(1) 개 요

전차선은 장력을 균일하게 유지하기 위하여 전차선 인류구간의 양측에 자동장력조정장치를 사용하고 있으나 풍압, 팬터그래프의 접동, 전차선 자신의 온도변화에 따른 신축 등에 의하여 선로의 한쪽 방향으로 이동하는 경우가 있다. 이와 같이 한쪽 방향으로 전차선이 흐르는 것을 방지하는 설비를 전차선의 "흐름방지장치"라고 한다.

(2) 전차선의 흐름요인

전차선의 흐름을 조장하는 요인에는 다음과 같은 것이 있다.
  ① 활차식 밸런서의 중량차에 의한 중력추 불균형
  ② 선로의 경사나 곡선의 조건
  ③ 가동브래킷이 O형 또는 I형이 연속되는 경우
  ④ 풍향, 풍압에 의한 기상조건

(3) 설치방법

인류구간의 양쪽에 활차식 자동장력조정장치를 사용한 경우 다음에 의한 흐름방지장치를 시설한다.
  ① 인류구간에서 전차선의 장력이 평형이 되거나, 양측의 억제저항이 같게 되는 중앙점에 전선의 이동을 억제하기 위하여 흐름방지장치를 시설한다.
  ② 흐름방지장치는 전선의 처짐, 강하 등으로 열차운전에 지장이 없도록 전선의 이도, 가고 등을 조정하고 급전선과의 이격거리는 충분히 고려한다.
  ③ 흐름방지장치가 설치되는 주측전주의 브래킷은 항상 선로에 대해 수직이 되게 설치하여야 한다.
  ④ 흐름방지장치의 양측 인류전선은 해당 선로의 조가선과 동일한 전선으로 하며 인류전선의 인장력은 현지 온도에 따라 설치하며 흐름방지장치의 인류를 하기 전에 지선을 먼저 설치한다.
  ⑤ 강체가선 구간에서는 인류구간 중앙점에 흐름방지장치를 시설한다.

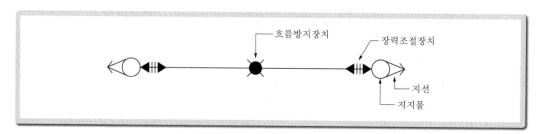

[흐름방지장치 설치도]

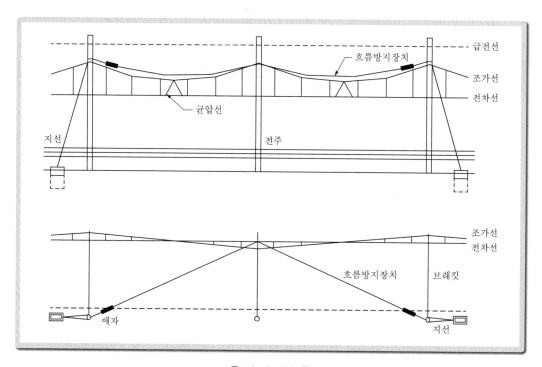

[역 간 개소]

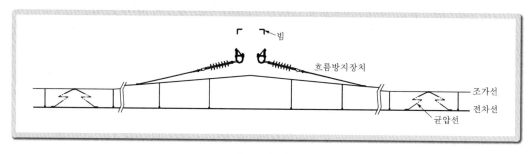

[빔개소]

(4) 전차선 흐름에 대한 문제점 및 대책

① 선로구배 개소

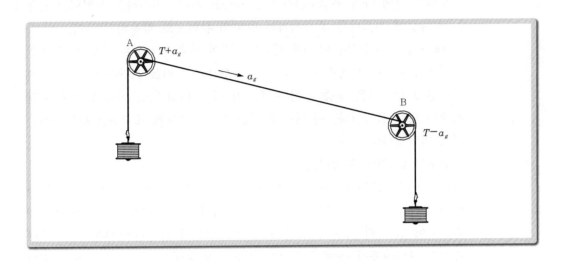

위의 그림에서와 같이 선로구배가 있을 경우 A쪽 장력의 추는 $T + a_g$[N]로 설치하고 B점의 장력장치의 추는 $T - a_g$[N]를 설치하여 전차선의 흐름을 방지한다.

 전차선 구배에 따른 외력 계산 예

전차선의 단위중량을 일괄 조정 시 20[N/m] 정도로 하고 선로구배를 15[‰]로 하며 구배의 연장 길이를 1,500[m]로 할 때 외력 a_g는 다음과 같다.

$$a_g = 20 \times \frac{15}{1,000} \times 1,500 = 450[N]$$

② 선로곡선부

    ㉠ 고정빔구간

        고정빔 설치개소 곡선로의 경우 기온변화 등에 의해 전차선이 이동하면 이동의 반대방향으로 작용하는 힘이 생겨 전차선의 신축에 의한 이동을 방지하는 것으로 작용하게 된다.

        이 때문에 곡선부분이 조정구간의 한쪽으로 치우쳐 있고 다른 쪽이 직선인 경우에는 직선쪽 밸런서의 중추가 너무 내려오든가 또는 너무 올라가는 상태로 되기 때문에 조정구간을 표준보다 짧게 하여 전차선의 이동량을 적게 할 필요가 있다.

ⓛ 가동브래킷 구간
- 곡선구간의 O형 브래킷이 연속되는 경우
  선로의 상황에 따라 곡선구간에 O형 가동브래킷이 연속하여 시설되는 경우는 전차선의 이동량을 증가시키는 방향의 분력으로 작용하게 된다.
  이 때문에 인류점 부근에 O형 가동브래킷이 연속되어 있는 경우 풍력 등의 외력을 받아 가동브래킷이 모두 같은 방향으로 회전을 시작하면 다른 쪽 직선구간에서는 기온 상승 시에는 중추가 너무 내려가고, 반대로 기온 하강 시에는 너무 올라간다. 이 때문에 가급적 가선길이를 표준구간보다 줄이는 것이 바람직하다.
- 곡선구간의 I형이 연속되는 경우
  I형의 경우는 전차선의 이동이 반대방향의 분력이 작용하게 되므로 전차선의 흐름은 크게 문제되지 않는다. 그러나 I형이 조정구간의 인류점 부근에 집중되어 있고 다른 쪽이 직선 또는 곡선 O형의 연속인 경우는 그 쪽으로 중추의 상하이동이 I형에 근접하는 중추의 상하 이동량보다 크게 되어 전차선 전체로서는 흐르는 상태가 됨에 유의해야 한다.
  이 때문에 곡선이 심한 구간에서는 인류구간을 표준구간보다 적게 잡는 것이 바람직하다.

10 구분장치

(1) 구분장치의 개요

전차선의 일부분에 사고가 발생한 경우나 일상의 보수작업을 위해서 정전작업의 필요가 있는 경우에 정전구간을 한정하고, 다른 구간의 열차운전 확보를 목적으로 하며, 또한 전차선을 팬터그래프의 접동에 지장을 주지 않으면서 전기적으로 구분하는 장치를 "구분장치"라 한다.

(2) 급전계통 구분

전차선로의 계통을 한정 구분하기 위해서는 다음과 같이 계통을 구분하고, 그 구분점에는 구분장치를 설치하여야 한다.
① 전기차의 운전계통에 대응하여 상하선별, 방향별로 구분한다.
② 큰 역구내, 차량기지는 본선으로부터 분리하여 계통을 구별한다.
③ 역구내의 선로배선과 반복운전의 가능성 및 전기차고로부터 본선에의 출입방향을 고려하여 구분한다.

④ 보수작업구간을 설정하기 쉽도록 구분한다.

⑤ 보호계전기의 사고 검출 능력에 상응하도록 한다.

(3) 구분장치의 구비조건

구분장치는 전기적, 기계적으로 충분한 강도를 갖는 것이 필요하고 다음과 같은 조건이 요구된다.

① 충분한 절연성을 가질 것

    ㉠ 절연이 완전하고 누설전류가 적을 것

    ㉡ 팬터그래프 통과 시 아크가 완전히 소멸될 것

    ㉢ 아크에 의한 절연이 파괴되지 않을 것

② 팬터그래프의 통과에 지장이 없을 것

    ㉠ 가볍고 집전상 경점이 되지 않을 것

    ㉡ 팬터그래프 통과 시 동요가 적으며, 적당한 압상량이 있을 것

③ 가볍고 기계적 강도가 클 것

④ 그 구간을 운전하는 열차의 속도에 대응할 수 있을 것

⑤ 기계적 구분장치는 온도변화에 의한 전선의 신축 및 과도한 장력을 방지하도록 전차선을 적당한 간격으로 구분하여 인류할 것

(4) 구분장치의 종별

① 에어섹션(Air Section)

에어섹션은 집전부분의 전차선에 절연물을 넣지 않고 전차선 상호간의 평행부분을 일정간격으로 유지시켜 공기의 절연을 이용한 구분장치이며, 전기적 절연이 완전하다.

팬터그래프 통과 시 전류 차단 없이 전기적으로 연속집전을 할 수 있는 이점이 있으며, 집전상 경점이 되지 않으므로 고속운전에 가장 알맞은 섹션(Section)으로 널리 사용되고 있다.

    ㉠ 1경간 평행개소

        속도등급 200킬로급 이하에서는 평행개소의 경간은 40[m] 이상개소에 에어섹션을 설치하든가 또는 40[m] 미만인 경우 2경간으로 하고 평행부분의 전차선 상호이격거리는 300[mm]를 표준 이격거리로 정하고 있으며, 전차선의 교차는 열차진행방향에서 출구교차를 원칙으로 한다.

        구분용 애자의 하단은 본선의 전차선 높이에서 200[mm] 이상 올려야 하며, 평행개소의 전차선 등고부분은 500[mm] 이상이 되도록 시설한다.

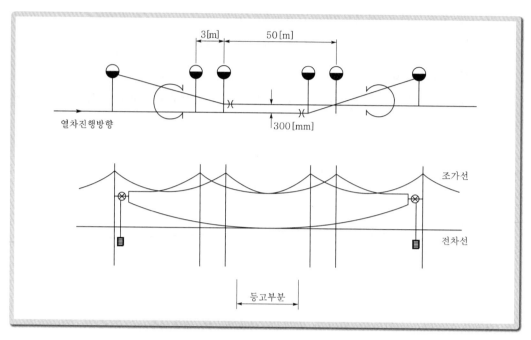

【 한 경간 평행개소(Overlap) 구간 】

　ⓛ 2경간 평행개소
　　• 평행개소(Overlap) 구간 특성 분석
　　　전기적으로 분리되어 있는 에어섹션과 전기적으로 접속되어 있는 에어조인
　　　트 등을 총칭하여 평행개소 구간이라 하며, 평행개소 구간에서는 팬터그래
　　　프가 두 개의 가선 간을 복잡한 운동을 하면서 진행하기 때문에 전차선의
　　　이선마모, 피로 및 손상 등이 발생하기 쉽다. 250킬로급 이상에서 평행부분
　　　의 경간은 2경간 이상으로 구성하도록 되어 있다. 평행구간을 한 경간으로
　　　구성하면 전차선의 등고부가 경간중앙에 설치되므로 팬터그래프 통과 시
　　　압상력에 의한 전차선의 진동으로 팬터그래프의 이선현상이 일어나 전차선
　　　의 수명단축과 집전특성을 저하시킬 수 있다. 그러나 이 평행구간을 2경간
　　　으로 하면 전차선 평행구간의 등고부분이 브래킷 지지점에 설치되어 전차
　　　선이 압상력의 영향을 적게 받으므로 전차선의 이선현상 없이 집전되고 고
　　　속에 의한 집전특성 향상과 수명연장을 도모할 수 있으므로 전차선로의 질
　　　적 향상과 속도향상을 고려하여 평행개소는 2경간으로 하고 40[m] 미만인
　　　개소는 3경간으로 한다. 평행부분의 전차선 상호이격거리는 500[mm] 이상
　　　으로 하며, 구분용 애자의 하단은 본선의 전차선 높이에서 200[mm] 이상
　　　올려야 한다. 평행개소의 전차선 등고부분은 500[mm] 이상이 되도록 시설
　　　한다.

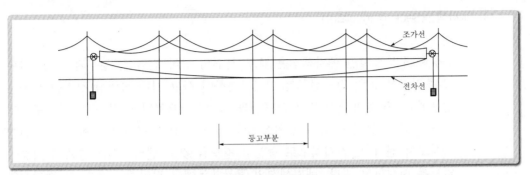

[2경간 평행개소(Overlap) 구간]

• 2경간 평행개소 가동브래킷 설치방안

평행개소를 2경간으로 시설하므로써 에어섹션 개소의 중간부분에 전차선을 평행하도록 등고부분을 형성하여야 하나 기존의 가고 960[mm] 가동브래킷을 사용할 경우 가고가 같으므로 에어섹션에서는 절연이격거리가 확보되지 않으며 에어조인트는 조가선이 가동브래킷에 접촉되어 가선이 불가능하다.

최근에 개발된 가고조절용 가동브래킷을 사용할 경우 가고 1,250[mm]는 1,400[mm]까지 조절이 가능하고 가고 960[mm]는 900[mm]까지 조절할 경우 에어섹션 개소에서 전선 상호간 이격거리를 현장실정에 맞게 확보할 수 있다. 다른 방법으로는 중심주에서 가고에 맞게 브래킷을 별도로 제작하여 설치한다.

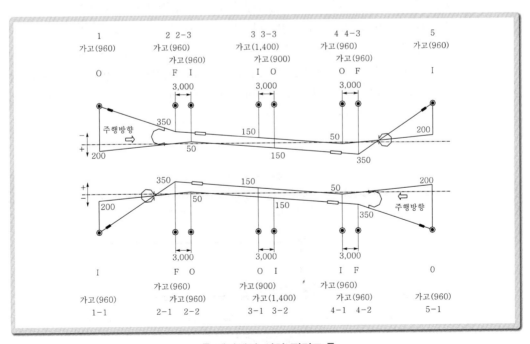

[에어섹션 설치 평면도]

② 애자섹션(Section Insulator)

　㉠ 개 요

　　동상용 구분장치인 애자섹션은 주로 본선의 상하 건넘선, 본선과 측선, 검수고 출입고선 등의 전차선로를 절연구분하여 사고 시나 작업상 정전을 요하는 경우에 그 정전의 영향을 사고구간과 작업구간으로만 한정하고 다른 구간에는 급전을 가능하게 하여 열차운전에 영향이 적은 구간으로 한정하기 위한 장치로서 전기적, 기계적으로 충분한 강도를 갖고 팬터그래프 통과에 지장이 없도록 시설하고 있다. 애자섹션의 구분재료에는 절연재를 쓰며 그 절연재의 재질에 따라 애자재와 합성수지재(FRP)로 대별할 수 있다. 구분장치용 절연재가 구비해야 할 요건은 다음과 같다.

　　• 절연내력이 크고 마모와 절삭이 적을 것

　　• 내아크(Arc)성 내트랙킹(Tracking)성이 강할 것

　　• 열화가 적고 항장력이 클 것

　　• 열에 대한 영향이 적고 중량이 가벼울 것

　　• 습기를 함유하지 않을 것

　　현재 사용되고 있는 동상용 구분장치로는 그 재질 및 구조가 다양하다. 현재도 그 기능의 향상을 위해 각국에서 연구개발에 박차를 가하고 있으며 그 선택에는 신중을 기하여 검토할 필요가 있다. 애자형 구분장치는 절연재로 애자를 사용한 장치로서 중량이 커서 팬터그래프 집전에 경점으로 작용하며 가격면에서도 FRP제에 비해 약간 비싼 편이나 반면에 애자의 우세효과가 있어 절연성이 좋고 수명이 길며 변형이 잘되지 않는 장점이 있다. 합성수지제(FRP제)는 일반적으로 설비의 경량화와 간소화, 가격의 저렴성(애자형 섹션에 비해) 등의 장점이 있는 반면 팬터그래프의 접동에 의한 마모와 염분, 먼지, 디젤매연 등의 오손에 의해 절연이 열화되기 쉬워 트랙킹(Tracking)현상의 발생 우려도 있다.

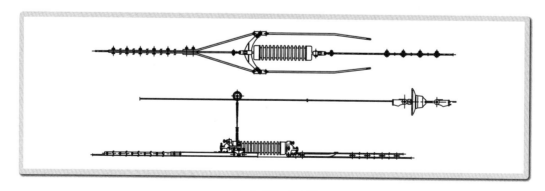

【 애자형 섹션 】

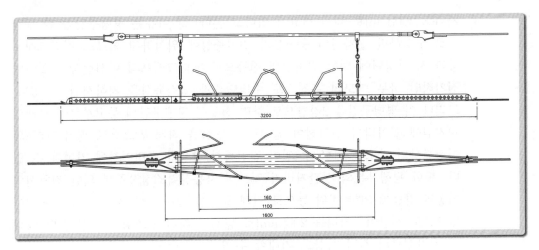

[합성수지제 섹션]

  ⓛ 애자섹션의 시설
- 건넘선 및 측선에 설치하는 애자섹션은 본선을 통과하는 열차의 팬터그래프에 지장이 없도록 설치한다.
- 애자섹션의 설치위치는 전차선 지지점에서 애자섹션 중심까지 건넘선은 4.5[m], 측선은 1.5[m] 이격된 위치에 설치한다.
- 애자섹션의 팬터그래프가 접속되는 슬라이더부와 전차선 접속부는 열차통과에 지장이 없도록 수평으로 설치한다.
- 애자섹션은 인류점으로부터 200[m] 이내에 설치하여 온도변화에 따른 변형이 없도록 한다.
- 애자섹션이 설치된 개소에는 구분장치 앞뒤의 전차선과 조가선을 상호균압한다.
- 애자섹션의 설치위치는 레일의 절연이음매부 설치위치의 연직선상으로부터 3[m] 이상 이격한다.

③ 에어조인트(Air Joint)
  ㉠ 개 요
    에어조인트는 전차선 가선 시 작업의 용이성과 온도변화 등에 의한 전차선의 신축(가선의 늘어짐 또는 과장력) 때문에 전차선을 적당하게 일정 길이마다 인류하기 위해 설치되어 있는 기계적인 구분장치이다.
  ㉡ 전차선 상호이격거리
    전차선로 운영의 질적 향상과 앞으로 열차의 속도향상을 위해서는 에어조인트의 평행경간을 2경간으로 통일하고 또한 평행부분의 전차선 상호간의 이격

369

거리도 200[mm]로 넓힐 필요가 있다고 본다. 그 이유는 평행구간을 한 구간으로 구성하면 전차선의 등고부가 경간중앙에 위치하게 되므로 팬터그래프 통과 시 압상력에 의한 전차선의 진동으로 팬터그래프의 이선현상이 일어나 전기적인 국부 마모의 촉진으로 수명단축과 집전특성을 저하시킬 수 있다. 그러나 이 평행구간을 2경간으로 하면 전차선 평행구간의 등고부분이 브래킷 지지점에 설치되어 전차선이 압상력의 영향을 적게 받으므로 팬터그래프의 이선현상의 감소를 기할 수 있어 집전특성 향상과 수명연장에 기여할 수 있다. 또한 평행부분의 선간거리가 적으면 자동장력조정장치에 의한 전차선의 이동과 강풍에 의한 변위 등으로 인해 균압선 금구 등에 지장을 줄 위험성이 있으므로 선간이격거리를 200[mm]로 넓히는 것이 구조상 안전할 뿐만 아니라 전차선로의 질적 향상도 기대할 수 있을 것이다.

이에 대한 외국의 예를 보면 비록 고속철도 구간이기는 하지만 일본의 신간선에서는 평행개소의 선간이격거리를 300[mm]로 하고 불란서의 SNCF의 TGV노선에서는 200[mm]를 표준으로 제정하여 시설하고 있다.

ⓒ 에어조인트(평행틀방식)

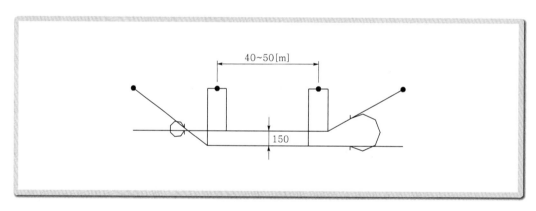

【 에어조인트(1경간) 】

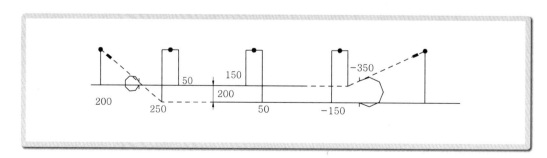

【 에어조인트(2경간) 】

ㄹ 2경간 에어조인트(복주방식)

ㅁ 에어조인트의 시설
- 평행부분에서 전차선 상호간격은 다음과 같다.

속도등급	간 격	비 고
200킬로급 이하	표준 : 150[mm] 최대 : 250[mm]	단, 부득이한 경우 100[mm]까지 할 수 있다.
250킬로급 이상	200[mm]	

- 에어조인트 인류부분의 양측 전차선과 조가선은 균압한다.
- 평행부분의 경간은 2경간 이상으로 설치한다. 단, 속도등급 200킬로급 이하는 경간이 40[m] 이상에서는 1경간으로 설치할 수 있다.

- 평행부분에서는 단독주에 평행틀을 설치한다. 다만, 곡선개소 등 평행틀에 불평형 하중이 걸리는 경우에는 복주를 설치할 수 있다.
- 평행틀, 브래킷설치, 가고 등은 에어섹션 설치기준과 같다.

④ 절연구분장치(Neutral Section)

㉠ 개 요

교류 전철화 구간의 이상(異相)전원을 구분하기 위해 변전소의 급전 인출구 및 급전구분소의 급전 인출구에 절연구분장치를 설치한다.

절연구분장치의 길이는 당해선구를 운행하는 전기차의 속도, 팬터그래프의 성능 및 설치간격, 지형조건, 열차의 최대길이와 그 열차의 팬터그래프 사이의 거리 등을 고려하여 절연구간에서 다른 위상과 전기적으로 단락시키지 않는 길이 이상으로 설치하여야 한다.

㉡ FRP(Fiberglass Reinforced Plastics) 절연방식

기존 사용하고 있는 FRP 절연구분장치(22[m])는 자체의 중량과 재질의 경질화로 집전상 경점으로 작용하여 집전성능이 나빠짐은 물론 팬터그래프 집전판의 마모 촉진과 파손사고의 원인이 되기도 한다.

속도가 향상되면 압상량이 증가하게 되며 이로 인하여 구분장치에 응력이 가해져 피로손상의 위험이 크므로 FRP 절연구분장치는 저속용으로 사용되고 있다.

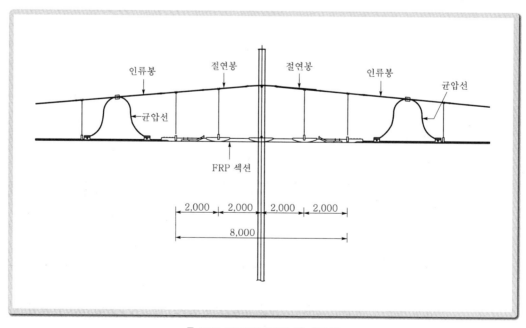

【 FRP 절연구분장치 8[m]용 】

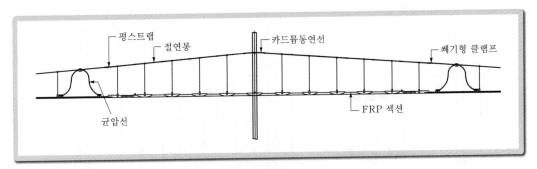

【 FRP 절연구분장치 22[m]용 】

ⓒ 이중절연방식

이중절연방식의 구조는 절연구분장치 개소에 절연체를 사용하지 않고, 에어 섹션을 양측에 2중으로 설치하고 중간에 전차선 무가압 구간을 약 47[m] 정도 삽입하는 구조이다.

이중절연방식은 절연구분장치 자체의 중량은 없으므로 집전상 경점으로 작용하지 않고 팬터그래프 집전판의 마모촉진과 파손사고가 없다.

기존선 구간의 전철화인 경우 선로조건이 곡선이 많고, 구배가 클 경우 절연구분장치의 길이가 길기 때문에 장소를 선정하는 데 문제가 있으며, 이는 고속운전구간에 적합한 설비이다. 특히 이중절연방식 구간의 조가선은 아크발생에 따른 단선사고 때문에 피복조가선을 사용하여야 한다.

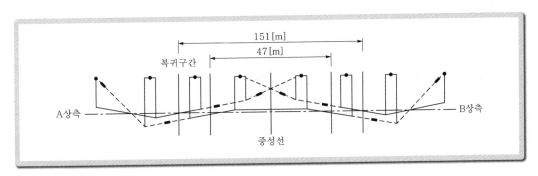

【 이중절연방식 】

ⓔ PTFE(Poly Tetra Fluo Ethylene) 절연방식

PTFE 절연방식은 고내열 내화학 약품성 합성수지를 사용하여 팬터그래프 집전판의 마모 및 환경오염을 방지하기 위하여 절연봉 외피로 PTFE(테프론제)를 사용한 구조이며, 아킹혼을 설치하여 최대 1초 이내에 아크를 소호하고 있다. 약 6[m] 정도의 PTFE 절연체를 양측에 설치하고 중성 무가압 구간을 45[m] 이상 확보하여야 하며 최근 유럽에서 사용되고 있다.

373

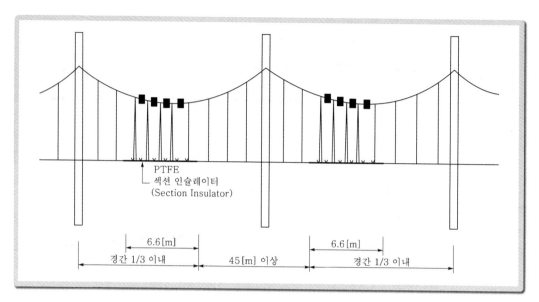

【 PTFE 절연방식 설치 일반도 】

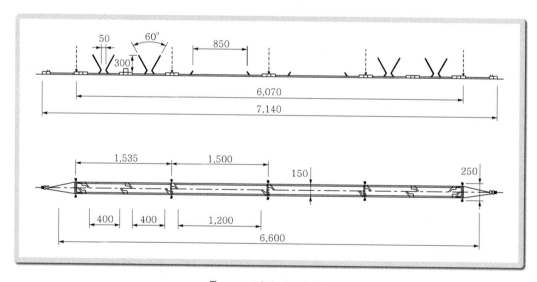

【 PTFE 절연구분장치 】

ⓜ 절연구분장치의 시설
- 절연구간을 갖는 인류구간의 길이는 600[m] 이하로 하며 자동장력조정장치에 의한 일단조정을 시행한다.
- 절연구분장치 양단의 전차선과 조가선은 상호균압한다.
- 절연구분장치 구간의 조가설비는 팬터그래프 통과로 생기는 아크에 의한 손상이 없도록 시설한다.

ⓑ 절연방식 비교

구 분	FRP 절연방식	이중절연방식	PTFE 절연방식
개 요	절연체인 FRP 22[m] 사용(2[m]인 절연체의 조합)	에어섹션 – 중성구간 – 에어섹션으로 구성되며, 중성구간은 무가압으로 교체 섹션형 차단기 필요	PTFE – 중성구간 – PTFE로 구성되며 중성구간은 무가압. 절연체는 테프론제 사용으로 경량화
구 조	단 순	복 잡	보 통
집전특성	• 유연성이 부족하여 경점으로 작용 • 집전특성 불량 • 팬터그래프 마모 및 손상 • FRP 표면에 카본 부착으로 인한 통전	• 집전특성 양호 • 팬터그래프 집전판 보호 • 아크에 의한 조가선을 보호하기 위하여 절연조가선 사용	• 집전특성 양호 • 아크 소호특성 양호 (1초)
운행속도	감속운전 필요	고속운행	고속운행
유지보수성	보 통	유 리	유 리
경제성	100[%]	135[%]	110[%]
사용실적	수도권, 일본	유럽, 경부고속철도	러시아, 호주, 이탈리아

(5) 구분장치의 사용구분

구 분	종 별	사용구분	비 고
전기적 구분장치	에어섹션	동상의 본선구분용 흡상변압기 및 직렬콘덴서용	공기절연
	애자섹션	동상의 상·하선 및 측선구분용	애자제, 수지제
	절연구분장치	이상구분용 및 교·직구분용	수지제, 공기절연
	비상용 섹션	사고 시 긴급구분용	상시는 전기적으로 접속
기계적 구분장치	에어조인트	합성 전차선 평행설비 구분	전기적으로 접속
	R–Bar 및 T–Bar 조인트	강체전차선 평행설비 구분	전기적으로 접속

 절연구분장치의 길이 계산 예

1. 교류 이상 구분용

섹션을 통과할 때 Notch On 상태로 통과하는 경우의 아크신도는 시험결과 3[mm/kVA]이므로 전동차 부하를 최대 2,600[kVA]로 가정하면 소요길이는

$2,600[kVA] \times 3[mm/kVA] = 7,800[mm] \fallingdotseq 8[m]$

또한 전기차의 양 팬터그래프의 길이를 감안하면

전기적 절연길이 + 팬터그래프간격 = 8[m] + 13[m] = 21[m]

여기에 1[m] 여유길이를 감안하여 교류 이상 구분용 절연구분장치는 22[m]로 정하고 있다.

2. 교·직류 구분용(직류 → 교류측으로 운행)

교·직류 구간의 섹션길이는 기기류의 조건과 전기차의 시험결과에 따라

유효길이[m] = 총동작시간×운전속도[km/h]

총동작시간 = $A + B + C + D$

여기서, A : 아크의 지속시간[ms] − 200[ms]

$\quad\quad\quad B$: 전압계전기 동작시간[ms] − 900[ms]

$\quad\quad\quad C$: 차단기의 차단시간[ms] − 210[ms]

$\quad\quad\quad D$: 여유[ms] − 100[ms]

항 목	전동차(VVVF)	비 고
$A + B + C + D$	1,410[ms]	속도 110[km/h]
유효길이	43.08[m]	$1,410 \times 10^{-3} \times 110 \times 10^3 \div 3,600$
팬터그래프의 간격	14.05[m]	
소요 섹션길이	57.13≒60[m]	43.08 + 14.05

직류측에서 교류측으로 운행하는 열차의 절연구분장치는 60[m]로 정하고 있다.

(6) 전기적 구분장치의 설치위치

전차선의 전기적 구분장치는 운전보안 확보, 선로운용, 급전계통 운용 및 보수를 고려하고, 구분장치의 설치위치 선정에는 팬터그래프의 섹션오버(Section Over)에 의한 사고방지를 위하여 신호기와의 위치를 충분히 고려하여 다음과 같이 설치한다.

① 신호기와의 관계를 고려하여 섹션직하에서 팬터그래프가 정지하는 위치는 피한다.

② 상구배, 정거장의 발차지점 등의 역행구간은 피한다.

③ 보수의 면에서 곡선, 터널, 교량 위 등은 피해야 하며 구분장치의 설치위치는 다음에 의한다.

㉠ 복선구간에서 장내 신호기 부근에 설치하는 구분장치는 장내신호기와 일치시키거나 또 그 내측에 시설한다.

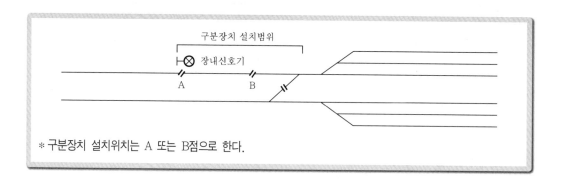

※ 구분장치 설치위치는 A 또는 B점으로 한다.

ⓛ 복선구간에서 출발신호기 부근에 설치하는 구분장치는 입환을 행하는 역단분기기에서 인상열차길이에 50[m]를 가산한 길이 이상 이격한다.

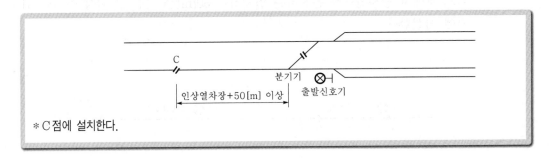

* C점에 설치한다.

ⓒ 위 ⓛ항의 이격거리를 택한 경우 구분장치와 그 전방의 폐색신호기까지의 거리가 당해 선구를 운전하는 열차장에 50[m]를 더한 값 이하일 경우에는 폐색신호기의 내측에 시설한다.

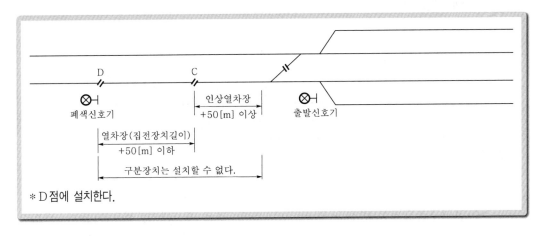

* D점에 설치한다.

ⓔ 단선구간에서 장내신호기 부근에 설치하는 구분장치는 장내신호기 외측에 당해 선구를 운전하는 열차장에 50[m]를 더한 값 이상 이격한 위치에 설치하며 입환을 행하는 구간은 복선구간에 준한다.

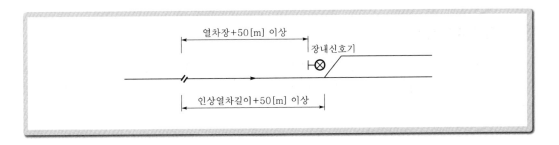

ⓜ 정거장 간에 설치하는 구분장치는 폐색신호기 위치와 일치시킨다. 다만, 단선 구간으로 상·하선의 폐색신호기의 외방이 중복될 경우에는 대향의 신호기 어느 것에서 당해선구를 운전하는 열차장에 50[m]를 더한 값 이상 이격한 위치에 시설한다.

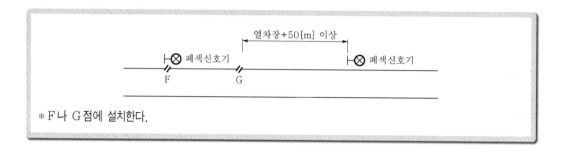

ⓑ 출입고선에 설치하는 구분장치는 차량정지표지에서 전방 20[m] 이격한 위치에 시설한다.

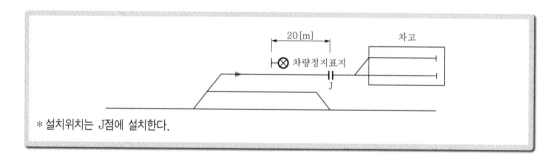

ⓢ 절연구분장치는 변전소 앞 및 구분소 앞 선로 곡선반경, 선로 기울기, 신호기 위치, 급전조건, 차량의 성능 등을 고려하여 열차 타력운전이 가능한 위치 중 운영자 등 관련부서 관계자와 협의 후 선정한다.

ⓞ 전기 차량이 상시 정차하는 등 전기차가 장기간 정차하는 곳에는 구분장치를 두지 않는다.

11 급전분기장치

급전선에서 전차선으로 전기를 공급하기 위하여 급전선과 전차선을 접속하는 전선을 '급전분기선'이라 하며, 급전분기선을 연결하기 위하여 설비된 것을 총칭하여 '급전분기장치'라 한다.

(1) 급전분기장치의 종류

급전분기장치에는 암(Arm)식, 스팬선식 및 가동브래킷식의 3종류가 있다.

암(Arm)식은 직류구간에 설비되며 교류구간은 절연상 현수애자를 여러 개 시설하므로 바람으로 인한 횡진 때문에 스팬선식을 표준으로 하고 있다.

가동브래킷식은 절연지지금구로 가동브래킷에 급전분기선을 고정시키고 가동브래킷으로부터 완전히 절연하여 순환전류에 의한 소선이 끊어지는 것을 방지한다.

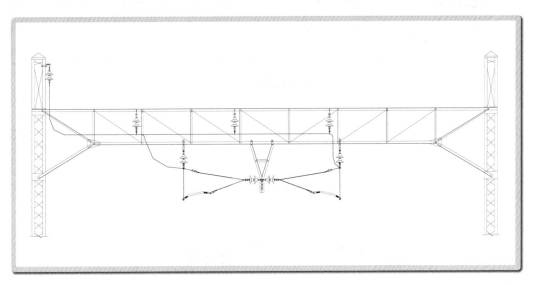

【 직류 Arm식 】

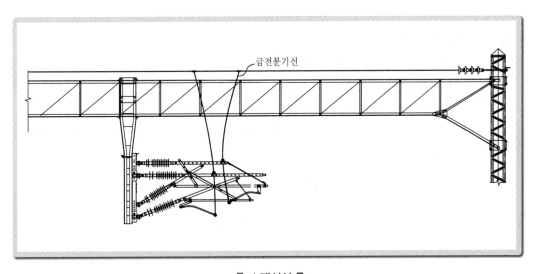

【 스팬선식 】

379

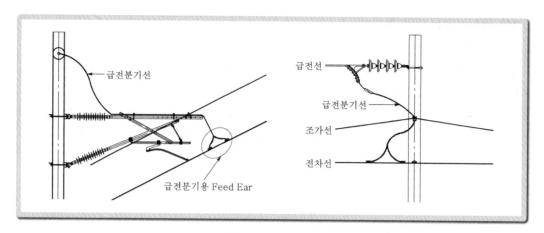

【 가동브래킷식 】

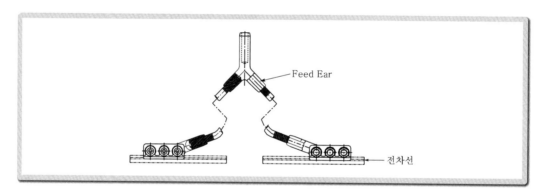

【 급전분기용 Feed Ear 】

(2) 급전분기선 시설기준

① 가동브래킷의 회전을 억제하지 않도록 시설한다.

② 급전분기개소는 전차선과 조가선을 접속한다.

③ 직류구간의 급전분기선은 표준간격 250[m]마다 설치한다.

④ 직류구간의 Air Section 또는 정거장 구내의 교차개소 등에서 전차선의 편송한도
는 최대 125[m]로 한다.

⑤ 급전분기선에는 100[mm^2] 이상의 동연선 또는 이와 동등 이상의 성능을 가진 전
선을 사용한다. Cu 100[mm^2]의 전류용량은 420[A]이므로 전차선과 조가선의 허
용전류 이상의 전선을 선정하여야 한다(조가선 ST 90[mm^2], 전차선 Cu 110[mm^2]
의 허용전류는 365[A]).

12 직류 가공전차선로

(1) 개 요

직류 전차선로방식은 지상구간, 지하구간 및 이행구간으로 분류되며, 가공선방식으로 우리나라 지하철에는 직류 1,500[V] 방식을 사용하고 있다.

지상부 본선의 전차선로 가선방식은 헤비심플 커티너리방식을 사용하며, 차량기지 등은 심플 커티너리 가선방식을 사용한다.

이행구간은 트윈심플 커티너리방식으로 시설하고 있다. 지하구간은 부산지하철의 경우 콤파운드 커티너리방식으로 시설하였으며, 서울 및 기타 지방의 도시철도는 강체가선방식으로 시설하였다.

(2) 지상부 전차선로

① 급전계통구성

본선구간의 지상부 급전계통은 상·하선별로 구분하고 전류용량 증대 및 전압강하 보상목적으로 급전선 AL 510[mm^2]×2조 이상을 가설하여 250[m]마다 급전분기선으로 전차선과 병렬로 접속하고 레일을 귀선으로 이용하여 계통을 구성하고 있으며, 차량기지는 유치선군, 검사고 등 기능별 및 그룹(Group)별로 급전계통을 구성한다.

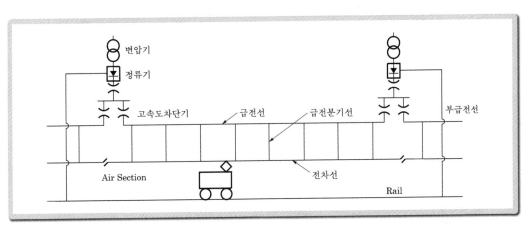

【 직류 급전계통도 】

② 가선방식

㉠ 본선구간

본선구간은 전류용량이 크므로 헤비심플 커티너리 가선방식을 사용하며, 조가선은 St 135[mm^2], 전차선은 GT 170[mm^2]를 사용하고 행어이어에 의해 전차선을 조가하는 방식이다.

381

ⓛ 차량기지

차량기지 등은 낮은 열차속도 및 차량기지 내에서는 공차로 운전하기 때문에 전류용량이 적어 설비가 간단하고 저렴한 건설비로 시설할 수 있는 심플 커티너리 가선방식을 사용한다. 조가선은 St 90[mm^2], 전차선은 GT 110[mm^2]를 사용하고 행어이어에 의해 전차선을 조가하는 방식이다.

ⓒ 이행구간

이행구간은 터널 내의 강체가선방식과 지상부의 헤비심플 커티너리 가선방식 간의 서로 다른 압상량 차이 때문에 팬터그래프의 급격한 압상량 변화에 의한 이선현상을 방지하기 위하여 조가선은 St 90[mm^2], 전차선은 GT 110[mm^2]를 2조씩 사용하는 트윈심플 커티너리 가선방식을 사용하며, 전차선의 상호 이격거리는 100[mm]이고 양측의 행어이어에는 세퍼레이터로 지지한다.

③ **지지물 형식**

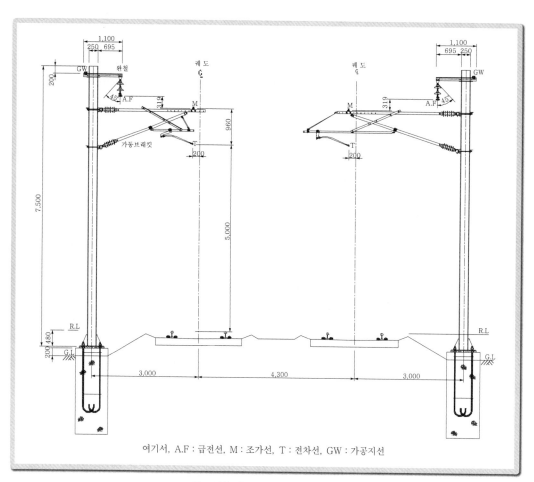

여기서, A.F : 급전선, M : 조가선, T : 전차선, GW : 가공지선

【 **본선 단독주 표준장주도** 】

지상구간의 전차선로 지지물은 콘크리트주, 조합철주, H형강주 및 강관주를 사용하며, 전주기초는 콘크리트 4각 기초를 사용하고 있다. 본선의 단독주는 가동브래킷에 의해 조가선, 전차선을 지지하고 있으며, 급전선은 완철에 의해 지지되고 있다. 차량기지는 문형 빔에서 곡선당김장치에 의해 전차선을 지지하고 있다.

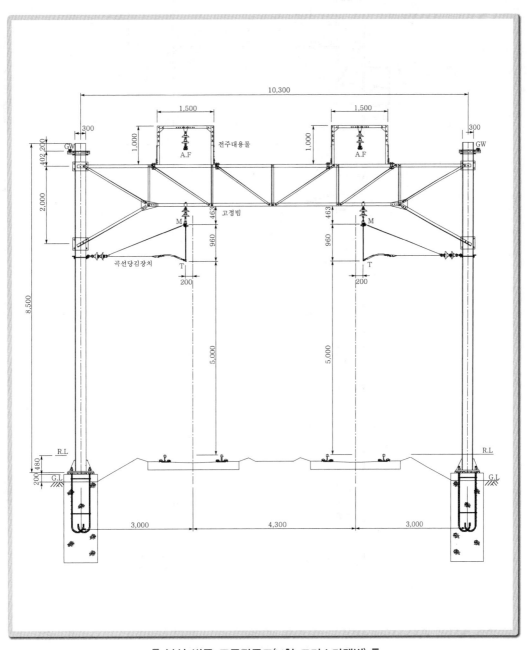

【 본선 빔주 표준장주도(V형 트러스라멘빔) 】

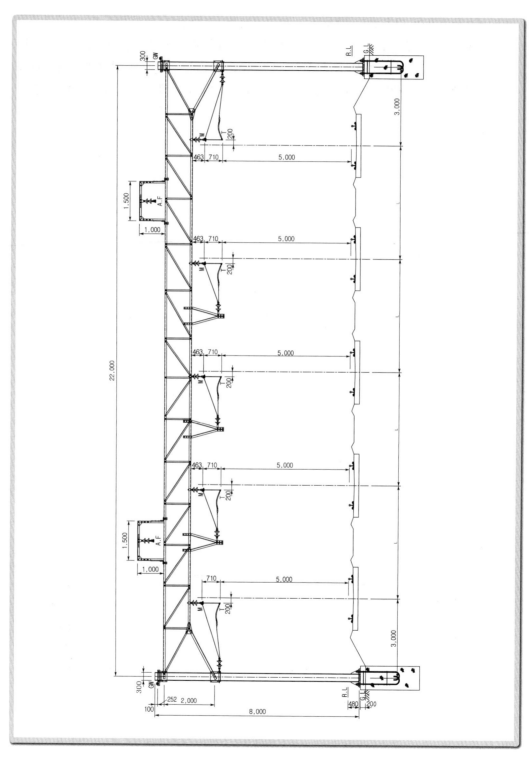

【 차량기지 빔주 표준장주도(V형 트러스라멘빔) 】

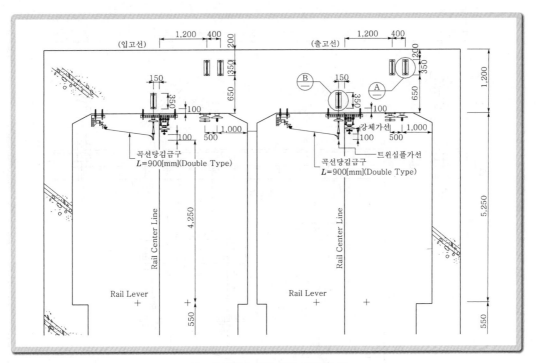

【 터널입구(이행구간) 표준도 】

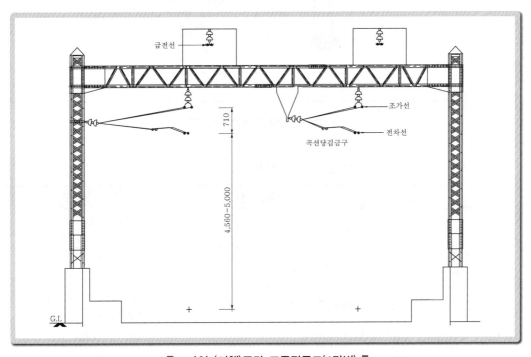

【 U타입 (이행)구간 표준장주도(4각빔) 】

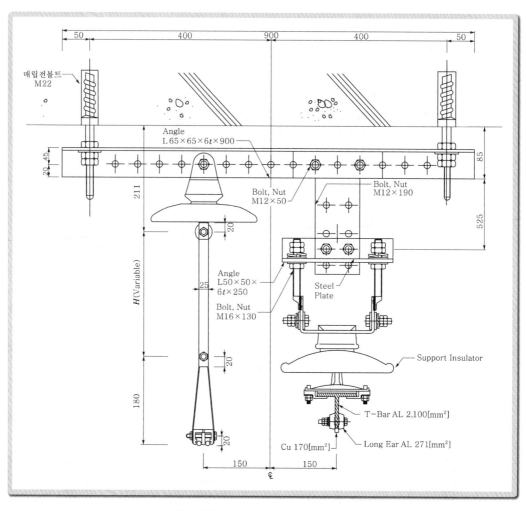

【 이행구간 전차선 설치 상세도 】

④ 직류 가공전차선로 시설현황(지상구간)

구 분		시설현황	비 고
가선 방식	본 선	헤비심플 커티너리	• 조가선 St 135[mm²] • 전차선 Cu 170[mm²]
	차량기지	심플 커티너리	• 조가선 St 90[mm²] • 전차선 Cu 110[mm²]
	이행구간	트윈심플 커티너리	• 조가선 St 90[mm²]×2 • 전차선 Cu 110[mm²]×2
전차선 높이		5,000[mm]	최대 5,200[mm]
전차선 편위		200[mm]	최대 250[mm]

구 분		시설현황	비 고
전차선 구배		본선 : 3/1,000, 측선 : 15/1,000	
가 고		본선 : 960[mm], 차량기지 : 710[mm]	
전주경간		최대 50[m]	
가선 장력	심 플	2,000[kgf](20[kN])	일괄자동장력
	헤비심플	3,000[kgf](30[kN])	일괄자동장력
	트윈심플	4,000[kgf](40[kN])	일괄자동장력
행어간격		5[m]	
균압선설치간격		125[m]	
곡선당김장치		궁형(L900) : 11° 직형(L425) : 15°	
정급전선		AL 510[mm²]	
부급전선		600[V]급 CV 케이블 400[mm²]	
급전분기선		250[m] 간격, Cu 200[mm²]	
피뢰기		DC 1,500[V]용, 500[m] 간격	
애 자	전차선 인류	250[mm] 현수애자	전차선, 조가선 일괄
	조가선 인류	180[mm] 현수애자	단 독
	급전선 인류	250[mm] 현수애자	
	급전선 현수	180[mm] 현수애자	
	조가선 현수	180[mm] 현수애자	
	장간애자	467[mm]	

＊기타설비는 교류설비와 동일

13 강체전차선로

(1) 개 요

전차선로의 강체 가선방식은 전차선을 조가하기 위하여 별도의 조가선을 사용하지 않고 강체 Bar를 사용하여 직접 조가하는 방식으로, 커티너리식의 가공전차선을 지하구간에 가선하면 협소한 공간으로 인한 보수 작업의 어려움과 터널단면이 대폭적으로 확대되어 건설비가 과다하게 소요되는 문제점이 있으며, 단선사고 등 안전상 문제 때문에 협소한 지하구간에 어울리는 가공전차선방식으로 개발된 것이 강체가선방식이다.

(2) 강체전차선로의 특성

① 터널 구조물의 단면을 축소할 수 있어 건설비가 절감된다.

② 전차선이 도체 성형재와 일체로 시설되므로 장력조정장치, 곡선당김장치, 진동 방지장치가 필요없다.

③ 유지보수가 쉽고 전차선의 단선사고가 없다.

④ 직류방식에서는 급전선 및 조가선을 별도로 시설할 필요가 없다.

⑤ 집전특성이 나쁘기 때문에 운행속도가 제한된다.

⑥ 유연한 가요성이 없으므로 이선에 의한 전차선의 마모가 심하다.

(3) T-bar 방식

① 직류 T-bar 방식 계통도

직류 본선구간의 급전계통은 상·하선 및 방면별로 구분하고 각 변전소 직하부 전차선에 에어섹션을 설치하여 급전구간을 구분하고 병렬급전방식을 표준으로 하고 있다.

직류 지하구간은 강체가선방식으로 T-bar 또는 R-bar를 사용하며, 강체 Bar는 지상구간의 급전선과 조가선의 역할을 담당하고 있으며, 정급전선은 강체 Bar에 연결하고 부급전선은 레일에 연결하여 급전계통을 구성하고 있다.

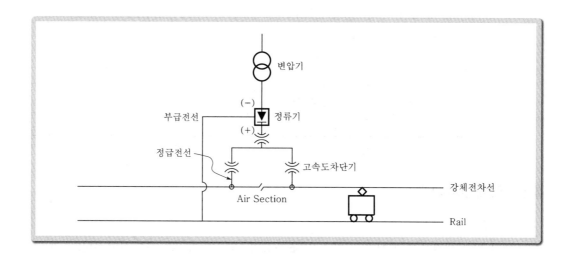

② T-bar 가선의 구조

T-bar 가선의 구조는 터널천장에 전식방지를 위하여 절연매립전을 설치한다. 이 절연매립전에 지지금구를 5[m] 간격으로 설치하여 애자에 의해서 T-bar를 고정시키고 이 Bar의 아래 면의 롱이어(Long Ear)에 의해 전차선을 볼트로 지지하는 구조이다.

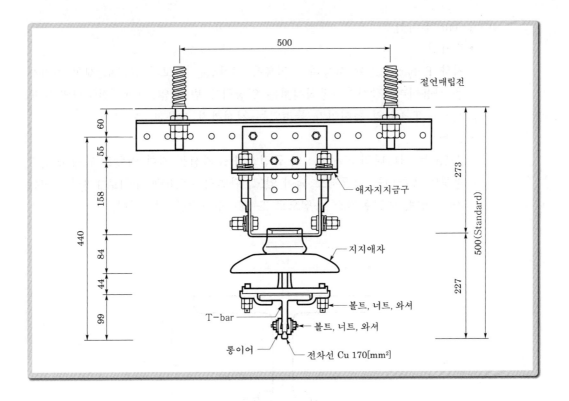

③ T-bar 전차선로의 구성

　⊙ 급전선(Positive Feeder)

변전소에서 전차선에 급전하기 위한 전선을 정급전선이라 하며 케이블을 트로프에 수용하거나, 터널 구조물을 이용할 경우 목재 크리트를 750[mm] 간격으로 지지하여 케이블을 포설하고 T-bar에 아르곤 용접으로 접속한다.

급전선의 용량은 3.3[kV] CV 케이블 400[mm²], 6.6[kV] CV 케이블 400[mm²]를 사용하고 있으나, 대구지하철 화재사고 이후 6/10[kV] HFCO 저독성 난연 케이블을 사용하고 있다.

　ⓛ 부급전선(Negative Feeder)

부급전선은 주행레일 임피던스 본드의 중성선 단자로부터 변전소 부극(-) 단로기 2차측 단자까지를 말하며, 트로프에 수용하거나 크리트로 지지하여 변전소로 인입된다.

부급전선의 케이블은 600[V] IV 전선 500[mm²] 또는 3.3[kV] CV 400[mm²]를 전류용량에 따라 사용하며, 단궤조방식의 경우 레일에 직접 접속하여 변전소로 인입된다.

ⓒ T-bar 전차선
• 전차선
지하 T-bar 구간에 사용하는 직류용 전차선은 마모가 크므로 제형 전차선
을 사용하며, 강체가선방식에서는 인장력을 받지 않으므로 전차선의 마모
한도는 T-bar의 롱이어가 물려있는 지점까지 사용할 수 있다.

• T-bar
T-bar는 커티너리 가선방식의 급전선과 조가선을 겸한 역할을 담당하며, T
자형의 알루미늄 합금제로 되어 있고, 단면적은 2,100$[mm^2]$로 1개의 길이는
10[m]이며, 아르곤가스 용접으로 T-bar 상호간을 접속한다.

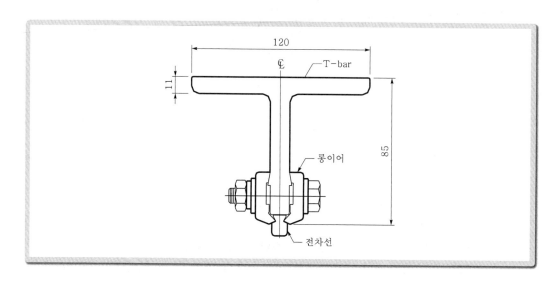

• 롱이어(Long Ear)
롱이어는 알루미늄 T-bar와 동일재질로 전차선을 T-bar에 밀착시켜 연속
적으로 고정시키는 연결금구이다. 이것은 2개 1조로 되어 있고 길이는
1,000[mm]이며, 롱이어는 250[mm]마다 볼트로 체결하며 T-bar에 전차선
을 지지하는 역할을 한다.

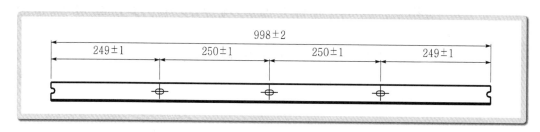

【 롱이어 】

• 절연매립전

콘크리트 구조물에 지지금구를 취부하기 위하여 5[m] 간격으로 절연매립전을 설치하며, 절연매립전은 전식방지를 위하여 아세탈 또는 나이론재의 절연물로 제작되며 콘크리트 내부에 매입하고 스프링을 연결하여 2개가 1조를 이루도록 시공하며 콘크리트 거푸집 철거 후 볼트를 삽입하여 지지금구를 설치한다.

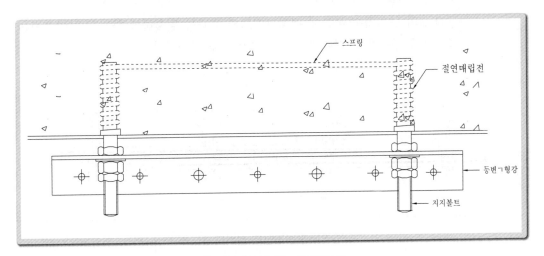

【 절연매립전 및 지지금구 】

• 지지금구

매립전에 T-bar와 애자를 지지하기 위한 금구로서 주요자재는 등변ㄱ형강, 평강 등을 사용하여 전차선의 높이, 편위 등을 조정할 수 있는 구조로 되어 있다.

• 지지애자(Supporting Insulator)

전차선을 구조물과 전기적으로 절연하고 전기차를 안전하게 운행하기 위하여 T-bar를 지지하는 것으로 250[mm] 애자를 사용한다.

자기부와 갭, 베이스로 구성되고 T-bar를 지지하는 누름금구가 부착되어 있다.

㉣ 익스팬션조인트(Expansion Joint)

강체전차선은 그 단면적이 2,100[mm²]의 부피가 큰 알루미늄 합금을 시설하는 관계로 온도에 따라서 신축의 길이가 크게 된다. 이를 흡수하기 위하여 200[m]를 표준으로 접속개소를 두며 이를 익스팬션조인트라 한다.

그 시설 기준은 다음과 같다.

- 익스팬션조인트의 간격은 200[m]를 표준으로 하고 최대 250[m]를 초과하지 못한다.
- 전차선 상호간격은 200[mm]를 원칙으로 하며 팬터그래프가 원활히 통과할 수 있도록 등고부분이 200[mm] 이상 되도록 높이를 조정한다.
- 점퍼선의 터미널은 아르곤가스 용접에 의한다.
- 점퍼선은 Cu 200[mm^2] 4조를 설치하는 것을 원칙으로 하며 전류용량에 따라 증·감하여 설치한다.
- T-bar의 상호접속 부분에 팬터그래프의 통과를 원활하게 하기 위하여 T-bar의 양 끝부분을 경사지게 엔드어프로치를 시행한다.

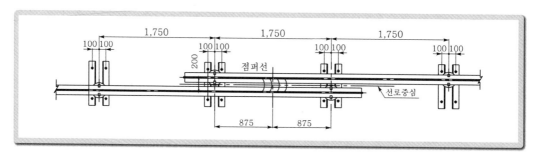

【 익스팬션조인트 설치도 】

  ◎ 에어섹션(Air Section)

   강체전차선의 구분장치는 에어섹션을 사용하고 변전소, 급전구분소, 건넘선, 유치선 등에 급전 구분을 목적으로 설치하며 시설기준은 다음과 같다.

- 변전소로부터 급전되는 인출구에 가장 가까운 위치에 설치하며 전기차가 상시 정차하는 개소는 피하여 설치한다.
- 에어섹션의 편위는 영으로 한다.
- 에어섹션에 팬터그래프가 원활히 통과할 수 있도록 등고부분은 최소온도 –15[℃]일 때 200[mm]를 표준으로 한다.
- 전차선 상호간격은 250[mm]로 한다.

  ⊕ 흐름방지장치(Anchoring)

   전차선의 이동을 방지하기 위하여 그 경간중앙의 최대편위점에 흐름을 저지하는 장치를 흐름방지장치라 한다.

   흐름방지장치는 터널 내의 역 간에 설치하는 마름모꼴 흐름방지장치(Rhombus Anchoring)와 역승강장에 미관을 고려하여 설치하는 스페셜 흐름방지장치(Special Anchoring)의 두 종류가 있으며, 시설기준은 다음과 같다.

- 흐름방지장치의 간격은 200[m]를 표준으로 하고 최대 250[m]로 한다.
- 흐름방지장치는 전차선이 레일 중심에 대하여 좌우 200[mm] 지그재그 편위가 되도록 설치한다(최대 250[mm]).
- 승강장 내에 설치되는 흐름방지장치는 미관을 고려하여 스페셜 흐름방지장치(Special Anchoring)를 사용한다.

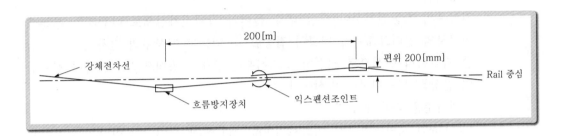

ⓢ 건넘선장치

건넘선장치는 본선에서 다른 본선으로 또는 측선으로 전기차의 팬터그래프가 원활하게 건너갈 수 있도록 시설한 전차선장치를 말한다.

- 건넘선장치의 종류

건넘선장치의 종류는 다이아몬드형, I형, Y형으로 분류한다.

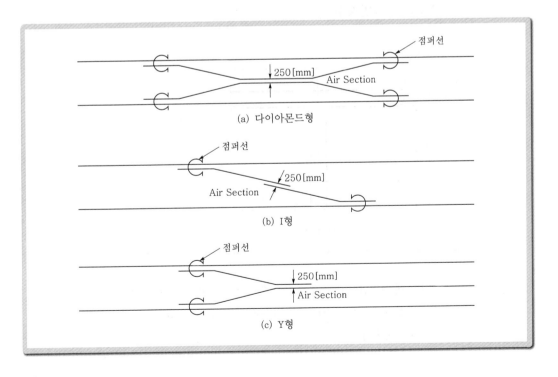

393

- 건넘선장치의 시설기준
  - 분기선단에는 T-bar를 엔드어프로치(End Approach)하여 설치하고 점퍼선 200[mm²] 1조를 아르곤 용접으로 접속한다.
  - 에어섹션의 길이는 5[m]로 시설하며 T-bar의 간격은 250[mm]로 한다.
  - I형 및 Y형은 분기선을 본선의 전차선보다 10[mm] 높게 시설한다.
◎ 이행구간
  지상부의 가공전차선이 터널 내로 들어와 강체전차선으로 바꿔지는 부분에 전기차의 팬터그래프가 원활히 접동할 수 있도록 지상부의 전차선은 투윈심플 커티너리 방식으로 시설하고 지하부는 T-bar 방식으로 시설하여 전차선의 압상특성을 개선한 방식이다.
  시설기준은 다음과 같다.
- T-bar의 시단에는 엔드어프로치(End Approach)하여 시설한다.
- 강체전차선 말단은 커티너리 전차선의 압상력을 고려하여 100[mm] 높게 취부한다.
- 지상부의 투윈심플 커티너리 구간은 급격한 압상력을 고려하여 터널입구로부터 지지물 경간을 5[m], 10[m], 15[m], 20[m]로 점차 늘려 시설한다.
ⓩ 알루미늄 T-bar의 이도(Deflection) 검토
- 알루미늄 T-bar의 기계적 강도
  - T-bar의 단면계수

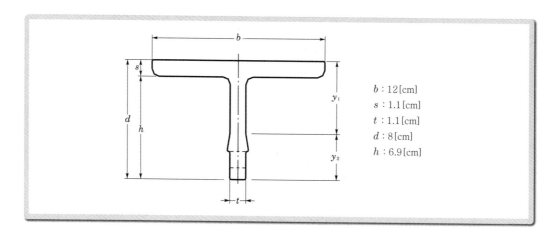

b : 12[cm]
s : 1.1[cm]
t : 1.1[cm]
d : 8[cm]
h : 6.9[cm]

  ◦ 탄성계수 : 700,000[kg/cm²](알루미늄 합금 A 6063)
  ◦ 선팽창계수 : 25×10⁻⁶(알루미늄 합금 A 6063)
  ◦ 중량 : 5.6[kg/m]

- 면 적

$$A = bs + ht = 12 \times 1.1 + 6.9 \times 1.1 = 20.79 [\text{cm}^2]$$

- 중심거리

$$y_1 = \frac{d^2 t + s^2 (b-t)}{2A} = \frac{8^2 \times 1.1 + 1.1^2 (12 - 1.1)}{2 \times 20.79} = 2.01 [\text{cm}]$$

$$y_2 = d - y_1 = 8 - 2.01 = 5.99 [\text{cm}]$$

- 관성모멘트

$$I = \frac{t y_2^3 + b y_1^3 - (b-t)(y_1 - s)^3}{3}$$

$$= \frac{1.1 \times 5.99^3 + 12 \times 2.01^3 - (12 - 1.1)(2.01 - 1.1)^3}{3} = 108.79 [\text{cm}^4]$$

• AL T-bar의 이도 검토
  - 조 건
    중량은 다음과 같다.
    AL T-bar 2,100[mm^2]   : 0.056[kg/cm]
    Long Ear 542[mm^2]   : 0.0148[kg/cm]
    Trolley Wire 170[mm^2]   : 0.01511[kg/cm]
    $\underline{\phantom{\text{Trolley Wire 170[mm]   : 0.01511[kg/cm]}}}$
    $\qquad\qquad\qquad W$: 0.08591[kg/cm]

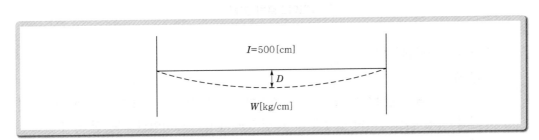

  - 양단고정의 경우 이도

$$D = \frac{W l^4}{384 \times EI} [\text{cm}]$$

여기서, E : AL의 탄성계수[kg/cm^2]
$\qquad\quad I$: AL T-bar의 관성모멘트[cm^4]
$\qquad\quad l$: 지지점 거리[cm]
$\qquad\quad W$: 단위중량[kg/cm]

$$D = \frac{0.08591 \times 500^4}{384 \times 700,000 \times 108.79} = 0.1836 [\text{cm}]$$

－ 검토결과

표준 5[m]의 지지점에서 지하부의 기울기는 1/1,000이므로 0.5[cm]의 편차가 요구된다. 상기 계산결과 0.1836[cm]의 이도는 지지점과 지지점 사이의 중앙부 처짐이므로 0.25[cm]보다 작아야 한다.

즉, 0.25＞0.1836 ……………………………………………………………… 적합

ⓩ 엔드어프로치(End Approach)

강체가선에서 에어조인트와 에어섹션의 말단은 팬터그래프 통과에 원활을 기하기 위하여 T-bar를 경사지게 절단하여 전차선을 T-bar에 인류하는 장치를 엔드어프로치라 한다.

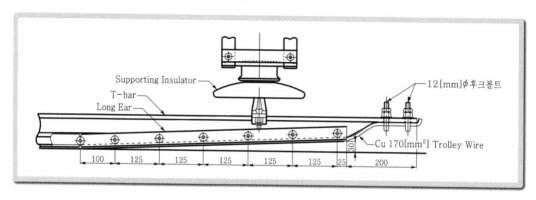

【 앤드어프로치 설치도 】

(4) R-bar 강체가선방식

① 개 요

R-bar 강체가선방식은 전차선을 조가하는 조가선 없이 Rigid Bar에 전차선을 끼워 가선하는 방식이며 컨덕터 레일(Conductor Rail)이라고도 한다. R-bar는 알루미늄합금제를 사용하며 알루미늄과 전차선 사이에는 이종금속에 의한 부식 방지를 위하여 구리스를 도포한다. R-bar의 표준지지간격은 10[m]이고, 전차선을 별도의 지지금구 없이 R-bar에 삽입하는 구조이며, 가선도르래를 이용하여 전차선을 쉽게 가선할 수 있어 시공이 간단하다. R-bar는 연결금구로 접속하며 곡선개소에서 $R=120[m]$까지 자동으로 곡선반경에 따라 R-bar 자체가 휘어지므로 시공이 용이하다.

R-bar 방식은 우리나라 과천선, 분당선 등의 교류 25[kV] 구간에 사용하고 있으며, 직류 1,500[V] 지하철 구간은 기존 사용하는 지지금구에 R-bar를 사용할 수 있어 경제적인 시공이 가능하다.

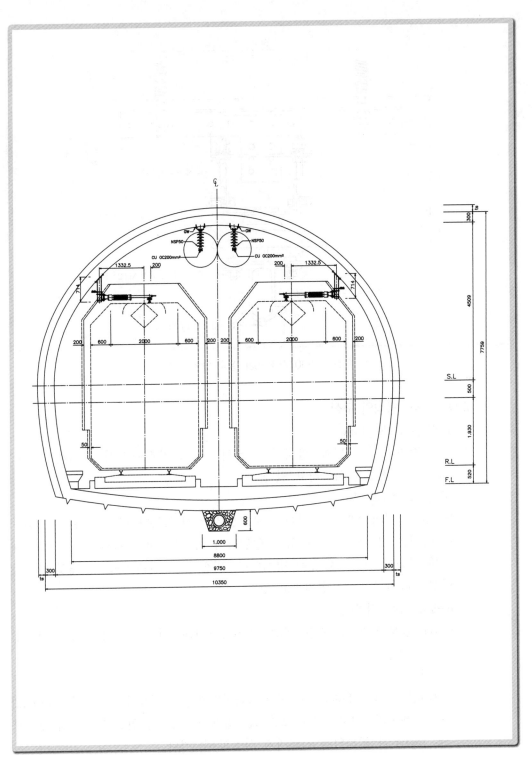

【 교류 25[kV] R-bar 설치 단면도 】

397

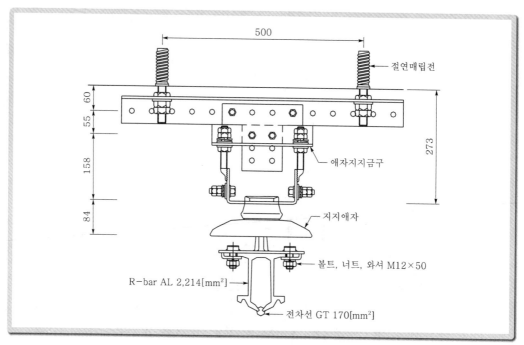

【 DC 1,500[V] R-bar 설치 단면도 】

② 교류 R-bar 방식의 구성

　㉠ 급전선(Feeder Line)

　　AT급전방식의 터널에 설치하는 급전선으로 지지애자에 의해서 CUOC 200[mm²] 전선을 사용하고 있다.

　㉡ 비절연보호선(FPW)

　　R-bar 방식의 AT급전방식에서 보호선은 비절연보호방식을 사용하고 있다. 이 방식은 철제류, 지지물 등을 연결하여 귀선레일에 접속하는 방식으로 대지에 대하여 절연하지 않는 방식이다. 비절연보호선은 R-bar브래킷에 경동연선 75[mm²] 2조를 설치하고 있다.

　㉢ R-bar 합성 전차선

　　R-bar 합성 전차선은 기본적으로 전차선, R-bar, 연결금구(Interlocking Joint) 등으로 구성되어 있다.

　　• 전차선

　　　강체전차선에 사용하는 전차선은 홈붙이원형 또는 제형의 110[mm²], 170[mm²]를 사용하며, 전차선의 마모한도는 강체가선에서는 인장력을 받지 않으므로 R-bar가 물려있는 지점까지 사용할 수 있다.

- R-bar(Rigid-bar)

지하구간에서 조가선을 별도로 설치하지 않고 커티너리 구간에서 조가선과 전차선을 합성한 역할을 하는 것으로 R-bar의 단면적은 2,214[mm²]로서 알루미늄 합금으로 제작되었으며, 1개의 길이는 12[m]가 표준이다.

강체전차선의 지지점 중앙의 이도는 지지점 간격의 1,000분의 1 이하로 하여야 하며, 전차선의 레일면상 높이는 4,750[mm] 이상으로 한다.

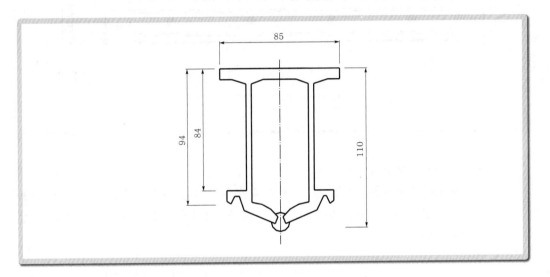

- 연결금구(Interlocking Joint)

R-bar와 R-bar를 접속하는 연결금구는 R-bar와 동일한 알루미늄 합금으로 물리적 성질도 동일한 것을 사용한다. 연결금구는 2개를 1조로 하여 접속개소의 R-bar 내부 양측에 삽입하여 외부에서 볼트로 채우는 구조이다.

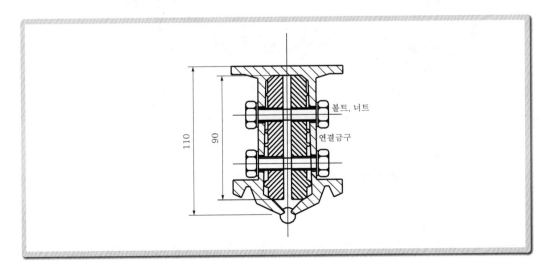

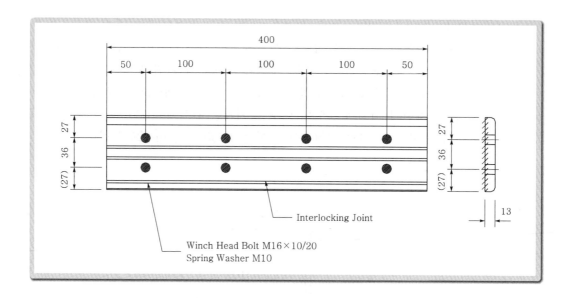

㉣ R-bar 브래킷(Bracket)

R-bar 브래킷은 H형강 등 지지주에 설치하여 강체전차선을 지지하며, 부품의 구성은 꼬리금구, 머리금구, 회전금구, 접지봉 연결금구, 장간애자로 구성되어 있다.

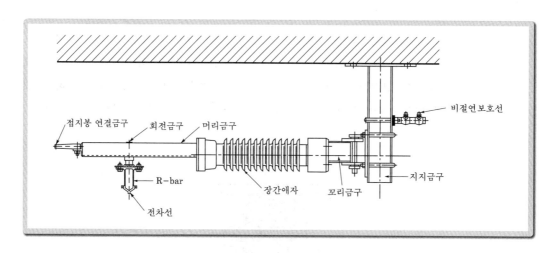

• 가동형

일반적인 지지점에 가장 많이 사용되는 브래킷으로 강체전차선의 신축에 대응되도록 브래킷이 가동되는 타입이다.

• 고정형

중성구간에 강체전차선의 신축이 없는 개소에 고정점으로 사용되는 타입이다.

• 단축형

에어 갭 등에 설치되며, 길이가 짧은 Ahead 브래킷이 사용되는 타입이다.

ⓜ 신축장치(Expansion Device)

신축장치는 긴 강체구간의 온도변화로부터 생기는 R-bar의 신축을 상쇄시켜 주는 역할을 한다. 이 장치는 상호 움직이는 두 개의 시팅콘텍트 웨어가 설치되는데 이는 강체가 만나는 두 지점에 설치하며, 이 부분은 최대 500[mm]의 상호이동이 가능하다. 신축장치는 가능한 한 직선구간에 설치하여야 하며 1개의 섹션길이는 400~600[m]를 기준으로 한다. 이 장치는 커렌트 브리지라는 두 개의 평평한 구리리본(300[mm])으로 상호연결되어 있다.

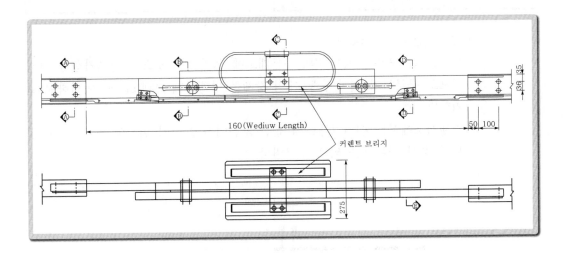

ⓗ 직접유도장치(Direct Lead In Device)

가공전차선 구간과 지하 강체전차선과의 이행구간에 커티너리 가선과 강체가선의 압상특성을 점진적으로 같게 하여 팬터그래프의 통과에 원활을 기하기 위한 장치를 직접유도장치라 한다.

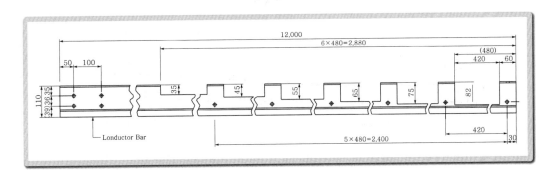

401

◉ 구분장치(Section Device)

• 애자형 섹션(Insulator Section)

이 장치는 건넘선이나 유치선 등에 설치하는 것으로 구분절연체와 두 면의 러너로 구성된 섬유유리로 만들어져 있다. 러너의 끝부분은 열차가 통과할 때 발생되는 아크의 수거를 위하여 아킹혼이 설치되어 있다.

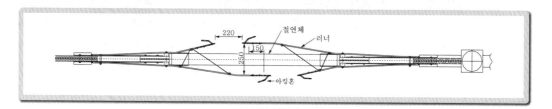

• 에어섹션(Air Section)

이 장치는 구분소 등의 절연구분개소에 설치하는 것으로 강체가선을 전기 적으로 구분하기 위하여 두 개의 강체를 평행하게 300[mm]를 이격하여 설 치한다.

평행개소에서는 팬터그래프의 집전을 용이하게 하기 위하여 약 70[mm] 정 도의 강체 끝부분을 위로 구부린다.

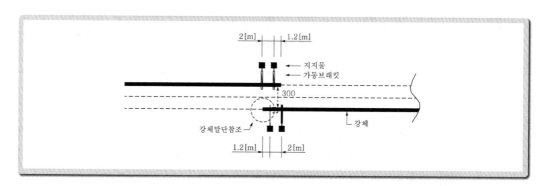

【 에어섹션 】

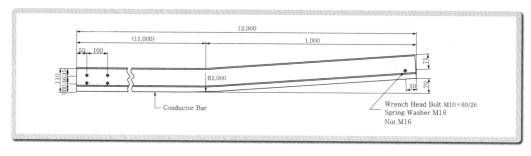

【 강체말단부분 】

• 절연구분장치

AC 25[kV]와 DC 1,500[V]의 교·직류 절연구분장치와 변전소 이상구분장치는 다음 그림과 같이 2중 에어섹션을 설치하여 구분하며, 에어섹션과 같이 약 70[mm] 정도의 강체 끝부분을 위로 구부린다.

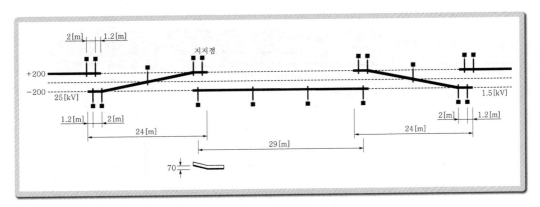

【 AC-DC 절연구분장치 】

◎ 고정점(Fixed Point)

전기차가 일정한 방향으로 진행하게 되면 그 방향으로 전차선이 이동하게 된다. 이러한 이동을 방지하기 위하여 두 개의 확장장치 사이의 중앙에 흐름을 저지하는 흐름방지장치를 설치하며, 이를 고정점이라고도 한다.

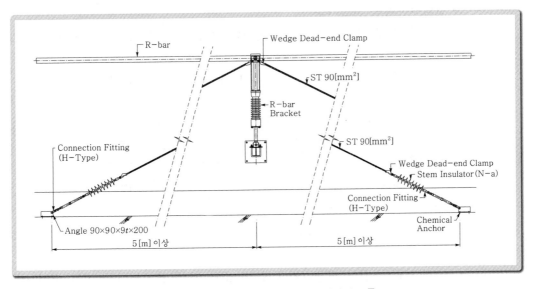

【 R-bar 구간 흐름방지장치 상세설치도 】

ⓩ 제한점(End Point)

제한점은 커티너리 전차선의 인류장치와 같은 용도로 사용되는 장치이며, 이 것은 강체로 들어오는 전차선을 흡수하는 작용을 한다. 전체적인 구조는 전 차선에 대한 최대장력 1.5[kN]에 견딜 수 있도록 되어 있다.

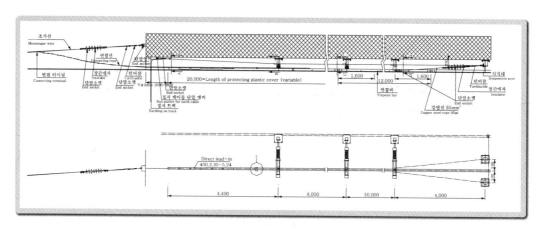

【 제한점 】

ⓒ R-bar 건넘선장치

• 개 요

건넘선장치는 본선에서 측선 또는 다른 본선으로 전기차의 집전장치가 원 활하게 건너갈 수 있도록 시설한 전차선장치를 말한다.

• 건넘선장치의 시설기준

– 측선의 첫 번째 지지금구와 본선의 지지금구 사이의 거리는 1[m] 이하로 한다.

– 측선의 첫 번째 지지금구와 두 번째 지지금구의 거리는 2[m]로 한다.

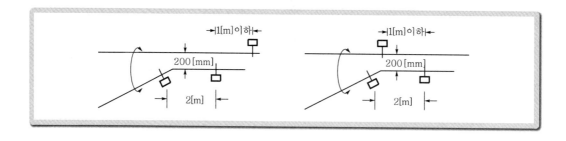

– 본선과 측선의 평행구간은 약 2[m]로 하여 분기선의 높이를 본선보다 10[mm] 높게 시설한다.

- 전차선의 상호간격은 200[mm]를 유지하여야 한다.
- 분기선의 R-bar는 팬터그래프의 집전을 용이하게 하기 위하여 에어섹션과 같이 약 70[mm] 정도의 강체 끝부분을 위로 구부린다.
- 본선과 분기선은 균압선으로 접속한다.

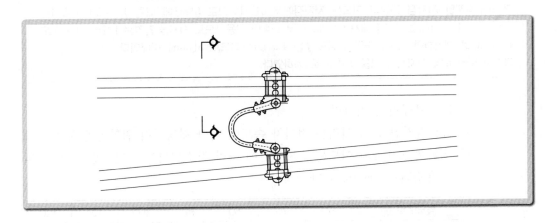

㉠ R-bar의 이도

R-bar는 양쪽 지지점에서 약 54[cm]부터 강체전차선에 수직하중이 작용하게 된다. 강체 Bar와 전차선은 유사한 하중을 수반하고, 전차선은 하중에 견디는 기능이 없다고 가정하면 지지점 중앙의 이도는 다음과 같이 계산한다.

$$f = \frac{(g_a + g_c) \times a^4 \times 10^5}{384 \times E_a \times I_{y-y}} [\text{mm}]$$

여기서, $g_a + g_c$: R-bar와 전차선의 중량[N/m]

a : R-bar의 지지경간[m]

E_a : 탄성계수[N/mm^2]

I_{y-y} : $y-y$의 관성모멘트[cm^4]

 R-bar의 이도 계산 예

R-bar에 전차선 110[mm^2]를 사용할 경우 R-bar의 이도는 다음과 같다.

(단, $g_a + g_c = 67.5$[N/m], $E_a = 69,000$[N/mm^2], $I_{y-y} = 339$[cm^4])

경간 a[m]에 대한 지지점 중앙의 이도 f는

a[m]	6	7	8	9	10	11	12
f[mm]	1.0	1.8	3.1	4.9	7.5	11.0	15.5

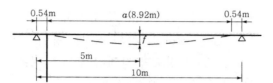

강체가선의 기울기는 1/1,000이므로 지지점 경간이 10[m]일 경우 경간중앙에서의 1[cm]의 편차가 요구되지만 지지점 중앙의 이도는 지지점에서 5[m]이므로 5[m]에 대한 1/1,000 기울기는 5[mm]이다. R-bar는 지지점에서 54[cm]부터 하중이 작용하므로 지지물 간격은 10[m]이나 이도는 9[m]로 계산하여 9[m] 중앙의 이도 f는 4.9[mm]이므로 5[mm] 이내이다.

그래서 R-bar의 지지점 간격을 10[m]로 정하였다.

ㅌ R-bar 브래킷 설치간격

R-bar 지지점 간의 거리는 전기차 속도에 따라 결정되며 원활한 열차의 운행을 위하여 R-bar의 이도는 속도증가에 따라 감소되어야 한다. 열차속도에 따른 허용경간은 다음과 같다.

속도[km/h]	60	70	80	90	100	110	120
지지물 간격[m]	12	12	12	10	10	10	10

(5) R-bar와 T-bar의 비교

① 특성 비교

구 분	R-bar	T-bar	비 고
단면형태			
단면적	2,214[mm^2]	2,642[mm^2] 본체+이어(2,100+542)	롱이어 271[mm^2]×2
단위중량	5.9[kg/m]	5.6[kg/m]	
허용응력	156.8[N/mm^2]	107.8[N/mm^2]	
전차선 지지방식	R-bar 직접지지	롱이어 부착지지	
강체지지간격	10[m]	5[m]	
강체연결	12[m]마다 연결금구로 연결	10[m]마다 아르곤 용접연결	
평행개소	평균 400[m]마다 설치 (최대 500[m])	평균 200[m]마다 설치 (최대 250[m])	

구 분	R-bar	T-bar	비 고
전차선가선방법	자동가선(1일 15[km])	수동가선(1일 5[km])	
전차선교체길이	2[km/h]	0.15[km/h]	
곡선반지름에 따른 강체구부리기	자동굴곡($R=120$[m]까지)	특수공구사용 굴곡	
허용속도	120[km/h]	80[km/h]	
공사비	88[%]	100[%]	

② 장단점 비교

종 별	장 점	단 점
T-bar	• 국내에서 사용실적이 많으며, T-bar의 국산제작이 가능하다.	• T-bar의 지지점 간격이 5[m]로 지지금구의 수량이 많이 소요된다. • T-bar의 접속을 아르곤 용접으로 시행하므로 기술적으로 공정이 어렵다. • 곡선반경에서 인위적으로 곡률반경을 시행한다. • 전차선 교체시간이 길다. • 전차선 가선 시 롱이어로 체결하므로 공사기간이 길어진다.
R-bar	• R-bar의 지지점 간격이 10[m]로 경제성에서 유리하다. • 전차선 가선 시 자동으로 가선하므로 공사기간이 단축된다. • 선로곡선에 따른 R-bar의 굴곡이 자동으로 휘어진다. • 유지보수 시 전차선 교체시간이 단축된다.	• R-bar 시스템을 외자로 구입하여야 한다.

위와 같이 R-bar를 사용할 경우 공사비를 약 20[%] 정도 절약할 수 있고, 공사기간을 단축할 수 있으며, 자동으로 전차선을 가선하기 때문에 안전성에서도 유리하다. 특히 유지보수 시 열차운행시간이 한정되어 있어 전차선을 교체작업할 경우 운행열차에 지장을 주지 않고 공기를 단축할 수 있는 이점이 있다.

(6) 이동식 전차선 시스템(Movable Catenary System)

① 개 요

철도 전철화 구간의 교량, 특수건널목, 컨테이너야드, 차량기기, 검수고 등 전차선로가 가선된 특수구간에 필요 시 전차선을 분리·이동하여 선박의 운행, 특수화물차의 운행, 동력전기차의 상부작업 및 크레인 작업이 가능하도록 전차선을 이동하는 설비를 이동식 전차선 시스템이라 한다.

② 이동식 전차선의 종류

　　㉠ 회전형(Slewing Type)

　　　회전형 이동식 전차선은 차량기지 검수고 내에 적용사례가 많은 시스템으로 팬터그래프 인상을 위한 부분 이동형과 고속전철 차량을 동시 인양하는 전 구간용이 사용되고 있다.

　　　회전형 이동식 전차선은 강체가선방식으로 가동브래킷을 사용하며 모터에 의해 회전하고 있다. 강체전차선 도체는 R형과 특수이형이 사용되고, 브래킷 지지간격은 특수이형은 20[m], R형은 15[m], 10[m], 7.5[m] 등 사용용도에 따라 다양하게 적용하고 있다.

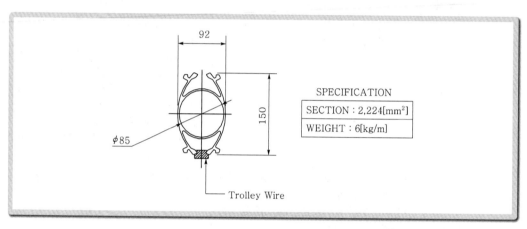

【 강체전차선 도체(특수이형) 단면도 】

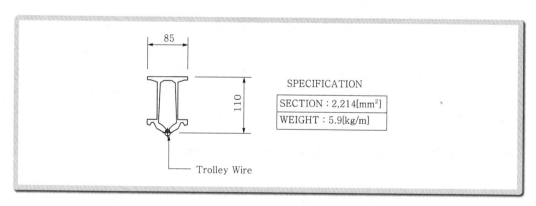

【 강체전차선 도체(Conductor bar, R형) 단면도 】

【 서울(고양)차량기지 검수고 드로핑 테이블선(420[m]) 】

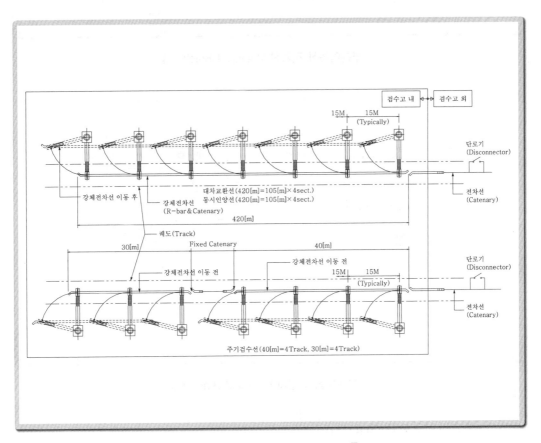

【 검수고 이동식 전차선 평면도 】

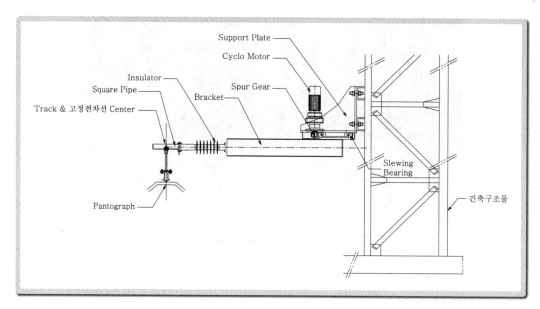

【 부분이동식 전차선 Motorized Bracket 】

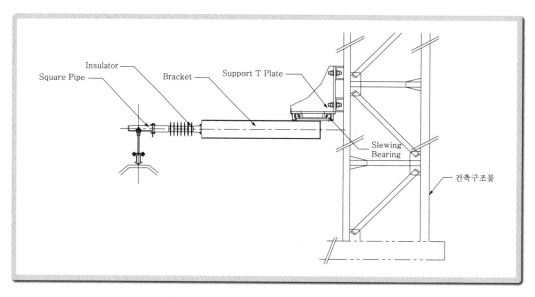

【 부분이동식 전차선 Hinged Bracket 】

ⓛ 슬라이딩형(Sliding Type)

슬라이딩형 이동식 전차선은 전기철도교량, 특수건널목 등에 적용이 용이하며, 철도교량에 선박이 자유롭게 운행하기 위해서는 교량 자체를 가동할 수 있도록 하여 선박이 선적 높이에 제한받지 않고 교량을 통과할 수 있도록 전

410

차선을 슬라이딩식으로 이동하여 교량을 가동할 수 있도록 한 시스템이다. 이러한 교량에는 일반적으로 강체식 가공전차선을 사용한다.

【 코네티컷강 전철교량 주행 슬라이딩형 이동식 전차선(미국) 】

ⓒ 오픈형(Open Type)

오픈형 이동식 전차선은 철도교량에 선박이 운행할 때 교량이 오픈되는 형식으로 교량 자체에 강체전차선을 고정하며, 교량이 오픈될 때 강체전차선을 절체하는 시스템이다.

【 도개교(Bascule Bridge)의 오픈(리프팅)형 이동식 전차선 미국 암트랙 】

14 전차선로의 순환전류

(1) 개 요

변전소에서 보내진 전류가 급전선, 급전분기장치를 통해서 전기차에 집전되기까지의 사이에 전차선 외의 전선, 가선금구 등에 흐르는 전류를 "순환전류"라 한다.

전차선로의 전류회로는 다음과 같다.

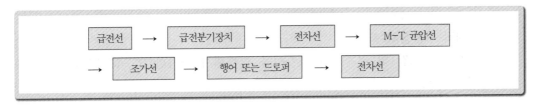

411

실제의 전류경로는 조가선과 행어 또는 드로퍼, 곡선당김금구, 전선교차개소에서의 접촉 등 불완전 접속장소가 있기 때문에 진동, 그 외의 원인에 의해 붙거나 떨어지거나 하게 된다. 이 때문에 아크 열에 의한 금속의 용해 혹은 접촉저항의 증대에 동반되는 온도상승에 의한 금속의 연화등, 순환전류에 기인하는 사고가 발생한다.

(2) 순환전류 사고방지 대책

① 사고방지의 기본대책

순환전류에 의한 사고방지 대책은 전선상호, 전선과 가선금구 및 가선금구 상호 간을 완전하게 접속하거나, 충분한 간격을 띄거나 또는 전기적으로 절연하여야 한다.

사고방지 대책의 기본사항은 다음과 같다.

㉠ 조가선, 전차선은 복합도체로서 전선 상호간의 동일장소에 완전히 접속한다.

㉡ 교차하는 전선은 같은 목적의 전류흐름을 동일장소에서 완전하게 접속하거나 절연한다.

㉢ 빔하스팬선, 진동방지장치 등 직접 전선과 연결된 가선금구는 완전히 접속하거나 절연한다.

② 건넘선장치 개소

조가선 상호간, 전차선 상호간 및 조가선과 전차선을 접속한다(T-M-M-T 균압선을 시설한다).

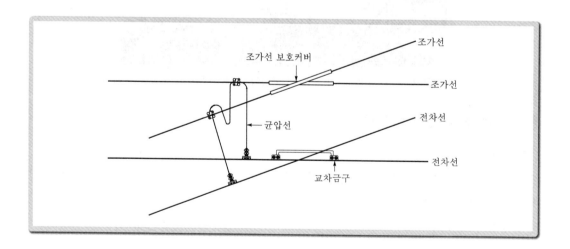

③ 기계적 구분장치

조가선 상호간 및 전차선과 조가선을 일괄해서 접속한다(T-M-M-T 균압선을 시설한다).

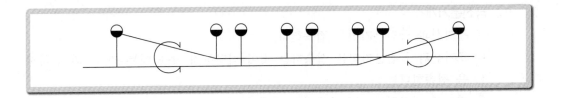

④ **전차선 교차개소**

각 전선 상호 및 가선금구가 접촉하지 않도록 충분한 간격을 확보한다.

㉠ 전선 상호 및 전차선과 행어 등 가선금구의 간격은 300[mm]를 넘도록 시설한다.

㉡ 전선의 간격을 300[mm]를 확보할 수 없는 경우에는 교류구간에서는 균압방식, 직류구간에서는 절연방식으로 한다.

㉢ 전선 상호간의 간격이 150[mm] 이하인 경우에는 기계적·전기적으로 접촉할 우려가 있어 조가선 양측에 보호관을 시설한다.

㉣ 전선 상호간의 간격이 150[mm]를 넘고 300[mm] 이하인 경우에는 접촉의 가능성이 적기 때문에 조가선은 한쪽에 보호관을 시설한다.

㉤ 보호관은 빗물 등에 의한 보호관 내부의 조가선 부식을 방지하기 위해 통기성이 좋고 조가선의 부식을 촉진시킬 우려가 없는 물빠짐형의 것을 사용한다.

⑤ **무효인류개소**

인류개소는 조가선과 전차선을 접속한다.

㉠ 인류개소에서 2경간 이내에 조가선과 전차선을 M-T 균압선에 의해 접속한다.

㉡ 인류개소에서 2경간 이내에 조가선과 전차선의 접속이 있는 경우엔 생략할 수 있다.

⑥ **빔하스팬선의 진동방지장치개소**

빔하스팬선과 조가선 및 전차선을 접속한다(M-S-T 균압선을 시설한다).

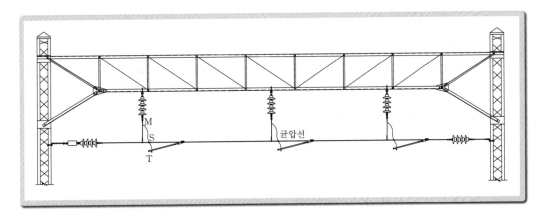

⑦ 급전분기개소

   ㉠ 조가선과 급전분기선은 접속한다.

   ㉡ 조가선과 급전분기선을 접속하는 것이 적당하지 않을 때는 조가선과 전차선을 접속한다.

   ㉢ 필요에 따라서는 가동브래킷의 수평파이프와 곡선당김금구 등을 접속한다.

   ㉣ 급전분기리드선과 가동브래킷은 접촉하지 않도록 절연한다.

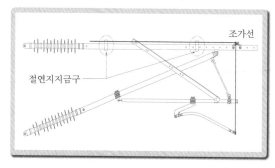

【 급전분기점을 절연하는 경우 】　　　**【 조가선과 급전분기장치를 접속하는 경우 】**

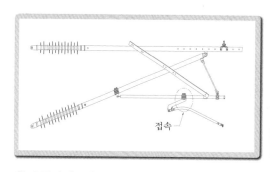

【 수평파이프와 곡선당김금구를 접속하는 경우 】　　　**【 조가선과 전차선을 접속하는 경우 】**

⑧ 조가선과 전차선과의 접속

   조가선과 전차선과의 사이는 균압선에 의해 접속한다.

   ㉠ 교류구간에서 조가선과 전차선은 250~300[m]마다 T-M-T형으로 균압한다.

   ㉡ 운전전류가 큰 구간은 균압구간을 2분의 1 이하로 단축한다.

   ㉢ 터널 입출고 및 과선교 양쪽에는 M-T형 균압선을 설치한다.

   ㉣ 직류구간은 125[m]마다 M-T형 균압선을 시설한다.

   ㉤ 교류구간에서 조가선 보호커버가 연속하여 시설되는 구간은 125[m]마다 T-M-T형 균압선을 시설한다.

   ㉥ 전기차가 상시 정차, 출발하는 곳에는 반드시 균압설비를 하여야 한다.

ⓧ 조가선과 전차선 사이에 균압용 드로퍼를 사용한다.

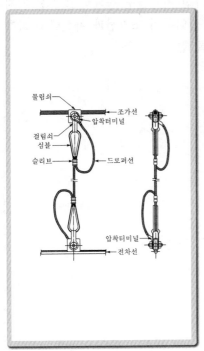

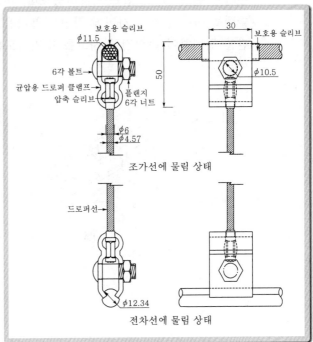

[산업선 개량형 드로퍼]　　　　　　　**[균압용 드로퍼]**

◎ 순환전류에 의한 가동브래킷 개선방안

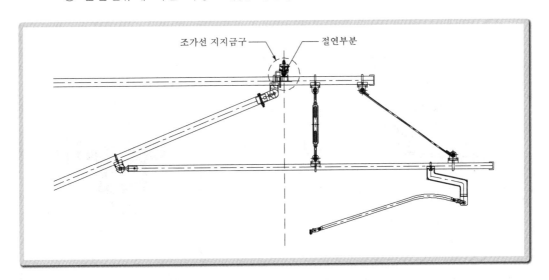

가동브래킷의 순환전류는 조가선 → 가동브래킷 → 곡선당김금구 → 전차선의 경로로 순환전류회로를 구성하고 있다.

415

순환전류에 의한 사고를 방지하기 위한 방법으로 전선과 가선금구 상호를 완전하게 절연하는 방법을 사용하였으며, 조가선 지지금구 블록과 조가선 지지 클램프 하부 받침쇠 사이에 절연용 블록을 삽입하여 조가선과 가선금구 상호간을 절연하여 순환전류 사고를 방지하도록 한다.

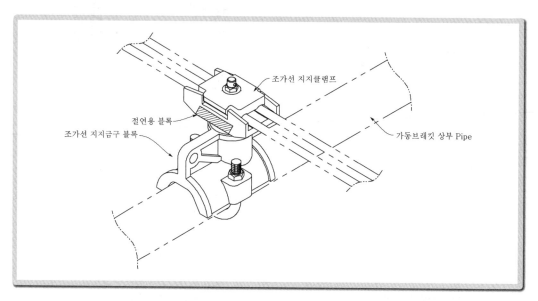

[조가선 지지금구 설치도]

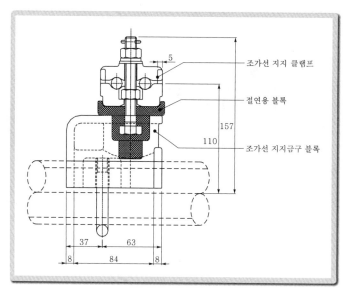

[조가선 지지금구 단면도]

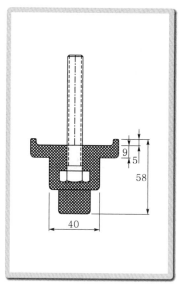

[절연용 블록]

416

15 이종금속 접촉부식

(1) 개 요

2종류의 금속이 접촉하고 있는 장소가 염분 등의 전해질 용액에 접촉하면 그 곳에 국부전지가 형성되어 용액 중에 있는 금속의 전극전위에 따라서 마이너스 전위가 높은 금속이 양극이 되어 용액 중에 용해되어 부식한다.

접촉부식에 의한 부식량은 그 경우의 부식 전류량에 비례 관계가 있고 그 원인이 되는 것은 전극 전위차이다.

전극 전위차가 큰 금속은 접촉부식이 심해진다.

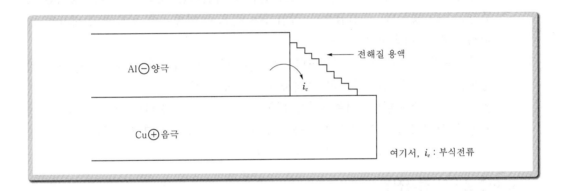

(2) 이종금속의 접촉에 의한 부식요인

① 수분 및 습도의 영향

이종금속의 접촉부식은 국부전지작용 즉, 일종의 전기분해 작용이므로 물이 없으면 절대로 부식은 발생하지 않지만 습해있는 정도도 포함하므로 완전히 피하는 것은 불가능하다.

② 부식환경의 영향

외부환경의 수분의 성질, 예를 들면 해안지구의 소금물, 공해지구의 황산수 등에 의해서 물의 도전도가 높아지고 또 그 농도에 의해서 부식은 가속된다.

③ 온도조건

온도가 높을수록 부식이 빠르고 온도가 20[℃] 높으면 부식속도는 약 2배가 된다고 한다. 그러므로 연간 온도가 높은 장소, 전류 등에 의한 온도상승 장소는 주의할 필요가 있다.

④ 먼지의 부착

먼지의 부착에 의해 습기를 먹고 먼지의 성분이 물에 녹아서 영향을 준다.

⑤ 2종류 금속이 결합될 때의 영향

각 금속은 각각 고유의 이온화 경향을 가지고 있으며 일반적으로 이온화 경향이 큰 금속일수록 부식하기 쉽다.

2종류의 금속이 결합되는 경우 양자의 이온화 경향의 차가 작을수록 부식의 정도는 작아진다.

(3) 이종금속 접촉에 의한 부식방지 대책

① 이종금속 간에 물이 고이지 않도록 한다. 이종금속 경계면에 수분이 없으면 부식이 발생하지 않으므로 경계면에 물이 고이지 않는 구조로 한다.

② 이종금속 간을 절연한다. 국부전지의 전류를 차단하는 것으로 부식을 방지한다.

③ 중간금속을 넣는다. 중간금속을 삽입하는 것으로 이종금속 상호의 전위차를 줄여서 부식을 감속한다.

④ 전극전위가 근접한 것을 선택한다. 두 개의 금속이 접촉하고 있는 경우 부식의 정도는 양금속의 전극전위의 상대차가 클수록 커진다.

⑤ 접촉면적을 작게 한다. 접촉부식에 의한 부식량은 부식 전류밀도에 비례한다. 이 때문에 양극금속의 표면을 음극금속에 비교하여 크게 하고 양극의 전류밀도를 줄이는 것으로 부식을 감소시킬 수 있다.

(4) 이종금속의 전극전위

2개의 금속이 접촉해 있는 경우 부식의 정도는 양금속의 전극전위(부식전위)의 상대차가 큰 만큼 커진다.

2개 금속의 접촉에서는 전위가 낮은 측이 부식 당하며, 전위가 높은 측은 거의 부식하지 않는다.

상대전위차를 계산하는 식은 다음과 같으며 이 값에서 부식측 금속의 부식 정도를 다음 표와 같이 분류할 수 있다.

$$\frac{V_a - V_b}{\dfrac{V_a + V_b}{2}} = \frac{2(V_a - V_b)}{V_a + V_b}$$

여기서, V_a : a금속의 전위[V]

V_b : b금속의 전위[V]

이종금속인 알루미늄과 동의 접속에 사용되는 슬리브 등에는 중간금속으로 주석합금 등을 사용하고 있다.

【 상대전위차와 부식 정도 】

상대전위차[V]	부식측 금속의 부식 정도
0~0.2	거의 부식하지 않는다.
0.2~0.8	약간 부식이 진행된다.
0.8~1.2	현저히 부식이 진행된다.
1.2 이상	조합이 불가능하다.

【 식염수 중에서 측정한 전극전위 】

금 속	전극전위[V]	금 속	전극전위[V]
마그네슘	−1.73	주 석	−0.48
아 연	−1.00	진 주	−0.28
알루미늄	−0.85	동	−0.20
Al 합금	−0.96~−0.68	스테인리스	−0.15
카드뮴	−0.82	은	−0.08
철	−0.63	니 켈	−0.07

* 표준수소전극을 0[V]로 한 경우

16 가공전차선의 영구신장조성(Pre Stretch)

(1) 개 요

전차선 및 조가선은 가설 후 자동장력장치에 의해 상시 장력이 가해지므로 장시간 경과 후 전선의 크리프(Creep)현상으로 인해 전선이 늘어나고, 이로 인해 전차선의 경우 곡선당김금구 등의 설치위치가 변경되며, 집전특성에 영향을 미치므로 전선을 잘라내는 등 유지보수 업무가 과중하게 된다. 따라서, 크리프 연신율의 영향을 작게 하는 방법으로 표준장력보다 큰 장력을 일정시간 가하여 미리 초기의 크리프 연신을 발생시키는 방법을 영구신장조성 공법이라 한다.

(2) 외국의 영구신장조성 기준

① 일 본
　㉠ 동일본 여객철도 주식회사 제정 전기공작물 설계시공표준

전 선	선종[mm²]	과장력[kN]	시간[분]
전차선	Cu 170	19.6	30
	Cu 110	19.6	30
	Cu 85	15.68	30

419

전 선	선종 [mm²]	과장력 [kN]	시간 [분]
조가선	St 135	29.4	10
	St 95	15.68	10

ⓒ 동북 신간선

전 선	선종 [mm²]	표준장력 [kN]	과장력 [kN]	시간 [분]
전차선	GT-M-SN 170	9.8	19.6	30
	GT-CS 110	19.6	32.34	30
조가선	St 135	14.5	23.52	10
	PH 150	19.6	29.4	30
	PH-Ag 150	19.6	29.4	30

② 프랑스(SNCF)

구 분	과장력	인가시간	비 고
전차선	운전장력의 150[%]	72시간	
조가선	운전장력+1,000[N]	72시간	

(3) 전차선로에서 크리프(Creep)의 영향

전차선로에서 전차선과 조가선은 재질이 다르므로 변형량이 다르다. 일반적으로 순동(Cu)을 재질로 하는 전차선이 합금 재질인 조가선보다 변형량이 크게 되며, 전차선로에서 영구변형(Creep)이 일어나면 조가선은 거의 신장되지 않는데 비해 전차선은 늘어나므로 전차선을 물고 있는 곡선당김금구가 돌아가고 이로 인해 가동브래킷이 비틀리게된다. 이를 방지하기 위하여 주기적으로 전차선의 금구위치를 교정해 주고 전차선을 절단하는 유지보수를 빈번히 해야 한다.

(4) 크리프 시험

2003년 9월 한국철도기술연구원의 "가공전차선로 전차선 과장력 인가방안 연구" 결과에 따르면, 크리프 실내시험 결과는 다음과 같다.

【 시간에 따른 전차선 길이 변화 】

(Gage Length : 30[mm] 기준)

시간경과	장력 3[ton] (Cu C1-1)	장력 3[ton] (Cu C1-2)	장력 2.324[ton] (Cu C2-2)
	연신 [mm]	연신 [mm]	연신 [mm]
30분	0.090	0.079	0.044
1시간	0.093	0.080	0.043

시간경과	장력 3[ton] (Cu C1-1)	장력 3[ton] (Cu C1-2)	장력 2.324[ton] (Cu C2-2)
	연신 [mm]	연신 [mm]	연신 [mm]
6시간	0.096	0.083	0.044
12시간	0.096	0.083	0.044
18시간	0.096	0.081	0.045
24시간	0.102	0.082	0.045
36시간	0.103	0.084	0.045
42시간	0.103	0.084	0.045
48시간	0.102	0.085	0.045
54시간	0.102	0.085	0.046
60시간	0.101	0.085	0.046
70시간	0.102	0.084	0.046

(5) 가공전차선로 영구신장조성 시의 장력 및 시간 기준

위의 시험 결과 철도공사의 경우 운전장력의 150~200[%] 장력을 전차선 30분, 조가선 10분을 적용하고 있다.

일본의 경우 운전장력의 150~200[%]의 장력을 전차선 30분, 조가선은 아연도강연선의 경우 10분, 동합금선의 경우 30분을 적용하고 있는 반면, 프랑스의 경우 운전장력의 150[%] 장력을 72시간 적용하고 있다.

크리프 시험결과 초기 30분 이내에 연신이 모두 일어났었고, 그 이후에는 아주 미미한 변화가 일어나는 결과를 얻었다.

영구신장 조성은 150[%] 정도의 과장력을 장시간 현장에서 실시하는 것이 좋으나 현장여건상 장시간 시행하는 것은 어려울 것으로 판단된다.

과장력을 200[%] 정도 가하여 30분 이상 단시간으로 시행하여도 문제가 없다.

가공전차선의 영구신장조성 장력과 시간의 기준은 다음과 같다.

① 본선의 전차선 및 조가선은 전선의 신장을 적게 하기 위하여 인류장치를 조정하기 전에 영구신장조성을 시행한다.

② 부본선 및 본선과 교차하는 전차선 및 조가선은 필요에 따라 영구신장조성을 시행한다.

③ 영구신장조성 시의 장력과 시간

구 분	종별 [mm²]	과장력 [N]	시간 [분]	비 고
전차선	Cu 170	24,500	30	
	Cu 150	19,600	30	
	Cu 110	19,600	30	
	Cu 150	운전장력의 150[%]	72시간	신설선
	Cu 110			
조가선	St 135	29,400	10	
	St 90	15,680	10	
	CdCu 70~80	14,700	10	
	Bz 65	14,700	10	
	CdCu 70	운전장력의 110[%]	10	신설선
	Bz 65			

07 귀선로

1 개 요

가공단선식 전차선로의 전류는 변전소 정극에서 급전선로를 통하여 전차선으로 흘러 전기차의 팬터그래프에서 집전되고 차 내에서 전동기를 회전시킨 후 차륜에서 열차주행용 레일로 흘러서 변전소의 부극으로 돌아간다. 이 전기차에 공급된 운전용 전력을 변전소로 돌려보내는 도체를 "귀선"이라 하며, 이것을 지지 또는 보장하는 공작물을 포함한 설비를 "귀선로"라 한다.

2 귀선로의 구성

(1) 직류급전방식

직류구간의 전기차 귀선전류는 일반적으로 열차주행용 레일로 흐르고, 일부 대지로 누설되는 전류는 대지로 흘러서 임피던스 본드의 중성점에 접속된 인입귀선인 부급전선을 통하여 변전소의 부극모선으로 돌아가는 회로구성을 하고 있다.

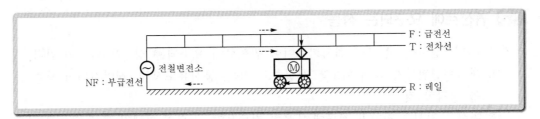

【 직류급전방식의 귀선로 】

(2) 교류 BT급전방식

BT급전방식의 교류구간에서는 선로에 가까운 통신선에 주는 유도장해를 방지하기 위하여 흡상변압기(BT)를 설치하며, 귀선전류를 흡상선을 통하여 레일에서(임피던스 본드) 흡상시켜 부급전선을 통하여 변전소로 돌아가는 회로구성을 하고 있다.

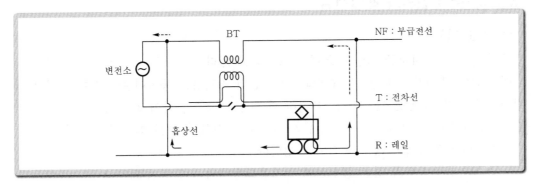

【 BT급전방식의 귀선로 】

(3) 교류 AT급전방식

AT방식의 교류구간에서는 단권변압기(AT)의 설치개소에 AT권선의 중성점과 레일(Impedance Bond)을 중성선으로 연결 귀선전류를 강제적으로 단권변압기로 흐르도록 하여 급전선을 통하여 변전소로 귀환하도록 회로를 구성하고 있다.

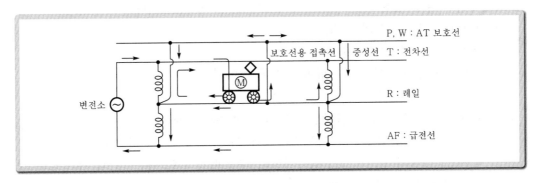

【 AT급전방식의 귀선로 】

3 귀선로에 요구되는 성능

가공단선식 전차선로는 1선 접지회로이며 귀선로에 요구되는 성능은 다음과 같다.
① 대지누설전류가 적게 되도록 시설하고 전식, 통신유도장해, 레일전위의 상승 등을 경감할 것
② 귀선용 전선은 전기차 전류에 대응한 전류용량, 소요의 기계적 강도 및 내식성을 가질 것
③ Impedance Bond 단자 취부 및 가공전선의 지지는 탈락, 손상이 없도록 시설할 것
④ 교·직류방식의 접속점에 있어서는 귀선전류의 유류(遊流)에 의하여 궤도회로 지장, 자기요란현상이 발생하지 않도록 시설할 것

4 대지누설전류와 레일전위

(1) 누설전류

레일과 대지는 저저항 절연을 통하여 접촉되고 있다.

이 때문에 귀선전류의 일부는 레일과 대지 간의 저저항을 통하여 누설전류로 되어 대지를 출입하며, 누설전류는 대지 및 지하 매설 금속관을 통하여 흐르게 되고 귀선로의 전기저항이 높으면 대지로의 누설전류가 증가되어 다음과 같은 현상이 발생한다.
① 직류급전방식의 경우 전식이 발생한다.
② 교류급전방식의 경우 통신선에 전자유도장해의 원인이 된다.

(2) 레일전위

레일전위는 전기차 위치인 부하점에서 대지전위보다 높은 (+)전위로 되며, 교류의 경우는 흡상점에서, 직류의 경우는 변전소 부근에서 대지전위보다 낮은 (−)전위로 된다. 또한, 부하점과 변전소의 중앙점 근처에서는 레일전위와 대지전위가 같아지며 이점을 중성점이라 한다. 중성점을 기준으로 부하 측에서는 레일에서 대지로 향하여 누설전류를 유출하며 반대로 변전소 측에서는 대지에서 변전소로 유입된다.

레일전위의 특성은 다음과 같다.
① 부하전류가 클수록 높아진다.
② 레일단면적이 적어 고유저항이 클수록 높아진다.
③ 레일의 대지절연저항이 클수록 높아진다.
④ 부하점과 변전소 또는 흡상선의 거리가 멀수록 높아진다.
⑤ 교류구간에서는 급전전압이 직류의 10배 이상 높으므로 귀선전류가 거의 1/10로 되지만, 레일의 임피던스가 직류저항의 약 10배가 되어 직류구간과 거의 같은 정도의 레일전위가 발생한다.

⑥ 교류구간에서는 전차선과 레일의 상호유도작용에 의하여 레일전위를 발생시키는 전류분이 귀선전류의 거의 1/2이 되지만 직류구간에서는 귀선전류의 전부가 레일전위 발생의 요소가 된다.

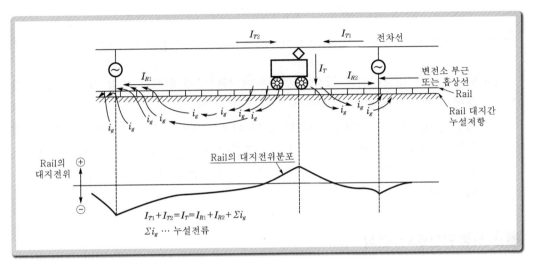

[귀선전류와 Rail의 대지분포]

(3) 귀선용 레일전위에 대한 방호

① 귀선용 레일은 이음매부를 본드(Bond)로서 전기적으로 접속하여야 하며, 귀선용 레일의 이음매 전기저항은 레일환산 저항의 5[m] 이하이어야 한다.

② 건널목상의 레일은 전후의 레일에서 전기적으로 절연하고 건널목상의 레일의 대지와의 사이에 전위차가 발생하지 못하도록 한다.

③ 건널목상의 도로면은 절연포장을 한다.
건널목 레일 외측으로 2.5[m]까지 절연포장을 하므로 건널목을 지나는 인축이 절연판 위에 타고 있게 되어 감전을 방지하도록 한 것이다.

④ 절연을 하는 레일의 길이는 주행하는 전기기관차 및 전차의 차축 중심 간의 길이보다 적어야 한다.
건널목 레일절연길이가 전기차의 차륜축거보다 크면 건널목상에 있는 차량의 귀선전류가 양측의 절연레일 때문에 변전소로 돌아갈 수가 없으며 레일전위가 급상승하거나 아크가 발생한다. 이 때문에 차륜의 하나는 절연외측 레일과 접촉하도록 하고 있다.

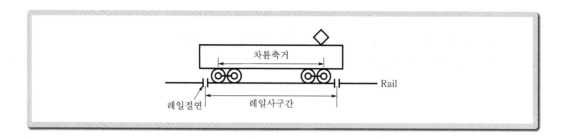

⑤ 역구내에서 레일전위의 상승으로 인하여 사람에게 위해를 미칠 우려가 있는 개
　소에는 전위의 상승을 억제하는 장치를 시설한다.

레일의 대지전위는 직류, 교류 다 같이 대체로 30[V] 전후의 차이며, 이 정도에
서는 문제가 되는 일은 없다. 그러나 조건에 따라서는 50[V], 100[V] 이상의 전
위가 발생하는 일도 있으므로 이와 같은 경우에는 50[V] 이하로 하는 대책을 하
여야 한다.

■5 직류귀선로와 전식

(1) 전식현상

주행레일로부터 누설된 전류는 대지를 통하여 변전소 부근에서 다시 레일로 유입한
다. 다음 그림과 같이 선로에 인접하여 케이블, 수도관 등의 지중매설 금속체가 있으면
누설전류는 대지보다 낮은 이러한 금속체를 통과하고 변전소 부근에서 유출되어 레일로
귀환한다.

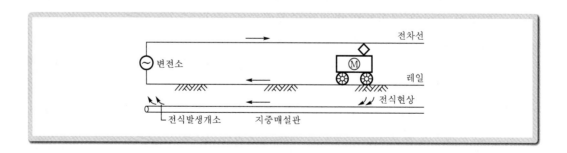

대지 중의 금속체는 지하수가 전해액으로 되어 직류누설전류의 유출부분이 부식되며
결국은 구멍이 뚫려 각종 장해를 발생한다. 이와 같은 현상이 전식이며, 전식은 금속의
전기분해이므로 전식량은 패러데이(Faraday)의 법칙에 의거한다.

$$M = Z \times i \times t$$

여기서, M : 전식량

i : 통과전류

Z : 금속의 전기화학당량

t : 통전시간

(2) 전식방지대책

① **전철측 대책**

㉠ 도상의 배수를 양호하게 하고 절연체결장치 등을 사용하여 대지에 대한 레일의 절연저항을 크게 한다.

㉡ 레일본드(Bond)의 설치를 완전하게 하고 필요 시 보조귀선을 설치하거나 크로스본드를 설치하여 귀선저항을 감소시킨다.

㉢ 변전소를 증가시키고 급전구역을 축소하여 누설전류를 감소시킨다.

㉣ 가공절연귀선을 설치하고 레일 내의 전위경도를 감소시켜 누설전류를 작게 한다.

㉤ 귀선의 극성을 정기적으로 전환시켜 전기화학반응을 중화시킨다.

㉥ 해수 중에 배류시키고 해수를 귀로로 이용한다.

② **지중매설관측 대책**

㉠ 누설전류의 유입을 방지하도록 피복도장으로 절연저항이 큰 도장막을 실시한다.

㉡ 매설금속체를 금속관 등의 도체에 의해 차폐하고 누설전류가 지중금속체에 유출입하는 것을 방지한다.

㉢ 매설금속체의 접속부에 전기적인 절연을 시행하고 도체로서의 전기저항을 크게하여 매설 금속체에 유입하는 전류를 감소시킨다.

㉣ 궤도와의 접근을 피하고 가능한 한 이격거리를 크게 하여 매설경로를 선정한다.

㉤ 배류법을 사용한다.

• 직접배류법

지중매설 금속체와 레일을 직접 접속하는 방식이다.

누설전류에 영향을 주는 전철변전소가 부근에 1개소밖에 없고 레일측으로부터 전류가 역류할 우려가 없는 경우에만 사용되며 적용 가능한 장소가 적다.

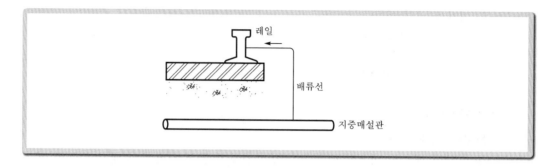

- 선택배류법

  지중매설 금속체와 레일을 접속하는 배류선에 선택배류기를 설치하고 금속체가 레일에 대해서 고전위로 되는 경우에만 전류를 유출시키는 방식이다. 이 방식은 전력이나 접지가 필요 없으며 비용이 저렴하므로 전식방지에 널리 사용되고 있고, 자연부식에도 일부 방지효과가 있다. 배류기는 종래 계전기식이 많았지만 최근에는 실리콘 다이오드를 사용하는 방식이 많다.

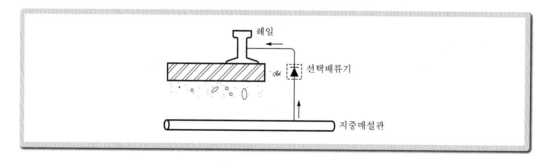

- 강제배류법

  배류기 대신에 외부에 직류전원을 삽입한 방식이며, 레일은 접지양극으로 우수하고 선택배류식의 특성도 구비하고 있으므로 방식효과가 크다. 그러나 전기철도측의 신호회로 등에 대한 악영향을 고려해야 하므로 이 방식의 선정 시에는 신중을 기해야 한다.

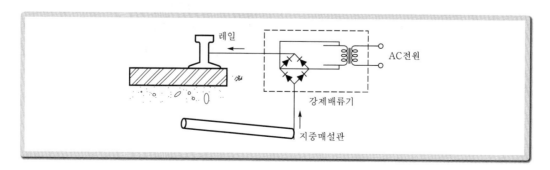

6 통신유도장해와 그 대책

(1) 개 요

전차선에 접근한 통신선에는 전차선 전압에 비례하여 정전적으로 유기된 정전유도와 귀선전류 중에서 대지로 누설되는 전류에 의해 전자적으로 유기되는 전자유도작용에 의해 유도전압과 잡음이 발생한다.

유도의 실용상 지장이 없는 범위란, 통화에 대한 유도전압은 선간전압에 대해 가청주파수 300~3,400[Hz]에서 통신케이블의 경우 1[mV], 나통신선의 경우 2.5[mV]이다. 상시 유도위험전압은 평상시 대지전압 60[V], 이상 시 유도전압 300[V], 정전유도전압 150[V] 이하가 되도록 제한되어 있다.

(2) 정전유도

① 전선배치에 의한 정전유도

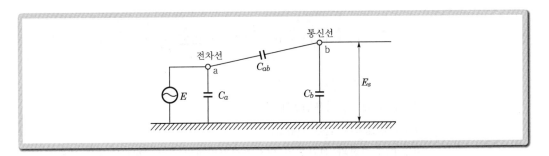

상기 그림과 같이 전차선과 통신선이 콘덴서의 결합회로에 상당하는 회로를 구성하고, 전차선의 대지전압을 E[V], 전차선의 대지정전용량을 C_a[F], 통신선의 대지정전용량을 C_b[F], 전차선과 통신선의 상호정전용량을 C_{ab}[F]라 하면, 통신선에 유기되는 전압 E_S[V]는 다음 식이 된다.

$$E_S = \frac{C_a}{C_{ab} + C_b} \cdot E[\text{V}]$$

정전유도전압은 전차선의 주파수나 부하전류와는 무관하며, 전차선 대지전압에 비례하는 것을 알 수 있다.

〔 정전유도전류 제한치 〕

사용전압	전화선 긍장	정전유도전류
60[kV] 이하	12[km]마다	2[μA]를 넘지 않는다.
60[kV] 초과	40[km]마다	3[μA]를 넘지 않는다.

위의 표에서 전차선로의 경우 접근하는 전화선의 긍장 12[km]마다 정전유도전압에 의해 흐르는 전류를 계산하여 그 값이 2[μA]를 넘어서는 안 된다.
계산식은 다음과 같다.

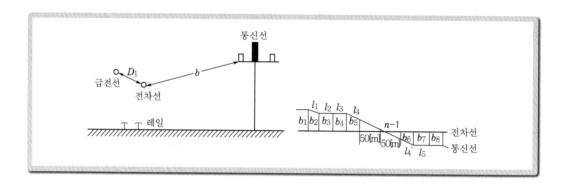

$$i_T = V_k D_1 \times 10^{-3} \left(0.33n + 26 \sum \frac{l_1}{b_1 b_2} \right)$$

여기서, i_T : 전화기에 통하는 유도전류[μA]

V_k : 전선로의 사용전압[kV]

D_1 : 전선로의 선간거리[m]

b_1, b_2 : 전선과 전화선의 상호이격거리[m](단, 60[m] 이상은 생략)

l_1 : b_1, b_2 간의 전선의 긍장[m]

n : 교차정수(단, 60[kV] 이하일 때는 교차점의 각 전후 50[m]는 계산에 더하지 않음)

일본의 JR 경우는 정전유도전류에 대해 10[mA]라는 제한값을 설정하고 있다.

② 정전유도 방지대책

정전유도는 전차선 전압, 전차선과 통신선과의 상호정전용량에 비례한다. 전차선 전압은 일정하기 때문에 상호정전용량은 가능한 한 작게 되도록 다음과 같은 방지책이 시행되고 있다.

㉠ 통신선을 전차선으로부터 될 수 있는 한 멀리 이격한다.

㉡ 전차선과 통신선의 중간에 부급전선(차폐선)을 시설한다.

　• 부급전선의 차폐효과에 의해 약 30[%] 유도전압이 저하된다.

　• 차폐선의 높이가 전선 지상 높이의 1/2일 때 효과가 가장 크다.

㉢ 통신선을 케이블화 하면 완전히 차폐할 수가 있다.

(3) 전자유도

① 통신선의 전자유도

다음 그림과 같이 교류전차선의 경우 전차선이 변압기의 1차권선에 상응하고, 통신선은 그 2차권선으로 볼 수 있는 변압기회로가 성립하여 전차선으로부터 전자유도에 의해 통신선에 전압이 발생한다.

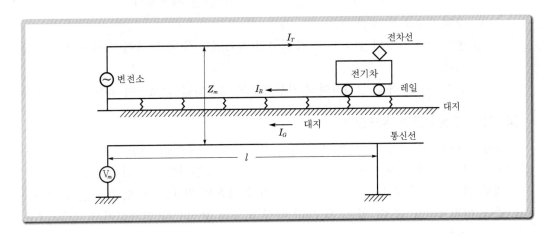

통신선에 유기되는 전압 V_m은 다음 식에 의한다.

$$V_m = 2\pi f Z_m (I_T - I_R)l = 2\pi f Z_m I_G l [\text{V}]$$

여기서, I_T : 전차선 전류[A], I_R : 귀선전류[A]
I_G : 대지전류[A]
Z_m : 전차선과 통신선의 상호인덕턴스[Ω/km]
l : 전차선과 통신선의 평행길이[km]
f : 주파수[Hz]

단, Z_m은 Carson-Pollaczek의 식에 의한다.

위의 식에서 전자유도전압은 전차선의 교류주파수, 대지전류 및 양 선 간의 상호인덕턴스에 각각 비례한다.

교류전차선은 귀선인 레일이 도상을 통해 대지상에 놓여 있기 때문에 부하전류 대부분이 대지로 누설되어 3상 교류 송전선의 지락사고와 같은 상태가 항상 존재할 수 있다.

② 전자유도 방지대책

전자유도전압은 대지전류, 상호인덕턴스, 양선의 평행구간의 길이 등에 비례하므로 이러한 값을 가능한 한 감소시킬 필요가 있다.

    ㉠ 대지전류를 억제한다.

전차선과 평행하게 부급전선(차폐선)을 설치하여 귀선저항을 줄임과 동시에 흡상변압기에 의해 레일전류를 적극적으로 부급전선에 흡상시켜 변전소로 반환한다.

    ㉡ 상호인덕턴스를 작게 한다.

통신선을 가능한 한 이격하든가 차폐 케이블을 사용한다.

    ㉢ 평행구간을 짧게 한다.

    ㉣ 통신선에 절연변압기 또는 중계코일(차폐코일)을 삽입하여 유도구간을 분할한다.

    ㉤ 전기차에 필터를 설치하여 전차선으로의 고주파를 억제하여 유도경감을 한다.

(4) 직류 전철구간의 유도장해

교류를 실리콘정류기 등에 의해서 직류로 변환하면 직류에는 맥동하는 전류, 전압이 포함되어 이 맥동에 의해 교류전차선의 경우와 같이 통신선에 유도장해를 준다.

그래서 전차선에 평행하는 통신선은 4[m] 이상 이격을 필요로 하며, 전구간에 걸쳐서 등가평균 이격거리를 될 수 있는 한 7[m] 이상 되도록 통신선을 전차선에서 이격시키든지 아니면 케이블화하고 있다.

변전소에는 귀선에 직렬리액터를 설치하여 맥류를 방지함과 동시에 콘덴서와 리액터에 의한 병렬공진분로를 설치하여 맥류를 흡수하고 있다.

(5) 통신유도장해의 제한치

유도전압, 위험전압 및 잡음전압의 통신유도 제한치는 국제 전기통신연합(ITU-T) 권고에 의해 다음과 같이 정하고 있다.

종 별	상 태	제한치
전자유도전압 실효치	이상 시	430[V]
	평상시	60[V]
잡음전압	평상시	1[mV]
정전유도위험전압	평상시	10[mV]

(6) 통신유도장해 경감의 원리

① 흡상변압기에 의한 방법

흡상변압기는 권선비 1 : 1의 변압기로 약 4[km]마다 선로에 배치하고, 그 1차측은 전차선에 접속하고 2차측은 부급전선에 접속한다.

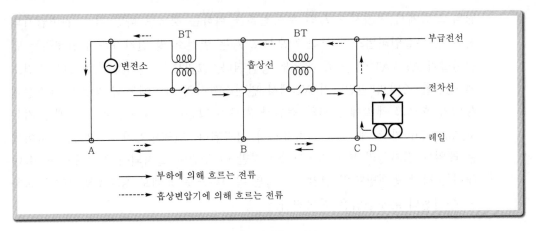

【 BT급전회로도 】

위의 그림에서 변전소 A에서 C점까지는 레일 및 대지에 흐르는 전류는 부하에 의한 전류와 흡상변압기에 의한 전류에 의해서 완전히 소멸되고, 전류는 모두 부급전선을 통하여 변전소로 귀환하므로 전자유도는 약 1/20 정도로 경감된다. 흡상선 C와 부하점 D의 사이는 부하전류의 일부가 대지로 누설되지만 그 거리가 짧아 영향이 작다. 이와 같이 흡상변압기는 대지에 흐르는 귀선전류와 기유도 [Amp-km]를 최대한 작게 하는 것을 목적으로 하고 있다.

② 단권변압기 방식

단권변압기는 전자적인 밀결합으로 설계된 변압기로 약 10[km] 간격으로 배치한다. 권선의 중성점은 레일에 접속하고 양단자의 한편은 전차선에 급전하며 다른 한편은 급전선에 접속한다.

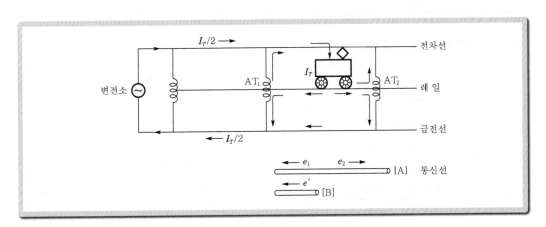

【 AT급전회로도 】

위의 그림에서 전기차가 I_T인 부하전류를 취하는 것으로 하면 각 단권변압기의 전선 간 누설임피던스가 극히 작으므로 I_T는 변전소 및 전기차측에 인접하는 단권변압기 AT_1, AT_2에 의해 대부분 공급된다. 그러므로 전기차 위치보다 변전소에 근접한 측의 단권변압기 AT_1에서 변전소까지의 사이에는 전차선과 급전선에 $I_T/2$가 흐르고 레일에는 거의 전류가 흐르지 않는다. 따라서, 이 사이에는 기유도[Amp-km]가 작게 되고 전자유도가 경감된다. 단권변압기 AT_1과 AT_2 사이에는 레일에 전기차의 부하전류가 흐르지만 이 구간에 설치되어 있는 통신선에 대해서는 각각 반대방향의 전압 e_1, e_2를 유기하므로 교대로 상호소멸되어 감소하고 통신선의 유도전압은 작아진다.

7 부급전선

흡상변압기 급전방식에서 통신유도장해를 경감시키기 위하여 레일에 흐르고 있는 귀선전류를 흡상변압기에 의하여 강제적으로 흡상하여 변전소로 보내기 위해 귀선레일에 병렬로 접속된 전선을 부급전선이라 한다.

또 부급전선은 통신유도장해 경감 외에 애자섬락 사고 시 변전소의 차단기를 신속하게 동작시켜서 전차선을 보호하는 기능을 갖고 있다.

(1) 부급전선의 선종과 장력

종별 [mm²]	표준장력[N]
비닐절연전선 250	2,490
경알미늄연선 200	2,450
경알미늄연선 95	980

(2) 부급전선의 설치 높이

종 별	높 이
도로횡단(도로면상)	6[m] 이상
철도횡단(궤도면상)	6.5[m] 이상
기타장소(지표면)	6[m] 이상
건널목(지표상)	전차선 높이 이상(최소 5[m])
터널, 구름다리, 교량 등	부득이한 경우 3.5[m] 이상

(3) 부급전선의 지지와 배열

① 부급전선의 지지방법은 가공수조방식을 표준으로 하고 있다. 부급전선의 전압은

상시 흐르는 전류를 200[A] 정도로 가정하면 360[V] 정도 밖에 되지 않으나, 사고 시에는 600[A] 정도의 전류가 흘러서 약 1,000[V]까지도 되므로 180[mm] 현수애자 한 개로 절연하여 지지하고 있다.

② 부급전선은 전차선과 같은 내측에 배열한다. 이 주된 이유는 섬락설비인 지락도선의 배선에 유리하기 때문이다. 또한 부급전선을 전차선에 접근시키면 급전회로 임피던스가 작아지기 때문에 전압강하면에서도 유리하게 되며, 통신선으로의 유도면에서도 유리하게 된다.

8 흡상선

흡상선은 흡상변압기의 전류흡상작용에 의하여 귀선전류가 부급전선으로 이행하도록 부급전선과 귀선레일을 접속하는 전선을 말한다.

흡상선은 변전소 가까운 곳 및 흡상변압기의 중간지점에 다음에 의해서 시설한다.

① 흡상변압기 설치간격의 중앙에서 복궤조식은 임피던스본드의 중성점에, 단궤조식은 귀선레일측에 부급전선을 접속한다.

② 흡상선에는 600[V] 비닐절연케이블 연동선 100[mm^2] 또는 이와 동등 이상의 성능을 갖는 것을 사용한다.

③ 지중에 매설하는 경우는 트로프 또는 관로에 수용하고 궤도 밑을 횡단할 때는 노반면에서 750[mm] 이상의 깊이에 매설한다.

④ 지표상 2[m]의 높이까지 절연관 등으로 보호한다.

⑤ 흡상선은 2본 병렬로 시설한다.

9 중성선 및 보호선용 접속선

단권변압기(AT) 급전방식에서 변전소 등에 설비되어 있는 단권변압기의 중성점과 레일의 임피던스본드의 중성점을 연결하는 선을 "중성선"이라 한다.

중성선은 부하전류와 사고전류의 귀선로로 이용되며, 보호선용 접속선은 보호선과 레일을 연결하는 선을 말하며 설치간격은 2[km] 이내로 1본만 설치한다. 중성선 및 보호선용 접속선은 흡상선에 준하여 시설한다.

10 임피던스본드

(1) 개 요

보호선과 레일의 연결은 보호선용 접속선으로 연결되며, 레일은 신호설비의 궤도회로와 전차선의 귀선전류를 공용으로 사용하게 된다.

편궤조방식은 1선의 레일을 신호회로로 이용하고 다른 1선의 레일은 전차선의 귀선전류를 변전소로 귀환하는 회로로 이용되며, 복궤조방식에서는 양측 레일을 임피던스본드를 이용하여 신호전류와 전차선의 귀선전류를 동시에 흐르도록 회로를 구성하고 있으며, 보호선용 접속선을 임피던스본드의 중성점에 접속하고 있다.

(2) 원 리

전철구간에서는 전차선의 귀선전류와 신호전류가 동일 궤도를 공용한 전기회로로 구성되어 있다.

따라서, 신호전류는 1개 구간의 궤도회로에만 흘려야 하고 전차선의 귀선전류는 변전소까지 연속적으로 회로가 구성되어 있어야 하므로 신호전류를 차단시키고 귀선전류가 흐르게 하는 임피던스본드를 복궤조 궤도회로의 경계점에 설치해야 한다.

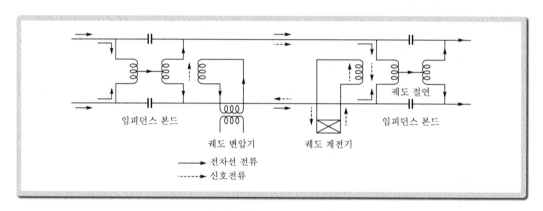

【 임피던스본드 회로도 】

위의 그림과 같이 전차선 전류는 변전소까지 회로가 구성되어 있고, 신호전류는 1개의 궤도회로 내에만 전류가 흐른다.

전차전류는 코일의 반반씩 반대방향으로 흐르므로 철심은 자화하지 않으나, 신호전류는 코일이 감겨진 방향으로만 흐르므로 임피던스의 저하를 가져온다.

임피던스본드는 신호전류에 대하여 영전위의 중성점을 상호접속하여 인접궤도회로에서로 영향을 받지 않게 한다.

(3) 구 조

내철형의 성층철심에 1차코일과 2차코일이 감겨져 있으며, 1차코일은 2개로 나누어져 각 코일에 흐르는 귀선전류에 의해서 발생되는 자속이 서로 상쇄되도록 배치되어 있다. 도체로서는 평각 구리선이 사용되고 권수는 5~10회 정도이다.

  2차코일은 평형의 구리선으로서 권수는 1차코일과 동일하며 1차코일 사이에 삽입한다. 3차코일을 설치하여 콘덴서를 접속하는 경우도 있다.

  철심에는 전차선 전류의 불평형 전류에 의하여 리액턴스가 변화하거나 포화하지 않게 공간을 두었는데 그 사이에는 화이버를 삽입하여 부착하였다. 일반적으로 변압기와 같이 열을 방지하기 위하여 변압기유를 사용하기도 한다.

  임피던스본드를 궤도에 접속할 때에는 전차전류의 전류량에 적합한 충분한 굵기의 점퍼선을 사용하며, 임피던스본드 중성점과 보호선을 보호선용 접속선에 의해 연결한다.

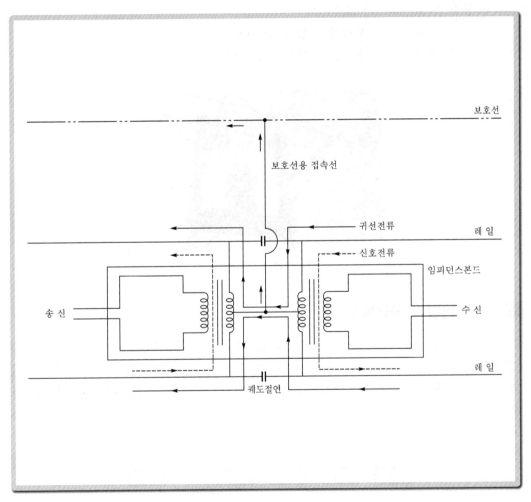

【 보호선접속 및 전류흐름도 】

08 흡상변압기(Booster Transformer)

1 개 요

흡상변압기는 교류전차선과 직렬로 설치되며 유도작용을 경감하기 위하여 대지로 흐르는 전류를 작게 하고 이것을 부급전선에 총체적으로 흡상시키기 위하여 사용되는 것이다. 전류를 흡상함으로서 흡상변압기라 부르고 있으며, 그 기본적인 사항은 다음과 같다.

① 장수명, 고신뢰도가 요구된다.
② 그 선구의 전기차 용량에 적합한 것이어야 한다.
③ 급전회선과의 절연협조를 도모하여야 한다.

【 흡상변압기 설치전경 】

2 흡상변압기 급전방식

흡상변압기(Booster Transformer) 급전방식은 전차선과 부급전선을 시설하고 약 4[km] 마다 흡상변압기를 직렬로 시설하여 레일에 흐르는 귀선전류를 부급전선에 흡상시켜 전차선 전류에 의한 통신선의 유도장해를 감소시켜주는 목적으로 사용되며 급전계통은 다음과 같다.

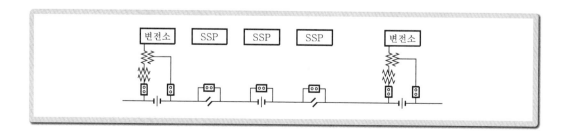

3 BT급전방식 급전회로

흡상변압기는 그 1차측을 전차선에 접속하며 2차측은 부급전선 또는 레일에 접속한다. 통신유도 경감대책으로 대지에 흐르는 귀선전류를 가능한 한 작게 하고 기유도(Amp-km)를 최대한 작게 하는 것을 목적으로 하고 있다.

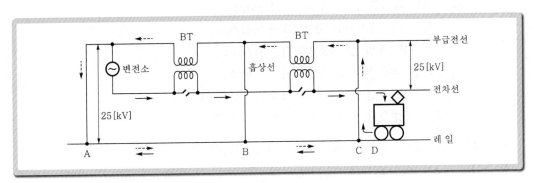

【 BT방식 회로도 】

4 흡상변압기의 보호 및 용량계산

(1) 흡상변압기 보호

습뢰빈도의 다소에 불구하고 흡상변압기 보호용 피뢰기를 특고압측(42[kV])과 부급전선측(8.4[kV])에 각각 2개씩 설치하여 뇌로 인한 피해를 방지하고 있으며 접지는 제1종 접지공사를 한다.

(2) 흡상변압기의 용량계산

BT급전회로의 임의의 1개 흡상구간을 다음 그림과 같이 고려할 때

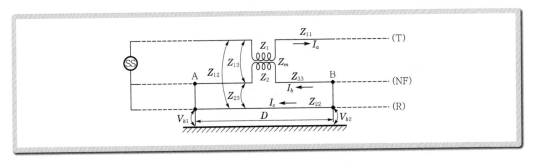

【 BT 급전회로 】

여기서, D : 흡상선 간격[km]

Z_m : 흡상변압기의 1차, 2차 간의 상호임피던스[Ω]

Z_1 : 흡상변압기의 1차권선 여자임피던스[Ω]

Z_2 : 흡상변압기의 2차권선 여자임피던스[Ω]

Z_{11} : 전차선 대지귀로 자기임피던스[Ω/km]

Z_{22} : 레일 대지귀로 자기임피던스[Ω/km]

Z_{33} : 부급전선 대지귀로 자기임피던스[Ω/km]

Z_{12} : 전차선, 레일 간 상호임피던스[Ω/km]

Z_{23} : 레일, 부급전선 간 상호임피던스[Ω/km]

Z_{13} : 전차선, 부급전선 간 상호임피던스[Ω/km]

I_a, I_b, I_c : 전차선, 레일, 부급전선의 각 전류[A]

A, B점의 부급전선, 레일의 대지전압을 V_{b1}, V_{b2}라 하면

$$V_{b2} - V_{b1} = D \cdot Z_{22} \cdot I_b + D \cdot Z_{23} \cdot I_c - D \cdot Z_{12} \cdot I_a \rightarrow \text{레일}$$

$$V_{b2} - V_{b1} = D \cdot Z_{33} \cdot I_c + Z_2 \cdot I_c + D \cdot Z_{23} \cdot I_b - D \cdot Z_{13} \cdot I_a - Z_m \cdot I_a \rightarrow \text{부급전선}$$

일반적으로 급전회로의 중간부에 있어서는 다음 관계가 성립한다.

$$V_{b1} \fallingdotseq V_{b2} \fallingdotseq 0$$

따라서,

$$D \cdot Z_{22} \cdot I_b + D \cdot Z_{23} \cdot I_c - D \cdot Z_{12} \cdot I_a \fallingdotseq 0$$

$$D \cdot Z_{33} \cdot I_c + Z_2 \cdot I_c + D \cdot Z_{23} \cdot I_b - D \cdot Z_{13} \cdot I_a - Z_m \cdot I_a \fallingdotseq 0$$

$$D \cdot Z_{22} \cdot Z_{23} \cdot I_b + D \cdot Z_{23}{}^2 \cdot I_c - D \cdot Z_{12} \cdot Z_{23} \cdot I_a = 0$$

$$D \cdot Z_{22} \cdot Z_{23} \cdot I_b + Z_{22}(D \cdot Z_{33} + Z_2)I_c - Z_{22}(D \cdot Z_{13} + Z_m)I_a = 0$$

$$I_c\{D \cdot Z_{23}{}^2 - Z_{22}(D \cdot Z_{33} + Z_2)\} = I_a\{D \cdot Z_{13} \cdot Z_{23} - Z_{22}(D \cdot Z_{13} + Z_m)\}$$

또한, $I_c\left(\dfrac{Z_{23}}{Z_{22}} \cdot D \cdot Z_{23} - D \cdot Z_{33} - Z_2\right) = I_a\left(\dfrac{Z_{13}}{Z_{22}} \cdot D \cdot Z_{23} - D \cdot Z_{13} - Z_m\right)$

여기에서, $n_a = -\dfrac{Z_{13}}{Z_{22}}$, $n_c = -\dfrac{Z_{23}}{Z_{22}}$로 두고

위의 식을 정리하면

$$-I_c\{Z_2 + D(Z_{33} + n_c Z_{23})\} = -I_a\{Z_m + D(Z_{13} + n_a Z_{23})\}$$

그러므로

$$I_c = \frac{Z_m + D(Z_{13} + n_a Z_{23})}{Z_2 + D(Z_{33} + n_c Z_{23})} \cdot I_a[\text{A}]$$

한편 흡상변압기의 용량은, 정격 전차선 전류와 그때 전류의 단자전압의 적으로 나타낸다.

흡상변압기의 단자전압(V_1)은

$$V_1 = Z_1 \cdot I_a - Z_m \cdot I_c = Z_1 \cdot I_a - Z_m \left\{ \frac{Z_m + D(Z_{13} + n_a \cdot Z_{23})}{Z_2 + D(Z_{33} + n_c \cdot Z_{23})} \right\} I_a$$

$$= \frac{Z_1 \cdot Z_2 + D \cdot Z_1(Z_{33} + n_c Z_{23}) - Z_m^2 - D \cdot Z_m(Z_{13} + n_a \cdot Z_{23})}{Z_2 + D(Z_{33} + n_c \cdot Z_{23})} \cdot I_a [\text{V}]$$

일반적으로 Z_1, Z_2, Z_m은 선로임피던스에 비교해서 매우 크며, 그 값은 거의 같으므로 $Z_1 ≒ Z_2 ≒ Z_m$로서 위 식을 정리하면

$$V_1 ≒ D(Z_{33} - Z_{13})I_a[\text{V}]$$

따라서, 흡상변압기의 용량(W)은

$$W = V_1 \cdot I_a = I_a^2 \cdot D(Z_{33} - Z_{13}) = \frac{I_a^2 \cdot D(Z_{33} - Z_{13})}{1,000} [\text{kVA}]$$

여기서, W : 흡상변압기 용량[kVA], I_a : 전차선 전류[A]

D : 흡상변압기 설치간격[km]

Z_{33} : 부급전선의 대지귀로 자기임피던스[Ω/km]

Z_{13} : 부급전전과 전차선과의 상호임피던스[Ω]/km]

 흡상변압기의 용량 계산 예

흡상변압기 용량은 그 설치위치에 있어서 전차선 전류에 의하여 결정되며 다음 식에 의하여 계산해보자.

$$W = I_a^2 \cdot D \frac{Z_{33} - Z_{13}}{1,000}$$

$$I_a = 200[\text{A}], \quad D = 4[\text{km}]$$

$$Z_{33} = 0.189 + j0.812, \quad Z_{13} = 0.049 + j0.451$$

$$W = 200^2 \times 4 \times \frac{\{(0.189 + j0.812) - (0.049 + j0.451)\}}{1,000} = 61.95 ≒ 62[\text{kVA}]$$

5 흡상변압기의 설치간격

흡상변압기의 설치간격은 통신선 등에 급전회로에서 유도되는 잡음전압 및 급전회로 사고 시에 유도되는 위험전압이 허용치 이하가 되도록 선정한다.

따라서, 실제로는 전기차 전류의 크기, 통신선 등과의 이격, 통신선 등의 종류에 의해 획일적으로 정할 수가 없다.

종래의 여러 조건에 있어서의 시험검토 결과 및 실적으로부터 흡상변압기의 설치간격을 4[km] 정도로 택하면 거의 문제가 없는 것이 확인되어 이 표준설치간격은 4[km]로 정하였다.

09 보호설비

1 보호설비의 개요

전차선로 설비가 인축이나 기타설비에 대하여 위해를 끼칠 우려가 있을 때 또는 외부로부터 손상을 받을 우려가 있을 때 설치하는 설비를 보호설비라 한다.

보호설비는 각각의 급전방식에 적합하게 설비되어야 하며 그 기본적인 사항으로서는 다음과 같은 것을 들 수 있다.

① 기기류는 충분한 보안도, 신뢰도를 가져야 한다.
② 전선류는 소요의 전기적 특성 및 기계적 강도를 가져야 한다.
③ 다른 설비에 악영향을 주지 않아야 한다.

2 섬락보호방식

급전회로는 지락 등의 사고가 발생하였을 때 이것을 신속하게 검지하여 회로를 차단하는 기능을 가진 섬락보호설비와 뇌에 대한 보호는 피뢰설비에 의하여 보호되고 있다.

교류급전회로는 그 고장의 검출을 거리계전기에 의하여 검지하므로 변전소측의 보호설비에 포함하여 전차선측에도 고장의 검출을 용이하게 하는 섬락보호설비가 필요하다.

교류급전회로에 있어서 섬락 등의 고장을 검출하여 급전회로를 보호하는 일련의 방식을 섬락보호방식이라 하며 다음과 같이 각각의 급전방식에 적합한 방식이 적용된다.

(1) 이중절연방식

이 방식은 장간애자의 부극절연부나 현수애자의 부측절연부에 지락도선을 설비하고 그 일단을 부급전선(NF) 또는 AT보호선(PW)에 접속하여 보호회로를 구성하고 애자의 섬락사고 시에는 전차선과 부급전선 또는 AT보호선이 직접 금속단락되어 사고전류를 통하게 함으로써 신속하게 변전소의 차단기를 차단시키는 방식이다.

이 방식의 특징은 다음과 같다.

① 부급전선, AT보호선 및 지락도선이 지지물과 약 3,000[V]로 절연되어 있다.
② 애자의 섬락사고 시 지지물과 대지 간에 전압이 발생하지 않으므로 콘크리트주에 대하여 전기적으로 안전하다.
③ 이중절연애자와 지락도선의 배선이 필요하게 되므로 설비가 복잡하게 된다.

(2) PW 무절연방식

이 방식은 보호선과 지락도선을 무절연으로 한 것으로서, 지락도선 대신에 지락도대를 사용하여 전주밴드 간을 직접 연결하고 보호선에 접속하여 보호회로를 구성하는 방식이다. 단, 이 방식은 다음의 조건이 만족할 경우에 사용할 수 있다.

① AT보호선 등의 사고 시 전위상승이 지지물을 통하여 사람에게 위해를 미칠 우려
가 없을 때

② AT보호선이 지지물을 통하여 접지되어도 궤도회로의 동작에 지장을 주지 않을 때

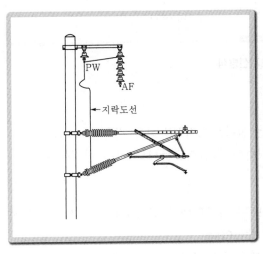

【 이중절연방식 】

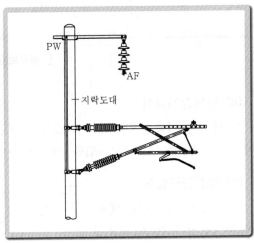

【 PW 무절연방식 】

(3) 섬락보호지선방식

이 방식은 주로 역구내, 차량기지, 변전소의 급전선 인출구 등, 전차선 설비가 복잡하
며 이중절연방식을 채용하면 지락도선 때문에 점점 복잡해지며 그로 인하여 보호설비가
오히려 보안도를 저하시키게 되는 장소에 적용된다.

① 동작원리

이 방식의 동작원리는 섬락사고가 발생하면 사고전류는 섬락보호지선으로 흘러
대지전위가 상승되며 보안기가 동작되어 AT보호선을 통하여 사고전류를 변전소
로 회귀시키는 금속회로를 구성하는 보호방식이다.

② 보호회로의 구성

보호회로의 구성은 각 빔 또는 완철, 애자금구 등을 직접 섬락보호지선으로 전
기적으로 접속하여 약 1[km]마다 구분하고 제1종 접지공사를 시공함과 동시에
그 섬락보호지선의 중앙부분에서 보안기를 통하여 부급전선 또는 AT보호선에
접속한다.

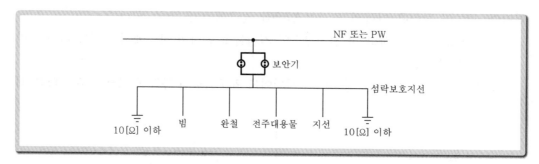

【 섬락보호지선방식 】

(4) 단독접지방식

이 방식은 이중절연방식, AT보호방식 또는 섬락보호지선방식을 적용할 수 없는 경우에 당해 설비를 단독으로 제1종 접지를 시행하여 급전회로를 보호하는 방식이다.

(5) 방전간극방식

이 방식은 빔, 완철, 애자금구 등을 전선 또는 지락도대로 접속하고 방전간극을 통하여 부급전선 또는 AT보호선 등에 접속하는 방식이다.

이는 전차선로측에 간단한 방전기를 취부함으로써 변전소측에서 애자의 섬락사고나 지락사고를 검출 보호차단하는 방식이다.

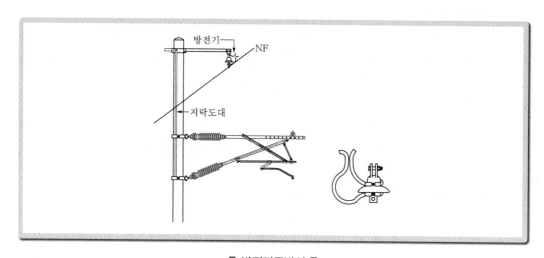

【 방전간극방식 】

(6) 매설접지방식

① 매설접지의 목적

전기철도에서 매설접지방식은 변전소로 돌아오는 전류의 귀환을 용이하게 하고 레일 및 대지에 나타날 수 있는 위험한 수준의 장해전압을 피하도록 하기 위한 조치로, 가장 효과적인 방법은 가능한 한 많은 금속구조물을 등전위 접지망을 형성하도록 레일과 접속시키는 것이다.

등전위 접지의 주목적은 장해를 야기하는 전압차의 문제를 피하기 위함이며 변전소, 역사 등의 접지망은 접지저항 감소를 위해 전체 저항을 매설접지에 접속한다.

② 매설접지방식의 유도전압

이상전압 발생 시 레일전위 및 신호·통신기기에 가해지는 유도전압의 기준은 다음과 같다.

㉠ 사람이 접촉되었을 때 허용전류는 전기적 영향을 고려하여 15[mA] 이하로 한다.

㉡ 레일전위는 정상상태에서 사람의 접촉이 잦은 곳은 60[V] 이하, 사람의 접촉이 많지 않는 곳은 150[V] 이하로 한다.

㉢ 대지 및 구조물 전위는 고장상태에서 650[V](차단시간 200[ms]) 이하를 기준으로 한다.

㉣ 신호·통신기기의 내전압은 2,000[V] 이내를 기준으로 한다.

③ 매설접지 계통도

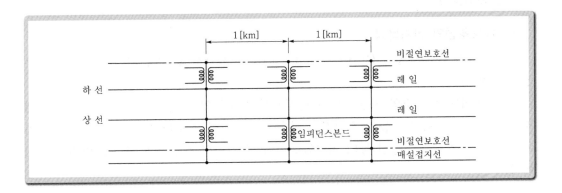

3 지락도선, 지락도대

(1) 지락도선

교류 전차선로에서 애자의 섬락사고가 발생하였을 때 그 사고전류를 귀선회로(부급전선, 또는 AT보호선)로 회귀시키는 것을 목적으로 설비되어 있는 것을 지락도선이라 한다.

① 지락도선은 부급전선, 보호선 및 섬락보호지선의 선종에 따라 경동연선 38[mm^2], 강심알미늄연선 40[mm^2] 등을 사용한다.

② 지락도선의 접속은 장간애자에는 지락도선용 밴드를 사용하며 지락도선과 밴드의 접속은 압착단자로 접속하고 부급전선 또는 보호선에는 클램프로 접속한다.

(2) 지락도대

이중절연방식이 필요하지 않을 때에 지락도선대신 띠 상태의 평강을 전주밴드의 볼트를 이용하여 취부한 것을 지락도대라 한다.

① 지락도대는 아연도 평강 Fb 3×32[mm] 또는 이와 동등 이상의 성능을 가진 것을 사용한다.

② 지락도대는 전주밴드의 볼트를 이용하여 취부한다.

4 AT보호선

AT보호선(PW ; Protective Wire)은 AT급전방식의 전차선 애자류의 보호용으로서 애자의 부측을 지락도선 또는 지락도대로 접속한 가공전선이다.

단권변압기 설치점과 그 중간부분에서 보호선용 접속선으로 레일과 접속되며 레일과 병렬로 폐회로를 구성하고 있다.

(1) AT보호선의 설치목적

AT보호선의 목적은 급전선이나 전차선용 애자의 섬락사고 발생 시에 금속회로를 구성하는 것이다.

즉, 신속하게 변전소의 차단기를 차단시켜서 애자류의 파손사고를 방지함과 동시에 지락사고로 인한 지지물 등의 접지전위 상승을 억제하여 지지물에 첨가된 전선 및 근처에 부설된 전등, 신호, 통신 등의 저압약전회로 및 기기의 절연파괴 사고를 방지하는 것이다.

(2) 통신유도 경감

AT보호선은 레일과 폐회로를 구성하고 있기 때문에 레일의 전위상승을 억제하며 레일에서 대지로 누설하려고 하는 전류를 AT보호선에 흐르게 함으로써 통신선 등에 전자유도장해의 저감효과도 기대하고 있다.

(3) AT급전회로의 보호선 구성도

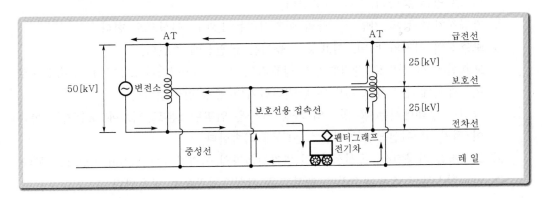

(4) AT보호선의 용량

AT보호선의 선종을 결정하는 조건은 사고 시의 단락전류와 그 통과시간, 전선의 강도, 레일전위 및 통신유도 등을 생각할 수 있다. 변전소 근처에서 발생한 단락사고는 선로임피던스가 낮기 때문에 AT보호선에 대전류가 흐르므로 충분한 전류내량과 기계적 강도가 필요하게 된다.

AT급전방식에서 사고전류의 통전시간은 차단기의 동작시간에 약간의 여유를 보아서 0.5~0.6초 정도로 한다.

통전시간이 대단히 짧고(열의 방산을 생각할 수 없는 2~3초 이내의 단시간)전선의 성능을 저하시키지 않는 전류치를 순시전류용량이라 하며, 다음 식에 의해서 구한다.

① 경동선

$$I = 152.1 \times \frac{A}{\sqrt{t}}$$

② 경알루미늄선

$$I = 93.26 \times \frac{A}{\sqrt{t}}$$

③ 아연도금강선

$$I = 49 \times \frac{A}{\sqrt{t}}$$

여기서, I : 전선의 순시전류용량[A]
　　　　t : 통전시간[sec])
　　　　A : 전선의 단면적[mm^2]

(5) AT보호선 및 비절연보호선 시설기준

① 보호선 및 비절연보호선에는 공해나 염해지역은 경동연선 75[mm^2], 청정지역은

447

ACSR 93.3[mm^2]를 사용한다. 다만, 변전소 등에 인접한 개소는 지락전류에 견딜 수 있는 용량의 것을 사용한다.

② 가공전차선 등의 가압부분과의 이격거리는 1.2[m] 이상으로 한다.

③ 보호선의 지지와 배열, 지표상의 높이는 급전선에 준한다.

④ 보호선은 각 선별로 단권변압기 상호간의 약 1~2[km]마다 보호선용 접속선으로 귀선레일에 접속하고 단말은 단권변압기의 중성점에 접속한다.

⑤ 정거장 구내에서는 홈 양쪽의 가장 가까운 임피던스본드 개소에 보안기를 통하여 접지 및 귀선레일(임피던스본드)에 접속한다.

⑥ 고·저압 가공전선, 통신선 등의 병가전선과의 이격거리는 0.5[m] 이상으로 한다.

⑦ 임피던스본드 접속개소의 노출부분은 합성수지관으로 보호한다.

5 섬락보호지선

(1) 설치목적

섬락보호지선(FPW ; Fault Protection Wire)은 빔 또는 완철, 애자금구 등을 직접 전기적으로 접속하고 그 중앙부에서 보안기를 통하여 부급전선 또는 AT보호선에 접속한다. 급전선이나 전차선용 애자의 섬락사고 또는 빔 등의 단락사고가 발생하였을 때, 사고전류는 이 섬락보호지선으로 흘러서 대지전위가 상승되어 보안기가 동작되며 AT보호선을 통하여 변전소로 회귀하는 보호회로를 구성하기 위한 보호선이다.

(2) 섬락보호지선의 시설기준

① 섬락보호지선은 경동연선 38[mm^2] 이상을 사용한다.

② 가공전차선 등의 가압부분과의 이격거리는 1.2[m] 이상으로 한다.

③ 고·저압 가공전선 통신선 등의 타의 병가전선과의 이격거리는 0.5[m] 이상으로 한다.

④ 약 1[km]마다 구분하여 접지저항 10[Ω] 이하로 접지하고 그의 대략 중앙점에 보안기를 통하여 부급전선 또는 보호선에 접속한다. 단, 정거장 길이가 긴 경우 2[km] 이내까지 할 수 있다.

⑤ 섬락보호지선의 지표상 높이는 5[m] 이상, 건널목에 있어서는 6[m] 이상으로 한다.

6 보안기

교류전차선로용 보안기란 섬락보호지선과 부급전선 또는 AT보호선과의 사이에 설치되는 방전 Gap을 말한다. 애자섬락 시 기준치 이상의 전압이 보안기에 걸렸을 때만 동작시키고 변전소의 사고검지와 보호처리를 용이하게 하고 있다. 또 피뢰기와는 달라서 특성요소는 없으며 일정한 방전간극으로만 되어 있다.

(1) 보안기의 동작원리

애자의 섬락사고가 발생하였을 때에 변전소의 차단기 동작을 확실히 하기 위하여 섬락보호지선과 부급전선과를 접속할 필요가 있으나, 부급전선에는 상시 전압이 걸려있기 때문에 양선을 직접 접속하면 전주 등에 사람이 접촉되었을 경우에 위험하므로 보안기를 통하여 접속한다. 애자의 섬락 등의 이상 시에 1,200~2,500[V]의 전압이 보안기에 가압되었을 때만 방전간극을 아크(Arc)에 의하여 단락시켜서 사고전류는 부급전선으로 흐름과 동시에 변전소의 차단기를 동작함으로써 지지물 등의 대지전위의 상승을 억제한다.

(2) 보안기의 시설기준

① BT구간 정거장구내 홈 양쪽 흡상선이 설치된 가장 가까운 개소에 보안기를 설치하여 부급전선에 접속하고, 섬락보호지선을 통하여 대지와 접속한다.

② BT구간 정거장 간에는 흡상변압기에 보안기를 설치하여 부급전선과 연결하고 1종 접지로 대지와 접속한다.

③ AT구간 정거장구내에 설치하는 보안기는 섬락보호지선 양단에 병렬로 설치, 보호선에 접속하고 공용접지에 연결한다. 다만, 공용접지 구간이 아닌 개소는 제1종 접지로 한다.

④ AT구간 정거장 간에 설치된 보호선용 접속선으로부터 1[km]마다 보안기를 설치하여 보호선에 접속하고 공용접지에 연결한다. 다만, 공용접지 구간이 아닌 개소는 제1종 접지로 한다.

⑤ 설치높이는 지표상 3.5[m] 이상으로 하고 보안점검이 용이한 위치에 시설한다.

⑥ 약 1[km]마다 구분접지한 섬락보호지선의 대략 중앙점에 시설한다.

⑦ 보안기와 전차선로의 가압부분, 고・저압 가공전선 및 통신선 등 병가전선과의 이격거리는 0.6[m] 이상 이격한다.

7 피뢰기

(1) 개 요

피뢰기란 뇌 및 회로의 개폐 등으로 기인하는 충격전압 발생 시 그 전류를 대지에 흐르게 함으로써 과전압을 제한하며, 기기나 회로 등의 절연을 보호한다. 애자의 내전압을 초과하는 뇌격전압이 내습한 경우에는 애자가 파손되므로 애자사고를 보호하고, 또 속류를 단시간에 차단하여 계통의 상태를 본래대로 자복하는 보호장치를 말한다.

(2) 피뢰기의 종류와 특성

피뢰기는 직렬 Gap(아크간극)과 특성요소(SiC : 탄화규소)로 구성된 직렬 Gap부 피뢰기와 특성요소에 산화아연(ZnO)을 사용한 Gapless피뢰기(직렬 Gap을 생략한 피뢰기)가 있다.

① 직렬갭부 피뢰기

  ㉠ 직렬갭(Gap)

    직렬갭은 정상 전압에서는 방전을 하지 않고 절연상태를 유지하지만 이상전압 발생 시에는 신속히 이상전압을 대지로 방전해서 이상전압을 흡수함과 동시에 계속해서 흐르는 속류를 빠른 시간 내 차단하는 특성을 가지고 있다.

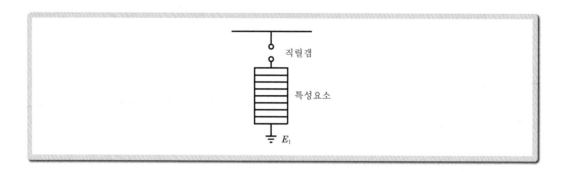

  ㉡ 특성요소

    특성요소는 탄화규소 입자를 각종 결합체와 혼합하여 모양을 만든 후 고온도의 로 속에서 구워낸 것으로 비저항 특성을 가지고 있어 밸브 저항체라고도 한다. 특성요소의 특징은 뇌서지 등에 의한 큰 방전전류에 대해서는 저항값이 작아져서 제한전압을 낮게 억제함과 동시에 비교적 낮은 계통전압에서는 높은 저항값으로 속류 등을 차단하여 직렬갭에 의한 차단을 용이하게 도와주는 작용을 한다.

② 갭리스형 피뢰기

  산화아연(ZnO)을 주성분으로 하는 소결체를 특성요소로 하는 피뢰기로서 전압이 인가되어도 거의 전류가 흐르지 않으므로 직렬갭의 필요가 없으며 Gapless피뢰기라 부르고 있다. 이 피뢰기는 인가되는 전압이 보호레벨에 달할 때까지는 거의 전류를 흐르게 하지 않으며 실질적으로 절연물이다. 보호레벨을 초과하는 과전압이 되면 전류를 통전하여 광범위의 방전전류치에 대하여 단자전압은 거의 일정치로 유지되며, 과전압이 없어지면 즉시 방전전류가 작아진다는 특징을 갖고 있다.

(3) 피뢰기의 유효보호범위

피뢰기의 직선적 유효보호범위는 다음과 같이 계산한다.

$$L = \frac{C \cdot t}{2}[\text{m}]$$

여기서, L : 피뢰기의 직선적 유효보호범위[m]

C : 전파속도[m/μs]

t : 뇌의 파두장[μs]

 피뢰기 설치간격 계산 예

$C=250$[m/μs](피뢰기의 접지저항분을 고려)

$t=2$[μs]로 하면

$L=\dfrac{2 \times 250}{2}=250$[m]

직류 급전선에 설치하는 피뢰기는 설치점의 양측을 보호하므로 설치간격은 2배인 500[m]가 된다.

---

(4) 피뢰기의 시설기준

① 피뢰기는 흡상변압기 및 단권변압기의 1차측 및 2차측, 급전용 케이블 단말에 설치한다.

② 주상에 설치하는 피뢰기는 지표상 5[m] 이상 높이에 설치한다.

③ 피뢰기의 접지단자와 지중접지도체 리드선과의 접속은 25[mm^2]의 전력케이블을 사용하고 지표상 2[m] 높이까지는 절연관으로 보호한다.

④ 직류구간의 피뢰기는 약 500[m] 간격으로 설치한다. 단, 낙뢰빈도가 높은 지역 등에는 추가하여 설치할 수 있다.

⑤ 피뢰기는 ④의 범위 내에서 터널입구, 변전소 인출구, 급전선 인류에서 분기되는 급전선 연장이 100[m] 이상인 개소에 중점적으로 시설한다.

⑥ 피뢰기의 접지는 10[Ω]으로 하되, 각 피뢰기의 접지는 공용할 수 있으며 이때의 접지저항치는 30[Ω] 이하로 한다.

⑦ 교류 급전선을 케이블로 설치할 경우의 충전전류를 방지하기 위한 피뢰기는 다음과 같이 설치한다.

  ㉠ 급전케이블의 길이가 100[m] 이하인 경우 피뢰기를 설치하지 않는다.

  ㉡ 급전케이블의 길이가 100[m]를 넘고 600[m] 이하인 경우 일단에 충전전류용 피뢰기를 설치한다.

  ㉢ 급전케이블의 길이가 600[m] 이상인 경우 양단에 충전전류용 피뢰기를 설치한다.

⑧ 피뢰기 누설전류 측정이 가능하도록 피뢰기 본체와 지지대 간에 절연체 또는 절연애자를 삽입하여 시설한다.

8 보호망

전차선로의 상부에 있는 과선교 등의 위에서 급전선 또는 전차선에 사람이 접촉될 우려가 있을 때에는 감전 사고를 방지하는 시설을 다음과 같이 하여야 한다.

① 가공전차선로에 도로, 구름다리 등이 접근하는 곳에는 필요에 따라 보호망을 설치한다.

② 화물홈, 도로변 등 차량 및 통행인에 의하여 손상을 받을 우려가 있는 지지물은 철책, 콘크리트벽 등으로 방호설비를 하여야 한다.

9 접지장치

(1) 개 요

전차선로의 접지장치에는 섬락보호설비에 사용되는 보안기의 접지극 및 피뢰기의 접지극 등 급전회로의 보호를 목적으로 한 것과 철주의 접지, 전차선로를 지지 또는 근접한 승강장 옥상 등의 금속부분의 접지 등, 공작물에 대한 장해방지, 전차선 지락과 같은 사고 시에도 레일전위의 상승을 억제하여 사람 등을 보호하고, 낙뢰에 의한 피해 및 유도에 의한 감전을 방지하기 위하여 접지설비를 시설한다.

전차선로의 모든 접지는 서로 연결되는 공용접지방식으로 하여야 하며, 다음의 기준을 만족하여야 한다.

① 사람이 접촉되었을 때 인체 통과 전류가 15[mA] 이하일 것

② 일반인이 접근하기 쉬운 지역에 있는 경우 연속 정격전위가 60[V] 이하일 것

③ 일반인이 접근하기 어려운 지역에 있는 경우 연속 정격전위가 150[V] 이하일 것

④ 순간 정격(200/1,000초 이내) 전위가 650[V] 이하일 것

(2) 접지장치 시설기준

① 전차선로의 접지설비와 접지저항치는 다음 표와 같다. 단, 공용접지방식을 적용한 구간은 제외한다.

[접지설비 및 접지저항치]

접지설비	접지저항치	비 고
섬락보호지선	10[Ω] 이하	
보호선용 보안기		
피뢰기		
보호망, 보호책 등	100[Ω] 이하	다만, 금속체와 대지 간의 전기저항치가 100[Ω] 이하인 경우는 접지설비를 생략할 수 있다.
유도전압에 의한 위험전압이 유기될 우려가 있는 건조물의 금속부분		
철주(단독접지)		
합성 전차선 및 급전선을 지지하는 철교, 구름다리, 기타 금속부분	10[Ω] 이하	
전기기계 및 기기 등의 가대, 외함	10[Ω] 이하	

② 접지선의 시설

    ㉠ 접지선은 지하 750[mm] 이상의 깊이에 매설한다.

    ㉡ 접지선을 철주 기타 금속체에 연하여 시설하는 경우에는 접지극을 지중에서 그 금속체로부터 1[m] 이상 이격하여 매설한다.

    ㉢ 접지선은 접지용 전선(GV전선)을 사용한다.

    ㉣ 접지선은 지표면하 0.75[m]로부터 지표상 2[m]까지의 부분은 합성수지관 등으로 보호한다.

③ 접지극의 시설

    ㉠ 접지극은 동봉, 동복강봉 등의 타입식을 사용하고 용이하게 소요의 저항치를 얻을 수 없는 경우에는 접지저항 저감제를 사용하여 규정 접지 저항치를 확보해야 한다.

    ㉡ 다른 기설 접지극과의 이격거리는 5[m] 이상으로 한다.

    ㉢ 매설 케이블, 지지물 등과 접지극과의 이격은 1[m] 이상으로 한다.

    ㉣ 1본의 접지극으로 소요의 저항치를 얻을 수 없는 경우에는 접지봉 2본을 연결하여 깊게 타입하고 필요한 본수를 병렬로 타입한다. 이 경우의 병렬타입하는 접지극 상호의 이격은 3[m] 이상으로 한다.

④ 공용접지방식의 시설

전철설비의 접지는 매설접지선을 설치하여 모든 전기설비를 등전위 접지망으로 구성하는 공용접지방식으로 하며, 선로변 철도 시설물의 모든 금속설비는 공용접지에 연결하여야 한다.

    ㉠ 횡단접속선은 상·하주행레일(임피던스본드)·매설접지선·비절연보호선을 접지단자함에서 다음에 의하여 주기적으로 접속한다.

      • 횡단접속선의 설치간격은 변전소부터 10[km] 이내의 특수지역은 1,000~1,200[m], 일반구간은 1,500~2,000[m]로 한다.

      • 궤도회로에 임피던스본드 또는 신호 유닛 등이 있을 경우에는 횡단접속선과의 거리는 최소 100[m] 이상 이격한다.

      • 터널 및 교량의 길이가 긴 경우에는 그 중간에 횡단접속선을 두어야 한다. 다만, 횡단접속이 곤란한 경우에는 횡단접속선을 생략할 수 있다.

      • 500[m] 이하의 터널 또는 교량의 경우에는 양측에 보조 횡단접속선을 설치하여야 한다.

    ㉡ 매설접지선의 시설기준은 다음에 의한다.

      • 매설접지선은 Cu 35[mm^2]의 연동연선을 사용하여 지하 750[mm] 이상의 깊이에 매설하고 단선의 경우 선로 한쪽에 시설하고, 복선의 경우 대지 저항률이 1,000[Ω·m] 이하 구간은 매설접지선을 1회선, 1,000[Ω·m] 초과 구

간은 매설접지선을 2회선 포설한다.

- 신설 터널인 경우에는 터널 공사 시 상·하선 양쪽에 매설접지선을 미리 포설하고, 매설접지선에 T접속하여 터널 벽면에 동제 터미널(동단자)를 250[m]마다 설치한다.
- 기존 터널 및 교량구간에서 접지선을 매설하기 곤란할 경우에는 절연접지선을 상·하선 양쪽에 포설하여 접지망을 구성한다.
- 교량구간의 교각철근 접지방식은 교각바닥 철근과 접지선을 용융용접(산화구리와 알루미늄)하여 GV 95[mm²]를 교각상부 1[m]까지 인출하고 전철주 앵커볼트와 교각철근은 상호용접한다.

ⓒ 접지단자함은 운행속도 250킬로급 이하 구간에 250[m]마다 설치하고, 선로 피접지물 시설현황에 따라 설치간격을 조정할 수 있으며, 운행속도 300킬로급 이상 구간에서는 공동관로 내에 절연접지선을 포설하며, 접속방법은 π접속 또는 T접속으로 한다.

ⓔ 공용접지방식에 사용하는 전선의 종류 및 규격은 다음 표에 의한다. 단, 비절연보호선은 선구별 설계조건에 따라 다르게 적용할 수 있다.

[접지선의 사용구분]

구 분	사용전선	수 량	비 고
매설접지선	Cu 35[mm²]	1조	
매설접지선	Cu 35[mm²]	2조	양 쪽
임피던스본드 접속선	FGV 70[mm²]	2조	
횡단접속선	FGV 70[mm²]	2조	상·하선 접속선
귀선전류귀환선	FGV 70[mm²]	4조	중성선
절연접지선	FGV 70[mm²]	1조	보호선용 접속선
금속도체 연결선	GV 50[mm²]	1조	선로변 금속도체 접속선

⑤ 접지선의 접속

접지선의 접속은 압축접속 또는 용융접속으로 한다.

⑥ 접지매설표

접지전선의 매설 장소에는 접지매설표를 설치한다.

(3) 철근접지방식

철근접지방식이란 고가나 빌딩 등의 기초철근을 접지극으로 이용하는 것으로 최대한의 저접지를 얻을 수 있는 경제적인 접지방식의 하나이다. 전철구간에서 고가구간의 교각기초에 전면적으로 채용되고 있으며, 사고 시에 접지선에 유입되는 전류가 크기 때문에 접지선은 95[mm^2] 이상을 사용하고 있다.

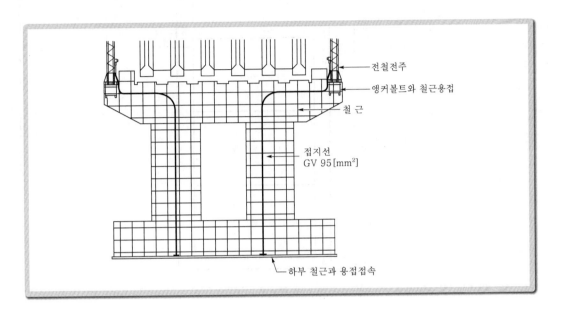

10 표지류

표지류는 열차운행 및 전차선로 보수 등에 관계가 있으며, 어느 것이나 열차승무원 또는 작업원 등이 용이하게 인지할 수 있도록 그 취부위치 및 방향을 고려할 필요가 있다. 특히 가선종단표지, 가선사구간표지, 구분표, 역행표, 타행표 등은 이것을 오인하거나 설치위치의 부적합 등으로 전차선로는 물론 열차운행에도 지장을 주게 된다.

표지류는 사용 용도에 따라 자체가 광원을 갖는 전기표시등과 전기차의 헤드라이트 광원에 의한 반사재를 사용하고 있다.

(1) 전차선 구분표

① 구분장치는 그 소재를 승무원에게 경고할 필요가 있는 경우에 애자섹션 및 에어 섹션 개소에 전차선 구분표를 시설한다.
② 전차선 구분표는 승무원이 쉽게 알 수 있도록 설치한다.
③ 전차선 구분표는 구분장치의 시단 또는 시단 측에 가장 가까운 지지물에 설치하고 그 형식은 다음과 같다.

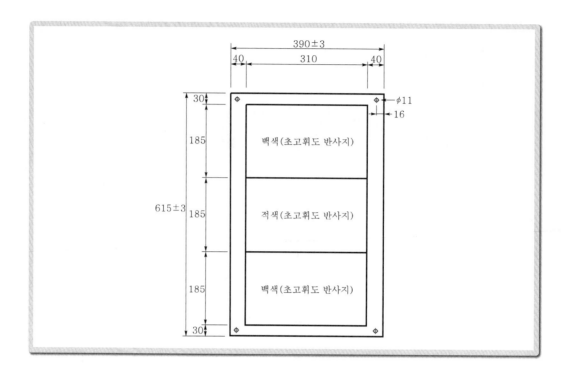

(2) 전주번호표

① 전주번호표는 레일면상 약 2.5[m]의 위치에, 지하구간은 레일면상 3.0[m]의 위치에 설치한다.

② 역구내의 경우 선로와 직각방향인 선로쪽으로 설치하고, 역간의 경우 복선구간 하선은 기점쪽, 상선은 종점쪽 45° 방향으로 설치하며, 단선구간의 홀수번호는 기점쪽, 짝수번호는 종점쪽 45° 방향으로 설치한다. 단, H형강주와 조합철주는 역구내 설치기준에 준한다.

③ 터널구간 상·하선 공동으로 사용하는 하수강의 전주번호표는 홀수는 기점쪽, 짝수는 종점쪽으로 설치한다.

④ 전주번호는 정거장 간과 정거장구내로 구분하고, 터널브래킷은 터널별로 일련번호를 부여한다.

⑤ 전주번호의 부여는 선로의 기점쪽을 기준으로 하고, 복선 이상의 경우에는 하선을 기준으로 한다.

⑥ 지하구간의 전주번호표는 5경간마다 설치하고, 처음과 마지막 전주번호표는 포함한다.

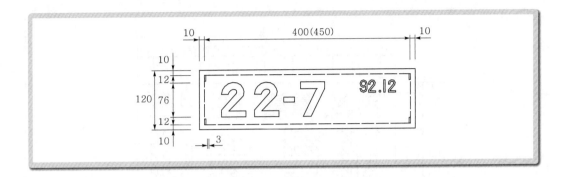

(3) 주의표

① 건널목에는 스팬선식 및 브래킷식의 주의표를 조가하거나 입식 주의표 또는 일체형 주의표를 설치한다.

② 주의표의 설치기준은 다음과 같다.

    ㉠ 스팬선식 : 2차로 이상 차량통행 건널목

    ㉡ 브래킷식 : 1차로 이하 차량통행 건널목

    ㉢ 입찰식 : 차량통행이 없고 사람만 다니는 곳

③ 보호망(책)에는 통행인이 잘 보이는 곳에 주의표를 설치한다.

④ 건널목의 스팬선식 주의표에 사용되는 전주는 전도 시 피해가 없도록 설치하되 스팬선에는 주의표를 설치한다.

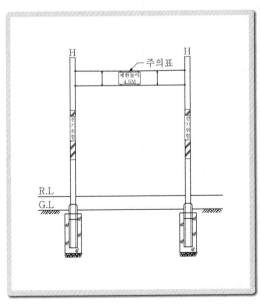

【 주의표(스팬선식) 】

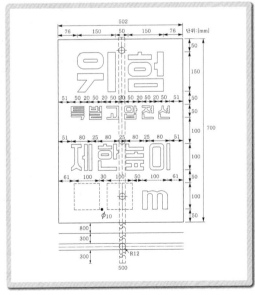

【 주의표(입찰식) 】

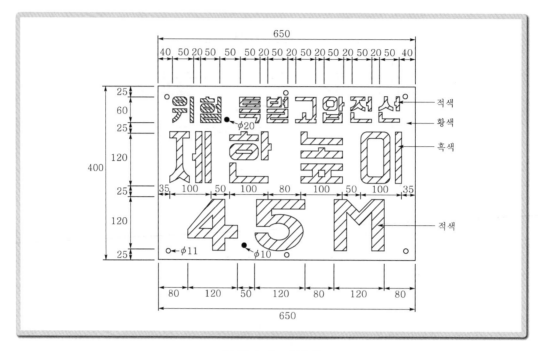

【 주의표(조가식) 】

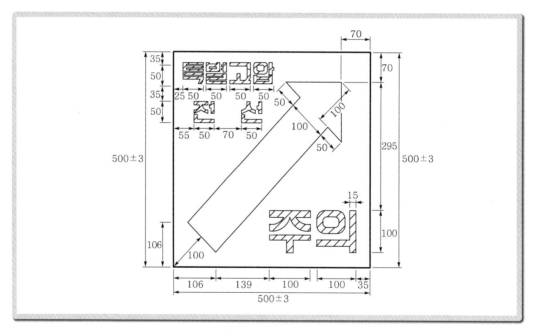

【 보조 주의표 】

(4) 가선절연구간 예고표지

전차선로 속도등급 200킬로급 초과 구간은 가선절연구간 전방에서 1,000[m] 전방에 설치한다.

그 외의 구간은 가선절연구간표의 400[m] 전방에 설치한다.

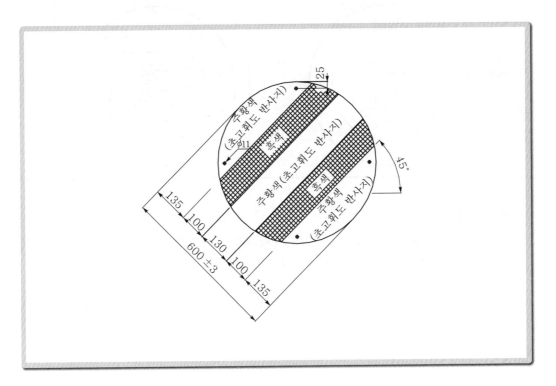

(5) 역행표지

① 전기기관차

　　가선절연구간의 후방에서 20~30[m]를 더한 곳에 설치하되, 중련운전구간은 40~50[m]의 곳에 설치한다.

② 전기동차

　　가선절연구간의 후방에서 열차장에 10[m]를 더한 곳에 설치한다.

③ 고속철도차량

　　가선절연구간의 후방에서 열차장에 30[m]를 더한 곳에 설치한다.

④ 역행표

　　역행표의 형식은 다음 표와 같다.

459

[역행표]

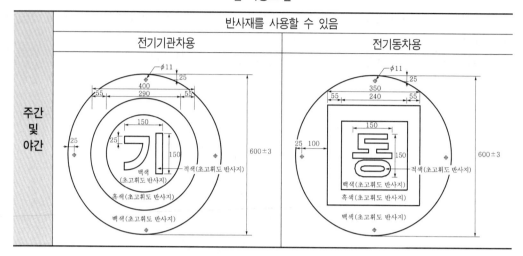

(6) 타행표지

① 속도등급 200킬로급 초과 구간의 타행표지는 가선절연구간에서 200~250[m]의 전방에 설치하고 그 외 구간의 타행표지는 교·직류 가선절연구간에서 150~200[m], 교·교류 가선절연구간에서는 100~200[m] 전방에 설치한다.

② 타행표의 형식은 다음과 같다.

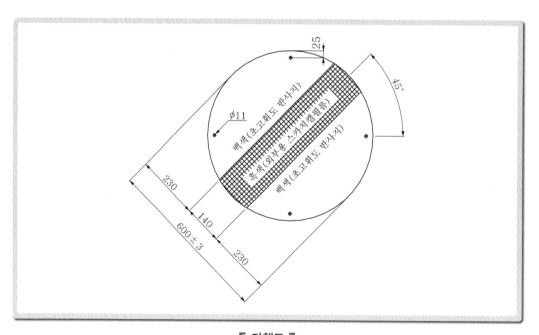

[타행표]

(7) 가선종단표지

① 가선종단표지는 다음에 명기한 곳에 승무원이 쉽게 알 수 있도록 설치한다.

    ㉠ 본선의 가공전차선로 종단

    ㉡ 입환이 빈번한 측선의 가공전차선로 종단

    ㉢ 기타 필요하다고 인정되는 가공전차선로 종단

② 위 ①의 규정에도 불구하고 가공전차선로의 종단에 차막이 표지를 시설할 경우에도 가선종단표지를 설치한다.

③ 가선종단표지에는 반사재를 사용 시설한다.

④ 가선종단표지의 형식은 다음과 같다.

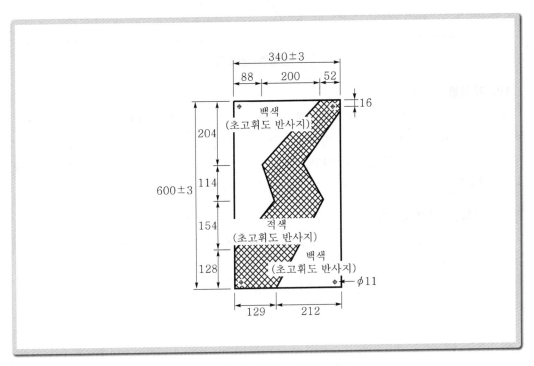

【 가선종단표지 】

(8) 가선절연구간표지

① 속도등급 200킬로급 초과 철도구간의 가선절연구간표지는 가선절연구간 중심의 110[m]의 전방에 설치하고, 그 외 구간의 가선절연구간표지는 교류 가압구간의 이상 접속지점 또는 교류구간과 직류구간의 접속지점의 가공전차선로 시단 또는 시단측 가장 가까운 지지물에 설치한다.

② 절연구간표의 형식은 다음과 같다.

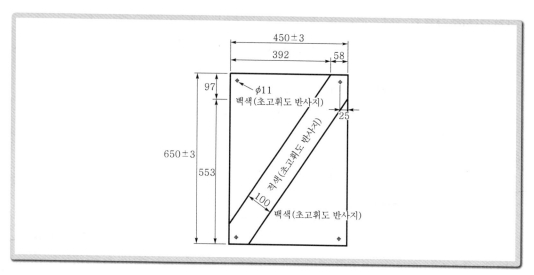

【 가선절연구간표 】

(9) 케이블매설표

지중 케이블을 포설하는 구간에는 매설경로를 표시하는 케이블매설표를 철도 부지 내에는 10[m] 이내, 철도부지 이외에는 도로법 등 관계법령에 따라 설치하고 육안으로 식별할 수 있는 위치에 설치한다. 다만, 선로횡단 전・후 및 방향변경지점 또는 취약개소나 임시선로 구성 시 거리에 관계없이 10[m] 이내로 설치한다.

(10) 팬터내림예고표지

① 팬터내림예고표지는 고속철도와 일반철도의 전차선 경계구간 중앙에서 1,310[m]의 전방에 설치한다.

② 절연구간이 없는 연결선의 경우 650[m] 전방에 설치한다.

③ 팬터내림예고표지의 형식은 다음과 같다.

(11) 팬터내림표지

① 팬터내림표지는 고속철도와 일반철도의 전차선 경계구간 중앙에서 100[m] 전방에 설치한다.

② 팬터내림표지의 형식은 다음과 같다.

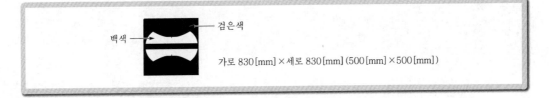

(12) 팬터올림표지

① 팬터올림표지는 고속철도와 일반철도의 전차선 경계구간 중앙에서 495[m] 후방에 설치한다.

② 팬터올림표지의 형식은 다음과 같다.

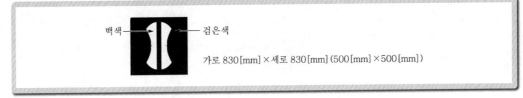

전기철도공학

원격제어장치

Chapter 04 원격제어장치

01 개 요

SCADA System(원격제어장치)은 Supervisory Control And Data Acquisition의 약자로서 원격감시제어와 자료획득 시스템을 총칭하여 원격감시제어 시스템이라고 한다.

① 원격감시제어 시스템은 지정한 장치를 제어할 수 있는 능력을 제공하고, 지시된 대로 작동을 하는지 운전상태를 확인하는 일을 한다.

② 원격감시제어 시스템은 제어할 위치와 제어될 장치 사이의 거리가 직접제어로는 불가능한 경우에 사용된다.

③ 원격감시제어 시스템은 일반적으로 한 개 이상의 특별한 장치들의 운전에 국한하지 않고 전반적인 전력시스템 운전에 관련된 대량의 데이터를 수집하도록 설계되어 있다.

실제로 원격감시제어 시스템이란 용어는 과거와 같이 한정된 의미로 사용되는 것이 아니고, 원격감시제어와 자료취득 시스템으로서 SCADA System으로 표현한다.

02 SCADA System의 특징

SCADA System의 종래 방식은 사령실과 변전소, 구분소 등으로부터 각종 개폐기의 상태와 제어, 경보 등의 정보를 사령자의 판단에 따라 즉시 조치하거나 결과를 볼 수 있었다.

그러나 설비가 복잡, 다양화되면서 인위적인 방법으로 계통을 효율적으로 운용하기에는 한계점에 도달함에 따라 컴퓨터의 정보수집, 분석, 처리, 제어기능과 통신기술을 응용하여 이들 시설이나 계통을 합리적·경제적으로 운용하는 종합관리시스템으로 크게 중앙제어소장치와 원격소장치로 구성된다.

03   SCADA System의 응용분야

   컴퓨터의 이용과 기술이 생활화되고 향상됨에 따라서 최근에는 컴퓨터와 정보통신 및 제어기술의 발전과 더불어 원격감시제어 시스템의 응용범위가 크게 확대되고 있다.

   우리나라에서는 1980년대 초반부터 한국전력공사의 SCADA System을 시초로 1985년 말 한국철도공사에 SCADA System을 설치하여 전철운용에 적용하기 시작하였으며, 1987년 이후부터 SCADA System 사업의 응용영역을 확장하여 산업 플랜트의 수·변전 설비와 가스관설비, 다목적댐 및 용수관리 등의 수자원설비, 상수도설비, 하수도와 빗물 배수 펌프장 등의 수방설비, 지하철과 공항 및 항만설비, 인텔리전트 빌딩 설비 등의 운영관리를 위한 원격감시제어 시스템을 사회 각 분야에서 광범위하고 활발하게 응용되고 있다.

04   SCADA System과 원격통신

   SCADA System의 운용은 복잡, 다양하다. 신속, 정확한 정보처리 결과를 얻어내는 데는 통신이 중앙장치와 원격소장치(RTU)의 기능에 중요한 역할을 담당하게 된다. 특히 SCADA System을 효율적으로 운용하기 위해서는 고도의 통신기술 및 양질의 데이터 전송을 요구하며 컴퓨터 기술과 데이터 전송이 결합하여 시스템 효율을 극대화할 수 있다.

05   SCADA System의 효과 및 주요 기능

1 효 과

   ① 컴퓨터로 처리된 정보를 운용자가 오판없이 조작, 운용
   ② 정보의 정확도 증진
   ③ 전기설비계통의 합리적 운용
   ④ 사고발생의 조기감지 및 신속한 조치 가능
   ⑤ 전기설비의 감시, 제어, 기록의 자동화
   ⑥ 전력공급의 신뢰도 향상

⑦ 안정된 전력공급으로 사용자 편의 도모

⑧ 전원의 무정전 확보로 열차안전운행에 기여

2 주요 기능

(1) 원격감시기능

① 시스템의 운용상태 및 통신상태

② 전철, 전력계통망의 상태(차단기, 단로기, 개폐기, 보호계전기, 출입문 등)

③ 원격소장치 및 통신회선의 상태 변화

(2) 원격제어기능

동작 전 확인방식(Select-Before-Operate)으로 3단계로 제어한다.

① 개로 시

차단기 조작 → 단로기(각종 개폐기) 조작

② 폐로 시

단로기 조작 → 차단기 조작

(3) 원격계측기능

① 아날로그 데이터를 순시 또는 주기적으로 측정

㉠ 전압[V]

㉡ 전류[A]

㉢ 유효·무효전력[W·Var]

㉣ 최대전력[kW, MW]

㉤ 유효·무효전력량[kWh·kVarh]

㉥ 역률[PF]

② 계측 포인트의 상·하한치를 설정 운용

③ 원격제어값 그래프에 표시

(4) 기록기능

순차사건처리방식(Sequence of Event)으로, 발생 시간대별로 사건분해 기록 및 보고하는 기능을 말한다.

① 시스템 운용상태

② 전철, 전력계통 운용변화 상태

③ 각종 경보상태

④ 주기적 보고서 상태(일별, 월별)

(5) 경보발생기능

① 시스템 및 원격소장치 고장발생 시

② 전철, 전력계통상 사고, 장애발생 시

③ 감시포인트 상태변화 시

④ 계측값의 상·하한치 초과 시

(6) 표시화면기능

X-윈도우 그래픽 유저(User) 인터페이스(GUI)방식을 사용하여 감시·제어를 쉽게 할 수 있다.

① 전철, 전력 단선결선도 확인

② 메뉴화면, 시스템화면, 가상화면, 속성요약화면, 경보요약화면, 순차사건화면, 비정상요약화면, 통신상태화면, 기타화면 등

(7) 일괄제어기능

수전변전소의 정전 또는 급·단전 작업 시 운용자의 선택에 의하여 컴퓨터가 자동으로 제어하는 기능이다.

(8) 자동고장구간 검색기능

계통장애 시 자동으로 장애구간을 검색하여 운용자에게 알려주는 기능이다.

06 SCADA System의 구성

1 개 요

전기철도구간의 각 변전소, 급전구분소, 보조급전구분소 등은 사령실(Control Center)에서 원격으로 감시제어하여 운용할 수 있도록 하고 있으며, 이를 위하여 일반적으로 SCADA System을 사용하고 있다.

원격제어, 감시설비는 크게 나누어 제어를 하는 중앙제어장치와 피제어장치가 되는 원격소장치(RTU)로 구성된 시스템과 RTU 없이 통신장치(CU)를 통하여 직접 상위 감시제어소로 전송 및 수신할 수 있는 시스템으로 구성되어 있다.

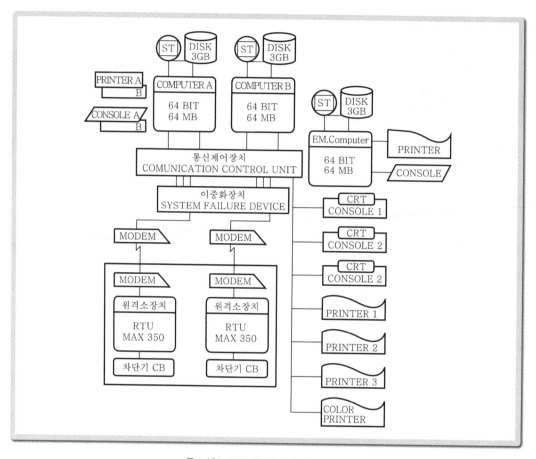

【 전철 급전 원격제어 계통도 】

2 중앙제어소 장치

중앙제어소(C.C)는 각 변전소, 구분소, 전기실 등 피제어소의 각종 전력설비를 종합 관리할 수 있는 곳으로 전력계통과 상태변화를 원격감시제어 시스템을 통하여 실시간 온라인으로 종합적으로 파악하기 위하여 각종 기록업무 및 통계업무 처리를 수행하고 발생상황에 신속하게 대처할 수 있도록 하는 장치로 그 구성은 다음과 같다.

(1) 주컴퓨터장치

주컴퓨터장치는 중앙처리장치, 대용량 기억장치, 백업장치, 시스템 콘솔, 시스템 프린터, 고속데이터 통신장치 등으로 구성되며, 컴퓨터장치 상호간에는 전용 데이터 링크를 이중화하여 대기상태 없이 즉시 고속으로 데이터 통신을 할 수 있다.

또한 근거리 통신망을 사용하여 컴퓨터장치와 인간/기계 연락장치인 사령조작반과 연결되고 프린터와 계통반 등 주변기기는 고속데이터 통신장치를 통하여 통신제어모듈과 연결하여 대기상태 없이 데이터를 송·수신할 수 있다.

① 중앙처리장치(CPU)

㉠ 32비트(Bit)급 이상의 RSCI(Reduced Instruction Set Computing) CPU를 탑재하고 개방형 UNIX급 운영체제를 사용한다.

㉡ 각종 주변기기를 연결할 수 있는 세계적으로 공인된 표준부스 접속기능 및 각종 입출력 인터페이스(RS232C, LAN 등)를 내장하고 있다.

㉢ 시스템 콘솔을 연계하여 본 시스템과 관련된 하드웨어나 소프트웨어를 관리한다.

② 대용량 기억장치(Hard Disk Driver)

㉠ 각각의 중앙처리장치마다 전용으로 구성하여 데이터 변환할 때 즉시 자동으로 데이터를 상호 백업한다.

㉡ 각종 기본 소프트웨어(운영체제, CRT제어 프로그램, 데이터베이스 프로그램, 네트워크관리 프로그램 등)와 감시제어용 소프트웨어가 저장·실행된다.

③ 테이프 백업장치(Stream Tape)

중앙처리장치의 임시 또는 영구보관용 대용량 백업장치로 중앙처리장치의 프로그램, 보고서 내용 및 상황발생 내용을 주기적으로 백업하고 시스템의 이상 또는 확장 시 중앙처리장치로 복사하여 간단한 조치로 복구가 가능하다.

④ 시스템 콘솔

중앙처리장치에 직접 접속되어 시스템(하드웨어, 소프트웨어)을 관리하기 위한 것으로 데이터베이스, 소프트웨어 수정 및 하드웨어를 관리하기 위하여 각 중앙처리장치 단위로 CRT 터미널과 프린터로 구성되어 있다.

⑤ 고속데이터 통신장치

㉠ 컴퓨터장치와 통신제어장치는 16[Mbps]의 고속통신을 할 수 있다.

㉡ 근거리 통신망으로 주컴퓨터와 사령자조작반, 영상장치 간의 데이터 통신을 할 수 있다.

(2) 인간/기계 연락장치

본 장치는 사령자조작반, 프린터장치, 천연색 영상복사장치, 사령자제어탁자 등으로 구성되어 있다.

사령자가 계통의 정상 시와 비정상 시 또는 회복 시에 전기설비를 컴퓨터 시스템을 이용하여 최적으로 감시 및 제어할 수 있도록 구성되며, 사령자가 손쉽게 운영할 수 있도록 대화형으로 구성되어 있다.

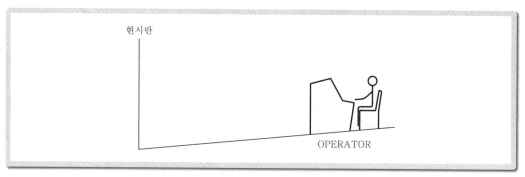

【 인간/기계 연락장치 】

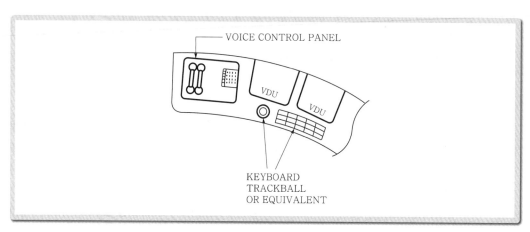

【 사령자조작반 및 영상장치 】

(3) 통신제어장치

① 통신제어방식

통신제어방식에는 단독방식, 직렬방식, 다중방식으로 분류되며, 원격소장치의 데이터량이 많은 경우에는 회선수에 따라서 직렬방식으로 구성하거나 또는 다중방식이 가능하며 대부분 직렬방식을 채택하고 있다.

㉠ 단독방식(Dedicated Line 또는 1 : 1 방식)

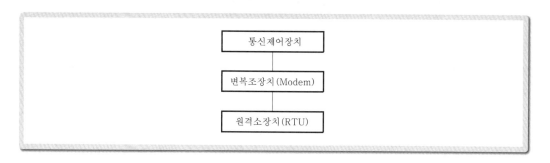

ⓛ 직렬방식(Party Line 또는 1 : N 방식)

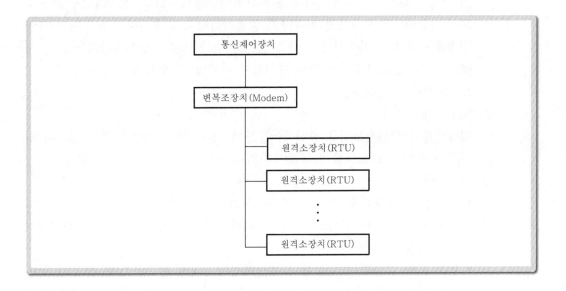

ⓒ 다중방식(Multiplxing 또는 방사선회로 방식)

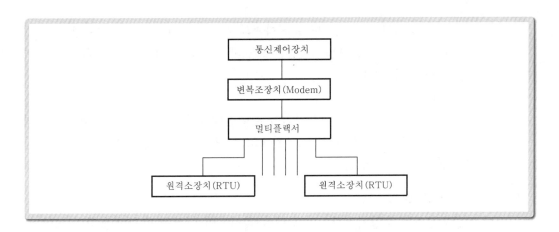

② 통신제어장치

통신제어장치는 컴퓨터장치와 RTU 간의 통신과 계통반을 제어하는 통신제어모듈, 변복조장치와 주변기기를 제어하는 입출력제어장치, RTU 자료 집중제어장치와 통신하기 위한 변복조장치 및 선로보호를 위한 통신선로 보안기로 구성되어 있다.

ⓐ 통신제어모듈

통신제어모듈은 입출력제어장치로 구성되며, 통신제어장치는 32Bit급 이상의 컴퓨터로 이중화하며 실시간 처리 운영체제 소프트웨어가 내장되어 전력계통의 감시·제어 기능을 주컴퓨터와 분산처리하면서 RTU와 실시간으로 통신하고 그 데이터를 신속하게 처리하여 중앙처리장치로 송신하고 사령자의 제어명령을 수신하여 안전하게 RTU로 전송할 수 있으며 중앙처리장치의 고장 시에도 전철, 전력계통의 상황을 용이하게 파악할 수 있도록 계통반의 제어 및 표시기능을 관장하고 있다.

ⓛ 입출력제어장치

입출력제어장치는 모뎀을 통신제어모듈에 접속시키는 기능을 갖고 있으며 타 기종의 RTU와 프로토콜 에뮬레이션(Protocol Emulation) 기능이 있다.

ⓒ 변복조장치

- 입출력장치로부터의 디지털신호를 아날로그신호로 변환하여 RTU에 송신하고 RTU로 부터의 아날로그신호를 디지털신호로 변환하여 입출력제어장치로 송신한다.
- 전 계통의 그룹별로 이중화된 통신회선에 2대의 변복조기(Modem)가 할당되며 사용 중인 선로 또는 모뎀의 고장 시에는 즉시 예비 통신선로와 모뎀으로 자동 절체된다.

ⓔ 통신선로 보안기

통신제어장치와 RTU 간 또는 전화기의 통신선로에서 발생될 수 있는 낙뢰, 서지 등으로부터 시스템과 인축을 보호하기 위하여 과전압, 과전류를 흡수하는 기능을 담당한다.

ⓜ 중계기

통신제어장치 및 RTU 간의 거리가 길어짐에 따른 신호감쇄와 멀티드롭에 의한 파형왜곡으로부터의 신호를 원래의 형태로 재생시켜 안정된 통신을 보장할 수 있는 장치이다.

(4) 시스템 이중화장치

시스템 이중화장치는 중앙처리장치의 상태를 감시하여 이상을 발견하면 즉시 모든 프린터, 원격소장치, 통신채널 등의 동작 중인 주변기기를 예비 컴퓨터로 무순간 절체시키는 장치이다.

① 사령자조작반

본 조작반은 1대의 천연색 영상표시장치와 키보드 및 마우스로 구성되고 전철변전설비 또는 고압배전설비의 전체 동작상태를 파악하여 현장에 설치된 장비를 제어하기 위해 RTU로부터 수집한 각종 자료를 그래픽을 통하여 사령자에게 제공하여 주는 장치이다.

② 천연색 영상복사장치

사령자의 명령에 의하여 사령자조작반의 천연색 영상표시장치의 화면을 천연색으로 고속출력한다.

③ 프린터장치

본 장치는 시스템경보, 사건프린터, 현장프린터, 보고서프린터가 기본적으로 제공된다.

④ 현시반(Map Board)

현시반은 현시제어장치, 전철전력계통반으로 구성되며, 보드는 CPU가 내장된 분산형 구조로 구성되어 있다.

(5) 근거리통신 네트워크(LAN)

LAN 네크워크의 각 모드에 설치되어 있는 LAN 접속기는 LAN시그널을 컴퓨터 로직시그널로 변복조하며, 충돌의 발생을 감지하여 이에 따른 수신 여부를 판단하고, 선로의 결함에 의하여 통신이 불가능한 경우에 이를 하드웨어적으로 감지하여 사령자에게 정보를 처리한다.

(6) 현시반(Map Board)

모자이크 타일로 조합된 보드 위에 급전계통의 상태를 사령자가 일목요연하게 감시하도록 되어 있는 현시반이다.

(7) 소프트웨어(Software)

컴퓨터 시스템의 유지와 관리 및 고장진단을 위한 프로그램으로 전철설비를 안전하고 쉽게 조작할 수 있도록 개발된 소프트웨어로 구성된다.

3 소규모제어장치

소규모제어장치는 각 변전소에 설치되어 변전소, 구분소 및 보조구분소에 설치된 전자식 배전반으로부터 올라오는 정보를 중앙사령실에 전송하는 기능과 중앙사령실 기능 정지시 감시·제어를 대신 수행할 수 있는 설비이며, 소규모제어장치 및 전자식 제어반의 주요설비는 다음의 기능을 가지고 있다.

(1) 컴퓨터장치(중앙처리장치 : CPU)

시스템 콘솔을 연결하여 본 시스템과 관련된 하드웨어나 소프트웨어를 관리할 수 있는 설비이다.

(2) 대용량 기억장치(Hard Disk Driver)

컴퓨터장치에 포함되어 데이터 변환 시 즉시 자동으로 데이터를 상호 백업할 수 있으며, 각종 기본 소프트웨어(운영체계, 화면제어 프로그램, 데이터베이스 관리프로그램, 네트워크 관리프로그램 등)와 감시제어용 소프트웨어가 저장·실행된다.

(3) 백업장치(Back-up Tape Driver)

컴퓨터장치에서 입출력장치의 하나로 임시 또는 영구적으로 데이터를 저장할 수 있고, 시스템 운영상의 보고서 내용 및 상황발생 내용을 주기적으로 저장하여 보관할 수 있으며, 프로그램 및 데이터의 백업이 자동 또는 운영자의 요구에 의해 일괄처리될 수 있다.

(4) 시스템 콘솔(System Console)

컴퓨터장치에 직접 접속되어 시스템(하드웨어, 소프트웨어)을 관리하기 위한 것으로 데이터베이스, 소프트웨어 수정 및 하드웨어를 관리하기 위한 천연색 영상표시장치로 구성된다.

(5) 고속데이터 통신장치

100[Mbps] 이상 이중화된 근거리 통신망(LAN)을 이용하여 컴퓨터장치와 통신제어장치모듈 간의 고속통신이 되며 근거리 통신망 각 노드에 설치되어 LAN신호를 컴퓨터 논리회로로 변복조하여 충돌의 발생을 감지하고 이를 상위에 통지하는 기능 및 LAN선로 상의 신호방향을 감지하고 이에 따라서 수신 여부를 판단하며, 선로의 결함에 의하여 통신이 불가능한 경우 이를 기계적으로 감지하여 사령원에게 경보하는 기능을 갖는다.

(6) 통신제어장치(CCU ; Communication Control Unit)

본 장치는 동일 변전소 내와 기타 구분소, 보조구분소에 설치되는 현장 IED로부터 올라오는 정보(상태, 전류, 전압 등)를 소규모제어장치와 통신 연계하는 장치로서 소규모제어장치의 운영 메시지를 현장의 IED로 전송하고 이에 따른 IED의 송신데이터를 소규모제어장치로 전송하는 통신중계역할을 담당하는 장치로 본 장치와 동일 변전소 내 IED의 통신방식은 광통신제어장치(Star Coupler)를 이용한 이벤트 베이스 Point-to-Point 방식으로 통신된다.

각 IED 간 Peer-to-Peer통신을 통하여 상호 인터록 신호 및 데이터를 송·수신하며 통신속도는 1.25[Mbps] 이상으로 구분소, 보조구분소에 설치되는 현장 IED와의 통신방식은 통신 입출입제어장치와 모뎀을 이용한 Point-to-Point방식을 갖는다.

또한 통신의 신뢰성 향상을 위하여 각 개소(변전소, 구분소, 보조구분소)의 제어반 내에서는 광케이블을 통신용으로 사용하며, 주요 장치는 다음과 같다.

① 통신제어장치
② 광통신제어장치(Star Coupler)

③ 입출력제어장치

④ 이중화장치

⑤ 광케이블

(7) 디지털 전력보호감시 및 제어장치(IED)

IED는 다음과 같은 기능을 가진다.

① 보호·계측 기능

② 제어·감시 기능

③ 고장파형 기록기능

④ 이벤트기능

⑤ 자기진단기능

⑥ 통신기능

⑦ 보호기능 세팅 및 파라미터라이징

⑧ 보호기능 세팅은 모든 계통보호에 요구되는 세팅값을 설정할 수 있으며 단락사
  고 시는 0.05초 이내에 IED가 동작한다.

⑨ 동작회수를 원격제어 설비로 전송

⑩ 계통 간 인터록 신호 및 데이터의 교환은 별도의 케이블 결선없이 통신을 통해
  가능하여야 하며 주요 보호계전기능은 다음과 같다.

　㉠ 지락 과전압 보호기능(64)

　㉡ 저전압 보호기능(27)

　㉢ 과전압 보호기능(59)

　㉣ 과전류 보호기능(50/51)

　㉤ 거리 보호기능(44)

　㉥ 재폐로 보호기능(79)

　㉦ 비율차동 보호기능(87)

【 소규모 제어장치 】

477

4 원격소장치(RTU)

RTU(Remote Terminal Unit)장치는 피제어소에 설치되어 변전설비로부터 현장정보를 취득, 분석하여 제어소의 통신제어장치로 송신하고 통신제어장치로부터 제어명령을 수신처리할 수 있도록 설치된 장치로서 다음과 같이 구성되어 있다.

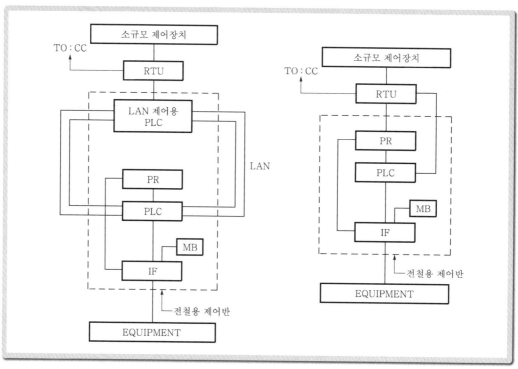

【 원격소장치 계통도 】

【 RTU장치 】

(1) 원격소장치의 구성

원격소장치의 구성은 다음 그림과 같다.

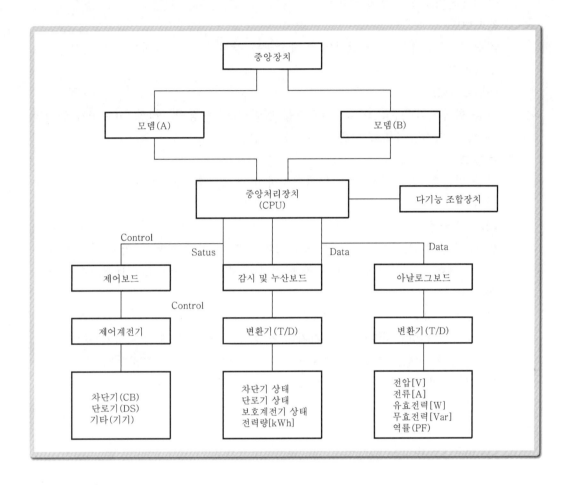

(2) RTU의 주요기능

① CPU부

RTU의 각 기능 보드로부터 제반정보를 수집하여 중앙장치의 통신제어장치로부터 제어명령을 수신하여 해당 보드에 전달하는 기능을 가지고 있다.

② 전원부

상용 AC전원을 공급받아 원격소장치의 각 보드에 DC전원을 공급하는 장치이다.

③ 변복조부(Modem)

중앙장치와 원격소장치 간의 원거리 통신을 위하여 사용하는 장치로서 디지털신호를 아날로그신호로 또는 아날로그신호를 디지털신호로 변환시키는 장치이다.

④ 제어보드

중앙장치로부터 제어신호를 받아 현장설비를 제어하는 기능을 갖는 장치이며, 제어계전기보드로 연결된다.

⑤ 감시보드

차단기, 단로기, 보호계전기의 동작상태를 감시하며 그 결과를 중앙처리장치로 전송한다.

⑥ 아날로그보드

각종 현장설비로부터 아날로그신호를 받아서 이를 중앙처리장치(CPU)가 인식할 수 있는 디지털신호로 변환시키는 장치이다.

⑦ 누산보드

각종 펄스를 일정 시간 동안 누산처리하여 그 결과를 중앙처리장치(CPU)로 전송한다.

⑧ 다기능조합장치

이 장치는 RTU가 설치되는 개소와 떨어진 인접 건물 또는 지역의 각종 대상을 감시·제어하기 위하여 주 RTU와 연결하여 사용하는 장치로서 내부구성은 RTU와 같다.

⑨ 전력변환장치(T/D)

이 장치는 원방감시제어하는 기기의 신호를 계속 RTU에 입력시켜 주며 전압, 유효·무효 전력, 전력량을 변환시켜 주는 장치로서 CT, PT로부터 입력신호를 변화시켜 아날로그보드나 누산보드에 전달해 주는 장치이다.

　　㉠ 전류변환기
　　㉡ 전압변환기
　　㉢ 유효·무효전력 변환기
　　㉣ 전력량 변환기

▌5 통신장치(CU)

(1) 통신구성

통합시스템 전철 원격감시제어 시스템에서 신설되는 변전소의 제어반에 통신장치(CU ; Communication Unit)를 설치하여 하위로는 제어반(디지털형)과 통신을 하고 상위로는 전철 원격감시제어시스템과 통신을 할 수 있도록 구성한다. 디지털 전력 보호감시제어 장치는 각 제어반에 설치되어 현장에서 올라오는 상태 및 아날로그를 수집하여 통신장치(CU)로 전송한다.

(2) 통신장치

① 통신장치는 변전소, 급전구분소, 보조급전구분소에 설치된 현장의 IED로부터 들어오는 정보(상태, 전류, 전압 등)를 SCADA 시스템과 통신 연계하는 장치이다.

중앙장치(RCC) 및 소규모 제어장치(LCC)와 운영 메시지를 현장의 IED로 전송하고 이에 따른 IED의 수신 데이터는 현장설비를 감시제어하고 실행결과나 이상 상태 발생 시 SCADA 시스템으로 전송하는 통신 중계역할을 담당한다.

② 통신장치와 변전소에 설치되는 현장 IED의 통신방식은 광통신 제어장치(Star Coupler)를 이용한 점대점(Point-to-Point) 방식을 기본으로 한다.

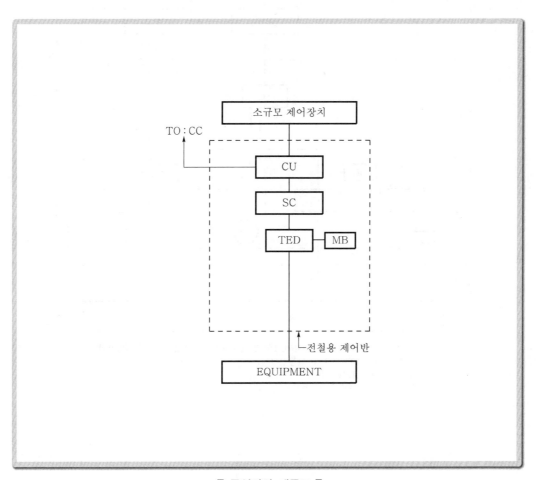

【 통신장치 계통도 】

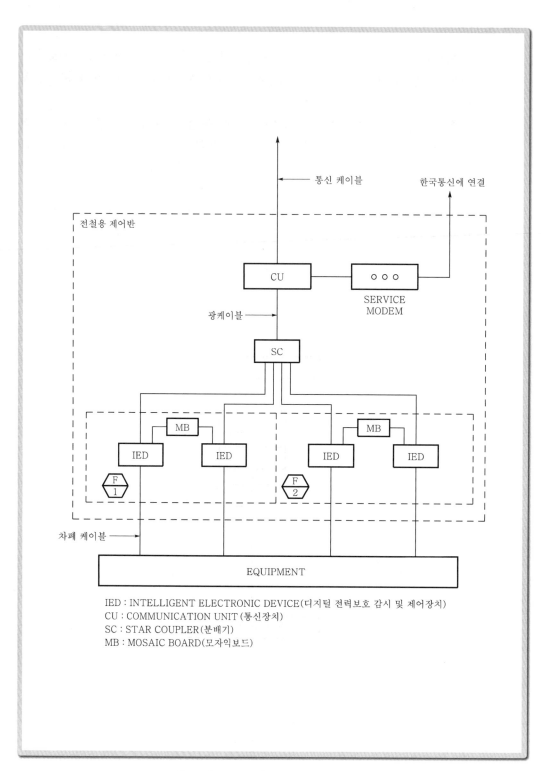

통신 케이블

한국통신에 연결

전철용 제어반

CU

SERVICE MODEM

광케이블

SC

MB

IED   IED

MB

IED   IED

F 1

F 2

차폐 케이블

EQUIPMENT

IED : INTELLIGENT ELECTRONIC DEVICE(디지털 전력보호 감시 및 제어장치)
CU : COMMUNICATION UNIT(통신장치)
SC : STAR COUPLER(분배기)
MB : MOSAIC BOARD(모자익보드)

【 급전구분소 전철용 제어반 계통도 】

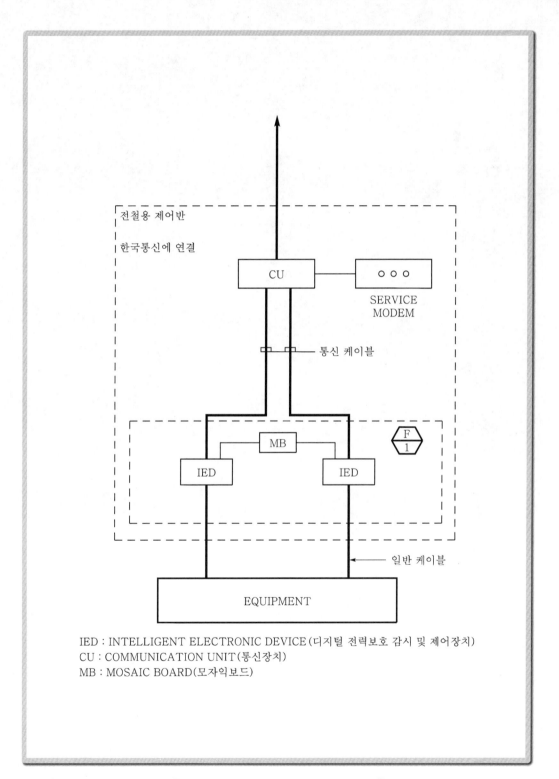

IED : INTELLIGENT ELECTRONIC DEVICE(디지털 전력보호 감시 및 제어장치)
CU : COMMUNICATION UNIT(통신장치)
MB : MOSAIC BOARD(모자익보드)

【 보조급전구분소 전철용 제어반 계통도 】

전기철도공학

Chapter **05**

철도선로

01 개 요

철도는 타 교통수단과는 달리 단독적인 운전이 아닌 정해진 선로 위에서 종합적인 시스템에 따라 대량 수송이 가능하도록 되어진 교통수송수단이다.

선로란 열차를 운행하기 위한 수송로로서 궤도와 궤도를 지지하는 노반 및 각종 선로 구조물을 총칭한다. 선로의 구배, 곡선상태에 따라 전기차의 특성이 변동되고, 선로는 전차선로의 귀선으로 이용되며, 기계적으로 전기차 집전장치에 유효하게 집전하기 위한 전차선로의 가선과 편위에 중요한 영향을 준다.

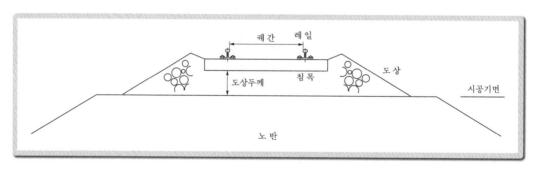

【 선로의 구성도 】

02 선로의 구분

선로의 구분은 열차속도·곡선 및 기울기 등에 따라 정하고, 그 선로에 해당하는 선로 구조로 시설하여 건설비와 운영비를 최적화하도록 하는 것이다. 따라서 고속선, 주요 간선, 전동차전용선 및 기타간선, 청원선 및 인입선 등으로 구분한다.

03 선로의 설계속도

철도건설법 제2조에 고속철도란 열차가 주요구간을 시속 200킬로미터 이상으로 주행하는 철도로 규정하고 있다. 일반철도의 최고속도는 200킬로미터 미만을 기준으로 하며, 선로의 설계속도는 해당선로의 경제적, 사회적 여건, 건설비, 선로의 기능 및 앞으로의 교통수요 등을 고려하여 정한다. 다만, 철도운행의 안정성 등이 확보된다고 인정되는 경우에는 철도건설의 경제성 또는 지형적 여건을 고려하여 해당선로의 구간별로 설계속도를 다르게 정할 수 있다. 전차선로의 설계속도는 속도등급에 따라 다음과 같이 정하고 있다.

[전차선로 설계속도]

속도 등급	전차선로 설계속도[km/h]
350킬로급	$300 < V \leq 350$
300킬로급	$250 < V \leq 300$
250킬로급	$200 < V \leq 250$
200킬로급	$150 < V \leq 200$
150킬로급	$120 < V \leq 150$
120킬로급	$70 < V \leq 120$
70킬로급	$V \leq 70$

04 궤 간

궤간의 종류에는 광궤간(Broad Gage), 표준궤간(Standard Gage), 협궤간(Narrow Gage)이 있으며, 표준궤간은 영국에서 1825년 개통된 철도가 1,435[mm]로 채용하여 1845년 영국의회에서 철도의 궤간을 1,435[mm]로 정하였고, 이 궤간이 그 후 구미 각국에서 채용·보급되고 1887년 국제철도회의에서 세계의 표준궤간으로 정하였다.

그러나 실제의 궤간은 열차의 동요와 선로의 보수 등을 고려하여 다음 치수 범위 이내이여야 한다.

실제의 궤간=1,435＋슬랙±공차

[철도의 궤간]

구 분	궤간치수	적용 국가
광 궤	1,676[mm]	스페인, 포르투갈, 칠레, 아르헨티나, 러시아
	1,524[mm]	
표준궤	1,435[mm]	한국, 일본, 영국, 프랑스, 독일, 미국, 중국
협 궤	1,371[mm]	일본
	1,067[mm]	일본, 필리핀
	1,000[mm]	태국, 베트남
	914[mm]	멕시코
	610[mm]	아프리카

05 선로의 구조

선로의 구조물은 크게 나누어 토공개소, 교량개소, 터널로 분류되며 구조물의 단면은 다음과 같다.

1 토공개소

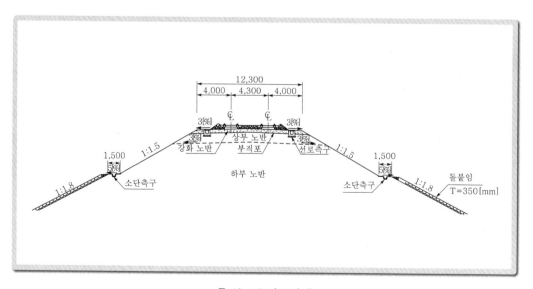

[성토개소(돋기)]

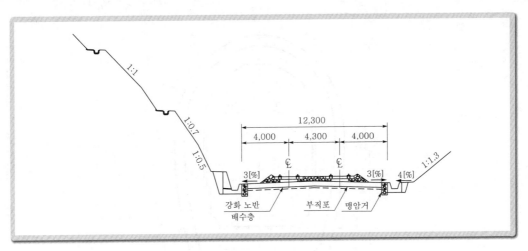

【 절토개소(깍기) 】

2 터널개소

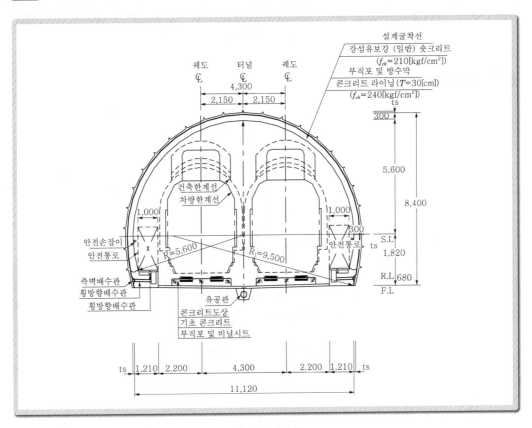

【 복선터널 】

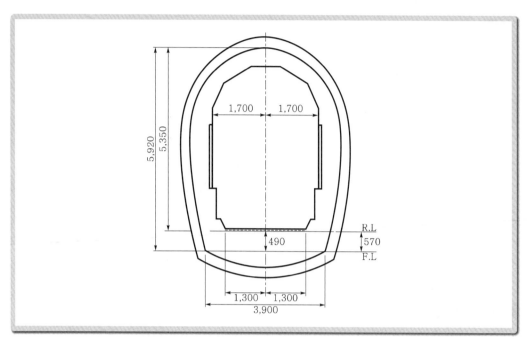

【 단선터널 】

3 교량개소

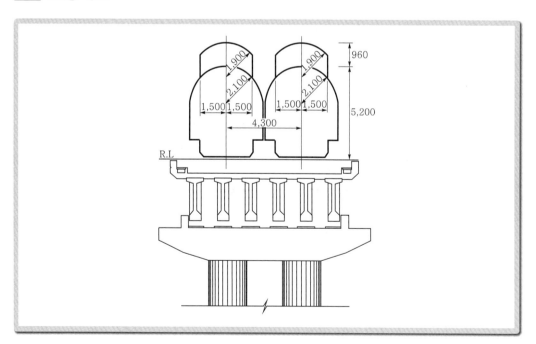

06 궤 도

궤도는 레일과 그 부속품, 침목 및 도상으로 구분되며 이것은 견고한 노반 위에 자갈 등으로 도상을 정해진 두께만큼 깔고 그 위에 침목을 일정한 간격으로 부설하여 두 개의 레일을 평행하게 고정시킨 구조이다.

1 레 일

차량을 지지하고 차량의 운행을 유도하는 레일은 차량의 하중을 침목, 도상에 분포시 키면서 차륜이 탈선하지 않도록 안내하고 신호전류의 궤도회로, 전기차의 귀선전류의 통로를 형성한다.

레일은 고탄소강으로 제작되며 크기는 1[m]당의 중량 kg으로 표시한다. 레일은 37[kg], 40[kg], 50[kg], 60[kg] 등이 사용되고 있다.

레일의 중량은 설계속도에 따라 다음과 같이 시설한다.

[레일의 중량]

설계속도 V[km/h]	본선[kg/m]	측선[kg/m]
$V > 120$	60	50
$V \leq 120$	50	50

최근 세계적인 추세로 열차의 고속화 및 선로보수작업 경감대책의 일환으로 중량레일 및 장대레일을 사용하고 있다.

레일의 길이는 25[m]가 표준(정척레일)이며, 25[m] 이상 200[m] 미만을 장대레일(Long Rail)이라 한다.

[레일의 재질]

주성분	함유량[%]
철	나머지
탄 소	0.6~0.75
망 간	0.6~1.1
규 소	0.4 이하
인	0.045 이하
유 황	0.05 이하

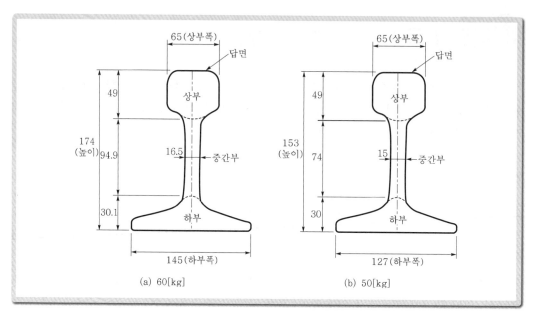

【 레일의 단면 】

【 레일 특성 】

레일종별 [kg]	중량 [kg/m]	높이 [mm]	단면적 [mm²]	누설전류 [%]	저항[Ω/km] (온도 20[℃] 본드저항 포함)
37	37.2	122.24	4,728	0	0.0220
				10	0.0198
				20	0.0176
				30	0.0154
40	40.9	140.00	5,200	0	0.0200
				10	0.0180
				20	0.0160
				30	0.0140
50	50.4	153.00	6,420	0	0.0170
				10	0.0153
				20	0.0136
				30	0.0119

레일종별 [kg]	중량 [kg/m]	높이 [mm]	단면적 [mm²]	누설전류 [%]	저항[Ω/km] (온도 20[℃] 본드저항 포함)
60	60.8	174.00	7,550	0	0.0140
				10	0.0126
				20	0.0112
				30	0.0098

＊ 누설전류는 지상구간은 30[%], 지하구간은 10[%]로 한다.

2 침 목

침목은 레일을 견고하게 붙잡아 좌우 레일의 간격을 바르게 유지하면서 레일로부터 받은 열차 하중을 도상에 넓게 분포시키는 역할을 하며, 목침목과 PC침목으로 분류된다.

(1) 목침목

탄성이 좋은 목침목은 레일의 체결이 쉽고 취급이 용이하며 전기 절연도도 높고 가격도 저렴하나, 내용연수가 짧고 도상 저항력이 적을 뿐 아니라 목재자원을 구하기 어려운 단점이 있다.

(2) PC침목

PC침목은 목침목에 비해 약 5배나 오래 쓸 수 있고 레일을 고정하는 방법이 탄성 체결이기 때문에 보수비용이 절감되며, 도상 저항이 커서 장대 레일 부설이 쉽다는 이점이 있지만 무게가 무거워 취급이 어렵고 파괴되기 쉬우며 전기절연이 목침목에 비해 떨어진다.

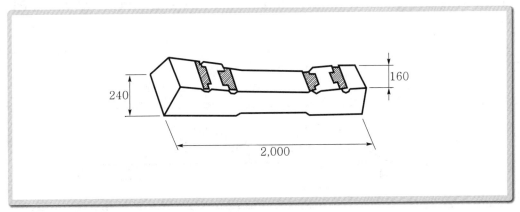

【 PC침목의 구조 】

3 도 상

도상은 레일, 침목을 경유하여 전달된 하중을 넓게 분포시켜 노반에 전달한다. 또 온도변화에 의한 레일 신축으로 나타날 수 있는 침목의 이동을 도상 저항력으로 막아 방지하며 차량의 진동을 흡수하여 승차감을 좋게 할 뿐만 아니라 빗물 배수를 용이하게 하고 잡초가 자라는 것을 막는 여러 가지 역할을 한다. 도상의 종류는 자갈도상과 콘크리트 도상으로 분류된다.

자갈도상의 경우 도상의 두께는 설계속도에 따라 다음과 같으며, 길이가 200[m] 이상인 장대레일 구간은 설계속도에 관계없이 300[mm] 이상으로 한다. 도상의 대부분은 자갈도상이 사용되고 있으나 특수개소는 콘크리트 도상으로 시공하고 있다.

[도상두께]

설계속도 V[km/h]	최소 도상두께[mm]
$200 < V \leq 350$	350(도상메트 포함)
$120 < V \leq 200$	300
$70 < V \leq 120$	270
$V \leq 70$	250

07 노 반

노반은 궤도 하부에서 궤도를 지지하는 흙 구조물로서 상층부의 궤도와 함께 열차의 하중을 끊임없이 받고 있는 부분이어서 열차 하중에 의해 침하되거나 변형되지 않을 만큼 충분한 강도와 탄성이 필요하다. 또한 강우 및 유수에 의한 피해를 고려하여 배수설비가 필요하다.

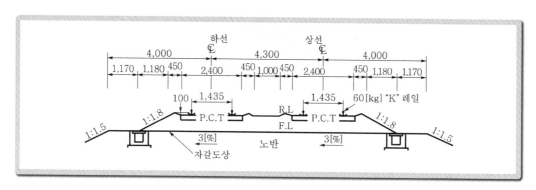

[선로의 단면(직선부)]

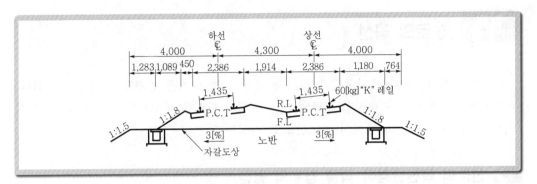

【 선로의 단면(곡선부) 】

토공구간에서의 시공기면의 폭은 직선구간에 있어서는 전차선 지주 및 통로를 고려하여 선로중심으로부터 설계속도에 따라 다음과 같다. 다만, 선로를 전철화하는 경우 150[km/h] 이하인 구간의 시공기면의 폭은 4[m] 이상으로 하여야 한다.

【 시공기면의 폭 】

설계속도 V[km/h]	최소 시공기면의 폭[m]
$200 < V \leq 350$	4.25
$120 < V \leq 200$	4.0
$70 < V \leq 120$	3.5
$V \leq 70$	3.0

＊1. 곡선구간에 있어서는 도상의 경사면에 캔트에 의하여 늘어난 폭만큼 더하여 확대하여야 한다.
 2. 교량, 터널 등 구조물 구간에서의 시공기면의 폭은 따로 정하는 바에 의한다.

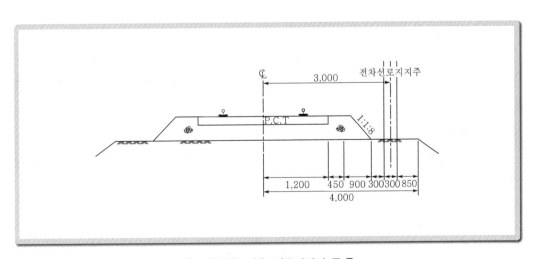

【 전철화할 경우 시공기면의 폭 】

08 선로의 곡선

선로에는 직선구간과 곡선구간이 있으며 곡선은 그 크기를 반경의 길이로 표시한다. 곡선반경은 크면 클수록 좋지만 선로의 지형에 따라 제약을 받으므로 열차의 속도, 운전의 안전성, 경제성 등의 면에서 최소한도로 지정하고 있다.

1 선로의 곡선반경이 적을 경우의 영향

① 열차속도가 제한된다.
② 곡선저항에 따라 견인정수가 제한된다.
③ 레일의 마모, 궤간의 오차, 차륜의 손상 등이 많아지게 된다.
④ 투시불량, 탈선의 위험, 차량의 동요 등이 많아지게 된다.

2 곡선의 종류

선로곡선의 종류는 단심곡선, 복심곡선, 반향곡선, 완화곡선으로 분류된다.

(1) 단심곡선
원의 중심이 1개인 곡선이다.

(2) 복심곡선
곡선반경이 서로 다른 2개의 원의 중심이 선로에 대해서 동일한 측에 위치하는 곡선이다.

(3) 반향곡선
2개의 곡선반경의 중심이 선로에 대해서 서로 반대 측에 위치하는 것으로 S곡선이라고도 한다. 또한 두 곡선 사이에 차량의 고유진동주기를 고려하여 상당한 길이의 직선구간을 두어야 한다.

(4) 완화곡선
직선과 곡선의 사이에 삽입되는 곡선으로 곡선반경이 원곡선의 반경으로부터 점차 증가하여 직선에 도달할 때까지의 곡선을 말한다.

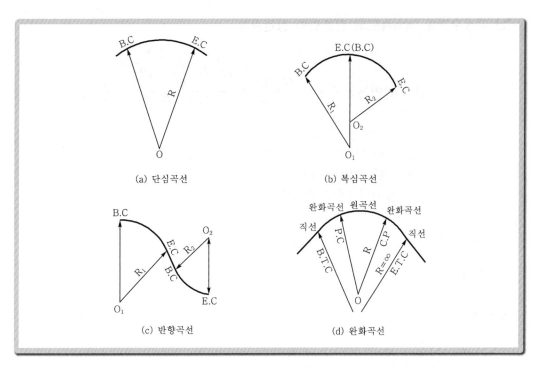

(a) 단심곡선

(b) 복심곡선

(c) 반향곡선

(d) 완화곡선

【 곡선의 종류 】

3 곡선반경

(1) 본선의 곡선반경

본선의 곡선반경은 설계속도에 따라 다음과 같다.

【 본선의 곡선반경 】

설계속도 [km/h]	자갈도상(설정캔트 160[mm])		콘크리트도상(설정캔트 180[mm])	
	부족캔트[mm]	최소곡선반경[m]	부족캔트[mm]	최소곡선반경[m]
70	100	400	130	400
100	100	500	130	400
120	100	700	130	600
150	100	1,100	130	900
200	100	1,900	130	1,600
240	80	2,900	130	2,200
250	80	3,100	130	2,400
270	80	3,600	130	2,800
300	80	4,500	130	3,500
350	80	6,100	130	4,700

(2) 곡선구간에 열차속도와 캔트와의 상관관계

$$\text{캔트의 이론공식} \quad C = \frac{G \cdot V^2}{g \cdot R} = \frac{G\left(\frac{1,000}{60 \times 60} \times V\right)^2}{9.8 \times R} = \frac{G \cdot V^2}{127R}$$

여기서, C : 이론 캔트량[mm]

　　　　G : 궤간(차륜과 레일 접촉면과의 거리)[mm]

　　　　V : 열차속도[km/h]

　　　　g : 중력가속도$(9.8[\text{m/s}^2])$

　　　　R : 곡선반경[m]

위의 식에 $G = 1,500[\text{mm}]$를 대입하면

$$\therefore \ C = 11.8 \frac{V^2}{R}$$

$$R = 11.8 \frac{V^2}{C} = 11.8 \frac{V^2}{C_m + C_d}$$

$$V = \sqrt{\frac{C_m + C_d}{11.8}} \cdot \sqrt{R}$$

여기서, C_m : 설정 최대캔트량[mm]

　　　　C_d : 부족캔트량[mm]

차량이 곡선구간을 주행할 때 승객의 승차감과 차량의 안전을 생각하여 설정한 최대 캔트량 $C_m = 160[\text{mm}]$, 부족캔트량 $C_d = 100[\text{mm}]$를 기준하여 최소곡선반경 크기를 다음과 같이 정하였다.

① 200[km/h]

$$R_{200} = 11.8 \times \frac{V^2}{C_m + C_d} = 11.8 \times \frac{200^2}{160 + 100} = 1,815 \fallingdotseq 1,900[\text{m}]$$

② 150[km/h]

$$R_{150} = 11.8 \times \frac{V^2}{C_m + C_d} = 11.8 \times \frac{150^2}{160 + 100} = 1,021 \fallingdotseq 1,100[\text{m}]$$

③ 120[km/h]

$$R_{120} = 11.8 \times \frac{V^2}{C_m + C_d} = 11.8 \times \frac{120^2}{160 + 100} = 654 \fallingdotseq 700[\text{m}]$$

④ 70[km/h]

$$R_{70} = 11.8 \times \frac{V^2}{C_m + C_d} = 11.8 \times \frac{70^2}{160 + 100} = 222 \fallingdotseq 400[\text{m}]$$

4 완화곡선(Transition Curve)의 삽입

(1) 완화곡선의 개요

차량이 직선에서 원곡선으로 진입하거나 원곡선에서 바로 직선으로 진입할 경우에는 열차의 주행방향이 급변하므로, 차량의 동요가 심해져 원활한 운전을 할 수 없으므로 직선과 곡선 사이에 완화곡선을 삽입하여야 한다. 또한, 원곡선에는 차량의 원심력으로 외측레일에 캔트가 있고 직선에는 양측레일이 수평하기 때문에 곡선과 직선이 직접 접촉할 때 접촉점의 외측레일에 층이 생기게 된다. 이러한 것을 제거하여 열차가 안전하고 원활하게 통과되게 하기 위하여 직선과 곡선 사이에 반경이 무한대에서 원곡선 반경의 곡률을 가진 곡선을 삽입하는데, 이 곡선을 완화곡선이라고 한다.

(2) 완화곡선의 곡선반경

완화곡선을 설치하여야 하는 곡선반경은 승차감을 좋게 하기 위하여 클수록 좋으나, 건설비 및 유지보수관리, 승차감 한도 등을 감안하여 최소곡선반경을 정할 필요가 있으므로 승차감을 해치지 않는 범위인 부족캔트량을 기준하여 직선체감으로 설정하여 곡선반경을 구한다.

$$R = 11.8 \frac{V^2}{C_d} = 11.8 \frac{V^2}{100} \text{에서}$$

설계속도 70[km/h], 부족캔트량 100[mm]인 경우

$$R_{70} = \frac{11.8 \times 70^2}{100} = 578 ≒ 600[\text{m}]$$

【 완화곡선의 곡선반경 】

설계속도[km/h]	부족캔트량[mm]	완화곡선 곡선반경[m]
70	100	600
100	83	1,500
120	69	2,500
150	57	5,000
200	40	12,000
240	33.6	21,000
250	32	24,000
270	30	29,000
300	27	40,000
350	25	58,000

5 곡선 사이의 직선

차량이 곡선에서 직선으로 또는 곡선으로 주행할 때 차량에 동요가 발생하므로 차량이 원활하게 주행할 수 있도록 두 곡선 사이에 차량의 고유진동주기를 고려하여 상당한 길이의 직선구간을 두어야 한다.

09 선로의 기울기(구배)

선로의 기울기는 선로의 2지점 간의 높이 차이를 그 지점 간의 수평거리로 나눈 값을 1,000분율로 표시하며, 그 단위는 [‰]로 표시한다. 선로의 기울기는 열차에 큰 저항이 되며 기울기구간에서는 수평구간에 반해서 견인정수가 크게 감소한다.

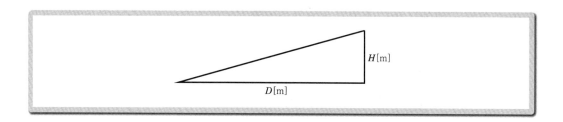

$$기울기 : \frac{H}{D} = \frac{H}{1,000}[\text{‰}]$$

1 본선의 기울기

설계속도 $V[\text{km/h}]$	최대기울기[‰]
$200 < V \leq 350$	25
$150 < V \leq 200$	10
$120 < V \leq 150$	12.5
$70 < V \leq 120$	15
$V \leq 70$	25

2 정거장 전·후 구간 등 부득이한 경우의 기울기

설계속도 V[km/h]	최대기울기[‰]
$200 < V \le 350$	30
$150 < V \le 200$	15
$120 < V \le 150$	15
$70 < V \le 120$	20
$V \le 70$	30

3 전동차 전용선인 경우의 기울기

전동차 전용선의 경우 전동차의 높은 등판능력, 가·감속능력 등을 고려하여 설계속도와 관계없이 35[‰]까지 기울기의 제한값을 확대하였다.

4 곡선반경이 700[m] 이하인 경우의 기울기

곡선반경이 700[m] 이하의 곡선인 본선의 기울기는 규정에 의한 기울기에서 다음 공식에 의하여 산출된 환산기울기의 값을 뺀 기울기 이하로 하여야 한다.

$$G_c = \frac{700}{R}$$

여기서, G_c : 환산기울기[‰]
R : 곡선반경[m]

10 종곡선

종곡선이란 차량이 선로기울기의 변경지점을 원활하게 통과하도록 종단면상에 두는 곡선을 말한다.

열차가 기울기의 변경지점을 통과하는 경우 굴곡이 급하면 전후 차량 간의 연결기에 무리가 발생하고 부상탈선의 우려가 있으므로 기울기의 변경지점에는 직선구간에 종방향으로 곡선을 삽입하는 것을 종곡선이라 한다.

11 선로의 중심간격(Track Gauge)

1 정거장 간 본선

정거장 외에서 복선구간 선로의 중심간격은 4.0[m] 이상으로 하고, 3선 이상 나란히 설치하는 경우에는 신호기 건식 공간 확보, 유지보수요원 대피공간 확보로 직무상 사고 예방, 신호기주 기초로 인한 보선장비 작업(크리너 작업)의 곤란 문제 해소 등을 감안하여 다음 그림과 같이 2중심간격 중 하나는 반드시 4.5[m] 이상이어야 한다.

선로 중심간격을 4.3[m]로 건설할 경우, 양쪽 선로의 건축한계를 제외한 공간이 100[mm]로 직경 250[mm]인 신호기 설치 시 건축한계를 침범하게 되므로 신호기를 설치할 최소 공간 확보를 위해서는 선로의 중심간격이 4.5[m] 이상 필요하게 됨에 따라 2복선 구간에서 2중심간격 중 하나는 4.5[m] 이상으로 규정하였다.

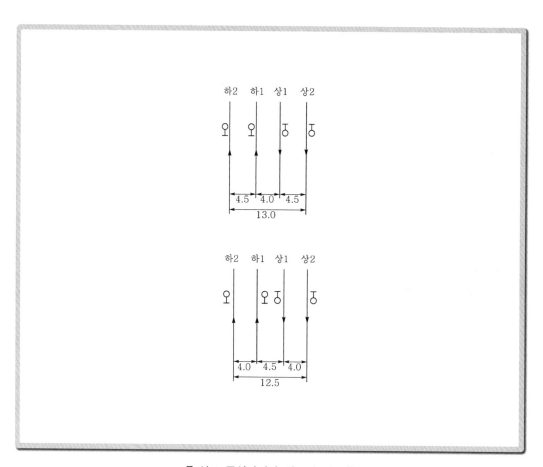

【 선로 중심간격과 신호기 건식 】

502

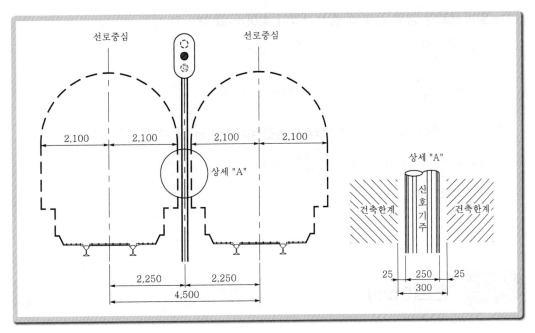

[선로 중심간격과 신호기의 관계]

2 정거장 구내

정거장 내에서 선로의 중심간격은 검수원, 구내원 등 철도 운영요원의 각종 작업 및 작업통로에 필요한 최소 폭을 확보하기 위하여 4.3[m]로 정한 것이다. 정거장 외에서 선로의 중심간격이 4.0[m] 또는 4.5[m]이기 때문에 정거장 시·종점 구간에서 S-Curve가 필연적으로 발생하나, 이 경우에는 S-Curve로 접속하지 않고 정거장의 인접한 곡선에서 이심원 등으로 해결하고 있다.

3 전차선로 지지물 설치개소

선로 사이에 전차선로 지지주 및 신호기 등을 설치하는 경우에는 선로의 중심간격을 그 부분만큼 확대하여야 한다.

4 곡선구간

곡선구간은 차량이 편기하므로 선로의 중심간격도 이에 따라 확대하여야 한다. 즉, 직선구간선로의 중심간격에 건축한계의 확대량을 더하여 확대하여야 한다는 뜻이다.

503

(1) 일반선로인 경우 선로의 중심간격이 4.0[m]일 때

$$A = 4.0\left(\frac{50,000}{R} + 2.4C + S\right) + \left(\frac{50,000}{R} - 0.8C\right)$$

$$= 4.0 + \frac{100,000}{R} + 1.6C + S를\ 확보하여야\ 한다.$$

(2) 전동차전용선로인 경우 선로의 중심간격이 4.0[m]일 때

$$A = 4.0\left(\frac{24,000}{R} + 2.4C + S\right) + \left(\frac{24,000}{R} - 0.8C\right)$$

$$= 4.0 + \frac{48,000}{R} + 1.6C + S를\ 확보하여야\ 한다.$$

12 캔트(Cant)

1 개 요

열차가 곡선구간을 통과할 때 차량의 원심력에 의하여 곡선의 외측 방향으로 전도되려 한다. 이로 인하여 차량이 외측으로 기울면서 승객의 몸이 외측으로 쏠리어 승차감을 해치고, 차량의 중량과 횡압이 외측 레일에 부담을 크게 주어 궤도의 보수량을 증가시키는 악영향이 발생한다. 이러한 악영향을 방지하기 위하여 외측 레일을 높여주는 것을 캔트라고 한다.

2 캔트의 계산

(1) 설정캔트

곡선구간의 궤도에는 다음 공식에 의하여 산출된 캔트를 두어야 한다. 다만 최대설정캔트는 자갈도상은 160[mm] 이하로 하며, 콘크리트도상은 180[mm]로 한다.

$$C = 11.8\frac{V^2}{R} - C'$$

여기서, C : 설정캔트[mm]
       V : 열차 최고속도[km/h]
       R : 곡선반경[m]
       C' : 부족캔트(여기서, 자갈도상 : 100[mm], 콘크리트도상 : 130[mm])

(2) 이론캔트

캔트는 선로의 곡선반경과 곡선구간을 주행하는 열차의 속도에 따라 정하여진다. 원운동을 하고 있는 물체의 원심력은

$$F = M\frac{V^2}{R} \quad \text{ⓐ}$$

여기서, F : 원심력, M : 물체의 질량 $= \dfrac{W}{g}$

R : 곡선반경, V : 물체의 원주속도

다음 그림에서 궤도를 주행하는 차량의 중력과 원심력의 합력 크기인 L값과 레일면에 대한 궤도중심의 편심량 b값을 구하면

$$L = \sqrt{F^2 + W^2} = \sqrt{\left(M\frac{V^2}{R}\right)^2 + (Mg)^2} = M\sqrt{\left(\frac{V^2}{R}\right) + g^2} \quad \text{ⓑ}$$

$$b = H\left(\frac{V^2}{R \cdot g} - \frac{C_0}{G}\right) \quad \text{ⓒ}$$

$$J = \frac{b}{G} = \frac{H}{G}\left(\frac{V^2}{R \cdot g} - \frac{C_0}{G}\right) \quad \text{ⓓ}$$

여기서, W : 차량중량

M : 차량의 질량

G : 궤간(차륜과 레일 접촉면과의 거리)

V : 열차속도

J : 편심율(G와 b의 비)

g : 중력가속도($9.8[\text{m/sec}^2]$)

C_0 : 평형캔트

H : 중심의 높이

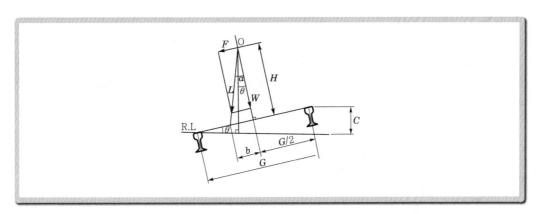

【 캔트와 외력 】

$V=$km/h, $R=$m로 표시하여 H와 G, C와 G를 각각 같은 단위로 환산하면

$$\frac{V^2}{R \cdot g} = \frac{\left(\frac{1,000}{60 \times 60} \cdot V\right)^2}{9.8 \times R} = \frac{V^2}{127 \cdot R}$$

$\dfrac{V^2}{127 \cdot R}$ 을 ⓓ식에 대입하면

$$\therefore J = \frac{H}{G}\left(\frac{V^2}{127 \cdot R} - \frac{C_0}{G}\right) \cdots\cdots\cdots\cdots\cdots ⓔ$$

ⓒ식에서 $b=0$일 때 차량에 가해지는 합력이 궤도의 중심을 통과하게 된다. 이때의 속도를 "평행속도"라 하며 평형속도를 위한 캔트량을 "평형캔트" 또는 "균형캔트"라 한다.

$$C_0 = \frac{G \cdot V^2}{R \cdot g} = \frac{G \cdot V^2}{R \cdot g} \times \left(\frac{1}{3.6}\right)^2 = \frac{G \cdot V^2}{127 \cdot R} \cdots\cdots\cdots\cdots ⓕ$$

ⓕ식에서 $G=1,500$[mm]를 대입하면

$$C_0 = \frac{1,500 \cdot V^2}{127 \cdot R} = 11.8 \frac{V^2}{R} \cdots\cdots\cdots\cdots\cdots ⓖ$$

따라서, ⓖ식이 캔트의 이론공식이며, 이 식으로 산출한 캔트를 "이론캔트(평형캔트)"라 한다.

(3) 설정캔트의 근거

현재까지 우리나라의 철도는 여객전용선이나 화물전용선이 별도로 없어 여객열차·화물열차 및 전동열차가 혼용 운행하고 있으므로 유지·보수관리 시에는 이를 고려한 적정한 캔트로 설정하여야 하며 이 때의 적정한 캔트를 "설정캔트"라고 한다.

캔트가 과다할 경우에는 열차하중은 내측 레일에 편기하여 내측 레일에 손상을 크게 주며, 레일의 경사 및 궤간의 확대가 생기는 등 궤도의 틀림을 조장하여 승차감을 나쁘게 한다.

캔트가 부족할 경우에는 열차하중이 원심력의 작용으로 외측레일에 편기하여 외측 레일의 손상을 크게 하며 차량이 레일 위로 올라타서 탈선 위험을 초래하게 된다. 그러므로 속도향상을 고려한 적정 부족캔트량을 설정하기 위하여 국제철도연맹(UIC)에서 채택하고 있는 기준을 참고하여 $C'=0{\sim}100$[mm]로 규정하였다.

① 궤간 1,435[mm]의 경우

$$C_0 = \frac{GV^2}{127 \cdot R} = \frac{1,435\,V^2}{127 \cdot R} = 11.3\frac{V^2}{R}$$

$$C = 11.3\frac{V^2}{R} - C'$$

② 궤간 1,500[mm]의 경우

$$C_0 = \frac{1{,}500 \cdot V^2}{127 \cdot R} = 11.8\frac{V^2}{R}$$

$$C = 11.8\frac{V^2}{R} - C'$$

❸ 캔트의 적용현황

국가별	공 식	최대캔트량 [mm]	최대캔트부족량 [mm]
독 일	$C = 8\dfrac{V^2}{R}$	150	100
프랑스	$C = 11.8\dfrac{V^2}{R} - C'$	160	150
미 국	$C = 11.3\dfrac{V^2}{R} - C'$	150	76
일 본	$C = 11.8\dfrac{V^2}{R} - C'$	170	100
한 국	$C = 11.8\dfrac{V^2}{R} - C'$	• 자갈도상 : 160 • 콘크리트도상 : 180	• 자갈도상 : 100 • 콘크리트도상 : 130

❹ 최대캔트량

열차가 곡선부에서 정차 시 안전을 위해서는 차량의 중심선이 궤간 중심선에서 $\frac{G}{6}$ 이내에 있도록 할 필요가 있으며 차량의 중심높이가 H일 경우 다음 식으로 계산할 수 있다.

$\frac{C}{G} = \frac{G}{6H}$ 단위를 C[mm], G[mm], H[mm]로 정리하면

$$C \geq \frac{G^2}{0.006H}$$

위 식에 전동차의 무게 중심까지의 높이 $H = 1.7$[m], 레일중심거리 $G = 1.5$[m]로 하면

$$C \geq \frac{G^2}{0.006H} = \frac{1.5^2}{0.006 \times 1.7} = 220\,[\text{mm}]$$

최대캔트량은 220[mm]까지 가능하나 안전율을 고려하여 최대캔트량은 160[mm]로 하였다.

곡선상에 있는 정거장인 경우는 캔트로 인한 승객의 불쾌감과 진입속도를 고려하여 최대캔트량을 30[mm]로 제한하고 있다.

13 슬랙(Slack)

1 개 요

철도차량은 2개 또는 3개의 차축을 대차에 강결시켜 고정된 프레임으로 차축이 구성되어 있어 곡선구간을 통과할 때, 전후 차축의 위치이동이 불가능할 뿐만 아니라 차륜에 플랜지(Flange)가 있어 곡선부를 원활하게 통과하지 못한다. 그러므로 곡선부에서는 직선부보다 궤간을 확대시켜야 한다. 즉, 곡선의 외측 레일을 기준으로 내측 레일을 궤간 외측으로 슬랙량 만큼 확대하여야 한다.

2 슬랙의 계산식

슬랙의 계산식은 다음과 같다.

$$S = \frac{2,400}{R} - S'$$

여기서, S : 슬랙[mm]
R : 곡선반경[m]
S' : 조정치(0~15[mm])

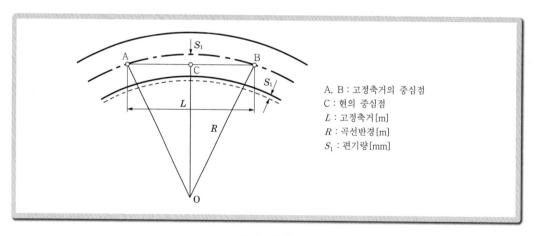

[슬 랙]

A, B : 고정축거의 중심점
C : 현의 중심점
L : 고정축거[m]
R : 곡선반경[m]
S_1 : 편기량[mm]

위의 그림에서와 같이 차량중심과 선로중심과의 최대편기는 A, B점의 중앙인 C점에서 발생한다. 이 편기량을 S_1이라 하면

$$\overline{AC}^2 = \overline{AO}^2 - \overline{CO}^2$$

여기서, $\overline{AC} = \dfrac{L}{2}$, $\overline{AO} = R_1$, $\overline{CO} = (R - S_1)$을 대입하면

$$\left(\dfrac{L}{2}\right)^2 = R^2 - (R - S_1)^2, \quad \dfrac{L^2}{4} = 2RS_1 - S_1^2$$

여기서, S_1^2은 $2RS_1$에 비하여 극소하므로 무시하여도 차가 크지 않다.

즉, $\dfrac{L^2}{4} = 2RS_1$이고, $S_1 = \dfrac{L^2}{8R}$이다.

위의 식은 이론적으로 구한 슬랙량이다.

고정축 거리 $L = 3.75[\text{m}] + 0.6[\text{m}] = 4.35[\text{m}]$로 정하고 위의 식에 대입하면

$$S_1 = \dfrac{L^2}{8R} = \dfrac{4.35^2}{8R} = \dfrac{2{,}365}{R} \fallingdotseq \dfrac{2{,}400}{R}$$

따라서, 슬랙량의 기본공식 $S = \dfrac{2{,}400}{R}$

선로유지보수상 현장실정을 고려하여, $S = \dfrac{2{,}400}{R} - S'$ 식이 성립된 것이다.

3 슬랙량의 한도

슬랙량의 최대한도는 30[mm]로 하며, 슬랙을 설치하여야 할 곡선반경은 600[m] 미만으로 한다.

4 서울시 도시철도

반경 800[m] 이하의 곡선에 있어서 다음 식에 의한 슬랙을 설치하여야 하며, 슬랙은 25[mm]를 초과하지 못하며, 곡선의 내측 레일에 설치하여야 한다고 규정하고 있다.

$$S = \dfrac{2{,}250}{R}\,[\text{mm}]$$

14 건축한계(Construction Gauge)

1 개 요

건축한계란 열차 및 차량이 선로를 운행할 때 주위에 인접한 건조물 등이 접촉하는 위

509

험성을 방지하기 위하여 일정한 공간으로 설정한 한계를 말한다. 건조물이란 정거장·사무실·창고 및 주택 등의 건축물 및 각종 시설물 등을 말하며 건축한계 내에는 상기의 건조물을 설치하여서는 안 된다. 다만, 가공전차선 및 그 현수장치와 선로보수 등의 작업상 필요한 일시적 시설로서 열차운행에 지장이 없을 경우에는 그러하지 아니하다.

2 직선구간의 건축한계

직선구간의 건축한계는 궤도중심에서 2,100[mm]이며, 레일면상 높이는 비전철구간에서 5,150[mm], 전철구간에서는 6,450[mm]이며, 국유철도건설규칙에 의한 직선구간의 건축한계는 다음 그림과 같다. 또한, 전동차전용선인 경우에는 도시철도건설규칙이나 지방자치단체에서 시행하는 지하철 및 도시철도와의 연계성 등을 고려하여 건축한계 및 구축한계의 기준을 설계기준 등에서 각 선로구간의 특성에 맞도록 별도로 정하여 적용하고 있다.

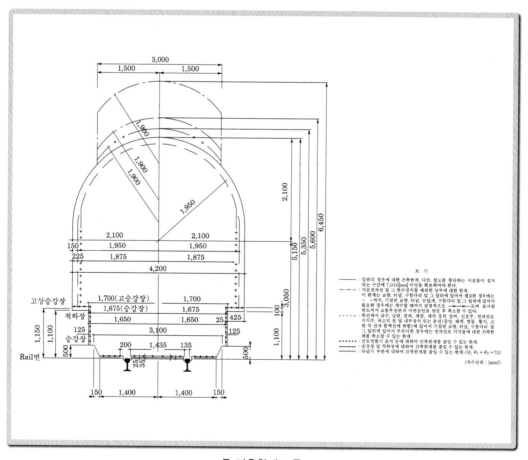

【 건축한계도 】

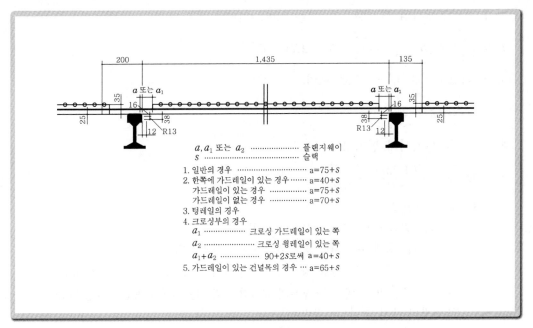

【 건축한계 레일부 상세 】

3 곡선구간의 건축한계

곡선구간의 건축한계는 $W = \dfrac{50,000}{R}$, 전기동차 전용선인 경우 $\dfrac{24,000}{R}$ 으로 산출된 확대량과 캔트에 의한 차량경사량 및 슬랙량을 더하여 확대하여야 한다.

다만, 가공전차선 및 그 현수장치를 제외한 상부에 대한 한계는 이에 따르지 않을 수도 있다.

(1) 곡선반경과 차량편기량, 차량길이와의 상관관계

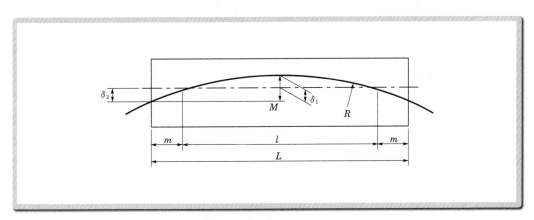

【 곡선에서의 차량편기 】

511

차량 중앙부에서의 편기량

$$R^2 = \left(\frac{l}{2}\right)^2 + (R-\delta_1)^2 = \frac{l^2}{4} + R^2 - 2R\delta_1 + \delta_1{}^2$$

$\delta_1{}^2$은 미소하므로 $\delta_1{}^2 = 0$으로 보면

$$2R\delta_1 = \frac{l^2}{4}, \ \delta_1 = \frac{l^2}{8R}$$

차량 전·후부에서의 편기량

$$\delta_2 = M - \delta_1 = \frac{(l+2m)^2}{8R} - \frac{l^2}{8Rrm} = \frac{m(m+l)}{2R}$$

여기서, R : 곡선반경[m]

m : 대차중심에서 차량 끝단까지 거리[m]

δ_1 : 곡선을 통과하는 차량 중앙부가 궤도중심의 내방으로 편기하는 양[mm]

δ_2 : 곡선을 통과하는 차량 양끝이 궤도중심의 외방으로 편기하는 양[mm]

M : 선로중심선이 차량 전·후부의 교차점과 만나는 선에서 곡선 중앙종거[mm]

l : 차량의 대차 중심 간 거리[m]

L : 차량의 전장[m]

건축한계 확대량은 위의 식에서 차량제원을 대입하여 계산하면 특수장물 차량의 대차 중심 간 거리는 $L = 18.0$[m]이고 대차중심에서 차량 끝단까지의 거리는 $m = 4.0$[m]이므로,

내측 편기량(δ_1)

$$\delta_1 = \frac{18^2}{8R} \times 1,000 = \frac{40,500}{R} \text{[mm]}$$

외측 편기량(δ_2)

$$\delta_2 = \frac{4(4+18)}{2R} \times 1,000 = \frac{44,000}{R} \text{[mm]}$$

차량이 곡선구간을 안전주행할 수 있도록 하기 위해 다소 여유를 주어 $W = \dfrac{50,000}{R}$ 으로 하였다.

(2) 캔트에 의한 차량경사량

곡선에서는 캔트가 설치되며 내측 레일을 기준으로 외측 레일을 상승시키게 되므로 내측 레일 정점부를 기준하여 내측으로 경사된다. 이때 곡선구간의 건축한계는 차량의 경사에 따라 캔트량만큼 경사되어야 하나, 실제 구조물의 시공은 경사시킬 수 없으므로 편기되는 양만큼 확대하여 주되, 선로중심에서 구조물까지의 이격거리는 차량의 상부와 하부가 달라지게 된다.

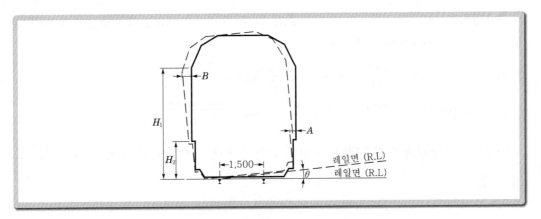

[캔트에 의한 차량의 경사]

그림에서 캔트에 의해 차량이 θ만큼 경사되었다고 하면

$\tan\theta = \dfrac{C}{G} = \dfrac{B}{H_1} = \dfrac{A}{H_2}$에 의해서

내측 편기량은 $B = C \times \dfrac{H_1}{G} = C \times \dfrac{3,600}{1,500} = 2.4 \times C$

외측 편기량은 $A = C \times \dfrac{H_2}{G} = C \times \dfrac{1,250}{1,500} = 0.8 \times C$가 되며

내측으로는 확대, 외측으로는 축소가 되는 치수이다.

(3) 슬랙에 의한 건축한계 확대

슬랙은 $R=600[\text{m}]$ 이하의 곡선에 설치하여야 하고 최대 30[mm]로 제한되어 있으며 곡선의 내궤측을 확대하도록 되어 있다. 따라서, 슬랙에 의한 건축한계의 확대는 곡선의 내궤측에만 적용한다.

(4) 건축한계의 설정

앞에서 검토한 내용을 정리하면 국철의 곡선부 건축한계는

내궤측에서는 $W_i = 2,100 + \dfrac{50,000}{R} + 2.4 \times C + S$

외궤측에서는 $W_o = 2,100 + \dfrac{50,000}{R} - 0.8 \times C$가 된다.

전동차전용선의 선로중심에서 각 측으로 확대할 치수(W)는 전동차의 대차중심 간 거리(13.8[m])와 대차중심에서 차량 양쪽 끝단까지의 거리(2.85+2.85)를 감안하여 차량 전후부에서의 편기량을 기준으로 $W=24,000/R$까지 축소할 수 있도록 하였으며, 부산지하철의 경우 $W=20,000/R$으로 하고 있다.

차량제원을 대입하여 계산하면 대차중심 간 거리 $L=13.8$[m], 대차중심에서 차량 끝단까지의 거리 $m=2.85$[m]이므로

외측 편기량은 $\delta_1 = \dfrac{13.8^2}{8R} \times 1{,}000 = \dfrac{23{,}805}{R}$ [mm]

내측 편기량은 $\delta_2 = \dfrac{2.85(2.85+13.8)}{2R} \times 1{,}000 = \dfrac{23{,}726.25}{R}$ [mm]

차량이 곡선구간을 안전주행할 수 있도록 하기 위해 다소 여유를 주어 $W=\dfrac{24{,}000}{R}$ 으로 하였다.

가공전차선 및 그의 현수장치를 제외한 상부의 한계를 곡선부의 확대치수로 확대하지 않도록 한 것은 집전장치가 차량의 대차중심 부근에 있으므로 곡선의 편기량이 극히 작기 때문이다.

▣4 철도를 횡단하는 시설물의 건축한계

철도를 횡단하는 시설물이 설치되는 구간의 건축한계의 높이는 전차선 가설 높이에 지장이 없도록 일반철도는 RL에서 7,010[mm] 이상, 고속철도는 RL에서 8,050[mm] 이상 확보해야 한다. 다만, 기존선 개량 등 부득이한 경우에는 승인을 받아 전차선 가설에 지장이 없는 범위로 축소할 수 있다.

15 승강장

▣1 승강장 위치선정

노선 및 정거장 위치를 선정할 때에는 장래 시설개량을 고려하여 가급적 직선구간에 승강장을 설치할 수 있도록 하여야 한다. 그러나 부득이 곡선구간에 설치하여야 할 경우에는 승객의 안전을 감안하여 곡선반경 600[m] 이상의 경우에만 설치할 수 있다.

▣2 승강장의 높이

일반열차 승강장의 높이는 차량의 계단 최하부의 높이와 같도록 하여 승객이 안전하게 열차에 승·하차할 수 있도록 하여야 한다.

승강장의 높이는 유지보수측면을 고려하고 고속철도의 계단높이가 550[mm]로 이와의 연계성을 감안하여 레일윗면에서 500[mm]로 정하였으며, 전동차 운행구간의 고상승강

장인 경우에는 다음 그림과 같이 전동차 바닥면의 높이에 맞추어 레일윗면으로부터 1,150[mm]로 정한 것이다.

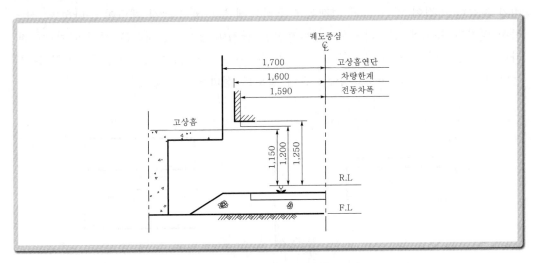

【 고상승강장의 높이 】

3 지지물과의 이격거리

승강장에 세워지는 지붕의 기둥·조명전주·전차선지지주 등 기둥류는 그림과 같이 승강장 연단에서 1.0[m] 이상 거리를 두어야 하고, 구름다리·지하도입구·역사건물의 위치는 열차에 승·하차하는 여객에게 불편을 주지 않고, 열차가 통과할 때 홈에 있는 여객의 안전을 확보하기 위하여 승강장 연단에서 1.5[m] 이상 거리를 두어야 한다.

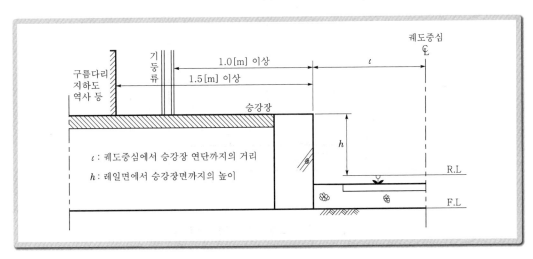

【 기둥류 및 벽류의 선로중심으로부터의 이격거리 】

4 승강장의 종류

승강장은 섬식과 상대식이 있는데 다음 그림과 같이 섬식은 용지비가 적게 들고 공사비가 저렴한 이점이 있는 반면 여객이 이용하기에 불편하고 확장 개량이 곤란하며, 상·하선 열차가 동시에 진입하였을 때는 혼잡한 단점이 있다. 상대식은 섬식의 반대이다. 따라서 승강장의 수·폭·길이 및 형식은 수송수요·열차운행횟수·집중도·열차종별 등에 따라 달라지므로 국토교통부장관이 별도로 정하도록 하였다.

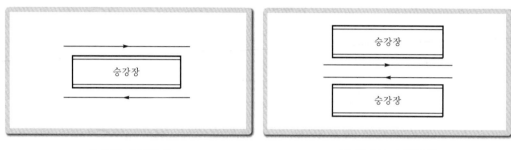

[섬식 승강장]   [상대식 승강장]

5 선로중심과 승강장 등과의 거리

승강장과 적하장의 연단에서 선로중심까지의 이격거리는 다음 그림과 같다.

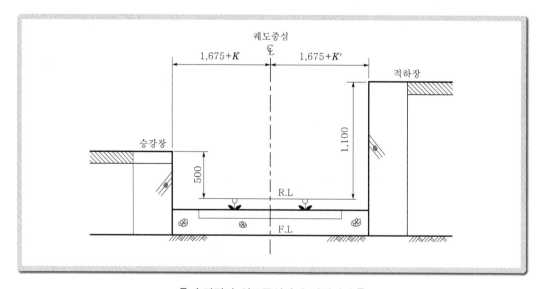

[승강장과 선로중심과의 이격거리]

고상홈인 경우에 궤도중심에서 홈연단까지 1,700[mm], 고상홈 상면에서 R.L까지 1,150[mm]로 한 것은 차량이 고상홈구간을 통과할 때에 상하·좌우의 진동으로 구조물에 저촉되는 것을 방지하기 위하여 차량한계에 100[mm]의 여유를 두어 정한 것이며, 여유가 너무 많으면 전동차에서 승·하차하는 여객이 실족할 우려가 있으므로 전동차에서 110[mm] 정도 이격되도록 한 것이다.

곡선구간에 승강장과 적하장을 설치할 경우는 연단으로부터 궤도중심까지의 거리는 1,675[mm] + k만큼 확대하여야 한다.

16 분기기(Turnout)

1 개 요

열차 또는 차량을 한 궤도에서 타 궤도로 전환시키기 위하여 궤도상에 설치한 설비를 분기장치 또는 분기기(分岐器)라 한다. 분기기는 포인트(Point, 전철기), 크로싱(Crossing, 철차), 리드(Lead)의 3부분으로 구성된다.

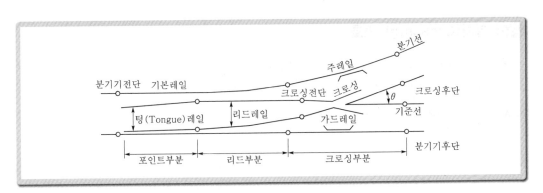

【 일반 분기기의 구성도 】

2 분기기의 종류

하나의 궤도를 두 개로 나누는 궤도구조를 일반 분기기라고 하며, 두 개의 궤도가 동일 평면에서 교차하는 궤도구조의 분기기를 다이아몬드 크로싱(Diamond Crossing), 복선구간에서 두 개의 궤도가 동일 평면에서 상하선이 교차하는 건넘선의 궤도구조의 분기기를 시저스 크로싱(Scissors Crossing)이라 한다.

(a) 편 개   (b) 양 개

【 일반 분기기 】

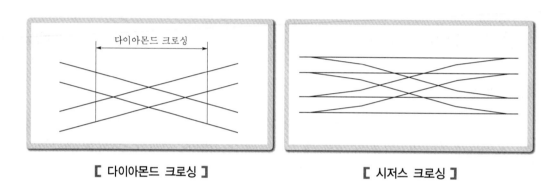

【 다이아몬드 크로싱 】   【 시저스 크로싱 】

3 철차(Crossing) 번호

분기기는 보통 크로싱 각의 대소에 따라 다르며, 크로싱 번호는 N으로 표시된다. 크로싱부에서 기준선과 분기기가 교차하는 각도를 크로싱 각이라 하고

$N = \dfrac{1}{2} \cot \dfrac{\theta}{2}$ 에서 N은 크로싱 번호라 한다.

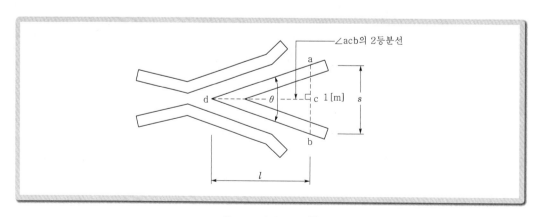

【 크로싱의 각도 】

앞의 그림에서 크로싱 번호는 ab가 1[m]되는 지점에서 cd의 길이 즉, l[m]에 의해서 크로싱 번호가 결정된다.

예를 들어, l이 10[m]이면 10번 크로싱, l이 15[m]이면 15번 크로싱이라 한다. 그리고 분기기를 통과하는 열차의 속도는 크로싱 번호에 따라 영향을 받는다.

철차번호	크로싱 각[θ]	열차속도[km/h]	
		편개 분기기	양개 분기기
8	7°09′09″	25	40
10	5°43′49″	35	50
12	4°46′18″	45	60
15	3°49′05″	55	70
18	3°10′56″		
20	2°51′51″		

4 분기기 사용방향에 대한 호칭

(1) 대 향

열차가 분기를 통과할 때 분기기 전단으로부터 후단으로 진입할 경우를 대향(對向)이라 한다.

(2) 배 향

주행하는 열차가 분기기 후단으로부터 전단으로 진입할 때는 배향(背向)이라 하며, 운전상 안전도로서 배양분기는 대향분기보다 안전하고 위험도가 적다.

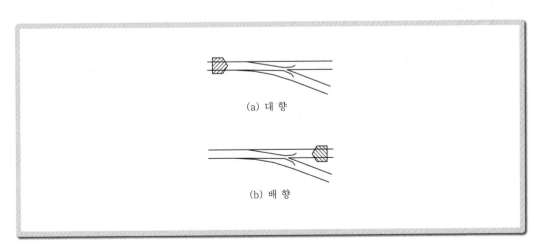

(a) 대 향

(b) 배 향

【 분기기의 대향과 배향 】

17 선로도면

1 전철화 시 필요도면

선로도면은 전철화 설계 시 기본이 되는 도면이고, 전철화 계획 및 설계에 필요한 선로도면은 다음과 같다.

① **역간 선로평면도** : 1/1,200
② **정거장 구내 선로평면도** : 1/1,000
③ **선로종단면도**
④ **선로횡단면도**
⑤ **구조물도** : 교량, 터널 등
⑥ **건축물도** : 선로에 인접한 건축물

2 선로의 위치표시

선로의 위치표시는 "현장 km"와 "환산 km"로 표시된다.

(1) 현장 km

그 선로가 처음 계획되었을 때 기점에서 종점까지 순서대로 정한 위치이다.
예 서기(현) 55[km] 000

(2) 환산 km

그 선로가 준공되었을 때 기점에서 종점까지 순서대로 정한 위치이다.
예 서기(환) 55[km] 500

(3) 파 정

"현장 km"에만 적용되며 중간선로 일부가 변경되면 "현장 km"에 불연속이 발생하는 부분을 표시한다.
예 서기(현) 55[km] 000 = 서기(현) 54[km] 850
　파정 - 0[km] 150

전기철도공학

Chapter **06**

전기차량

01 개 요

　전동기에 의해서 구동하는 방식의 철도차량을 일반적으로 전기차라 하며 전차선을 통하여 외부에서 전원을 공급한다. 전기차 동력방식에는 전동차와 같이 동력을 분산배치한 동력분산식과 전기기관차와 같이 동력을 집중배치한 동력집중식이 있다. 전기방식별로는 교류, 직류 및 교·직류양용의 전기차가 있으며 전압, 상수, 주파수 등으로 세분된다.

02 전기차 동력방식

1 동력집중방식

(1) 특 성

　동력차의 동력원을 집중배치하는 방식으로서 주로 전기기관차 1대 또는 2대로 객차 및 화물차를 견인하는 방식이다. 구동 전동기수가 작기 때문에 진동, 소음이 적고 승차감이 양호하며 다음과 같은 특성이 있다.

　　① 여객과 화물을 병행 운용할 수 있어 동력차의 운용 효율이 향상된다.
　　② 기존 객차를 사용할 수 있어 차량투자비를 절감할 수 있다.
　　③ 디젤기관차와 공통 운용이 가능하다.

(2) 장 점

　　① 단위출력당의 가격이 낮다.
　　② 전동기 효율이 높다.
　　③ 부수차의 장비가 간단하고 저렴하다.
　　④ 보수가 편리하고 보수비가 절감된다.

(3) 단 점

　　① 전동기 고장의 경우에 열차운전에 주는 영향이 크다.

② 전기차의 축중이 크게 되며 선로에 악영향을 끼침과 동시에 궤도강도에 의해 제한을 받는다.

② 동력분산방식

(1) 특 성

동력분산방식은 구동 전동기를 분산배치하여 탑재한 방식으로 주로 도시전동열차에 사용하는 방식이며, 그 특성은 다음과 같다.

① 속도의 급상승, 급제동이 용이하고 축중이 가벼우므로 선로의 제한속도를 높일 수 있다.
② 편성의 양단에 운전실이 있어 운전이 용이하다.
③ 편성량수를 임의로 가감하여도 성능을 동일하게 할 수 있다.
④ 초기 투자비가 많이 든다.

(2) 장단점

동력집중방식과 반대의 장단점을 가진다.

---

03 운전속도의 종별

(1) 균형속도

열차가 역행운전하는 경우 가속력과 전차량의 열차저항이 같을 때의 속도로서, 역행하면서 가·감속을 하지 않고 등속도를 유지하는 속도를 말한다.

(2) 표정속도

A~B 양 역 간의 거리를 열차가 A역을 발차하여 B역 발차까지의 시분, 즉 A역을 출발하여 B역에 도착하는 주행시분과 도착하여 여객취급시분을 합산한 시분으로 나누어 구하여진 속도를 말한다.

$$V = \frac{L}{t}$$

여기서, V : 표정속도[km/h]
t : A역 발차에서 B역 발차까지의 시간[h]
L : A~B역 간 거리[km]

(3) 평균속도

A~B 양 역 간의 거리를 열차가 실제 주행한 시분으로 나눈 속도를 말한다.

$$평균속도[km/h] = \frac{A \sim B역\ 간\ 거리[km]}{A역\ 발차에서\ B역\ 정차까지의\ 시간[h]}$$

(4) 회복속도

소정의 시분보다 지연된 경우 또는 소정시분보다 조착이 필요한 경우 등 보통 운전속도보다 빠르게 운전하는 속도를 회복속도라 한다.

(5) 제한속도

어떤 지정된 구간을 통과하는 경우, 최고 통과운전속도를 말한다.

(6) 역행(力行)

구동전동기에 전력을 공급하여 운전하는 것을 역행이라 한다.

(7) 타행(惰行)

구동전동기에 전력을 공급하지 않고, 전기차 자체의 운동관성에 의하여 주행하는 것을 타행이라 한다.

04 전기차의 종류

1 전기기관차

전기기관차는 동력을 집중으로 배치한 동력집중방식의 차량으로 여객전용의 객차와 화물전용의 화차에 겸용으로 사용되고 있다.

산업선 전철화 당시 급구배와 심한 곡선로, 속도제한 등을 감안하여 기관차의 성능은 큰 견인력이 필요하였으며, 대형 디젤기관차의 최대 출력이 3,000마력인데 비해 전기기관차는 5,300마력으로 견인력이 크게 향상 되었다.

또한 경부고속전철차량은 프랑스 TGV설계에 의해 여객전용으로 설계되었으며 18,000마력의 출력으로 20량의 객차를 대량, 고속으로 수송하여 수송력을 대폭 증가시킬 수 있다.

【 전기기관차 8200대 】

【 경부고속철도차량(KTX) 】

2 전동차

전동차는 도시철도의 통근용으로 동력을 분산배치한 동력분산식으로 제어차, 구동차, 부수차로 분류되며 전동차의 종류와 편성은 다음과 같다.

(1) 전동차의 종류

전동차의 종류는 DC 1,500[V]와 AC 25[kV], AC/DC 양용으로 분류되며, 제어방식에 따라 저항제어식, 직·병렬제어식, VVVF제어식으로 분류되고, 차량의 종류는 다음과 같다.

① 제어차(T_c) : 운전실이 있고 동력을 갖지 않는 차량

② 제1구동차(M) : 모터가 있는 차량

③ 제2구동차(M') : 팬터그래프와 모터가 있는 차량

④ 부수차(T)(T_1) : 운전실과 동력을 갖지 않는 차량

(2) 전동차의 편성

① 저항 및 직·병렬 제어식

ㄱ) 4량 편성

T_c	M	M'	T_c

ㄴ) 6량 편성

T_c	M	M'	M	M'	T_c

ㄷ) 8량 편성

T_c	M	M'	M	M'	M	M'	T_c

ㄹ) 10량 편성

T_c	M	M'	T	M	M'	T	M	M'	T_c

② VVVF 제어식

ㄱ) 6량 편성

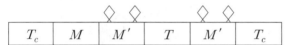

T_c	M	M'	T	M'	T_c

ㄴ) 8량 편성

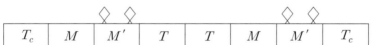

T_c	M	M'	T	T	M	M'	T_c

ㄷ) 10량 편성

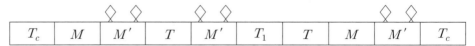

T_c	M	M'	T	M'	T_1	T	M	M'	T_c

【 전동차 】

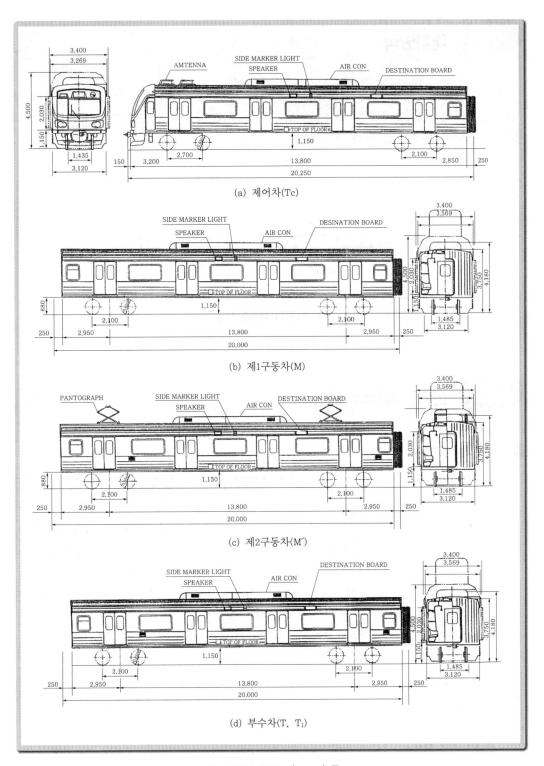

(a) 제어차(Tc)

(b) 제1구동차(M)

(c) 제2구동차(M′)

(d) 부수차(T, T₁)

【 전동차 일반도(VVVF) 】

529

05 대차방식

차량의 대차방식에는 사륜차(단대차), 보기차 및 연접차가 있다. 최근에는 대차가 차체와 관계없이 자유로 주행할 수 있는 보기차가 주로 사용되고 있으며, 경부고속전철의 경우 연접차가 사용되고 있다.

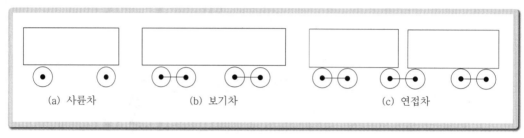

(a) 사륜차   (b) 보기차   (c) 연접차

【 차량의 대차방식 】

06 전기동력차의 특성

1 전기기관차

구 분	KTX	8000호대	8100호대	8200호대
용 도	여객열차전용	여객, 화물열차 겸용	여객, 화물열차 겸용	여객, 화물열차 겸용
전기방식	단상교류, 25[kV], 60[Hz]	단상교류, 25[kV], 60[Hz]	단상교류, 25[kV], 60[Hz]	단상교류, 25[kV], 60[Hz]
최소곡선반경	60[m]	76[m]	100[m]	100[m]
허용외기온도	$-35\sim40[℃]$	$-35\sim40[℃]$	$-35\sim40[℃]$	$-35\sim40[℃]$
속도제어방식	PWM 제어	사이리스터 제어	인버터 제어	인버터 제어
연속정격출력	13,560[kW]	3,900[kW]	5,200[kW]	5,200[kW]
보조출력	1,925[kW]		320[kVA]	1,040[kVA]
최고허용속도	330[km/h]	85[km/h]	150[km/h]	150[km/h]
운전정비중량	771[ton]	132[ton]	88[ton]	88[ton]
팬터그래프 형태	Z형	Z형	Z형	Z형
팬터그래프 접은 높이	4,100[mm]	4,495[mm]	4,470[mm]	4,470[mm]

구 분	KTX	8000호대	8100호대	8200호대
팬터그래프 표준 압상력	70[N]	70[N]	70[N]	70[N]
팬터그래프 동작 범위	2,600[mm]	1,880[mm]	2,400[mm]	2,400[mm]

■2 전기동차

구 분	저항제어방식	VVVF형	비 고
용 도	통근형	통근형	
전기방식	DC 1,500[V], AC 25[kV], 60[Hz]	DC 1,500[V], AC 25[kV], 60[Hz]	
연속정격출력	960[kW]	1,600[kW]	$M-M'$ 1유닛당
연속정격속도	44[km/h]	35[km/h]	표정속도
최고속도	110[km/h]	110[km/h]	
가속도	2.5[km/h/s]	2.5[km/h/s]	
감속도	3.0[km/h/s]	3.0[km/h/s]	
전압변동범위	DC 900~1,650[V] AC 20~27.5[kV]	DC 900~1,800[V] AC 20~27.5[kV]	
차체길이	20[m]	20[m]	연결면 간 길이
차체최대폭	3,120[mm]	3,120[mm]	
차체지붕높이	3,800[mm]	3,800[mm]	
속도제어방식	저항, 직·병렬, 계자제어	가변전압, 가변주파수제어	
차체중량 T_c(자중)	34.8[ton]	33[ton]	제어차
차체중량 M(자중)	43.2[ton]	40[ton]	제1구동차
차체중량 M'(자중)	47.6[ton]	42[ton]	제2구동차
차체중량 T(자중)	33[ton]	27.5[ton]	부수차
팬터그래프 형태	교차형 공기상승식	교차형 공기상승, 스프링 하강식	
팬터그래프 접은 높이	4,500[mm]	4,500[mm]	
팬터그래프 압상력	60[N]	60[N]	
팬터그래프 동작범위	850[mm]	850[mm]	
팬터그래프 집전판의 재질	동 판	소결합금(윤활제유)	

07 전기차 집전장치

1 개 요

차량의 외부로부터 전기차 내부로 전력을 인입하는 장치를 집전장치라 하며, 노면전차에서는 트롤리폴(Trolley Pole) 또는 뷰겔(Bugel)을 사용하며, 지하철도의 제3궤조방식에서는 집전화(Collecting Shoe)를 사용하여 집전하고, 가공 단선식에서는 일반적으로 팬터그래프(Pantograph)가 널리 사용되고 있다.

2 팬터그래프(Pantograph)

(1) 팬터그래프의 구비조건

① 전기차의 속도, 집전전류에 대응하며 소비전력을 집전 가능하여야 한다.
② 전차선에 대한 추종성이 좋고 이선 또는 도약현상을 발생하지 않아야 한다.
③ 상하로 이동하여도 사용범위 내에서는 가능한 한 압상력의 변화가 적어야 한다.

(2) 팬터그래프의 구조

전기차량이 가공전차선에서 전류를 받아들이는 집전장치 중 가장 일반적인 것이 팬터그래프이다.

팬터그래프는 프레임과 상부의 집전판으로 구성되어 있고, 프레임의 상하운동으로 가선의 상하변위를 완충장치에 의해 흡수하면서 전차선과 밀착 집전하는 것이다.

프레임의 형식에는 일반적으로 교차형(전동차에 사용)과 교차형의 반쪽만 사용한 Z형 (전기기관차에 사용) 등이 있다. 외국의 팬터그래프의 경향을 살펴보면 다음과 같다.

유 럽	일 본
• 가벼운 가선의 전차선 • 철저한 1개의 팬터그래프 • 높은 팬터그래프의 압력 • 가벼운 팬터그래프	• 무거운 가선의 대표적 전차선 • 팬터그래프의 무겁고 강한 경향 • 다수의 팬터그래프

① 가대 프레임(Frame)
가대 프레임은 팬터그래프의 기초부분으로 애자에 의해서 차량상부에 지지되어 있다.
② 프레임 구조체
프레임 형식은 교차형과 교차형의 반쪽만 사용하는 Z형이 사용된다.

③ 집전주

집전주는 중앙부에 집전판이 설치되며 전차선으로부터 집전작용을 수행한다.

④ 상승장치

상승장치는 프레임 구조를 상승시키고 집전판을 전차선에 일정한 압력으로 접촉하도록 압상시킨다.

(3) 팬터그래프의 특성

구 분	교차형	Z형
사용개소	전동차	전기기관차
압상력	60[N]	70[N]
공기조작압력	0.49[MPa]	0.54[MPa]
집전판재질	동계 소결합금	탄소계
최소작용높이	530[mm]	100[mm]
최대작용높이	1,380[mm]	2,500[mm]

【 교차형(전동차) 】

【 Z형(전기기관차) 】

【 Z형(KTX) 】

(4) 팬터그래프 형상 및 치수

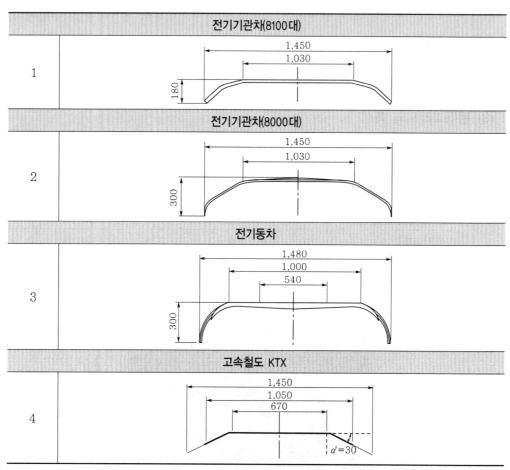

3 뷰겔(Bugel)

뷰겔은 경량강관으로 만들어져 있고 상부에는 마찰판, 하부에는 스프링장치가 있다. 마찰판은 알루미늄 합금이 많이 이용되고, 일부에는 탄소계의 마찰판도 사용되고 있다. 마찰판과 전차선과의 접촉압력은 50~70[N] 정도이다. 주로 노면전차 등에 사용되며 전차가 종점에서 되돌아갈 경우에는 틀은 자동적으로 기울기를 바꾸어서 역전운전할 수 있다.

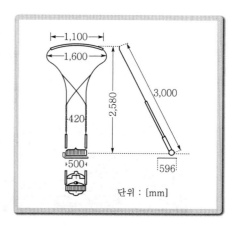

【 뷰 겔 】

4 트롤리 폴(Trolley Pole)

폴의 선단에 회전 호일 또는 마찰판을 설치하여 전차선과 접촉 집전한다. 트롤리 폴은 가공 복선식에 사용되고 노면전차 등에 사용된다.

5 집전화(Collecting Shoe)

집전화는 지하철 등의 도전레일을 이용한 제3궤조방식의 집전장치이다. 상면접촉식, 하면접촉식, 측면접촉식으로 분류되며, 집전화의 마찰판은 주철 또는 주강으로 만들어지고 접촉압력은 100~200[N]이다.

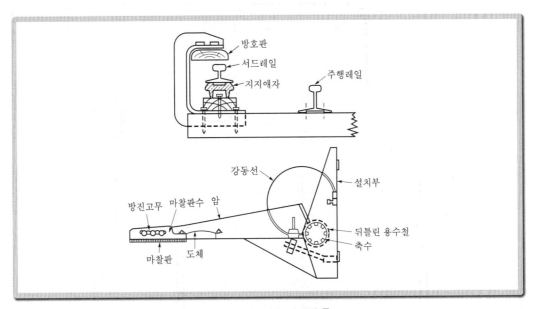

[제3궤조 및 집전화]

08 차량한계

1 개 요

차량을 안전하게 운전하기 위해서는 선로에 부수되는 건조물 및 시설물과 차량과의 사이에 적당한 여유간격이 있어야 한다. 이를 위해 운전하고 있는 차량의 단면적 크기에 일정한 제한을 가하여 이 범위로부터 차량의 일부가 노출되는 일이 없도록 차량의 크기를 규정한 것을 차량한계라 한다.

2 차량한계

차량한계는 차량 단면의 최대 치수를 제한한 것으로 국유철도건설규칙에 의하며, 차량의 어떠한 부분도 이 한계에 저촉되어서는 안 된다. 철도의 궤도중심에서의 차량한계는 좌우 1,700[mm]이며, 열차표시에 대한 한계는 1,800[mm]이다. 궤도면상 높이의 차량한계는 일반 차량의 경우 4,500[mm]이며, 전기운전을 하는 차량의 한계는 집전장치를 상승시켰을 때 6,000[mm]이다.

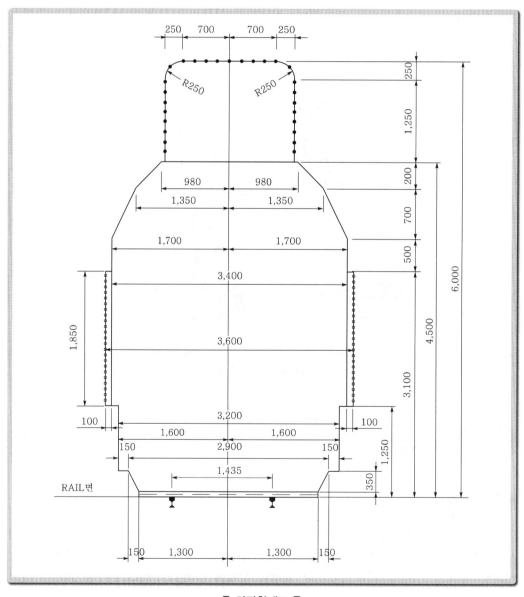

【 차량한계도 】

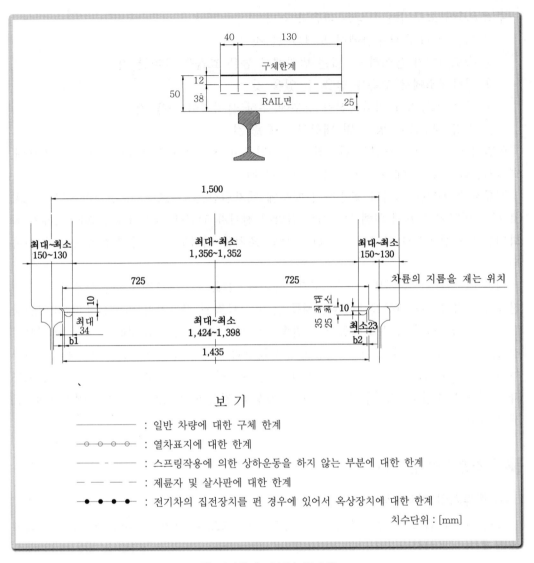

[차량한계 레일부 상세]

09 주전동기

1 주전동기 일반

전기차에 사용하는 주전동기에는 직류직권 전동기, 단상정류자 전동기 및 3상 유도전동기가 있다.

주전동기에 요구되는 특성은 다음과 같다.

① 기동 시나 구배구간에서 토크가 클 것

② 속도제어가 용이하고, 넓은 범위에서 높은 효율을 유지할 것

③ 평탄개소에서 고속을 얻을 수 있을 것

④ 많은 전동기가 병렬운전될 경우에 부하 불평형이 적을 것

⑤ 소형 경량으로 방수 및 내진성이 좋을 것

일반적으로 이러한 조건을 만족하는 전동기로서 직류직권 전동기가 이용되고 있으며, 회생제동을 하는 것에는 복권 전동기가 이용된다.

정류자 전동기는 여자가 교번하기 때문에 계자권선을 1차로 하고 전기자 권선을 2차로 하는 변압기 작용에 의해 브러시로 단락된 전기자 권선에 단락전류가 흘러 정류가 악화되므로 보상권선과 보극을 설치하는 등의 조치를 취하고 있으며 전철화 초기에 사용되었다.

최근에는 가변전압 가변주파수(VVVF) 제어에 의해, 3상 유도전동기를 사용할 수 있어 전동기의 경량화를 꾀하게 되었다. 예를 들어 직류직권 전동기가 연속정격 185[kW], 중량 875[kg]인데 비해, 유도전동기는 연속정격 300[kW], 중량 396[kg]으로 대폭적으로 경량, 고출력화가 되어 있다. 전철설비에서 차상과 지상의 전기설비는 각각 개별로 다루어지는 일이 많았다. 그러나 주전동기와 변전소는 하나의 회로로 연결되어 있으며 고조파 문제나 보호협조, 절연협조의 문제 등 차상과 지상이 일체로 되어 다루어져야 할 문제가 많다.

2 직류직권 전동기

(1) 직류기의 여자방식

직권식은 다음 그림에서와 같이 기동토크가 크므로 전기차에서는 널리 채용되고 있다.

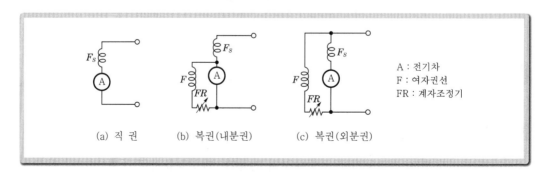

[직류 전동기의 여자방식]

직류복권 전동기는 직권전동기와 분권전동기의 특성을 함께 가지고 있고, 직권계자를 약하게 하고, 분권계자를 강하게 함으로써, 기전력을 높여 용이하게 전력을 회생할 수 있다는 점 때문에 역행 시에 화동(和動), 회생 시에 차동(差動)으로 이용하는 경우가 있다.

(2) 직류직권 전동기의 특성

직류직권 전동기의 특성은 다음과 같이 표시된다.

$$E_c = \frac{P}{a} \cdot \frac{Z\phi n}{60}$$

$$P_0 = E_c I \cdot 10^{-3}$$

$$\tau = \frac{P_0 \cdot 10^3}{\omega} = \frac{60}{2\pi n} \cdot E_c I$$

여기서, E_c : 역기전력[V], Z : 전기자 도체수

ϕ : 매극유효자속[Wb], n : 회전수[rpm]

τ : 토크[Nm], I : 전기자 전류[A]

P_0 : 전동기 출력[kW], ω : 각속도[rad]

a : 전기자 회로수, P : 극수

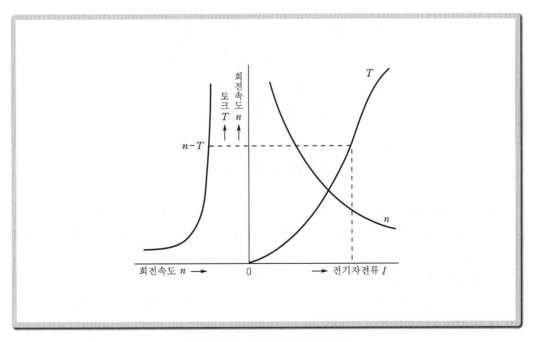

[직류직권 전동기의 특성곡선]

직권전동기의 경우, 계자전류는 전기자 전류와 같으므로 ϕ가 I에 비례하는 범위에서 E_c 및 τ는 다음과 같이 할 수 있다.

$$E_c = K_1 I \cdot n, \quad \tau = K_2 I^2$$

여기서, K_1, K_2 : 정수

주전동기의 출력증대는 회전수를 높이는 것이 하나의 방법이다. 최근 주전동기는 대차 장하식으로 하고 있으므로 레일로부터의 충격이 완화되어 정격 회전수를 올려서 출력증대를 도모하는 것이 쉬워졌다.

(3) 맥류전동기

정류기형 전기차에는 맥류전동기가 사용되며 단상전파 정류된 파형에 있어서 맥류율은 다음 식으로 표시된다.

$$맥류율 = \frac{I_{\max} - I_{\min}}{I_{\max} + I_{\min}} \times 100 \, [\%]$$

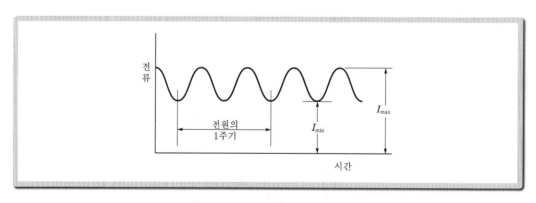

【 맥류전동기에 흐르는 전류 】

직류전동기에 맥류가 흐르면 자기회로에 소용돌이 전류가 생겨서 발열하고, 변압기 기전력이 생겨서 정류를 악화시키며, 전기자 토크가 맥동하고 도체 내의 소용돌이 전류에 의한 동손이 증가하여 효율이 저하하는 등의 영향이 있다.

맥류에 대한 대책으로서 평활하는 대책이 채용되며 최근에는 전동기를 높은 맥류율에도 사용할 수 있도록, 정류자전동기에 가까운 구조로 된 특수 전동기가 채용되고 있으며 맥류율은 20~50[%]로 하고 있다.

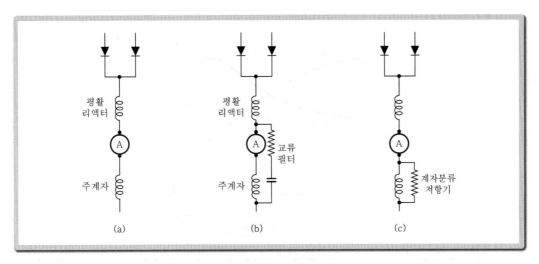

【 맥류를 경감하는 방법 】

(4) 약계자

직류전동기의 회전수는 계자자속에 역비례하고, 토크는 계자자속에 정비례한다. 이 경우 회전수를 동일하게 하여 계자자속을 감소시키면 역기전력이 일정하도록 전기자 전류가 증가하고, 전동기 토크가 증가해서 속도가 향상된다.

③ 유도전동기

최근 인버터 기술의 진전으로 PWM 제어에 의한 가변전압 가변주파수(VVVF) 제어가 가능해져서 소형의 3상 유도전동기가 사용되고 있다.

유도전동기의 특성곡선은 다음 그림과 같고, 슬립이 0인 점(도면의 A점)에서 토크가 0이다. 도면의 B점은 슬립이 1의 구속상태이며, 전류치는 가장 커진다.

또, 토크특성은 도면의 C점에서 최대가 되고 통상은 A점과 C점 사이에서 사용된다.

지금 슬립주파수를 ω_s, 전원각 주파수를 ω_0, 슬립 $S\left(\dfrac{\omega_s}{\omega_0}\right)$, 극대수를 q, 상수를 m, 상전압을 V_1, 1차·2차측(1차 환산)의 저항치를 R_1, R_2, 1차측과 2차측을 합계한 인덕턴스를 L이라 하면, 토크 T와 전류 I는 근사적으로 다음 식과 같다.

$$T = \frac{qm}{\omega_0} \cdot \frac{SR_2V_1^2}{(SR_1+R_2)^2 + \omega_s^2 L^2}$$

$$I = \frac{SV_1}{\sqrt{(SR_1+R_2)^2 + \omega_s^2 L^2}}$$

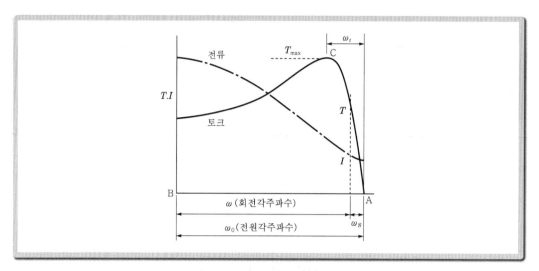

【 유도전동기의 특성곡선 】

앞서 서술한 A점과 C점 사이에는 이 식을 다음과 같이 간략화할 수 있다.

$$T = K_1 \left(\frac{V_1}{\omega_0} \right)^2 \cdot \omega_s, \quad I = K_2 \left(\frac{V_1}{\omega_0} \right) \omega_s$$

여기서, V_1과 ω_s를 변화시켜 T나 I를 변화시킬 수 있다는 것을 알 수 있다.

또, C점에서 최대 토크 T_{max}와 슬립 주파수 ω_t는 다음 식으로 나타낸다.

$$T_{max} = \frac{qm V_1^2}{2\omega_0 (R_1 + \sqrt{R_1^2 + \omega_{0L^2}^2})}, \quad \omega_t = \frac{R_2 \omega_0}{\sqrt{R_1^2 + \omega_0^2 L^2}}$$

유도전동기에서는 직류전동기와 달리 토크에 한계가 있으므로 교류전동기 구동방식 전기차에 있어서는 속도에 대해 토크한계가 어떻게 변화하는가를 파악하는 것이 중요하다.

4 교류구동방식

(1) 개 요

전기철도의 견인용 교류전동기는 유도전동기와 동기전동기로 구별할 수 있다.

유도전동기는 전압형 인버터의 PWM(Pulse Width Modulation)으로 제어하며, 동기전동기는 직류입력일 경우 초퍼로 제어하고, VVVF(Variable Voltage Variable Frequency) 인버터는 전류형 인버터이다.

(2) 동기전동기

동기전동기를 인버터로 제어하는 방식은 다음과 같다.

직류 입력전압일 경우는 입력전압을 초퍼로 제어한다.

VVVF 인버터는 입력 측에 주평할 리액터를 갖는 전류형 인버터이다. 각 인버터는 기동 시의 전류를 위하여 강제 전류회로를 가지고 있지만 기동 시에만 동작되므로 장치의 소형화가 가능하다.

동기기가 회전하게 되면 자신의 유기전압으로 전류가 가능하게 되므로 부하전류로 절환한다.

따라서, 고속의 반도체 소자를 사용하기 좋은 이점이 있다. 초퍼는 전류형 인버터가 요구하는 전압 즉, 저속도는 저전압, 고속 시는 고전압을 공급한다.

동기기를 사용하는 방식에는 전동기마다 인버터가 필요하여 복수개의 동기기를 병렬운전하는 것이 불가능하다.

이 때문에 전기기관차의 동력집중방식에 주로 쓰이고 있으며, 계자는 별개의 초퍼에 의하여 여자된다.

프랑스의 SNCF에서는 TGV-A에 동기전동기 구동방식이 선택되었으며, 경부고속전철인 KTX에도 사용하고 있다.

(3) 유도전동기

유도기의 인버터제어는 전압형 인버터의 PWM으로 제어되는 경우가 일반적이다. PWM 제어방식은 반도체 소자의 ON/OFF 동작을 이용하여 부하에 거의 정현파에 가까운 전압을 인가하는 가장 효과적인 방식이다.

GTO 등의 자기소호능력을 갖는 전력용 반도체 소자의 성능 향상에 따라서 대전력을 고주파로 변조하는 것이 가능하게 되어 전압형 인버터를 PWM 제어하는 방식이 주류가 되고 있다.

전압형 인버터로서 PWM 제어를 해서 정현파 전류를 흐르게 하려면 부하에 인덕턴스가 필요하다. 인덕턴스를 삽입하는 경우는 회전자 손실이 저감되므로 특히 대출력기에 효과가 있다.

또한, 유도전동기의 특징으로는 복수개의 전동기를 1대의 인버터로 병렬운전하는 것이 가능하다.

독일의 ICE에서는 견인유도 전동기 구동방식을 채택하였으며, 제어방식은 벡터제어를 채택하였다.

견인유도 전동기에 벡터제어방식을 적용하면 유도전동기의 특성이 직류 전동기의 정상상태 특성 및 동적 특성과 유사하게 제어될 수 있다.

10 속도제어

1 속도제어 일반

(1) 속도제어의 방식

전기철도는 속도범위가 넓어 견인중량이 변하거나, 선로조건에 따라 소요 견인력이 변화하는 등의 특징이 있으므로 일정 가속도로 원활하게 기동하고 소요의 균형속도로 주행할 필요가 있다.

전기차의 속도제어에는 다음과 같은 방식이 있다.

① 직류전기차
  ㉠ 저항제어
  ㉡ 직·병렬 제어
  ㉢ 초퍼제어
  ㉣ 계자제어
  ㉤ VVVF 인버터제어(유도전동기)

② 교류전기차
  ㉠ 탭제어
    • 고압절환
    • 저압절환
  ㉡ 위상제어
    • 사이리스터
    • 자기증폭기
  ㉢ 위상제어 + VVVF 인버터제어(유도전동기)
  ㉣ PWM 컨버터제어 + VVVF 인버터제어(유도전동기)

(2) 노치곡선

가속전류를 거의 일정하게 하고 견인력의 크기를 일정범위로 유지하여 원활한 가속이 발생하도록 주전동기 단자전압은 저항제어, 직·병렬 제어 또는 교류전기차의 탭제어 등에 의해 단계적으로 제어한다.

이 제어의 각 단계를 노치라 하며, 주전동기 전류를 횡축으로, 종축에 속도와 견인력을 취하고, 각 노치마다 주전동기 전류와 속도 및 견인력의 관계를 나타낸 곡선을 노치곡선이라 한다.

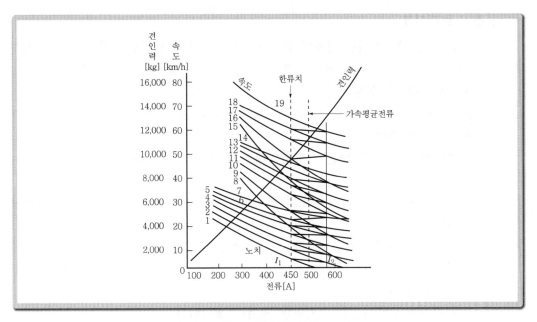

【 노치곡선의 예 】

일정한 가속도로 가속할 경우, 가속력은 전류의 2승에 비례한다.

$$\text{가속력}: \tau = KI_2, \quad \text{평균전류}: I = \frac{I_1 + I_2}{2}$$

여기서, I_1 : 한류치

제1노치곡선에 따라 가속되며, 전류는 점차 감소하고 I_1에 도달했을 때 제2노치로 진전되고, 전류는 증가해서 I_2가 된다. 속도의 증가와 동시에 전류는 감소하는 것이 반복된다.

(3) 직접제어와 간접제어

① 직접제어

직접제어는 운전자의 수동조작에 의해 주전동기 회로를 직접 개폐하여 접속을 변화시킴으로 속도제어를 하는 것이며, 이는 연속적인 운전에는 적합하지 않다.

② 간접제어

간접제어는 주전동기 회로를 제어회로를 통해 간접적으로 수행하며, 다수의 전기차를 일괄하여 제어할 수 있다. 운전석의 핸들을 잡아 당기면 역행, 밀면 브레이크가 된다. 일반적으로는 역행과 브레이크 핸들을 따로한 2개의 핸들식이 많다.

(4) 자동노치진행

전류치의 변화에 따라서 자동적으로 노치를 진행하는 간접제어방식이다.

545

(5) 전기 브레이크

전기 브레이크는 주전동기를 열차의 운전에너지에 의해 발전기로서 작동시키고, 전기차 역회전력을 차축으로 작동시켜 브레이크 작용을 하는 것이다.

① 전기 브레이크의 특성

전기 브레이크는 크게 나누어 발전 브레이크와 회생 브레이크가 있으며, 그 특성은 다음과 같다.

㉠ 조작이 간단하고, 넓은 속도범위에서 거의 일정한 브레이크 역률을 얻을 수 있다.

㉡ 제륜자, 차륜 타이어의 마모가 적고, 가열에 의한 차륜 타이어 이완의 위험이 없다.

㉢ 긴 하행구배에 속도를 억제하는 브레이크로 유효하다.

㉣ 제륜자의 마모철분으로 인한 하부에 설치된 기기의 오손이나 절연열화가 방지 가능하다.

㉤ 전력회생 브레이크를 사용하면 전력이 절약된다.

㉥ 저속이 되면 브레이크력이 감소하므로 공기 브레이크와 병용할 필요가 있다.

㉦ 발전 브레이크용 저항기는 소요의 브레이크력에 비해서 큰 용량을 필요로 한다.

㉧ 전기자축이나 톱니바퀴는 브레이크를 걸었을 때의 충격에 견디기 위해 견고하게 할 필요가 있다.

㉨ 회생 브레이크는 회생전력이 다른 부하에 의해 소비되지 않으면 기능을 발휘할 수 없다.

㉩ 제어장치나 변전소설비가 복잡해진다.

② 발전 브레이크

㉠ 발전 브레이크의 특성

- 속도를 억제하는 브레이크의 경우는 하행구배에서 일정속도로 유지하는 것이 목적이므로 일정 저항치를 선택하면 된다.

- 정지 브레이크에 있어서는 저항치를 일정하게 하면 속도의 저하와 함께 브레이크 전류가 감속하고 브레이크력이 작아지므로, 브레이크력을 일정하게 하기 위해서는 속도의 저하에 따라서 부하저항을 순차적으로 단락하지 않으면 안 된다.

따라서, 역행인 경우와 마찬가지로 한류치방식이 채용되고 있다.

㉡ 발전브레이크력

속도 V[km/h]에 있어서 발전기 1대의 브레이크력 B는, 역행 시의 견인력과 마찬가지로 다음 식이 된다.

$$E_a = I(r + R_f + R), \quad B = 0.367 E_a I \mu / V$$

여기서, r : 내부저항[Ω], I : 브레이크 전류[A], R_f : 전기자·계자의 권선저항[Ω]
R : 브레이크 저항[Ω], E_a : 유기전압[V], V : 속도[km/h]
μ : 동력전달효율[(주전동기 출력-동력전달손실)/주전동기출력]

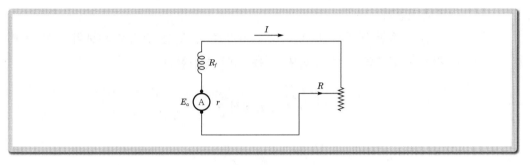

【 발전브레이크의 회로 】

유기전압 E_a는 속도 V와 계자자속 ϕ에 비례하므로, 브레이크 전류를 일정하게 해서 일정 브레이크력을 얻는 데는

$E_a = KV\phi = I(r + R_f + R) ≒ IR$에서 $R ≒ \dfrac{KV\phi}{I}$가 되고 저항은 속도에 비례한다. 저항 R을 일정하게 하고 전류 I를 변화시켰을 때 E_a를 구하고, 여기에 상당하는 회전수를 주전동기 특성곡선에서 구하면, 저항치 R에 대한 전류·속도곡선이 얻어진다.

따라서, R을 변화시켜서 브레이크 노치곡선을 구한다.

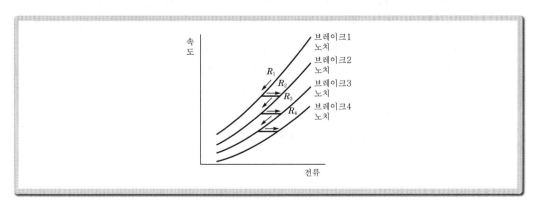

【 발전 브레이크 노치곡선 】

547

③ 회생 브레이크

㉠ 회생 브레이크 특성

회생 브레이크는 발생전력을 전차선에 반환하므로 전력을 유효하게 절약할 수 있고, 발전 브레이크와 같이 대용량의 저항기도 필요로 하지 않는 특징이 있다.

㉡ 전동기의 회생원리

• 직류전동기

V를 일정한 직류전원전압, E를 역기전력, R_a를 전기자 회로의 저항, I_a를 전기자 회로의 전류로 하면 다음 식이 성립한다.

$$V = E + R_a I_a \text{에서 } I_a = \frac{V-E}{R_a}$$

이 식에서

$V > E$: I_a는 전원 측에서 부하 측으로 흘러서 전동기 작용을 한다.

$V < E$: I_a는 부하 측에서 전원 측으로 흘러서 발전기 작용을 한다.

이 조건을 만족하기 위해서는 계자를 강하게 하는 등의 수단이 있다.

• 유도전동기

유도전동기의 경우, N_0를 고정자 여자권선에 의한 동기속도[rpm], N을 회전자의 회전속도[rpm]라 하면

$0 < N < N_0$은 전동기가 작용 – 발생하는 전자력이 회전 방향이고

$N > N_0$은 발전기가 작용 – 발생하는 전자력이 반회전 방향이 된다.

㉢ 회생 브레이크 방식

직류전기차에는 유기전압이 전차선 전압보다 높지 않으면 회생 브레이크는 사용할 수 없고, 속도범위가 한정되었으나 최근에는 초퍼제어 등에 의해 폭넓은 범위에서의 회생 브레이크가 가능해졌다.

한편, 교류전기차에는 사이리스터 위상제어 등에 의해 고속에서 저속까지의 넓은 범위에서의 회생 브레이크가 가능하다. 또한, 회생전류의 역률각은 급전전압에 대해 90° 이상 늦어서 여현(cos) 함수의 계산을 하면 (–)가 되므로 회생 시의 역률은 (–)로 나타낸다.

• 직류전기차

– 전기자 초퍼제어

∘ 전기자 초퍼제어

◦ 저항병용 전기자 초퍼제어

◦ 자동가변계자(AVF) 초퍼제어

  – 계자제어

◦ 계자첨가 여자제어

◦ 계자 초퍼제어

  – 사상한 초퍼제어

  – VVVF 인버터제어(유도전동기)

• 교류전기차

  – 사이리스터 순브릿지제어

  – PWM 컨버터제어 + VVVF 인버터제어(유도전동기)

2 직류전기차의 속도제어

(1) 저항제어

주전동기 회로에 저항을 넣고, 저항치를 변화시키면 주전동기의 단자전압이 변화됨으로써 속도를 제어하는 방식이다.

저항손실이 크고 제어효율이 나쁘므로 일반적으로 기동제어에 이용되고 주행 중의 속도제어에는 사용되지 않는다.

① 직렬접속법, 직·병렬 접속법

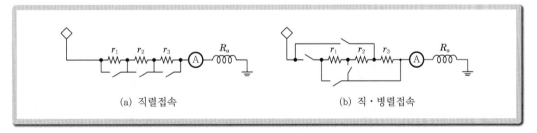

[저항제어의 접속]

  ㉠ 직렬접속법

    노치의 진행과 동시에 단락해서 저항을 줄여 간다.

  ㉡ 직·병렬 접속법

    분할저항을 직·병렬로 조합시켜 저항을 줄여 간다.

② 버니어(Vernier)제어

  저항제어의 주 노치 간에 버니어(미세) 저항으로 칭하는 저항을 넣고, 노치를 더욱 세부적으로 제어한다.

기동 시의 전류, 견인력의 변화가 적고, 점착특성을 향상시킬 수 있으며 주로 직류 전기기관차 및 교·직류 전기기관차에 사용되고 있다.

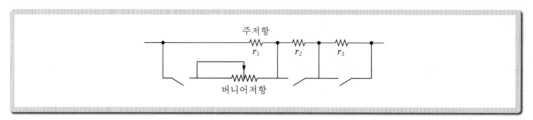

[버니어제어]

(2) 직·병렬 제어

① 역 행

㉠ 제어방법

짝수 개의 주전동기를 가질 경우, 이것을 직·병렬로 접속하여 주전동기의 단자전압을 바꾸는 제어이다. 직·병렬 제어만으로는 노치수가 적어서 원활한 속도제어를 할 수 없으므로, 저항제어와 병용함으로써 저항손실도 경감된다.

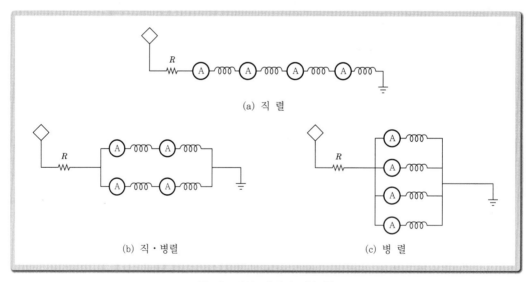

(a) 직 렬

(b) 직·병렬   (c) 병 렬

[직·병렬 제어의 접속]

㉡ 전 환

주전동기가 직렬에서 직·병렬, 직·병렬에서 병렬로 회로를 바꾸는 것을 전환이라 한다.

- 개로전환은 충격이 크고, 개로 시에 아크가 발생하며, 재폐로 시에 돌진전류가 발생되므로 현재는 거의 사용되지 않는다.
- 단락전환은 단락 시에 견인력이 반 이하로 되고, 단락시킨 전동기는 발전기가 되어 브레이크 작용을 하며, 2단 이상의 직·병렬 제어에 이용할 수 있다.
- 교락전환은 주전동기와 주저항기로 브릿지회로를 만들고 브릿지를 개방해도 큰 아크가 발생하지 않도록 하였다. 2단 이상의 직·병렬 제어에는 사용이 곤란하다.

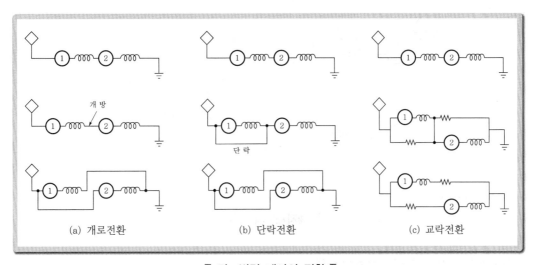

【 직·병렬 제어의 전환 】

② 발전 브레이크

주행 중의 전기차의 직류직권 주전동기를 발전기로서 작동시킬 경우, 주계자 또는 전기자 회로의 접속을 반대로 하고, 브레이크 전류의 자속을 잔류자기와 같은 방향으로 하여야 한다.

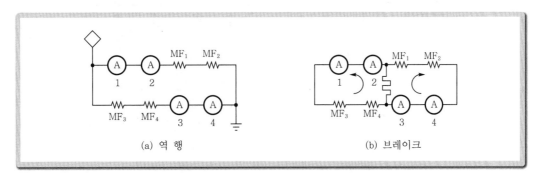

【 발전 브레이크의 주회로 연결 】

(3) 계자제어

주전동기의 계자자속을 약하게 하여 속도제어를 하는 방식이다. 일반적으로 저항제어, 직·병렬 제어가 끝나고, 속도가 어느 정도 증가하여 전류가 감소하고 나면, 계자자속을 약하게 하여 속도를 더 증가시키는 데 이용된다.

계자제어에는 부분계자법, 계자분로법 및 조합법이 사용되는데 주로 계자분로법이 많이 사용된다.

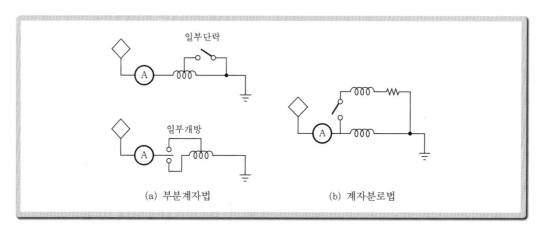

【 계자제어의 종류 】

(4) 직류전기자 초퍼(Chopper)제어

① 전기자 초퍼(역행)의 원리

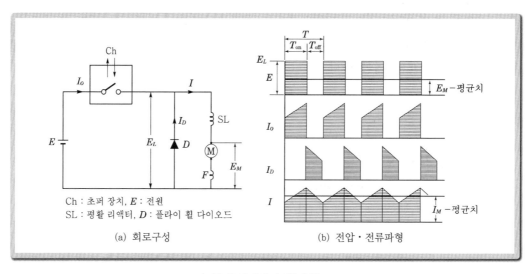

【 초퍼제어의 원리 】

사이리스터의 스위칭 작용을 이용하여 직류전압을 구형 단속파로 공급함으로써, 필요한 직류평균전압을 얻어 주전동기의 단자전압을 제어한다.

초퍼장치 Ch를 닫으면 전압 $E_L = E$가 되어 전원에서 공급하는 전류 I_0는 회로의 시정수에 따라서 증가한다.

I_0가 일정치에 달했을 때 Ch를 열면 I_0는 0이 되고, 평할 리액터 SL에 축적되어진 에너지가 다이오드 D를 통해서 전기자에 전류 I_D를 방출하여 감쇠해간다. I_D가 어느 정도까지 감소했을 때 다시 Ch를 닫는다. 부하전류는 거의 일정하다고 생각되므로, 전원측 전압전류를 E, I_0라 하고 부하측의 전압전류의 평균치를 각각 E_M, I_M이라 하면 다음과 같이 부하전류를 연속적으로 변화시킬 수 있다.

$$E \cdot I_0 = E_M \cdot I_M$$

$$I_0 = \frac{E_M}{E} \cdot I_M = \frac{T_{\text{on}}}{T_{\text{on}} + T_{\text{off}}} \cdot I_M, \ E_M = \frac{T_{\text{on}}}{T_{\text{on}} + T_{\text{off}}} \cdot E$$

실제의 초퍼회로에서는 스위치 S 대신에 사이리스터를 이용한다. 사이리스터는 일단 도통하면 자기 스스로는 이것을 차단할 수 없기 때문에 보조회로에 의해 도통 중 사이리스터에 역전류를 통해 소거한다.

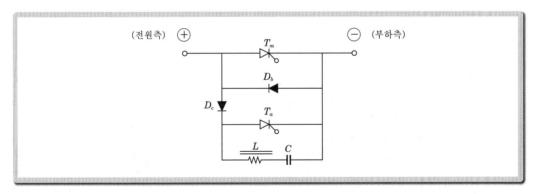

【 사이리스터 초퍼회로 】

위의 그림은 대표적인 초퍼회로이며, 이것은 반발펄스방식이라 불리우는 것으로 사이리스터 T_m, 보조 사이리스터 T_a, 바이패스 다이오드 D_b, 전류(轉流) 다이오드 D_c, 리액터 L 및 콘덴서 C로 되어 있다.

이 회로의 동작은

㉠ 우선 초기상태에서는 T_m, T_a 모두 off로, C는 전원전압까지 충전되어 있다.

㉡ T_m을 도통시키면 전원이 부하에 접속되어 전류가 흐르기 시작하는데 C는 충전된 채로 유지된다.

ⓒ 적당한 시간에서 T_a를 도통시키면 C의 전하가 L 및 T_a를 통해 방전되고, 인덕턴스 L에 의해 C는 역극성으로 충전된다.

ⓐ 역충전된 전하는 다음에 D_b, D_c, L을 통해 재방전되고, 이때 T_m의 단자전압이 역전되어 T_m을 소거시킬 수가 있으며 초기상태로 돌아가게 된다.

이러한 동작의 반복에 의해 직류전류를 단속시킬 수가 있다. 또, 최근에는 자기소호형의 GTO 사이리스터가 채용되기 시작했으며, 이에 따라 보조회로가 불필요하게 되었다.

초퍼의 제어방식으로는 $\dfrac{T_{\text{on}}}{T}$의 변환방식에 의해 다음의 3가지 방식이 있다. 전기철도에 있어서는 고주파 전류에 의한 신호용 궤도회로의 오동작 방지라는 면에서 ⓐ가 일반적으로 사용된다.

- T : 일정, T_{on} : 가변 (정주파수 가변시간 제어) ······························ ⓐ
- T : 가변, T_{on} : 일정 (가변주파수 정시간 제어) ······························ ⓑ
- T : 가변, T_{on} : 가변 (가변주파수 가변시간 제어) ······························ ⓒ

② 전기자 초퍼(회생)의 원리

초퍼에 의해 단락되는 자여발전기로서 전력회생을 한다.

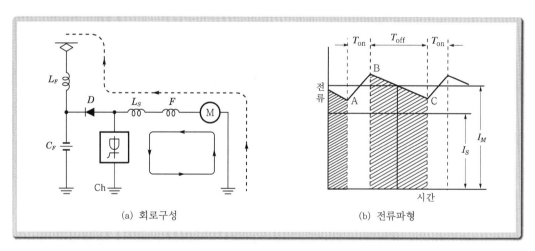

(a) 회로구성 (b) 전류파형

【 전기자 초퍼에 의한 회생브레이크의 원리도 】

위의 그림에서 초퍼에 의해 Ch가 on되면 전동기의 전류는 실선으로 나타나고, 리액터 L_S를 통하여 흐르게 되며 전류파형도에서 A→B와 같이 증가한다.

그런 다음 초퍼를 off하면 리액턴스의 작용에 의해 파선으로 나타낸 전류가 다이오드 D를 통해 전차선에 흐르고 전류는 B에서 C로 감쇠한다.

554

이 on/off 동작의 반복에 의해 전동기 전류의 평균치는 일정하게 유지되고 전차선은 전류파형도에 있어서의 색칠한 부분이 회생된다. 또, 속도가 저하함에 따라 유도전압도 내려가므로 초퍼의 on시간이 길어져서 회생되는 전류의 평균치 I_s도 감소한다. 전동기의 평균전류를 I_s라 하면

$$I_s = \frac{T_{\text{off}}}{T_{\text{on}} + T_{\text{off}}} \cdot I_M$$

전동기 단자전압 E_M은 전차선 전압을 E라 하면

$$E_M = \frac{T_{\text{off}}}{T_{\text{on}} + T_{\text{off}}} \cdot E$$

따라서, 전동기의 유기전압이 가선전압보다 낮은 영역에서 회생가능하므로, 정지직전까지 브레이크가 유효하다.

반면, 고속영역에서는 속도상승과 함께 자속, 즉 전류를 급속히 감소시켜야 하므로($E = K\phi n$, $T = K\phi I$) 회생력이 부족하다는 결점이 있다. 이 결점을 보충하는 방식으로서 저항병용 전기자 초퍼제어와 자동가변계자 초퍼제어방식이 있다.

㉠ 저항병용 전기자 초퍼제어

전동기에 직렬로 저항을 삽입하여 과전압영역에서 사용되고, 저항 R에서의 전압강하를 이용하여 승압초퍼의 제어를 가능하게 하는 방식이다.

이에 따라 고속영역에서의 회생 브레이크가 높아지게 된다. 따라서 전기자에 본래 불필요한 저항을 필요로 한다.

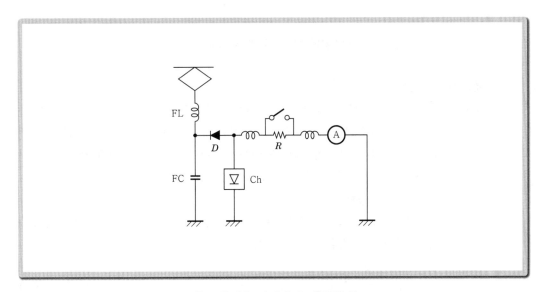

【 저항병용 전기자 초퍼(회생) 】

555

ⓛ 자동가변계자(AVF) 초퍼제어

계자권선의 일부는 직권으로서 전기자와 직렬로 접속시키고, 다른 쪽은 분권
으로서 플라이휠 다이오드 D_1 등과 병렬로 접속시켜 초퍼의 통류율의 변화
에 따라서 계자전류를 변화시키고 계자율을 자동적으로 변화시키도록 한 방
식이다.

전기자의 유기전압이 높고 초퍼의 통류율이 작은 고속영역에서는 직권은 약
계자, 저속영역에서는 전기자의 유기전압이 내려가고 초퍼의 통류율도 커져
서, 분권의 자속이 증가하여 계자를 강계자로 하여 넓은 속도범위에서 전력
회생이 가능해진다.

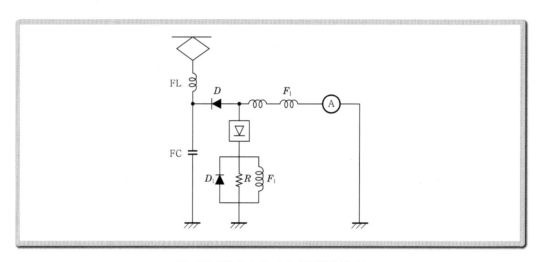

【 자동가변계자 초퍼제어방식(회생) 】

③ 초퍼제어의 장단점

초퍼제어는 전압제어성이 좋고, 연속제어가 가능하며, 대폭적으로 무접점화가
가능하다는 등의 우수한 장점이 있다. 그러나 초퍼제어 및 전차선로 전류의 맥
동에 의한 통신선이나 신호회로의 유도장해, 주전동기 전류의 맥동에 의한 주전
동기의 온도상승이나 정류상의 장해를 고려할 필요가 있다.

㉠ 우수한 전압제어능력

주저항기가 필요없으므로 운전전력량이 절감되고, 터널 등에서 온도상승을
방지하며 변전소 용량을 줄일 수 있다.

㉡ 우수한 회생 브레이크 특성

정지 직전에 회생 브레이크가 유효하므로 운전전력량을 절감할 수 있어 변전
소 용량을 줄일 수 있다.

ⓒ 우수한 제어성

연속제어에 의한 응답성이 좋으며, 어떠한 속도에서도 연속운전이 가능하여 ATO, ATC에 적합하며 승차감이 좋다.

ⓔ 우수한 점착성능

높은 가감속이 가능하므로 전동차 수를 줄일 수 있다.

ⓜ 솔리드 스테이트(Solid State)

반도체 소자에 의한 무접점화로 신뢰성이 향상되고 보수비가 절감된다.

(5) 계자 초퍼제어(복권전동기)

직류전동기의 전기자는 저항으로 제어하고, 분권의 타여계자를 초퍼로 제어하는 방식을 계자 초퍼제어라 한다.

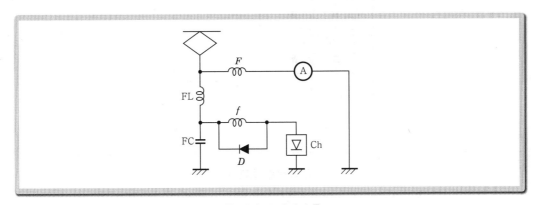

[계자 초퍼제어]

위의 그림에서 분권계자를 강하게 하면 전기자 전류가 (+)에서 (−)로 전환하여 가선에 전류가 흘러나오게 되어 있다.

이 방식은 종래의 저항제어에 소용량의 계자제어장치를 추가하여 전류용량과 휠터가 작아도 되므로 전기자 초퍼에 비해서 경제성이 높게 경량화할 수 있다.

역행, 회생의 절환이 불필요하고 계자제어 범위가 넓다. 또한 연속적이기 때문에 제어성이 좋고 회생속도영역을 넓게 취할 수 있다. 한편, 분권계자의 강계자율에 한도가 있으므로, 저속도영역에서의 발생전압이 부족하고, 회생불능이 된다. 또 저항제어차의 약한 계자만을 초퍼화한 것이므로 역행 시의 저항손실, 공전 시의 토크감소가 적은 것에 따른 대공전의 발생 등에 대한 결점이 있다.

(6) 사상한(四象限) 초퍼제어(직류타여 전동기)

사상한 초퍼란 전기차의 속도제어는 물론, 전진역행, 전진브레이크, 후진역행, 후진브레이크의 4가지 운전모드의 절체가 계자초퍼의 제어로 연속적이고 원활하게 시행되는

557

것으로 이 의미에서 사상한 초퍼라 불리고 있으며, 직류타여 전동기를 사용하여 전기자는 GTO 사이리스터를 이용한 고주파초퍼로 제어하고, 타여계자 권선은 계자초퍼로 제어하는 방식이다. 저속영역에서는 전기자 초퍼와 동시에 회생 브레이크가 유효하게 작용하고, 고속영역에서는 전기자 초퍼의 통류율을 가장 가까이에 고정하여 타여계자를 여자함으로써 계자전류를 제어하여 회생전류를 얻는 방식이다.

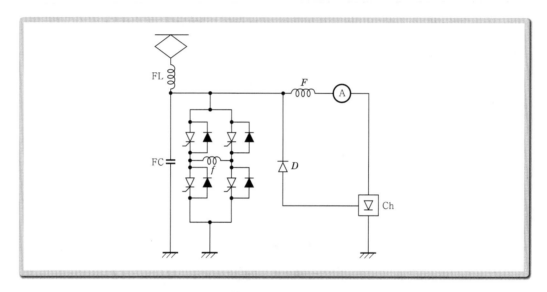

【 사상한 초퍼 】

(7) 계자첨가 여자제어(직류직권 전동기)

계자 초퍼제어의 특징을 살리고 또한 직권전동기를 사용하여 과도안정성도 개선하고 아울러 저코스트로 회생할 수 있는 시스템으로 개발된 것이다.

주회로 구성은 계자코일에 직렬로 여자장치를 연결하고 분로에는 유도코일과 계자접촉기를 연결하고 MG 등의 전원으로부터 여자장치에 의해 계자전류를 제어하고 있다.

① 역 행

역행제어단계에서는 계자분로의 접촉기 F는 열린 상태이므로 전기자 전류는 바이패스 다이오드를 통해 흐른다.

병렬단계가 되면 접촉기 F가 닫힌 상태가 되므로 전동발전기로부터 첨가여자용 사이리스터로 급전된다.

계자전류의 일부는 유도분로로 나누어 흐르고, 이에 따라 약계자제어가 행해진다. 그래서 가장 약한 계자율에 달하면 계자율이 일정해지도록 첨가여자장치에 의한 제어를 한다.

558

② 회 생

역행약계자제어로 첨가여자전류를 강하게 하면 주전동기의 유기전압이 가선전압보다 높아지고, 전기자 전류는 분로측을 역방향으로 흘러서 회생 브레이크가 걸린다.

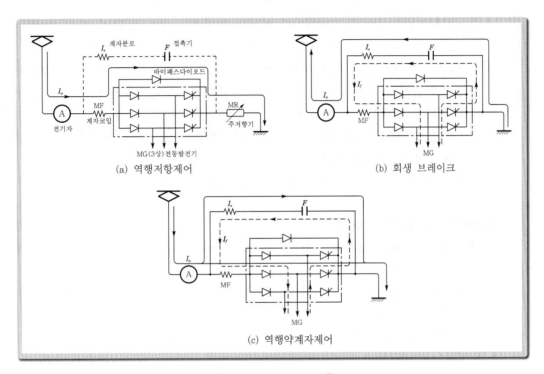

[계자첨가 여자제어]

(8) 인버터(VVVF)제어

변환장치에서 소자를 전류(轉流)하는 능력이 있는 것을 자여, 전원 또는 부하에 의해 소자를 전류시키는 것을 타여라 한다.

유도전동기는 역기전력이 없으므로 변환장치를 자여식으로 할 필요가 있으나, 최근 실용화되기 시작한 GTO(Gate Turn Off) 사이리스터 등을 사용하면 소형화가 가능하다. 직류를 교류로 역변환하는 인버터방식은 전압형과 전류형으로 대별된다. 인버터에 공급하는 전압을 콘덴서 등을 사용하여 일정하게 유지하는 방식을 전압형, 리액터 등을 사용해서 전류를 일정하게 유지하는 방식을 전류형이라 한다.

① 인버터의 개요

인버터란 유도전동기 모터를 임의의 속도로 운전하기 위해 주파수를 가변시킬 수 있도록 한 전원장치(전력변환기)이다.

559

$$N = \frac{120f}{P} \times (1-s)[\text{rpm}]$$

여기서, N : 모터의 회전속도, P : 극수
f : 주파수, s : 모터의 슬립

즉, 주파수 f를 임의로 가변시키면 임의의 회전속도 N을 얻을 수 있다. 이러한 원리를 이용하여 주파수를 변화시켜 모터를 가·변속하는 것이 인버터이다.

인버터의 교류를 일단 직류로 변환하여, 이 직류를 트랜지스터 등의 반도체 소자의 스위칭에 의하여 교류로 역변환된다. 스위칭 간격을 가변시킴으로써 주파수를 임의로 변화시키는 것이다.

실제로는 모터운전 시에 충분한 토크를 확보하기 위해 주파수뿐만 아니라 전압도 주파수에 따라 가변시킨다.

따라서, 인버터는 VVVF(Variable Voltage Variable Frequency : 가변전압 가변주파수)라고도 한다.

② **전압형 인버터(유도전동기)**

전압형 인버터에는 대부분 펄스폭변조(PWM)제어가 사용되고 전압은 "단형파"상태로, 전류는 "정현파" 상태가 된다.

그러므로 주전동기의 토크 립플(Ripple)이 적다고 생각된다. 또, 공전 시에도 재점착되기 쉽고, 제어응답도 빠르다는 장점이 있다.

PWM제어 인버터는 주파수와 전압제어를 양방으로 하는 VVVF제어이고, 3상 유도전동기를 구동한다.

전압형 인버터는 직류전원의 임피던스가 낮고 콘덴서에 의해 직류전압이 급격하지 않으므로 널리 사용되고 있다.

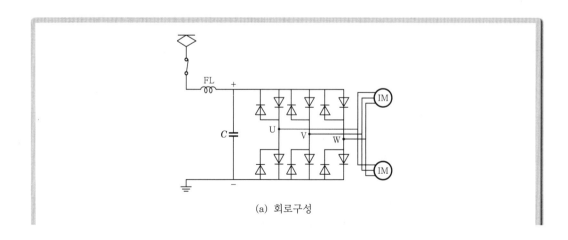

(a) 회로구성

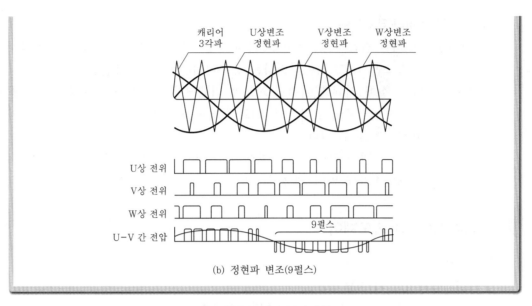

(b) 정현파 변조(9펄스)

【 전압형 2레벨 인버터 】

PWM(Pluse Width Modulation) 방식에는 여러 가지가 있으나 대표적으로 정현파 변조방식과 방형파 변조방식이 있다.

정현파 변조방식은 위의 도면과 같고, 캐리어 삼각파와 기준 전압파형을 비교해서 인버터의 기본 구성에 있어서의 스위치를 on/off 시키는 것이다. 스위칭 소자로서는 GTO 사이리스터가 널리 이용되고 있으나, 최근에는 반송파의 주파수를 높게 해서 전류파형을 보다 정현파로 할 수 있는 IGBT(절연형 게이트 바이폴라 트랜지스터)를 이용한 레벨 인버터가 개발되고 있다.

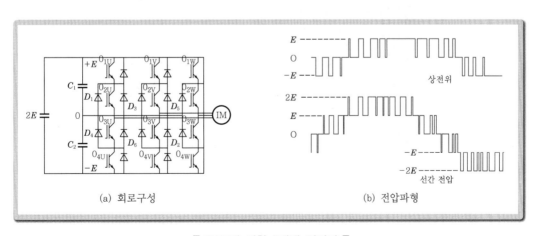

(a) 회로구성   (b) 전압파형

【 IGBT에 의한 3레벨 인버터 】

561

③ 전류형 인버터(유도전동기)

전류형 인버터는 전압제어부를 따로 가지고 있으므로 인버터는 주파수를 절환하는 기능이 있으면 되고, 사이리스터는 중속형(中速形)을 사용할 수 있다.

또 전류(轉流) 실패 시에 있어서도 회로에 리액터가 들어가 있어 보호기능이 간단해서 좋다. 인버터제어에 의하면, 회로의 접속을 변경하지 않고 쉽게 정지까지 회생 브레이크를 걸 수 있다.

전류형 인버터는 가선 측에서 초퍼제어하고, 유도전동기를 구동하는 방식이 유럽 각국의 노면전차에 많이 채용되고 있다.

3 교류전기차의 속도제어

(1) 탭제어

① 고압 탭제어와 저압 탭제어

교류전기차 특유의 제어방식으로 주변압기에 10~25개 정도의 탭을 설치하고 탭 절환기에 의해 부하 시 탭절환을 수행하는 것이다.

탭제어는 저항제어와 같은 전력손실이 생기지 않고, 어떤 전압에서도 자유로이 사용할 수 있으므로, 재점착 성능이 좋은 영구 병렬접속으로 할 수가 있다.

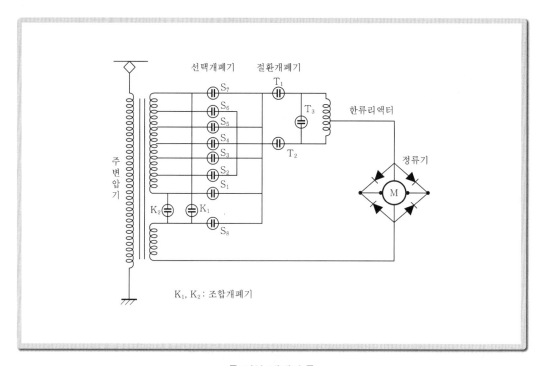

[저압 탭제어]

탭제어는 주변압기의 1차측에 있어서 고압 소전류로 하는 고압 탭제어와 2차측의 저압 대전류로 하는 저압 탭제어가 있으나 최근에는 전부 저압 탭제어차로 되어 있으므로 저압 탭제어에 대하여 설명한다.

한류리액터는 탭 간에 단락전류가 흐르는 것을 제한한 것이며, 한류리액터를 흐르는 주회로 전류는 상호자속이 상쇄되어 리액턴스 강하가 생기지 않는 양탭의 평균전압을 얻을 수 있다.

② 탭 간 연속전압제어

주변압기 2차권선과 실리콘정류기와의 사이에 사이리스터(또는 자기 증폭기)를 넣고 점호위상제어를 하여 탭 간의 전압을 연속적으로 제어하고 노치수의 증가와 탭절환기의 단순화를 꾀함으로써 무아크로 탭절환을 한다.

예를 들면, 선택스위치 S_1의 폐로상태에서 사이리스터 T_1을 180°~0°까지 위상제어한다. 0°에 도달하면 그 상태로 유지하고 T_2가 개로상태에서 S_2를 폐로하고 T_2를 180°~0°까지 위상제어한다. 그 결과 출력전압은 S_1탭 상당전압에 T_2로부터의 전압이 중복되어 간다. T_2가 0°에 도달했을 때, 전류는 모두 S_2에서 공급된다.

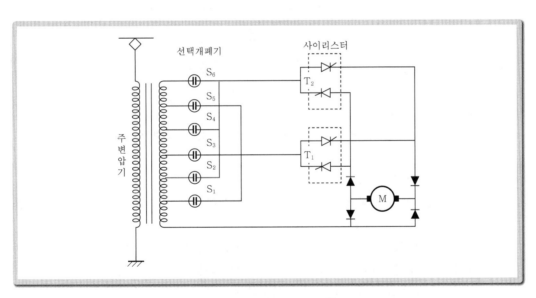

【 탭 간 연속전압 제어 】

(2) 사이리스터 · 다이오드 혼합브리지제어

① 위상제어에 의한 전압제어

사이리스터 · 다이오드 혼합브리지란 브리지를 구성하는 4개의 암 중 각각 2개의 암에 사이리스터 다이오드를 이용하여 사이리스터의 위상제어에 의해 직류전압을 연속적으로 변화하는 것이다.

제어각 α일 때의 정류기의 출력전압은 다음과 같다.

$$E_d = \frac{\sqrt{2}\,E_p}{\pi} \cdot (1 + \cos\alpha)$$

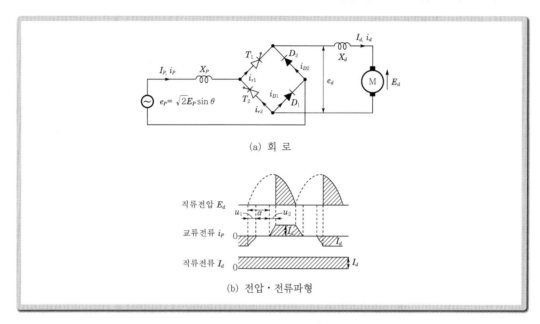

(a) 회 로

(b) 전압·전류파형

【 사이리스터·다이오드 혼합브리지회로와 파형 】

② 종속접속 정류기 회로

교류전기차의 전압제어를 사이리스터 위상제어로 하면, 다이오드식에 비해 역률이 저하하고 고조파도 증가한다.

이 개선대책으로서 주변압기 2차권선을 4개로 분할하여 각각의 권선에 기본 정류기 회로를 설치해서 종속접속하여 순차위상제어로 하고 있다.

4분할 방식의 교류 측 전류 최대치는 약 1,000[A], 역률은 0.75 정도이다. 2차권선의 분할수를 늘리는 것은 주변압기의 구조와 브리지수의 점으로 제약된다. 예를 들면, 2차권선의 전압을 1 : 1 : 2 : 2의 비율로 하고 전압비 1의 권선에 접속되는 혼합브리지를 연속적으로 위상제어하여 다른 3개의 권선브리지를 on/off 제어하면 4분할된 권선으로 등가적으로 6분할 상당의 제어가 가능하다.

이 방식을 "바니어제어"라 하며 일부구간의 전차에서 6분할 권선으로 등가적으로 10분할 상당의 전압제어가 행해지고 있다.

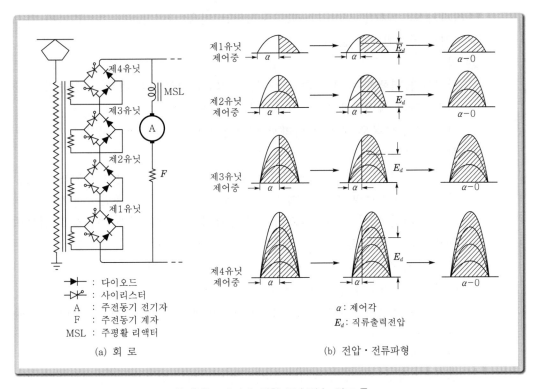

【 혼합브리지에 의한 종속접속 회로 】

(3) 사이리스터 순브리지 제어

① 기본회로 구성

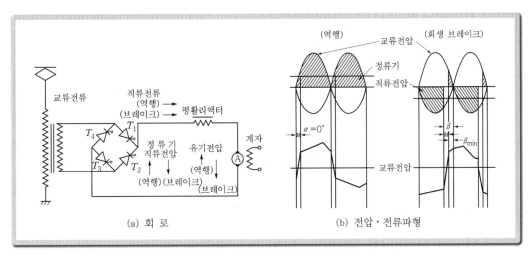

【 사이리스터 순브리지 회로 】

브리지의 암 전체를 사이리스터로 구성하는 것을 사이리스터 순브리지라 하고 교·직류 상호변환을 할 수 있다.

㉠ 역 행

전기차가 역행하는 경우 순브리지는 (+)의 출력전압을 내고, 주전동기의 유기전압과의 차전압에 의해 직류전류 I_d가 흐른다.

역행 시의 역률은 제어에 따라서 변화하지만 0.7~0.8 정도이다.

㉡ 회 생

회생 브레이크인 경우는 (−)의 출력전압을 내고, 타여발전기가 되는 주전동기의 발전전압과의 차에 의해 역행 시와 같은 방향의 직류전류가 흐른다.

회생 브레이크 시는 사이리스터의 전류(轉流) 때문에 전류 여유각을 필요로 하고, 최소 제어 진상각(β_{min})에서 사이리스터를 점호하지 않으면 안 된다.

이 때문에 인버터 전압이 역행 시의 컨버터 전압보다 작아진다.

또, 고주파 전류가 증가하고 역률도 저하한다.

회생 시의 역률은 최고 −0.55 정도이고, 회생 브레이크 제어에 따라서 역률이 저하한다.

㉢ 제어방법

사이리스터 순브리지의 제어방식에는 대변이 되는 암을 동시에 제어하는 대칭제어와 교류단자에서 보면 양측을 따로따로 제어하는 비대칭제어가 있다. 철도차량에는 맥류율이나 역률 및 고주파면에서 우수한 비대칭제어가 사용된다. 다음 그림은 사이리스터 순브리지 제어차의 역행 및 회생 시의 벡터도이다.

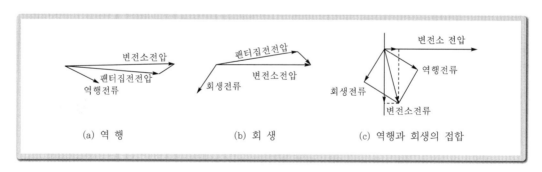

【 사이리스터 제어차의 기본파 벡터도 】

② 종속접속 정류기 회로

종속접속 정류기 회로는 주변압기의 2차권선을 4분할하여 각각의 권선에 사이리스터 순브리지를 접속하며, 사이리스터 순브리지는 순서제어에 의해 위상제어한다.

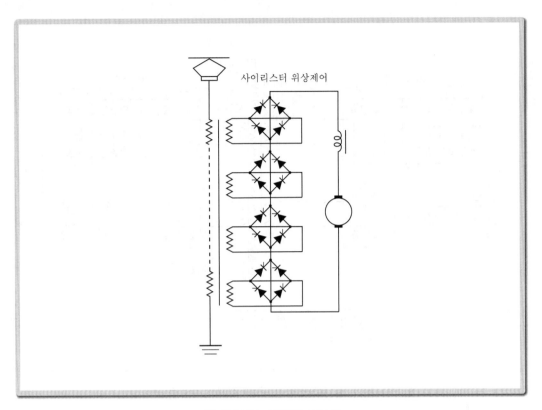

【 종속접속 정류기 회로 】

(4) 인버터제어
3상 유도전동기를 이용하여 가변전압 가변주파수(VVVF)제어를 한다.

① PWM제어

㉠ 주회로 구성

고속용 전차의 교류회생 브레이크에 대해서는 고속영역에 있어서 브레이크의 제어가 불가능하다.

이는 회생 시의 역률을 높게 할 필요가 있고, 타여변환방식(사이리스터 위상제어)이 아니라, 자여변환방식(PWM제어)이 유효하다.

본 방식에는 전압형 전력변환 시스템을 채용하여 3상 유도전동기를 구동하고 있으며, 컨버터는 GTO를 이용한 4암 브리지로 하고 반송파 주파수는 420[Hz](전원 60[Hz]×7펄스), 역률은 역행 시가 거의 1, 회생 시가 거의 −1이다.

또 PWM제어차는 저차 고주파는 적으나 고차 고주파가 발생하므로 변압기의 2차측을 4상으로 하고, 반송파를 겹치지 않게 비켜 놓음으로써 고차 고주파의 발생을 작게 하고 있다.

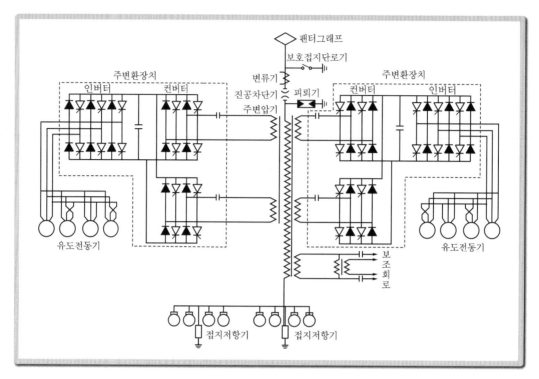

【 PWM제어(3상 유도전동기 구동) 전차의 주회로 구성 】

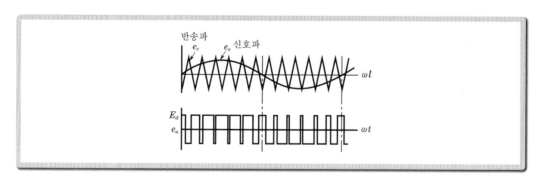

【 단상 PWM제어 】

ⓛ 정전검지

자여변환방식 차량은 회생 중에 변전소가 정전되더라도 차량에서 전압을 발생하는 경우가 있다. 이 때문에 다음과 같은 방법에 의해 정전을 검지하고 있다.

• 가선의 과전압 및 저전압을 검지한다.
• 주변압기의 직류전압의 상승을 검지한다.

- 회생 시의 컨버터의 주파수 지령치를 기본파 주파수보다 낮게 하고, 주파수는 강제적으로 낮게 하는 제어를 하여 주파수 변화를 검지한다.

이에 길어도 1초 이내로 회생은 중단된다. 전력설비면에서는 절체 개폐기 고장 시의 예비기로의 절체연동하며 1초 이내로 정전을 검지하고 있다.

② 혼합브리지+VVVF제어

기존 전기차의 교류 VVVF방식으로서 원가의 저감을 도모하기 위해 교류측 변환기에 사이리스터·다이오드 혼합브리지 또는 사이리스터 순브리지에 의한 타여변환방식을 사용하고, 전동기 측 변환기에 VVVF제어를 이용하여 3상 유도전동기를 구동하는 신형 차량이 개발되었다.

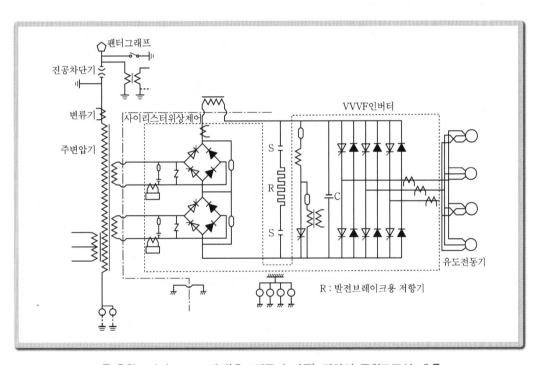

【 혼합브리지+VVVF제어(유도전동기 가동) 전차의 주회로구성 예 】

③ 2레벨 PWM제어와 3레벨 PWM제어

최근에는 주전동기나 주변압기로부터 발생하는 전자소음 및 고주파의 저감을 위해 IGBT(Insulated Gate Bipolar Transistor)를 이용하여 반송파의 주파수를 높게 함과 동시에 PWM제어의 전압을 0, 1[p.u]로 한 2레벨에서 0, 1/2, 1[p.u]로 한 3레벨 컨버터, 인버터가 개발되고 있다.

4 교·직류 전기차의 속도제어

(1) 역행차

교류 25[kV]를 변압기와 정류기에 의해 직류 1,500[V]로 변환하고, 직류전기차와 같은 방법에 의해 직류직권 전동기를 구동하고 있다. 직류측의 제어방법으로 직·병렬조합 저항제어, 계자제어를 이용한 전차이다.

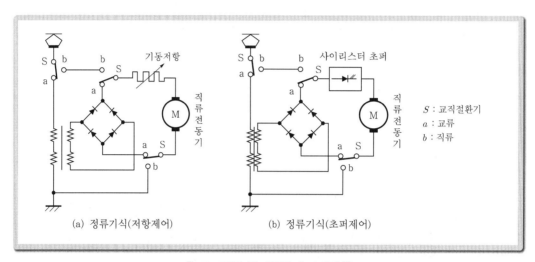

[교·직류 전기차의 속도제어]

(2) 회생부착 전차

교·직류 양구간에서 회생제어를 가능하게 한 전차로 직류 측 주회로는 계자첨가 여자제어를 채용하고 직·병렬조합 저항제어와 조합해서 속도제어를 하고, 교류 측 주회로는 주제어 정류기에 1단의 사이리스터 순브리지를 사용한다. 역행 시는 다이오드 브리지와 같은 기능이 되도록 양 게이트를 제어하고, 회생 시에는 인버터제어로서 회생을 가능하게 하고 있는 것과 직류측 주회로는 VVVF제어로서 유도전동기 구동을 하고, 교류 주회로는 2단의 사이리스터 순브리지를 사용하고 있는 방식이 있다.

---

11 브레이크장치

1 브레이크장치의 기초

브레이크장치의 원리는 브레이크 실린더에 발생한 압력 또는 수동 브레이크의 수력

(手力)을 지레의 원리에 의해 확대하여 제륜자에 전달함으로써 브레이크력을 발생하는 장치를 말한다.

(1) 브레이크 방식

점착에 의한 브레이크로 마찰 발생기구에 의해 차륜답면 브레이크, 디스크 브레이크 및 드럼 브레이크가 있다.

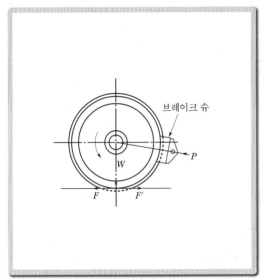

【 차륜답변 브레이크 】

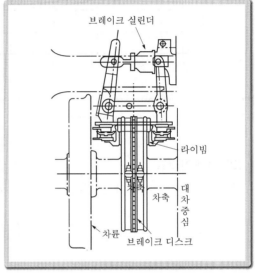

【 디스크 브레이크 】

(2) 브레이크와 마찰계수

제륜자 압력에 의해 제륜자가 차륜에 눌려 발생하는 마찰력을 브레이크력이라 한다. 여기서, 브레이크력 B[kg], 제륜자와 차륜의 마찰계수 F, 제륜자 압력 P[kg]라 하면 다음과 같다.

$$B = F \times P$$

$$F = C\left(\frac{1+0.01V}{1+0.05V}\right)$$

여기서, C : 기후에 의한 정수(맑은 날 0.42, 우천 시 0.3, 보통 0.32)
V : 열차속도[km/h]

평균 브레이크력은 브레이크 개시에서 정지까지의 마찰계수의 평균치를 이용한 것이다.

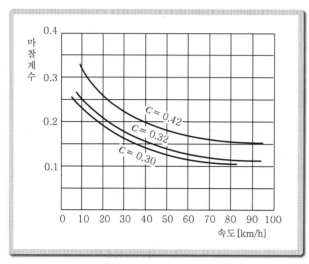

[속도와 마찰계수]

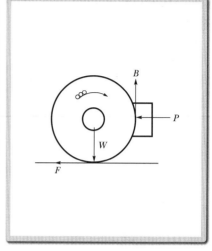

[브레이크력과 점착력]

(3) 브레이크율

차륜과 제륜자 사이의 브레이크력 B와 차륜답면과 레일 간의 점착력 F는

$$B = F \times P \, [\text{kg}]$$
$$F = \mu \times W \, [\text{kg}]$$

여기서, μ : 차륜답면과 레일의 점착계수
W : 브레이크 차륜상의 중량[kg]

브레이크력이 점착력보다 큰 경우는 차륜은 활주해서 브레이크 효과가 감쇠되고, 또 차륜답면에 플렛트가 생기게 된다.

따라서, $F \times P \leqq \mu \times W$에서 다음이 구해진다.

$$\frac{P}{W} \leqq \frac{\mu}{F}$$

$\dfrac{P}{W}$를 브레이크율이라 하고 전기기관차에서 약 60~80[%], 전동차에서 약 80~95[%], 부수차에서 약 90[%] 정도이다.

2 기계적 브레이크

(1) 수동 브레이크

브레이크장치의 예비, 정차 시의 전동(転動)방지에 이용된다.

(2) 공기 브레이크

브레이크장치의 표준으로 널리 사용되고 있다.

① **직통공기 브레이크**

직통공기관을 차량에 연결하고 상시 이것을 무압으로 유지하여 브레이크 시에는 적당히 직통관의 압력을 상승시켜 브레이크 실린더 압력을 제어하는 방식이다.

② **비상 직통공기 브레이크**

비상 브레이크관을 열차 전체 길이에 관통하게 하고 여기에 압축공기를 넣어둔다. 열차분리 등에 의해 비상 브레이크관이 감압되면, 각 차량의 비상변이 작동하여 공기저장통으로부터 압축공기를 직접 각 브레이크 실린더로 보내어 급속히 브레이크가 작동한다.

③ **자동공기 브레이크**

브레이크관을 차량으로 통하게 하여 상시는 이것을 일정압력으로 유지해 두고, 브레이크 시에는 적당히 브레이크관의 압력을 감압시켜 제어변을 통해 브레이크 실린더 압력을 제어하는 방법이다.

④ **전자공기 브레이크**

직통공기 브레이크, 자동공기 브레이크는 연결량 수가 많아지면, 후부까지 브레이크를 전달하는 데 시간이 걸려서, 전차량이 동기적(同期的)으로는 브레이크가 듣지 않는다. 이 결점을 보완하기 위해 전두차(前頭車)로부터의 브레이크 지령을 모두 전기적으로 행하고, 객차에서 전기지령을 공기지령 압력으로 변환하는 방식이며, 최근 전차나 기관차에 많이 채용되고 있다.

(3) 비점착 브레이크

전자석의 흡인력을 브레이크력에 이용하는 것으로, 제륜자를 레일에 흡착시키는 전자 흡착 브레이크이며, 레일에 맴돌이 전류를 발생시키는 것으로서 맴돌이 전류 브레이크가 있다.

12 열차운전저항

열차가 출발 또는 주행 중에 견인에 대항하여 저항력이 발생한다. 열차운전저항에는 차륜과 레일 간의 마찰저항, 차륜과 축수 간의 마찰저항, 공기에 의한 저항, 구배를 올라가기 위한 저항, 곡선에 의한 저항, 속도를 올리기 위한 저항 등이 있다.

1 출발저항

정차 중의 열차가 출발 시에 생기는 저항이다. 열차를 정차한 채로 오래두면, 차축과 축수 간, 전기자축과 축수 간 및 치차에 급유된 윤활유의 유막이 끊겨 기동 시에 큰 마찰저항이 생긴다.

열차가 움직이기 시작하면 접촉면에 유막이 생겨서 마찰저항은 속도에 대해서 거의 직선적으로 급격히 감소하고, 8[km/h] 정도의 속도에서 최소가 된다.

출발저항은 정확히 구하는 것은 곤란하지만 다음 식에 의한다.

$$R_s = r_s \cdot W \,[\mathrm{kg}]$$

여기서, R_s : 전출발저항[kg]

r_s : 중량당 출발저항[kg/t]

W : 열차중량[t]

【 속도 0[km/h]에서의 출발저항 r_s 】

종 별	축 수	r_s [kg/t]
객차, 전차	평 판	8
	원 형	3
화 물		10

2 주행저항

주행저항은 차축과 축수의 마찰저항, 차륜과 레일 간의 구루는 마찰저항, 차량의 동요에 의해 생기는 각종 마찰저항 및 거의 속도의 2승에 비례하는 공기저항으로 이루어지고, 전 주행저항은 다음 식과 같다.

$$R_r = (a + bV)W + cV^2 = r_r \cdot W \,[\mathrm{kg}]$$

여기서, a, b, c : 정수

V : 속도[km/h]

W : 차량중량[t]

r_r : 중량당 주행저항[kg/t]

시험결과에서 각 차량에 대해 정수를 정하고 있다.

[주행저항의 정수]

(n : 편성량 수)

차량 종별		a	b	c	기사
전기기관차	역 행	1.72	0.0084	0.0369	원형축수
	타 행	2.37	0.0073	0.0369	
전 차	역 행	1.32	0.0164	$0.028+0.0078(n-1)$	원형축수
객 차		1.74	0.0069	$0.000313\,W$	
보통화물		1.60	0	$0.00077\,W$	

열차가 터널 내를 진입한 경우 공기와의 마찰에 의해 저항이 증대한다. 이것을 터널저항이라 하고 다음 식을 이용한다.

① 단선터널 $R_t = 2\,W[\text{kg}]$

② 복선터널 $R_t = 1\,W[\text{kg}]$

3 구배저항

열차가 구배구간을 올라갈 때의 중력에 의한 저항을 구배저항이라 한다. 구배저항은 열차중량과 구배의 경사에 비례하여 증감하고 그 값은 다음과 같다.

$$R_g = 1,000\,W\sin\theta\,[\text{kg}]$$

여기서, W : 열차중량[kg]

θ : 구배의 경사각[rad]

구배의 경사각이 작을 때 구배를 $n[\text{‰}]$로 표시하면

$$\frac{n}{1,000} = \frac{\text{BC}}{\text{AB}} \fallingdotseq \frac{\text{bc}}{\text{ac}} = \frac{R_g}{1,000\,W}$$

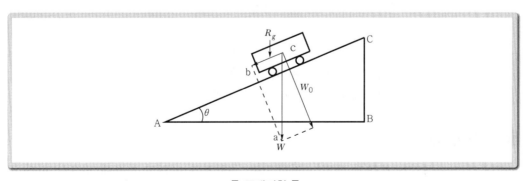

[구배저항]

575

여기에서 구배저항은 다음과 같이 정의된다.

$$R_g = nW[\text{kg}] \equiv r_g W[\text{kg}]$$

여기서, r_g : 중량당 구배저항[kg/t]

R_g의 부호가 (−)일 경우 상행구배, (+)일 경우 하행구배

4 곡선저항

열차가 곡선을 통과할 경우에 원심력에 저항하여 방향을 바꾸기 때문에 외측 레일과 차륜 플랜지와의 사이에 생기는 마찰과 곡선 내측 레일이 외측 레일보다 짧기 때문에 내외 차륜 이동거리의 차에 의해 생기는 마찰 등에 의한 저항이다.

일반적으로 다음 식을 사용한다.

$$R_c = 1{,}000\mu W(G_a + L)/2r[\text{kg}]$$

여기서, R_c : 곡선저항
μ : 차륜과 레일의 마찰계수
W : 열차중량[kg]
G_a : 궤간[m]
L : 차량의 고정축 거리[m]
r : 곡선반경[m]

전 곡선저항이 간단한 실험식으로 다음과 같이 정의된다.

$$R_c = K \cdot \frac{W}{r} \equiv r_c W[\text{kg}]$$

여기서, r_c : 중량당 곡선저항[kg/t]
K는 정수로서 700을 사용한다.

$$r_c = \frac{1{,}000 \cdot f \cdot (G+L)}{R}[\text{kg/t}] = \frac{1{,}000 \times 0.2 \times (1{,}435 + 2.2)}{R} = \frac{727}{R} \doteqdot \frac{700}{R}[\text{kg/t}]$$

여기서, G : 궤간[mm], L : 평균고정축거(2.2[m])
R : 곡선반경[m], f : 레일과 차륜 간 마찰계수(0.2)

5 가속저항

열차를 가속시키기 때문에 생기는 저항으로, 주행저항 이외의 가속에 필요한 힘과 같고 방향은 반대이다.

차량을 직선부분에서 가속시키기 위해 필요한 힘은 운동방정식에 의해 다음과 같다.

$$f_a = m\alpha = \frac{1,000\,W}{9.8} \cdot \alpha = \frac{1,000\,W}{9.8} \times \frac{1,000A}{60 \times 60} = 28.35\,WA\,[\text{kg}]$$

여기서, m : 차량의 질량[kg]

α : 가속도[m/s^2]

W : 차량의 중량[t]

A : 차량의 가속도[km/h/s]

열차를 가속시킬 경우 직선가속도 외에 회전부분의 회전가속도를 필요로 하며 x를 관성계수라 하면 가속도저항은 $F_a = 28.35(1+x)\,WA\,[\text{kg}]$이다.

【 관성계수 】

열차종별	관성계수
전기기관차	0.15
전동차	0.10
부수차	0.05
객화차	0.05
고속용 전차	0.11

또, 가속도는 전동차의 경우 중량 $W[\text{kg}]$, 주행저항 $R_r[\text{kg}]$일 때 견인력 $F_d[\text{kg}]$가 작용하므로 다음 식으로 나타낸다.

$$A = (F_d - R_r)/31\,W\,[\text{km/h/s}]$$

전기기관차의 경우는 다음과 같다.

$$A = (F_d - R_r)/33\,W\,[\text{km/h/s}]$$

13 견인력과 브레이크력

1 동륜주 견인력

주전동기의 토크가 동륜의 둘레에 나타나는 견인력을 동륜주 견인력이라 한다.

전기차가 전동기 1대당 $F_d[\text{kg}]$의 주(周) 견인력으로 속도 $V_t[\text{km/h}]$로 운전되고 있을 때 1초간에 이루어지는 일량 $P[\text{kg}]$은

$$P = F_d \times V_t \times \frac{1,000}{3,600}\,[\text{kg} \cdot \text{m/s}]$$

$1[\mathrm{HP}] = 75[\mathrm{kg \cdot m/s}] = 0.735[\mathrm{kW}]$에 의해

$$P = F_d \times V_t \times \frac{10}{36} \times \frac{0.735}{75} = \frac{F_d \times V_t}{367}[\mathrm{kW}]$$

전동기의 개수 N개, 치차의 동력전달효율 η_d라 하면 전기차의 전기적 출력 $P_m[\mathrm{kW}]$와 동륜주 견인력의 관계는 다음과 같다.

$$P_m = NP = N \times F_d \times V_t / (367 \times \eta_d)[\mathrm{kW}]$$

한편 전동기 입력 P_i는 전동기효율을 η_m이라 하면 다음과 같다.

$$P_i = F_d \times V_t / (367 \times \eta_d \times \eta_m)[\mathrm{kW}]$$

▌2 인장봉 견인력

전기차의 연결기에 발휘되는 견인력을 인장봉 견인력이라 한다.

주전동기의 토크가 동륜 둘레에 나타나는 견인력인 동륜주 견인력에서, 전동차나 전기기관차 자체의 열차저항을 뺀 것으로 유효 견인력이라 부르며 다음 식으로 표시한다.

$$F_e = F_d - RW[\mathrm{kg}]$$

여기서, R : 열차저항[kg/t]
W : 열차 총중량[t]

인장봉 견인력이 열차저항보다 큰 경우는 열차는 가속으로 되고, 양자가 같아지면 가속도 감속도 없는 상태가 되며, 이를 균형속도라 한다.

한편, 인장봉 견인력이 열차저항보다 큰 경우, 남는 견인력이 가속력이 된다.

▌3 점착 견인력

전기차의 견인력은 주전동기의 전기자에 발생하는 토크가 동륜에 전달되고, 동륜의 답면 또는 연결기에 나타내는 힘을 말한다.

동륜이 공진을 시작하기 직전의 최대 견인력을 점착 견인력 F_0라 하고 다음 식으로 나타낸다.

$$F_0 = 1,000\mu W_d[\mathrm{kg}]$$

여기서, μ : 점착계수
W_d : 점착중량(동륜상 중량)[t]

［ 점착계수의 예 ］

레일의 상태	점착계수[μ]	
	보통상태	모래살포
건조하고 청정	0.25~0.3	0.35~0.4
습윤상태	0.18~0.2	0.22~0.25
기름기를 띤 상태	0.1	0.15
진눈개비	0.15	0.2
눈	0.1	0.15

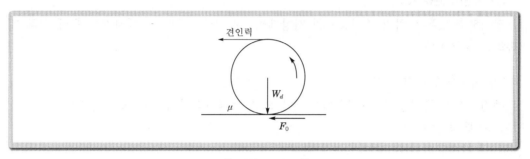

［ 점착 견인력 ］

점착계수 산식에는 실정에 따라 다음 식을 이용하고 있다.

① 직류기관차

$\mu = 0.265\,(1 + 0.403\,V)/(1 + 0.522\,V)$

② 교류기관차

$\mu = 0.326\,(1 + 0.279\,V)/(1 + 0.367\,V)$

③ 전동차

$\mu = 0.245\,(1 + 0.05\,V)/(1 + 0.1\,V)$

여기서, V : 운전속도[km/h]

4 브레이크력

브레이크력 B[kg]도 견인력과 같이 차륜에 작용하는 힘으로 나타낸다. 제륜자의 압력을 P[kg], 마찰계수를 f라 하면 $B = fP$[kg]의 힘이 차륜에 작동되면서 미끄러지게 된다.

한편, 차륜과 레일의 점착계수를 μ, 점착중량을 W_d[t]라 하면 점착력은 $1{,}000\mu W_d$[kg]이 한도이다.

즉, 최대 브레이크력은 다음 식으로 나타낸다.

$$F_B = 1{,}000\mu W_d\,[\text{kg}]$$

14 열차의 운전선도와 운동방정식

1 운전선도

열차의 운전상태를 도시하는 데는 속도-시간곡선, 속도-거리곡선, 시간-거리곡선이 있다.

"운전선도의 예"에서 (a) 속도-시간특성 곡선을 보면 다음과 같다.

(1) 시동부분(a-b)

정지하고 있는 열차가 주전동기의 저항제어, 직·병렬 제어 및 계자제어 등에 의해 가속하는 부분이다.

(2) 자유주행부분(b-c)

주전동기의 특성에 따라 역행하는 부분으로 특성가속과 균형속도로 분류한다.

① 특성가속

가속도가 차차 줄어드는 부분

② 균형속도

가속도가 0이 되고, 일정속도로 역행하는 부분

(3) 타행부분(c-d)

동력의 공급이 중단되어 속도가 점차 줄어드는 부분이다.

(4) 브레이크부분(d-e)

브레이크가 작용하고 속도가 급격히 저하하여 정지하는 부분이다.

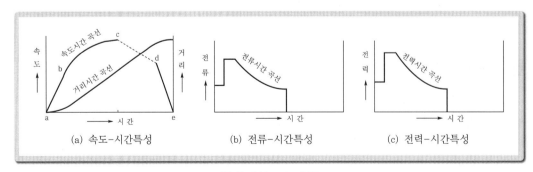

[운전선도의 예]

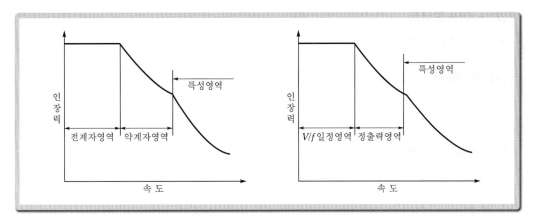

[구동전동기의 속도−견인력 특성]

구동전동기의 속도−견인력특성은 위의 그림과 같고, 시동 시에 직류전동기는 계자제어 등을 하지만, 유도전동기의 경우 자속량은 전압 V에 비례하고 주파수 f에 반비례하므로 V/f 일정제어의 영역에서는 자속량은 최대가 되고, 그 이상의 주파수에서는 전압을 일정하게 하기 위해 자속량은 감소되어 간다.

2 열차의 운동방정식

열차를 질량으로 보고, 그 운동을 뉴턴의 운동방정식으로 나타내면 다음 식이 된다.

$$F_d = F_a + F_b + (R_s + R_r \pm R_g + R_c)[\text{kg}]$$

여기서, F_d : 견인력(인장력)[kg], F_a : 가속도저항[kg]

F_b : 브레이크력[kg], R_s : 전출발저항[kg]

R_r : 전주행저항[kg], R_g : 전구배저항[kg]

R_c : 전곡선저항[kg]

운전선도에 대응해서 운동방정식을 나타내면 다음과 같다.

(1) 가속부분

① 견인력

$$F_d = R_r \pm R_g + R_c + F_a$$

② 가속도

$$a = \frac{(F_d - R_r \pm R_g - R_c)}{28.35(1+x)W}$$

여기서, x : 관성계수, W : 차량중량[t]

(2) 균형속도부분

$$F_d = R_r \pm R_g + R_c$$

(3) 타행부분

감속도 $D = \dfrac{R_r \pm R_g + R_c}{28.35(1+x)W}$

(4) 브레이크부분

① 제동도

$$D = \frac{F_b + R_r \pm R_g + R_c}{28.35(1+x)W}$$

② 감속도

$$F_D = F_b + R_r \pm R_g + R_c$$

 전기차 견인중량 및 속도 계산 예

1. 전기기관차의 중량 100[t], 동륜상 중량 75[t], 곡선반경 400[m], 구배 8[‰]를 일정 속도로 운전할 때 전기기관차가 견인할 수 있는 객차의 최대 중량을 구해 보자. (단, 점착계수는 0.15, 곡선저항은 $\dfrac{800}{r}$ [kg/t], 주행저항은 5[kg/t]이라 한다.)

전기기관차의 최대 견인력
$$F_0 = 1,000\mu W_d = 1,000 \times 0.15 \times 75 = 11,250 [\text{kg}]$$
여기서, μ : 점착계수, W_d : 동륜상 중량[t]
기관차 중량 $W_L = 100[\text{t}]$, 끌어당길 수 있는 객차 중량을 W_c라 하면
열차저항은
주행저항 $R_r = r_r(W_L + W_c) = 5(100 + W_c)[\text{kg}]$
구배저항 $R_g = r_g(W_L + W_c) = 8(100 + W_c)[\text{kg}]$
곡선저항 $R_c = r_c(W_L + W_c) = \dfrac{800}{400}(100 + W_c) = 2(100 + W_c)[\text{kg}]$
열차가 일정 속도로 주행할 경우, 인장력과 열차저항이 같아지므로
$$F_o = (r_r + r_g + r_c) \cdot (W_L + W_c)$$
$11,250 = 15(100 + W_c)$ 가 되고
$$W_c = \frac{11,250}{15} - 100 = 650[\text{t}]$$
∴ 전기기관차가 견인할 수 있는 객차의 최대 중량은 650[t]이다.

2. 전동기 4대를 가진 전중량 30[t]의 전동차가 있다. 그 동륜답면에 생기는 인장력은 20,000[N]이다. 시동으로부터 15초 후, 이 전동차가 달릴 수 있는 속도 및 그 사이에 주행거리를 구해 보자. (단, 주행저항은 6[N/t], 전동차에 1[km/h/s]의 가속도를 가하는 데 요하는 힘은 1[t]당 303[N]로 한다.)

1[t]의 중량에 1[km/h/s]의 가속도를 주는 데 필요로 하는 힘은 303[N]이므로, 전동차 시동 시의 최대 가속도를 A[km/h/s], 전동차 중량 $W = 30$[t]이라 하면

가속력 F_a는

$$F_a = 303\,WA = 9{,}090A[\text{N}]$$

이 경우 열차의 운전상태는

$$F_d = 20{,}000[\text{N}], \quad F_a = 9{,}090A[\text{N}], \quad F_B = 0$$

$$r_t = (r_r + r_g + r_c) = 59[\text{N/t}], \quad r_s = 0, \quad W = 30[\text{t}]$$

여기서, F_d : 인장력[N], F_a : 가속력[N], F_B : 브레이크력[N]

$\qquad r_r$: 중량당 주행저항[N/t], r_g : 중량당 구배저항[N/t]

$\qquad r_c$: 중량당 곡선저항[N/t], r_s : 중량당 출발저항[N/t]

$\qquad r_t$: 열차저항[N/t]

$$F_d = F_a + r_t \cdot W$$

$$20{,}000 = 9{,}090A + 59 \times 30$$

$$A = (20{,}000 - 1{,}770)/9{,}090 = 2[\text{km/h/s}]$$

시동부터 15초 후의 전동차 속도는

$$V = A \cdot t = 2 \times 15 = 30[\text{km/h}]$$

주행거리 $D = \dfrac{V}{2} \cdot \dfrac{t}{3{,}600} = \dfrac{30}{2} \times \dfrac{15}{3{,}600} = 0.0625[\text{km}]$

∴ 시동부터 15초 후 속도는 30[km/h]이고, 주행거리는 0.0625[km]이다.

15 열차의 전력소비

열차의 전류-시간곡선에서 열차의 운전전력은 다음 식으로 나타낸다.

$$P_w \fallingdotseq \sum \frac{I_{n1} + I_{n2}}{2} \cdot \frac{t_{n2} - t_{n1}}{3{,}600} \cdot \frac{E}{1{,}000}[\text{kWh}]$$

여기서, E : 전차선 전압[V], I_n : 시동을 건 후 t_n초 후의 전기차 전류[A]

일반적으로 열차가 어느 구간을 주행한 경우 열차중량 1[t]당, 열차거리 1[km]당의 전력소비량을 전력소비율[Wh/t·km]이라 한다.

[열차의 전력소비율]

(단위 : [kWh/1,000t·km])

전기차 종별	전동차	고속선	전기기관차(화물)
전력소비율	39~58	52	11~19

전력소비율에 소정의 시간에 변전소 급전구간을 주행하는 열차의 중량을 곱하고, 여기에 주행 킬로를 곱하면 소정의 시간 중에 평균전력을 구할 수 있다.

변전소의 1시간 출력 y는 그 시간 내에 열차수, 경험적인 열차의 전력소비율로부터 개략적인 계산을 할 수 있다.

변전소의 순시최대전력 Z는 통계적으로 다음 식으로 나타낸다.

$$Z = y + C\sqrt{y}$$

여기서, C는 역행차의 경우 그림에서 나타내는 값으로 $C = K\sqrt{I_{tm}}$으로 표시하며 회생차의 경우 약 1.3배가 된다. $K = 6.21$을 사용한다.

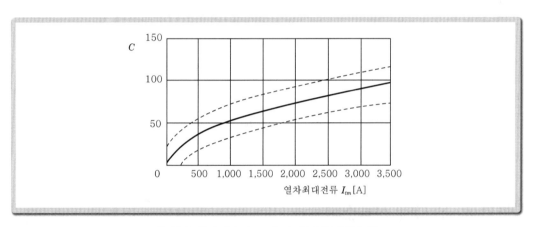

【 열차 최대전류와 C의 관계(직류역행차) 】

16 틸팅(Tilting)열차

1 개 요

틸팅열차는 기존철로를 활용하여 곡선구간에서 속도를 높일 수 있게 열차를 특수제작하는 방법을 사용하며, 열차가 곡선부를 주행할 때 원심력을 줄이기 위해 곡선부 안쪽으로 약간 기울여 운행함으로써 승객이 받는 원심력을 최소화하고 안전성을 확보하는 범위 안에서 속도를 높이도록 되어 있는 시스템이다.

2 틸팅열차의 운행속도

철도를 고속화시키는 방법 중 새로운 선로를 건설하여 고속전철을 운행하는 방법과 기존선로를 이용하여 틸팅열차를 운행하여 속도를 향상시키는 방법이 있다.

틸팅열차는 고속전철보다는 속도가 낮지만 준고속차량으로 180~250[km/h]의 속도로 운행되고 있다. 틸팅차량은 기존 곡선을 일반차량보다 높은 속도로 주행하기 때문에 차량을 경량화하여야 하므로 대차와 주전동기 등을 소형화하고 차체는 알루미늄 재질을 사용한다.

3 틸팅 시스템의 원리

틸팅 시스템의 원리는 곡선부 주행 시 차체를 곡선의 안쪽으로 기울이게 함으로써 승객이 느끼는 원심가속도 성분을 중력가속도의 횡방향 성분으로 감쇠시키는 것이다.

$$\text{차량 원심가속도 } a_c = \frac{V^2}{R}$$

여기서, a_c : 차량 원심가속도
　　　　V : 곡선주행속도[m/s]
　　　　R : 곡선반경[m]

승객이 느끼는 횡방향 가속도 즉, 차체에 평형한 원심가속도의 성분은 일반차량인 경우와 틸팅차량인 경우가 같게 된다. 즉, 동일한 속도로 주행한다고 가정할 경우 틸팅차량은 일반차량보다 횡방향 가속도가 저하된다.

4 조향장치

틸팅차량은 곡선을 일반차량보다 높은 속도로 주행하기 때문에 원심력에 의한 궤도에 미치는 횡압증가가 불가피하다. 이는 궤도 보강이나 유지보수비용 증가를 초래하기 때문에 틸팅차량의 횡압수준을 일반차량 또는 그 이하가 되도록 대차를 경량구조로 하고 조향장치를 채택하였다. 조향장치는 곡선부에서 발생하는 크리프 힘에 의해 차축을 곡선방향으로 정렬시키는 방법으로 저항을 적게 함으로써 정상상태 곡선부의 횡압을 저감하는 원리이다.

5 틸팅차량용 팬터그래프

곡선을 고속으로 주행하면 원심가속도에 의해 승차감이 나빠지므로 곡선조건이나 주행속도에 따라 차체를 곡선의 내측으로 기울게 하는 차체 경사장치 부착차량이 실용화되고 있다.

그러나 팬터그래프를 지붕 위에 가설한 전기차의 경우 차체의 경사각을 크게 하거나, 경사중심을 낮게 하면 팬터그래프가 가선에서 벗어날 위험이 있다.

그래서 팬터그래프를 차체경사와 무관한 대차틀에서 가대나 링크기구에 의해 지지되는 방식이 실용화되고 있으며 외국의 경우는 다음과 같다.

(1) 이탈리아

이탈리아 국철의 ETR 450에서는 팬터그래프가 이동할 수 있도록 지지장치를 고안하여 사용하고 있다.

(2) 일 본

일본의 경우 와이어로프와 스프링에 의해 대차틀에서 팬터그래프를 중립위치에 고정시키는 슬라이드식 팬터그래프 지지장치를 개발하여 사용하고 있다.

6 틸팅열차의 장점 및 발전전망

틸팅차량은 자세제어에 의해 승차감의 저하없이 일반차량보다 곡선궤도를 빠르게 주행할 수 있는 장점을 지닌 차량이다.

이 차량을 이용하면 곡선궤도가 많은 기존선에서 하부구조의 큰 투자없이 운행시간을 효과적으로 단축시킬 수 있다. 국내에서는 고속철도 비수혜지역의 고속서비스 제공과 이를 통한 국토의 균형발전과 철도전반의 효율 향상을 위해 기존노선에 틸팅열차 도입을 적극적으로 검토하고 있으며 설계속도 200[km/h]급 한국형 틸팅차량의 개발을 추진하고 있다.

7 한국형 틸팅차량 주요제원

한국형 틸팅차량의 개발을 서두르고 있으며, 이는 기존선로의 속도향상을 위해서이다. 열차를 경량화하기 위하여 알루미늄 압출형재를 사용하며 그 주요제원은 다음과 같다.

【 한국형 틸팅차량 사양 】

종 별	구 분
궤 간	1,435[mm]
전기방식	교류 AC 25[kV] 60[Hz]
열차편성	9량, 12량 편성
최대출력	2,400[kW] 이상

종 별	구 분
설계최고속도	200[km/h]
최고운행속도	180[km/h]
가속도	0.5[m/s^2] 이상
감속도	1.0[m/s^2] 이상
최대틸팅각도	8°
제어회로전압	직류 100[V]
보조회로전압	3상 3선 380[V]

8 틸팅열차 운행 시 효과

외국의 틸팅열차 운행결과 기존선의 속도향상에 크게 기여하고 있다. 이는 틸팅열차를 운행할 경우 선로의 개량없이 수동 틸팅기구가 장착된 틸팅열차는 약 14[%] 이상 주행속도를 증가시킬 수 있으며, 능동 틸팅기구의 경우는 30[%]를 증가시킬 수 있다.

9 틸팅열차 운행 시 전차선의 문제점

곡선부에서 속도가 증가하면 전차선의 횡방향 접촉에 직접적인 영향을 준다. 틸팅차량은 고속에서 원심력이 증가하여 팬터그래프의 횡변위가 커진다. 이것은 전차선의 접촉을 조사하여 접촉선의 위치를 재조정하는 것을 의미한다.

또한 곡선당김금구나 가동브래킷을 교체할 필요가 있다. 그러나 틸팅열차와 능동적인 팬터그래프를 적용하면 가공전차선 지지물에 대한 변경은 통상 필요없게 된다.

10 틸팅차량의 캔트부족량

틸팅차량은 최대 틸팅각도가 8°이다. 최대 틸팅 시 레일면에서 본 차체의 경사각은 8°에서 차량 현가장치의 롤각 2°를 차감하여야 한다.

즉, 레일 안쪽으로 8°가 기울어지고 레일 바깥쪽으로 2°만큼 롤링이 발생한다.

따라서 레일면에서 본 차체의 틸팅각도는 약 −6°가 되며 이를 캔트부족량으로 환산하면

Cd(tilting)=1.435×sin6°=150[mm]가 된다.

일반차량의 캔트부족허용량은 100[mm]이므로 틸팅차량이 운행할 경우 캔트부족량은 250[mm]을 적용한다.

11 틸팅열차의 차량한계 및 건축한계

틸팅 단면형상에 대하여 차량한계 및 건축한계와의 간섭 여부는 차량중심에서의 최대 운동이 예측된 측상부에는 더욱 여유가 있으며, 차량의 측하부는 언더프레임 사이드실 부분이 건축한계의 승강대와 부분적으로 간섭된다. 이는 최소 곡선반경 R250[m]의 경우이며 승강장은 최소 곡선반경 R600[m] 이상의 곡선구간에 설치하여야 하므로 이때의 승강대부분에서는 9.1[mm] 간격의 여유가 있다.

12 차체 경량화

철도차량의 고속화를 위해서는 차량의 경량화가 중요한 요소로 부각되고 있는데 이는 주행장치의 성능향상에도 영향을 줄 뿐만 아니라 에너지 절약 측면에서도 중요한 요소이기 때문이다.

철도차량의 경량화를 위해서는 구조의 경량 최적설계, 대차와 주전동기 등의 소형화이며, 차체의 경량재질로 알루미늄 재질을 사용한다.

13 틸팅차량의 편성

틸팅차량은 기본편성 6량으로 구성되어 제작된다. 차량의 배열은 $Tc - M_1 - M_2 - M_2 - M_1 - Tc$의 차량순서로 구성된다.

추진 및 제동방식은 EMU형태의 동력분산방식으로 M_1차량에는 집전장치인 팬터그래프가 설치된다.

(1) 6량 편성

$Tc - M_1 - M_2 - M_2 - M_1 - Tc$

(2) 9량 편성

$Tc - M_1 - M_2 - D - M_1 - M_2 - M_2 - M_1 - Tc$

(3) 12량 편성

$Tc - M_1 - M_2 - T - M_1 - M_2 - D - M_2 - M_1 - M_2 - M_1 - Tc$

여기서, Tc : 운전실 차량
M_1 : 팬터그래프와 모터가 설치된 차량
M_2 : 모터가 설치된 차량
T, D : 운전실과 동력을 갖지 않는 차량

전기철도공학

Chapter **07**

고속철도

고속철도

01 고속철도의 정의

고속철도(High Speed Railway)의 개념은 시간가치와 사회적인 통념에 따라 다소 차이가 있지만 일반적으로 "고속철도란 전용노선을 가지며, 고가·감속 특성, 총괄제어 기구를 갖춘 철도로서 열차의 고빈도 운행과 고속·대량 수송의 능력으로 도시 간 도시주변 교통을 효율적으로 처리하는 교통수단"이라 할 수 있다.

1950년대에는 철도의 기술적 한계가 160[km/h] 전후로 판단하여 최고속도가 100[km/h] 이상이면 고속철도라 하였다.

1964년 일본의 동경올림픽 개최와 함께 동해도 신간선을 개통하여 최고속도 210[km/h]로 운전함으로써 세계의 철도혁명을 이루었으며, 레일·바퀴 시스템의 철도에서 열차의 최고속도가 300[km/h] 이상까지도 가능하다는 기술적 수준을 고려하면 열차의 최고속도가 200[km/h]를 초과하는 열차를 고속철도라 정의할 수 있다. 국유철도 건설규칙에는 일반철도는 200[km/h] 미만으로 설계하도록 개정하였다. 1990년 프랑스의 TGV-A가 레일점착방식으로 515.3[km/h]의 속도를 기록함으로써 어느 정도의 속도가 고속인가 정의를 내리기 어려워졌으며 일본 신간선이 개통된 이래 고속철도는 200[km/h] 이상의 속도, 초고속 철도는 300[km/h]를 초과하는 속도로 정의할 수 있다.

02 고속철도의 특징

고속철도는 지상설비, 차상설비, 운전제어의 각 분야에 최신기술을 적용하여 실현된 고속 및 고효율의 전기철도로 다음과 같은 특징을 가지고 있다.

① 수송수요에 대응한 대폭적인 수송능력의 증강
② 국민생활권의 시간 이용률 극대화 및 시간가치 요구의 충족
③ 혁신적인 철도경영수익의 증대
④ 선로연변 지역사회의 균형발전
⑤ 고속도로, 항공기 등 타수송기관의 기능분담으로 국가종합수송체계의 확립

⑥ 에너지 소비의 절약
⑦ 열차의 주행거리와 주행시간의 관념혁신
⑧ 최첨단 과학기술의 집합체

03 고속철도의 구비조건

열차가 고속으로 운행하기 위해서는 다음과 같은 조건이 구비되어야 한다.
① 충분히 큰 곡선반경
② 최소의 선로종단구배
③ 안정된 궤간
④ 신뢰성 있는 보안장치 확보
⑤ 고속성을 만족하면서도 경제성 추구

04 고속철도의 필요성

현대사회는 시간가치의 중요성이 커지고 이에 따른 욕구를 충족시켜 주어야 한다.

1960년대 이후 지속적인 경제발전과 생활수준의 꾸준한 향상으로 국민 개개인의 이동성 증가는 막대한 교통수요의 증가를 유발하였고, 이러한 교통수요 증가에 대한 교통부문 투자는 주로 도로 위주로 이루어졌다.

1980년대 이후 자동차 보유대수의 증가는 도로망의 증가를 상회하게 되었고 교통정체는 심각한 실정이며, 교통난을 획기적으로 개선하기 위해서는 수송능력이나 수송효율이 고속도로나 기존 철도에 비해 2~3배인 고속철도가 가장 유리한 교통시설 확충방안으로 분석된다. 에너지 절감이나 환경보호, 기술발전, 국토개발 등의 측면에서도 한결 유리한 것으로 나타났다. 경부고속전철이 건설되면서 수송능력이 대폭 증대되었으며, 기존철도는 화물수송으로 전환되어 컨테이너 등 화물수송능력이 8.6배나 증가된다. 또한 건설과정에서 초정밀 첨단기술을 전수받아 광범위한 기술파급효과도 얻게 된다. 따라서 특정선구에 대하여 수송능력의 한계를 해결하기 위해서는 혁신적인 고속, 대량 수송수단인 고속철도의 도입이 필요하다.

05 고속전철의 기대효과

1 경제적 효과

경부고속전철의 경우 고속철도 건설로 철도여객은 수송능력이 3.4배 증가하고, 기존 철도의 화물수송능력은 기존 철도여객이 고속철도로 전환됨에 따라 약 7.7배 증가할 것으로 예상된다.

또한 고속도로 이용객도 고속철도를 이용하게 되므로 고속도로 승용차 이용률도 감소하여 시간비용 및 운행비가 절감되는 사회·경제적 편익이 발생된다.

2 사회·문화적 효과

인구의 지방분산 및 기업의 지방이전이 촉진되며 지방경제 활성화에 기여하므로 국토의 균형발전이 촉진된다.

또한, 고속철도가 통과하는 관광지의 관광객이 늘어나 지방의 관광산업 등이 활성화된다.

3 기술·산업적 효과

고속철도는 토목, 전기, 기계 및 전자 등 첨단기술이 복합된 종합시스템으로 기술이전, 기술개발 및 기존기술의 고도화 등 국내의 기술, 산업전반에 대하여 다음과 같은 효과가 있다.
　　① 산업전반의 설계기술 향상
　　② 컴퓨터 관련기술의 발달촉진
　　③ 건설기술의 향상

4 경영의 합리화와 수입증대 효과

고속전철은 국내 에너지 자원의 유효이용, 동력비 절감, 수송력 증대, 매연 없는 철도, 수송원가 절감 등으로 철도의 수입이 증대되어 경영의 합리화를 기할 수 있다.

06 각 국의 고속철도 비교

구 분	경부고속철도	일본(동북선)	프랑스(대서양선)	독일(ICE)
최고속도	300[km/h]	240[km/h]	300[km/h]	300[km/h]
열차편성방식	동력차+동력객차 +객차+동력객차 +동력차	전동차	동력차+동력객차 +객차+동력객차 +동력차	동력차+객차+동력차
동력방식	동력 집중식	동력 분산식	동력 집중식	동력 집중식
최소곡선반경	7,000[m]	4,000[m]	6,000[m]	7,000[m]
최급구배	2.5[‰]	15[‰]	25[‰]	12.5[‰]
선로중심간격	5.0[m]	4.30[m]	4.20[m]	4.70[m]
터널크기	107[m^2]	60.4[m^2]	70.9[m^2]	81.9[m^2]
시공기면 폭	14[m]	11.6[m]	13.6[m]	13.7[m]
열차편성중량	771[t]	741[t]	490[t]	872[t]
열차운전방식	ATC	ATC	ATC	ATC
대차형식	관절형	재래형	관절형	재래형

07 한국형 TGV의 제원(KTX)

명 칭		규 격
외부형상		유선형 구조
설계특징		공기역학적 설계, 관절형방식 객차연결
열차 동력	사용전압	AC 25[kV], 60[Hz]
	견인동력	13,560[kW](1,130[kW] 모터 12대)
	전기제동력	300[kN]
	총소비전력	서울 ~ 부산 4,010[kW]
대 차	궤 간	1,435[mm]
	대차수/량	23/20량, 구동대차 6, 관절대차 17
	차륜직경	920/850[mm](신품/마모한도)

명 칭		규 격	
열차 성능	안전속도	330[km/h]	
	최대운용속도	300[km/h]	
	가속성능	0~300[hph]까지 6분 5초	
	운행시간	서울 ~ 부산 2시간 내외	
제동 방식	제동방식	회생 또는 발전제동+공기제동	
	공기제동형식	구동대차 : 답면제동 관절대차 : 디스크제동	
열차 제원	열차 편성	동력차	2량(2P)
		동력객차	2량(2M)
		객 차	16량(16T)
	열차길이	388[m]	
	열차중량	771.2톤(영차)	
	자석수	935석	
	치 수	동력차($L \times W \times H$)	22,517×2,814×4,100
		동력객차($L \times W \times H$)	21,845×2,904×3,484
		객차($L \times W \times H$)	18,700×2,904×3,484

08 고속전철 팬터그래프

1 팬터그래프의 특성

경부고속전철에서 사용하고 있는 팬터그래프는 프랑스 TGV 북부선에서 사용하고 있는 일명 GPU형 팬터그래프를 사용하고 있다. 팬터그래프의 고속집전을 위해서는 커티너리의 파동전파 및 탄성 불균일, 드로퍼 연결지점의 강성변화, 전차선 접촉면의 미소 요철, 금구류 설치점의 질량변화, 차량의 진동 및 외부풍압의 변화 등이 이선의 원인이 되고 있으므로 이러한 상황에서 원활한 전력을 집전하기 위해서는 특성변수 변화에 신속히 응동하는 추적성능이 뛰어난 고속용 팬터그래프를 다음과 같이 설계하는 것이 중요하다.

① 팬터그래프는 추적성능을 좋게 하기 위해서 질량을 작게 하여 관성력을 줄이고, 복원력을 크게 하기 위해 등가 스프링계수를 크게 하는 것이 좋다.

② 각 부품의 연결부위의 마찰을 감소시키도록 한다.

③ 집전판의 추적성능을 높게 하기 위해서 소이선을 줄이고 과다 접촉력을 피하도

록 하여 전차선의 마모와 집전판의 수명을 연장시킬 수 있어야 한다.

④ 집전판의 특성으로는 마모율이 작고 전류용량이 큰 재질을 선택하여야 한다.

⑤ 고속주행 시 속도의 제곱에 비례하는 공기역학적 양력발생에 의한 팬터그래프 형상을 고려하여야 한다.

2 전차선과 팬터그래프의 상호작용

커티너리계와 팬터그래프계는 독립적인 두 구조물이지만 서로 접촉하여 이동함으로써 상호영향을 받는 연계된 계이므로, 계를 해석하기 위해서는 정성적, 정량적으로 다음 문제들이 고려되어야 한다.

① 커티너리 시스템은 복합구조를 가진 길이방향으로 길게 펼쳐진 연속계이다.

② 팬터그래프는 다단구조를 가진 다자유도계이다.

③ 두 계가 상호접촉하면서 이동하므로 이동하중이며, 비접촉이 유발될 수 있고, 마찰력이 존재하며, 주행 시 공기흐름에 의한 팬터그래프의 양력이 존재하는 비선형식이다.

④ 팬터그래프가 지지되어 있는 차체가 상하·좌우로 난진동한다.

⑤ 다수의 팬터그래프가 동시에 집전하면서 주행하는 경우 앞단의 팬터그래프 주행에 따른 잔류진동이 뒤따라 오는 팬터그래프의 접촉에 영향을 준다.

⑥ 커티너리는 일정구간만 같은 장력을 받는 선으로 되어 있고 그 이후에는 별개의 장력구간을 이루며, 장력구간이 바뀌는 곳에서는 두 장력구간이 겹치도록(Overlap) 되어 있다. 따라서 겹치는 구간에서는 팬터그래프와 새로운 전차선로와 충격적으로 만나게 된다.

⑦ 전차선과 팬터그래프의 접촉력은 집전용량과 이선방지를 위해서는 높이는 것이 좋으나 마모를 고려하면 낮추어야 하며, 팬터그래프의 형상 설계 시 양력과 소음, 추적특성 등을 고려하여 최적의 설계변수를 결정해야 한다.

3 팬터그래프의 압상력

경부고속철도에 사용되는 팬터그래프의 압상력은 다음과 같다.

$$K = 70 + 17.28 \times 10^{-3} \times V^2 [\text{N}]$$

여기서, V : 열차속도[m/s]
K : 압상력[N]

[팬터그래프 압상력]

곡선반경[cm]	운전 최고속도[km/h]	압상력[N]
5,500 이상	300	190
4,000	260	160
2,000	180	114
1,000	135	95
750	115	88
500	100	84
400	90	81
열차정지상태	0	70

4 경부고속철도의 팬터그래프

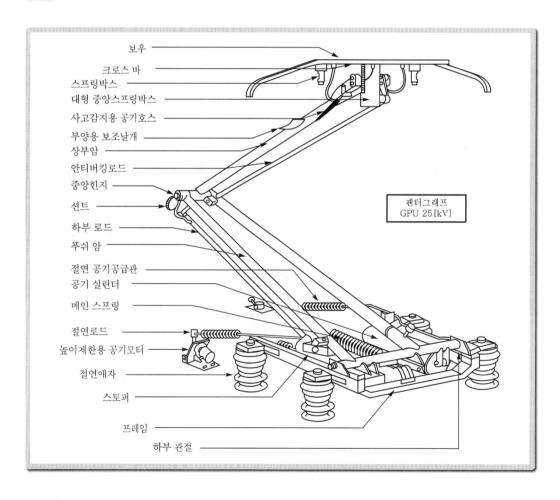

09 고속화에 대응한 전차선로의 발전과정

프랑스의 고속철도의 전차선로 특성을 개선하기 위해 시도된 사항은 다음과 같다.

1 최초 TGV-동남선

① 전차선은 단면적이 크고, 장력을 크게 하였으며, 경간길이의 1/1,000에 해당하는
  사전이도(Pre-sag) 적용
② 장력이 큰 조가선 사용
③ 각 지지점에 Y선이라 부르는 보조선을 추가하여 지지점과 경간중앙에서의 탄성
  의 차이를 경감
④ 지지점에서 곡선당김장치 및 접속부를 개량하여 전차선 상승한도를 0.24[m]까지
  허용
⑤ 팬터그래프의 과도한 수직운동을 방지하기 위해 궤도면에 대한 높이를 일정하게
  유지

2 TGV-대서양선

① 전차선의 단면적 및 장력을 크게 하고 사전이도를 경간의 1/1,000로 선정
② Y보조선을 제거(온도변화에 따라 Y선 지지점의 전차선이 상승)

3 TGV-북부선

다수 팬터그래프 열차를 운행하기 위해 사전이도를 1/2,000로 줄임

4 TGV-지중해선

① 유지보수와 팬터그래프의 마모를 경감시키기 위해서 전차선 형태를 이형에서 원
  형으로 변경
② 종전의 1/1,000, 1/2,000의 전차선 사전이도를 제거
③ 기존 전차선로에 200[m]마다 설치되었던 균압선(M, T)을 제거하고 균압의 역할
  까지 할 수 있는 새로운 형태의 균압용드로퍼를 개발하여 사용(순환전류방지)
④ 전차선의 장력을 2,500[daN]으로 상승

10 고속화에 요구되는 전차선로의 성능

1 기계적 요건

전차선은 항상 일정하게 팬터그래프와 접촉이 유지되도록 하기 위하여 수직 움직임이 아주 적게 전달되어야 한다.

또한 전차선은 집전판의 허용범위 내에서 집전장치의 좌우 움직임에 따라 균등하게 집전판이 마모되어야 하며, 다음과 같은 조건을 만족하여야 한다.

① 접촉면의 일정한 높이를 유지하여야 하며 만약 전차선의 높이를 다르게 할 경우 가능한 한 기울기를 적게 하며 열차속도에 반비례하여 줄어들어야 한다.

② 팬터그래프 집전판에 대하여 일정한 마모를 유지하기 위하여 지그재그 편위를 둔다.

③ 온도에 상관없이 일정한 기하학적 위치 및 동력학적 움직임을 유지하여야 한다.

④ 열차통과 후에도 전주 등 지지물에 지장이 없도록 차량한계에 따른 설치기준들이 지켜져야 한다.

⑤ 궤도유지보수가 가능하도록 지지물 설치 시 공간을 확보하여야 한다.

2 전기적 요건

전차선로는 급전전류를 전달하는 역할을 하며, 이 전류량은 운전조건에 의해서 좌우된다. 전차선로에서 다음과 같은 전기적 조건을 만족하여야 한다.

① 전류량에 충분히 견딜 수 있는 전선의 단면적을 확보하여야 한다.

② 전차선로 간의 접속, 서로 다른 전선 간의 균압 등을 충분하게 시행하여 순환전류에 의한 전위차를 방지한다.

③ 사람의 안전을 지키고 시설물에 결함이 생겼을 때 즉각적인 차단을 보장하여야 한다. 이를 위하여 모든 금속물을 보호용 회로에 연결한다.

11 고속철도 전차선의 구배

고속철도 전차선의 구배는 지지점에서 가능한 한 "0"에 가깝도록 하고 열차속도에 따라 다음과 같이 정하고 있다.

제한속도[km/h]	구배[‰]	2개의 경사 사이에서의 구배[‰]
$V > 250$	0	0
$250 > V > 200$	1	0.75
$200 > V > 150$	2	1
$150 > V > 120$	3	1.5

12 전차선 해빙시스템

1 개 요

전차선 해빙시스템은 겨울철 전차선이 결빙되어 팬터그래프의 집전에 영향을 미치는 것을 방지하기 위한다.

고속철도차량의 운행 전에 변전소에서 단권변압기를 통하여 전차선에 해빙전류를 흘려 해빙시키는 설비이다.

열차운행 전 20~30분간 운용하여 결빙 또는 적설을 제거하고 차량운행을 개시한다.

2 회로구성

전차선의 해빙시스템은 전차선의 임피던스만을 이용하여 변전소에서 전류를 흘려, 줄열로 전차선을 해빙하는 시스템으로 회로구성은 다음과 같다.

① 전철변전소에서 하선에만 전원을 공급한다.
② 해빙구간의 각 병렬급전소(P.P)의 상·하선 Tie회로를 개방한다.
③ 변전소 양측의 구분소에서 전차선의 상·하선을 단락시킨다.
④ 상선측 절연구분장치의 차단기를 연결한다.
⑤ 전철변전소에서 단권변압기를 통하여 전차선의 상·하선을 이용한 해빙용 페루프(약 70~120[km])를 구성하여 25[kV] 전압을 공급한다.
⑥ 변전소에서 차단기를 통하여 레일을 접속하여 주변압기, AT, 선로임피던스에 의한 열로 해빙한다.

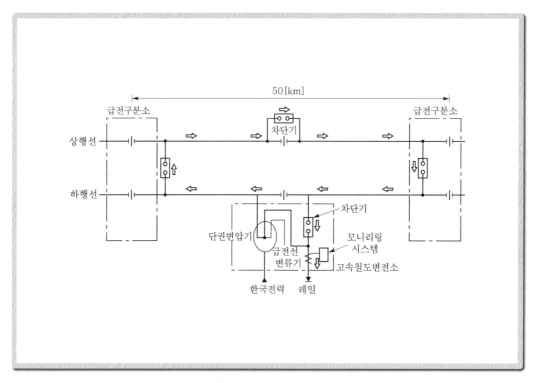

[고속철도 해빙시스템 회로도]

3 결빙조건

풍속 0.5[m/sec] 이하이고 전차선 온도가 −2~0[℃] 사이에서 대기온도보다 낮고 습기가 많을 때에 전차선에 결빙현상이 발생한다.

4 해빙온도

해빙회로 가동 시 교량 및 토공구간에서 전차선 온도가 10[℃] 이상이 되어야 결빙을 방지할 수 있으며, 터널 내에서 조가선의 온도가 60[℃] 이하가 되어야 장력장치가 정상 가동되므로 10~60[℃]가 해빙온도 제한범위이다.

5 결빙검출

결빙가능지역이 전차선과 동일한 조건으로 만들기 위하여 전차선 높이부근에 전차선 도막을 천공 후 온도감지기를 삽입하여 온도를 측정하고, 이슬점 측정기를 달아 결빙조건 도달 시 원격제어로 사령실에서 검출하여 해빙회로를 가동한다.

13 전차선로 타력운행 구간

1 개 요

고속철도 구간에서는 필요할 경우 전차선로의 사고 시 열차가 타력으로 통과할 수 있도록 전차선로 타력운행 구간(ZCP ; Zone Catenary Protection)을 설치한다.

ZCP는 선로 구배를 기준으로 타력운행이 결정되며, 에어섹션과 부하개폐기를 설치하여 타력운행이 가능하도록 전원을 구분한다.

2 타력운행 구간의 시설

① 설계속도 및 열차의 운행 조건 등을 고려한다.
② ZCP의 설치구간 길이는 선로 기울기 10[‰] 이하는 20[km] 이하로 하고, 10[‰] 넘는 선로에서는 15[km] 이하로 한다.
　　다만, ZCP 전후에 도중건넘선이 있는 경우 현장 선로여건을 고려하여 설치구간 길이를 조정할 수 있다.
③ 급전구간별 구분용 부하개폐기를 설치하고, CTC에 전차선로 ZCP 정보가 전달되도록 구성한다.

3 ZCP 설치도

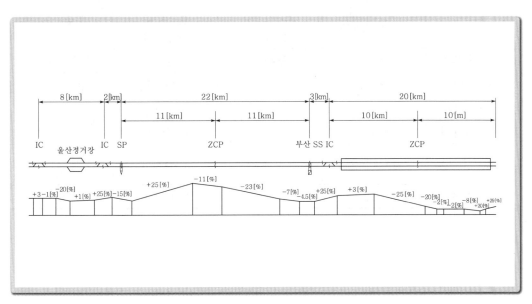

14 각 국의 고속철도 전차선로 비교

구 분	신간선(일본)	TGV(프랑스)	IEC(독일)	KTX(한국)
급전방식	AT방식	AT방식	AT방식	AT방식
전기방식	단상교류 25[kV] 60[Hz]	단상교류 25[kV] 60[Hz]	단상교류 25[kV] 60[Hz]	단상교류 25[kV] 60[Hz]
가선방식	헤비콤파운드 커티너리	심플 커티너리	변Y형 심플 커티너리	심플 커티너리
전주형별	콘크리트주 13[m]	H형강 8[m]	챤넬조립용 A주, 콘크리트주	H형강주 9[m]
전주경간(최대)	50[m]	63[m]	65[m]	63[m]
가 고	1.5~1.1[m]	1.4~1.1[m]	1.4~1.1[m]	1.4~1.1[m]
전주건식위치	3.3[m]	3.5[m]	3.5[m]	3.235[m]
전차선지지	가동브래킷	가동브래킷	가동브래킷	가동브래킷
전차선 및 장력	Cu 170[mm^2], 1.5[ton]	Cu 150[mm^2], 20[kN]	RIS 120[mm^2] 15[kN]	Cu 150[mm^2], 20[kN]
조가선 및 장력	St 180[mm^2], 2.5[ton]	Bz 65[mm^2], 14[kN]	Bz 70[mm^2], 15[kN]	Bz 65[mm^2], 14[kN]
장력조정장치	일괄활차식(4 : 1)	개별도르래식(5 : 1)	개별활차식(3 : 1)	개별도르래식(5 : 1)
전차선조가방식	행어 및 드로퍼	드로퍼 Bz 12[mm^2]	드로퍼 Bz 16[mm^2]	드로퍼 Bz 12[mm^2]
절연구분장치	이중절연방식	이중절연방식	이중절연방식	이중절연방식
동상구분장치	애자형	다이아몬드형	다이아몬드형	다이아몬드형
전차선 높이	5.0[m]	5.08[m]	5.3[m]	5.08[m]
전차선 편위	200[mm]	200[mm]	300[mm]	200[mm]
최대인류구간	1,600[m]	1,600[m]	1,200[m]	1,200[m] (1,500[m])
운전최고속도	240[km/h]	300[km/h]	300[km/h]	300[km/h]

15 경부고속철도 표준장주도

1 토공구간

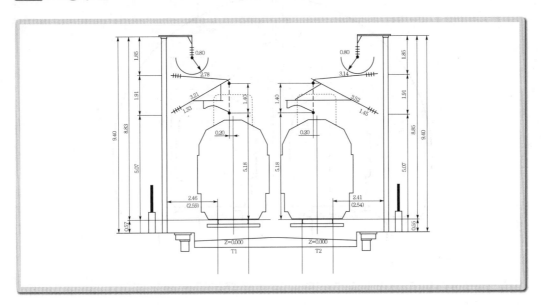

2 교량구간

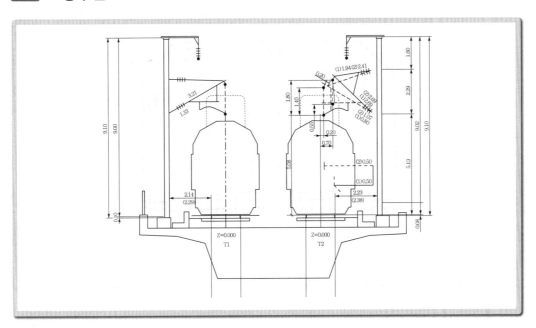

3 터널구간

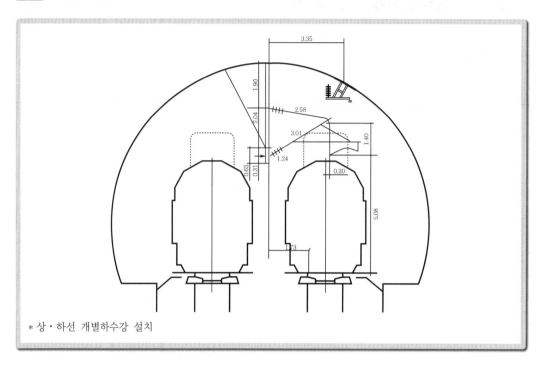

* 상·하선 개별하수강 설치

4 터널구간(Box)

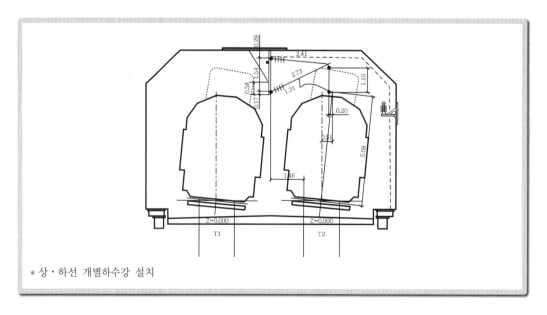

* 상·하선 개별하수강 설치

16 고속전철과 일반전철의 비교

구 분		경부고속철도	기존철도
전차선 전압		교류단상 25[kV] 60[Hz]	교류단상 25[kV] 60[Hz]
가선방식		심플 커티너리	심플 커티너리
전주형별		H형강주	H형강주, 강관주
전주경간(최대)		63[m]	60[m]
전주건식게이지		3.235	3.0
전차선 지지		가동브래킷	가동브래킷
전차선(장력)		Cu 150[mm^2] (20[kN])	Cu 150, 110, 170[mm^2] (10, 12, 14[kN])
전차선 형식		이 형	원 형
조가선 및 장력		Bz 65[mm^2](14[kN])	CdCu 70[mm^2], Bz 65[mm^2] (10, 12, 14[kN])
장력조정장치		개별자동(5:1)도르래식	일괄자동(4:1, 3:1)활차식
조가선 방식		드로퍼 Bz 12[mm^2]	행어, 드로퍼 CdCu 10[mm^2]
절연구분장치		이중절연방식	FRP, PTFE, 이중절연방식
동상용구분장치		다이아몬드형	애자, 다이아몬드형
표준전차선 높이		5.08[m]	5.20[m]
전차선 편위		좌우 200[mm]	좌우 200[mm]
최대인류구간		1,200(1,500)[m]	1,600[m]
가 고		1,400[mm]	960[mm]
사전이도(Pre-sag)		경간/2,000	
운전최고속도		300[km/h]	110[km/h], 150[km/h]
수전방식		교류 3상 3선식 154[kV](2회선)	교류 3상 3선식 154[kV](2회선)
변전소 간격		50~70[km]	20~70[km]
주변압기	형 식	Scott	Scott
	용 량	120[MVA]×2	30[MVA]×2
급전방식		방면별 AT(단권변압기)방식	방면별 AT, BT방식
개폐차단장치		GIS	GIS, 일부 GCB
고압배전방식		22[kV](Δ-Y방식)	6.6[kV] 3ϕ3W, 22.9[kV]

전기철도공학

경량전철

Chapter 08 경량전철

01 경량전철의 개요

경량전철(Light Rail Transit)이란 시간·방향당 5,000~30,000명 정도의 수송능력을 갖고 차량규모나 수송인원은 기존의 중량 지하철보다는 작으나 버스보다는 큰 도시철도이다.

기존의 대중교통수단의 목표는 만족하면서 차량의 크기는 축소하는 대신 컴퓨터 기술개발에 따른 첨단 하드웨어 및 소프트웨어의 적용으로 운행효율을 극대화하고 독자적인 전용궤도로 운행되어 도로교통에 비해 대량수송, 정시성, 안전성, 저공해성의 특징을 가지고 있는 신대중교통 시스템이다.

02 경량전철의 필요성

현재 우리나라의 대중교통수단은 지하철이나 버스로 극히 제한적인 수단으로만 한정되어 운영되고 있다.

버스는 유연성을 특징으로 하고 있으나, 도로교통의 혼잡도에 직접적인 영향을 받으며, 버스 자체가 도로교통에 혼잡을 발생시키는 단점을 가지고 있다.

또한 기존에 건설·운영되고 있는 지하철은 도시 내의 대중교통 시스템으로서 중요한 역할을 하고 있지만, 지하철의 건설비가 상당히 높기 때문에 대도시에서 대량의 수요가 예상되는 노선으로 국한되며, 수요가 적은 곳에서는 투자재원 조달 및 채산성이 없어 대량수송 및 정시성의 이점에도 불구하고 건설에는 한계가 있다.

그래서 지하철과 같이 정시성을 가지고 있으며, 버스와 같이 유연성을 가진 새로운 대중교통 시스템인 경량전철은 조용하고, 미관이 좋고, 건설비가 적게 소요되며, 자동운전으로 운영비를 절감할 수 있는 경량전철 도입의 필요성이 대두되고 있다.

03 경량전철의 특성

경량전철은 일반적으로 다음과 같은 특징을 가지고 있다.
① 차량의 크기, 구조물의 크기가 작아 기존 지하철보다 건설비가 적다.
② 차량운행의 완전 자동화 및 역업무 무인자동화 등으로 운영비가 절감된다.
③ 버스와 지하철의 중간 정도인 약 5,000~30,000명 정도의 수송용량을 갖고 있다.
④ 승객의 수송수요변화에 신속하게 대응할 수 있다.
⑤ 동력전달방식이 해당 지역의 여건에 따라 원형모터, 선형모터, 케이블 견인식, 자기부상식 등 다양한 적용이 가능하다.
⑥ 구배가 큰 노선(100[‰])이나 곡선반지름이 작은 노선($R=30[m]$)의 격자형 도시 구조에 적합하다.
⑦ 가·감속 능력이 뛰어나 지하철에 비해 정거장 간격의 축소가 가능하므로 접근성이 좋아 주민에게 질 좋은 서비스 제공이 가능하다.

04 경량전철의 종류

1 개 요

경량전철은 시스템 제작사별로 제각기 독특한 차량특성 및 시스템 특성을 갖고 있어 체계적인 형태로 분류하기는 쉽지 않지만 일반적으로 차량규모별, 차륜형식별, 동력발생방식별, 지지방식별, 전력공급방식별로 대별할 수 있다.

2 경량전철의 분류

종 별	구 분	적용시스템
차량 규모별	대 형	자기부상, AGT(VAL, APM), 모노레일, 노면전차, LIM, 철차륜 경량전철
	중 형	노웨이트, System 21
	소 형	PRT류

종 별	구 분	적용시스템
차륜 형식별	철제차륜	LIM(ART), 노웨이트, System 21, 철차륜 경량전철, 노면전차
	고무바퀴	AGT(VAL, APM), 모노레일, PRT
	자기부상	흡인식, 반발식
동력발생 방식별	원형모터방식	AGT, 모노레일, PRT, System 21, 노면전차, 철차륜 경량전철
	선형모터방식	LIM, 자기부상, 노웨이트
	압축공기방식	Aeromovel
	케이블견인식	Cable Liner
지지 방식별	하부지지	AGT, PRT, 노면전차, 철차륜 경량전철, LIM, 자기부상, 노웨이트, 과좌식 모노레일
	상부지지	도시형 삭도, 현수식 모노레일
	측면지지	System 21
전력공급 방식별	가공선방식	철차륜 경량전철, LIM, 노면전차
	제3궤조방식	철차륜 경량전철, LIM
	강체복선방식	AGT, 모노레일, PRT, 자기부상, LIM

05 경량전철 시스템

경량전철 시스템의 일반적인 특성은 차량운행의 자동화 또는 무인화, 노면계획의 탄력성 및 건설, 운영비용의 절감, 다양한 승객수송수요에 대응하도록 건설·운영되고 있다. 현재 운영되고 있는 외국의 주요 시스템의 사례를 살펴보면 다음과 같다.

1 모노레일(Monorail)

(1) 개 요

모노레일(Mono+Rail)은 하나의 레일을 이용하여 차량을 운행시키는 방식으로 차체의 중심이 궤도의 상부에 있어 궤도커버를 타고 달리는 방식을 과좌식 모노레일(Straddle Type)이라 하며, 차체의 중심이 궤도거더 하부에 매달려서 운행하는 방식을 현수식 모노레일(Suspend Type)이라 한다.

모노레일은 차량의 운행방식 때문에 주로 고가철도형태로 건설되며 주행륜에 고무타이어(Rubber Tire)와 스티어링 장치(Steering Equipment)를 사용하여, 작은 곡선이나 급구배 선로에 주행성이 뛰어나다.

과좌식 모노레일의 경우 차량의 하부 스커트(Skirt)가 궤도를 감싸고, 현수식은 차체의 중심이 궤도보다 하부에 있어 안정감이 좋으며, 다른 철도차량과 비교할 때 궤도폭보다 차량폭이 넓다.

(2) 모노레일의 특성

모노레일은 과좌식, 현수식에 관계없이 다음과 같은 특징이 있다.

① 용지의 점유면적 및 구조물의 폭이 적다. 모노레일 구조물의 지지는 각주 및 원주로서 기둥의 폭이 1~1.5[m] 정도이고, 전체를 지지하는 구조이며, 지주를 도로의 중앙분리대에 설치할 수 있다.

따라서 도시 내의 제한된 공간을 효율적으로 활용할 수 있으며 모노레일의 주행공간과 차도가 입체적으로 공용 가능하다.

② 급구배, 작은 곡선에서도 운행이 가능하다. 고무타이어와 대차의 사용에 따라 100[‰]의 급구배, 최소곡선반경 30~50[m] 정도에도 문제 없이 운행 가능하다.

③ 승차감이 양호하다. 고무타이어 사용과 대차의 공기스프링 채용으로 승차감이 우수하다.

(3) 과좌식과 현수식의 비교

과좌식	현수식
• 최소 곡선반경에 제약이 있다. • 궤도 주행의 주행면이 노출되어 있어 날씨의 영향으로 점착계수가 변화하므로 미끄럼 방지대책이 필요하다. • 궤도 상부에 차량이 운행되므로 도로상의 자동차 등에 지장이 없다. • RC구조, PC주형이 주체이므로 비용이 낮아진다. • 전차선과 주행면은 지상에서 눈으로 점검이 가능하다.	• 작은 곡선을 미끄럼 없이 통과가능하다. • 궤도의 주행면이 덮여져 있기 때문에 날씨의 영향을 받지 않는다. • 건설한계를 침범한 자동차 등과 접촉할 우려가 있다. • 궤도거더, 지주 등이 강구조이므로 비용이 높아진다. • 전차선과 주행면은 점검차에 의해서 점검하여야 한다.

(4) 모노레일에 적합한 노선

모노레일(Monorail)이 다른 경량전철 시스템과 차별되는 가장 큰 특징은 이미 100년 전부터 대중교통수단으로 실용화되어 운행되어 왔으며, 기술적 발전을 거듭하여 주로 유원지 등 관광객 수송을 위해 소형으로 건설되어 왔다.

현재는 저소음에 따른 친환경적이고, 경제적이며 효율적인 시스템으로 인식된 경량전철 도입을 적극적으로 추진하려는 사회적인 공감대가 대도시를 중심으로 널리 형성되고 있으며, 대도시에서는 급격한 인구집중으로 인한 심각한 교통난을 해결하는 방법으로 대형 지하철 건설 외에는 다른 대안이 없었기 때문에 대형 지하철 건설에 매달릴 수밖에 없었던 것이다.

모노레일 시스템은 도시 간 또는 도시와 도시 외곽을 잇는 교통수단 모두에 실용화하고 있으며, 대도시의 교통상황을 고려할 때 유동인구가 확보된 일정지역 내의 단거리 노선에 고가형식으로 건설할 경우 효과가 크다. 특히 일정 도로폭(30~35[m])이 확보된 기존 도로 중앙에 건설 시에는 같은 고가방식인 AGT 및 자기부상철도에 비해 점유면적이 현저히 적을 뿐만 아니라 건설기간이 짧아 시민의 불편을 최소할 수 있는 신교통 시스템이다.

2 안내궤조식 경량전철(AGT)

(1) 개 요

AGT(Automated Guideway Transit)란 일반적으로 고가 등의 전용궤도를 고무타이어 또는 철제차륜을 부착한 소형경량 차량이 가이드웨이(Guideway)를 따라 주행하는 경량전철을 말하며 컴퓨터 제어로 무인운전도 가능한 시스템이다.

(2) AGT의 특징

독자적인 궤도 시스템을 가지고 운영되는 AGT는 다음과 같은 특성을 갖고 있어 오늘날 도시교통시스템으로 호평을 받고 있다.

① 차량의 소형화를 통하여 터널 및 구조물 설치 등의 건설비용 감소
② 새로운 운행기법의 도입으로 운영효율 향상
③ 새로운 통신 및 제어기술의 도입으로 탄력적 수송수요 대응
④ 운행자동화로 승무원수 감소
⑤ 기존 도시철도보다 다양한 규모의 수송용량
⑥ 차량의 등판능력 향상, 회전반경 감소로 산악지형이 많은 지역에도 적용 가능
⑦ 전기동력의 사용으로 공해가 없음
⑧ 기존 궤도 시스템에 비해 미려한 외형

【 AGT 차량 】

(3) AGT 시스템의 종류

AGT 시스템은 개발, 발전단계에 따라 나라별로 여러 가지 이름으로 불리고 있으며 대표적인 예는 다음과 같다.

명 칭	운행현황
PRT (Personal Rapid Transit)	세계 최초의 AGT로서 1975년 미국 모건타운(Morgan Town)에 건설되어 도시 내 교통수단으로 운행되고 있다.
신교통시스템	1983년 일본의 운수성과 건설성이 정한 AGT표준화 시스템으로 요코하마시의 Sea Side Line, 고베시의 port Liner, 동경 유리까모메 등 약 12개 노선의 AGT가 운행되고 있다.
VAL (Vehicle Automative Leger)	프랑스 마트라(Matra)사가 개발한 AGT 시스템으로 프랑스 릴리, 오를리 공항, 대만의 타이페이, 미국 시카고, 잭슨빌 등에서 운행되고 있다.
APM (Automated People Mover)	People Mover에서 발전된 시스템으로 독일 신도시철도 3단계 발전개념(안정성, 정시성을 확보한 유인경량전철 → 자동시스템 → 완전자동시스템)에 의해 AEG—Westinghouse 사에서 개발하여 미국 마이애미, Las Colinas 등에서 운행되고 있으며, 미국 토목협회규정(IEEE)에 규정된 AGT 시스템명이기도 하다.
고무차륜 AGT	기타 일부에서는 고무차륜형 AGT 또는 고무차륜방식의 경량전철 등으로도 불리고 있다.

【 PRT 】

(4) AGT 시스템 구성

① 지지방식은 하부지지방식으로 철제차륜 및 고무차륜을 사용한다.

② 안내방식은 안내궤조를 따라 차량의 안내바퀴가 운행하는 형식에 따라 결정된다.

　ㄱ 중앙안내방식

　　궤도중심에 설치된 1개의 레일을 한 쌍의 안내차륜이 감싸는 구조의 안내방식

　ㄴ 중앙측구 안내방식

　　좌우 주행구조물의 안쪽을 이용한 방식

　ㄷ 측방안내방식

　　안내레일을 주행노면의 양측에 설치하여 지지차륜 바깥쪽에서 안내하는 방식

　　으로 궤도면을 평탄하게 할 수 있다.

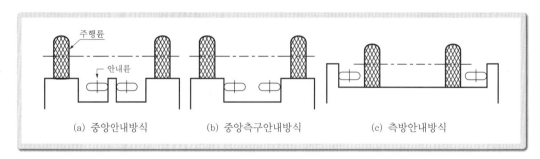

【 AGT 안내방식 】

③ 열차의 추진방식은 원형모터를 사용하고, 제동방식은 회생제동 및 유압 디스크 제동방식을 사용한다.

④ 전기방식은 DC 600[V], 750[V], 3상 AC 600[V] 등이 사용되고 있다.

⑤ 전차선 가선방식은 주로 강체 복선식을 사용한다.

⑥ 사령실의 CTC, 지상신호장치, 차량 및 화상감시장치 등이 하나의 시스템으로 동작하여 무인 또는 자동으로 열차가 운행된다.

(5) 국내 개발현황(고무바퀴 AGT)

한국형 표준화 경량전철 시스템은 고무바퀴 AGT로 건설교통부가 주관하여 우진산전(주)에서 개발하였다.

전력시스템은 수전변전소, 급전변전소, 전기실, 급전개폐소 등으로 구성되며 3상 22.9[kV], 60[Hz]를 2회선으로 수전하여 6.6[kV]로 강압하고 각 급전변전소, 전기실에 송·배전한다.

한국형 경량전철의 주요사항은 다음과 같다.

【 AGT 기본사양 】

종 별	기본사양
궤 간	1,700[mm](주행륜 중심 간 거리)
최대구배	본선 : 58[‰], 측선 : 70[‰]
최소곡선반경	본선 : 60[m], 측선 : 40[m]
공차중량	12[t]
만차중량	19[t]
기본편성	Mc_1-Mc_2(2량 편성)
4량편성	$Mc_1-M_1-M_2-Mc_2$(2량 단위로 증설가능)
승객정원	114명(2량 기준)
성능최고속도	80[km/h] 이상
최고운행속도	70[km/h] 이상
가속도, 감속도	3.96[km/h/s] 이상
표정속도	30[km/h] 이상
가선전압	DC 750[V]
급전방식	제3궤조(수평측방향 집전장치)
주행륜	가스주입식 고무타이어
기초제동방식	디스크 제동
안내방식	4륜 안내식 측방안내 강제 유도식
제어방식	VVVF제어
견인전동기	3상 농형 유도전동기
전동기출력	110[kW]
전동기전압	AC 550[V]

(6) AGT에 적합한 노선

AGT 시스템은 우리나라에서도 고무차륜형식으로 채용하였고, 세계적으로 가장 많이 상용화된 시스템이다.

AGT 시스템은 고무타이어를 사용하여 소음 및 진동에 유리하고 고가선로에 적합하며, 가·감속도가 크므로 급곡선과 급구배가 많은 선로, 역간거리는 짧으나 표정속도를 높여야 하는 노선의 경우에 유리하다.

그리고 이 시스템은 무인운전 및 무인역사가 가장 많은 시스템으로 시스템 건설비는 다소 증가하여도 운영비 저감을 위해서는 무인역사 및 무인운전시스템 구축이 필요한 것으로 보여진다.

AGT 시스템의 특성을 보아 평균 역간거리와 선로 총길이가 짧고, 최대 수송력 15,000~25,000[인/시-방향] 정도인 선로에 적합하다.

그러나 AGT는 경량전철 시스템 중 에너지 소비가 많으므로 평균역간길이가 길거나 노선연장이 길 때는 적용 여부를 심도있게 검토하여야 하며, 고무바퀴차량은 차량의 크기에 제한이 있고 고속운행이 어려우므로, 수송력이 큰 선로에는 일반적으로 적합하지 않다.

3 철차륜 경량전철

(1) 개 요

다른 경량전철에 비해 철차륜 경량전철 시스템에 대한 분류기준이 명확하지는 않으나 기존의 대형 지하철과 유사하고, 경량전철의 대표적 유형인 무인자동대중교통수단(AGT, APM)과는 차량크기, 수송량 등이 비슷하나 노면전차와는 달리 주행장치에 보기대차를 채택한 시스템으로 범위를 한정하였다.

즉, 철제 차륜형 차량은 기존의 대형전철과 동일한 시스템에 크기를 줄이고, 여기에 경량전철의 이점인 자동운전이 가능하도록 한 것이라고 볼 수 있다.

[철제차륜 경량전철]

(2) 특 징

① 철제 차륜형 차량은 일반적으로 표준궤도를 사용하며, 차륜과 궤도 간의 소음 및 진동을 저감하기 위하여 고무패드가 부착된 탄성차륜을 적용하는 경우도 있다.

② 대차는 두 차량의 연결부 하단을 연결하여 작은 곡선반경에서도 운전성능이 좋은 관절대차(Articulated Bogie)와 구조가 간단하고 경량화 실현이 용이한 볼스타레스 형식을 채택하는 경향이 있다.

③ 소형 차륜을 채택함으로써 대차의 저상화가 가능하여 객실 상면높이를 줄일 수 있다.

④ 차량당 중량은 중량전철에 비해 65~70[%] 정도이며, 궤도와 차량 각부의 부담하중을 감소시키고, 전력소비 및 보수유지비용을 절감하기 위한 차량 경량화의 일환으로 차체의 재질을 알루미늄으로 제작한다.

⑤ 중량전철과 마찬가지로 동력대차와 부수대차에 답면 또는 디스크 브레이크를 사용하고 압축공기를 이용한 마찰제동과 회생이 가능한 전기제동을 함께 사용하고 있다.

⑥ 경량전철의 장점인 자동무인운전시스템으로 운행하기 위해 자동열차제어(ATC)기능을 갖추었으며, 세부적인 기술로 자동열차운전(ATO)기능, 자동열차보호(ATP)기능, 자동열차감시(ATS)기능을 포함하고 있다.

(3) 기존 선로와의 기술적 차이점

철차륜 경량전철은 전용궤도를 이용하는 철도시스템으로, 기존의 중량전철과 비슷한 서비스를 제공하면서도 초기 투자비의 부담이 적어 세계의 여러 도시에서 운행되고 있다. 또한 타 경량전철과 마찬가지로 완전무인운전이 가능한 새로운 교통수단으로 운용요원의 절감, 에너지 경감, 승객에 대한 서비스면에서도 정시성, 안전성과 저공해성이 특징이다.

따라서 기존 중량철도(고속철도, 국철, 도시철도)와 비교하여 철차륜 경량전철 시스템의 장점은 다음과 같다.

① 차량과 궤도가 소형·경량으로 경제적이다.

② 전자동무인운전 및 무인역사가 가능하여 유지관리비가 저렴하다.

③ 기존 지하철에 비해 역간거리가 짧아 접근성이 좋으므로 이용하기가 편리하다.

④ 작은 회전반경 및 등판능력이 우수하므로 선형계획이 용이하여 지상 및 고가로 도심지 운행이 가능하다.

⑤ 건설비가 저렴하다.

⑥ 저소음, 저진동, 무공해 시스템이다.

(4) 국내 개발현황

국내 철도차량 제작사인 한국철도차량(주)에서는 철제차륜 경량전철을 제작하여 해외에 수출한 실적이 있으며, 건설교통부에 의해 도시철도차량 표준사양으로 철제차륜형식의 경량전철을 지정하였으며, 그 표준사양은 다음과 같다.

【 철제차륜 경량전철 표준사양 】

항 목	표준사양
차량편성	$Mc_1 + Mc_2$(2량 1편성)
운전방식	무인자동운전
최대구배	48[‰]
최소곡선반경	본선 : 50[m], 측선 : 30[m]
차량길이(1편성)	25,600[mm]
차체폭	2,650[mm]
차체지붕높이	3,400[mm]
객실상면높이(레일면에서)	1,000[mm]
최고운영속도	70[km/h]
가속도	$1.1[m/s^2]$
감속도	$1.3[m/s^2]$
수송력(1Unit)	164명/편성
공차중량	42[t]
차체재질	경량화된 최적의 구조체
승객용출입문	전기식 또는 공기식
대차형식	볼스터 레스 대차
차 륜	탄성차륜
차륜직경	New : 740[mm], Wear : 680[mm]
추진제어시스템	회생제동병용 VVVF제어
견인전동기용량	130[kW]
제동시스템	회생제동병용 전기지령식
기초제동장치	동력대차-답면제동
집전기	제3궤조, 측면상방향 집전장치
가선전압	750[V]

(5) 철차륜의 적합노선

철차륜 경량전철의 적합노선은 기존선의 개량, 지하, 고가 등 어느 경우에도 가능한 시스템으로 대도시보다는 수도권 주변 위성도시 또는 중소도시에 도입하는 것이 바람직하며, 기존의 대형 지하철과는 수송력에서 상대적으로 적어 규모가 줄어들 뿐 차량시스템은 거의 동일하므로 대도시의 연계교통수단으로 적합하다.

4 노면전차(SLRT)

(1) 개 요

신형 노면전차(SLRT ; Street Light Rail Transit)는 가공전차선에 의해 전력을 공급받아 기본적으로 도로와 분리된 노면 또는 전용궤도 위를 주행하며, 부분적으로는 고가 또는 지하를 주행하는 저상형 대중교통시스템이다.

초기 노면전차는 19세기 말부터 20세기 초까지 도시교통의 많은 부분을 소화하였으나, 20세기 초부터 도시 내 자동차 증가에 의한 정체로 정시성, 신속성 등의 수송서비스가 열악해지면서 점차 폐지되었다.

최근에 세계 여러 도시에서 자동차에 의한 환경오염, 도로혼잡의 해결, 에너지 절감 등을 위하여 신형 노면전차가 다시 부활하게 되었으며, 우선신호방식 도입, 전용궤도주행 및 저상형 차량도입 등에 의해 도시교통시스템으로 새롭게 사랑을 받고 있다.

(2) 특 징

SLRT는 기본적으로 도로 노면 위에 따라 개설된 주행로를 전차가 주행하는 방식을 취하고 있다. 친환경적인 새로운 대중교통수단의 도입 필요성이 대두되면서 기존 궤도를 이용할 수 있고, 건설비가 가장 저렴한 대중교통수단인 노면전차가 부활하게 되었으며, 신형 노면전차는 기존 노면전차와는 달리 다음과 같은 특징이 있다.

① 차량의 성능을 개선하고 주행로의 전용 궤도화
② 노면전차 우선신호방식 적용으로, 노면전차가 교차로 진입 전에 설치된 차량감지기에 의해 전방의 신호를 개방하여 노면전차 우선통과
③ 교차로 및 도심부의 부분 고가화, 지하화를 통하여 차량이 정체되지 않도록 함
④ 표정속도 30[km/h]를 유지하여 접근이 쉽고, 편리한 대중교통수단
⑤ 신기술을 적용하여 개발한 저상형 신형 노면전차 운행
⑥ 신형 노면전차는 속도 및 가·감속이 향상되었고, 대차의 성능향상 및 관절차체 방식을 적용하여 수송능력을 향상시킴
⑦ 저상형 차량의 특징은 차량의 바닥높이가 낮아(레일에서 차량높이 : 20~35[cm]) 높은 승강장을 설치할 필요가 없고, 노약자, 장애인 휠체어 사용이 쉬우며, 접근성이 뛰어남

⑧ 차륜의 내륜과 외륜 사이에 탄성체를 삽입하여 수직동하중을 흡수하고, 차량전체의 소음레벨을 약 8[dB(A)] 정도 감소시킴

⑨ 탄성차륜의 탄성체는 스프링 역할을 하므로 선로와 차륜에서 발생하는 충격하중 및 응력을 감소시킴

【 노면전차 】

(3) 노면전차 대차 현황

SLRT용 대차는 차량을 저상화하기 위하여 차축이 없는 독립차륜대차를 사용하였으며, 차륜을 의자 밑에 위치하게 하여 차량의 바닥을 낮추어 편리성을 도모하였다. 또한 탄성차륜의 적용과 각각의 동축차륜에 소형 모터를 장착하여 소음 및 진동을 저감하였으며 제작사별 대차현황은 다음과 같다.

【 제작사별 대차현황 】

구 분	Siemens	Bombardier	Alstom
차륜경	600(동축)/520(종축)[mm]	630/550[mm]	600[mm]
중심축간거리	1,800[mm]	1,800[mm]	1,600[mm]
최고속도	80[km/h]	80[km/h]	70[km/h]
무 게	4.5[ton]		3.4[ton]
최대정하중	15.5[ton]		11.6[ton]
견인전동기	3상 유도전동기	3상 유도전동기	3상 유도전동기
전동기출력	100[kW]×2	120[kW]×2	120[kW]×2
제어방식	VVVF인버터	VVVF인버터	VVVF인버터
전동기전압	AC 380[V]/221[A]	AC 640[V]/140[A]	
최대등판구배	70[‰]	80[‰]	
차 륜	탄성차륜	탄성차륜	탄성차륜

(4) SLRT의 장단점

① 장 점

ⓐ 노면 위에 건설하므로 건설이 용이하고, 공사비가 저렴하다.

ⓑ 차량의 바닥을 낮추어 승하차가 편리하고 접근성이 뛰어나며, 노약자 및 장애인의 이용이 용이하다.

ⓒ 승하차 시간이 단축되고 최고 주행속도가 80[km/h] 이상도 가능하여 표정속도가 향상된다.

ⓓ 탄성차륜을 채용하여 소음·진동이 적은 쾌적한 교통수단이다.

ⓔ 정거장 설비, 구조물 설비가 간단하여 시설유지관리가 편리하다.

ⓕ 배기가스의 생성이 없는 환경 친화적 교통수단이다.

ⓖ 자동차와 함께 주행하여 기존 신호로도 운행 가능하고 신호 시스템을 단순화할 수 있다.

ⓗ 연접차량 적용으로 회전반경이 작고, 구배 등판능력 및 가·감속도 성능이 우수하다.

② 단 점

ⓐ 기존 대중교통의 체계가 완료된 곳이나 도로교통체증이 심한 도심지역에 건설할 경우 기반구축이 어렵다.

ⓑ 도심지 내 가공전차선 설치로 안전 및 도시 미관을 저해할 우려가 있다.

ⓒ 도로 점유율이 높아 기존의 좁은 도로에는 적용이 제한적이다(왕복 운행 시 약 2개 차로 점유).

ⓓ 겨울철 분기기에 동결방지장치를 하여야 하며, 노면의 제설대책이 필요하다.

(5) SLRT의 적합노선

급변하는 대도시 교통 환경에 대응하기 위해 많은 도시에서 경량전철을 포함한 도시철도를 건설 중이거나 도입을 추진하고 있다. 이는 도시철도가 도시교통문제를 해결할 수 있는 유일한 대안으로 판단하고 있기 때문이다. 경량전철 중 SLRT 건설의 적합한 노선은 다음과 같다.

① 도로가 넓게 잘 정리되어 있으나, 버스중심의 대중교통수단 운행으로 수송능력이 한계에 도달한 지역

② 신도시가 건설되면서 대중교통수단이 미비된 지역

③ 지하철 또는 철도노선과의 연계노선

④ 중소형 도시의 간선연계노선

SLRT는 건설비와 운영비가 저렴하고 친환경적인 대중교통수단으로 적합하다.

또한 도시철도의 지하철은 계단의 오르내림에 의한 불편, 환승에 대한 불편 등으로 지하철을 기피하는 원인이 된다.

이는 점차 노령화 사회로 가는 시점에서 접근성이 떨어지고 추가로 건설되는 환승역은 점점 더 깊어질 수밖에 없다.

따라서 접근성이 뛰어난 SLRT는 노약자 및 장애인이 편리하게 이용할 수 있는 시스템이라 할 수 있다.

5 선형유도전동기 추진 시스템(LIM)

(1) 개 요

선형유도전동기(Liner Induction Motor) 추진 시스템은 보통의 전기철도 차량에서 처럼 원형전동기 회전자의 회전력을 이용하여 추진력을 얻는 방식이 아니라 회전형 전동기를 절개한 평면구조의 리니어 모터 1차측을 차량에 부착하고 2차측인 리액션 플레이트(Reaction Plate)는 지상에 설치하여 차·지상 상호간 자력에 의해 직선운동을 발생시켜 추진력을 얻는 방식이다.

리니어 시스템은·철제바퀴식 차량의 리니어 모터 시스템이 상용화되고 있으며, 리니어 시스템은 비점착방식으로 추진력을 발생하므로 기후와 선로상황에 따른 운행영향이 비교적 적고, 또한 작은 직경의 차륜적용이 가능하여 터널 건설비의 저감을 이룰 수 있는 철도차량 추진 시스템이다.

(2) 선형유도전동기의 원리

선형전동기식의 철도 시스템은 차량의 추진에 선형전동기를 사용하며, 차체의 지지 및 안내에는 철제 차륜 및 철제 레일을 사용하고 있다.

이 방식에 사용되고 있는 선형전동기는 일반적으로 선형유도전동기를 사용하고 있다.

선형유도전동기의 원리는 다음 그림과 같이 회전형의 유도전동기를 평편하게 펼친 것으로 차량의 대차에 장착되어 있는 1차측 코일과 레일의 중앙에 설치되어 있는 2차측 도체(Reaction Plate)의 사이에 발생하는 자기력에 의해 차량이 추진 또는 제동하는 것이다.

차상의 선형전동기에는 이동자계를 발생시킬 필요가 있으며, 이 전력은 가변주파수 제어가 가능한 차상 탑재의 가변전압 가변주파수 인버터(VVVF Inverter)로부터 공급된다.

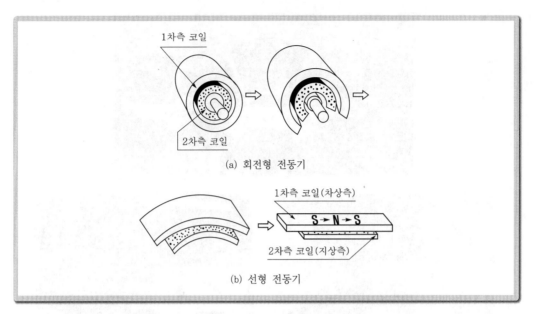

(a) 회전형 전동기

(b) 선형 전동기

【 리니어 모터 구조 】

(3) LIM의 특성

LIM 시스템은 차체의 지지 및 안내를 철차륜과 철레일을 사용함으로써 철차륜·철레일 지지의 장점과 리니어 모터 추진에 의한 장점을 최대한 활용하도록 되어 있다.

철제차륜 지지의 선형전동기 구동방식의 철도는 자기부상식이 아니므로 초고속에는 대응할 수 없으나 도시교통기관으로서는 그 속도에 충분히 대응할 수 있으며, 그 특성은 다음과 같다.

① 종래 철도에 사용되고 있는 기술이 잘 이용될 수 있는 이점이 있다.

② 고무타이어 방식과 비교하면 차륜의 마모가 적고 주행저항이 작아서 전력소비량이 적다.

③ 구동전동기의 형상이 평편하므로 감속장치가 필요없게 되어 차륜의 직경을 작게 할 수 있어 차체의 저상화를 이룰 수 있다.

④ 여객공간을 희생하지 않고 터널의 단면을 대폭적으로 축소(약 50[%])하는 것이 가능하다.

⑤ 차륜과 레일의 점착을 이용하지 않으므로 급구배(약 80[‰])에서 주행이 가능하다.

⑥ 저소음과 보수비용이 저렴하다.

⑦ 좌우의 차륜이 독립적으로 회전가능하여 급곡선(50R)에서도 원활한 주행을 할 수 있다.

⑧ 건설비의 절감과 편리성 향상에 크게 기여할 수 있다.

【 LIM 】

(4) LIM의 장단점

① 장 점

ⓐ 안내장치가 필요없으며, 마찰계수가 적어 주행저항이 적다.

ⓑ 레일을 신호궤도회로로 사용할 수 있어 회로구성이 간단하다.

ⓒ 레일을 귀선으로 사용할 수 있어 전차선 구조가 간단하다.

ⓓ 분기구조가 간단하며, 조용하고 원활한 추진이 가능하다.

ⓔ 모터의 평면 형상으로 차량객실 바닥면의 저상화로 터널단면을 축소함으로써 건설비가 절감된다.

ⓕ 차륜과 레일의 마찰에 의하지 않는 비점착 구동으로 급구배, 급곡선 노선의 운행이 가능하다.

ⓖ 비점착 구동에 의한 보수비 경감과 저소음화를 꾀할 수 있다.

② 단 점

리니어 모터의 효율이 떨어져 전체적으로 에너지 소비가 많다.

(5) 전력공급시스템

LIM의 전력공급시스템은 각 나라마다 다르며 DC 1,500[V]에 강체가선방식과 DC 750[V], DC 600[V]에는 제3궤조방식이 사용되고 있다.

우리나라 김해 경량전철에는 DC 750[V], 제3궤조방식으로 운행되고 있다. 다음 그림 은 철제차륜 LIM 경량전철의 단면을 보여주고 있다.

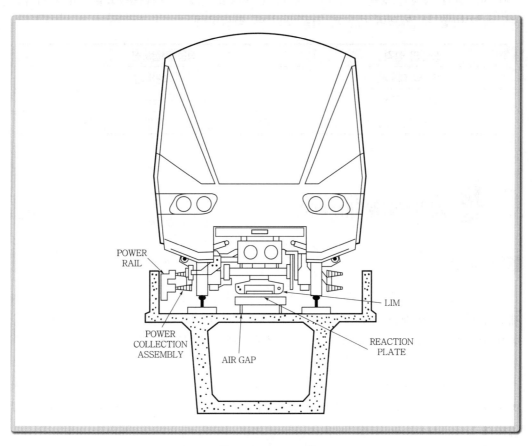

【 구조물과 차량 】

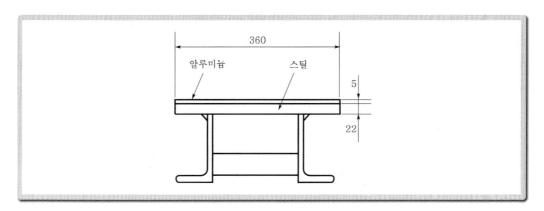

【 리액션 플레이트 】

(6) LIM의 적합노선

LIM 시스템이 종래의 원형모터 추진 시스템보다 건설 및 유지관리에 저비용이므로 LIM 시스템의 특성을 충분히 살려 나간다면 지하철 건설이 어려운 도심구간의 지하철 보급에 기여할 수 있으며 다음과 같은 노선에 적합하다.

노선의 성격	적용 적합노선
광역 및 대도시	간선 보완노선
지방 중소도시	간선 노선
기타 중소규모 수요처	신시가지 또는 신도시 개발노선, 공항접근노선

06 자기부상열차(MAGLEV)

1 개 요

자기부상열차는 기존 차륜과 레일에 의한 구동방식이 가지고 있는 진동·소음 문제의 개선과 열차속도한계를 해결하기 위해 개발된 시스템으로, 전자력(흡인력 및 반발력)을 이용하여 궤도로부터 차량을 부상하고 선형전동기로 추진하는 시스템이라고 정의할 수 있다.

철도 차량의 수송을 위해서는 탑재물을 지지하는 지지력과 탑재물을 이동시키는 추진 력이 필요하다. 전기철도 차량에서 차륜은 지지력을 제공하며, 주전동기는 추진력을 제 공한다.

자기부상열차에서는 지지력을 자기에 의해서 얻고, 추진력은 선형전동기에 의해서 얻 고 있다.

자기부상(MAGLEV)은 자기의 Magnetic의 Mag와 부상의 Levitation의 Lev를 합성한 단어로 MAGLEV라 하며, 마그레브 열차시스템의 기본원리는 자석이 같은 극끼리는 밀 어내는 반발력과 다른 극끼리는 서로 당기는 흡인력을 이용하여 열차 차체를 일정한 가 이드 웨이 위에 부상시켜 움직이게 하는 것이다.

또한, 자기부상열차는 차체 부상방식에 따라 상전도방식과 초전도방식으로 구분할 수 있으며, 상전도방식은 일반 전자석의 자기력을 이용한 것이며, 초전도방식은 초전도체 가 극저온에서 전기저항이 제로(0)가 되는 초전도현상을 이용하여 초전도 전자석을 만들 어 강력한 자기력을 이용하는 것을 말한다.

【 자기부상열차 】

2 자기부상식 열차의 종류

(1) 부상방식에 의한 분류

① 흡인식

흡인식은 자석의 흡인력을 이용하여 자체에 걸리는 중력과 평형을 유지하면서 일정한 부상고를 얻도록 한 것으로 부상고를 일정하게 유지하기 위하여 정밀한 센서를 사용한다.

㉠ 흡인식의 구성

흡인식은 상전도 자석을 사용하고 있으며 자석은 차상에 탑재되고, 지상에는 철제궤도를 설치하여 1[cm]의 부상고를 얻고 있다.

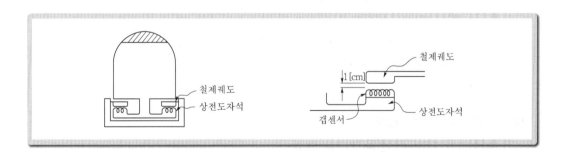

㉡ 흡입방식의 특성

• 정차 중에도 부상이 가능하다.

• 주행저항의 일부로 되는 자기저항이 작다.

• 기존의 철도기술과의 조합에 의해 구성하는 것이 가능하다.

• 부상고가 1[cm] 정도로 작아서 궤도를 고정밀도로 유지해야 한다.

• 부상고를 일정하게 유지하기 위하여 상시제어가 필요하다.

② 반발식

반발식은 자석의 반발력을 이용한 것으로 중력과 평형되게 결정된 부상고를 얻도록 되어 있다. 즉, 2개의 자석이 접근하면 자력이 강화되어 반발력이 증가하고, 멀어지면 약화되어 상부에 탑재된 물체의 무게에 의해서 낙하하는 원리를 이용한 것으로 높이 제어는 필요 없다.

㉠ 반발식의 구성

반발식은 차상에 자석을 탑재하고 지상에는 코일을 설치한다. 코일을 설치하는 것은 2개 자석의 반발력을 이용하므로 지상측도 자석화할 필요가 있기 때문이다. 또한 차상 측에는 강한 자력을 발생하는 초전도 자석을 사용하고 있다.

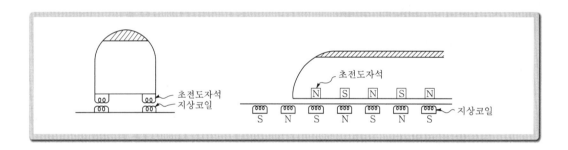

㉡ 반발식의 특성

• 부상고가 약 10[cm] 정도 되고 궤도의 오차 허용치가 크다.
• 부상을 위한 제어는 필요 없다.
• 정전 시에도 저속으로 되기까지 낙하하지 않는다.
• 저속에서는 부상력이 얻어지지 않으므로 보조차륜이 필요하다.
• 저속력에서는 주행저항의 일부인 자기저항력이 크다.
• 초전도, 극저온 등의 기술이 필요하다.

(2) 급전방식에 의한 분류

① 차상 1차 선형유도전동기(LIM) 방식

㉠ 개 요

LIM(Linear Induction Motor)은 일반의 원형전동기를 선형으로 펼친 것과 같은 원리이며, 유도전동기의 원리는 외측의 철제망에 감겨져 있는 권선에 교류전류를 흘리면 N과 S가 교번하여 회전자계를 발생한다.
동시에, 전동기의 내측에 있는 회전체에도 전류가 유기된다. 자계 중에 위치한 도체에 전류가 흐르면 플레밍의 법칙에 의해서 힘이 발생하며 이것을 회전력으로 하여 취하는 것이다.

ⓛ 차상 1차 LIM 방식의 구조

선형전동기는 회전형 전동기를 직선상으로 펼쳐놓은 것이며 원형 전동기에서 회전자계를 얻는 측을 1차측이라 한다.

이 1차측을 차상에 설치하는 것을 차상 1차 방식이라 하며 전자석용 코일을 차상에 탑재한 것이다.

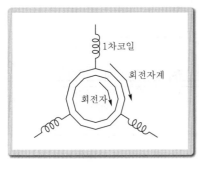

[회전형 유도전동기]

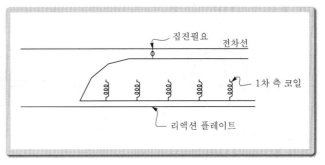

[차상 1차 LIM방식]

ⓒ 차상 1차 선형 유도전동기의 특성
- 구조가 간단하여 제어가 용이하다.
- 궤도 측 구동시스템의 설치비용이 저렴하다.
- 변전소의 배치에 따라 열차운행 다이어그램이 제약을 받지 않는다.
- 차량에 대용량의 집전장치가 필요하다.
- 효율, 역률 등의 전기적 특성이 나쁘다.
- 차량 측과 지상 측의 공극이 크게 되면 성능이 극단적으로 나빠진다(공극 1[cm] 이내).

② 지상 1차 선형 동기전동기(LSM) 방식

㉠ 개 요

동기전동기(Synchronous Motor)는 외측코일 밖에 없고 회전체 자체도 자석에 의한 것으로 외측의 회전자계와의 사이에 흡입·반발관계를 유발하고 이것이 힘으로 되어 회전하는 것이다. 이 전동기는 회전자가 회전자계와 동일한 속도로 회전한다. 선형전동기의 1차측을 지상에 설치하는 것을 지상 1차 방식이라 한다.

㉡ 지상 1차 LSM 방식의 구조

지상 1차 LSM 방식은 전 노선에 걸쳐서 전자석용 코일을 지상에 설치한 것이며, 차량의 이동에 따라 지상코일에 흐르는 전류의 방향이 변한다.

이 방식은 집전장치가 필요 없으므로 500[km/h] 이상으로도 운행이 가능하다.

선형 동기전동기에서는 N극 없이 S극에 고정된 자석이 필요한 방식, 부상용의 초전도 자석을 그대로 이용하는 방식, 부상용 코일을 자석화하는 것과 동일하게 하는 유도발전방식 등이 있다. 그리고 극성을 고정화하기 위하여 유도발전에 의해 얻어진 교류전류를 직류화하는 변환장치를 설치하고 있다.

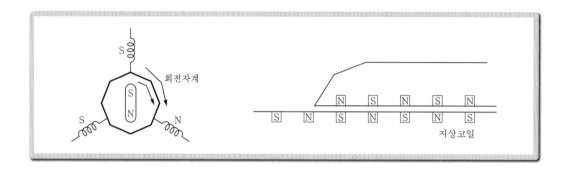

ⓒ 지상 1차 선형동기전동기(LSM) 방식의 특성
- 차량 측에 대용량의 집전장치가 필요 없다.
- 효율, 역률 등의 전기적 특성이 양호하다.
- 제어가 복잡하다.
- 궤도 측 구동시스템의 설치비용이 높다.
- 변전소 배치에 따라 열차 운행 다이어그램이 제약을 받는다.

③ 초전도 자기부상방식
ⓐ 개 요

최근 고온 초전도 물질이 개발되고 선형 전동기방식의 철도에는 이 초전도 물질이 이용되고 있다.

이는 상전도에서는 불가능한 강력한 자계를 얻을 수 있으므로 부상고를 약 10[cm] 정도 얻을 수 있다.

ⓑ 초전도의 재료

일반적으로 사용되고 있는 초전도 물질은 니오브티탄 합금이 있으며 이것은 극저온(영하 264[℃])이 아니면 초전도 상태를 얻을 수 없다. 이 때문에 냉각제로 액체 헬륨을 사용하고 있으며 상당히 고가이다.

MEMO

전기철도공학

부록

전기철도 관련 용어 및
기호, 단위, 전선특성표 등

부록 전기철도 관련 용어 및 기호, 단위, 전선특성표 등

01 용어표기법

전철설비에 사용하는 용어는 외래어를 번역하여 번역자에 따라 표현이 다르게 사용되고 있으므로 한글표준표기법과 외래어 표기용례집(국립국어연구원)에 의해 통일을 기하였다.

1 한글 표기법

번 호	통용표기	표준표기(*)	비 고
1	건널선장치, 건늠선장치	건넘선장치	• 건널선 : 서로 엇갈려 건너다니는 선(건널목) • 건넘선 : 평행으로 놓인 두 선로를 서로 이어주는 선
2	곡선인장치(曲線引裝置)	곡선당김장치	
3	구형강(溝形鋼)	ㄷ형강	
4	더블심플 커티너리	트윈심플 커티너리	Double은 2배의 표현, Twin은 똑같은 설비가 2개로 표현
5	사구분장치 (Dead Section)	절연구분장치 (Neutral Section)	
6	산형강, 앵글(Angle)	ㄱ형강	
7	섭동(摺動), 랍동, 습동	접동(接動)	• 摺 : 꺾을 섭, 접을 접, 접을 랍 • 接 : 이을 접
8	정차장(停車場)	정거장(停車場)	
9	정통(井筒)	우물통	
10	주습판(主摺板), 습동판	집전판(集電板)	습판(摺板)은 섭판의 잘못된 표현임
11	철 물	금구(金具)	
12	취부(取付)	설치(設置)	
13	토류틀, 토류판	흙막이 판	
14	프렉시블 전선관	가요전선관	
15	플레트 폼(Platform)	승강장	
16	하물적하장(荷物積荷場)	하물하역장(荷物荷役場)	
17	홈부 경동선(홈付硬銅線)	홈 경동선(硬銅線)	

② 외래어 표기법

번호	외래어	통용표기	표준표기(*)	비고
1	air · joint	에어 · 죠인트	에어 · 조인트	외래어표기용례집
2	air · section	에아 · 섹션	에어 · 섹션	
3	anchor bolt	앙카보울트	앵커볼트	
4	armor tape	아마 테이프	아머 테이프	
5	balancer	발란서	밸런서	
6	ballast	발라스트	밸러스트	
7	beam	비 임	빔	
8	block	브록, 블럭	블 록	
9	booster section	부스타섹션	부스터섹션	
10	bracket	브라케트, 브래키트	브래킷	
11	branch	블랜치	브랜치	
12	bushing	붓 싱	부 싱	
13	Cd	카드미움	카드뮴	
14	clamp	크램프	클램프	
15	cleat	크리트	클리트	
16	clevis	크레비스	클레비스	
17	compound	컴파운드	콤파운드	
18	compressor	콤프레사	컴프레서	
19	concrete	콘크리이트	콘크리트	
20	condenser	컨덴사	콘덴서	
21	cone penetrometer	콘페니트로메터	콘페니트로미터	
22	connector	코넥터	커넥터	
23	cotter pin	코타핀	코터핀	
24	cross beam	크로스 비임	크로스 빔	
25	cubicle		큐비클	
26	damper	담 파	댐 퍼	
27	double	다 블	더 블	
28	dropper clip	드롭바 크립	드로퍼 클립	
29	feed ear	휘드 이어	피드 이어	
30	feeder	피 다	피 더	
31	fillet	필레트	필 릿	

번 호	외래어	통용표기	표준표기(*)	비 고
32	flange	프랜지	플랜지	외래어표기용례집
33	flash	플라쉬	플래시	
34	flexible	프렉시블	플렉시블	
35	footing	후 팅	푸 팅	
36	gantry	갠추리	갠트리	
37	gas	개 스	가 스	
38	gauge	게 지	게이지	
39	girder	가 다	거 더	
40	gusset plate	가셋트 플레이트	거싯 플레이트	
41	hammer	햄 머	해 머	
42	hanger	행 거	행 어	
43	heavy simple catenary	헤비 심플 카테너리	헤비심플 커티너리	
44	hinge	힌 쥐	힌 지	
45	impedance	임피단스	임피던스	
46	insulator · section	인슈레이터 · 섹션	인슐레이터 · 섹션	
47	interlock	인터로크	인터록	
48	Megger	메 가	메 거	
49	mesh	메 쉬	메 시	
50	moment	모맨토	모멘트	
51	mortar	몰 탈	모르타르	
52	noise	노이스	노이즈	
53	notch	놋 치	노 치	
54	nut	나 트	너 트	
55	pantograph	판타그라프	팬터그래프	
56	pilot	파일러트	파일럿	
57	polyethylene	폴리에칠렌	폴리에틸렌	
58	reactance	리액탄스	리액턴스	
59	rod	롯 드	로 드	
60	section · insulator	섹션 · 인슐레이타	섹션 · 인슐레이터	
61	separator	세이퍼레이터	세퍼레이터	
62	silicon	시리콘	실리콘	
63	simple catenary	심플 카테나리	심플 커티너리	

번 호	외래어	통용표기	표준표기(*)	비 고
64	slab	스라브	슬래브	외래어표기용례집
65	span rod	스팬롯드	스팬로드	
66	span wire	스판선	스팬선	
67	strap	스트랍	스트랩	
68	surge	서어지	서 지	
69	symbol	심 볼	심 벌	
70	tension rod	텐숀 롯드	텐션 로드	
71	tention balancer	텐션 바란사	텐션밸런서	
72	trolley	트로리	트롤리	
73	trough	드로후, 트러후	트로프	
74	truss rahmen beam	트라스 라멘 비임	트러스 라멘 빔	
75	wire clip	와이아 크맆	와이어 클립	
76	wire turnbuckle	와이어 터언버클	와이어 턴버클	
77	yoke	요오크	요 크	
78	zigag	지그자그	지그재그	

02 전기철도 약어 및 명칭

1 전선류

약 어	원 어	명 칭
GT	Grooved Trolley	홈경동선(전차선)
ACSR	Aluminum Conductor Steel Reinforced	강심알루미늄연선
CdCu	Cadmium Copper	카드뮴동선
IV	Indoor Vinyl	비닐절연전선
CV	Crosslinked Polyethylene	가교폴리에틸렌 절연비닐시즈케이블
OW	Outdoor Weather proof	옥외용 비닐전선
Fe	Ferrous Wire	철 선
St	Steel Wire	강 선
Cu	Copper Wire	동 선

약 어	원 어	명 칭
MW	Messenger Wire	조가선
AF	Auto-Tramsformer Feeder	급전선(AT구간)
TF	Trolley Feeder	전차선용 급전선
PF	Positive Feeder	급전선(BT구간)
NF	Negative Feeder	부급전선
PW	Protective Wire	보호선
CPW	Connect Protection Wire	보호선용 접속선
GW	Ground Wire	가공지선
NW	Neutral Wire	중성선
T/L	Transmission Line	송전선로
D/L	Distribution Line	배전선로
FPW	Fault Protection Wire	비절연보호선
HS	Hard drawn copper Stranded wire	경동연선
AS	Annealed copper Stranded wire	연동연선
BGW	Buried Ground Wire	매설접지선
FPGW	Flashover Protection Ground Wire	섬락보호지선

■2 기타 약어해설

약 어	원 어	명 칭
AT	Auto-Transformer	단권변압기
BT	Booster-Transformer	흡상변압기
FRP	Fiberglass Reinforced Plastics	합성수지
LS	Line Switch	선로개폐기
DS	Disconnecting Switch	단로기
CB	Circuit Breaker	차단기
SS	Sub-Station	변전소
SP	Sectioning Post	급전구분소
SSP	Sub-Sectioning Post	보조급전구분소
ATP	Auto-Transformer Post	급전단말구분소
PP	Parallel Post	병렬급전소
CC	Control Center	집중제어소
FL	Formation Level banking	시공기면, 계획고(측량)

약 어	원 어	명 칭
RL	Rail Level	궤조면
GL	Ground Level	지 면
TL	Tangent Length	탄젠트길이
RC	Railway Crossing	건널목
CL 또는 L	Curve Length	곡선길이
BC	Beginning of Curve	곡선시점
EC	End of Curve	곡선종점
SP	Secant Point	곡선중점
R	Radius, Rail	반경 또는 궤조
BM	Bench Mark	수준기표(水準基標)
BTC	Beginning of Transition Curve	완화곡선시점
ETC	End of Transition Curve	완화곡선종점
PC	Beginning of circular Curve	원곡선시점
CP	End of Circular Curve	원곡선종점
G	Gage＝Gauge	전주건식위치

3 전철변전소 기기번호

번 호	명 칭	번 호	명 칭
1	주기기	15	속도 또는 주파수 정합기기
2	시간지연 시동 또는 폐로계전기	16	사용안함
3	개폐조작기	17	분권 또는 방전스위치
4	주접촉기	18	가속 또는 감속기기
5	정지기기	19	기동주행전이접속기
6	기동차단기	20	전기 구동 밸부
7	변화율 계전기	21	거리계전기
8	제어전원 개폐기기	22	평형회로 차단기
9	역전기기	23	온도 제어기기
10	순서개폐기	24	헤르츠당 볼트계전기
11	다기능기기	25	동기검출계전기
12	과속기기	26	장치온도기기
13	동기속도기기	27	저전압계전기
14	저속기기	28	화염탐지기기

번 호	명 칭	번 호	명 칭
29	절연접속기 또는 스위치	61	밀도스위치 또는 센서
30	경보표시계전기	62	시간지연 정지 또는 개시계전기
31	계자변경기기	63	압력스위치
32	전력계전기	64	접지검출계전기
33	위치스위치	65	조속장치
34	주제어회로 순차기기	66	단속계전기
35	브러쉬조작 또는 슬립링탈락장치	67	교류방향 과전류계전기
36	극성계전기 또는 분극전압계전기	68	저지계전기
37	부족전압계전기	69	허용계전기
38	베어링보호기기	70	가변저항기
39	기계적조건모니터	71	레벨스위치
40	계자계전기	72	직류회로차단기
41	계자회로차단기	73	부하저항접속기
42	운전차단기	74	경보계전기
43	수동변환기 또는 선택기	75	위치변화메커니즘
44	유닛순차 시동계전기	76	직류 과전류계전기
45	대기환경모니터	77	원격측정기
46	역위상 또는 위상균형전류계전기	78	위상각 측정계전기
47	위상순서 또는 위상균형전압계전기	79	교류 재폐계전기
48	집체검출계전기	80	유량스위치
49	기기 또는 변압기온도계전기	81	주파수계전기
50	순간 과전류계전기	82	직류 재폐계전기
51	병렬시간 과전류계전기	83	자동선택제어 또는 전환계전기
52	교류회로 차단기	84	구동장치
53	여자기계전기	85	신호계전기
54	터닝기어 맞물림기기	86	폐쇄계전기
55	자동역률조정기	87	차동보호계전기
56	슬립계전기 또는 동기탈조검출계전기	88	보조전동기 또는 전동발전기
57	단락 또는 접지계전기	89	단로기
58	정류기 고장계전기	90	조정장치
59	과전압계전기	91	전압방향계전기
60	전압 또는 전류 평형계전기	92	전압 및 전력방향계전기

번 호	명 칭	번 호	명 칭
93	계자변화접속기	97	런 너
94	트립 또는 무트립계전기	98	연결장치
95	자동주파수조정기 또는 주파수계전기	99	자동기록장치
96	정지유도기 내부고장검출장치		

03 전철설비 표준도 기호

도기호	명 칭	도기호	명 칭
───	직 류	□	철 주
∿	교 류	◒	콘크리트주
┴	도선의 분기	⊙	강관주
┼	도선의 교차 (접속하는 경우)	△	철주(삼각)
┼	도선의 교차 (접속하지 않는 경우)	⊏ ⊐	철주(채널)
⊥	접 지	⊥	철주(I형)
─⋀⋀⋀─ ⊓⊔	저항 또는 저항기	H	철주(H형)
─╢├	정전용량 또는 콘덴서	■	철주(스팬선)
─╢╟	전지 또는 직류전원	○○	A 주
⊖	교류전원	○○○	인형주
	피뢰기	○─○	H 주
⊻	방전갭(Gap)	⊙⊙	계 주
─○╱ ─✕─	개폐기(단로기)		채널기초주
	변압기	◨	전주방호
○	지지물(일반)	⟨○⟩→	보통지선
⊠	철탑(일반)	⟨○⟩→→	다단지선

643

도기호	명 칭	도기호	명 칭
	지선(V형)		빔(가압)
	수평지선		고정브래킷
	지선(궁형)		가동브래킷
	지선(로드식)		저가고 가동브래킷
	지선방호		끝붙임 브래킷
	크로스빔(단재)		절연가동 브래킷
	크로스빔(복재)		가동브래킷(고정빔하)
	강관빔		완철(일반)
	빔(스팬선)		완철(인류용)
	강관빔(복재)		전주대용물
	빔(V형 스팬선)		하수강
	빔(평면 트러스)		하수브래킷
	빔(V형 트러스)		비가선구간
	빔(4각형)		합성 전차선(전차선)
	스팬선(고정빔하)		구분장치(에어섹션)
	빔(V형 트러스 외팔빔)		구분장치(비상용 섹션)
	에어 조인트		전차선 접속(무효 부분)

도기호	명 칭	도기호	명 칭
예) A	구분장치(동상섹션)	──○──	전차선 접속(유효 부분)
─┤├─	절연구분장치(교−교용)	──●──	조가선 접속
─┤‖├─	절연구분장치(교−직용)		곡선당김장치
	자동장력조정장치(M.T)		건넘선장치
	자동장력조정장치(M 또는 T)	── ── ──	급전선
	자동장력조정장치(SPRING식))	── ─ ──	부급전선(보호선)
	인류장치(M.T)	──── · · · ────	비절연보호선(차폐선)
	인류장치(M 또는 T)	── · · ──	가공공동지선
	흐름방지장치	── · · ──	매설지선
	교차개소(유효 부분)	NF R	흡상선
	교차 개소(무효 부분)	PW R	보호선용 접속선
	교차개소(시서스포인트)		급전분기장치
	균압장치	NF PW R	보안기
	보조조가장치	B	흡상변압기
─) (─	애자 삽입	AT	단권변압기
──▫──	타이템퍼 보호금구		구분표
SS	변전소	(기관차) (동차)	역행표

645

도기호	명 칭	도기호	명 칭
⊗	전철용 교류변전소	◑	타행표
◯	전철용 직류변전소(일반)	TB	전용전화박스
SP	급전구분소		교량
S SSP	보조급전구분소		건널목
P P	병렬급전구분소		터널
◖◗	급전사령실		승강장 및 화물하역장
	지역사무소경계		개폐기조작대
	전기사무소경계		건널목주의표(스팬선식)
	전기분소경계		건널목주의표(입찰식)
⊗─┤	신호기(일반)		보호장치
	완목식 신호기		과선교(구름다리)
⚡	가선종단표지		지중케이블
(교류용) (교직용)	가선절연구간표지		가공케이블
◑	절연구간예고표		단로기
	교류차단기	E	접지단자함
M	맨홀		케이블입상
H	핸드홀		

04 단위계

1 국제단위

SI는 국제 단위계를 말하는 것으로 불어의 Systeme International d'unite's의 머릿글자를 딴 약칭이다. 이 단위계는 1969년 2월에 ISO(국제표준화기구)에서 채용이 결정되어, 미터제도의 국가는 물론이고 피트, 폰드제도의 국가에서도 각국의 실정에 맞추어 SI로 전환하고 있다. 우리나라에서는 KS A 0105(계량 및 측정단위와 그 사용법)에 의하여 SI단위를 사용하고 있다.

2 변경된 주요단위

(1) 힘의 단위

중량 킬로그램[kgf] → 뉴턴[N]

(2) 압력의 단위

중량 킬로그램 매평방 센티미터[kgf/cm^2] → 파스칼[Pa]

(3) 응력의 단위

① kgf/cm^2 → Pa
② kgf/cm^2 → N/cm^2 → Pa

(4) 열량, 에너지의 단위

칼로리[cal] → 줄[J]

3 앞으로 없어지는 단위(21세기부터)

(1) 중력 단위계

'중력(kg)'이라는 힘의 단위에 미터와 초를 조합함으로써 도출되는 정력학적인 단위의 집단이 중력단위계이다.

이 단위계는 지표상에 정지된 대규모의 물체(토목, 건축 등 구조물)를 취급하는 데 나름대로 편리하게 사용되었으나 앞으로는 사용되지 않는다. 그 이유는 질량은 우주의 어느 장소에서도 변하지 않으며 우주 한 곳에서 천체로부터 그 물체에 작용하는 힘은 그 물체의 질량에 비례하기 때문이다. 이 비례정수의 값이 지구상에서는 9.8[N/kg]이며 정확한 환산율은 9.80665이다.

지금까지	앞으로
kg = 중량 $\genfrac{}{}{0pt}{}{= \text{질 량}}{= \text{힘}}$	kg = 질량 $\genfrac{}{}{0pt}{}{= \text{중 량}}{= \text{체 중}}$ N = 힘, 하중
1[kgf]	9.8[N]
1[kgf/m^2]	9.8[Pa]
1[kgf/cm^2]	0.098[MPa]

(2) 칼로리[cal]

지금까지	앞으로
1[cal]	4.186[J]

(3) 기 타

구 분	지금까지	앞으로
자계의 크기	에르스텟(Oe), 1[Oe]	$1,000/4\pi$[A/m]
자 속	맥스웰(Mx), 1[Mx]	10^{-8}[Wb]
자속밀도	가우스(G), 1[G]	10^{-4}[T]
힘	다인(dyn), 1[dyn]	10^{-5}[N]
열 량	에르그(erg), 1[erg]	10^{-7}[J]

4 단위기호의 사용과 표기방법

① 단위기호는 로마체(직립체) 소문자를 사용한다. 다만, 단위의 명칭이 고유명사에서 유래한 경우에는 기호의 첫 글자는 대문자로 한다.
  예 m, cd, kg, K, Bq
② 단위기호 뒤에는 마침표를 찍지 않는다.
③ 단위기호는 복수의 경우에도 변하지 않는다.
④ 두 개 이상의 단위의 곱은 아래 보기와 같은 표시 방법 중 하나를 사용한다.
  예 N・m, N.m, Nm
⑤ 사선(/), 횡선 또는 음의 지수는 두 개의 단위가 나누기에 의해서 이루어진 유도 단위를 표시하는 데 사용한다.
  예 m/s=m・s^{-1}, rad/s^2=rad・s^{-2}
⑥ 사선은 같은 줄에 반복하여 사용할 수 없으며 복잡한 경우에는 음의 지수나 괄호를 사용하여 모호함을 없애야 한다.

예 J/(kg·K)는 $\text{Jkg}^{-1}\text{K}^{-1}$이며, J/kg/K은 아님

⑦ 접두어의 기호는 로마체(직립체)로 사용하며, 접두어 기호와 단위기호 사이는 띄어 쓰지 않는다.

⑧ 단위기호에 접두어 기호를 붙여 만들어진 기호는 분리할 수 없는 새로운 단위 기호를 형성하며, 양수나 음수 배의 제곱을 할 수 있고 다른 기호와 함께 복합 단위를 형성할 수도 있다.

예 $1\text{cm}^3 = (10^{-2}\text{m})^3 = 10^{-6}\text{m}^3$

$1\text{cm}^{-1} = (10^{-2}\text{m})^{-1} = 10^2\text{m}^{-1}$

$1\mu\text{s}^{-1} = (10^{-6}\text{s})^{-1} = 10^6\text{s}^{-1}$

$1\text{V/cm} = (1\text{V})/(10^{-2}\text{m}) = 10^2\text{V/m}$

⑨ 두 개 이상의 접두어는 같이 붙여 사용할 수 없다.

예 1mm이며, 1mμm가 아님

⑩ 접두어 홀로만은 사용할 수 없다.

예 $10^6/\text{m}^3$이며 M/m^3가 아님

⑪ 기본단위 중 질량의 단위만이 그 명칭에 접두어를 포함한다.

질량단위의 십진배수 및 분수를 표현할 때는 "그램"에 접두어를 붙여서 사용한다.

예 $10^{-6}\text{kg} = 1\text{mg}$이며, $1\mu\text{kg}$이 아님

5 단위기호 표시법

단위 명칭 \ 배율	기사용	SI(Système International d'Unités 약자SI) 기본단위계							
		$1/10^6$ $=10^{-6}$	$1/10^3$ $=10^{-3}$	$1/10^2$ $=10^{-2}$	SI 기본 단위	10^1	10^3	10^6	비 고
길 이			mm	cm	*) m		km		
넓 이		mm^2			m^2			km^2	
부 피		cm^3	l		m^3				
질 량		mg			*) kg		t		
시 간		μs	ms		*) s		ks		
전 류		μA	mA		*) A		kA		
온 도	℃				*) K				$t[℃] = T[\text{K}] - 273.15$
물질량					*) mol				
광 도					*) cd				
전 압		μV	mV		V		kV		

배 율 단위 명칭	기사용	SI(Système International d'Unités 약자SI) 기본단위계							
		$1/10^6$ $=10^{-6}$	$1/10^3$ $=10^{-3}$	$1/10^2$ $=10^{-2}$	SI 기본단위	10^1	10^3	10^6	비 고
저 항			$m\Omega$		Ω		$k\Omega$	$M\Omega$	
주파수					Hz		kHz	MHz	
전 력		μW	μW		W		kW	MW	1[W]=1[J/s](kVA, kVar)
전력량					Wh		kWh	MWh	
인덕턴스		μH	mH		H				
컨덕턴스			μS		S		kS		
커패시턴스		μF			F				
힘	kgf		mN		N	daN	kN		1[kgf]=0.98[daN]=9.8[N]
압 력	kgf/cm²		mPa		Pa		kPa	MPa	1[kgf/m²]=9.8[Pa]
응 력	kgf/cm²				Pa 또는 N/m²			MPa 또는 N/mm²	1[kgf/cm²]=0.098[MPa] 1,000[mbar]≒1,000[hPa]
광 속					lm				
조 도					lx				
속 도					m/s				km/h
일, 열량	cal		mJ		J		kJ	MJ	1[J]=0.23889[cal]

* 1. *) 표시는 SI의 7개 기본단위이다. 「KS A 0105-1990 국제단위계(SI) 및 그 사용법」을 참조한다.
  2. 압력의 단위 Pa는 값이 매우 적기 때문에 hPa, kPa, MPa를 쓰게 된다.
  3. 단위기호는 같은 문자라도 대문자, 소문자에 따라 그 명칭이 다르므로 확실히 구별 사용하여야 한다.

6 보조 단위(접두어)

배수 및 분수	접두어		기 호
1 000 000 000 000 000 000 000 000 = 10^{24}	yotta	(요타)	Y
1 000 000 000 000 000 000 000 = 10^{21}	zetta	(제타)	Z
1 000 000 000 000 000 000 = 10^{18}	exa	(엑사)	E
1 000 000 000 000 000 = 10^{15}	peta	(페타)	P
1 000 000 000 000 = 10^{12}	tera	(테라)	T
1 000 000 000 = 10^9	giga	(기가)	G
1 000 000 = 10^6	mega	(메가)	M
1 000 = 10^3	kilo	(킬로)	k
1 00 = 10^2	hecto	(헥토)	h

배수 및 분수	접두어		기 호
$1\,0 = 10^1$	deca	(데카)	da
$1 = 10^0$			
$0.1 = 10^{-1}$	deci	(데시)	d
$0.01 = 10^{-2}$	centi	(센티)	c
$0.001 = 10^{-3}$	milli	(밀리)	m
$0.000\,001 = 10^{-6}$	micro	(마이크로)	μ
$0.000\,000\,001 = 10^{-9}$	nano	(나노)	n
$0.000\,000\,000\,001 = 10^{-12}$	pico	(피코)	p
$0.000\,000\,000\,000\,001 = 10^{-15}$	femto	(펨토)	f
$0.000\,000\,000\,000\,000\,001 = 10^{-18}$	atto	(아토)	a
$0.000\,000\,000\,000\,000\,000\,001 = 10^{-21}$	zepto	(젭토)	z
$0.000\,000\,000\,000\,000\,000\,000\,001 = 10^{-24}$	yocto	(욕토)	y

05 기상조건

1 기 온

온도조건은 기상청의 기상관측 자료를 참조하여 최저값과 최고값, 그리고 표준값을 다음과 같이 적용한다. 단, 설계 대상 지역과 설비의 특성에 따라 온도조건을 별도로 정할 수 있다.

(단위 : [℃])

구 분	표준온도	최고온도	최저온도
내 륙	10	40	−25
해 안	15	40	−20
터 널	15	30	−5

2 풍 속

풍속조건은 그 지역의 최근 40년간 최대 풍속(10분 평균값)의 기록 중에서 1~3번째 순위에 있는 풍속의 평균값을 기준으로 하거나, 다음 표의 값에 따른다.

(단위 : [m/s])

지면으로부터 높이	일반지구	해안지구	터 널
10미터 이하	35	40	40
30미터 이하	40	45	
30미터 초과	45	50	

3 적 설

우리나라 적설량은 강릉지구 최대 138.1[cm]를 제외하고 평균최대적설량은 34.6[cm]이므로 눈에 의한 하중은 크게 영향을 미치지 않는다.

4 지 진

전차선로 지지물 및 기초, 지선에 적용하는 지진 하중은 구조물 무게 중심을 작용점으로 하여 수평 방향으로는 구조물 질량의 6퍼센트, 수직 방향으로는 구조물 질량의 3퍼센트를 추가로 부과한다.

[기온분포도]

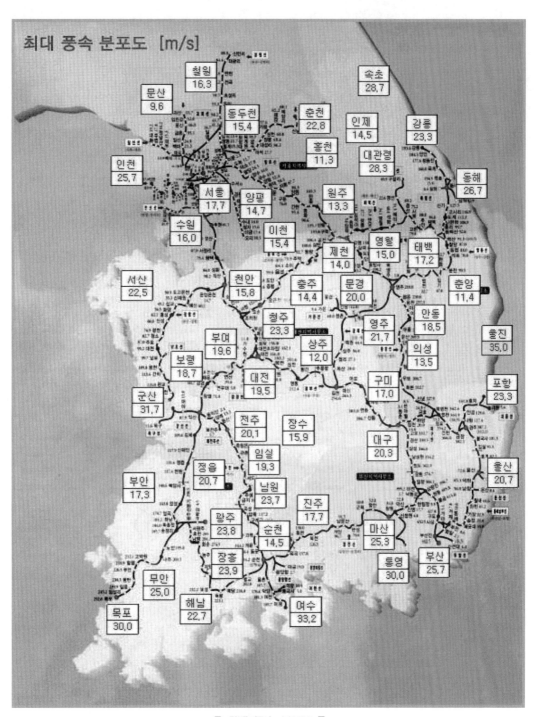

최대 풍속 분포도 [m/s]

철원 16,3
문산 9,6
속초 28,7
동두천 15,4
춘천 22,8
인제 14,5
강릉 23,3
홍천 11,3
대관령 28,3
인천 25,7
서울 17,7
양평 14,7
원주 13,3
동해 26,7
수원 16,0
이천 15,4
제천 14,0
영월 15,0
태백 17,2
서산 22,5
천안 15,8
충주 14,4
문경 20,0
춘양 11,4
부여 19,6
청주 23,3
상주 12,0
영주 21,7
안동 18,5
울진 35,0
보령 18,7
대전 19,5
의성 13,5
군산 31,7
구미 17,0
포항 23,3
전주 20,1
장수 15,9
대구 20,3
임실 19,3
울산 20,7
부안 17,3
정읍 20,7
남원 23,7
진주 17,7
광주 23,8
순천 14,5
마산 25,3
무안 25,0
장흥 23,9
통영 30,0
부산 25,7
해남 22,7
여수 33,2
목포 30,0

[최대 풍속 분포도]

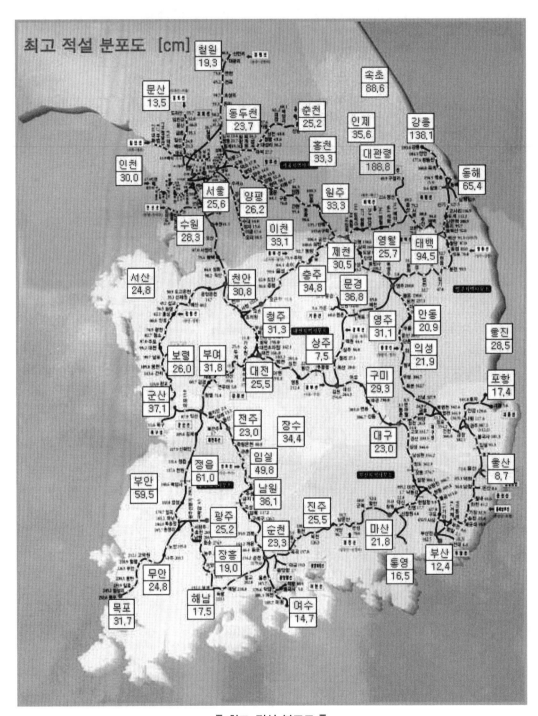

[최고 적설 분포도]

06 전선특성표

1 급전선로 전선특성표

선 종	공칭 단면적 [mm²]	계산 단면적 [mm²]	지름 [mm]	단위질량 [kg/m]	단위무게 [N/m]	선팽창계수	탄성계수 [N/mm²]	표준장력 [N]
강심알루미늄연선	40	46.235	8.7	0.16	1.568	0.000019	82,320	1,470
강심알루미늄연선	58	67.35	10.5	0.2331	2.284	0.000019	82,320	1,960
강심알루미늄연선	95	111.3	13.5	0.3852	3.775	0.000019	82,320	2,940
강심알루미늄연선	160	196.46	18.2	0.7328	7.181	0.000019	82,320	3,920
강심알루미늄연선	288	287.74	22.05	1.107	10.849	0.000019	82,320	8,820
강심알루미늄연선	330	326.8	25.3	1.32	12.936	0.000019	82,320	9,800
경알루미늄연선	95	96.95	12.6	0.2649	2.596	0.000023	62,730	980
경알루미늄연선	150	152.8	16	0.4187	4.103	0.000023	62,730	1,960
경알루미늄연선	200	204.3	18.5	0.5598	5.486	0.000023	62,730	2,450
경알루미늄연선	300	297.6	22.4	0.8201	8.037	0.000023	62,730	3,920
경알루미늄연선	510	512.5	29.4	1.413	13.847	0.000023	62,730	6,860
경동연선1종	22	21.99	6	0.1979	1.939	0.000017	117,600	1,960
경동연선1종	38	37.16	7.8	0.3344	3.277	0.000017	117,600	2,940
경동연선1종	100	100.9	13	0.9076	8.894	0.000017	117,600	5,880
경동연선1종	125	125.5	14.5	1.129	11.064	0.000017	117,600	7,840
경동연선1종	200	196.4	18.2	1.776	17.405	0.000017	117600	9,800
경동연선1종	250	253.5	20.7	2.298	22.520	0.000017	117,600	9,800
경동연선1종	325	323.8	23.4	2.937	28.783	0.000017	117,600	11,760
경동연선2종	75	75.25	11.1	0.677	6.635	0.000017	117,600	4,900

선 종	공칭 단면적 [mm^2]	계산 단면적 [mm^2]	지름 [mm]	단위질량 [kg/m]	단위무게 [N/m]	선팽창계수	탄성계수 [N/mm^2]	표준장력 [N]
경동연선2종	100	101.6	12.9	0.9145	8.962	0.000017	117,600	5,880
경동연선2종	150	152.8	16	1.375	13.475	0.000017	117,600	8,820
경동연선2종	200	204.3	18.5	1.838	18.012	0.000017	117,600	9,800

2 전차선로 전선특성표

용 도	재 질	단면적 [mm^2] (공칭/계산)	저항 [Ω/km]	지름 [mm]	질량 [kg/m]
전차선	Cu	110/111.1	0.1592	12.34	0.9877
	Cu	170/170	0.1040	15.49	1.511
	Cu	150/150	0.1173	13.60	1.334
조가선	CdCu	70/65.81	0.3315	10.50	0.5974
	CdCu	80/78.95	0.276	11.50	0.7103
	Bz	65.4/65.38	0.4474	10.50	0.605
	MgSnCu	70/65.81	0.408	10.50	0.592
	MgSnCu	80/78.95	0.340	11.50	0.710
레 일	50N	6.420	누설전류 0[%] 0.0170	• 등가반지름 45.21 • 등가지름 90.42	50.4
			누설전류 10[%] 0.0153		
			누설전류 30[%] 0.0119		
	60N	7.550	누설전류 0[%] 0.0140	• 등가반지름 49.02 • 등가지름 98.04	60.8
			누설전류 10[%] 0.0126		
			누설전류 30[%] 0.0098		

07 전선의 장력 이도표

1 CU 75[mm²], 무풍무빙

(단위 : 장력[N], 이도[m])

온도[℃]	경 간	20[m]	25[m]	30[m]	35[m]	40[m]	45[m]	50[m]	55[m]	60[m]
−35	장력	11449	11326	11178	11006	10810	10594	10358	10106	9840
	이도	0.029	0.046	0.067	0.092	0.123	0.159	0.2	0.248	0.303
−30	장력	10704	10586	10443	10278	10091	9885	9662	9425	9178
	이도	0.031	0.049	0.071	0.099	0.132	0.17	0.215	0.266	0.325
−25	장력	9960	9847	9712	9555	9379	9186	8979	8760	8534
	이도	0.033	0.053	0.077	0.106	0.141	0.183	0.231	0.286	0.35
−20	장력	9219	9113	8986	8839	8676	8499	8311	8114	7913
	이도	0.036	0.057	0.083	0.115	0.153	0.198	0.249	0.309	0.377
−15	장력	8481	8383	8266	8133	7986	7828	7662	7491	7318
	이도	0.039	0.062	0.09	0.125	0.166	0.215	0.271	0.335	0.408
−10	장력	7747	7659	7556	7440	7313	7178	7038	6896	6755
	이도	0.043	0.068	0.099	0.137	0.181	0.234	0.295	0.364	0.442
−5	장력	7018	6944	6859	6763	6660	6553	6444	6335	6229
	이도	0.047	0.075	0.109	0.15	0.199	0.256	0.322	0.396	0.479
0	장력	6298	6242	6179	6109	6036	5961	5886	5813	5743
	이도	0.053	0.083	0.121	0.166	0.22	0.282	0.352	0.432	0.52
5	장력	5590	5558	5523	5485	5446	5407	5370	5333	5299
	이도	0.059	0.093	0.135	0.185	0.244	0.311	0.386	0.47	0.563
10	장력	4900	4900	4900	4900	4900	4900	4900	4900	4900
	이도	0.068	0.106	0.152	0.207	0.271	0.343	0.423	0.512	0.609
15	장력	4239	4279	4322	4364	4405	4444	4480	4513	4544
	이도	0.078	0.121	0.173	0.233	0.301	0.378	0.463	0.556	0.657
20	장력	3621	3710	3799	3885	3966	4040	4109	4172	4229
	이도	0.092	0.14	0.196	0.262	0.335	0.416	0.505	0.601	0.706
25	장력	3064	3207	3343	3468	3584	3689	3785	3873	3952
	이도	0.108	0.162	0.223	0.293	0.37	0.455	0.548	0.648	0.756
30	장력	2589	2781	2955	3114	3257	3387	3505	3611	3708
	이도	0.128	0.186	0.253	0.326	0.407	0.496	0.592	0.695	0.805
35	장력	2205	2432	2635	2817	2981	3128	3262	3383	3493
	이도	0.15	0.213	0.283	0.361	0.445	0.537	0.636	0.742	0.855
40	장력	1905	2153	2373	2570	2747	2907	3052	3184	3304
	이도	0.174	0.241	0.315	0.395	0.483	0.578	0.679	0.788	0.904
45	장력	1676	1931	2159	2364	2549	2717	2870	3010	3137
	이도	0.198	0.268	0.346	0.43	0.521	0.618	0.722	0.834	0.952

⊇ CU 75[mm²], 갑종풍압하중

(단위 : 장력[N], 이도[m])

온도[℃]	경 간	20[m]	25[m]	30[m]	35[m]	40[m]	45[m]	50[m]	55[m]	60[m]
−35	장력	11524	11445	11351	11243	11124	10995	10858	10716	10571
	이도	0.046	0.072	0.105	0.144	0.191	0.244	0.305	0.374	0.451
−30	장력	10790	10720	10639	10546	10444	10334	10220	10101	9981
	이도	0.049	0.077	0.112	0.154	0.203	0.26	0.324	0.397	0.478
−25	장력	10059	10002	9935	9860	9777	9690	9600	9507	9415
	이도	0.053	0.083	0.12	0.165	0.217	0.277	0.345	0.422	0.507
−20	장력	9333	9291	9242	9187	9127	9065	9002	8938	8874
	이도	0.057	0.089	0.129	0.177	0.232	0.296	0.368	0.449	0.538
−15	장력	8614	8590	8561	8531	8498	8464	8429	8395	8361
	이도	0.062	0.096	0.139	0.19	0.25	0.317	0.393	0.478	0.571
−10	장력	7904	7901	7898	7895	7892	7889	7885	7882	7879
	이도	0.067	0.105	0.151	0.206	0.269	0.34	0.42	0.509	0.606
−5	장력	7205	7230	7257	7285	7314	7344	7373	7401	7427
	이도	0.074	0.115	0.164	0.223	0.29	0.365	0.449	0.542	0.642
0	장력	6524	6580	6642	6705	6770	6833	6894	6953	7008
	이도	0.081	0.126	0.18	0.242	0.313	0.393	0.481	0.577	0.681
5	장력	5864	5959	6060	6161	6262	6359	6452	6539	6622
	이도	0.09	0.139	0.197	0.263	0.339	0.422	0.514	0.613	0.721
10	장력	5235	5374	5517	5658	5794	5923	6045	6160	6266
	이도	0.101	0.154	0.216	0.287	0.366	0.453	0.548	0.651	0.761
15	장력	4646	4834	5020	5198	5368	5527	5675	5813	5941
	이도	0.114	0.171	0.238	0.312	0.395	0.486	0.584	0.69	0.803
20	장력	4108	4345	4572	4785	4984	5168	5340	5498	5645
	이도	0.129	0.191	0.261	0.339	0.425	0.519	0.62	0.729	0.845
25	장력	3631	3913	4175	4417	4641	4847	5037	5213	5375
	이도	0.146	0.212	0.286	0.368	0.457	0.554	0.658	0.769	0.888
30	장력	3220	3538	3828	4093	4336	4559	4765	4954	5129
	이도	0.165	0.234	0.312	0.397	0.489	0.589	0.695	0.809	0.93
35	장력	2875	3218	3528	3809	4067	4303	4520	4721	4906
	이도	0.184	0.257	0.338	0.426	0.521	0.624	0.733	0.849	0.973
40	장력	2589	2947	3269	3561	3829	4074	4300	4509	4702
	이도	0.205	0.281	0.365	0.456	0.554	0.659	0.77	0.889	1.015
45	장력	2355	2718	3046	3345	3618	3870	4102	4317	4516
	이도	0.225	0.305	0.392	0.485	0.586	0.693	0.808	0.929	1.056

3 CU 75[mm^2], 병종풍압하중

(단위 : 장력[N], 이도[m])

온도[℃]	경 간	20[m]	25[m]	30[m]	35[m]	40[m]	45[m]	50[m]	55[m]	60[m]
−35	장력	11468	11356	11222	11067	10892	10699	10491	10271	10041
	이도	0.034	0.054	0.078	0.108	0.144	0.185	0.233	0.288	0.35
−30	장력	10726	10620	10493	10347	10184	10004	9813	9611	9402
	이도	0.036	0.058	0.084	0.116	0.154	0.198	0.249	0.308	0.374
−25	장력	9985	9887	9769	9635	9485	9322	9148	8968	8783
	이도	0.039	0.062	0.09	0.124	0.165	0.212	0.267	0.33	0.401
−20	장력	9248	9159	9052	8931	8797	8654	8502	8347	8189
	이도	0.042	0.067	0.097	0.134	0.178	0.229	0.287	0.354	0.43
−15	장력	8515	8436	8344	8239	8125	8004	7879	7751	7623
	이도	0.046	0.072	0.105	0.145	0.192	0.247	0.31	0.381	0.461
−10	장력	7787	7722	7647	7563	7473	7378	7281	7184	7089
	이도	0.05	0.079	0.115	0.158	0.209	0.268	0.336	0.411	0.496
−5	장력	7067	7020	6966	6907	6845	6780	6716	6652	6591
	이도	0.055	0.087	0.126	0.173	0.228	0.292	0.364	0.444	0.534
0	장력	6357	6333	6306	6277	6247	6216	6186	6157	6130
	이도	0.061	0.096	0.139	0.191	0.25	0.318	0.395	0.48	0.574
5	장력	5663	5668	5674	5680	5686	5692	5698	5703	5708
	이도	0.069	0.108	0.155	0.211	0.275	0.348	0.429	0.518	0.616
10	장력	4991	5033	5078	5123	5168	5211	5252	5291	5326
	이도	0.078	0.121	0.173	0.234	0.303	0.38	0.465	0.559	0.661
15	장력	4353	4440	4528	4616	4699	4778	4851	4920	4982
	이도	0.09	0.138	0.194	0.259	0.333	0.414	0.504	0.601	0.706
20	장력	3762	3899	4034	4162	4281	4392	4494	4588	4675
	이도	0.104	0.157	0.218	0.288	0.365	0.451	0.544	0.644	0.753
25	장력	3235	3423	3600	3764	3915	4053	4179	4295	4400
	이도	0.121	0.178	0.244	0.318	0.399	0.488	0.585	0.688	0.8
30	장력	2784	3017	3229	3421	3597	3756	3902	4034	4156
	이도	0.14	0.202	0.272	0.35	0.435	0.527	0.626	0.733	0.847
35	장력	2415	2679	2916	3130	3323	3499	3658	3804	3938
	이도	0.162	0.228	0.302	0.383	0.471	0.566	0.668	0.777	0.893
40	장력	2121	2403	2655	2882	3088	3274	3445	3600	3743
	이도	0.184	0.254	0.331	0.415	0.506	0.604	0.709	0.821	0.94
45	장력	1889	2179	2438	2672	2885	3079	3257	3420	3569
	이도	0.207	0.28	0.361	0.448	0.542	0.643	0.75	0.864	0.986

4 CU 150[mm²], 무풍무빙

(단위 : 장력[N], 이도[m])

온도[℃]	경 간	20[m]	25[m]	30[m]	35[m]	40[m]	45[m]	50[m]	55[m]	60[m]
-35	장력	21980	21655	21264	20810	20298	19735	19127	18484	17817
	이도	0.031	0.049	0.071	0.099	0.133	0.173	0.22	0.276	0.34
-30	장력	20470	20156	19779	19343	18855	18320	17749	17151	16537
	이도	0.033	0.052	0.077	0.107	0.143	0.186	0.237	0.297	0.367
-25	장력	18964	18663	18304	17891	17431	16933	16406	15860	15309
	이도	0.036	0.056	0.083	0.115	0.155	0.201	0.257	0.321	0.396
-20	장력	17464	17180	16843	16458	16034	15580	15105	14621	14141
	이도	0.039	0.061	0.09	0.125	0.168	0.219	0.279	0.348	0.429
-15	장력	15971	15709	15400	15051	14671	14270	13858	13445	13043
	이도	0.042	0.067	0.098	0.137	0.184	0.239	0.304	0.379	0.465
-10	장력	14490	14255	13983	13679	13353	13016	12676	12343	12024
	이도	0.046	0.074	0.108	0.151	0.202	0.262	0.332	0.413	0.504
-5	장력	13024	12826	12600	12353	12093	11830	11571	11323	11090
	이도	0.052	0.082	0.12	0.167	0.223	0.288	0.364	0.45	0.547
0	장력	11581	11433	11266	11088	10907	10728	10556	10395	10246
	이도	0.058	0.092	0.135	0.186	0.247	0.318	0.399	0.49	0.592
5	장력	10174	10090	9998	9904	9811	9721	9638	9560	9490
	이도	0.066	0.104	0.152	0.208	0.275	0.351	0.437	0.533	0.639
10	장력	8820	8820	8820	8820	8820	8820	8820	8820	8820
	이도	0.076	0.119	0.172	0.234	0.306	0.387	0.477	0.578	0.688
15	장력	7548	7652	7755	7853	7944	8027	8102	8169	8229
	이도	0.089	0.138	0.195	0.263	0.339	0.425	0.52	0.624	0.737
20	장력	6396	6615	6822	7012	7184	7338	7476	7600	7709
	이도	0.105	0.159	0.222	0.294	0.375	0.465	0.563	0.67	0.787
25	장력	5402	5732	6030	6297	6535	6747	6935	7103	7252
	이도	0.125	0.184	0.251	0.328	0.412	0.506	0.607	0.717	0.836
30	장력	4591	5007	5374	5698	5986	6241	6467	6669	6850
	이도	0.147	0.21	0.282	0.362	0.45	0.547	0.651	0.764	0.885
35	장력	3957	4427	4838	5200	5522	5807	6062	6290	6495
	이도	0.17	0.238	0.313	0.397	0.488	0.587	0.695	0.81	0.934
40	장력	3471	3966	4401	4786	5129	5435	5710	5957	6180
	이도	0.194	0.265	0.344	0.431	0.525	0.628	0.737	0.855	0.981
45	장력	3097	3598	4043	4439	4795	5114	5403	5663	5899
	이도	0.218	0.293	0.375	0.465	0.562	0.667	0.779	0.9	1.028

5 CU 150[mm²], 갑종풍압하중

(단위 : 장력[N], 이도[m])

온도[℃]	경 간	20[m]	25[m]	30[m]	35[m]	40[m]	45[m]	50[m]	55[m]	60[m]
−35	장력	22067	21793	21467	21093	20677	20227	19751	19257	18755
	이도	0.041	0.064	0.094	0.131	0.174	0.225	0.285	0.353	0.432
−30	장력	20569	20314	20011	19666	19285	18877	18450	18012	17573
	이도	0.044	0.069	0.101	0.14	0.187	0.241	0.305	0.378	0.461
−25	장력	19079	18846	18571	18261	17923	17564	17192	16817	16446
	이도	0.047	0.075	0.109	0.151	0.201	0.259	0.327	0.405	0.492
−20	장력	17598	17393	17153	16885	16596	16294	15986	15680	15381
	이도	0.051	0.081	0.118	0.163	0.217	0.279	0.352	0.434	0.526
−15	장력	16130	15959	15762	15545	15314	15077	14839	14606	14383
	이도	0.056	0.088	0.128	0.177	0.235	0.302	0.379	0.466	0.563
−10	장력	14680	14552	14407	14251	14087	13922	13760	13604	13456
	이도	0.061	0.097	0.14	0.193	0.255	0.327	0.409	0.5	0.602
−5	장력	13255	13182	13100	13014	12926	12840	12756	12677	12603
	이도	0.068	0.107	0.154	0.212	0.278	0.355	0.441	0.537	0.642
0	장력	11864	11859	11854	11849	11843	11838	11833	11828	11824
	이도	0.076	0.119	0.171	0.233	0.304	0.385	0.475	0.575	0.685
5	장력	10524	10602	10685	10767	10847	10922	10992	11057	11116
	이도	0.085	0.133	0.189	0.256	0.332	0.417	0.511	0.615	0.728
10	장력	9253	9431	9609	9782	9945	10096	10235	10362	10477
	이도	0.097	0.149	0.211	0.282	0.362	0.451	0.549	0.657	0.773
15	장력	8079	8365	8641	8900	9139	9358	9557	9737	9901
	이도	0.111	0.168	0.234	0.31	0.394	0.487	0.588	0.699	0.818
20	장력	7028	7422	7788	8123	8428	8704	8954	9179	9383
	이도	0.128	0.189	0.26	0.339	0.427	0.523	0.628	0.741	0.863
25	장력	6124	6611	7051	7448	7806	8128	8418	8680	8917
	이도	0.147	0.213	0.287	0.37	0.461	0.56	0.668	0.784	0.908
30	장력	5371	5928	6423	6866	7263	7621	7943	8235	8498
	이도	0.167	0.237	0.315	0.401	0.495	0.598	0.708	0.826	0.953
35	장력	4761	5361	5892	6366	6792	7175	7522	7836	8121
	이도	0.189	0.262	0.343	0.433	0.53	0.635	0.747	0.868	0.997
40	장력	4271	4892	5443	5937	6381	6783	7147	7478	7779
	이도	0.211	0.287	0.372	0.464	0.564	0.671	0.787	0.91	1.041
45	장력	3877	4504	5063	5567	6022	6436	6813	7156	7470
	이도	0.232	0.312	0.4	0.495	0.597	0.708	0.825	0.951	1.084

6 CU 150[mm²], 병종풍압하중

(단위 : 장력[N], 이도[m])

온도[℃]	경 간	20[m]	25[m]	30[m]	35[m]	40[m]	45[m]	50[m]	55[m]	60[m]
-35	장력	22002	21690	21316	20882	20396	19862	19290	18688	18068
	이도	0.033	0.053	0.078	0.108	0.144	0.188	0.239	0.298	0.367
-30	장력	20495	20196	19838	19426	18966	18466	17934	17380	16817
	이도	0.036	0.057	0.084	0.116	0.155	0.202	0.257	0.321	0.394
-25	장력	18993	18710	18372	17986	17559	17099	16615	16118	15619
	이도	0.039	0.062	0.09	0.125	0.168	0.218	0.277	0.346	0.425
-20	장력	17498	17234	16922	16569	16181	15769	15342	14910	14483
	이도	0.042	0.067	0.098	0.136	0.182	0.237	0.3	0.374	0.458
-15	장력	16012	15773	15494	15180	14841	14487	14125	13765	13416
	이도	0.046	0.073	0.107	0.149	0.199	0.257	0.326	0.405	0.494
-10	장력	14538	14332	14093	13830	13550	13262	12975	12694	12427
	이도	0.051	0.08	0.118	0.163	0.217	0.281	0.355	0.439	0.534
-5	장력	13083	12919	12732	12530	12320	12108	11902	11705	11520
	이도	0.056	0.089	0.13	0.18	0.239	0.308	0.387	0.476	0.576
0	장력	11654	11545	11423	11295	11165	11038	10916	10802	10697
	이도	0.063	0.1	0.145	0.2	0.264	0.338	0.422	0.516	0.62
5	장력	10265	10227	10185	10142	10100	10061	10023	9989	9958
	이도	0.072	0.113	0.163	0.222	0.292	0.371	0.459	0.558	0.666
10	장력	8935	8986	9038	9089	9138	9184	9226	9263	9298
	이도	0.082	0.128	0.183	0.248	0.322	0.406	0.499	0.601	0.713
15	장력	7692	7849	8004	8150	8285	8409	8521	8621	8712
	이도	0.096	0.147	0.207	0.277	0.356	0.444	0.54	0.646	0.761
20	장력	6572	6843	7097	7330	7542	7732	7903	8056	8192
	이도	0.112	0.168	0.234	0.308	0.391	0.482	0.583	0.692	0.809
25	장력	5607	5983	6323	6629	6902	7146	7363	7558	7733
	이도	0.131	0.192	0.262	0.34	0.427	0.522	0.625	0.737	0.857
30	장력	4815	5273	5677	6036	6355	6639	6893	7121	7325
	이도	0.153	0.218	0.292	0.374	0.464	0.562	0.668	0.782	0.905
35	장력	4189	4697	5142	5537	5888	6202	6483	6735	6963
	이도	0.176	0.245	0.322	0.407	0.5	0.601	0.71	0.827	0.952
40	장력	3702	4233	4701	5118	5490	5823	6124	6394	6639
	이도	0.199	0.272	0.353	0.441	0.537	0.64	0.752	0.871	0.999
45	장력	3322	3859	4336	4763	5147	5494	5808	6092	6350
	이도	0.222	0.298	0.382	0.474	0.572	0.679	0.793	0.915	1.044

■ 참고문헌

1. 철도건설규칙 : 국토교통부
2. 철도설계기준 : 국토교통부
3. 철도의 건설기준에 관한 규정 : 국토교통부
4. 철도 전철전력설비 설계지침 : 한국철도시설공단
5. 철도설계편람 : 한국철도시설공단
6. 철도전철전력 표준도 : 한국철도시설공단
7. 한글표준표기법 : 국립국어연구원
8. 외래어 표기용례집 : 국립국어연구원
9. 철도전기기술자를 위한 전력개론 : 일본철도 전기기술협회
   • 전차선로 시리즈
   • 변전 시리즈
10. 경량전철 기술 : 도서출판 명신(한국철도기술연구원)
11. 최신 전기철도개론 : 도서출판 의제(강인권 편저)
12. 신호제어 시스템 : 테크미디어(김영태 저)
13. Contact Lines for Electric Railways : Siemens
14. 가공전차선로 전차선 과장력 인가방안 연구 : 한국철도기술연구원
15. 전철용 애자 성능시험 및 소손원인 분석 : 한국철도기술연구원

찾 아 보 기

한 글 색 인

665

◉

ㅊ

ㅋ

영문 및 기타

그림풀이 **전기공학입문**

일본 옴사 지음 | 4 · 6배판형 | 296쪽 | 25,000원

이 책은 생활 주변에서 일어나는 구체적인 사례를 적용하면서 그림풀이 형식으로 도입, 시각적으로 배울 수 있게 하였다. 이렇게 배우는 것은 여러 가지 전기응용을 배우는 데도 중요한 역할을 한다.

그림해설 **가정전기학 입문**

일본 옴사 지음 | 4 · 6배판형 | 304쪽 | 25,000원

이 책에서는 가정의 전기학을 이해하는 첫걸음으로서, 교류 전기가 발전소에서 생겨 가정에 이르기까지의 과정을 설명하고, 전기의 기초 지식을 습득할 수 있도록 정리해 놓았다.

전기 · 전자공학개론

김진사 외 지음 | 4 · 6배판형 | 420쪽 | 18,000원

이 책은 전기 · 전자 공학을 위한 교과서로서 집필되었으며 전기 · 전자 공학의 광범위한 내용을 다루되 내용에 있어서도 충실한 것을 다루고자 했다.

전기 · 전자 회로

월간 전자기술편집부 옮김 | 4 · 6배판형 | 232쪽 | 9,500원

이 책은 전기회로, 전자회로에 대한 문제 연습을 통해서 전기회로 일반에 정통하고자 하는 것을 목적으로 쉬운 기본 문제를 많이 출제하였고 상세한 해설을 수록하였다.

현대 **전기회로이론**

정동효 외 지음 | 4 · 6배판형 | 327쪽 | 10,000원

이 책은 전공 필수 내용을 교과과정에 맞춰 전기회로에 대한 기본적인 이론을 서술하여 구성했다.

정전기 재해와 장해 방지

이덕출, 정재희 옮김 | 4 · 6배판형 | 143쪽 | 7,000원

이 책은 점차 중요시되는 정전기 재해, 장해의 입문, 실용서로서 실제의 생산공정에 있어서 문제가 되고 있는 각종 정전기 재해, 장해와 그 방지 기술에 대하여 각각 전문가들이 집필을 하였다.

BM (주)도서출판 **성안당**

04032 서울시 마포구 양화로 127 첨단빌딩 3층(출판기획 R&D센터)
10881 경기도 파주시 문발로 112 파주 출판 문화도시(제작 및 물류)

TEL_02.3142.0036
TEL_도서 : 031.950.6300 I 동영상 : 031.950.6332

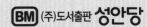

최신

전기철도공학

2003. 8. 22. 초 판 1쇄 발행
2021. 8. 5. 2차 개정증보 2판 3쇄 발행

지은이 | 양병남
펴낸이 | 이종춘
펴낸곳 | **BM** (주)도서출판 **성안당**

주소 | 04032 서울시 마포구 양화로 127 첨단빌딩 3층(출판기획 R&D 센터)
　　 | 10881 경기도 파주시 문발로 112 파주 출판 문화도시(제작 및 물류)

전화 | 02) 3142-0036
　　 | 031) 950-6300
팩스 | 031) 955-0510
등록 | 1973. 2. 1. 제406-2005-000046호
출판사 홈페이지 | **www.cyber.co.kr**
ISBN | 978-89-315-2649-3 (13560)
정가 | **30,000원**

이 책을 만든 사람들
기획 | 최옥현
진행 | 박경희
교정·교열 | 김혜린
전산편집 | 이다혜
표지 디자인 | 박현정
홍보 | 김계향, 유미나, 서세원
국제부 | 이선민, 조혜란, 권수경
마케팅 | 구본철, 차정욱, 나진호, 이동후, 강호묵
마케팅 지원 | 장상범, 박지연
제작 | 김유석